Ecología acuática de Madrid

Biblioteca de Ciencias

49

Ecología acuática de Madrid

Miguel Álvarez Cobelas
Salvador Sánchez Carrillo
(eds.)

CONSEJO SUPERIOR DE INVESTIGACIONES CIENTÍFICAS
Madrid, 2020

Las tablas de los anexos electrónicos a las que se hace referencia en la obra pueden descargarse a través de la siguiente dirección:
http://libros.csic.es/product_info.php?products_id=1435

Catálogo de publicaciones de la Administración General del Estado:
https://cpage.mpr.gob.es

EDITORIAL CSIC: *http://editorial.csic.es* (correo: *publ@csic.es*)

GOBIERNO DE ESPAÑA — MINISTERIO DE CIENCIA E INNOVACIÓN — CSIC CONSEJO SUPERIOR DE INVESTIGACIONES CIENTÍFICAS — EDITORIAL CSIC

ISBN: 978-84-00-10703-1
e-ISBN: 978-84-00-10704-8
NIPO: 833-20-170-6
e-NIPO: 833-20-171-1
Depósito Legal: M-26351-2020

Maquetación, impresión y encuadernación: Gráficas Blanco, S.L.

Impreso en España. *Printed in Spain*

En esta edición se ha utilizado papel ecológico sometido a un proceso de blanqueado ECF, cuya fibra procede de bosques gestionados de forma sostenible.

Índice

Perfil académico de los autores

Ana Almodóvar
Departamento de Biodiversidad, Ecología y Evolución, Facultad de Ciencias Biológicas, Universidad Complutense, José Antonio Novais 12, 28040 Madrid, aalmodovar@bio.ucm.es. Catedrática de Zoología en el Departamento de Biodiversidad, Ecología y Evolución de la Universidad Complutense de Madrid, donde dirige el grupo de investigación «Evolución y Filogenia Molecular Animal y Humana». Los objetivos de su actividad investigadora están relacionados con estudios ecológicos, filogenéticos, evolutivos y de conservación de peces, así como con la gestión sostenible de la pesca deportiva. Ha desarrollado su investigación en el Instituto Español de Oceanografía, Instituto Nacional de Investigaciones Agrarias, Universidad de Alcalá e Instituto Madrileño de Investigación Agraria y Alimentaria de la Comunidad de Madrid. Es autora de más de cien publicaciones científicas y de más de setenta publicaciones de divulgación. Pertenece al Grupo de Especialistas en Esturiones de la Unión Mundial para la Naturaleza (UICN) y participa en reuniones internacionales relacionadas con la conservación de los peces continentales y la gestión de la pesca deportiva.

Miguel Álvarez Cobelas
Museo Nacional de Ciencias Naturales (CSIC), Serrano 115 dpdo., 28006 Madrid, malvarez@mncn.csic.es. Doctor en Biología por la Universidad Complutense (1982), se dedica al estudio global del funcionamiento de los ecosistemas acuáticos y es investigador científico del Museo Nacional de Ciencias Naturales. Previamente, pasó por varias instituciones científicas españolas, como el Centro de Investigaciones del Agua (CSIC), la Universidad Complutense o el Centro de Ciencias Medioambientales (CSIC). Ha editado monografías sobre el papel del ser humano en la conformación actual de los ecosistemas acuáticos y sobre la vida cotidiana de los científicos en España. Aunque inicialmente se especializó en el estudio de las algas continentales, su línea de investigación actual se centra en las interacciones entre los distintos procesos ecológicos de los que depende el funcionamiento de los ecosistemas acuá-

ticos. También le interesan todas las bellas artes y ahora prepara un libro sobre el paisaje de la pintura ibérica de paisajes.

Rafael Araujo Armero
Museo Nacional de Ciencias Naturales (CSIC), José Gutiérrez Abascal 2, 28006 Madrid, rafael@mncn.csic.es. Doctor en Ciencias Biológicas por la Universidad Complutense de Madrid desde 1995. Ha colaborado o dirigido veinte proyectos nacionales e internacionales sobre biodiversidad y conservación de moluscos de agua dulce y ha codirigido tres tesis doctorales. También ha coordinado decenas de campañas de prospección de moluscos por Europa y África. Ha publicado más de cien artículos científicos en revistas nacionales e internacionales como *Journal of Molluscan Studies, Philosophical Transactions of The Royal Society of London B* o *Zoological Journal of the Linnean Society*. Es conservador de la Colección de Malacología del Museo Nacional de Ciencias Naturales desde 2008.

Ángel Baltanás Gentil
Departamento de Ecología, Facultad de Ciencias, Universidad Autónoma, Darwin 2, Cantoblanco, 28049 Madrid, angel.baltanas@uam.es. Sus años de formación predoctoral y posdoctoral se desarrollaron en el Museo Nacional de Ciencias Naturales (CSIC), el Centro de Investigaciones del Agua (CSIC) y el Institut für Limnologie (ÖAW, Austria). Se incorporó finalmente al Departamento de Ecología de la Universidad Autónoma de Madrid, donde en la actualidad es profesor titular. Aunque su interés científico abarca múltiples aspectos de la ecología acuática, su principal actividad ha estado centrada en el estudio de los Ostrácodos (Crustacea, Ostracoda), un diverso grupo de crustáceos acuáticos con los que ha podido realizar trabajos que abarcan desde la taxonomía hasta la ecología evolutiva, con especial atención a los estudios morfométricos de esos organismos. Por otra parte, también ha estado muy vinculado al estudio del impacto causado por especies invasoras, fundamentalmente el cangrejo americano *(Procambarus clarkii)*, en humedales mediterráneos (marismas de Doñana y su entorno).

Miguel Ángel Bravo Utrera
Equipo de Seguimiento de Procesos Naturales, ICTS-RBD, Estación Biológica de Doñana (CSIC), Crta. A483, km 40, 21760 Matalascañas, Huelva, mabravo@ebd.csic.es. Licenciado en Ciencias Biológicas (Biología Ambiental) por la Universidad Autónoma de Madrid y Máster en Conservación y Gestión del Medio Natural por la Universidad Internacional de Andalucía. Técnico Superior Especializado de OPI en la Estación Biológica de Doñana, donde coordina el seguimiento hidrológico, hidrogeoquímico y limnológico de los ecosistemas acuáticos del Espacio Natural de Doñana en el marco del Plan de Seguimiento de Procesos y Recursos Naturales de dicho Espacio. Colabora también en labores docentes en el grado de Biología como profesor honorario en el Departamento de Ecología de la UAM desde 2009 hasta la actualidad.

Rubén Bueno Marí

Laboratorio de Entomología y de Control de Plagas, Instituto Cavanilles de Biodiversidad, Universidad de Valencia, Catedrático José Beltrán 2, 46980 Paterna, València, ruben.bueno@uv.es. Doctor en Ciencias Biológicas (2010) y Premio Extraordinario de Doctorado en Ciencias de la Naturaleza (2012-2013) por la Universitat de València. Su campo de investigación está centrado en el ámbito de la entomología médica y el control de plagas, siendo los mosquitos culícidos, junto con otros insectos de fase larvaria acuática, los grupos de artrópodos más estudiados por él. Máster Internacional en Enfermedades Parasitaries Tropicales (2008) por la Universitat de València y Premio Nacional de Entomología para Jóvenes Investigadores-Accèsit (2010). Ha participado como colaborador o investigador principal en más de treinta proyectos de investigación y asesoramiento a estamentos públicos y empresas privadas en materia de control de plagas sanitarias y alimentarias, ha publicado más de cuarenta artículos en revistas científicas nacionales e internacionales y ha presentado más de cincuenta comunicaciones a congresos y reuniones técnicas y científicas nacionales e internacionales. Es el presidente de la European Mosquito Control Association (EMCA) y actualmente ostenta el cargo de responsable del Departamento de Investigación y Desarrollo (I+D) de la empresa de sanidad ambiental y lucha antivectorial Laboratorios Lokímica.

Santos Casado de Otaola

Departamento de Ecología, Facultad de Ciencias, Universidad Autónoma, Darwin 2, Cantoblanco, 28049 Madrid, santos.casado@uam.es. Nacido en Madrid (1964), ha desarrollado, a partir de una formación en biología, investigaciones en historia de la ciencia, y en particular en la historia de la ecología y de las ciencias ambientales, incluidas sus relaciones con la conservación y el ambientalismo. Actualmente trabaja en la Fundación Fernando González Bernáldez y es profesor asociado del Departamento de Ecología de la Universidad Autónoma de Madrid. Sobre la historia de las ciencias ambientales en España ha publicado, entre otros trabajos, *Los primeros pasos de la ecología en España* (segunda edición, Organismo Autónomo Parques Nacionales, 2000) y *Naturaleza patria. Ciencia y sentimiento de la naturaleza en la España del regeneracionismo* (Marcial Pons Historia, 2010). Recientemente ha comisariado con Santiago Aragón la exposición *Naturalezas reconstruidas* (Museo Nacional de Ciencias Naturales, 2019-2020).

Carmen Casado Sancho

Departamento Ecología, Facultad de Ciencias, Universidad Autónoma, Darwin 2, Cantoblanco, 28049 Madrid, carmencasadosancho@gmail.com. Licenciada en Biología (1979), doctora en Ciencias (1986) y desde 1994 profesora titular de Universidad en el departamento de Ecología de la Facultad de Ciencias de la Universidad Autónoma de Madrid. En ese centro ha desarrollado, durante tres décadas, su labor docente e investigadora en el campo de la limnología, concretamente en ecología fluvial. Ha participado y dirigido varios proyectos de investigación y diferentes proyectos aplicados de consultoría ambiental, abordando aspectos estructurales básicos, tanto de caracterización ambiental e hidroquímica como de estructura y composición de comunidades (principalmente macroinvertebrados bentónicos), así como aspectos funcionales, principalmente procesado y balances de materia orgánica, producción primaria y secundaria en insectos acuáticos. Los aspectos más aplicados de su trabajo se han centrado básicamente en dos líneas, el impacto de la construcción de embalses y los caudales ecológicos o ambientales y la aplicación de métodos e índices biológicos para la evaluación del estado ecológico de los ríos. Mayoritariamente estos trabajos se han llevado a cabo en ríos y arroyos de la sierra de Guadarrama.

Katia Cezón García

Real Jardín Botánico (CSIC), Plaza Murillo 2, 28014 Madrid, katia@gbif.es. Doctora en Ciencias Biológicas por la Universidad Complutense de Madrid, centró sus investigaciones en la biodiversidad y conservación de briófitos. En la actualidad forma parte del Nodo Español de Información en Biodiversidad (GBIF, Global Biodiversity Information Facility), gestionado por el CSIC y administrado por el Real Jardín Botánico de Madrid. En los últimos años su experiencia se ha enfocado en el campo de los datos abiertos y la informática de la biodiversidad, implementando procedimientos que faciliten el acceso libre a datos sobre biodiversidad para su uso en investigación, educación y toma de decisiones en conservación.

Santos Cirujano Bracamonte

Real Jardín Botánico (CSIC), Plaza Murillo, 2, 28014 Madrid, santoscirujano@gmail.com. Nacido en Toledo en 1950, ha sido profesor en la Universidad Complutense de Madrid en los periodos 1973-1977 y 1981-1986. Desde 1987 hasta su jubilación en 2020, fue científico titular en el Real Jardín Botánico de Madrid, donde ha desarrollado la mayor parte de su actividad científica. Ha participado en cincuenta y siete proyectos, de los cuales ha figurado como investigador principal en casi la mitad, y en treinta y cuatro contratos tecnológicos de diversa entidad. Como autor o coautor ha publicado treinta y ocho libros y más de un centenar de artículos en diferentes revistas nacionales e internacionales. Entre los libros de los que es autor destacan la primera *Flora ibérica de algas continentales (Carófitos)* y la primera *Flora acuática española* de plantas vasculares. Sus campos de especialización son la taxonomía, corología y ecología de macrófitos acuáticos (plantas vasculares y carófitos), así como la conservación, gestión, manejo y recuperación de zonas húmedas.

Fernando Cobo Gradín

Departamento de Zooloxía, Xenética e Antropoloxía física, Facultade de Bioloxía, Universidade de Santiago de Compostela, 15782 Santiago de Compostela, A Coruña, fernando.cobo@usc.es. Profesor titular de Universidad en el Departamento de Zoología, Genética y Antropología Física de la Universidad de Santiago de Compostela. Director de la Estación de Hidrobiología «Encoro do Con», perteneciente a la misma universidad.

Benigno Elvira

Departamento de Biodiversidad, Ecología y Evolución, Facultad de Ciencias Biológicas, Universidad Complutense, José Antonio Novais 12, 28040 Madrid; belvira@

bio.ucm.es. Catedrático de Zoología en el Departamento de Biodiversidad, Ecología y Evolución de la Universidad Complutense de Madrid, donde se licenció en Biología en 1979 y doctoró en 1985. Su actividad investigadora se ha centrado fundamentalmente en la taxonomía, biología, ecología, gestión y conservación de los peces continentales. Esta labor se ha desarrollado en el INIA y en la Comunidad de Madrid (becario predoctoral), en el Museo Nacional de Ciencias Naturales del CSIC (becario posdoctoral) y en la UCM (profesor ayudante, profesor titular de universidad y catedrático de universidad). Además, ha realizado estancias largas de trabajo en universidades y museos de Historia Natural de Fráncfort, Hamburgo, L'Aquila, Lisboa, Londres, París, San Petersburgo y Viena. Es autor de más de ciento treinta publicaciones científicas y de más de ciento sesenta publicaciones de divulgación. Es miembro del Grupo de Especialistas en Esturiones de la Unión Mundial para la Naturaleza (UICN).

Javier García Avilés

Departamento de Biodiversidad, Ecología y Evolución, Facultad de Ciencias Biológicas, Universidad Complutense, José Antonio Novais 12, 28040 Madrid; ciam03@ucm.es. Desde 2005, es profesor contratado doctor en el Departamento de Biodiversidad, Ecología y Evolución de la Facultad de Biología (UCM). Anteriormente, desde 1992, fue investigador en el Centro de Investigaciones Ambientales de la Comunidad de Madrid. Especialista fundamentalmente en odonatos y heterópteros acuáticos, ha desarrollado su labor en el campo de la limnología y ha participado en más de veinticinco proyectos relacionados con la conservación y el estudio de la calidad de los ecosistemas acuáticos.

Francisco José García González

Consultores en Biología de la Conservación S. L., Daoiz 12, 28004 Madrid; fjg.bio@gmail.com. Biólogo (licenciado en Zoología) por la Universidad Complutense de Madrid, participa como experto en mamíferos en el Grupo de Seguimiento de la Biodiversidad de la UCM. Periódicamente, imparte prácticas de campo y conferencias en el Máster en Biología de la Conservación (Facultad de Biología) y, desde hace dos décadas, trabaja como consultor independiente para el Organismo Autónomo de Parques Nacionales, así como para diversas administraciones regionales en proyectos relacionados con dos líneas de trabajo paralelas: conservación de especies amenazadas (lince ibérico, nutria europea, gato montés) y sus presas principales, y en diversos proyectos de detección, control y gestión de Especies Exóticas Invasoras (mamíferos como el mapache boreal o el visón americano), así como en diversas actividades de Educación Ambiental relacionadas con la Conservación del Medio Natural.

Ignacio García Más

Departamento de Biodiversidad, Ecología y Evolución, Facultad de Ciencias Biológicas, Universidad Complutense, José Antonio Novais 12, 28040 Madrid, igarmas@bio.ucm.es. Licenciado y doctor en Ciencias Biológicas por la Universidad Complutense de Madrid, es profesor titular jubilado y profesor emérito del Departamento de Biodiversidad, Ecología y Evolución de la Universidad Complutense de Madrid. Ha desarrollado su actividad docente en las asignaturas de «Invertebrados no Insectos» y «Parasitología» en la Facultad de Ciencias Biológicas de la misma universidad. Su investigación se ha centrado en el grupo de los Hirudíneos (taxonomía, histología, fisiología, etología, ecología y aplicaciones médicas). También en parasitología, ha trabajado en diagnósticos sanguíneos, coprológicos y serológicos de parasitosis que afectan al ser humano y a los animales. Ha sido profesor de dichas materias en diferentes cursos impartidos en distintas universidades y hospitales.

Ignacio Granados Martínez
Centro de Investigación, Seguimiento y Evaluación, Parque Nacional de la Sierra de Guadarrama, Ctra. M-604, km 28.0, 28740 Rascafría (Madrid), ignacio.granados@pnsg.es. Biólogo especialista en ecosistemas acuáticos en el Centro de Investigación, Seguimiento y Evaluación del Parque Nacional de la Sierra de Guadarrama. Su trabajo se centra en la ecología de lagos de alta montaña, concretamente en el campo de la limnología aplicada al seguimiento de la calidad ambiental, cuantificación de impactos, respuesta frente a cambios ambientales y restauración de sistemas acuáticos. Tiene una larga experiencia (más de veinticinco años) en el seguimiento limnológico de lagunas de alta montaña, empleando una aproximación multi-temporal, gracias al uso de diferentes registradores de datos ubicados en campo, la realización de muestreos periódicos y la aplicación de técnicas paleolimnológicas para estudiar cambios a largo plazo.

Noemí Guil López
Museo Nacional de Ciencias Naturales (CSIC), José Gutiérrez Abascal 2, 28006 Madrid, nguillopez@gmail.com. Investigadora científica de larga experiencia nacional e internacional, especializada en la biodiversidad y la evolución, aunque también trabaje otros campos como la ecología. A lo largo de su trayectoria se ha centrado en el análisis del efecto de procesos como la dispersión entre grandes de distancias, los modos reproductivos o las redes tróficas en la evolución y distribución de microorganismos multicelulares. Utilizando datos moleculares y morfológicos, trata de aproximarse a estas líneas de investigación mediante el estudio de un grupo invertebrado, los tardígrados, con características peculiares de miniaturización, que comparten la genealogía con el resto de animales. A lo largo de su carrera profesional ha compaginado la actividad investigadora con la formación de estudiantes universitarios y de posgrado, así como la divulgación dirigida a escolares y al público general.

Javier López Linage
Doctor en Filosofía y Letras por la Universidad Complutense de Madrid (1981) cumprimaluce@gmail.com. Especializado en Antropología Cultural e Historia de la Economía, ha desarrollado casi toda su carrera profesional en el CSIC, donde se jubiló como científico titular en el Instituto de Economía, Geografía y Demografía (encuadrado en el Centro de Ciencias Humanas y Sociales). Al margen de sus investigaciones publicadas, cabe mencionar aquí, por la oportunidad del recurso natural comprometido y por su territorialidad, los tres estudios siguientes: *Derrota del Tajo*

hasta las tierras de Madrid; El antiguo abastecimiento de agua en Madrid (1480-1868) [cinco tomos]; y *Organización y finanzas del antiguo abastecimiento de agua en Madrid (1560-1868)* [dos tomos]. Los tres estudios permanecen inéditos.

Pilar Mateo Ortega

Departamento de Biología, Facultad de Ciencias, Universidad Autónoma, Darwin 2, Cantoblanco, 28049 Madrid, pilar.mateo@uam.es. Doctora en Biología por la Universidad Autónoma de Madrid, actualmente es catedrática de Fisiología Vegetal del Departamento de Biología de la Facultad de Ciencias de la misma Universidad. Su investigación se enmarca en el ámbito de las cianobacterias, habiéndose centrado en su caracterización morfológica, genética y fisiológica, así como en su utilización como bioindicadores en sistemas fluviales. Los resultados de esa investigación han sido aplicados en monitorización de la calidad del agua en ríos. Actualmente trabaja en la caracterización funcional de cianobacterias de *biofilms* de ríos y de costras biológicas de suelos. Dentro de ese campo, está interesada en la respuesta de las cianobacterias frente a alteraciones ambientales y perturbaciones humanas, y especialmente en su vulnerabilidad frente al cambio climático.

Íñigo Martínez-Solano

Museo Nacional de Ciencias Naturales (CSIC), Pinar 25, 28006 Madrid, inigomsolano@gmail.com. Nacido en Madrid (1975), es científico titular del CSIC y desarrolla su investigación en el Departamento de Biodiversidad y Biología Evolutiva del Museo Nacional de Ciencias Naturales. Sus líneas de trabajo se centran en el estudio de la historia evolutiva, la biología y la conservación de los anfibios ibéricos, con aportaciones en los campos de la sistemática molecular, la filogeografía y la genética del paisaje. Su investigación aborda el estudio de la biodiversidad desde una perspectiva integradora, que comprende el análisis de diferentes tipos de evidencia (faunística, demografía, datos morfológicos y moleculares) a diferentes escalas geográficas y temporales, con el objetivo final de conocer su origen y aportar información relevante para gestionar de manera eficaz su conservación. Desde 2014 es secretario general de la Asociación Herpetológica Española, organización que promueve y coordina el estudio y la conservación de los anfibios y reptiles en nuestro país.

Salvador Mollá Martínez

Departamento de Ecología, Facultad de Ciencias, Universidad Autónoma, Darwin 2, Cantoblanco, 28049 Madrid; salvador.molla@uam.es. Profesor titular del departamento de Ecología de la Universidad Autónoma de Madrid, ha participado en diferentes proyectos aplicados y de investigación en humedales y embalses, aunque su trabajo se ha centrado principalmente en el estudio de las aguas corrientes, y más concretamente en los aspectos relacionados con su funcionamiento (balances de materia orgánica, y producción primaria y secundaria), así como en su estado ecológico (*sensu* Directiva Marco del Agua), y la aplicación de indicadores estructurales (IBMWP, QBR, RQI, IHF) y funcionales (metabolismo de las comunidades bentónicas y descomposición de hojarasca). Una gran parte de estos trabajos han tenido lugar en los ríos de montaña de la sierra de Guadarrama, donde viene realizando estudios con regularidad desde el año 2000 como parte del grupo de investigación de «Ecología básica y aplicada de ecosistemas acuáticos continentales» de la Autónoma.

Juan Salvador Monrós González

Instituto Cavanilles de Biodiversidad y Biología Evolutiva, Universidad de Valencia, Catedrático José Beltrán 2, 46980 Paterna, València, juan.monros@uv.es. Profesor titular de Ecología del Departamento de Microbiología y Ecología de la Universidad de Valencia e investigador adscrito al Instituto Universitario Cavanilles de Biodiversidad y Biología Evolutiva, siendo su director en la actualidad. Su área de conocimiento es la ecología de poblaciones de vertebrados terrestres, las aves en especial y, más concretamente, los paseriformes palustres, aunque también trabaje con otros vertebrados, como mamíferos (murciélagos y erizos) y reptiles (con serpientes realizó su tesis doctoral). En la última década su interés se ha centrado, básicamente, en diferentes cuestiones ecológicas relacionadas con la conservación del escribano palustre iberoriental *Emberiza schoeniclus witherbyi*, y en el estudio de metacomunidades acuáticas de lagunas temporales, ocupándose de aspectos relacionados con los vertebrados. En su currículum se incluyen más de cincuenta de publicaciones internacionales.

Benito Muñoz Araujo

Departamento de Biodiversidad, Ecología y Evolución, Facultad de Ciencias Biológicas, Universidad Complutense, José Antonio Novais 12, 28040 Madrid, titomu@bio.ucm.es. Profesor contratado doctor en el Departamento de Biodiversidad, Ecología y Evolución de la Facultad de Ciencias Biológicas de la Universidad Complutense de Madrid (desde 2004), es licenciado en Ciencias Biológicas, especialidad Zoología, por la UCM (1986) y doctor en Biología por la misma universidad (1992). Ha sido profesor asociado del Departamento de Zoología y Antropología Física de la Facultad de Ciencias Biológicas de la Universidad Complutense de Madrid (1990-2004) y profesor visitante de la Universidad Nacional de Guinea Ecuatorial (Malabo) (2015).

Carolina Noreña Janssen

Museo Nacional de Ciencias Naturales (CSIC), José Gutiérrez Abascal 2, 28006 Madrid, norena@mncn.csic.es. Estudia Ciencias Biológicas en la Universidad Autónoma. Posteriormente inicia su investigación en Argentina, que culminó en la redacción y defensa de la tesis doctoral en la Universidad de Hamburgo. Después de diferentes contratos del Ministerio de Ciencia y de la Comunidad de Madrid, termina incorporándose como científico titular del CSIC en el Museo Nacional de Ciencias Naturales en el año 2007. El tema central de su investigación es la sistemática de los Platyhelminthes de vida libre, principalmente las especies dulceacuícolas, pero también las marinas y terrícolas. En este ámbito ha dirigido varias tesis doctorales, TFG y TFM. En el ámbito institucional ha colaborado como responsable científico de las Colecciones de Invertebrados y como jefe de Departamento de Biodiversidad y Biología Evolutiva.

Elvira Perona Urízar

Departamento de Biología, Facultad de Ciencias, Universidad Autónoma, Darwin 2, Cantoblanco, 28049 Madrid, elvira.perona@uam.es. Doctora en Ciencias (1995) y profesora titular de Universidad (2012) en la Universidad Autónoma de Madrid. Es profesora de Biología y Ciencias Ambientales, y de másteres como Inland Water Quality Assessment y Biotecnología. Su ámbito de investigación de más de treinta años está relacionado con el estudio de comunidades de cianobacterias de ríos desde el punto de vista morfológico, ecofisiológico, genético y toxicológico, con el objetivo de utilizar los organismos bentónicos como bioindicadores de calidad y salud de los ecosistemas, analizando los efectos de procesos ambientales, el cambio climático incluido, en la diversidad y potencial toxicidad de las cianobacterias. Ha participado en más de veinticinco proyectos de investigación competitivos del convocatorias nacionales, regionales e internacionales. Los resultados de la investigación han sido publicados en revistas de reconocido prestigio, como *J. appl. Phycol., Environ. Pollut., J. Environ. Qual, Hydrobiologia, Water Research, Sci. Tot. Environ. o Sci Report,* entre otras.

Antonio Quesada del Corral

Departamento de Biología, Facultad de Ciencias, Universidad Autónoma, Darwin 2, Cantoblanco, 28049 Madrid, antonio.quesada@uam.es. Profesor del Departamento de Biología de la Universidad Autónoma de Madrid. Ha trabajado con cianobacterias desde 1986 en diferentes ecosistemas, desde agroecosistemas como los arrozales, embalses y lagos de Europa, hasta regiones extremas como las zonas polares. Las temáticas en las que ha intervenido han estado centradas en la ecofisiología de estos organismos, pero desde perspectivas muy diferentes, tales como la fijación de nitrógeno molecular, la aclimatación y adaptación a radiaciones ultravioletas, la limnología, la ecotoxicología, la ecología trófica y la biogeografía. Hasta la fecha ha publicado más de ciento ochenta trabajos científicos y divulgativos, de los que más de ciento treinta se han publicado en revistas del *Journal Citation Reports*. Es investigador principal de numerosos proyectos competitivos nacionales e internacionales, y de proyectos de transferencia con empresas e instituciones públicas. Ha sido gestor del Programa de Investigaciones Polares de la Agencia Estatal de Investigación y en la actualidad es secretario técnico del Comité Polar Español.

Pablo Quintela Alonso

Departamento de Genética, Fisiología y Microbiología, Facultad de Ciencias Biológicas, Universidad Complutense, José Antonio Novais 12, 28040 Madrid, pablo.quintela@ucm.es. Nacido en Madrid (1976), es doctor en Biología por la Universidad de Santiago de Compostela (2007). Su actividad investigadora se centra en áreas de alfa-taxonomía, sistemática, evolución, ecología y biodiversidad de protistas ciliados. Cuenta con amplia experiencia internacional, incluyendo más de ocho años de estancias posdoctorales en centros de investigación de reconocido prestigio de Europa y Asia. Fue discípulo del profesor Wilhelm Foissner, eminencia mundial en ciliatología, quien contribuyó decisivamente en su formación y reconocimiento internacional como especialista en identificación de ciliados. Es uno de los pocos taxónomos europeos de dichos microorganismos y ha contribuido a la descripción de más de quince nuevas especies de distintos hábitats naturales, incluyendo ambientes extremos [caso del desierto de Atacama (Chile), sedimentos marinos abisales (Atlántico y Pacífico), etc.]. Ha sido invitado como ponente en diversos congresos internacionales y participado en eventos de difusión científica (Semana de la Ciencia, CERFA, CRE Divulga Institutos, etc.).

Carmen Rojo García-Morato
Instituto Cavanilles de Biodiversidad, Universidad de Valencia, Catedrático José Beltrán 2, 46980 Paterna, València, carmen.rojo@uv.es. Profesora del Departamento de Microbiología y Ecología de la Universidad de Valencia desde 1988, pertenece como investigadora al Instituto de Biodiversidad y Biología Evolutiva de dicha Universidad. Su área de conocimiento es la ecología de los sistemas acuáticos continentales y más específicamente: a) el plancton y sus interacciones con otros grupos como el perifiton o los macrófitos; b) las series temporales largas del plancton; c) el ensamblado de comunidades y d) el análisis de metacomunidades. En la última década su interés se centra en el impacto del cambio global sobre estas interacciones. Sus estudios se han llevado a cabo sobre ecosistemas naturales (lagunas y humedales de Castilla-La Mancha y Madrid y en lagunas someras de la costa mediterránea) y en experimentación con micro y mesocosmos. Su trabajo incluye más de un centenar de publicaciones internacionales.

Ignacio Ruiz Arrondo
Centro de Rickettsiosis y Enfermedades transmitidas por Artrópodos Vectores del Centro de Investigación Biomédica de La Rioja (CIBIR), Piqueras 98, 26006 Logroño (La Rioja), irarrondo@riojasalud.es. Obtiene la Licenciatura en Veterinaria en 2006 y el Máster en Salud Pública en 2012 en la Universidad de Zaragoza (UNIZAR). Defiende su tesis doctoral sobre la ecología e impacto en salud pública de *Simulium erythrocephalum* en España en 2018. Actualmente trabaja como investigador en el Departamento de Enfermedades Infecciosas del CIBIR (Centro de Investigación Biomédica de La Rioja), grupo dedicado al estudio de las zoonosis. Su principal línea de investigación es la entomología médico-veterinaria, en concreto diferentes aspectos de la ecología e impacto en salud pública y sanidad animal de vectores como mosquitos y simúlidos. Es miembro colaborador en el Grupo de Referencia «A17_17R RaySA (Grupo Reproducción Animal y Sanidad Animal)», reconocido por el Gobierno de Aragón, y profesor colaborador extraordinario de UNIZAR. Además de su actividad investigadora, participa como formador en cursos de entomología médico-veterinaria nacionales e internacionales y como supervisor de estudiantes de grado, máster y doctorado.

Salvador Sánchez Carrillo
Museo Nacional de Ciencias Naturales (CSIC), Serrano 115 dpdo., 28006 Madrid, sanchez.carrillo@mncn.csic.es. Se dedica al estudio de la biogeoquímica desde una perspectiva sistémica. Se doctoró en Geología por la Universidad Autónoma de Madrid (2000) y actualmente es científico titular del Museo Nacional de Ciencias Naturales (CSIC). Además de pasar por el CSIC (Centro de Ciencias Medioam-

bientales e Instituto de Recursos Naturales) y por la Universidad Autónoma de Madrid, su carrera científica se ha forjado en varias universidades de México y Estados Unidos. Es coeditor en tres revistas científicas internacionales y ha publicado tres monográficos dedicados al estudio integral de los ecosistemas acuáticos. Su principal línea de investigación se centra en el estudio del impacto del cambio global en las interacciones entre el funcionamiento (ciclos del agua, C, N y P) y la estructura (arquitectura de las redes tróficas) de los ecosistemas.

Susana Serrano Barrero
Departamento de Genética, Fisiología y Microbiología, Facultad de Ciencias Biológicas, Universidad Complutense, José Antonio Novais 12, 28040 Madrid, suserra@bio.ucm.es. Desarrolló su formación académica en la Facultad de Biología de la Universidad Complutense de Madrid, donde obtuvo el grado de licenciatura y el doctorado. En la actualidad es profesora titular de Universidad y tiene reconocidos seis tramos docentes y cinco sexenios de investigación. Ha participado en numerosos proyectos de investigación, siendo desde 2008 la investigadora principal en proyectos competitivos. Dirige el Grupo de Investigación UCM 910672 Ecología y Biotecnología Microbianas. Las líneas de investigación que ha desarrollado a lo largo de su trayectoria se centraron inicialmente en los protistas y posteriormente en el estudio de las comunidades microbianas en procesos de depuración de aguas residuales, ampliando el rango de grupos microbianos de interés. Este trabajo se ha traducido en numerosas publicaciones internacionales en revistas contempladas en el *Journal of Citation Reports.*

Óscar Soriano Hernando
Museo Nacional de Ciencias Naturales (CSIC), José Gutiérrez Abascal 2, 28006 Madrid, mcnh149@mncn.csic.es. Licenciado y doctor en Ciencias Biológicas por la Universidad Complutense de Madrid. Científico titular del CSIC en el Departamento de Biodiversidad y Biología Evolutiva del Museo Nacional de Ciencias Naturales. Antes trabajó como titulado superior especializado en conservación de colecciones de Invertebrados no insectos de dicho Museo. Desarrolla su investigación en ecosistemas acuáticos continentales (macroinvertebrados acuáticos (especialmente quironómidos, simúlidos y culícidos) y en artrópodos que son picadores o vectores de patógenos (Dípteros), tanto en estudios autoecológicos como en su control biológico. En la actualidad es investigador principal en el contrato de la Comunidad de Madrid, para el seguimiento, estudio y control de las poblaciones de mosca negra (*Simulium erythrocephalum,* De Geer, 1776) en los ríos de Madrid. Ha sido autor de artículos científicos, libros y capítulos de libros del ámbito científico al que dedica su tarea investigadora.

Manuel Toro Velasco
Centro de Estudios Hidrográficos (CEDEX), Paseo Bajo Virgen del Puerto 3, 28005 Madrid, manuel.toro@cedex.es. Licenciado en Biología, trabaja en el Centro de Estudios Hidrográficos del CEDEX, donde dirige el Área de Medio Ambiente Hídrico. Sus principales líneas de trabajo son la caracterización y la evaluación del es-

tado ecológico y de conservación de ecosistemas acuáticos continentales, así como el desarrollo de metodologías y programas para su seguimiento y estudio de los efectos de presiones y cambios ambientales. Ha participado como investigador en numerosos proyectos de I+D financiados en convocatorias públicas, en su mayoría llevados a cabo en ecosistemas acuáticos de la Antártida y en la alta montaña, así como en otros ecosistemas acuáticos mediterráneos, destacando el uso de técnicas paleolimnológicas para la reconstrucción de su evolución en el tiempo. Desde hace más de veinticinco años trabaja en el seguimiento limnológico e instrumentación de un grupo de lagunas de alta montaña del Sistema Central, estudiando su respuesta frente a cambios ambientales o climáticos.

José Luis Velasco Díaz
Víctor de la Serna 7, 28016 Madrid, velascomalva@hotmail.com. Es licenciado en Ciencias Biológicas por la Universidad Complutense de Madrid (1972), donde se doctoró en esa misma especialidad en 1979. Ha sido científico titular del CSIC desde 1975 hasta su jubilación en 2013, trabajando en el Centro de Investigaciones del Agua (CSIC, Arganda del Rey, Madrid, 1975-1987) y en el Departamento de Biodiversidad y Biología Evolutiva del Museo Nacional de Ciencias Naturales (CSIC, 1987-2013). Su actividad principal se ha dirigido hacia los estudios sobre contaminación de ríos y embalses en la Comunidad de Madrid hasta 1987, para luego dedicarse a estudios limnológicos de lagunas en las Comunidades de Madrid, Castilla-La Mancha y Castilla-León, la taxonomía y la faunística de los Rotíferos en especial.

Introducción

MIGUEL ÁLVAREZ COBELAS Y SALVADOR SÁNCHEZ CARRILLO

La esencia se complace en ocultarse
HERÁCLITO

Langsam, schleppend, wie ein Naturlaut *
GUSTAV MAHLER

La ecología madrileña ha nadado dentro de una vida peculiar. La ecología acuática, quizá más. En un territorio donde mandan tanto la enorme urbe y sus satélites –las siete estrellas de la bandera autonómica– no es de extrañar. ¿Por qué dedicarle a Madrid un libro sobre su ecología acuática si el impacto de las ciudades sobre los ecosistemas acuáticos resulta tan monumental? El motivo es que este territorio ha sido, junto con Cataluña, el que ha tenido mayor densidad de estudiosos de las aguas continentales de toda la Península Ibérica.

Por otra parte, Madrid –a pesar de su pequeñez– presenta unas características ambientales interesantes. La primera es el gradiente altitudinal: desde la fosa del Tajo (< 500 m) hasta las cumbres de Guadarrama (> 2400 m). La segunda es la litología: *grosso modo*, rocas ácidas y plutónicas al norte *vs* rocas básicas y sedimentarias al sur; paisajes silíceos al norte, oeste y suroeste; paisajes yesíferos al sur y este. La tercera es el impacto antrópico derivado de la mera existencia de la capital y de las ciudades circundantes, que –a pesar de todo– permite la existencia de ecosistemas aún razonablemente poco alterados (Peñalara y arroyos de montaña de la sierra de Guadarrama). La cuarta es la creación reciente de numerosos ecosistemas acuáticos, como los embalses grandes y pequeños, las charcas derivadas de la explotación de pórfido y granito, y las lagunas de gravera. La quinta es la existencia de numerosos ambientes naturales de poco tamaño (manantiales, charcas, lagunillas...) poco o nada conocidos, cuyo interés para la biodiversidad y los flujos biogeoquímicos resulta desproporcionadamente grande, como empieza a saberse ahora por fin (Downing, 2010).

En conjunto, Madrid sería un mundo limnológico pequeño, menos que regional en el sentido de Naumann, pero buen ejemplo local de los ecosistemas acuáticos del Primer Mundo templado cálido. Prácticamente no hay estudios globales sobre la limnología madrileña. Uno, muy primerizo, es el de Álvarez Cobelas y García Avilés (2003) sobre los ambientes estancados. Otro, el dedicado a Peñalara (Granados *et al.*, 2006).

---

* Despacio, reptando, como un sonido de la Naturaleza (traducción de los editores).

Una pregunta que cabría hacerse ahora es: ¿por qué no ha habido más investigación sobre ecología acuática en Madrid, si hay tantos limnólogos? Intentaremos dar respuesta a esto en las páginas que siguen.

Este libro pretende conocer, pues, qué cosas se saben y cuáles no sobre la ecología acuática en el territorio de Madrid. Por lo tanto, tendrá en cuenta el ambiente abiótico, los organismos y los procesos ecológicos. En los seres vivos, un rasgo fundamental es la riqueza de especies, a la que se presta atención especial para inventariar lo conocido y sugerir qué habríamos de conocer. La divergencia en los modos nomenclaturales entre botánicos y zoólogos nos han hecho homogeneizarlos de la manera más sencilla, es decir, dando cuenta únicamente de la autoría de cada taxón y no del año de descripción. Además, nos ha parecido inútil usar grupos taxonómicos superiores al género, dado su carácter efímero a largo plazo.

Todos los organismos citados para la Comunidad de Madrid en los ambientes acuáticos se incluyen en cada capítulo correspondiente; además, en el Repositorio Digital del CSIC (https://digital.csic.es/) figurarán esos taxones junto con las localidades en las que se han encontrado. Obviamente, una especie citada a comienzos del siglo XX puede no residir ya en la localidad correspondiente, pero se han incluido todas las registradas por tres motivos: 1.º) no existe ninguna base de datos de organismos para el territorio madrileño, 2.º) les ahorrará tiempo a los futuros estudiosos cuando deseen buscar una especie concreta en un lugar concreto, y 3.º) sirve como testigo para determinar los cambios futuros en la biodiversidad madrileña y en su distribución geográfica. De todos modos, los acelerados cambios que están generando las técnicas moleculares aplicadas a la taxonomía harán que las especies y su nomenclatura muten en poco tiempo, lo cual –junto con la desaparición de la figura del taxónomo clásico– supondrá una novedad radical en los conocimientos sobre la diversidad de organismos en pocas décadas.

Obviamente, también, las nuevas técnicas ecológicas (detección remota, sensores automatizados), así como los nuevos conceptos y teorías, harán que la visión actual de la disciplina ecológica varíe y, quizá, aumente en un futuro próximo. Por lo tanto, este libro refleja el estado de la ecología acuática en Madrid en un momento muy concreto (año 2020), sabedores de que sus transformaciones probablemente serán bastante notables en las décadas futuras.

En cualquier caso, un aspecto importante que se adopta en cada capítulo es la identificación de las lagunas existentes en el conocimiento de cada aspecto concreto, por si cabe abordarlas en el futuro con las herramientas y las teorías correspondientes. Y otro aspecto de interés para el futuro será su utilidad como referencia para aseverar los cambios que a buen seguro tendrán lugar por efecto del impacto antrópico (el cambio global, pero también otros muchos deterioros que ahora se tienen menos presentes, como la simple contaminación o la esquilmación del recurso hídrico, por ejemplo) y de la propia dinámica natural de los ecosistemas a largo plazo.

Conviene señalar que este libro es el fruto del trabajo de una generación de investigadores, buena parte de los cuales iniciaron sus trabajos en este área coincidiendo con los primeros años tras la entrada en vigor de la primera Ley de la Ciencia española, en 1986. Cuando este libro vea la luz, algunos de ellos ya se habrán jubilado, y bastantes más estarán a punto de hacerlo. El libro ofrece, por tanto, un aspecto generacional que da cuenta, asimismo, de la manera de abordar la investigación.

Por último, quisiéramos hacer constar que a más de un lector le sorprenderá el elevado número de capítulos en los que participa un autor determinado. No era esa su intención inicial: es fácil imaginar los motivos de este hecho, que se anclan en la curiosa sociología del investigador hispano. Además, ha sido nuestra intención ofrecer una visión lo más completa posible de la ecología acuática madrileña y de su estado en el año 2020 como referencia en el futuro, razón por la cual se ha completado lo más posible el número de temas objeto de estudio, por modestos que puedan parecer *a priori*.

Y para acabar esta Introducción y como suele ser costumbre en muchos libros, nos gustaría señalar que los méritos y deméritos del libro que tienes en tus manos, amable lector, se deben exclusivamente a los autores de cada capítulo, los cuales quieren agradecer públicamente al CSIC la edición del mismo. Por otro lado, queremos añadir que tanto Ángel Rubio Olmo como José Luis Ayala Liquiñano, del Museo Nacional de Ciencias Naturales (CSIC), son responsables de gran parte de los análisis químicos que figuran en estas páginas, por lo cual los editores les estamos sumamente agradecidos.

CAPÍTULO I

Antecedentes históricos de la ecología de las aguas continentales en Madrid

SANTOS CASADO DE OTAOLA

RESUMEN

El desarrollo de la ecología acuática en España no puede explicarse sin una serie de episodios fundacionales que tuvieron lugar en Madrid y su provincia, actualmente Comunidad Autónoma de Madrid, a finales del XIX y en la primera mitad del XX. No es tanto que fuera en el territorio madrileño donde se llevaran a cabo algunas de las primeras prospecciones biológicas y limnológicas de medios acuáticos continentales, como lagos de montaña o ríos mediterráneos, sino sobre todo el hecho de que muchos de esos estudios pioneros, dentro y fuera de Madrid, fueron resultado de programas desarrollados desde instituciones y grupos de investigación madrileños. Desde un punto de vista histórico, la capitalidad de Madrid ha sido sin duda un factor clave en su papel como sede de actividad científica. Algunos actores clave en la «prehistoria» de la ecología acuática en España han estado así vinculados a instituciones madrileñas como el Museo de Ciencias Naturales, caso de Mariano de la Paz Graells en la segunda mitad del XIX o Celso Arévalo a principios del XX, o los centros de investigación aplicada de los ingenieros de montes, caso de Luis Pardo o Luis Vélaz de Medrano en la década de 1930. La Guerra Civil supuso «sin embargo» una notable discontinuidad entre este periodo inicial y posteriores desarrollos científicos en la España de Franco y en la etapa democrática.

Palabras-clave: ciencia útil, historia natural, investigadores pioneros, naturalistas, ingenieros.

SUMMARY: HISTORICAL ROOTS OF INLAND WATER ECOLOGY IN MADRID

The historical development of aquatic ecology in Spain cannot be explained without referring to those foundational episodes that took place in Madrid and its province, nowadays Comunidad Autónoma de Madrid, in the late nineteenth century and the first half of the twentieth century. It is not so much that some of the first biological and limnological surveys of Spanish continental aquatic ecosystems, including mountain lakes and

Mediterranean rivers, were carried out in Madrid, but that many of those early studies, in Madrid and in other Spanish regions, were the result of research programmes developed by scientific institutions or groups based in Madrid. From a historical point of view, being the capital city has undoubtedly been a key aspect in Madrid's role as a scientific venue. In this regard, some key actors in the «prehistory» of Spanish aquatic ecology, such as Mariano de la Paz Graells in the second half of the nineteenth century, or Celso Arévalo in the early twentieth century, were active in the Museo de Ciencias Naturales, whereas other authors were affiliated with applied research facilities controlled by the Corp of Forestry Engineers, such as Luis Pardo and Luis Vélaz de Medrano in the 1930s. The Spanish Civil War (1936 to 1939) meant, to a considerable degree, a lack of continuity between this early period and later scientific developments in Francoist and democratic Spain.

LOS COMIENZOS

En 1864 aparecía impreso en Madrid el *Manual práctico de piscicultura* de Mariano de la Paz Graells, «escrito y publicado», según se indicaba en la portada, «de orden de S. M. el Rey» (Graells, 1864). ¿Puede tener algo que ver un logro de esta índole con la historia de la ecología acuática en Madrid? La cuestión remite a dos puntos que serán relevantes en el recorrido histórico que este capítulo quiere plantear.

Un primer aspecto es la vinculación de ciertos desarrollos científicos con Madrid, tanto con la ciudad, en su condición de villa y corte, como con el territorio que en torno de la capital quedó definido como *provincia* y, más tarde, como *Comunidad Autónoma.* Y es que uno de los rasgos distintivos de Madrid es ser la sede de una alta tasa, en términos comparativos, de estudiosos de las aguas continentales. La perspectiva histórica confirma, en efecto, que la condición capitalina y la consiguiente acumulación de instituciones doctas y académicas hace de Madrid un singular foco de estudios, proyectos y publicaciones (Lafuente, 1998). Esa labor científica, por obvias razones de contigüidad espacial, a menudo se vuelca sobre el propio territorio madrileño y sus inmediaciones, haciendo más gruesa y densa la capa de conocimiento que históricamente se acumula en derredor de la ciudad. Así pues, no es solo que el histórico *Manual* de Graells –tomado aquí como ejemplo– se plantee, realice e imprima en la Corte; es que a la hora de ilustrarlo con ejemplos, documentarlo con casos o aportar datos concretos, son las masas acuáticas madrileñas las que con mayor facilidad se toman como referencia en sus páginas. Tales son los estanques de La Granjilla (figura 1.1), que en tiempos de Felipe II se aparejaron cerca de El Escorial para criadero de tencas, puntualmente descritos y propuestos como modelo de otros que pudieran construirse «en las provincias» (Graells, 1864: 41-46).

El segundo punto tiene que ver con la relación entre el desarrollo de una ciencia que pudiera llamarse *básica,* objeto de este volumen, y las cuestiones de índole práctica, productiva o de algún modo económica, como es el caso de la piscicultura en el ejemplo del que nos estamos sirviendo. Y es que un rasgo común al desarrollo histórico de la ecología acuática en diversas circunstancias y regiones ha sido el entrelazamiento entre intereses científicos de tipo filosófico, en busca de un más profundo conocimiento de los modos en que la naturaleza se produce y funciona, y afanes prácticos para los cuales los saberes científicos tienen un papel instrumental, como herramienta para el mejor aprovechamiento de un recurso o el desarrollo de

Figura 1.1. Uno de los estanques de La Granjilla, cerca de El Escorial (Madrid) en un grabado del *Manual práctico de piscicultura* (Graells, 1864).

alguna nueva actividad económica. Así, los trabajos pioneros del norteamericano Stephen A. Forbes sobre el lago como microcosmos (Forbes, 1887) o del alemán Karl Möbius sobre el banco de ostras como biocenosis (Möbius, 1877) surgieron como parte de proyectos de investigación aplicada relacionados con la agricultura, la acuicultura o la pesca (Deléage, 1992).

Por todo ello, al tratar de proporcionar la somera introducción histórica apuntando algunos de los antecedentes y primeros desarrollos de la ecología de las aguas continentales en el territorio de Madrid, resulta seguramente necesario atender, con criterio amplio, a distintas manifestaciones de interés científico y económico por los medios acuáticos y sus «producciones naturales», por utilizar una expresión del tiempo de Graells. Es decir, hallar las raíces intelectuales, institucionales, profesionales de lo que en las últimas décadas podemos reconocer, bajo nuestra perspectiva y nuestro lenguaje actuales, como el cultivo científico de la ecología acuática en la Comunidad de Madrid, requiere proyectar sobre épocas anteriores una mirada histórica atenta a las circunstancias y lógicas de esos periodos pretéritos. Ha de ser una mirada que trate de entender ese pasado en sus propios términos y contextos, evitando, por tanto, aplicar de modo rígido las categorías que actualmente se manejen sobre delimitaciones disciplinares o identidades académicas y profesionales. Habrá que buscar, por decirlo de otro modo, la ecología antes de la ecología.

Procede, pues, atender a la figura de Mariano de la Paz Graells y a sus proyectos e intereses sobre las aguas continentales a mediados del XIX. E igualmente a otros naturalistas, profesores e ingenieros, activos en las décadas que llegan hasta mediados del siglo XX. Todo ello puede servir como una prehistoria de la ecología acuática en Madrid y, en esa medida, como introducción a la realidad más neta y definida de ese ámbito disciplinar en el último medio siglo.

CIENCIA ÚTIL

Quien crea que los llamamientos a hacer de la investigación una herramienta de desarrollo económico son cosas de las últimas décadas, asociadas a etiquetas más o menos afortunadas de *I+D+i* y jerga por el estilo, no tiene más que volverse hacia los afanes de los naturalistas decimonónicos para hallar en ellos toda clase de preocupaciones y proclamas sobre la utilidad aplicada de sus trabajos científicos. La aclimatación de especies foráneas de posible interés económico, la aplicación de la zoología a la lucha contra las plagas o la introducción de nuevos cultivos acuáticos fueron otros tantos campos de interés para muchos naturalistas del siglo XIX. En España la figura descollante de este periodo es el zoólogo Mariano de la Paz Graells, de linaje catalán, nacido en tierras riojanas y vinculado sobre todo a Madrid, donde trascurrió la mayor parte de su vida científica, asociada a instituciones académicas madrileñas y cercana también a la corte de Isabel II. Característico de Graells fue su interés por mostrar a la monarquía y a la sociedad esa ciencia útil que incluyó la promoción de las por entonces poco desarrolladas técnicas acuícolas, en particular la piscicultura continental de salmónidos (Aragón, 2009).

Los logros de Graells como promotor de la piscicultura se basaban en una previa y más amplia actividad científica como zoólogo, actividad en la que se incluyeron estudios ictiológicos relevantes para su época. De ahí surgió una asombrosa variedad de propuestas, publicaciones e iniciativas relativas a medios acuáticos continentales y marinos y a aprovechamientos tanto acuícolas como pesqueros (Pérez-Rubín, 2006). En la parte que aquí nos toca, el hito más relevante fue la apertura de un primer establecimiento piloto de piscicultura en el Real Sitio de la Granja de San Ildefonso, el cual, si bien ubicado en la vertiente segoviana de la sierra, debe aquí considerarse tanto por su relación con las iniciativas vinculadas a la corte y a la Real Casa, que se extendían por toda la constelación de reales sitios en torno de Madrid, como por los ensayos y sueltas que desde allí Graells planeó o realizó en distintos enclaves madrileños. En esos planes, luego frustrados por los acontecimientos políticos de 1868, se preveía acometer otros ensayos y contar con viveros y depósitos adicionales en lugares como los estanques de La Granjilla, ya mencionados más arriba, o el Real Sitio de Aranjuez. Tras iniciar su funcionamiento en 1867, la Piscifactoría de La Granja comenzó a producir cantidades apreciables de huevos fecundados de trucha del país, con los que se repoblaban estanques, ríos y arroyos de la sierra de Guadarrama, al tiempo que se planteaban ensayos para la reproducción de salmónidos exóticos (como salvelinos y huchos), muy en consonancia con el prolongado interés de Graells por la «aclimatación», según el lenguaje de la época, de especies foráneas de posible interés económico (Pérez-Rubín, 2006: 1048-1049).

Como se apuntaba más arriba, el entrelazamiento entre el cultivo científico de la historia natural, que en el caso de Graells se plasmó en relevantes estudios taxonómicos y faunísticos, y los intereses de tipo aplicado, como los que acaban de describirse, resulta ser muy estrecho. Porque igualmente podemos encontrar a Graells junto a los medios acuáticos del Guadarrama en pos de sus intereses puramente zoológicos, tratando de añadir novedades a su predilecta «Fauna Matritense», según él mismo la llamó en alguna ocasión (Casado, 2010b: 76).

Así ocurrió en la primavera de 1854, cuando, con motivo de la estancia en Madrid de dos entomólogos franceses, Graells aprovecha para llevarlos a uno de sus cazaderos serranos, en las cumbres de Peñalara, y exploran juntos las orillas de la laguna de los Pájaros. El apunte se debe a otro gran entomólogo, Manuel Martínez de la Escalera, quien casi un siglo más tarde recordaba aquella escena, en la que «discurren lentamente junto a los bordes de la Laguna de los Pájaros [...] tres ilustres varones», cuando, de pronto, «D. Mariano, con sus largas patillas ya entrecanas [...] inclinábase por tierra y con la diestra recogía de entre la hierba, sujetándole entre el índice y el pulgar, un bichillo negro», objeto de su especial interés por tratarse de una nueva forma de coleóptero por él descubierta, que no quería dejar de mostrar a sus colegas franceses (M[artínez] de la Escalera, 1943: 337-338).

HISTORIA NATURAL ENTRE DOS SIGLOS

Esta vertiente más tradicional de los estudios naturalistas fue fuertemente impulsada por Graells en el panorama más bien raquítico de la ciencia española de mediados del XIX. La fundación en 1871 de la Sociedad Española de Historia Natural, constituida en Madrid por un puñado de naturalistas entusiastas, tiene mucho que ver con el legado del maestro, aunque contingencias políticas, institucionales y personales le hubieran alejado y hasta enfrentado respecto a este grupo de emprendedores. El éxito de la nueva Sociedad, cuyo centro de gravedad se mantuvo en la capital madrileña, puede medirse por la proliferación y la diversificación de los estudios geológicos, botánicos y zoológicos que propició en las décadas subsiguientes (Gomis, 1998). En lo que respecta al estudio de los organismos acuáticos, tal impulso no parece haber sido sin embargo suficiente, ya que entre los vacíos que la historia natural siguió teniendo en España figuró destacadamente el estudio biológico de las aguas continentales, apenas cultivado hasta la llegada del siglo XX.

Tanto es así que puede afirmarse que el primer programa científico específicamente dedicado a la hidrobiología o biología de las aguas continentales en España fue el impulsado, a partir de 1912 aproximadamente, por el naturalista Celso Arévalo. A cambio de tan excesiva espera, el proyecto de este nació bajo un enfoque doblemente modernizador, por cuanto incorporó de inicio una perspectiva explícitamente ecológica, lo que aumenta retrospectivamente su interés histórico, tanto en el desarrollo de la biología acuática como en el más amplio contexto del conjunto de las ciencias naturales en la España del primer tercio del siglo XX (Casado, 1997). Con anterioridad a los trabajos de Arévalo, y tomando el territorio madrileño como ejemplo, apenas pueden señalarse más que unas pocas contribuciones aisladas para el estudio científico de nuestros medios acuáticos. Sin contar ocasionales visitantes extranjeros, los naturalistas españoles de finales del XIX y primeros años del XX solo ocasionalmente trataron aspectos tales como la historia geológica y la geomorfología asociadas al glaciarismo cuaternario, con referencias a las lagunas glaciares del Guadarrama, o ciertos grupos acuáticos, como bacterias, diatomeas, moluscos, insectos, crustáceos o peces. El caso de la laguna Grande de Peñalara ha sido tratado monográficamente por Manuel Toro (2007) en un estudio histórico donde pueden encontrarse referencias detalladas de este tipo de antecedentes fragmentarios.

A ello habría que añadir, aspectos pendientes de investigación histórica como las investigaciones microbiológicas sobre aguas madrileñas, llevadas a cabo por José Madrid Moreno u otros investigadores vinculados al Laboratorio Municipal de Madrid a principios de siglo, o aquellas otras sobre hidroquímica o calidad de aguas, las cuales pudieron desarrollarse en ese mismo ámbito o en relación con la gestión de los embalses y depósitos destinados al abastecimiento de la capital en esas décadas interseculares. Si bien los episodios históricos correspondientes a los primeros pasos de la ecología acuática en Madrid han sido, en general, bien estudiados, los aspectos que acaban de señalarse podrían constituir las principales lagunas de conocimiento historiográfico pendientes de desarrollo.

Llegamos así a 1912 y a la puesta en marcha de un primer Laboratorio de Hidrobiología a cargo de un joven y dinámico catedrático de historia natural. Celso Arévalo Carretero, destinado en el Instituto de Valencia, decide aprovechar la proximidad de La Albufera para imitar el modelo institucional y científico de los laboratorios limnológicos ya creados en Europa y América del Norte, aunque su referencia más directa fueran los laboratorios de biología marina, que él mismo había conocido como posgraduado en estancias de investigación en los años 1904-1905 en la Estación de Biología Marítima de Santander, por entonces única en su género en España. De las aguas marinas a las continentales, Arévalo, bien formado y capaz, ve la oportunidad de establecer su propio campo de investigación y consigue en los años siguientes resultados más que estimables, que, en retrospectiva, avalan su consideración como «introductor de la ecología acuática en España» (Casado, 2010a: 171).

La llegada de este proyecto ecológico a Madrid se produce en 1919, con motivo del traslado de Arévalo al Instituto del Cardenal Cisneros, centro de referencia en la educación secundaria de la capital madrileña. Conviene apuntar aquí que el profesorado de secundaria ha desempeñado históricamente un papel muy relevante en el desarrollo de la ciencia española, por lo menos hasta mediados del siglo XX (López-Ocón *et al.,* 2012) y que en el caso concreto de los naturalistas no son pocos quienes desde dichos institutos alcanzaron un nivel científico en distintos estudios geológicos, botánicos o zoológicos comparable, cuando no superior, a sus colegas de las facultades universitarias.

De cualquier modo, Arévalo había dotado a su proyecto de suficiente prestigio como para negociar, con motivo de su llegada a Madrid, la creación en el Museo Nacional de Ciencias Naturales, dirigido por Ignacio Bolívar, un departamento o laboratorio de hidrobiología, cuya jefatura iba a quedar encomendada al mismo Arévalo. La actividad investigadora y divulgadora de Arévalo en estos años madrileños de la década de los veinte mantiene, en lo fundamental, una línea de continuidad respecto a la labor que previamente había planteado en Valencia. Si acaso, la mayor estabilidad profesional y el relieve institucional logrados ahora por Arévalo se tradujeron, de forma aparentemente paradójica, en una disminución del intenso dinamismo que había desplegado en su etapa anterior. No obstante, hubo en esta etapa madrileña logros específicos que conviene subrayar.

EL PLANCTON EN EL RETIRO

Atento al desarrollo de la hidrobiología en Europa y América como una ciencia netamente ecológica, Arévalo hizo del estudio del plancton la piedra de toque de la modernidad con la que quiso siempre presentar su proyecto científico. Limitado en sus primeros trabajos por el enorme atraso en el conocimiento básico de los organismos acuáticos en los ríos, lagos y humedales españoles, y obligado en esa medida a un trabajo taxonómico en diversos grupos, de no poco mérito dadas las circunstancias, Arévalo trató de explayar su concepción ecológica con mayor libertad en sus años madrileños, arropado por la seguridad de unos destinos profesionales que podía considerar ya como definitivos, tanto en su cátedra como en su vínculo con el Museo.

A este respecto, destacan en este periodo de los años veinte dos publicaciones, un libro de alta divulgación y un artículo de investigación. Comenzando por este último, por su especial vínculo con Madrid, cabe apuntar que se trata quizá del primer trabajo de investigación netamente planteado en términos de ecología acuática que se haya publicado en España. Se trata de «Algunas consideraciones sobre la variación temporal del plankton en aguas de Madrid» (Arévalo, 1923). En este artículo, opta al fin por abordar directamente un problema ecológico, sorteando las dificultades taxonómicas que previamente le habían limitado en ese aspecto. El problema elegido, muy típico del interés de la limnología de principios del siglo XX por el estudio del plancton, se centra en la variación cualitativa y cuantitativa de una comunidad planctónica: la del madrileño estanque de El Retiro, en este caso a lo largo de un ciclo anual (figura 1.2). Merece anotarse que poco antes, en 1921, Arévalo había conocido de primera mano algunos ejemplos de investigación planctoló-

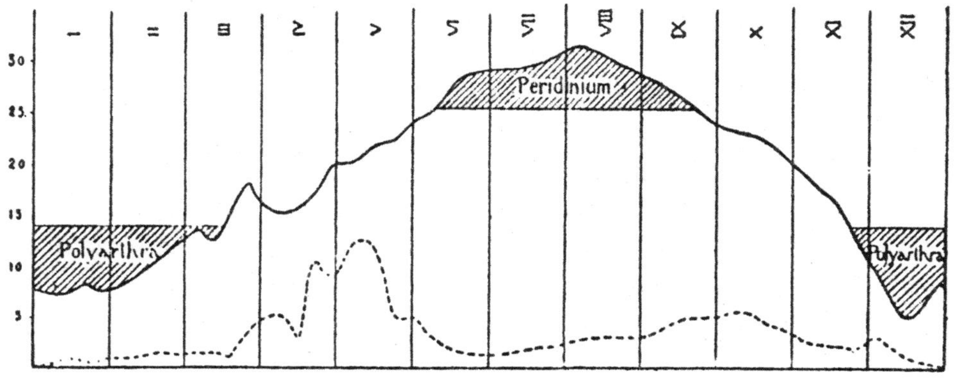

Figura 1.2. Variación anual del plancton de El Retiro según el estudio de Arévalo de 1923, reproducido en *La vida en las aguas dulces* (Arévalo, 1929).

gica en Europa, gracias a una beca para la realización de un viaje de estudios, durante el cual pudo visitar varios laboratorios en Alemania y Suiza.

En cuanto a la vertiente divulgativa, de gran importancia por lo que pudo contribuir a allanar la progresiva aclimatación de la limnología en España, destaca su libro *La vida en las aguas dulces* (Arévalo, 1929). Preparado en Madrid, publicado en Barcelona y distribuido en toda España y en algunos países latinoamericanos gracias a la amplia difusión de la que por entonces gozaba la editorial Labor y su colección «Biblioteca de Iniciación Cultural», este volumen recogía, a modo de ejemplo, numerosos datos y figuras procedentes de las investigaciones de Arévalo y sus colaboradores en distintos medios acuáticos de la Península, la madrileña laguna Grande de Peñalara entre ellos. Pero este valor circunstancial, como repertorio de información sobre aquellas investigaciones pioneras, resultaba para Arévalo secundario respecto del propósito principal del libro, con el que se trataba de «despertar interés en esta clase de estudios» y «divulgar la moderna orientación biológica de las ciencias naturales», lo cual habría de servir además para crear un clima favorable para el fomento de la «investigación hidrobiológica española» (Arévalo, 1929: 5). Anotemos que «la moderna orientación biológica» a la que alude Arévalo no es, en el lenguaje de la época, sino una forma de referirse a los enfoques de tipo ecológico.

El proyecto ecológico de Arévalo careció de continuidad directa a partir de los años treinta, a lo que debió de contribuir su falta de sintonía ideológica, dada su posición política más bien conservadora dentro de la moderación, con el ambiente republicano e izquierdista que predominó en el Museo de Ciencias Naturales a partir de la proclamación de la República en 1931 (Casado, 1997).

Sin embargo, la vertiente aplicada de los estudios sobre medios acuáticos, la cual se entrelaza inevitablemente con los estudios de carácter más básico, fue cultivada hábilmente por Arévalo con objeto de ampliar las posibilidades de desarrollo institucional de sus proyectos científicos. A ello contribuyó su previo traslado a Madrid, lo que facilitó cercanía física y personal a distintos ámbitos ministeriales relacionados, sobre todo, con la pesca continental. Así, en los años veinte podemos hallar a Arévalo participando en la redacción de legislación pesquera y procurando hallar acomodo profesional para su discípulo Luis Pardo en los organismos técnicos vinculados a los Ingenieros de Montes, en la medida en que estos tenían entre sus competencias las referidas a la gestión de los recursos pesqueros en ríos, lagunas y lagos (Casado, 2006).

Que el interés de Arévalo en estas cuestiones era más bien táctico, como vía para ampliar los escasos apoyos que en la España de la época podía conseguir, lo ratifican sus propias palabras en carta dirigida precisamente a Pardo el 26 de marzo de 1927 a propósito de una comisión de legislación pesquera. «Aunque ya sabes que yo no me intereso por los problemas técnicos de la pesca y solamente por los puramente científicos, y por eso lo que he recabado siempre es la intervención del Lab. de Hidrobiología y no la personal mía, quizá me vea obligado en esta ocasión a aceptar ese puesto para evitar que se anule al Lab» (Casado, 2006: 95). La referencia a la posible anulación de su Laboratorio en esta última cita debe entenderse referida solo a su participación institucional en la citada comisión y no tiene, por tanto, mayor alcance, pero resulta premonitoria de su posterior desaparición a principios de los años treinta, ocurrida en el contexto de tensiones políticas en el Museo que más arriba se han mencionado.

NATURALISTAS E INGENIEROS

El éxito, al menos parcial, de esta estrategia se vio refrendado con la obtención de un puesto técnico para Luis Pardo en una nueva Sección de Biología de las Aguas Continentales, creada en 1931 en el seno del Instituto Forestal de Investigación. Este centro, ubicado en las cercanías de Madrid, cerca del puente de San Fernando sobre el Manzanares, venía a ser el brazo científico e investigador de que se dotaba el Cuerpo de Ingenieros de Montes para el ejercicio de las funciones técnicas que el Estado le encomendaba. Paradójicamente, si el clima político de la República dificultó la labor de Arévalo en el Museo, fueron las reformas republicanas las que abrieron un nuevo espacio institucional para su proyecto en dicho Instituto. Refundido y reformado ya en mayo de 1931, el Instituto incluyó, desde entonces, la citada Sección de Biología de las Aguas Continentales. En 1932 sufrió una nueva reorganización y adoptó su nombre completo de Instituto Forestal de Investigaciones y Experiencias, pero la Sección que aquí nos interesa se mantuvo sin cambios (Casado, 1997: 253).

Un aspecto interesante de las actividades de esa Sección tiene que ver con la figura de Pardo y su ya señalada condición de discípulo y continuador de Arévalo. Como publicista, Pardo dio a la imprenta en estos años algunas obras valiosas, como *Lagos de España* (Pardo, 1932), apreciable intento divulgativo de llevar el conocimiento de los medios acuáticos a públicos más amplios, o la serie de artículos «Datos para el estudio de la fauna hidrobiológica española», que entre 1932 y 1933 aparecieron con su firma en el *Boletín de Pesca y Caza,* una publicación oficial de la cual el propio Pardo fue durante varios años redactor jefe (Casado, 1997: 251). En ese *Boletín* publicó también algunos datos sobre plancton fluvial (Pardo, 1935), lo cual enlaza con el desarrollo de una nueva línea de investigación, que fue alentada en aquella Sección.

En efecto, otro aspecto relevante es el inicio de investigaciones ecológicas sobre ríos, tema apenas abordado previamente, que tiene un capítulo relevante en los estudios sobre peces continentales de los ingenieros Luis Vélaz de Medrano y Jesús Ugarte. Aunque no todos sus trabajos llegaran a ver la luz antes del estallido de la guerra en 1936, al menos sus investigaciones sobre el madrileño río Manzanares –las más completas por la obvias facilidades de estudio que para ello tuvieron– sí se plasmaron en una interesante monografía con la que puede decirse se inauguran las publicaciones sobre ecología fluvial en España. Se trata del *Estudio monográfico del río Manzanares* (Vélaz de Medrano y Ugarte, 1933), en el cual se analizaba la distribución de las especies de peces a lo largo del eje fluvial en relación con sus características físico-químicas y bióticas, utilizando para ello catorce estaciones de muestreo. La variación de la ictiofauna, de la que se hace un inventario detallado, se contrasta con datos sobre oxígeno disuelto, materia orgánica, cloro y dureza total, para concluir que es el oxígeno en este caso el factor ambiental clave. El apoyo visual mediante gráficas es particularmente llamativo en esta obra. Los trabajos de campo se llevaron a cabo en 1931 y la publicación apareció en 1933 (figura 1.3).

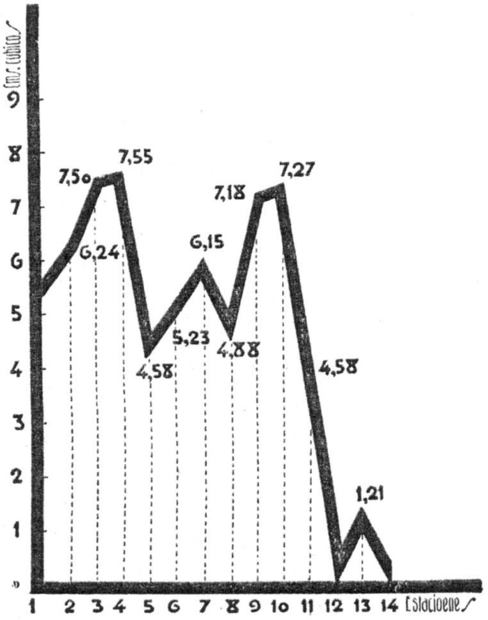

Figura 1.3. Una de las gráficas referidas a distintas variables ambientales que se incluyen en el *Estudio monográfico del río Manzanares* (Vélaz de Medrano y Ugarte, 1933).

CONTINUIDADES Y RUPTURAS

Más allá de la labor de Arévalo y sus derivaciones, el otro foco madrileño de estudio biológico de las aguas continentales se sitúa por esos años en el Jardín Botánico, aunque se trate de un empeño tan individual y tan circunscrito a un científico singular que lo relevante resulta ser la persona. Se trata del botánico especializado en algas continentales Pedro González Guerrero, cuyo mérito al desarrollar esta línea de trabajo ha de valorarse «[t]eniendo en cuenta la escasa tradición española en esa clase de estudios» (Álvarez Cobelas y Gallardo García, 1985: 4). Bajo tales premisas, la labor de González Guerrero hubo de ser sobre todo de prospección, taxonomía y corología, si bien destacó por su interés en la caracterización ecológica y biogeográfica de las algas españolas. Su labor profesional estuvo sobre todo vinculada hasta el final de su carrera, al Jardín Botánico y a Madrid. El ámbito geográfico de sus investigaciones se extendió, ya antes de 1936, a diversas regiones ibéricas, incluidos lógicamente los medios acuáticos madrileños (figura 1.4), objeto de algún trabajo monográfico (González Guerrero, 1932). Tras la guerra civil, González Guerrero reanudó su labor, en la que se aprecia un creciente énfasis ecológico y ambiental, aunque desgraciadamente bajo condiciones de escaso apoyo institucional que dificultaron su continuidad en cuanto a la formación de discípulos o la posible articulación de un grupo o escuela (Álvarez Cobelas y Gallardo García, 1985).

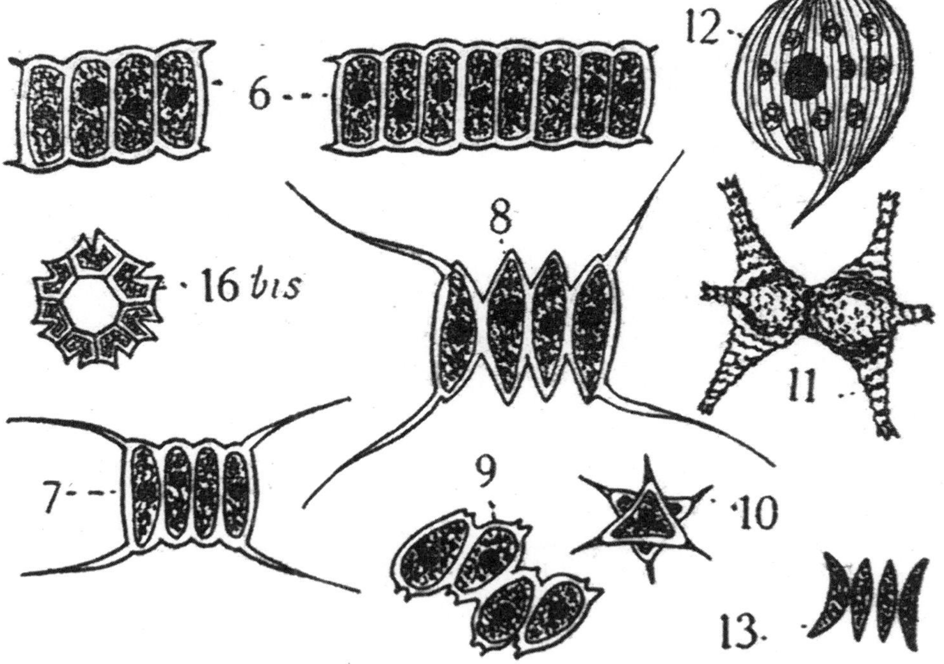

Figura 1.4. Algunas de las algas estudiadas por Pedro González Guerrero en charcas del Manzanares, cerca de Madrid (González Guerrero, 1932).

Antes de concluir el comentario sobre el vínculo histórico entre botánica y ecología de medios acuáticos madrileños, convendrá recordar a dos personajes sobresalientes por sus estudios sobre las llamadas *estepas,* con especial énfasis en la geografía botánica de las regiones centrales de la Península. Las publicaciones de Eduardo Reyes Prósper, especialmente sobre las carófitas de las lagunas interiores (Reyes Prósper, 1910), y de Emilio Huguet del Villar sobre agrupaciones vegetales del centro peninsular, incluidas las orlas de vegetación palustre (Huguet del Villar, 1929), supusieron –más allá de su desacuerdo sobre el concepto de lo estepario– valiosos precedentes para el posterior estudio de la vegetación de nuestros humedales. Reyes falleció en 1921 sin haber dejado discípulos reconocibles, y Villar, aunque vivió hasta 1951, hubo de desarrollar su labor fuera de España tras la guerra civil.

En cuanto a Arévalo, su labor personal apenas tendrá proyección tras la guerra, pues, tras una grave enfermedad, fallece a finales de 1944. Será su discípulo Luis Pardo quien mantenga, en las primeras décadas de la posguerra, una activa dedicación profesional a los temas hidrobiológicos, reintegrado en el Instituto Forestal de Investigaciones y Experiencias. Sin embargo, su dedicación en estos años se va a decantar definitivamente hacia una labor publicística, divulgativa, bibliográfica y recopilatoria –muy valiosa, por cierto– alejado casi por completo de todo trabajo de investigación empírica sobre aguas continentales.

Por todo ello, en este difícil periodo de posguerra y en su proyección hacia una posterior recuperación de la actividad científica, más que estas deshilachadas hebras de problemática continuidad van a resultar relevantes algunas novedades. Entre ellas destaca, como ocurriera en el periodo anterior a la contienda, el impulso debido a personas concretas, a investigadores singulares. En el ámbito de la ecología acuática es obligada la referencia a Ramon Margalef. Como es bien sabido, este ecólogo desarrolló su inmensa labor desde su natal tierra catalana. Pero su influjo, en las décadas posteriores a la guerra civil, se extiende al desarrollo de la ecología en el conjunto de España y, por tanto, también en Madrid. Sobre todo por el magisterio directo e indirecto en la formación de nuevas generaciones de ecólogos, aunque también, y especialmente en sus primeros años, por sus estudios de campo, pioneros en el reconocimiento limnológico de diversas regiones españolas. Así, en la primavera de 1949 encontramos a Margalef en la madrileña sierra de Guadarrama, explorando en compañía del botánico Emilio Fernández Galiano las lagunas y otros medios acuáticos del macizo de Peñalara (figura 1.5), donde obtendrá una notable cosecha de novedades y observaciones (Margalef, 1949). Pero todo eso ya es otra historia.

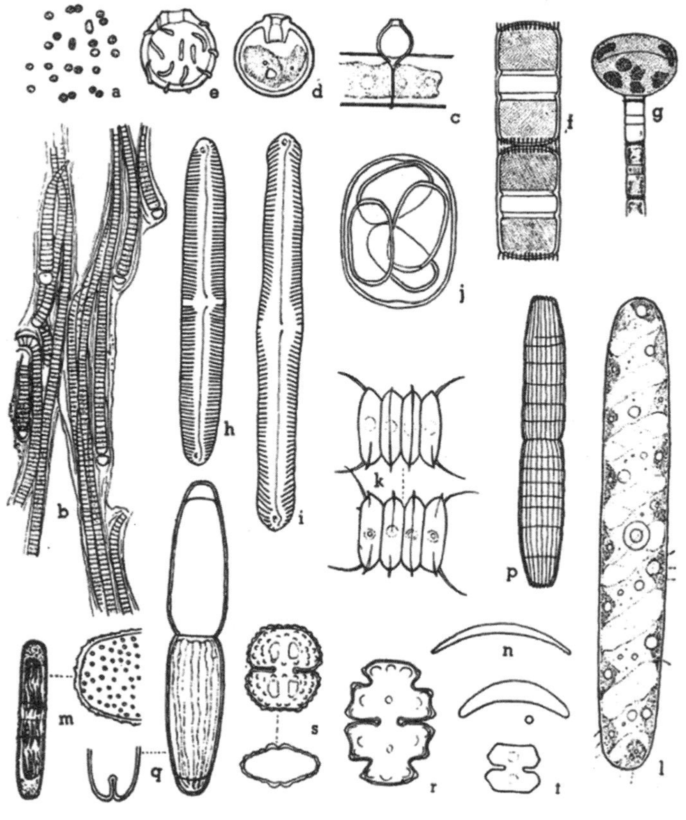

Figura 1.5. Diversas algas dibujadas por Ramon Margalef para ilustrar su trabajo sobre la sierra de Guadarrama (Margalef, 1949).

CAPÍTULO II

Ecología acuática en Madrid (1950-2015): los actores y la obra teatral

MIGUEL ÁLVAREZ COBELAS

–Allons-nous-en.
–On ne peut pas.
–Pour quoi?
–On attend Godot
*–C'est vrai.**

SAMUEL BECKETT

RESUMEN

La investigación en ecología acuática (especies biológicas y procesos ecológicos) desde 1950 en adelante se ha producido en dos fases con solapamiento. En la primera, dominante desde la época autárquica hasta la ley de Reforma Universitaria y I ley de la Ciencia de la década de 1980, había más ciencia aplicada (contaminación acuática y producción piscícola) y estaba dominada por ingenieros. Sus principales actores fueron la Sección de Aguas Continentales del IFIE-INIA, el Canal de Isabel II, el Centro de Estudios Hidrográficos (CEDEX) y el Centro de Investigaciones del Agua (CSIC). La segunda fase, iniciada durante la época de acelerado desarrollo económico de los sesenta, pero que alcanzó mucha más importancia a raíz de la promulgación de las citadas leyes, se veía dominada por profesionales de formación biológica y se centró preferentemente en una ciencia más básica (biodiversidad, tipificación de sistemas y procesos ecológicos). Sus principales actores han desarrollado la actividad en la universidad y, secundariamente, en el CSIC. En general, toda la actividad científica madrileña en este tema se caracteriza por el autodidactismo, la baja financiación pública y privada y la escasa colaboración entre los actores, pero el número de estos ha sido elevado y el conocimiento que ahora tenemos sobre los ambientes acuáticos madrileños resulta muy superior al existente hasta 1950. Entre las lagunas de ese conocimiento histórico figura la actividad del Laboratorio Municipal de Higiene de la ciudad de Madrid, amén de un mejor conocimiento del contexto institucional, pues aún carecemos de una historia de los principales entes que albergaron y albergan a los investigadores de esta temática.

---

* –Vayámonos.
–No podemos.
–¿Por qué?
–Esperamos a Godot.
–Es cierto (traducción de Ana María Moix).

Palabras-clave: Plan de estabilización económica de 1959, ley de la Ciencia de 1986, IFIE, CEDEX, CYII, CSIC, universidades, ciencia básica *vs* aplicada.

SUMMARY: AQUATIC ECOLOGY IN MADRID (1950-2015): *THE PLAYERS AND THE PLAY*

The research on Madrid aquatic ecology from 1950 onwards has taken place in two overlapping periods. The former one, prevalent from the Spanish self-governed socioeconomy until the Law of University Reform and the early Law on Science in the eighties, was characterized by applied science (water pollution and fish production) and dominated by engineers. Its main actors were the IFIE-INIA Inland Water Section, the Canal de Isabel II (the water supplying company to Madrid), the Hydrographic Studies' Centre (CEDEX) and the Water Research Centre (CSIC). The second period started in the sixties, matching the fast Spanish economic development, but occurring at a faster pace after those legal regulations, and was dominated by biologically-oriented researchers and focused on more basic science (biodiversity, ecosystem categorization and ecological processes). Their main actors were affiliated to Madrid universities and, secondarily, to CSIC. As a rule, all aquatic endeavours in Madrid have been characterized by self-taught, low public and private funding and poor cooperation among researchers, but the number of researchers has been high and hence the current knowledge on Madrid aquatic environments has increased a great deal from that existing in the fifties. As a gap, there is an outstanding lack of knowledge concerning the aquatic surveillance activity of Madrid Hygiene Laboratory and a need to improve our knowledge on the history of institutions where Madrid aquatic researchers have worked and still work.

INTRODUCCIÓN

La investigación madrileña en ecología acuática ha seguido un curso divagante, a veces temporal y casi siempre con pocos practicantes hasta la Ley de Reforma Universitaria de 1983 y la primera Ley de la Ciencia de 1986. Si en la inmediata post-guerra civil los figurantes principales eran los del Instituto Forestal de Investigaciones y Experiencias, con añadidos individuales como Pedro González Guerrero o contribuciones puntuales como la de Ramón Margalef para Peñalara (véase el capítulo precedente), después se van a diversificar más, pero siempre con el tono y las perspectivas de las compañías de teatro ambulante: el pan-para-hoy y el hambre-para-mañana, porque la financiación siempre ha sido escasa en el territorio que nos ocupa. Este capítulo se propone historiar el devenir de la Ecología acuática en Madrid desde 1950. Inevitablemente, se basará en recuerdos de algunos protagonistas y en fuentes secundarias, pues no existe ninguna historia total o parcial de las Instituciones de las que más abajo se hablará. Tampoco ha tenido acceso este autor a documentos de funcionamiento de las mismas (actas, informes internos, documentos varios...), cuya existencia quizá ya sea improbable en muchos casos. Se trata, pues, de un primer acercamiento a un tema poco conocido y cuya descripción y análisis histórico deberán esperar al investigador futuro. La Tabla del Anexo electrónico en el Repositorio del CSIC (https://digital.csic.es/) da cuenta de los distintos entes en donde se han formado y trabajado algunos científicos básicos y aplicados que aquí citaré. El planteamiento general y la mucha información que no se referenciará aquí explícitamente se encuentran en mi libro sobre la vida diaria del científico español (Álvarez Cobelas, 2016).

AUTARQUÍA Y CIENCIA APLICADA

La actividad limnológica en Madrid tras la guerra civil la protagoniza durante muchos años la Sección de Aguas Continentales del Instituto Forestal de Investigaciones y Experiencias (IFIE), dirigida por Enrique Gutiérrez Calderón y radicada en las instalaciones del Instituto en Puerta de Hierro, en la margen derecha del Manzanares. La actividad de dicha Sección, donde Luis Pardo García –discípulo de Celso Arévalo– fungía como asesor principal, pero no director de los trabajos, iba encaminada fundamentalmente a la producción piscícola, dentro de los supuestos autárquicos de la época (Tortellá, 1999). La información disponible sobre ella resulta fragmentaria, pero sugiere que la Sección contaba con ingenieros de montes, licenciados en ciencias naturales y química e –incluso– un piscicultor. En conjunto, la Sección era un órgano de apoyo tecnológico al naciente mundo de la producción piscícola en las aguas dulces (las piscifactorías), de modo que en las publicaciones más antiguas ni siquiera figuraba la autoría de personas individuales y se trataba en realidad de una mera relación de las actividades ejecutadas durante el año referido. Las principales investigaciones de producción piscícola se realizaban en los estanques del IFIE en Puerta de Hierro, pero también en la piscifactoría de Aranjuez. Entre ellas, se consideró la introducción del lucio y del *black-bass,* pero también hubo varios estudios preliminares sobre calidad de aguas desde 1957 en adelante y también el primer trabajo sobre ecotoxicología fluvial en 1965.

Hasta 1956 el IFIE divulgaba parte de sus actividades mediante la publicación de libros monográficos. Fueron ellos los responsables de la impresión de sendas monografías de importancia limnológica para la empobrecida y renqueante ciencia española de la época: el libro de los crustáceos de las aguas continentales y el de los organismos indicadores en la limnología (Margalef, 1953, 1955), los cuales apenas hacían referencia a los ambientes acuáticos madrileños, pero sí fueron importantes como hitos de una ciencia hidrobiológica que intentaba sacar la cabeza de las aguas pantanosas y empobrecidas de nuestra posguerra. En la portada del libro sobre los crustáceos, Margalef aparecía como «colaborador de la Sección de Biología de las Aguas Continentales», significare eso lo que significare, pues no quedan noticias de colaboración alguna entre el uno y la otra. A partir de 1956, el IFIE comienza a publicar sus Anales, que recogerán la investigación ya citada de la Sección dirigida por Gutiérrez Calderón. En 1957 fallece Luis Pardo, cuyos trabajos desde la guerra civil se habían centrado en publicaciones de recopilación e historia, como el inventario de lagos españoles, la historia de la pesca continental o la del Servicio piscícola (Pardo, 1948, 1950-1951, 1953), con escasa mención a las aguas dulces madrileñas.

Hacia 1966, el IFIE como tal desaparece y la Sección de Aguas Continentales, que había cambiado de nombre ya varias veces, se subsume dentro del recién nacido Instituto Nacional de Investigación Agronómica (INIA). A partir de entonces y dado el ya adecuado desarrollo tecnológico de las piscifactorías, la actividad de la Sección se vuelve aparentemente más escasa; apenas publica sus resultados, los investigadores y la Sección van dejando el escenario, aunque despacio. El auge modesto y el posterior desvanecimiento habían sido el fruto de una necesidad económica que, cuando se vio desarrollada plenamente por la industria privada de las piscifactorías, dejó de tener su razón de ser y fue incapaz de reorientarse hacia otros campos de la limnología aplicada.

La Ley de Estabilización de 1959, con su corolario de fin de la autarquía económica franquista y apertura a Europa, supone un cambio en determinadas actitudes hacia la investigación ambiental, impulsado también por realidades que se habían pasado por alto hasta entonces. La primera es la contaminación acuática, la cual ya había sido denunciada varias veces para el Manzanares desde los comienzos del siglo XX (Morales Amores, 1899; Vélaz de Medrano y Ugarte, 1933). Los investigadores del IFIE no iban a ser inmunes a ese problema y publicaron en su revista los primeros estudios y revisiones de estudios sobre el tema.

Tras los avatares de la Sección en los años sesenta y después, se esconde el combate corporativo entre ingenieros forestales e ingenieros agrónomos. Estos últimos conseguirán transformar el IFIE en el INIA durante esa década, integrando en él a todas las secciones del antiguo IFIE, pero tomando el control sobre su funcionamiento. La sección de Aguas Continentales no será una excepción, y su actividad irá desvaneciéndose gradualmente cuando desaparezca del horizonte Gutiérrez Calderón, responsable de la misma hasta bien entrados los años sesenta. Después, quedará a su cargo Ramón Sáez Royuela, un naturalista interesado fundamentalmente en la ornitología y las bibliotecas, aunque con escaso interés en mantener y potenciar los estudios de hidrobiología en el recién nacido INIA.

De las dos décadas sucesivas conocemos poco y mal la actividad de la Sección, y apenas parece haber trabajos suyos en el territorio madrileño, a excepción de un estudio sobre cultivo de truchas en jaulas en embalse de La Jarosa, dirigido por José Javier García Badell. A finales de los ochenta se incorporará a ella la contratada Ana Almodóvar Pérez, procedente del Instituto Español de Oceanografía y experta en ictiología, la cual será tutelada por Sáez Royuela, quien le permite y apoya en la elaboración de sendos proyectos sobre la limnología de la laguna de San Juan y sobre la genética de la trucha, ambos financiados con fondos del INIA. Desde el punto de vista de la financiación y la instrumentación, la Sección se hallaba bien dotada por entonces.

Ubicado en la sede de Puerta de Hierro hasta 1992, el grupo es forzado a trasladarse al edificio de Sanidad Animal en la calle Embajadores, con objeto de liberar espacio físico en Puerta de Hierro para el crecientemente poderoso grupo de medio ambiente del INIA, el cual se dedicaba fundamentalmente a la edafología y la ecotoxicología. El traslado a las nuevas dependencias se hará deprisa y de mala manera; los hidrobiólogos llegan a un edificio insalubre, afectado por los residuos de la sanidad animal. Almodóvar colaborará entonces, desde la sede de Embajadores, en el estudio de los ambientes acuáticos madrileños derivados de actividades extractivas, dirigido por Carlos Montes en 1993.

Pero las dependencias de la calle Embajadores tendrán los días contados, pues el Centro de Sanidad Animal ubicado allí es realojado al poco tiempo en un nuevo edificio, situado en el pueblo de Valdeolmos. Los restos de la Sección de Aguas Continentales se verán obligados a trasladarse de nuevo, esta vez a las instalaciones de lo que luego se llamaría IMIDRA (Instituto Madrileño de Investigación, Desarrollo Rural y Agroalimentario), en El Encín (Meco), operación auspiciada por el entonces director del mismo, José Ignacio Elorrieta, quien también había recogido allí los restos de la antigua Unidad de Zoología Aplicada, cuyo último laboratorio había estado enclavado en unos locales de la Feria del Campo. Almodóvar, Benigno Elvira y Graciela Gómez Nicola se reúnen en la nueva sede y continúan con sus estudios de ictiología (lagunas de Ruidera, piscifactorías, pesca deportiva, proliferaciones de organismos tóxicos en el embalse de El Atazar…).

Entretanto, la estabilidad laboral de los investigadores contratados de la Sección no avanzaba, pues no se convocaban plazas para ellos y, así, terminaron marchándose a distintas universidades (UCM, UCLM, UAH). La Sección de Aguas Continentales del IFIE, fundada en 1931, había desaparecido finalmente hacia mediados de la primera década del siglo XXI. ¿Desaparecido? No totalmente: en 2011 se integra en el IMIDRA la investigadora de origen rumano Sanda Iepure, quien comenzará a trabajar sobre el medio hiporreico del Henares y el Tajuña.

Por su parte, en el CSIC (tabla 1 en el Repositorio del CSIC), la visión totalizadora de José María Albareda sobre el suelo y la agricultura –reforzada por su posición política como Secretario General del organismo, lo que le daba acceso a recursos económicos y administrativos de importancia– le permitió dotar al naciente Instituto de Edafología y Agrobiología de una revista que en fecha tan temprana como 1940 se llamaba *Anales del Instituto de Edafología, Ecología y Fisiología vegetal*. Era la primera ocasión en que se usaba la palabra *Ecología* en España de modo *oficial*. Fue flor poco duradera. En el séptimo volumen ya había desaparecido del título. Pero desde casi el comienzo del funcionamiento del Instituto, Albareda había encargado a un licenciado en Ciencias Naturales, Tomás Alvira Alvira, la creación de un laboratorio de análisis para dar apoyo a las investigaciones edafológicas. El laboratorio realizaba análisis químicos de suelos y aguas, aunque estos últimos –que yo sepa– nunca se publicaron. En 1961, con Alvira ya más dedicado a la docencia en el Instituto de Enseñanza Media Ramiro de Maeztu, dicho laboratorio pasa a ser dirigido por el químico José Gabriel Catalán Lafuente, el cual había arribado al Instituto de Edafología y Biología Vegetal a finales de los años cincuenta y cuyos intereses se enfocaron inicialmente en la geoquímica de las aguas fluviales relacionada con la geología de las cuencas hidrográficas, aunque sin considerar los caudales, lo cual hubiése hecho de él un precursor de la biogeoquímica.

Dos años después, el laboratorio cambia su nombre a Química Hidrológica. En 1966, con el nombre de Sección de Contaminación y Depuración de Aguas, se integra en el Instituto de Geología Económica, pero sigue ubicado en el Instituto de Edafología. Y por fin, dos años más tarde se crea el Instituto del Agua, cuya siguiente sede –eso sí, compartida– estuvo en una coquetona casita de la calle Pinar. Dicha casita tiene entonces unos laboratorios que se van llenado con gente joven, alguna con pantalón corto aún, y donde hacen análisis químicos del agua a destajo para industrias, ayuntamientos, el ministerio de Obras Públicas y cualquiera que se deje y pague. Comienzan a preocupar un poco los problemas de contaminación de las aguas debidos a los vertidos de las ciudades y pueblos: Catalán está allí y se interesa por el asunto. Su siguiente línea de investigación sería la caracterización de la contaminación y, si se puede, ponerle remedio.

Su visión no era propiamente limnológica. Las investigaciones tenían una componente importante que redundaba –de modo legal– en el beneficio económico privado de los investigadores, auspiciado también por el Patronato Juan de la Cierva (CSIC). A la financiación pública del laboratorio, se añadían ingresos procedentes de la relación con empresas privadas y organismos de la administración. El desarrollo de la red COCA (véase más abajo) hacía necesaria la existencia de laboratorios de análisis de aguas, y el del CSIC ya estaba en marcha. No fue casualidad, pues, pero sí fruto de las relaciones de Catalán, el que el Ministerio de Obras Públicas encargara a ese laboratorio los análisis de las aguas fluviales que se recogían periódicamente para caracterizar la calidad química de la red y que eran generosamente pagados. La construcción de las primeras depuradoras y la naciente industria papelera, por su parte, necesitaban de análisis químicos y, de nuevo, Catalán involucró a su laboratorio en ellos. Siendo un gestor como era, a Catalán no se le escapaba la importancia de la biología de las aguas dulces, y desde el comienzo de los años setenta empezó a integrar en el laboratorio a algunos biólogos (José Luis Velasco, Antonio Cabañas, Antonio García-Valdecasas…), cuyos trabajos fueron viendo la luz en revistas de la época y dieron lugar al primer estudio limnológico sobre un embalse madrileño: el de San Juan (Velasco, 1978), realizado en los años 1972-1974.

Por otro lado, el químico Juan Luis de la Ynfiesta Molero concentraba mucho poder en el CSIC a comienzos de la década de 1970 porque era secretario del Patronato Juan de la Cierva, el cual agrupaba a todos los centros de investigación tecnológica. Su familia poseía unos terrenos en el municipio de Arganda del Rey, a unos 25 km de Madrid. En una operación clásica de las élites indígenas, los vendió al CSIC y este –para «descongestionar» los laboratorios de Madrid– construyó allí varios edificios. Uno de ellos, situado en la finca del Estrechillo, cerca del barrio de La Poveda, albergará al flamante Centro de Investigaciones del Agua (CIDA) en un edificio de dos plantas y 2.000 m^2, pintado de blanco y del que emergían unas extrañas chimeneas unicamente decorativas. Allí se trasladará la plantilla en 1976. Y llega más dinero, el número de investigadores sube; las temáticas principales son entonces la química de la contaminación y el tratamiento de aguas residuales.

Los modos autoritarios de Catalán, simple fruto de la sociología franquista de la época, le impidieron cambiar un poco para que nada cambiase, siguiendo el acertado lema político de Giuseppe Tomasi di Lampedusa. Su actitud intransigente le incapacitó para adaptarse a los nuevos tiempos tras la muerte de Franco, y con la llegada de las nuevas formas democráticas –plasmadas en el nuevo Reglamento de Régimen interior del CSIC– no fue elegido como director del CIDA que él mismo había creado. Fue una lástima porque él era el único de los investigadores con poder, relaciones y visión amplia de las temáticas del agua. De allí, marchó a la E.T.S. de Ingenieros de Caminos; seguía teniendo proyectos e ingresos, pero su momento histórico e influencia ya habían pasado. El CIDA tuvo desde entonces una vida lánguida, aunque hubo un intento de reflotación entre 1990 y 1992, fracasado a pesar de la llegada de nuevos becarios y personal estable, y de la gran inversión en infraestructuras modernas por parte del CSIC. En 1993 fue disuelto por las autoridades del CSIC.

Pasando ahora a otro actor acuático, el creciente interés por la temática del recurso hídrico y su contaminación hacen que en 1962 se ponga en marcha la red de Control Oficial de Calidad de Aguas (COCA) del Ministerio de Obras Públicas (tabla 1 en el repositorio del CSIC), asociada a la medida periódica de caudales en todo el territorio español, iniciativa que se toma durante el mandato del ministro Federico Silva Muñoz. El número de estaciones de análisis de calidad fluvial comenzó siendo ocho, de las cuales cuatro estaban en Madrid (tabla 2 en el Repositorio del CSIC). Las variables inicialmente elegidas eran diecisiete. Los datos se fueron publicando conjuntamente con los aforos, hasta que en 1973 las series de calidad se independizan de los aforos y se publican en volúmenes aparte: el primero en 1975 (MOP, 1975). Después, el nombre de las redes de calidad ha ido cambiando (Redes ICA, SAICA, etc.) y el número de variables por analizar se ha incrementado muchísimo (tabla 2 en el Repositorio CSIC) por efecto de las Directivas europeas de obligada implantación nacional. La adaptación y puesta en marcha de la Directiva-Marco del Agua en España y el territorio madrileño (incluido en la cuenca del Tajo) han añadido a la lista variables de tipo biológico, como las relacionadas con diatomeas, fitoplancton (incluyendo cianobacterias), macrófitos acuáticos, macroinvertebrados y peces. Lamentablemente, las series de datos no han sido analizadas nunca por los técnicos ministeriales, aunque sí las faciliten a cualquier investigador externo interesado, algunos de los cuales han publicado estudios para el territorio madrileño con ellas (Álvarez Cobelas *et al.,* 1999; Díez-Mayans y Bienes, 2003).

La problemática de la eutrofización también comienza a preocupar al principal organismo abastecedor de agua potable en Madrid: el Canal de Isabel II (tabla 1 en el Repositorio del CSIC). Sus técnicos publican las primeras alertas sobre el tema a comienzos de las décadas de 1970 y 1980 (Sánchez de la Nieta *et al.,* 1972; Urbistondo, 1980). El Canal es el gestor oficial de dichos embalses, los cuales constituyen el mayor recurso hídrico y los mayores ecosistemas acuáticos en la Comunidad de Madrid. Lamentablemente, la empresa apenas subvenciona investigación aplicada de sus embalses en las décadas siguientes. Dado su poder económico y político, la ciencia aplicada incentivada por el Canal hubiese originado una buena cantera de limnólogos en Madrid dedicada a temas madrileños. No ha sido así; como a Godot, siempre se le ha esperado y nunca llega. El propio Canal asegura ahora tener multitud de datos ecológicos sobre los embalses que gestiona, pero no los hace públicos, ni permite que nadie los analice, lo cual es contrario a la legislación española y europea de divulgación pública de los datos ambientales.

Otro actor importante en la obra de la ecología acuática madrileña ha sido el Centro de Estudios Hidrográficos (CEH, tabla 1 del Anexo en el Repositorio del CSIC). Creado inicialmente en 1933 por Manuel Lorenzo Pardo, impulsor de las Confederaciones Hidrográficas en 1926, fue adscrito a la Dirección General de Obras Hidráulicas con el objetivo inicial de llevar a cabo la planificación hidrológica y el estudio de las obras resultantes de dicha actividad. Posteriormente, tras su supresión en 1936, se recrea en 1960 con el mismo nombre, aunque adscrito al Centro de Estudios y Experimentación de Obras Públicas (CEDEX) y se ubica en el actual edificio en 1963 con objetivos similares a los de su origen inicial (Urbistondo, 1963; CEDEX, 2003).

Las actividades iniciales del CEH en el campo de la Limnología se remontan a 1970. Los primeros estudios sobre eutrofización en España los realiza en la dársena del Guadalquivir sevillano y en los embalses de Iznájar, Ribarroja y El Atazar. En esos estudios, ejecutados por el equipo forestal del CEH bajo la jefatura de Juan Ruiz de la Torre, participaron los investigadores antedichos y contaron con la colaboración del Laboratorio de Química del CEH, dirigido por José González Nicolás, equipo al que poco después se incorporarían José Luis Ortiz Casas y María Elena González Ramos. Ante el aumento de la demanda de agua para consumo humano en España, y con una preocupación por la calidad cada vez mayor, la Dirección General de Obras Hidráulicas y el CEH firmarían posteriormente varios convenios de colaboración para conocer el estado de eutrofización de los embalses. Entre ellos, destacó el estudio pionero llevado a cabo durante cuatro años (1978-1981) en diecisiete embalses, entre los que se encontraban algunos de la Comunidad de Madrid (El Atazar, Picadas, Pinilla, Riosequillo y Valmayor), con objeto de desarrollar unas bases científicas para la gestión de la eutrofización en el marco del programa internacional de la OCDE sobre el tema.

Además, el primer estudio llevado a cabo para conocer la calidad de las aguas de los ríos mediante índices bióticos también lo realiza el CEH en el río Cofio en 1980-1981 (Avilés *et al.,* 1982). Esta institución también ha sido la pionera en España en la temática de teledetección del grado trófico de embalses y lagunas de gravera. En 1986 establece formalmente un Área de Calidad de las Aguas, englobando líneas de investigación y trabajo tanto en temas de análisis de calidad y ecología de las aguas continentales, como de tecnología de depuración y tratamiento de aguas. Posteriormente, en 2008 se escinde el Área de Calidad de las Aguas en dos: una dedicada exclusivamente a temas de tecnologías de tratamiento y depuración de aguas, y la otra –correspondiente al actual Área de Medio Ambiente Hídrico–, que abordaba únicamente líneas relacionadas con la ecología de las aguas continentales, el laboratorio de calidad de aguas incluido.

En la Junta de Energía Nuclear (JEN) comenzó a trabajar a finales de los cincuenta un investigador: el naturalista de formación Manuel Nieto García, cuya tesis sobre pigmentos de algas bentónicas en ríos madrileños dirigió Margalef, y en la cual también se hacía extensa mención a la calidad biológica de las aguas (Nieto, 1970). Tras esa primera incursión en la limnología, Nieto se reorientó hacia temas de afección radiológica, pero también intervino como consultor independiente en temas de impacto radiológico sobre ecosistemas acuáticos, siempre trabajando desde el Centro de Investigaciones Energéticas, Medioambientales y Tecnológicas (CIEMAT), ente sucesor de la JEN.

En su conjunto, la investigación limnológica madrileña durante este largo periodo se verá dominada por los ingenieros –bien de Montes, bien de Caminos– auxiliados por químicos y, secundariamente, por naturalistas.

DESARROLLO ECONÓMICO Y CIENCIA BÁSICA

Una serie de procesos socioeconómicos, como el aumento de la renta *per capita* y la paulatina integración de la economía española en la europea, que suceden poco a poco desde mediados de los años sesenta, estaban cambiando subrepticiamente a la sociedad española (Tortellá, 1999), proceso que corría parejo al desmantelamiento de la ideología franquista, por un lado, y al declive físico del dictador, por otro. Todos estos factores iban a transformar la percepción que se tenía sobre la utilidad de la investigación científica y a considerarla necesaria en un país moderno, como el que se quería tras el largo paréntesis de la dictadura. Los estudios de Ecología no iban a ser una excepción, pero tardarían en ir cambiando y aumentando en actores y temáticas. Las nuevas leyes, producidas bien entrada la democracia, iban a ser los motores del cambio y a repercutir en el aumento de los investigadores dedicados a casi cualquier temática de las aguas dulces en el territorio madrileño, bien relacionada con floras y faunas, bien enfocadas hacia procesos ecológicos.

Quizá el primer ejemplo de la nueva orientación fuera una cantera de zoólogos acuáticos, la Unidad de Zoología Aplicada (UZA, tabla 1 en el Repositorio del CSIC), inspirada en la ideología regeneracionista y las ideas de Karl Krause que la Institución Libre de Enseñanza[1] había adaptado a la realidad española, la cual tuvo importancia en la formación de algunos investigadores a comienzos de los años ochenta, parte de los cuales se integraron después en el Museo Nacional de Ciencias Naturales o en la Universidad Complutense. En 1977 la UZA se instala en una casita baja en la calle Topete (Cuatro Caminos, Madrid), y hacia 1981 en un local de un antiguo pabellón polideportivo de la Feria del Campo dependiente del ICONA. En 1984 la trasladan a un edificio de la finca de Agronomía de El Encín (Meco). Finalmente, el ente se cierra en 1989.

Dentro de esa misma inspiración, pero como el que hablaba en prosa sin saberlo, el Museo de Ciencias Naturales ya citado y el Real Jardín Botánico albergan desde comienzos de los ochenta a algunos investigadores de temática acuática (tabla 1 en el Repositorio CSIC), la mayor parte de los cuales se han dedicado a la florística, la faunística, la taxonomía, la conservación y la dinámica de poblaciones, aunque en años recientes se hayan incorporado otros dedicados a la ecología lacustre (tabla 1 en el Repositorio CSIC).

Por otra parte, a finales de la década de 1970, en la Universidad Complutense había dos grupos de zoólogos y fisiólogos animales relacionados con Rafael Alvarado Ballester, el primero, y con Esperanza Martínez Conde, el segundo. De ellos proceden el estudio de los hirudíneos por Ignacio García Más y el de la biología de la contaminación, cuyo ejemplo más elocuente fue José Ignacio Elorrieta Pérez de Diego, cuya tesis doctoral supuso el primer estudio integral de un río en el territorio madrileño (tabla 1 en el Repositorio CSIC). Además, otros dos ecólogos acuáticos (Javier García Avilés y José Vicente Rovira), formados en otros lugares, se integraron en el departamento de Ecología de la UCM a mediados de la primera década del siglo XXI. También en el departamento de Zoología de la E.T.S. de Ingenieros de Montes comenzaban a finales de la década los estudios sobre algunos grupos de insectos de larva acuática, que más tarde se ampliaron hacia estudios piscícolas y de dinámica fluvial (tabla 1 en el Repositorio CSIC).

[1] Ese regeneracionismo era el mismo que subyacía a los intentos y realidades de la restauración democrática. Tenía ya casi un siglo de antigüedad, pero parecía la única tradición en qué basarse.

Será la universidad quién –desde la entrada en vigor de dos leyes propiciadas por el gobierno del PSOE tras su masiva victoria electoral de 1982– potencie más la investigación limnológica en Madrid. Dichas leyes fueron la Ley de Reforma de las Universidades y la I Ley de la Ciencia. La primera estabilizará las plantillas universitarias y favorecerá la apertura de numerosas universidades y facultades. La segunda dotará de marco legal y de financiación más o menos constante a la investigación española. La Ley de la Ciencia, por otro lado, cambia las normas de evaluación de la actividad profesional de los científicos, dando primacía casi exclusiva a la publicación en inglés en revistas internacionales. Como resultado paulatino, la publicación en revistas nacionales y la producción de libros irá perdiendo valor hasta desaparecer. La producción de informes técnicos, que había sido hasta entonces la principal ocupación de organismos como el IFIE, el CIDA y el CEH, tampoco computará ya para valorar dicha actividad. La orden implícita de «publica-o-muere» obliga a aumentar en gran medida el volumen de publicaciones respecto a lo que ocurría antes de la I Ley de la Ciencia.

Además, al auspicio de ambas leyes se desarrollan más los departamentos universitarios y, en concreto, con el impulso de Fernando González Bernáldez se constituye un nutrido grupo de limnólogos en la Universidad Autónoma de Madrid, dirigido inicialmente por Carlos Montes del Olmo (tabla 1 en el Repositorio CSIC). Los primeros trabajos globales de este grupo contemplan la tipificación ecológica de algunos ecosistemas madrileños naturales y artificiales (tabla 1 en el Repositorio CSIC), aunque la mayoría de sus investigaciones han tenido como escenario otros ambientes distintos de los madrileños por la sencilla razón de la mayor facilidad de financiación por otras Comunidades Autónomas.

Otro grupo pequeño de la Universidad Autónoma procedentede la biología vegetal inicia su actividad bajo la dirección de Francisca Fernández del Campo e Ildefonso Bonilla, la primera de los cuales procedía del Centro de Investigaciones Biológicas del CSIC, donde había trabajado en fisiología de Cianobacterias y Microalgas (tabla 1 en el Repositorio CSIC).

El prestigio de González Bernáldez dará origen a un centro de investigación ambiental de la Comunidad de Madrid, al que posteriormente –tras el fallecimiento de aquél– se le dio su nombre. El Centro se crea el 29 de Diciembre de 1989 mediante un Convenio Marco de Colaboración entre la Agencia de Medio Ambiente de la Comunidad de Madrid y el Departamento Interuniversitario de Ecología de Madrid, para la creación y desarrollo de un Centro de Investigación de Espacios Naturales Protegidos de la Comunidad de Madrid. Se ubica en Soto del Real, en un chalet propiedad del Ayuntamiento, que cedió su uso a la Agencia de Medio Ambiente con la finalidad de que albergase un centro de investigación de la naturaleza. El Centro se inaugura oficialmente el 30 de Mayo de 1991. La limnología empieza a aplicarse allí en 1992 con Javier García Avilés, cuya estancia se prolonga hasta 2005, cuando marcha a la UCM. Tres licenciados llegan en 1996, 1997 y 2002 como becarios de hidrobiología. En 2000 se nombra subdirector a García Avilés, de modo que desde 2001 es Neftalí Roblas quien se dedica de manera prioritaria al estudio de los medios acuáticos. Pero el Centro acaba cerrando en 2012, con el pretexto de «la crisis» (tabla 1 en el Repositorio CSIC).

Durante todo ese tiempo, los trabajos limnológicos realizados se hacían con cargo a los presupuestos del Centro, pues no había financiación extra. Dichos trabajos se aplicaron fundamentalmente a los problemas de tipificación y gestión de los ecosistemas acuáticos en la Comunidad de Madrid. El Centro publicó la serie *Documentos,* compuesta por informes monográficos sobre distintos aspectos ambientales de la Comunidad de Madrid, de los que se editó un total de 46 números, algunos de ellos sobre temas limnológicos (números 5, 13, 24, 26, 28, 29, 36 y 37).

Por su parte, aunque el Grupo de Hidrobiología del INIA casi había perecido por consunción (véase más arriba), en esa institución se crea un grupo de toxicología en el Centro de Sanidad Animal (CISA, tabla 1 en el Repositorio CSIC), ubicado inicialmente en la calle Embajadores, al lado de la Tabacalera. En él realiza su tesis doctoral María Jesús Muñoz Reoyo, bajo la supervisión de José Vicente Tarazona. Y en él se formará también Julio Camargo Benjumeda, quien posteriormente desarrollaría la mayoría de su carrera en la Universidad de Alcalá de Henares, donde formaría a algún nuevo ecotoxicólogo, como Álvaro Alonso, y se interesaría por los estudios de aplicación de los macroinvertebrados a la caracterización de la calidad del agua fluvial. Tanto Tarazona como Muñoz Reoyo se desplazarían después a las nuevas instalaciones del CISA, en Valdeolmos.

Salvo estos estudios, de carácter más aplicado, la inmensa mayoría de la limnología desarrollada en Madrid durante el largo periodo que discurre desde la llegada de la democracia hasta la actualidad ha sido de carácter básico y dominada por personas de formación esencialmente biológica. Prácticamente toda la investigación se ha llevado a cabo con fondos públicos. La participación de empresas privadas ha sido escasa, por no decir nula. Y las pocas que han participado eran empresas de consultoría, financiadas también con fondos públicos. No existen en el territorio empresas privadas dedicadas a la investigación aplicada en limnología.

En cualquier caso y a pesar de lo anterior, la limnología madrileña ha carecido de maestros, a diferencia de la catalana, cuya cabeza claramente visible fue Ramón Margalef López. La inmensa mayoría de los investigadores hemos debido ser autodidactas, a nuestro pesar, y actuar como francotiradores desde cada posición conquistada. Aunque la Asociación Española de Limnología tuvo su propia tesorería en el periodo de adscripción al Museo de Ciencias Naturales durante muchos años, eso tampoco serviría para potenciar un grupo madrileño de investigación acuática más cohesionado, a diferencia del catalán. No se trata aquí de traer a colación la aburrida, anticuada e inútil querella entre Madrid y Barcelona, sino de constatar la importancia de las figuras señeras en el desarrollo de una ciencia, pero también poniendo de manifiesto la ideología de reinos de taifas que aún nos anima. Por otro lado, y a diferencia de lo ocurrido en otros países con más tradición científica, los estudios florísticos, faunísticos y ecológicos han ocurrido simultáneamente, es decir, no se ha dado un conocimiento de la biodiversidad previo al estudio de los procesos ecológicos que dicha biodiversidad sustenta, pero esto no es privativo de Madrid, y sí fruto del desarrollo de la ciencia española, tan raquítico antes de las leyes de la década de 1980.

Para concluir, la obra de la Limnología madrileña ha experimentado numerosos avatares a lo largo de este medio siglo, y en ella han intervenido bastantes actores (tabla 1 en el Repositorio CSIC) con más papeles y más variados desde la década de 1980, consecuencia de leyes nuevas aprobadas en ese mismo periodo. El conocimiento de la ecología acuática madrileña, desarrollado durante el medio siglo en el que nos hemos centrado aquí, ha sido notable, aunque lo habría sido más de mediar mayor financiación pública y privada, así como una mayor colaboración entre los actores. El juicio sobre el éxito de la obra queda para las generaciones futuras. Su continuidad (o no), también.

LAGUNAS EN EL CONOCIMIENTO

La historia descrita en este capítulo se basa en el conocimiento de primera mano (historia oral) y en el uso de fuentes secundarias de estudios científicos publicados por los distintos investigadores de la ecología acuática madrileña. Faltan obras históricas de conjunto sobre la evolución histórica de distintos entes (IFIE-INIA, CYII, UCM, CSIC, UAM, etc.) que cobijaron y cobijan a esos investigadores, las cuales sirvan de marco general para entender mejor dicha ciencia, sus participantes, sus logros, tendencias y carencias. Otro aspecto que queda también por analizar es la actividad del Laboratorio Municipal de Higiene de la ciudad de Madrid, cuyos análisis y estudios del río Manzanares a su paso por la ciudad y del impacto de las primeras depuradoras de aguas residuales, anteriores a los primeros Planes de Saneamiento, están aún por abordar.

Agradecimientos

Este capítulo se beneficia de multitud de conversaciones informales mantenidas a lo largo de más de treinta años con algunos de los investigadores citados en él. Además, Javier García Avilés, Manolo Toro y Ana Almodóvar me han proporcionado mucha más información extra. Solo yo soy responsable de las inexactitudes y de las apreciaciones discutibles.

CAPÍTULO III

El contexto geográfico, geológico y climático

SALVADOR SÁNCHEZ CARRILLO

RESUMEN

Aunque en la región de Madrid dominan los ecosistemas acuáticos de nueva creación, las escasas lagunas y humedales naturales que aparecen fueron originados por fenómenos hidrológicos y geológicos bastante singulares. La geología (la formación de la sierra y el relleno de la cuenca de Madrid) y el clima (semiárido) son los principales condicionantes de la escasez de lagos y humedales en esta zona, aunque no siempre haya sido así a lo largo de su historia geológica. Los ambientes lacustres naturales se concentran mayoritariamente próximos a los ríos Tajuña y Tajo, asociados a los yesos terciarios aunque sobre materiales fluviales cuaternarios. También existen lagunas de origen glaciar (Macizo de Peñalara) y sobre los granitos de la sierra (navas). Todos los ecosistemas acuáticos naturales se formaron a partir del periodo Tardiglaciar (desde finales del Pleistoceno).

A pesar de que Madrid es una de las regiones con un registro climático más largo (desde 1860), hay pocos tratados sobre su meteorología regional. El clima dominante en la Comunidad de Madrid es mediterráneo continental condicionado por la sierra que, a modo de barrera, impide la entrada de masas de aire húmedo del Atlántico. Los vientos dominantes son los del SO y los del NE, coincidiendo con la orientación de la cuenca del Tajo, mientras que los vientos suministradores de lluvias en la región son los del SO y O. En este capítulo se presenta un análisis temporal a largo plazo de la precipitación, la temperatura del aire y la radiación solar basado en los registros de 26 estaciones meteorológicas para el periodo 1920-2016, incluyendo también los registros de la estación de Retiro desde 1860.

Palabras-clave: geología, geomorfología, litología, clima, largo plazo.

SUMMARY: GEOGRAPHIC, GEOLOGIC AND CLIMATIC SETTINGS

Newly-created aquatic ecosystems dominate in Madrid region, but the scarce natural lakes and wetlands were originated by rather uncommon hydrological and geological phenomena. The geology (arising from the formation of Sistema Central range and the filling-up of Madrid basin) and the climate (a semi-arid one) were the main determining factors of lakes and wetland scarcity in this area, although this has not always been the case throughout its geological history. The natural lacustrine environments are mainly concentrated near the Tajuña and Tajo rivers, associated with Tertiary gypsum, but developed on Quaternary fluvial deposits. There are also lakes of glacial origin (Macizo de Peñalara), as well as on Sierra granites (navas). All natural aquatic ecosystems were formed from the Tardiglacial period (since the end of the Pleistocene).

In spite of the fact that Madrid is the Spanish location with the longest climate record (since 1860), there are few assessments of its regional meteorology. The dominant climate in the Madrid County is the continental Mediterranean one conditioned by the mountain range, which, as a barrier, prevents the entry of wet air masses from the Atlantic Ocean. The prevailing winds are those from the SW and NE, matching the orientation of Tajo basin, while winds supplying rain on the region are those from the SW and W. In this chapter, long-term temporal analyses on precipitation, air temperature and solar radiation are presented based on records of 26 meteorological stations distributed throughout Madrid County for the 1920-2016 period, including records of the Retiro station since 1860.

INTRODUCCIÓN

En Madrid no proliferan lagos, lagunas, charcas y otros humedales, y la principal causa es su contexto físico (clima, geología y relieve). Sin embargo, durante una gran parte de su historia geológica (desde hace 23 a 3 millones de años) fue una región endorreica (es decir, sin salida al mar), poblada por numerosos lagos, como hoy atestiguan sus depósitos de yesos y calizas (Portero y Pérez-González, 1991). Es esta una región dominada por ecosistemas acuáticos de nueva creación (embalses y lagunas derivadas de la extracción de pórfidos y grava) y con ríos fuertemente regulados para abastecer los diferentes usos que requieren la ciudad y su periferia. Los ecosistemas acuáticos que aparecen de forma natural en esta región han sido originados por diversos fenómenos geológicos e hidrológicos, algunos de ellos muy singulares. En este capítulo trataré de explicar: 1.º) por qué proliferan poco los ecosistemas acuáticos en esta región y si siempre fue así durante su historia geológica; 2.º) dónde se ubican geográficamente, y 3.º) bajo qué condicionantes geológicos y climáticos.

GEOLOGÍA

La Comunidad de Madrid presenta una gran variedad litológica relacionada con su dilatada historia geológica. Encontramos desde materiales de edad precámbrica (más de 542 millones de años) a los más actuales, dispuestos, con una cierta zonación, desde el noroeste al sureste, en relación con el gradiente altitudinal. Las rocas más antiguas forman el complejo cristalino ubicado en la franja suroeste-noreste de la región (desde las estribaciones de la sierra de Gredos al oeste hasta las sierras de Guadarrama y Somosierra; figura 3.1), formado por rocas metamórficas (gneis, esquisto, pizarra y cuarcita) y plutónicas (granito) (Capote *et al.,* 1982). En contacto con las anteriores aparecen, en el margen noroeste de la región (cuestas de Torrelaguna, Guadalix de la Sierra y Venturada; figura 3.1), rocas calizas de edad Mesozoica como vestigio residual del mar que cubrió la zona central de la Península Ibérica hasta finales del Cretácico (66 millones de años)(Alonso y Más, 1982; Pérez-González *et al.,* 1990). A continuación, aparecen los depósitos terciarios (Paleógeno y Neógeno; de 66 a 3 millones de años), que constituyen el relleno de la fosa tectónica del Tajo, los cuales son sedimentos predominantemente aluviales y lacustres (margas, arcillas, arenas arcósicas, yesos y calizas), depositados cuando esta zona estuvo cerrada y sin salida al mar (cuenca endorreica) (Portero y Pérez-González, 1991). Por último, tenemos los sedimentos cuaternarios compuestos por depósitos aluviales (arenas arcillosas con gravas y cantos; figura 3.1) y las terrazas de la red fluvial actual (arenas y limos con gravas y cantos; Portero y Pérez-González, 1991; figura 3.1).

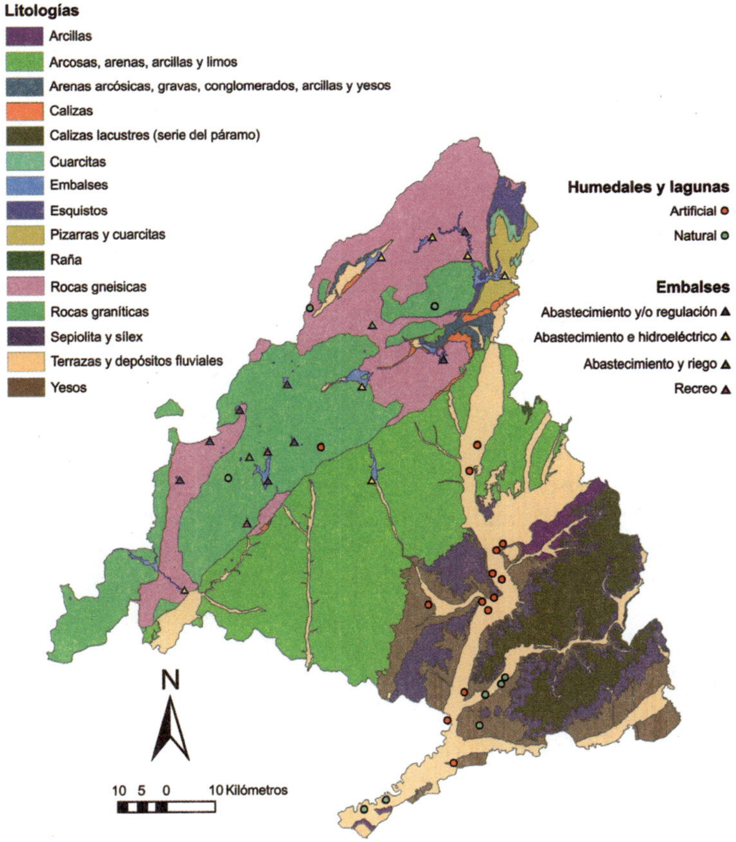

Figura 3.1. Mapa geológico de la Comunidad de Madrid, mostrando las principales unidades litológicas. Se muestran las principales lagunas y humedales en función de su origen, así como los embalses en función de su uso dominante. El mapa se basa en el mapa geológico 1:500.000 del IGME.

Hay dos aspectos geológicos de importancia en el contexto de los ecosistemas acuáticos actuales: la formación de la sierra y el relleno de la cuenca de Madrid. El Sistema Central, al igual que el resto de alineaciones montañosas peninsulares, se origina durante la Orogenia Alpina (hace unos ochenta millones de años) por la colisión entre la placa ibérica y la africana (Bellido *et al.,* 1981). Además del levantamiento topográfico, una consecuencia importante de esa orogenia fue que poco a poco modificó la inclinación de la placa ibérica hacia el oeste, permitiendo que las cuencas sedimentarias interiores (Duero y Tajo) dejasen de ser endorreicas y comenzasen a drenar hacia el Océano Atlántico en el Plioceno (cinco millones de años), dando lugar a la configuración hidrográfica actual. El nuevo relieve creado durante la formación del Sistema Central trajo consigo la constitución de una gran cubeta o fosa: la cuenca de Madrid (Mioceno, veintitrés millones de años). Aproximadamente, dos tercios de la Comunidad de Madrid están englobados en esa cuenca sedimentaria, limitada al norte y oeste por el sistema Central, al este por la sierra de Altomira y al sur por los Montes de Toledo (Junco y Calvo, 1983). En una primera etapa, dicha cubeta se rellenó de materiales aluviales (la franja central de la Comunidad con arcosas y conglomerados del Mioceno) y lacustres (en las zonas más distales como el tercio sureste, principalmente yesos y calizas pero también arcillas y limos), cuando estaba cerrada y sin salida al mar (cuenca endorreica; 23-3 millones de años) (Calvo *et al.,* 1989; Ordóñez *et al.,* 1991; Sanz *et al.* 1995). Posteriormente, durante el Cuaternario, cuando el río Tajo ya había alcanzado la cuenca de Madrid por erosión remontante y su curso finalizaba en el Océano Atlántico, se rellenó de sedimentos fluviales. Durante el Pleistoceno se encaja la red fluvial (Junco y Calvo, 1983) y se produce el retoque glaciar en las cumbres, principalmente en el macizo de Peñalara (Pedraza *et al.,* 2004).

GEOGRAFÍA Y TECTÓNICA

En la figura 3.2 se muestra un mapa del relieve de la Comunidad de Madrid con un rango de altitudes que oscila desde 434 m hasta 2.430 m (38 m/km, en la perpendicular a la sierra de Guadarrama). Los puntos más elevados son Peñalara (2.430 m), Siete Picos (2.138 m) y Peña Cebollera (2.129 m). La altitud y los citados condicionantes geológicos, conjuntamente, enmarcan el actual contexto geográfico de la Comunidad de Madrid, diferenciando hasta cinco dominios (figura 3.3), que pueden simplificarse en dos grandes unidades regionales: la sierra, al norte y oeste, con laderas pronunciadas, cumbres romas, fosas interiores y piedemontes, y la depresión o valle del Tajo, al sureste, con ríos dispuestos en amplios valles separados por interfluvios compuestos de parameras calizas. El páramo está formado por llanuras tabulares rematadas en caliza, con oteros y mesas de cumbres planas, que se extiende por las provincias aledañas de Guadalajara y Toledo. Aquí, en Madrid, existen dos grandes páramos separados por el río Tajuña: el de Humosa y el de Chinchón-Colmenar de Oreja. La campiña adopta un relieve ondulado formado por arcosas, arenas y margas, que aparecen tras la erosión de la capa caliza que tenían encima. Por último, tenemos los valles fluviales cuaternarios, que dividen la cuenca

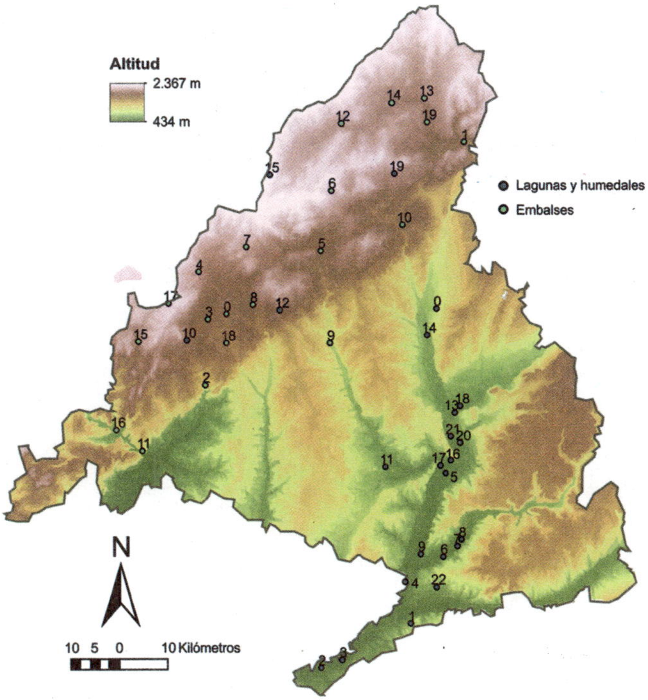

Figura 3.2. Relieve de la Comunidad de Madrid, mostrando la ubicación de las lagunas, humedales y embalses. Véase el capítulo de *Limnología Aplicada*.

de Madrid en la dirección principal norte-sur y en la secundaria noreste-suroeste, hacia el cauce del río Tajo.

La tectónica de la sierra madrileña es muy importante para entender la disposición actual del paisaje. Este relieve se debe a una serie de fracturas y cabalgamientos de tipo piel gruesa (es decir, que afecta tanto al basamento –gneises y granitos– como a la cobertera sedimentaria superior), los cuales generan una morfología escalonada de bloques levantados y hundidos (Birot y Solé-Sabarís, 1954). Entre los bordes norte y sur aparece una disposición asimétrica, condicionada por una gran falla ubicada en el límite sur (cabalgamiento del Borde Sur), que concentra toda la deformación, mientras que en el norte dicha deformación está más repartida en una serie de cabalgamientos imbricados (véanse las figuras 11-12 en de Vicente, 2009). Este fenómeno hace que los bloques hundidos sean más estrechos que los levantados, dando lugar a cuencas o fosas interiores que se rellenaron de sedimentos del Cenozoico (por ejemplo, las del río Lozoya, Canencia, Robledo de Chavela, San Martín de Valdeiglesias y las depresiones de Cerceda-Santillana-Navalafuente y de Guadalix-Redueña; de Vicente, 2009).

Usualmente se subdivide a la sierra en tres conjuntos morfotectónicos (de Vicente, 2009): el de Somosierra-Ayllón, formado por el basamento hercínico (de pizarras y cuarcitas), que se extiende desde el puerto de Somosierra hacia el este (y que

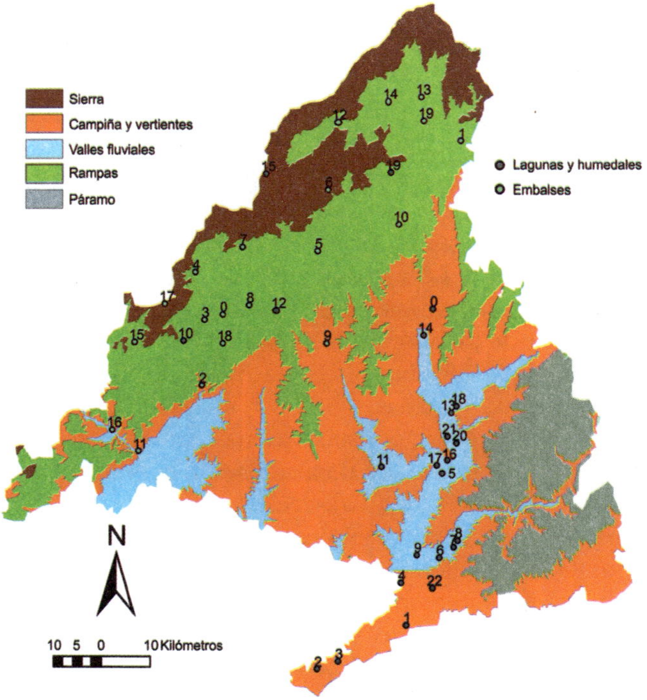

Figura 3.3. Principales unidades geográficas de la Comunidad de Madrid en relación a la ubicación de las principales lagunas, humedales y embalses.

continúa en Guadalajara y Segovia), el de la sierra de Guadarrama, formado por bloques de granito y gneis,el cual se extiende desde el puerto de Somosierra hasta el valle del Alberche, y el de las estribaciones de la sierra de Gredos, constituido también por granito y gneis, que abarca desde el valle del Alberche hacia el suroeste, como la parte distal del bloque levantado que forma la sierra de Gredos. Las diferentes sierras que conforman el sistema montañoso están separadas por profundas fallas, con el cabalgamiento del Borde Sur, que es la más importante y la que separa la sierra del valle del Tajo. Esta zona el contacto de la sierra con el valle del Tajo da lugar a grandes rampas labradas sobre rocas duras (las Machotas, las sierras de la Cabrera y de Hoyo de Manzanares y el cerro de San Pedro, entre otras). Finalmente, todo el conjunto montañoso ha sido retocado por la erosión glaciar, de la que aún quedan restos en las zonas más altas.

EL ORIGEN DE LAS LAGUNAS Y HUMEDALES EN SU CONTEXTO GEOGRÁFICO Y GEOLÓGICO

Los ambientes lacustres naturales se concentran mayoritariamente en las llanuras aluviales del Tajuña y del Tajo, sobre materiales fluviales cuaternarios (70 %), y en la sierra, en la rampa y en la campiña, sobre rocas metamórficas y granitos (figuras 3.1-3.3). Los embalses, obviamente, se concentran también en la región montañosa, y las lagunas creadas por actividades extractivas lo hacen, mayoritariamente, en el valle fluvial del río Jarama y, en menor medida, en el del río Henares (figuras 3.1-3.3). De acuerdo con su posición geológica, todos los ecosistemas acuáticos naturales se formaron a partir del periodo Tardiglaciar, desde finales del Pleistoceno (lagunas de Peñalara) y durante el Holoceno (el resto). Los ecosistemas naturales son mayoritariamente someros (0,5-1 m de profundidad), excepto la Laguna Grande de Peñalara. La variabilidad hidrológica de las lagunas naturales contrasta con la uniformidad de las lagunas artificiales: mientras estas últimas dependen exclusivamente de los aportes de agua subterránea de los acuíferos aluviales sobre los que se asientan (Roblas y García-Avilés, 1999), las lagunas naturales tienen fuentes de agua más variadas.

Quizá el origen más peculiar, por su relación morfológica con el clima, sea el de las lagunas y humedales del Macizo de Peñalara. Su origen está ligado a la retirada de los hielos acumulados durante la última glaciación, pero su formación se debe a varios procesos: la sobreexcavación del terreno rocoso por los hielos, la formación de morrenas como represas, la fracturación del lecho rocoso y la acumulación de nieve producida por la acción del viento en las vertientes de sotavento del Macizo de Peñalara (Sáinz Herraiz, 1988). Como es evidente, la actividad periglaciar contribuyó a modificar la morfología lagunar durante el Holoceno (Pedraza *et al.,* 2004) y, hoy en día, encontramos dos lagunas permanentes (Grande de Peñalara y Los Pájaros), una temporal (Claveles) y 242 charcas menores (Granados *et al.,* 2006). La Laguna Grande de Peñalara es una laguna glaciar de circo con un emisario, formada por sobreexcavación y cierre morrénico (Pedraza y Carrasco, 2006; véase el capítulo *Lagos de montaña*).

Otra laguna de génesis singular es la de Las Esteras. Este ecosistema, apoyado sobre yesos terciarios, se originó a partir de la formación de un karst de yesos (disolución de los yesos y otras evaporitas) al nivel de las aguas freáticas y su posterior subsidencia o colapso. Es este un origen poco común y también poco estudiado, aunque haya otras lagunas de génesis similar en España (laguna Grande de Archidona, Pulido-Bosch, 1989; terrazas del Ebro al oeste de Zaragoza; Soriano *et al.,* 1994) y en otras regiones del mundo (lago di Pergusa, Italia; Todürge gölü en Turquía; Nicod, 2006). El carácter endorreico y la elevada evaporación transforman a esta laguna en un saladar con costras de minerales evaporíticos, principalmente de glauberita y thenardita, que se han venido explotando industrialmente desde hace unas cuantas décadas (Cano Sánchez, 2009).

Las lagunas de San Juan, Casasola y San Galindo, ubicadas sobre materiales cuaternarios en el tramo final del río Tajuña, entre Morata de Tajuña y Titulcia, deben también su formación a la disolución de los yesos del Mioceno que se encuentran bajo la llanura aluvial, pero no por acción de las aguas freáticas sino a partir de procesos fluviales relacionados con inundaciones periódicas. Esa disolución produciría pequeñas dolinas que tienden a colapsar formando depresiones lagunares sobre los materiales aluviales (CAM, 2000).

Las lagunas naturales que afloran sobre granitos, como las del complejo de Castrejón y la laguna de Valdemanco, popularmente conocidas como *navas,* deben su origen a procesos de erosión diferencial sobre sustrato rocoso granítico en una zona de debilidad tectónica (INITEC, 1990). Este tipo de lagunas representa un complejo de humedales numeroso (más de cien según algún estudio; Reguilón *et al.*, 1993), que se extiende por todo el piedemonte de la sierra de Guadarrama, pero de modo más abundante por la comarca de El Escorial-Zarzalejo (CAM, 2000). Aunque desde el siglo XIX la mayor parte de dichas lagunas fueron desecadas, el aprovechamiento ganadero ha fomentado la conservación de algunas, como las de Castrejón (CAM, 2000).

Por último, las lagunas relacionadas directamente con la geomorfología fluvial no son muy abundantes. Solo existe una laguna formada en una llanura aluvial (Carrizal de Villamejor) y otras asociadas al abandono de un meandro (Soto del Lugar, meandro del Castillo de Aldovea). El Carrizal de Villamejor tiene su origen en la morfología plana del valle fluvial del arroyo Martín Román, inmediatamente antes de desembocar en el río Tajo, donde la bajísima pendiente fluvial provoca una ausencia de cauce. En la formación y pervivencia del humedal ha contribuido sensiblemente la instalación de una estructura artificial: la acequia de descarga del aliviadero del Canal de las Aves al arroyo de Martín, que ha propiciado la acumulación de sedimentos con respecto a los depósitos aluviales del Tajo (CAM, 2000). El Soto del Lugar es una laguna formada en un meandro abandonado del río Tajo, probablemente antes de 1775 (Uribelarrea *et al.,* 2003). Esta laguna, que está rodeada de cultivos y se alimenta de agua freática filtrada desde el río Tajo, se está colmatando debido al arrastre de sedimentos y aguas ricas en nutrientes procedentes del riego, hecho este por el cual se ha elevado desmesuradamente la productividad de la vegetación emergente (CAM, 2000). El meandro del castillo de Aldovea, por su parte, se ubica en el río Henares, aguas abajo de Torrejón de Ardoz, y se ha visto muy modificado por la explotación de áridos y por inundación directa, dada su proximidad al cauce fluvial (Uribelarrea *et al.,* 1997).

CLIMA

A pesar de que Madrid es una de las regiones españolas con un registro climático más antiguo (la estación del Retiro dispone de observaciones desde 1860) y sede de la Agencia Estatal de Meteorología (AEMET), apenas hay tratados sobre su meteorología, al menos a escala regional. La primera cita sobre la meteorología de la provincia de Madrid aparece en la *Descripción Física y Geológica de Madrid* de Pardo (1864), quien estrena los primeros registros meteorológicos obtenidos en la recién instalada estación del observatorio del Retiro. Ya advierte este autor de la necesidad de disponer de más estaciones distribuidas por toda la región para poder entender cómo varía su meteorología, hecho que hubo de esperar más de cincuenta años para que otra estación meteorológica adicional se instalara en la región (presa de Puentes Viejas en 1921, instalada con motivo del estudio hidrológico para la construcción del embalse). El salto cuantitativo en el número de estaciones ocurre a mediados de la década de 1940 (Madrid ha llegado a tener hasta 189 estaciones, aunque no todas de registro simultáneo). El primer estudio regional del clima madrileño lo elaboran de Nicolás *et al.* (1979) para el entonces Ministerio de Obras Públicas y Urbanismo, de un ámbito geográfico bastante más amplio que el provincial, pues incluyeron las provincias limítrofes con Madrid con registros del periodo 1931-1973. En las series provinciales que publicó el Instituto Nacional de Meteorología, Roldán (1985) realizó un estudio climatológico para el área metropolitana con datos del periodo 1901-1970 (principalmente de 1931-1960) para la estación del Retiro. Guerra (1985) publica un estudio estadístico sobre las precipitaciones en la Comunidad de Madrid para el periodo 1902-1981 sobre un total de 142 estaciones. Por último, dentro de la serie *Caracterización agroclimática provincial*, realizada por el ministerio de Agricultura, Pesca y Alimentación, de León (1989) publica el compendio para la provincia de Madrid, basado en los registros de diecinueve estaciones meteorológicas correspondientes al periodo 1940-1980, aunque bajo un enfoque agrario.

En términos generales, el clima dominante en la Comunidad de Madrid es mediterráneo continental condicionado por la altitud y por la sierra que, a modo de barrera, impide la entrada de masas de aire húmedo del Atlántico (Roldán, 1985). Los centros de acción climática principales son el frente polar y el anticiclón de las Azores (García de Pedraza y García-Vega, 1989). El tamaño de la ciudad de Madrid introduce en la Comunidad una considerable irregularidad climática (*i.e.* isla de frescor diurna y de calor nocturna) (Fernández-García *et al.,* 2016), aunque aquí no lo voy a analizar porque no he considerado ninguna masa de agua urbana y porque el alcance de su efecto supera el de este estudio. Según la clasificación de Köppen-Geiger del Atlas Climático Ibérico (AEMET, 2011), la mayor parte de la rampa, campiña y páramos madrileños presentan un clima *Csa* (templado con verano seco y caluroso), con la zona del valle del Tajo regida por una mayor aridez (*Bsk* o clima seco estepario). La zona de la sierra presenta el tipo *Csb* (templado con verano seco y suave o mediterráneo oceánico), con las cumbres bajo un *Dsb* (frío con verano seco y templado o hemiboreal mediterráneo). Según la clasificación climática de Font (1983) para la Península Ibérica, la Comunidad de Madrid se encuentra en la denominada *zona parda*, la cual se distingue por su aislamiento orográfico que resalta su carácter climático continental (inviernos fríos, aunque menos que en la meseta norte, y veranos calurosos) y, en su mayor parte, en la región pluviométrica oriental. Los vientos dominantes son del suroeste y del nordeste, coincidiendo con la orientación de la cuenca del Tajo, dominando los primeros durante el día y los segundos durante la noche (Roldán, 1985). Los vientos ábregos suministradores de lluvias en la región son los del suroeste seguidos de los occidentales, como en la mayor parte de la Península (de Nicolás *et al.,* 1979).

En este apartado haré un análisis temporal a largo plazo de la precipitación, la temperatura del aire y la radiación solar basado en las estaciones meteorológicas citadas en la tabla 3.1 y la figura 3.4 para el periodo 1920-2016, ciclo en el que hay más de una estación de medida, si bien he incluido los registros de la estación del Retiro desde 1860. Con esto, pretendo definir el marco climatológico regional, los principales condicionantes de sus pautas temporales y espaciales, así como sus tendencias a largo plazo. No he incluido el viento como variable de análisis porque la información disponible está más dispersa espacialmente que para las otras variables

Tabla 3.1. Estaciones meteorológicas de precipitación o temperatura (PT) de la AEMET usadas en este estudio.

Estación	Indic.	Tipo	Altitud (m)	Periodo	Años disponibles
Puerto de Navacerrada	2462	PT	1.894	1947-2016	70(0)
Rascafría (El Paular)	3104	PT	1.159	1961-2014	43(11)
Hoyo Manzanares	3190	P	1.100	1956-2016	55(6)
San Lorenzo del Escorial	3274	PT	1.028	1947-2016	66(4)
Presa de Río Sequillo	3109	PT	1.020	1954-2005	50(2)
Presa de Puentes Viejas	3112	PT	960	1921-2005	78(7)
Las Rozas de Puerto Real	3330Q	PT	960	1976-2016	37(4)
Soto del Real	3183	P	921	1955-2016	47(15)
Manzanares el Real	3184	P	908	1946-2016	49(22)
Presa del Atazar	3116A	PT	900	1970-2006	31(6)
Torrelodones	3272	P	900	1946-2016	71(0)
El Villar	3114	PT	890	1928-2005	21(57)
El Molar	3118	P	864	1961-2016	47(9)
Pezuela de las Torres	3223	PT	852	1947-2016	58(12)
Presa del Vellón	3121E	P	850	1971-2016	43(3)
Madrid/Cuatro Vientos	3196	PT	690	1946-2016	71(0)
Pozuelo de Alarcón	3194A	PT	690	1974-2007	29(5)
Madrid/C. Universitaria	3194U	PT	664	1973-2016	23(21)
Madrid/Retiro*	3195	PT	667	1860-2016	154(3)
Talamanca del Jarama	3117	PT	654	1946-2016	71(0)
Fuente el Saz	3119	PT	645	1946-2016	69(2)
Madrid/Getafe	3200	PT	620	1952-2016	65(0)
Madrid/Barajas	3129	PT	609	1952-2016	65(0)
Madrid/Torrejón	3175	PT	607	1962-2016	51(4)
Alcalá de Henares	3169	PT	600	1955-2011	46(11)
Tielmes	3229	PT	592	1946-2009	45(19)
Aranjuez	3100B	PT	540	1977-2016	24(16)
Villamanrique de Tajo	3098A	PT	540	1989-2016	22(6)
Arganda	3182E	PT	530	1972-2016	40(5)

* Astronómico (1853-1919) y Retiro (1893-2016). *Indic.* es el indicador de la estación usado por la AEMET; el periodo se refiere al total de datos (años) disponibles; *años disponibles* indica el intervalo completo de años con datos validados y entre paréntesis, el número de años sin datos de ese intervalo.

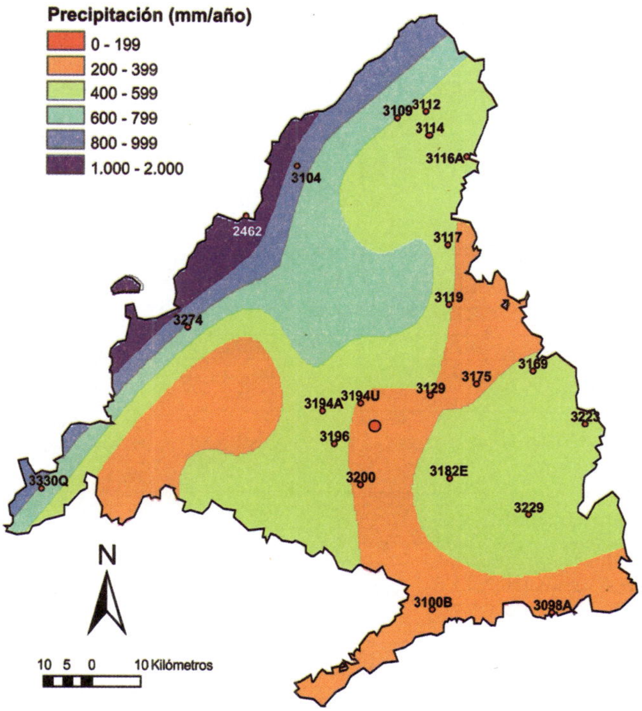

Figura 3.4. Mapa de isoyetas de precipitación media anual para el periodo 1920-2016 y ubicación de las estaciones meteorológicas con registros utilizadas en este estudio (indicadores, como los de la tabla 3.1).

y porque los patrones de ocurrencia son bastante uniformes en la región (veánse los trabajos de Roldán, 1985, y Nicolás *et al.,* 1979).

Precipitación

Considerando el contexto espacial de la Comunidad de Madrid, las precipitaciones medias regionales para el periodo comprendido entre 1920-2016 son de 518,4 ± 224,5 mm. El rango de precipitaciones medias anuales oscila desde 336 a 1.325 mm en las estaciones de Villamanrique de Tajo y Navacerrada (tabla 3.2). El número de días lluviosos al año varía en promedio de 47 en Tielmes a 142 en Navacerrada (79 días en promedio para toda la región; tabla 3.2). La estación de Navacerrada ha registrado la precipitación máxima anual (2.375,3 mm en 1972) y diaria (150 mm en el día 20/01/1996), y la de San Lorenzo del Escorial la máxima mensual (560,1 mm en noviembre de 1989). Usando los datos del promedio anual de todas las estaciones de la región hay una correlación significativa entre la cantidad de precipitación y el número de días lluviosos ($R^2 = 0,49$ $p < 0,001$), aunque la varianza indica que la otra componente importante, la intensidad de las lluvias, explica una fracción similar de las precipitaciones de la región. En la figura 3.4 se muestra el mapa de isoyetas de precipitación anual de la Comunidad de Madrid para el periodo citado. El 65 %

Tabla 3.2. Promedios anuales de precipitaciones y temperaturas en las estaciones meteorológicas de la AEMET usadas en este estudio.

Estación	Días lluvia al año	Precipitación promedio (mm/año)	Temperatura del aire promedio (°C)	Temperaturas mínima y máxima (°C)
Puerto de Navacerrada (P-1) (T-1)	141,7	1.325,1±315,6	6,5±0,9	(–20,3-31,8)
Rascafría (El Paular) (P-1) (T-1)	92,3	962,4±70,6	10,0±0,7	(–19,0-37,5)
Hoyo de Manzanares (P-2)	81,0	730,3±67,6		
San Lorenzo del Escorial (P-1) (T-3)	104,0	802,5±244,8	13,2±0,8	(–8,0-39,0)
Presa de Río Sequillo (P-2) (T-1)	94,7	632,3±180,6	11,3±0,6	(–14,0-38,0)
Presa de Puentes Viejas (P-2) (T-1)	91,4	581,9±157,6	11,6±0,5	(–16,3-41,0)
Rozas Puerto Real (P-2) (T-3)	70,3	748,1±134,8	12,6±0,7	(–6,0-41,0)
Soto del Real (P-2)	75,0	665,6±189,1		
Manzanares el Real (P-2)	78,6	732,8±130,1		
Presa del Atazar (P-2) (T-2)	81,0	546,9±186,6	13,3±0,7	(–9,0-41,0)
Torrelodones (P-3)	75,3	505,8±114,4		
El Villar (P-3) (T-1)	82,8	481,6±161,8	11,7±0,3	(–11,0-38,0)
El Molar (P-2)	71,9	651,3±118,2		
Pezuela de las Torres (P-3) (T-3)	58,2	489,2±113	13,5±0,7	(–10,0-41,0)
Presa del Vellón (P-3)	81,7	546,9±80,6		
Madrid/Cuatro Vientos (P-3) (T-2)	83,5	439,5±203,2	14,4±0,9	(–11,4-40,6)
Pozuelo de Alarcón (P-3) (T-2)	74,6	497,6±120,8	14,2±0,6	(–9,4-41,0)
Madrid/C. Universitaria (P-3) (T-2)	66,9	393,3±225,7	14,0±0,9	(–10,0-41,0)
Madrid/Retiro (P-3) (T-2)	100,8	419,4±105,3	14,2±0,8	(–12,5-44,3)
Talamanca del Jarama (P-3) (T-2)	87,0	472,9±200,9	13,9±0,7	(–13,0-42,0)
Fuente el Saz (P-3) (T-3)	71,5	440±113,5	14,5±0,5	(–8,0-40,0)
Madrid/Getafe (P-4) (T-2)	78,1	388,6±106,4	14,7±0,8	(–12,0-41,6)

Tabla 3.2. *(continuación)*

Estación	Días lluvia al año	Precipitación promedio (mm/año)	Temperatura del aire promedio (°C)	Temperaturas mínima y máxima (°C)
Madrid/Barajas (P-4) (T-2)	79,3	396,7±114,3	14,3±0,8	(−14,8-42,2)
Madrid/Torrejón (P-4) (T-2)	76,2	380,4±101	14,3±0,7	(−13,8-41,6)
Alcalá de Henares (P-3) (T-2)	62,8	441,8±129,6	13,7±0,7	(−17,0-43,0)
Tielmes (P-3) (T-3)	46,7	463,5±120,4	13,8±0,5	(−13,0-43,0)
Aranjuez (P-4) (T-2)	59,7	353,8±260,6	13,9±0,5	(−17,0-41,0)
Villamanrique de Tajo (P-4) (T-3)	70,3	335,9±166,2	14,7±0,8	(−10,5-42,0)
Arganda (P-4) (T-2)	68,8	426,6±211,3	14,4±0,9	(−12,0-43,0)

Las letras entre paréntesis al lado del nombre de las estaciones indican el grupo al que pertenece cada estación en función de sus registros anuales de precipitación (P) y temperatura (T) en el análisis de *cluster*.

de su superficie se engloba en el rango de precipitaciones de 400-600 mm/año (figura 3.5). Como se observa, hay un notable gradiente espacial en las precipitaciones que es explicado de manera significativa por la topografía (figura 3.6a), si bien es cierto que sólo existe una estación meteorológica con suficientes registros por encima

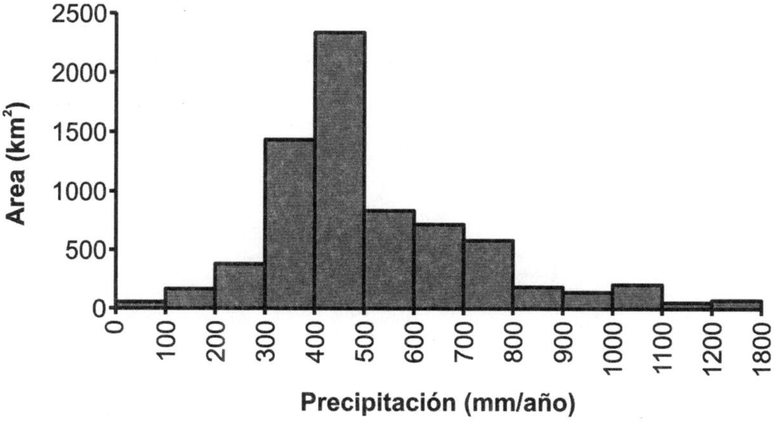

Figura 3.5. Histograma mostrando la distribución espacial de las precipitaciones anuales promedio en la Comunidad de Madrid para el periodo 1920-2016.

de 1.200 m de altitud (Navacerrada, tabla 3.1). La variabilidad del número de días al año con lluvias también tiene relación con la topografía, aunque en menor grado (figura 3.6b). Aunque existe una relación significativa entre la variabilidad de las precipitaciones (coeficiente de variación de las estaciones en porcentaje) y la altitud, la varianza explicada es baja ($R^2 = 0,32$; $p = 0,01$). A pesar de esta variabilidad espacial, hay cierta correspondencia temporal entre los registros observados en estaciones con contrastada altitud como Navacerrada y Retiro (figura 3.6c).

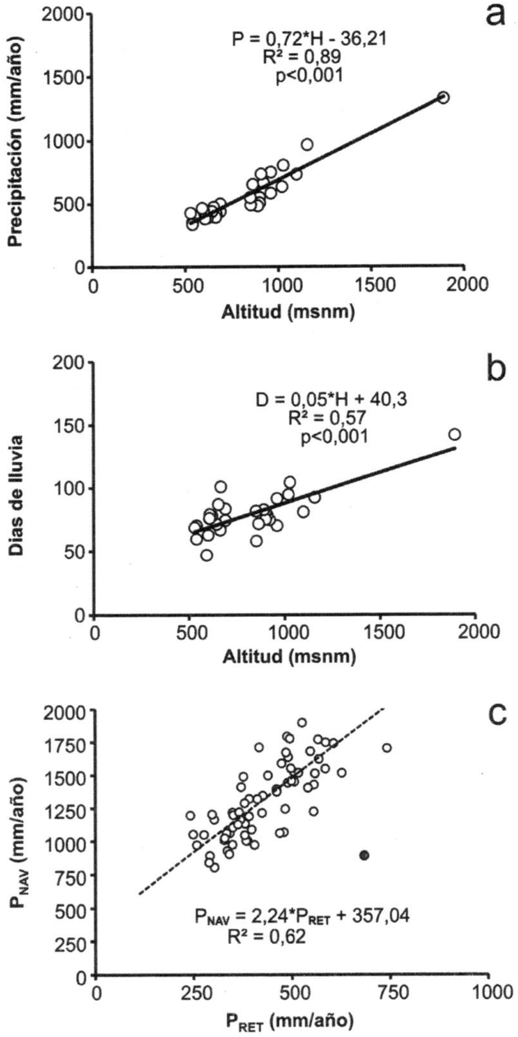

Figura 3.6. Relación entre precipitación (P) y altitud (H) en la Comunidad de Madrid: a) precipitación promedio anual para el periodo 1920-2016; b) días con lluvia al año para el periodo 1920-2016, y c) correlación entre las precipitaciones anuales registradas en la estación de Navacerrada (P_{NAV}) y en la de Retiro (P_{RET}; si se elimina el punto de color negro —1947— la R^2 se incrementa de 0,49 a 0,62).

Un análisis de *cluster* realizado con la matriz de correlaciones de precipitaciones anuales entre estaciones confirmó un agrupamiento significativo basado en diferencias geográficas (tabla 3.2; P-1 a P-4): 1.º) un grupo de estaciones de la sierra y la rampa (P-1; promedio de 1007 ± 220 mm/año); 2.º) estaciones de la campiña madrileña (P-2; promedio de 582 ± 120 mm/año); 3.º) un grupo con las estaciones más distales de la campiña y las del páramo (P-3; promedio de 438 ± 94 mm/año), y 4.º) un último grupo con las estaciones más áridas, ubicadas en los valles fluviales de la región (P-4; promedio de 355 ± 75 mm/año).

La figura 3.7 muestra las precipitaciones medias anuales en toda la región y en cada uno de estos grupos desde 1920 hasta 2016, incluyendo sus desviaciones acu-

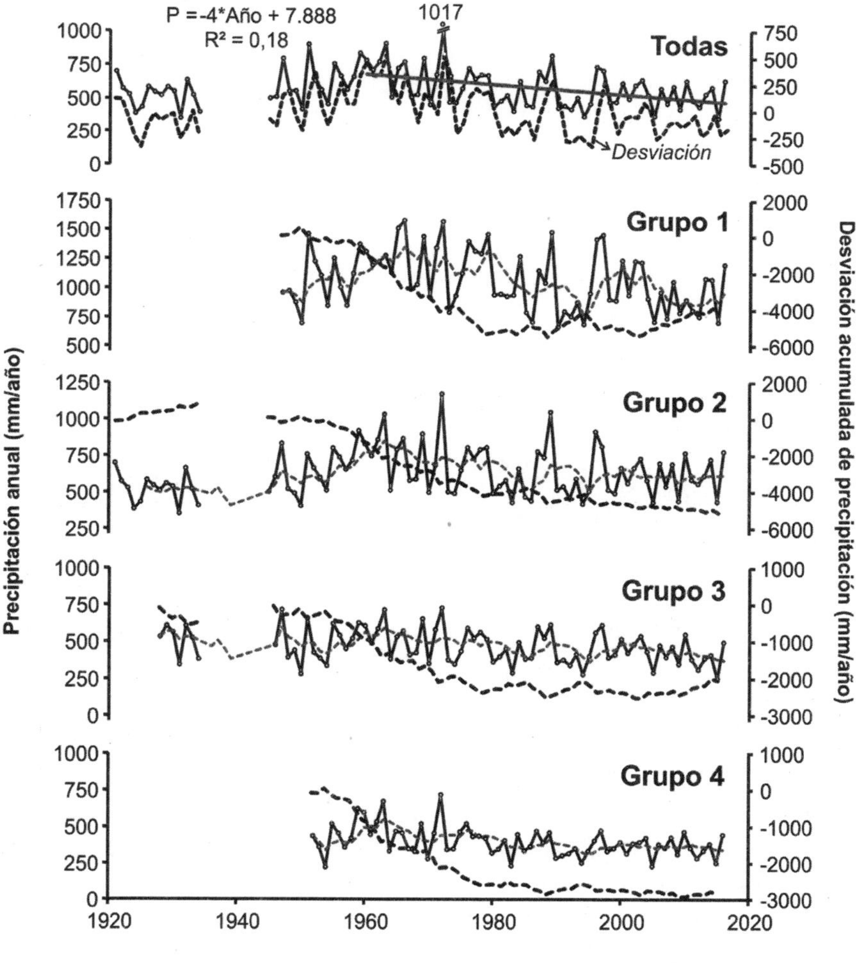

Figura 3.7. Precipitaciones anuales y desviaciones acumuladas (línea discontinua negra) desde 1920 hasta 2016 en todas las estaciones (*Todas*) y grupos de estaciones obtenidos mediante el análisis de *cluster* (véase la tabla 3.1). La función lineal del promedio de todas las estaciones (línea gris) está calculada para el periodo 1960-2016. La línea discontinua de color gris representa una media móvil para un periodo de 6 años.

muladas. Puede apreciarse que la variabilidad interanual es elevada en todos los casos. Sin embargo, mientras que por grupos no se aprecia ninguna tendencia general, el promedio de todas las estaciones ofrece un patrón de reducción de las precipitaciones anuales desde la década de 1960, con una variabilidad interanual más baja. En las estaciones agrupadas, por el contrario, las desviaciones acumuladas también ofrecen una tendencia decreciente en todos los grupos de estaciones hasta 1979; posteriormente la tendencia es variable. Es probable que la tendencia temporal por grupos de estaciones quede amortiguada al promediarlos, ya que no hay concordancia con lo que se observa en las estaciones de manera individualizada (figura 3.8): todas las estaciones con series temporales más largas, excepto la del Retiro, ofrecen una tendencia de reducción de precipitaciones. La tendencia en los días de lluvia al año es inversa (figura 3.9): decreciente en estaciones como el Retiro y creciente en las que ofrecen una pauta temporal negativa de las precipitaciones totales. Esto indica, además, un cambio en el patrón de las lluvias, al menos durante los últimos cincuenta años, aunque haya que considerar que muchas de las líneas de tendencia no resultan significativas. Las anomalías en las precipitaciones anuales de la serie temporal, algo que podríamos asimilar a la presencia de sequías (precipitaciones anuales inferiores al 20 % de la media), tampoco ofrecen un patrón claro (figura 3.10). Hay mayor frecuencia de años secos en las estaciones de montaña (grupo 1), mientras en que en las zonas más áridas (grupo 4) se mantiene estable y con una periodicidad constante (cada once años aproximadamente; figura 3.10). Los resulta-

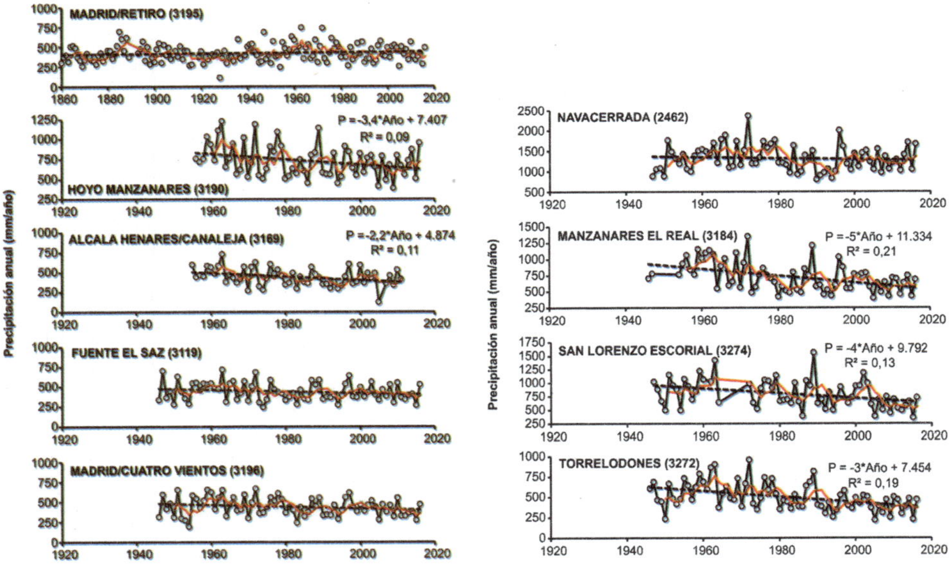

Figura 3.8. Evolución temporal de las precipitaciones anuales en las estaciones de Retiro, Hoyo de Manzanares, Alcalá de Henares, Fuente el Saz, Madrid/Cuatro Vientos, Puerto de Navacerrada, Manzanares el Real, San Lorenzo del Escorial y Torrelodones. La línea negra discontinua es la tendencia lineal y la roja es la media móvil para un periodo de 5 años. Sólo se muestran las ecuaciones de las tendencias significativas ($p < 0,05$).

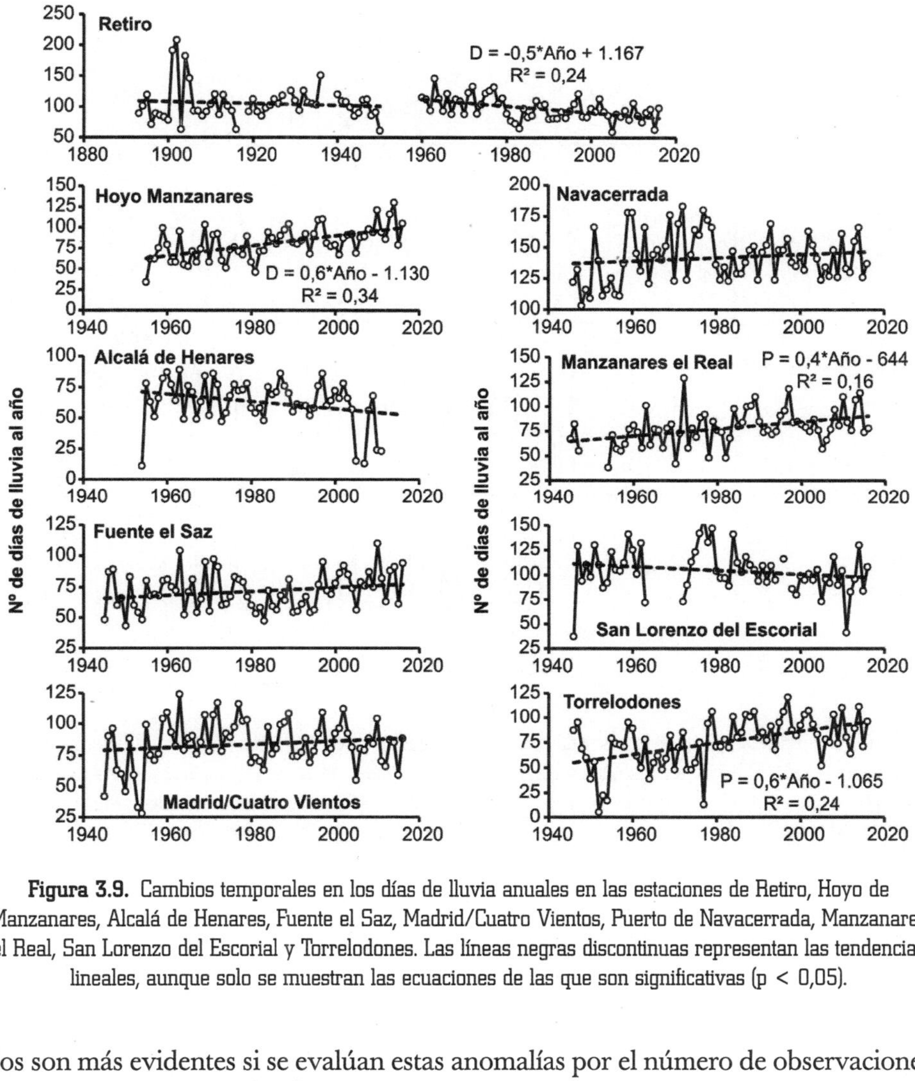

Figura 3.9. Cambios temporales en los días de lluvia anuales en las estaciones de Retiro, Hoyo de Manzanares, Alcalá de Henares, Fuente el Saz, Madrid/Cuatro Vientos, Puerto de Navacerrada, Manzanares el Real, San Lorenzo del Escorial y Torrelodones. Las líneas negras discontinuas representan las tendencias lineales, aunque solo se muestran las ecuaciones de las que son significativas ($p < 0,05$).

dos son más evidentes si se evalúan estas anomalías por el número de observaciones de años secos por década (figura 3.11).

La figura 3.12 muestra la temporalidad de las precipitaciones en los cuatro grupos de estaciones. La pauta estacional es idéntica en todos los grupos, con un marcado estiaje veraniego y una mayor aportación de lluvias durante los meses de octubre, noviembre y diciembre (otoño). Descomponiendo las series temporales en función de las precipitaciones estacionales, las tendencias no muestran un patrón común entre estaciones (figura 3.13): en la estación del Puerto de Navacerrada se aprecia un ligero aumento de las precipitaciones en otoño, pero sobre todo un descenso de las mismas en primavera y verano; en los observatorios de la presa de Puentes Viejas y Manzanares el Real (grupo 2) hay una reducción importante de las precipitaciones en verano; en las estaciones del grupo 3 (El Villar y Madrid/Cuatro Vientos) se observa que llueve menos sobre todo en invierno, aunque también en

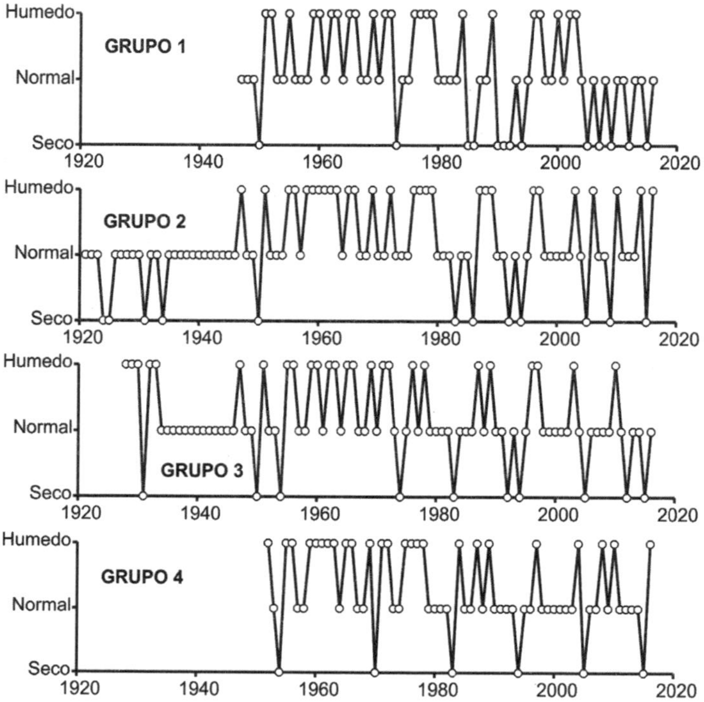

Figura 3.10. Serie temporal de la precipitación anual en función de su variación respecto a la media de todo el periodo (1920-2016) para cada uno de los grupos de estaciones obtenidos mediante el análisis de *cluster* (véase la tabla 3.2). «Normal» indica una precipitación anual ± 20% del promedio, «húmedo» indica una precipitación anual >20% de la media y, finalmente, «seco» indica una precipitación anual <20% de la media.

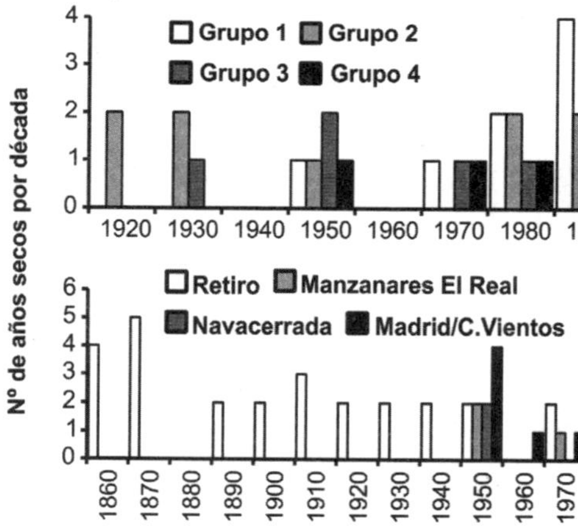

Figura 3.11. Frecuencia de años secos (precipitación anual <20% de la media) por décadas en (a) los grupos de estaciones obtenidos mediante el análisis de *cluster* (véase la tabla 3.2), y (b) en las estaciones del Retiro, Manzanares el Real, Navacerrada y Madrid/Cuatro Vientos. La década 2010-2020 solo alcanza hasta 2016.

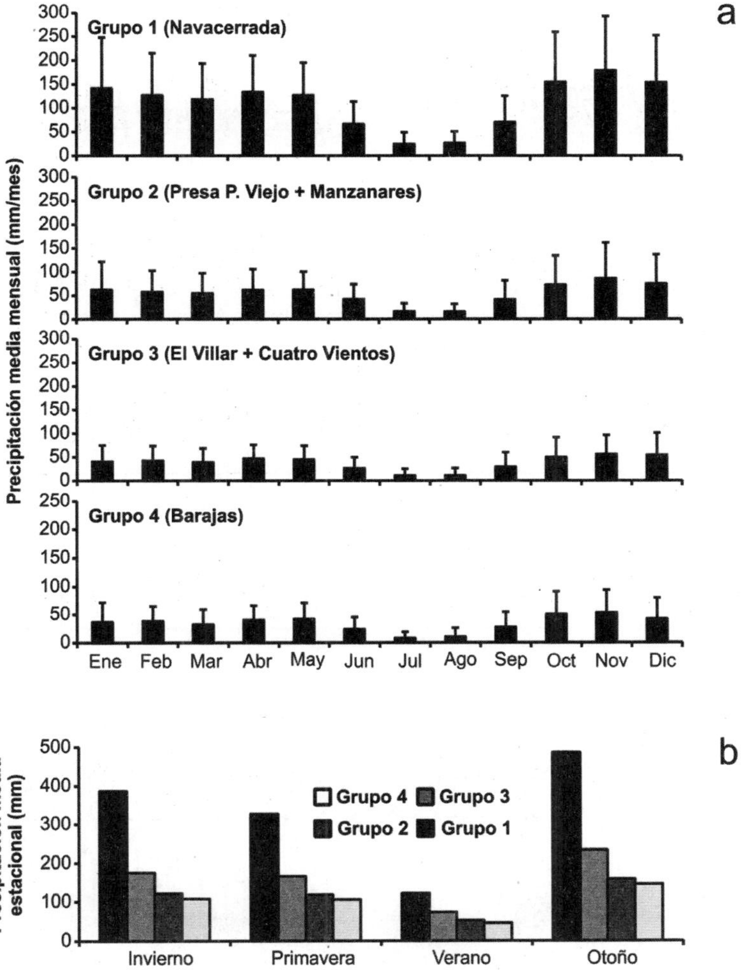

Figura 3.12. Precipitación media mensual (a) y media estacional (b) para el periodo 1920-2016 en los grupos de estaciones obtenidos mediante el análisis de *cluster* (véase la tabla 3.2). La línea vertical es la desviación estándar.

primavera y verano. Sin embargo, la estación del Retiro de Madrid, con la serie temporal más larga, no muestra un patrón claro de cambios, aunque se aprecie una tendencia a llover más en otoño y menos en verano.

Temperatura del aire

Considerando el contexto espacial de la Comunidad de Madrid, la temperatura media regional para el periodo comprendido entre 1860-2016 es de 13,2 ± 1,5 °C. El rango de temperaturas mínimas y máximas varía en función de la ubicación de la estación y oscila desde los –20,3 °C registrados en el puerto de Navacerrada en

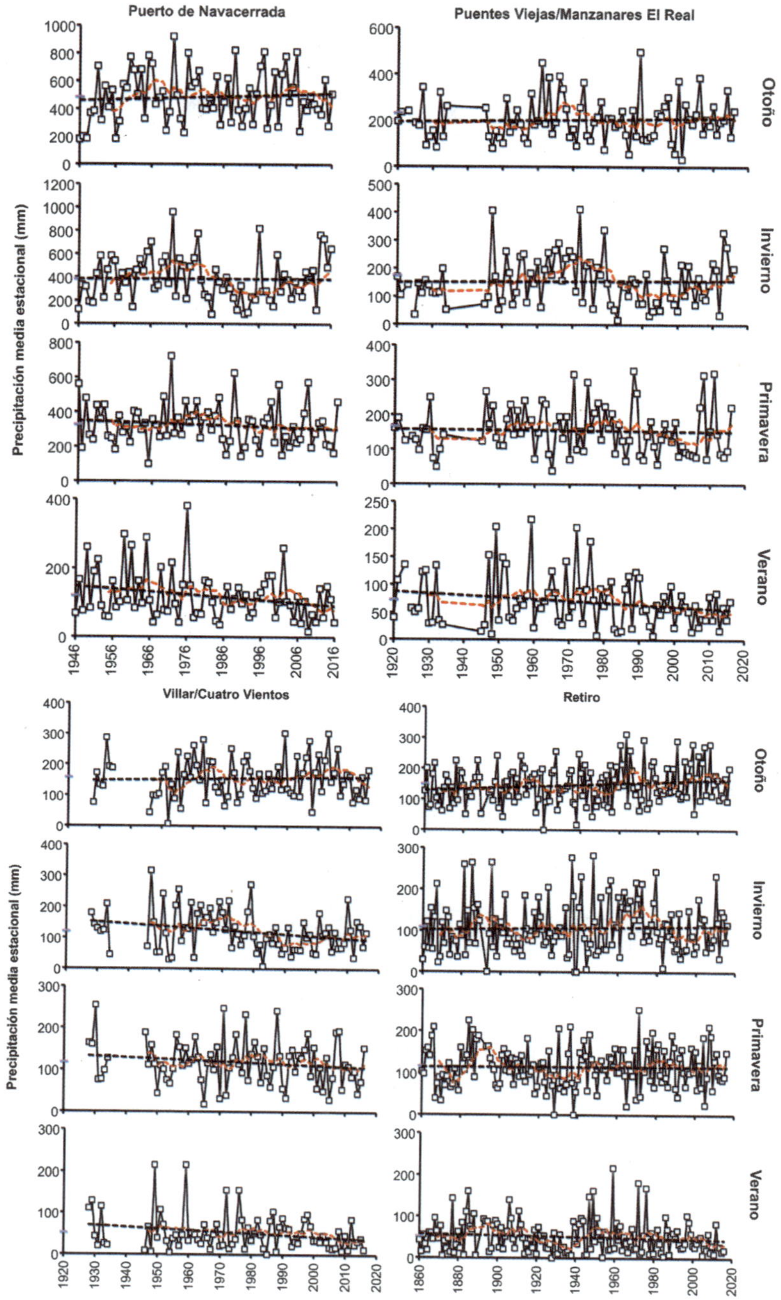

Figura 3.13. Evolución temporal de las precipitaciones ocurridas en otoño, invierno, primavera y verano en las estaciones de Navacerrada, Puentes Viejas-Manzanares el Real, El Villar-Madrid/Cuatro Vientos y Retiro. La línea discontinua roja representa una media móvil para un periodo de diez años y la línea discontinua negra representa la tendencia lineal de la serie. La marca azul del eje de ordenadas representa el promedio de las precipitaciones de la estación para el ciclo de observaciones.

1962 a los 44,3 °C medidos en la estación del Retiro en 1878 (tabla 3.2). La temperatura del aire sigue un gradiente espacial marcado por la altitud, y afecta principalmente a la temperatura media (figura 3.14a). La variabilidad interanual de la temperatura media es también mayor en las estaciones de mayor altitud (figura 3.14b). Sin embargo, las diferencias absolutas entre temperaturas máximas y mínimas no dependen de la elevación (figura 3.14c). En promedio para toda la Comunidad, el número de días al año en los que se alcanzan temperaturas superiores a los 30 °C es de 53 ± 23 días; por encima de 35 °C, es de 13 ± 9 días y de 0,3 ± 0,4 días para temperaturas que excedan los 40 °C, aunque varíe mucho de unas estaciones a otras (tabla 3.3). Existen correlaciones inversas significativas entre el número de días al año con temperaturas superiores a 30 °C, 35 °C y 40 °C y la altitud de las estaciones (figura 3.14d). También las temperaturas medias y máximas anuales medidas en las estaciones de observación muestran relaciones estadísticamente significativas con el número de días al año con temperaturas superiores a 30 °C, 35 °C y 40 °C (figura 3.15).

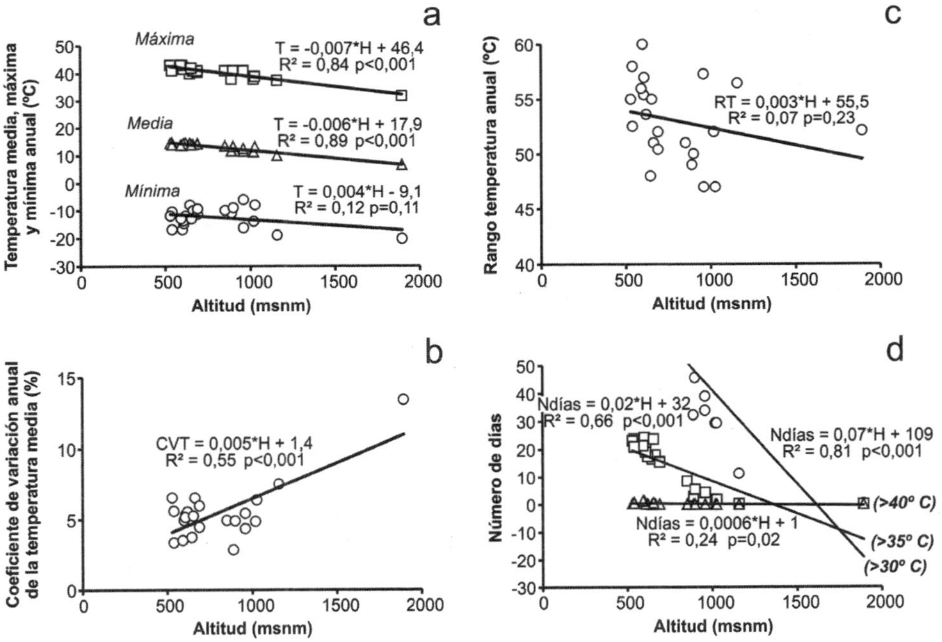

Figura 3.14. Relación entre la temperatura del aire y la altitud en la Comunidad de Madrid usando las estaciones meteorológicas de la tabla 3.3. a) Variación de las temperaturas media, máxima y mínima anuales con la altitud, b) coeficiente de variación de la temperatura media anual y la altitud, c) rango de la temperatura anual (máxima-mínima) y altitud, d) número de días al año con más de 30 °C, 35 °C y 40 °C en función de la altitud.

En la figura 3.16 se muestra el mapa de isotemperaturas medias anuales en la Comunidad de Madrid para el ciclo citado. Se puede apreciar un marcado gradiente desde la sierra hasta los valles fluviales, donde se dan las mayores temperaturas

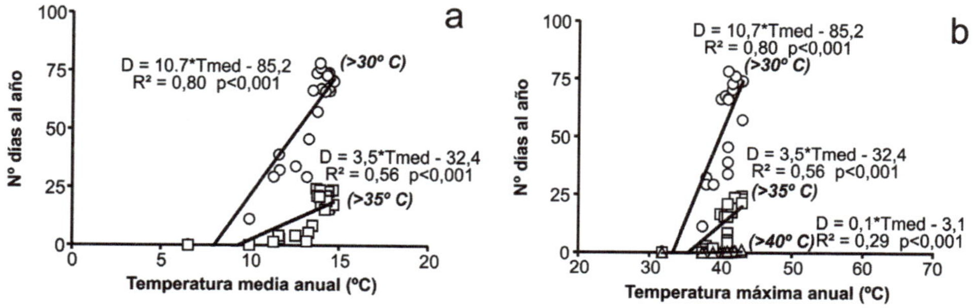

Figura 3.15. Relaciones entre las temperaturas media (a) y máxima (b) anuales con el número de días al año con temperaturas superiores a 30 °C, 35 °C y 40 °C.

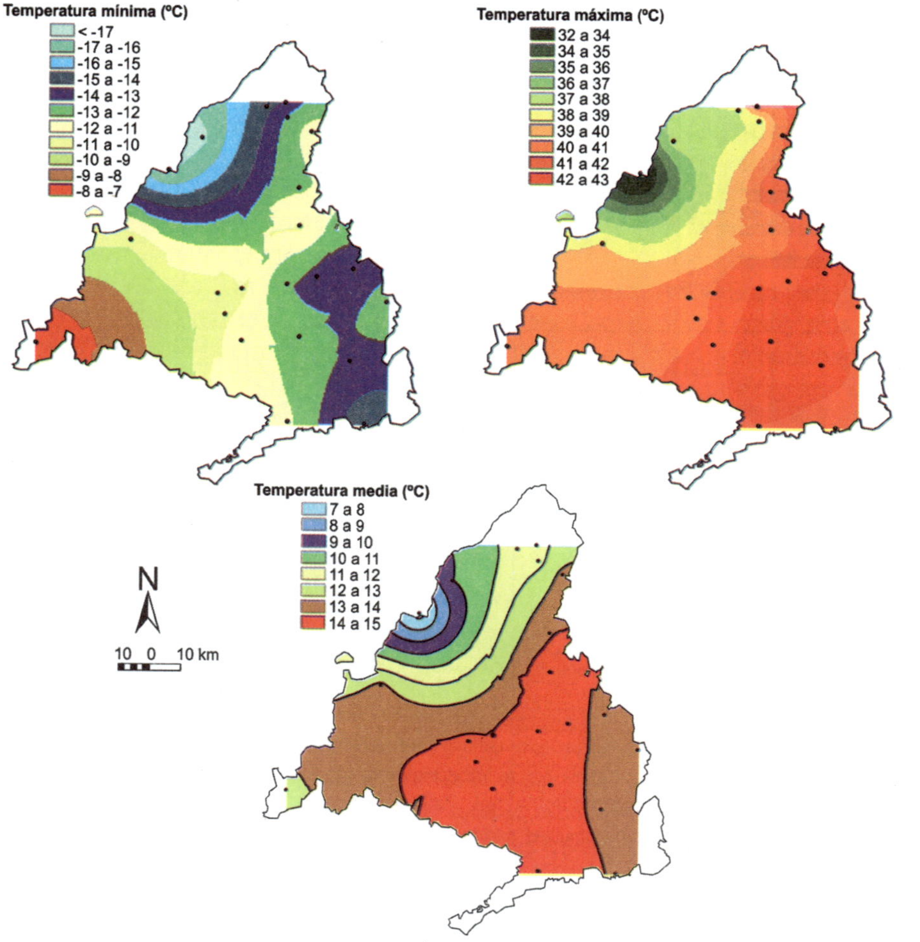

Figura 3.16. Mapas de isotemperaturas (mínimas, máximas y medias anuales) en la Comunidad de Madrid para el periodo de 1945-2016. Los puntos representan la ubicación de las estaciones de medida.

medias anuales. El 72 % de su superficie está en la isoterma de temperaturas medias de 13 a 15 °C (figura 3.17a). Las partes más frías en la región se ubican en la zona de la sierra de Guadarrama y en el páramo, mientras la porción suroeste registra temperaturas mínimas más elevadas. Más del 60 % de la superficie regional se encuentra entre las isotermas mínimas de −12 °C a −14 °C (figura 3.17b). Las isotermas de temperaturas máximas se asemejan bastante a las de las temperaturas medias, aunque aquí resalta más el carácter cálido de las depresiones aluviales del Tajo y Jarama. Un 66 % de la superficie regional está expuesta a temperaturas máximas que pueden superar los 40 °C durante el verano (figura 3.17c).

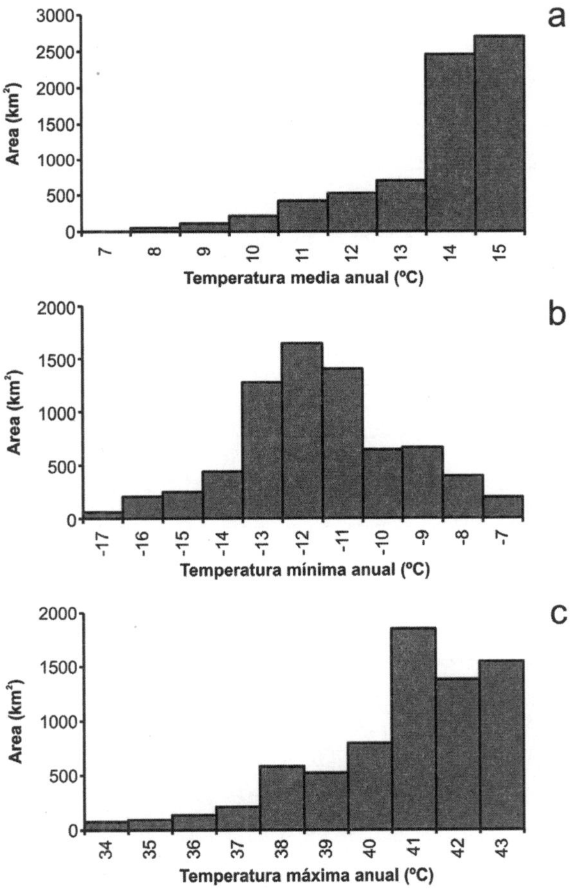

Figura 3.17. Histogramas de la distribución espacial de las temperaturas media (a), mínima (b) y máxima (c) anuales en la Comunidad de Madrid para el periodo 1945-2016.

Con los datos de temperaturas anuales, el análisis de *cluster* realizado sobre la matriz de correlaciones entre estaciones confirmó también la existencia de grupos basados en diferencias geográficas, aunque las estaciones de cada grupo variaran para cada temperatura. En el caso de la temperatura máxima anual las estaciones fueron sesgadas por la altitud (por encima de 1.100 m, de 890 a 1.100 m y por debajo de 890 m). La temperatura mínima también se vio sesgada por dicha variable, aunque solo en las estaciones ubicadas por encima de 1.100 m. La separación relativa a las temperaturas medias anuales mostró una menor dependencia de la altitud, y era correlativa al mapa de isotemperaturas medias (tabla 3.3 y figura 3.16).

Tabla 3.3. Número de días al año con temperaturas superiores a 30 °C, 35 °C y 40 °C en las estaciones seleccionadas para este estudio y para el periodo 1920-2016.

Estación	> 30 °C	> 35 °C	> 40 °C
Alcalá de Henares (T-2)	73,9 (20,2 %)	24,3 (6,6 %)	1,2 (0,34 %)
Aranjuez (T-2)	70,8 (19,4 %)	23,7 (6,5 %)	0,8 (0,21 %)
Arganda (T-2)	74,0 (20,3 %)	23,1 (6,3 %)	0,3 (0,09 %)
El Villar (T-1)	32,3 (8,8 %)	2,9 (0,8 %)	0 (0,00 %)
Fuente el Saz (T-3)	66,2 (18,1 %)	16,6 (4,5 %)	0 (0,00 %)
Madrid/C. Universitaria (T-2)	67,1 (18,4 %)	18,0 (4,9 %)	0,2 (0,06 %)
Madrid/Barajas (T-2)	73,7 (20,2 %)	21,2 (5,8 %)	0,3 (0,08 %)
Madrid/Cuatro Vientos (T-2)	67,5 (18,5 %)	15,6 (4,3 %)	0,1 (0,03 %)
Madrid/Getafe (T-2)	70,3 (19,3 %)	17,5 (4,8 %)	0,2 (0,05 %)
Madrid/Torrejón (T-2)	72,8 (20,0 %)	19,1 (5,2 %)	0,2 (0,06 %)
Puerto de Navacerrada (T-1)	0,2 (0,1 %)	0 (0 %)	0 (0 %)
Pezuela de las Torres (T-3)	66,4 (18,2 %)	8,5 (2,3 %)	0,1 (0,02 %)
Pozuelo de Alarcón (T-2)	66,0 (18,1 %)	15,4 (4,2 %)	0,1 (0,03 %)
Presa de Puentes Viejas (T-1)	38,9 (10,7 %)	4,2 (1,2 %)	0,02 (0,01 %)
Presa de Río Sequillo (T-1)	29,3 (8,0 %)	1,5 (0,4 %)	0 (0 %)
Presa del Atazar (T-2)	45,6 (12,5 %)	5,5 (1,5 %)	0,04 (0,01 %)
Rascafria (El Paular) (T-1)	11,3 (3,1 %)	0,1 (0,0 %)	0 (0,00 %)
Rozas Puerto Real (T-3)	33,8 (9,3 %)	4,3 (1,2 %)	0,03 (0,01 %)
San Lorenzo del Escorial (T-3)	29,3 (8,0 %)	1,8 (0,5 %)	0 (0,00 %)
Talamanca del Jarama (T-2)	76,1 (20,9 %)	23,7 (6,5 %)	0,6 (0,16 %)
Tielmes (T-3)	57,3 (15,7 %)	21,4 (5,9 %)	1,3 (0,34 %)
Villamanrique de Tajo (T-3)	78,2 (21,4 %)	20,9 (5,7 %)	0,5 (0,1 %)

Entre paréntesis figura el porcentaje con respecto al año completo (365 días). Las letras entre paréntesis al lado del nombre de las estaciones indican el grupo al que pertenece cada estación en función de sus registros anuales de temperatura (T).

Con los registros anuales de temperaturas de todas las estaciones utilizadas en este estudio, se observa una tendencia temporal significativa de aumento de las temperaturas media y máxima (+0,04 °C/año) desde 1945 (figura 3.18). Aunque las mínimas absolutas también muestran un incremento temporal, la relación no resulta significativa ($p = 0,1$; figura 3.18). El análisis por grupos revela una tendencia temporal positiva en la temperatura media, aunque solo significativa para el grupo T-3 (0,02 °C/año; tabla 3.3) y en la temperatura máxima para el grupo T-2 (las ubicadas de 890 a 1.100 m de altitud con un incremento de +0,03 °C/año). El incremento de las temperaturas mínimas no resulta significativo para ninguno de los grupos ($p > 0,4$).

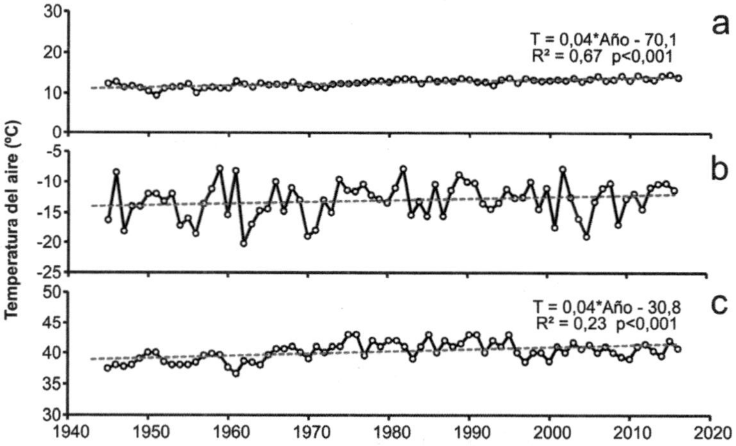

Figura 3.18. Serie temporal de las temperaturas media (a), mínima (b) y máxima (c) anuales para el conjunto de todas las estaciones de medida consideradas en la Comunidad de Madrid (véase la tabla 3.2) y para el periodo 1945-2016.

Realizando un análisis temporal para cada estación se observan pautas más claras. Todas las estaciones analizadas muestran tendencias temporales positivas y significativas para las temperaturas medias, máximas y mínimas, excepto la estación de San Lorenzo del Escorial (figura 3.19). El ajuste de las líneas de tendencia es más elevado con las temperaturas medias que con las máximas y mínimas, las cuales oscilan más de unos años a otros, excepto en la estación del Retiro, que muestra un comportamiento contrario (figura 3.19). El análisis de la variabilidad de la temperatura en esa estación, que cuenta con la serie temporal más larga de la región, permite extraer más información sobre las tendencias a largo plazo (figura 3.20): usando la desviación respecto a los promedios de las temperaturas máxima, media y mínima para todo el periodo (1860-2016), se observa que desde el último cuarto del siglo XX las diferencias entre las temperaturas media y mínima son mayores (aumentan los valores), mientras que las de la temperatura máxima se reducen (figura 3.20). Sin los promedios de las mismas para el periodo 1860-1899, esas tendencias en las desviaciones de las temperaturas son algo más evidentes, sobre todo en el caso de la tem-

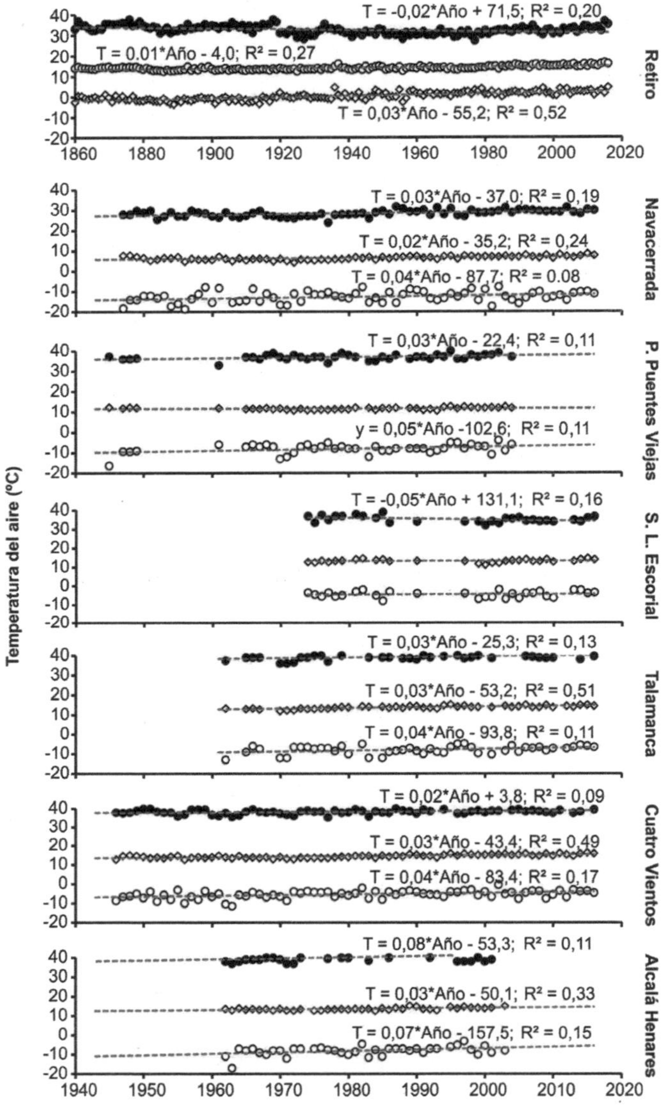

Figura 3.19. Evolución temporal para el periodo 1860-2016 de las temperaturas media, máxima y mínima anuales en las estaciones de Retiro, Navacerrada, Presa de Puentes Viejas, San Lorenzo del Escorial, Talamanca del Jarama, Cuatro Vientos y Alcalá de Henares (se muestra la línea de tendencia lineal en rojo, indicando aquellas que son significativas para $p < 0{,}05$).

peratura media. Todos estos rasgos, relacionados con el calentamiento global, indican que la temperatura del aire se ha incrementado en toda la Comunidad de Madrid. Usando los registros promedio de todas las estaciones y aplicando las estimaciones lineales obtenidas, el aumento de las temperaturas máxima y promedio desde 1900 a 2016 habría sido de 4,1 °C y 4,8 °C, respectivamente. En la tabla 3.4, se muestran

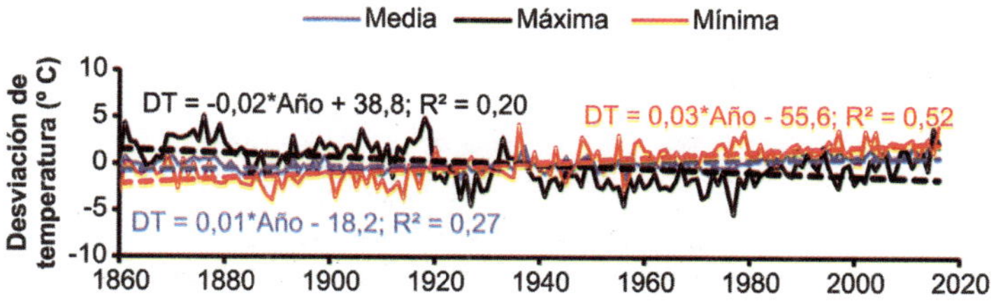

Figura 3.20. Desviaciones con respecto a los valores promedio de las temperaturas media, mínima y máxima anuales en la estación de Retiro para el periodo 1860-2016.

Tabla 3.4. Estimaciones del cambio en la temperatura media anual en diferentes estaciones meteorológicas de la Comunidad de Madrid, basadas en las tendencias lineales significativas observadas (véanse las figuras 3.22 y 3.23).

	T media (°C)		ΔT media (°C)	Observaciones
	1900	2016	1900-2016	
Todas	9,3 (12,3)	14,1 (14,0)	4,8 (0,04 °C/año)	(1945-2016)
Puerto de Navacerrada	4,8 (7,8)	7,3 (7,7)	2,4 (0,02 °C/año)	(1947-2016)
Talamanca del Jarama	10,9 (13,4)	14,8 (14,6)	3,9 (0,03 °C/año)	(1962-2016)
Alcalá de Henares	11,1 (13,7)	14,8 (15,2)	3,7 (0,03 °C/año)	(1962-2016)
Madrid/Cuatro Vientos	12,1 (12,7)	15,5 (15,9)	3,4 (0,03 °C/año)	(1946-2016)
Arganda	8,6 (12,5)	15,9 (15,0)	7,3 (0,06 °C/año)	(1973-2016)
Madrid/Retiro	13,9 (13,8)	15,0 (16,0)	1,1 (0,01 °C/año)	(1900-2016)

«Todas» se refiere al promedio de todas las estaciones presentes en la región. Entre paréntesis figuran las temperaturas medias anuales registradas en cada estación (o calculadas como promedio como en el caso de «Todas») en el año inicial y final del intervalo de observaciones mostrado en la última columna.

algunos ejemplos de esas estimaciones para diferentes estaciones de la región. Aunque en algunos casos es probable que se sobrestime el incremento de temperatura (en Arganda, por ejemplo), en las series más largas –como las del Retiro o Cuatro Vientos– los cambios observados son mayores a los estimados. Este incremento de las temperaturas está relacionado con otra tendencia positiva observada en los días con cifras por encima de 30 °C y 35 °C en la mayor parte de las estaciones meteorológicas seleccionadas, principalmente en aquellas con más registros (figura 3.21). En las expuestas a temperaturas más extremas, como las de Navacerrada y Alcalá de Henares, la variabilidad es muy elevada y resulta difícil observar una pauta clara (figura 3.21).

La estacionalidad de las temperaturas media, máxima y mínima resulta muy similar en los diferentes grupos de estaciones separadas mediante el análisis de *cluster* (figura 3.22). Las diferencias en las temperaturas máximas mensuales son más acu-

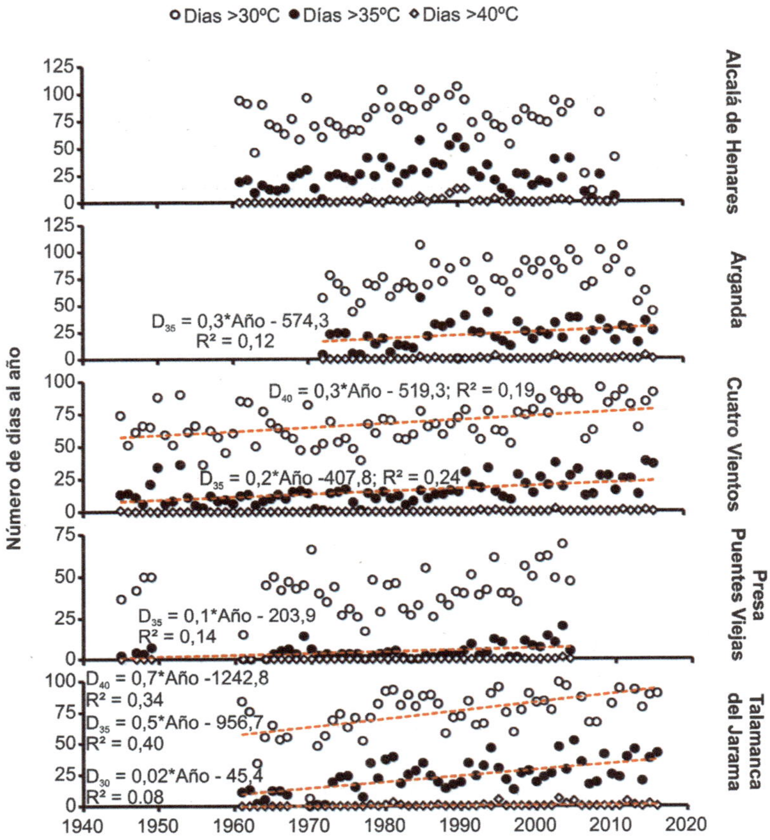

Figura 3.21. Evolución temporal del numero días con temperaturas por encima de 30 °C, 35 °C y 40 °C en las estaciones de Alcalá de Henares, Arganda, Madrid/Cuatro Vientos, Presa de Puentes Viejas y Talamanca del Jarama, para el periodo 1940-2016. En rojo se resaltan las líneas de tendencia significativas ($p < 0,05$).

sadas entre las estaciones de la sierra (T-3; figura 3.22). En general, las temperaturas promedio, máximas y mínimas estacionales muestran una tendencia al alza durante el periodo 1940-2016 (figuras 3.23-3.25). Las tendencias positivas de las temperaturas promedio fueron las que mejor se ajustaron linealmente, sobre todo las de las estaciones de los grupos T-1 (Cuatro Vientos) y T-3 (Navacerrada), con una pendiente de tendencia similar entre las estaciones del año, aunque con mayor varianza explicada (R^2) en primavera y verano (figura 3.23). En el caso del aumento de las temperaturas mínimas y máximas estacionales durante el ciclo de observación, las líneas de tendencia mostraron bondades de ajuste muy bajas ($R^2 < 0,15$ en las mínimas y $R^2 < 0,18$ en las máximas; figuras 3.24 y 3.25), aunque significativas ($p < 0,05$). La tendencia positiva de la temperatura mínima fue más evidente en la estación de Cuatro Vientos (T-3) en verano e invierno (figura 3.24). La tendencia al alza de la temperatura máxima de verano resultó más evidente en el puerto de Navacerrada (figura 3.25).

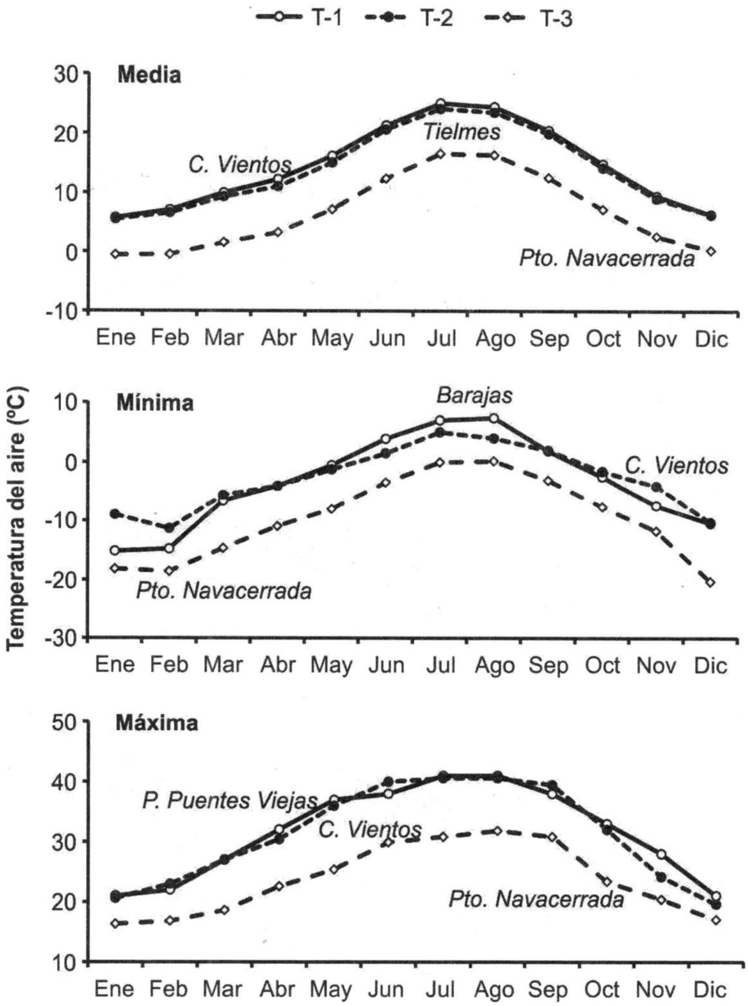

Figura 3.22. Temperaturas media, máxima y mínima mensuales durante todo el periodo de estudio (1945-2016) en estaciones representativas de los grupos térmicos obtenidos mediante el análisis de *cluster* (véase la tabla 3.2). Temperaturas medias: Cuatro Vientos (T-1), Tielmes (T-2), Navacerrada (T-3); temperaturas mínimas: Barajas (T-1), Cuatro Vientos (T-2) y Navacerrada (T-3); temperaturas máximas: Presa de Puentes Viejas (T-1), Cuatro Vientos (T-2) y Navacerrada (T-3).

Radiación solar

Los datos disponibles son los de insolación diaria, radiación global, radiación directa y difusa y radiación ultravioleta (tabla 3.5). La medida más común es la de insolación, con una distribución espacial de las estaciones que ofrece bastante sesgo (la mayor parte están ubicadas en la zona central más urbanizada). No existen registros de la radiación fotosintéticamente activa (PAR) en ninguna estación de la AEMET de la Comunidad de Madrid. Las medidas de radiación solar se basan en los registros

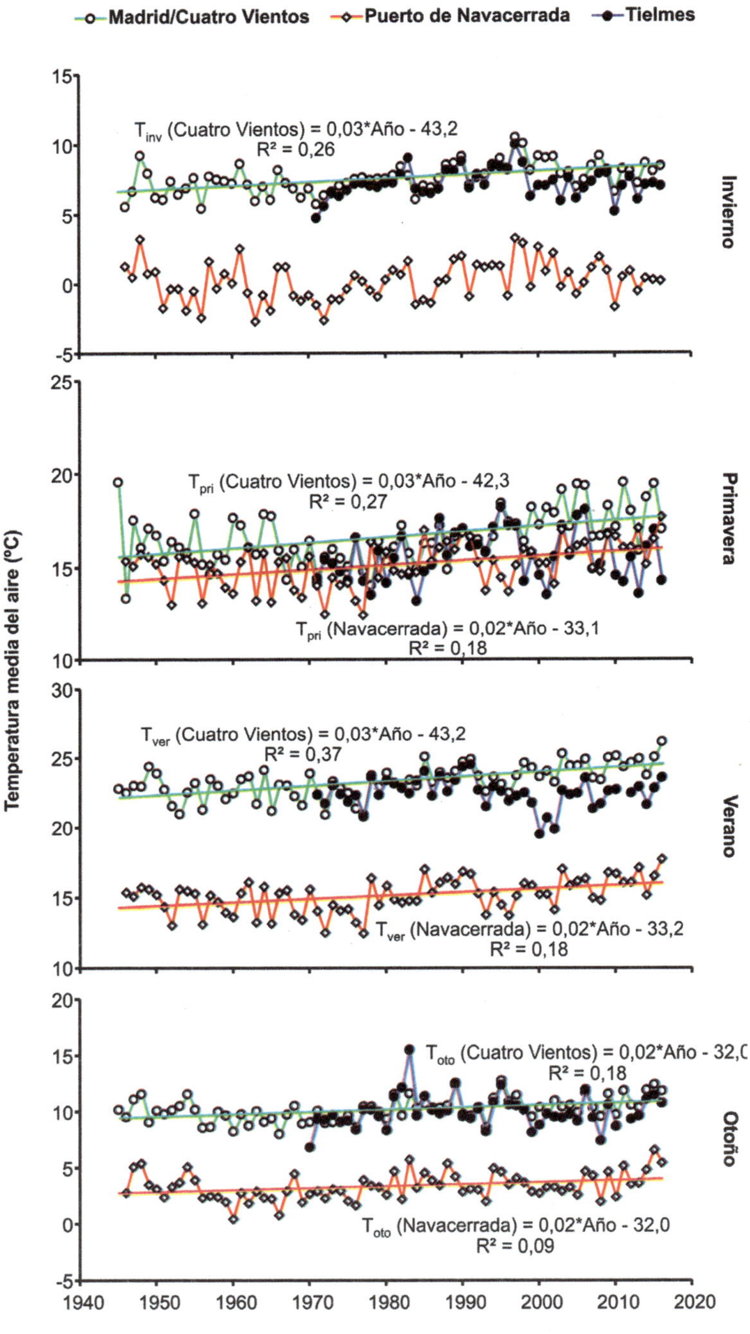

Figura 3.23. Evolución temporal de las temperaturas medias anuales registradas en invierno, primavera, verano y otoño en estaciones representativas de cada grupo térmico obtenido mediante el análisis de *cluster* (véase la tabla 3.2): Cuatro Vientos (T-1), Tielmes (T-2) y Navacerrada (T-3). Sólo se muestran las tendencias significativas estadísticamente ($p < 0,05$).

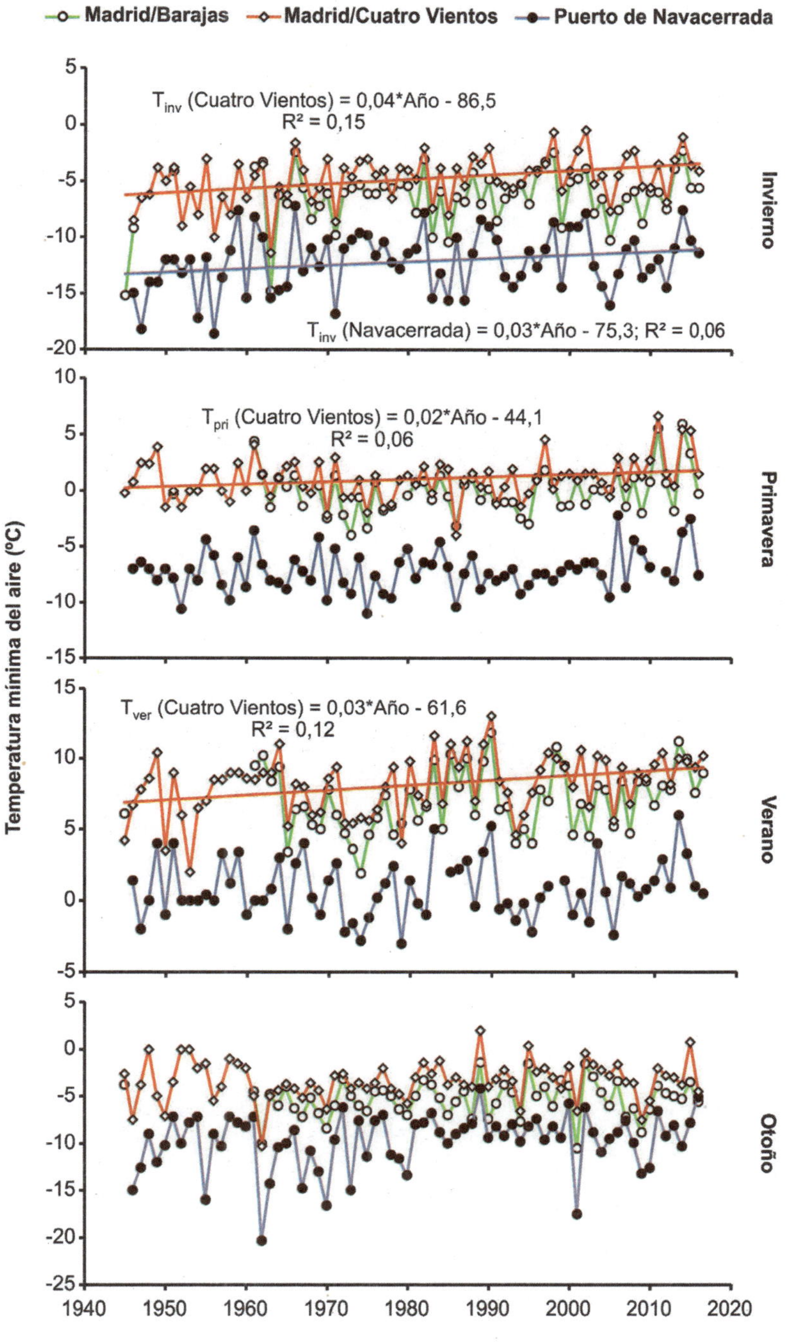

Figura 3.24. Evolución temporal de las temperaturas mínimas absolutas anuales registradas en invierno, primavera, verano y otoño en estaciones representativas de cada grupo térmico obtenido mediante *cluster* (véase la tabla 3.2): Barajas (T-1), Cuatro Vientos (T-2) y Navacerrada (T-3). Solo se muestran las tendencias significativas estadísticamente (p < 0,05).

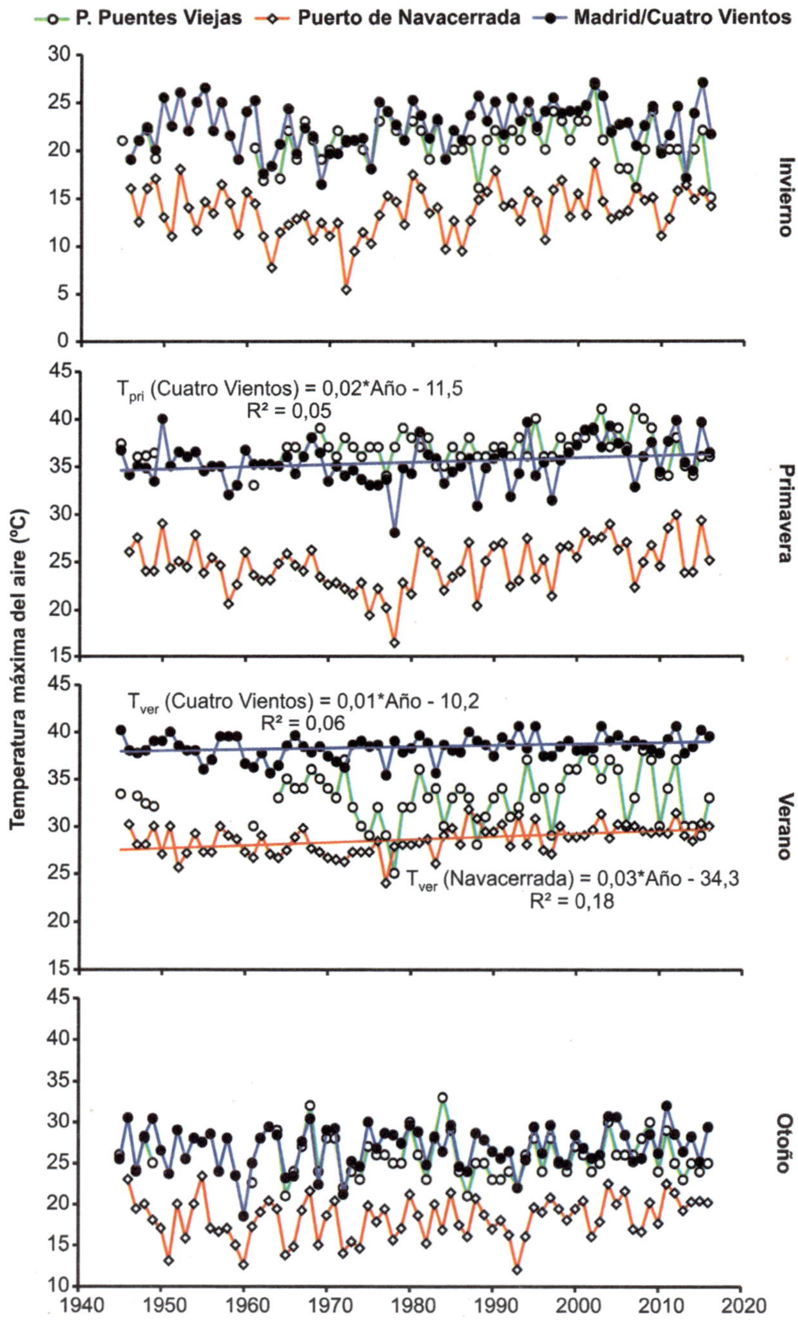

Figura 3.25. Evolución temporal de las temperaturas máximas absolutas anuales registradas en invierno, primavera, verano y otoño en estaciones representativas de cada grupo térmico obtenido mediante *cluster* (véase la tabla 3.2): Presa de Puentes Viejas (T-1), Cuatro Vientos (T-2) y Navacerrada (T-3). Sólo se muestran las tendencias significativas estadísticamente ($p < 0{,}05$).

de la estación de Ciudad Universitaria y muy recientemente se han añadido los de Navacerrada (tabla 3.5).

Tabla 3.5. Estaciones (código, entre paréntesis) con datos de insolación, radiación solar y radiación ultravioleta en la Comunidad Autónoma de Madrid.

	Altitud (msnm)	Insolación	Radiación solar	Radiación ultravioleta
Puerto de Navacerrada (2462)	1.894	1951-2016	2012-2016	2012-2016
Madrid/Torrejón (3175)	607	1965-2016		
Colmenar Viejo (3191E)	1.004	1990-2016		
Madrid/C. Universitaria (3194U)	664	1973-1985, 2002	1973-2016	1995-2016
Madrid/Retiro (3195)	667	1920-2007	1984-1989	
Madrid/Cuatro Vientos (3196)	690	1951-2016		
Madrid/Getafe (3200)	620	1951-2016		

Se indican los registros disponibles para cada variable. Si está en blanco, indica que no registra esa variable.

a) Insolación

Considerando todas las estaciones de observación y todos los registros, la insolación diaria promedio al año es de 7,20 ± 0,61 horas. En el puerto de Navacerrada se reciben, en promedio, menos horas de luz y en el Retiro, más (6,15 y 7,68 horas, respectivamente). Existe un gradiente altitudinal inverso en la insolación promedio anual considerando las estaciones de medida (Insolación (horas/año) = –0,001 * Altitud (msnm) + 8,124; $R^2 = 0,83$; $p = 0,004$). Hay elevadas correlaciones significativas entre las estaciones de Retiro y Cuatro Vientos ($R^2 = 0,83$; $p = 0,03$) y entre las de Cuatro Vientos y Getafe ($R^2 = 0,94$; $p = 0,007$). Los escasos registros de la estación de Colmenar Viejo exhiben buenas correlaciones con los de Cuatro Vientos ($R^2 = 0,93$; $p = 0,002$), Getafe ($R^2 = 0,91$; $p = 0,002$) y Torrejón ($R^2 = 0,80$; $p = 0,02$). Los registros aislados obtenidos en la estación de Ciudad Universitaria se correlacionan significativamente con los del Retiro ($R^2 = 0,63$; $p = 0,03$) y Cuatro Vientos ($R^2 = 0,58$; $p = 0,04$). Sin embargo, el test de ANOVA no paramétrico de Friedman revela que hay diferencias significativas entre estaciones ($p < 0,001$) y el test pareado de Wilcoxon indica que las estaciones de Ciudad Universitaria, Retiro, Cuatro Vientos y Getafe son similares ($p > 0,05$) y distintas a las de Navacerrada y Colmenar Viejo ($p < 0,05$), que a su vez también muestran registros dispares ($p < 0,05$). La serie temporal de insolación promedio anual para el conjunto de estaciones de medida se muestra en la figura 3.26. No se observa ninguna tendencia para el periodo de observación 1920-2016. Las horas de sol están regidas por una marcada esta-

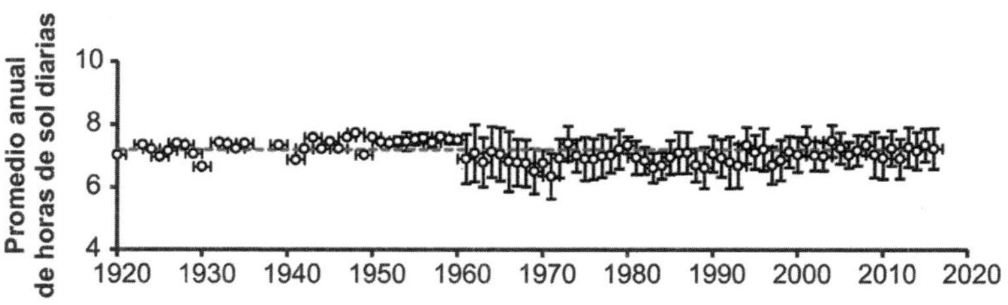

Figura 3.26. Evolución temporal del promedio anual de horas diarias de insolación para todas las estaciones de medida (la línea vertical es la desviación estándar).

cionalidad, con valores máximos en julio y mínimos en diciembre (figura 3.27a). En promedio mensual, se recibe más del 75 % de las horas de sol potenciales durante los meses de verano, mientras que en los meses de diciembre y enero no se llega al 50 % (figura 3.27b). Navacerrada recibe entre un 5 % y un 20 % menos de horas de sol al mes que el resto de estaciones, con diferencias menos acusadas durante los meses de verano.

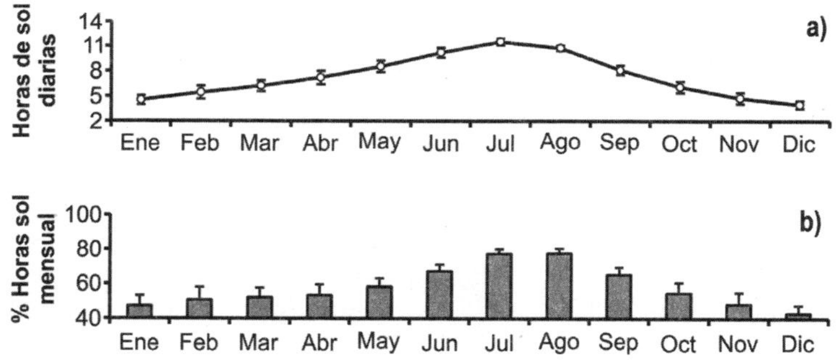

Figura 3.27. Variación mensual de las horas diarias de sol en todas las estaciones de observación consideradas (véase la tabla 3.5). El panel inferior representa el cambio en el porcentaje mensual medio de horas de sol y su desviación estándar.

b) Radiaciones global, directa y difusa

En la tabla 3.6 se muestran los promedios diarios anuales de las radiaciones directa, difusa y global medidas en plano horizontal en las estaciones de Madrid/Ciudad Universitaria y del puerto de Navacerrada. Esta última muestra, en promedio, una radiación diaria ligeramente menor, aunque también más variable; es posible, sin embargo, que esto pueda deberse al escaso número de observaciones de que se dispone (cuatro años; tabla 3.6). La radiación difusa supone, en promedio anual, el 27-39 % de la global (tabla 3.6). Anualmente, la cantidad de radiación global puede variar de 1.200 a 1.800 kWh/m^2/año (4.321-6.477 MJ/m^2/año), con valores del 8 % al 14 % inferiores en la sierra (Navacerrada) respecto a los registrados en la ciudad

Tabla 3.6. Promedios anuales de las radiaciones diarias directa (R-dir), difusa (R-dif) y global (R-global), medidas en plano horizontal en las dos estaciones de medición de la Comunidad de Madrid.

Estación		R-dir	R-dif	R-global
Madrid/C. Universitaria (1974-2016)*	KWh/m² día	4,63±0,59	1,45±0,11	4,64±0,31
	MJ/m² día	16,69±1,92	5,23±0,41	16,71±1,1
	KWh/m² año	1.798,06±223,46	528,22±35,63	1.616,97±245,86
	MJ/m² año	6.273,07±1235,03	1.901,63±128,27	5.821,11±885,08
Navacerrada (2013-2016)	KWh/m² día	4,2±0,82	1,42±0,16	3,98±0,77
	MJ/m² día	15,12±2,96	5,13±0,57	14,34±2,77
	KWh/m² año	1.366,8±289,45	468,67±88,35	1.548,82±59,67
	MJ/m² año	4.920,45±1042,01	1.687,22±318,07	5.575,75±214,83

Entre paréntesis se indica el periodo de años de observación. La radiación directa se mide en plano inclinado y se ha convertido a plano horizontal para poder comparar.

* Los registros erróneos de los años 1988 y 1989 han sido excluidos para los cálculos estadísticos.

de Madrid. Para todo el periodo de observaciones en Ciudad Universitaria, no se observa una tendencia temporal significativa de ninguna de las componentes, con oscilaciones probablemente más relacionadas con fallos en la instrumentación (*e.g.* 1988-1989) que con cambios en la radiación (figura 3.28). Sin embargo, desde 1990 la variabilidad anual se ajusta a una función lineal significativa que muestra una tendencia positiva para las radiaciones global y directa ($p < 0,001$, figura 3.28), acorde con el periodo de brillo solar *(brightening period)* observado de manera generalizada en muchos países industrializados, incluido España (Sánchez-Lorenzo *et al.*, 2013).

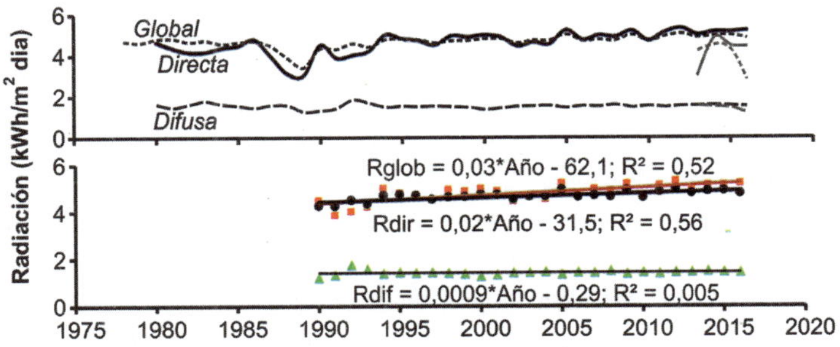

Figura 3.28. Variación anual de los promedios diarios de las radiaciones global, directa y difusa en las estaciones de Madrid/Ciudad Universitaria (líneas en negro) y puerto de Navacerrada (líneas en gris) para el periodo de 1979 a 2016. Las funciones lineales se representan para el periodo 1990-2016 en la estación de Ciudad Universitaria. La radiación directa está transformada a plano horizontal usando el ángulo de elevación solar.

La estacionalidad de las componentes de la radiación muestra asimetría en las curvas de oscilación media anual en ambas estaciones (más evidente en Navacerrada, figura 3.29). Se debe a que el aumento en la irradiancia durante la primavera (marzo a mayo) es más lento que la disminución en los meses de otoño (septiembre a noviembre) (Sancho Ávila *et al.* 2012). En ambas estaciones, los valores máximos de la radiación global aparecen en julio, los de la radiación directa en junio y agosto y los de la radiación difusa en mayo (figura 3.29). Los mínimos de radiación global y directa en ambas estaciones ocurren simultáneamente en febrero y noviembre, mientras que en la radiación difusa lo hacen en diciembre y enero (figura 3.29).

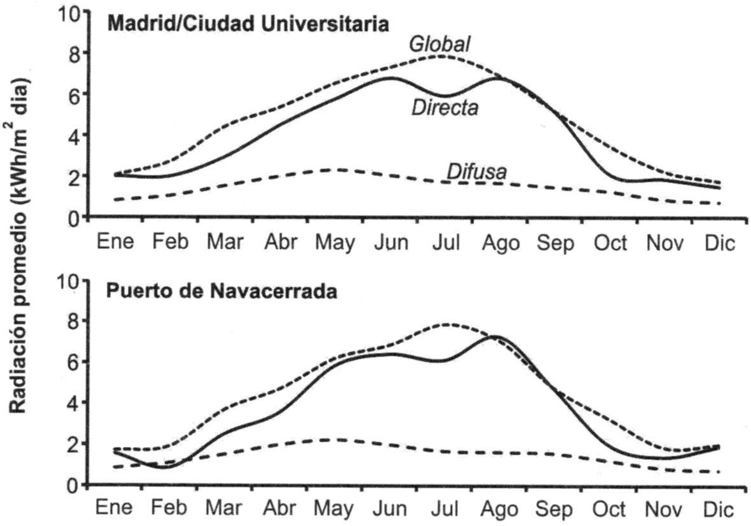

Figura 3.29. Variación mensual de los promedios diarios de las radiaciones global, directa y difusa en las estaciones de Madrid/Ciudad Universitaria y puerto de Navacerrada para el periodo 1979-2016. La radiación directa está transformada a plano horizontal usando el ángulo de elevación solar.

De manera comparativa, la variabilidad horaria de las componentes de la radiación solar en diferentes momentos del año arroja ciertas diferencias entre lo observado en Navacerrada y en Madrid/Ciudad Universitaria (figura 3.30). En ambas estaciones la magnitud de la fracción difusa es elevada en invierno y primavera, con registros muy similares a los de la radiación global, y desciende considerablemente en verano y otoño. La radiación directa sigue el patrón contrario, con una incidencia horaria limitada durante el invierno y la primavera (figura 3.30). En estas dos estaciones las curvas de las componentes de la radiación son bastante irregulares en invierno y primavera, y lo mismo se extiende al verano en la estación de Navacerrada, lo cual se debe a la mayor incidencia de tormentas, mientras que las curvas en verano y otoño en Ciudad Universitaria muestran un patrón muy homogéneo (figura 3.30). Los máximos de radiación global y directa son coincidentes o tienen un desfase mínimo a lo largo del año (figura 3.30).

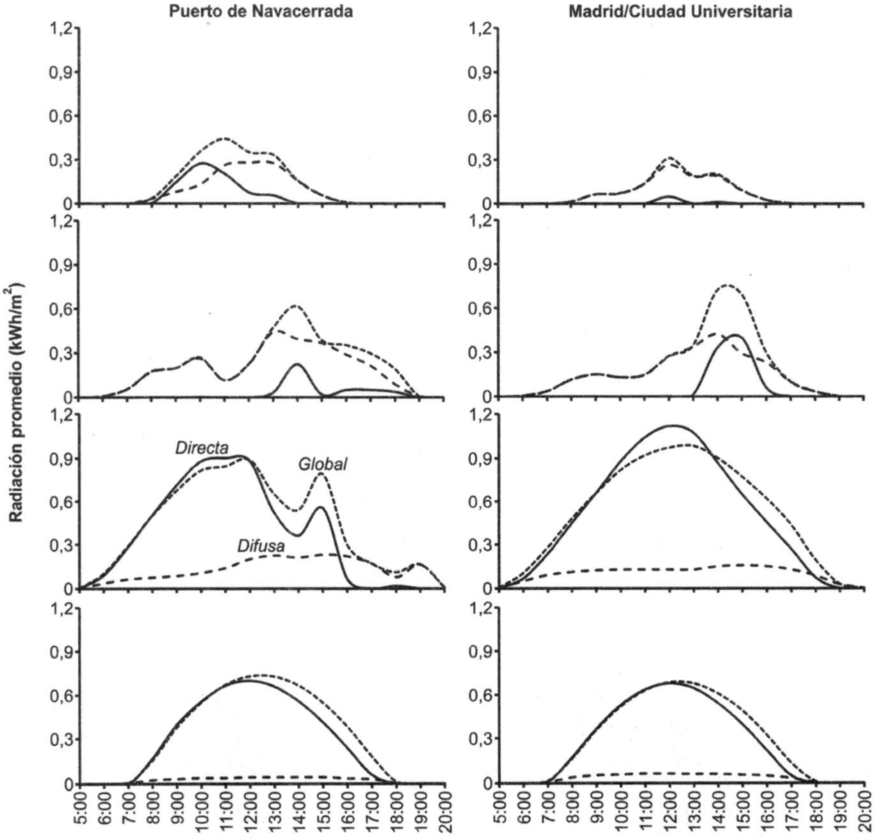

Figura 3.30. Variación horaria (en tiempo solar verdadero) de las radiaciones global, directa y difusa registradas en las estaciones de Madrid/Ciudad Universitaria y puerto de Navacerrada los días 15-enero (invierno), 15-abril (primavera), 15-julio (verano) y 15-octubre (otoño) del año 2015. La radiación directa está transformada a plano horizontal usando el ángulo de elevación solar para esa fecha y hora.

En la figura 3.31 se muestran simultáneamente las variaciones del promedio mensual de la radiación global con la temperatura del aire y con la precipitación para el periodo 1979-2016 en la estación de Madrid/Ciudad Universitaria. Mientras que la precipitación muestra una tendencia opuesta a los máximos de radiación, la temperatura responde de una forma más parecida, lo que sugiere que ambas tienen un efecto contrario a la hora de explicar su variabilidad. La variación mensual de las temperaturas del aire explica de manera significativa una fracción elevada de la varianza de la radiación global (figura 3.32). Sin embargo, como se ha observado con los registros de otras estaciones (*i.e.* A Coruña; Meizoso-López, 2012), si se fraccionan los datos en dos grupos, de enero a julio y de agosto a diciembre, la varianza explicada se incrementa de manera significativa (R^2 de 0,69-0,79 a 0,91-0,93). Contrariamente, la varianza explicada por la precipitación, sin fraccionar los datos, es baja ($R^2 = 0,18$).

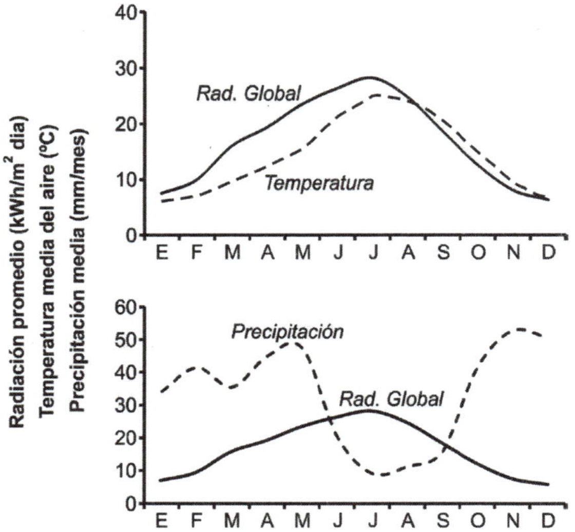

Figura 3.31. Curso temporal de los promedios mensuales de la radiación global, de la temperatura del aire (a) y de la precipitación (b) para el periodo 1979-2016 en Madrid capital.

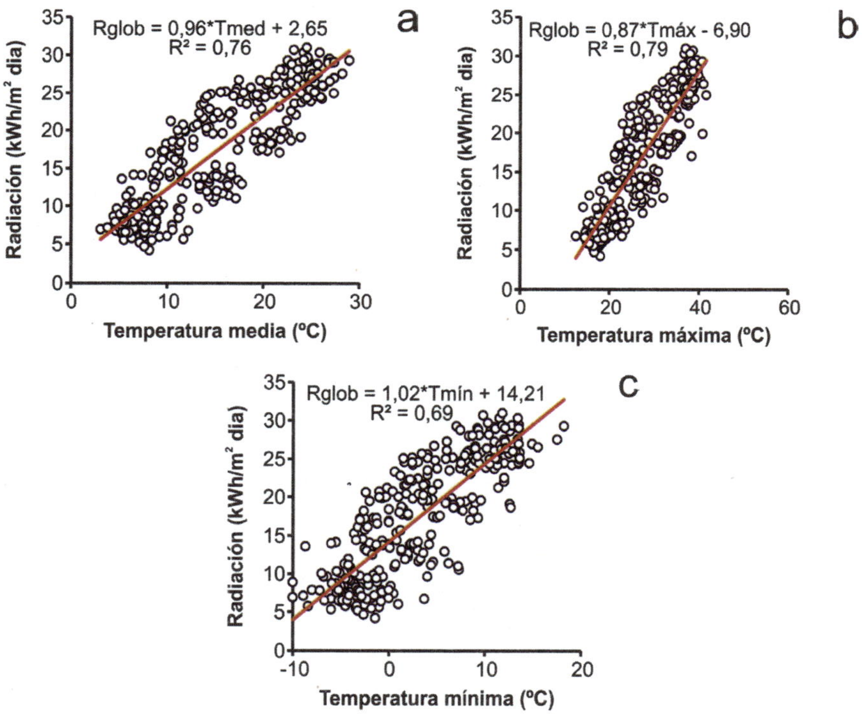

Figura 3.32. Relaciones entre la radiación global y las temperaturas mensuales medias (a), máximas (b) y mínimas (c) en la estación de Ciudad Universitaria (Madrid), usando los registros de todos los meses para el periodo 1979-2016.

c) Radiación ultravioleta

Los datos de radiación ultravioleta (RUV) son escasos aún en la Península Ibérica. Existen registros desde 1999 en la estación de Madrid/Ciudad Universitaria y desde 2013 en la del puerto de Navacerrada. Considerando ambos periodos, la RUV promedio diaria en las dos estaciones no ofrece diferencias (0,69 ± 0,04 kWh/m^2/día y 0,68 ± 0,02 kWh/m^2/día, en Ciudad Universitaria y Navacerrada, respectivamente). La cantidad total anual de RUV que reciben ambas estaciones tampoco varía mucho, oscilando de los 249,0 ± 14,2 kWh/m^2/año registrados en Navacerrada a los 251,8 ± 14,2 kWh/m^2/año de Ciudad Universitaria. Como es lógico, la RUV máxima se alcanza en Navacerrada (1,88 kWh/m^2/día frente a 1,82 kWh/m^2/día en Ciudad Universitaria). La evolución temporal de la RUV en Madrid/Ciudad Universitaria muestra que existe una tendencia positiva durante todo el periodo de observación, principalmente en la RUV total y media diaria (figura 3.33).

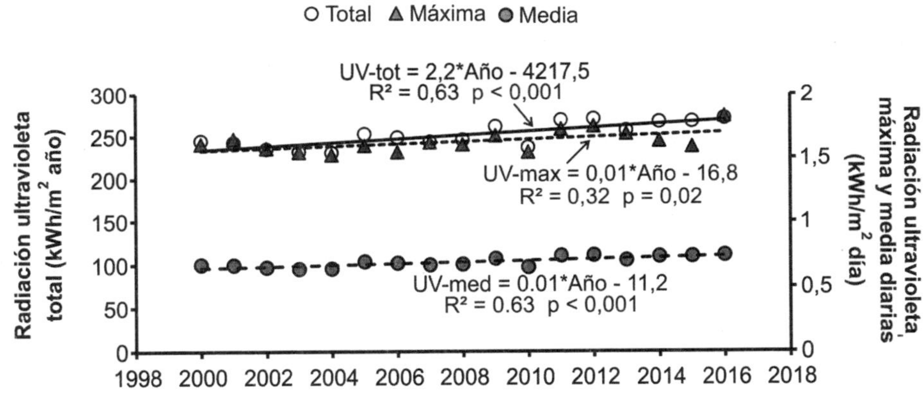

Figura 3.33. Radiación ultravioleta total, media diaria y máxima diaria anuales para el periodo 2000-2016 en la estación de Madrid/Ciudad Universitaria.

En la figura 3.34a se muestran las variaciones temporales de la RUV mensual máxima y media en las estaciones Madrid/Ciudad Universitaria y puerto de Navacerrada para todo el periodo de observación (abril de 1999-diciembre de 2016). El patrón interanual es bastante homogéneo en ambas estaciones. Anualmente hay un ascenso lineal de la RUV de diciembre a julio que, en ocasiones, aunque sin una frecuencia estable, muestra similitud entre los registros de RUV de dos meses consecutivos, principalmente abril-mayo, aunque también marzo-abril o mayo-junio (figura 3.34a). La curva anual de los valores promedio y máximos mensuales de RUV en ambas estaciones es similar, con mínimos en diciembre-enero y máximos en julio (figura 3.34b). Las principales diferencias entre las dos estaciones se deben a que en Navacerrada se registran: (i) valores promedio más bajos durante febrero; (ii) promedios más altos durante julio y agosto, y (iii) valores máximos más elevados durante todo el año.

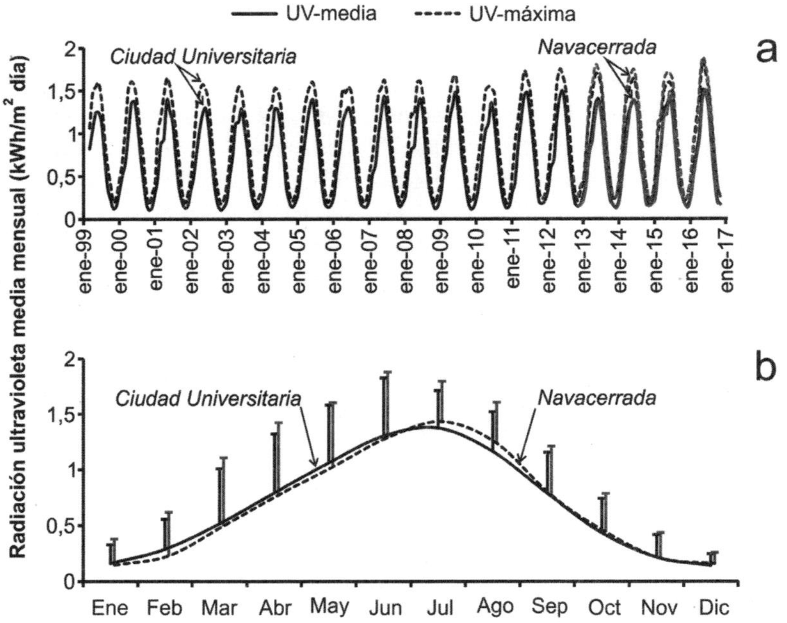

Figura 34. Radiación ultravioleta media mensual en las estaciones Madrid/Ciudad Universitaria (líneas negras) y puerto de Navacerrada (líneas grises): tendencia temporal de la media mensual para el periodo abril de 1999-diciembre de 2016 (a) y promedio para cada mes en el mismo periodo (b). En la gráfica (b) las líneas verticales indican el valor del máximo mensual de radiación ultravioleta registrado en cada estación para el periodo de observación citado.

CAPÍTULO IV

La creación de nuevos ecosistemas acuáticos

MIGUEL ÁLVAREZ COBELAS Y JAVIER LÓPEZ LINAGE

RESUMEN

La actividad humana, extraordinariamente influida por la población y la capitalidad de Madrid, ha generado multitud de espacios ambientales que, ocupados por el agua, se han transformado en interesantes ecosistemas acuáticos. La creación de embalses, azudes, estanques y campos de golf, así como la minería a cielo abierto (canteras de granito y pórfido, y graveras), pero también la subterránea, han dado lugar a bastantes masas de agua nuevas, de las que aquí damos cuenta. Las transformaciones de dichos ecosistemas son muy rápidas y, como botón de muestra, ofrecemos el caso de la laguna de gravera de Las Madres, cuyas características morfométricas han cambiado de modo notable en el lapso 1991-2014.

Palabras-clave: minería, abastecimientos de agua, actividades de ocio, morfometría lacustre.

SUMMARY: MAN-MADE AQUATIC ENVIRONMENTS

The fact that Madrid cities and towns encompass a huge and very populated area has resulted in the creation of too many novel environments which, flooded by rainfall, discharge and groundwater, enabled them to turn into interesting aquatic water bodies. The building of reservoirs, weirs, ponds, golf courses and the operations of surface- and belowground mining are responsible for that. Ecological transformations of these sites occur very rapidly; the morphometry of the gravel-pit, Las Madres lake (SE Madrid), for example, has dramatically changed in the 1991-2014 period.

INTRODUCCIÓN

Las intervenciones humanas sobre las aguas continentales son antiguas y bien conocidas. Las más importantes son la construcción de estanques, embalses y azudes, así como la extracción de aguas a profundidades muy superiores al primer subsuelo. Responden a una demanda humana, crecientemente perentoria, de aguas para el abasto doméstico e industrial, riego, obtención de energía y limpieza de las ciudades. Y ahora también van contando demandas antaño inexistentes o minoritarias, como las recreativas (navegación, pesca, baño, golf, observación de aves...).

En este capítulo, queremos incidir en una realidad sobrevenida, no suficientemente tratada, con las obras de embalses, azudes, estanques y minería a cielo abierto. Y es la consideración de esas novedosas masas de aguas como la *invención* de nuevos ecosistemas acuáticos. Esta aportación padece, obviamente, las evidentes limitaciones de los datos de carácter institucional en el caso de los de azudes y de embalses muy pequeños.

LOS EMBALSES

En la historia de la Comunidad de Madrid, la relación más clara y explícita entre un embalse y una función ambiental la protagoniza el rey Felipe II en mayo de 1552, cuando aún era príncipe heredero y estaba inmerso en los detalles constructivos del entonces renovado Real Sitio de Aranjuez. En la fecha citada dispuso: «Que se haga una laguna muy grande en el arroyo de Hontigola, y otras dos o tres pequeñas en el de hacia Ciruelos, para que vengan á ellas aves para la altanería» (Llaguno y Ceán-Bermúdez, 1829). Esa «laguna muy grande» se construiría en 1565, pero su primer llenado acusó problemas graves; se concluiría aceptablemente en 1572. Sería el llamado *mar de Ontígola,* embalse que subsiste hoy. Su capacidad puede estar en torno a 1 hm^3 y la lámina de agua ascendería a unas 13 ha. El titular de la propiedad es el Patrimonio Nacional, aunque la gestión del agua dependa de la Confederación Hidrográfica del Tajo. Se puede encontrar un pequeño estudio limnológico sobre Ontígola en Velasco *et al.* (2006).

Otros ambientes de origen artificial y cuya construcción es anterior al siglo XX son los estanques de la Casa de Campo y de El Retiro. El llamado «lago» de la Casa de Campo es más antiguo (reinado de Felipe II, 1562) que el del Retiro y unas dos veces mayor, pero estaba formado inicialmente por cinco estanques rectangulares, los cuales se conectaban en las épocas de elevada inundación; esos estanques se fusionaron en uno solo más tarde, en la época de Alfonso XII, aunque también se sospecha que inicialmente había allí un lago natural (Fernández *et al.,* 2003). Los estanques de El Retiro se construyeron en tiempos de Felipe IV (1638, el grande) y de Alfonso XII (1887, el del palacio de Cristal; Ariza, 1990).

Nuestra relación de los embalses y azudes principales de Madrid (tabla 4.1) permite extraer las siguientes generalizaciones:

1. La capacidad nominal total de los 47 embalses y azudes activos en la Comunidad de Madrid alcanza los 1.073,64 hm^3. Los 9 embalses cuya capacidad es igual o superior a los 25 hm^3 son los que aportan el 93,60 % de la capacidad total.
2. La superficie máxima de todas las láminas del agua embalsada asciende a 6.076,10 ha, las cuales representan el 0,75 % del total de la superficie geográfica de la Comunidad de Madrid (8.028 km^2). Cuantitativamente no parece

Tabla 4.1. Grandes embalses y azudes principales en la Comunidad de Madrid (2017).

Cuenca	Embalse o azud	Río o arroyo	Capacidad (hm^3)	Superficie (ha)	Año de entrada en servicio	Propiedad o gestión	Municipio
LOZOYA	Pinilla	Lozoya	38	480	1967	CYII	Pinilla del Valle
	Riosequillo	Lozoya	50	326	1956	CYII	Buitrago de Lozoya
	Puentes Viejas	Lozoya	53	280	1940	CYII	Puentes Viejas/ Paredes de Buitrago
	Tenebroso	Lozoya	0,01		1931	CYII	Manjirón/ Paredes de Buitrago
	El Villar	Lozoya	22	144	1882	CYII	Puentes Viejas/ Paredes de Buitrago
	El Atazar	Lozoya	425	1070	1972	CYII	Puentes Viejas/ Manjirón
	La Parra	Lozoya			1904	CYII	Patones/ Atazar
Total subcuenca			**588,01**	**2300**			
GUADALIX	Miraflores	Guadalix	1	5	1975	Ayto. Miraflores/ *City Council*	Miraflores de la Sierra
	Pedrezuela o El Vellón	Guadalix	41	393	1967	CYII	Pedrezuela
	Los Palancares	Mediano	0,86	7	1981	Ayto. Soto	Soto del Real
Total subcuenca			**42,86**	**405**			
MANZANARES	Navacerrada	Navacerrada	11	93	1969	CYII	Navacerrada
	Santillana	Manzanares	91	1044	1969	CYII	Manzanares el Real

Tabla 4.1. *(continuación)*

Cuenca	Embalse o azud	Río o arroyo	Capacidad (hm^3)	Superficie (ha)	Año de entrada en servicio	Propiedad o gestión	Municipio
	El Pardo	Manzanares	45	537	1970	CHT	El Pardo
	Los Peñascales	La Trofa	0,32	4	1962	Ayto. Torrelodones	Torrelodones
Total subcuenca			**147,32**	**1678**			
JARAMA	Del Rey	Jarama	0,50		1971	CHT	Rivas-Vaciamadrid
	Casa Gózquez	Gózquez		3	siglo XVI	Particular/ *Private*	San Martín de la Vega
Total subcuenca			**0,50**	**3**			
GUADARRAMA	Navalmedio	Navalmedio	1	7,5	1968	CYII	Cercedilla
	La Jarosa	Fuente Corneja	6,50	93	1968	CYII	Guadarrama
	El Tobar	Tobar	0,91		1959	Ayto. San Lorenzo del Escorial	Santa María de la Alameda
	Romeral	Romeral	0,26		1928	CHT	San Lorenzo del Escorial
	Batán	Batán	0,37		1963	P. Nacional	San Lorenzo del Escorial
	Granjilla I	Aulencia	0,35		1569	Particular	San Lorenzo del Escorial
	Granjilla II	Aulencia	0,17		1569	Particular	San Lorenzo del Escorial

Tabla 4.1. *(continuación)*

Cuenca	Embalse o azud	Río o arroyo	Capacidad (hm^3)	Superficie (ha)	Año de entrada en servicio	Propiedad o gestión	Municipio
	Las Lagunas I	Ladrón					Collado Villalba
	Las Lagunas II	Ladrón					Collado Villalba
	Los Arroyos	Ladrón	0,60	13	1967		El Escorial
	Valmayor	Aulencia	124	755	1975	CYII	Valdemorillo/ Colmenarejo
	Aulencia	Aulencia	0,37	7,2	1945	CYII	Valdemorillo/ Colmenarejo
	El Guatel	Guatel	2	0,15	1992	CHT	El Escorial
	Las Nieves	Guadarrama	0,22	5	1977	CYII	Galapagar
	Los Rosales	Pradera	0,20		1968	Urb. Parque Lagos	Galapagar
	Molino de la Hoz	Guadarrama	0,37		1973	Asoc. propietarios Molino de la Hoz	Las Rozas de Madrid
Total subcuenca			**137,42**	**880,40**			
ALBERCHE	El Cura	Cura	0,18		1972	Particular	Villanueva de Perales
	Los Morales	Morales	2	32,70	1988	CHT	Las Rozas de Puerto Real
	Cerro Alarcón	Perales	1	25	1970		Valdemorillo

Tabla 4.1. *(continuación)*

Cuenca	Embalse o azud	Río o arroyo	Capacidad (hm^3)	Superficie (ha)	Año de entrada en servicio	Propiedad o gestión	Municipio
	Azud escalonado (A)	Cofio					Cebreros (Ávila)/ Navas del Rey
	San Juan	Alberche	138	650	1955	CHT	San Martín de Valdeiglesias
	Picadas	Alberche	15	92	1952	CHT	San Martín de Valdeiglesias
Total subcuenca			**156,18**	**799,70**			
TAJO	Ontígola	Ontígola	*ca.* 1	*ca.* 13	1572	P. Nacional	Aranjuez
	Valderribas o Peñas de Castro (A)	Tajo			1924	Cementos Portland-Valderribas	Estremera/ Barajas de Melo (Cuenca)
	Estremera (A)	Tajo			siglo XVIII/ 1949-1950	Iberdrola	Estremera
	Buenamesón (A)	Tajo	0,15		siglo XIII/ 1902	GNFG	Villamanrique de Tajo
	Villaverde (A)	Tajo			1898/ 1995	RPI	Villamanrique de Tajo/Santa Cruz de la Zarza (Toledo)
	Aldehuela (A)	Tajo			1543/ 1903	GNFG	Colmenar de Oreja/ Noblejas (Toledo)
	Embocador (A)	Tajo	0,20		1553/ 1908	CHT	Aranjuez
	De Palacio (A)	Tajo			1561	P. Nacional	Aranjuez

Tabla 4.1. *(continuación)*

Cuenca	Embalse o azud	Río o arroyo	Capacidad (hm^3)	Superficie (ha)	Año de entrada en servicio	Propiedad o gestión	Municipio
	La Huelga o de Michalón (A)	Tajo			1873	I. A. Tillit	Aranjuez
Total subcuenca			**1,35**	**13**			

A: azud; CYII: *Canal de Isabel II;* CHT: *Confederación Hidrográfica del Tajo;* P. Nacional: *Patrimonio Nacional;* GNFG: *Gas Natural Fenosa Generación S.L.*; RPI: *Renewable Power International S.L.;* I. A. Tillit: *Industrias Alimentarias Tillit S.A.*

FUENTE: elaboración propia (López Linage, 2017). Los datos no históricos proceden de las siguientes fuentes: Canal de Isabel II (2015); CHT (Inventario de Embalses gestionados por la Confederación Hidrográfica del Tajo; www.chtajo.es); Sociedad Española de Presas y Embalses (SEPREM, www.seprem.es); www.embalses.net; IDAE (Instituto para la Diversificación y Ahorro de la Energía, www.idae.es). Si hay dos fechas en el apartado de entrada en servicio, significa que la primera es la fundacional y la segunda la de modificaciones ulteriores para su funcionamiento.

mucho, pero resulta importante si consideramos el medio geográfico y climático donde se encuentran y la densidad de población que sustenta la Comunidad de Madrid (6.466.996 habitantes al comenzar el año 2016, teniendo una densidad de 805,5 hab/km²).

3. Por subcuencas, la ordenación de mayor a menor capacidad de embalse queda así: 1.ª) Lozoya; 2.ª) Alberche; 3.ª) Manzanares; 4.ª) Guadarrama; 5.ª) Guadalix. El río Tajo queda, lógicamente, descolgado, pues no cuenta con embalse alguno en la Comunidad de Madrid; sólo tiene 8 azudes pequeños. En su vertiente madrileña únicamente se contabiliza el histórico y atípico embalse de Ontígola.

En el apartado de la superficie llama la atención el elevado número de embalses muy pequeños construidos en la cuenca del río Guadarrama (16), donde solo el de Valmayor (río Aulencia) puede considerarse «grande» (124 hm^3). Claramente, este suceso es debido a dos circunstancias. Primera: la vertiente del Guadarrama presenta una gran superficie geográfica compuesta por un campo adehesado, es decir, de monte aclarado de tipo mediterráneo, especializado en la recría extensiva de ganados o caza. Y es bien conocido que una pieza esencial de las dehesas es la *charca,* un embalsado más o menos grande del agua de uno o varios de los arroyos que discurren por el interior de la finca. Siendo su principal función la de aportar agua a los ganados, esas láminas de agua no dejan de ofrecer ventajosas oportunidades ambientales a otras especies. La segunda de las circunstancias sería la habilitación de esos pequeños embalses para hacer posible la moderna colonización del territorio mediante enclaves urbanizados.

En cierto modo, ese modelo territorial (sobre todo el de las dehesas recreativas) tuvo un arraigo temprano en esta subcuenca que siguió una pauta monástico-aristocrática. Nos referimos a la fundación de los históricos embalses de la Granjilla I y II, enclavados en la antigua dehesa de la Fresneda, conocida luego como Parque y Palacio de la Fresneda, una quinta de recreo dispuesta por el rey Felipe II (entre 1561-1569) como antesala del monasterio de San Lorenzo de El Escorial mientras este se construía.

4. La titularidad pública controla el 99,91 % de la capacidad de embalse de la Comunidad de Madrid y aporta un porcentaje similar de las láminas de agua existentes.

   La referencia de la propiedad o a la gestión es inexcusable. Su relación con las consecuencias ambientales del recurso-agua es directa y está bien acreditada. Como legado de Roma, las aguas continentales eran propiedad pública, y el ordenamiento de sus utilidades corría a cargo del Gobierno de la ciudad. Y como consecuencia de ello, en fecha tan temprana como el año 1202, cuando el rey Alfonso VIII de Castilla (1158-1214) otorga su Fuero a Madrid, se incluye en su articulado la regulación comercial de las pesquerías y la prohibición de prácticas esquilmantes en los ríos de su jurisdicción (art. LVI). Allí se incluiría también la prohibición de levantar azudes o construir canales para ello (Millares Carlo *et al.,* 1963).

Más de 250 años después, en la segunda mitad del siglo XV, el Gobierno de la Villa de Madrid prescribe reiteradamente la prohibición de prácticas abusivas de pesca fluvial, como las de «azehusar y envelesar» los ríos, o las de emplear rejalgar y torvisco,[1] o las xudrias[2] pescadoras. También se prohibió construir *tajadas* en los ríos[3] (Millares Carlo y Artiles, 1932; Gómez Iglesias, 1970). Intención hubo en ese mismo siglo (Juan II de Castilla, 1454), reiterada en el siguiente (Felipe II, 1567), de levantar una presa en el Jarama o en el Lozoya para derivar un canal que abasteciera de agua a la ciudad de Madrid (LAAM, 1567). Esos intentos no fueron a más. Pero la aspiración, estimulada por la necesidad, reverdeció en el siglo XVII (1614), esta vez revestida de arbitrista perturbación: para aumentar el pobre caudal del río Manzanares, la Villa barajó romper la laguna grande de Peñalara (LAAM, 1614). A tanto llegaba el agobio por obtener agua potable para abastecer a la creciente ciudad de Madrid. No prosperó tal ensoñación. La solución, a partir de esas fechas del siglo XVII, vino de la mano del aprovechamiento de las aguas subterráneas del norte y nordeste de la ciudad, principalmente. Pero esa es otra historia (López Linage, 2015).

Hay algunos embalses más de los cuales carecemos de información cuantitativa y cuyo número resulta difícil cuantificar (tabla 4.2). En parte de ellos se ha represado un arroyo preexistente, o bien se ha excavado directamente una cubeta, siempre con fines ganaderos.

---

[1] La belesa es *Plumbago europea L.*; el torvisco, *Daphne gnidium L.*; el rejalgar, sulfuro de arsénico.

[2] Canal abierto.

[3] Acequias derivadas directamente de los cauces fluviales mediante estacadas.

Tabla 4.2. Algunos pequeños embalses en la Comunidad de Madrid (2017), identificados con SIGPAC (www.sigpac.mapa.es/fega/visor) y con el estudio de García Avilés (1994).

Embalse	Río o arroyo	Situación	Municipio
Pradillo (A)	Lozoya	Al sur de Rascafría	Rascafría
La Garguera (hay 2 paralelos, antigua Piscifactoría)	Manzanares	Al NW	Manzanares el Real
El Grajal	Manzanares	Al este de Colmenar	Colmenar Viejo
Ejército del Aire	Navacerrada	Al nordeste de Navacerrada	Navacerrada
La Barranca	Navacerrada	Al norte de Navacerrada	Navacerrada
Pueblo de Navacerrada	Navacerrada	Al nordeste de Navacerrada	Navacerrada
Los Almorchones	Navacerrada	Al nordeste de Navacerrada	Navacerrada
El Chiquillo	El Chiquillo	Al norte de Navacerrada	Navacerrada
Presillas de El Paular (A)	Lozoya	Al Sur de Rascafría	Rascafría
Los Irrios	Los Irrios	Al noroeste de Los Molinos	Los Molinos
El Canchal o Entrearroyos	El Canchal	Al este, cerca de unas antiguas minas metálicas	Hoyo de Manzanares
Navallera (hay 2 sucesivos)	Manina	En la Escuela de Ingenieros Militares de Hoyo de Manzanares	Hoyo de Manzanares
Ladronera	Guindo	Al este de Hoyo	Hoyo de Manzanares
Matahondas	Matahondas	En la dehesa de Moncalvillo, al W del pueblo	San Agustín de Guadalix
Navalzarzal	Matahondas	En la dehesa de Moncalvillo, al NW del pueblo	San Agustín de Guadalix
Hilo Peñas	Retuerta	Al NW del pueblo	San Agustín de Guadalix

Tabla 4.2. *(continuación)*

Embalse	Río o arroyo	Situación	Municipio
Cerro del Guijo	Pedrezuela	Al W de San Agustín de Guadalix	Colmenar Viejo
Robledo de Chavela	Cofio	Al NW de Robledo de Chavela	Robledo de Chavela
Los Palancares	Mediano	Al NW de Soto del Real	Soto del Real
Arroyo de la Venta	La Venta	Al NE del pueblo	Cercedilla
Alto del Olivo	Tejada	Al SE del pueblo	Colmenar Viejo
Los Terrenos	Tejada	Al SE del pueblo	Colmenar Viejo
Los Ciervos	Canchal y Guindo	Al SW del pueblo	Colmenar Viejo
Majalespino o Maliciosa	Peña Jardinera	Al N del pueblo	Becerril de la Sierra
Cerca de las Tejoneras	Tejada	Al SE del pueblo	Colmenar Viejo
Las Galayas	Tejada	Al SE del pueblo	Colmenar Viejo
Valdefuentes	Los Combos	Al Suroeste de la ciudad	Móstoles
Cabeza de Lobo	Sin nombre	Al W-SW del pueblo	Colmenar Viejo
El Garzo	Arroyo del Bo(s)quillón	Al Nordeste de la ciudad	Las Rozas de Madrid
Arroyo Bo(s)quillón	Arroyo del Bo(s)quillón	Al Nordeste de la ciudad	Las Rozas de Madrid
Tío Soga	Arroyo del Tío Soga	Al Nordeste de la ciudad	Las Rozas de Madrid
El Rincón	Arroyo de la Casa Vieja	Al Nordeste del pueblo	Villa del Prado

A: azud.

LOS ECOSISTEMAS DE ORIGEN MINERO

La *construcción* de canteras de granito, pórfido o yeso y de graveras y de salinas supone, en muchos casos, la aparición de nuevos ecosistemas acuáticos, los cuales poco a poco van albergando vida acuática y dando lugar a ambientes complejos cuyo estudio limnológico resulta muy interesante. En el caso del granito y el pórfido, el tipo de explotación da lugar a dos formas de canteras y, por tanto, a dos clases de ecosistemas acuáticos tras su abandono: redondeadas y someras en el primer caso y alargadas, estrechas y profundas en el caso del pórfido (Martín Moreno, 1994).

La minería del granito comienza en el siglo XVII, durante el reinado de los últimos Austrias, y se desarrolla antes de la guerra civil, alcanzando su auge en las dos décadas subsiguientes (Martín Moreno, 1994). La roca extraída se emplea fundamentalmente en la construcción de viviendas, carreteras y vías férreas (con piedra de granito más bien) y en el adoquinado de calles (con roca de pórfido). Pero, acabada la explotación, el hueco remanente lo puede llegar a ocupar temporal o permanentemente el agua, dando lugar a nuevos ecosistemas acuáticos. Este hecho tiene especial interés en los municipios serranos, como Colmenar Viejo, Colmenarejo, Alpedrete, Galapagar, Zarzalejo, Moralzarzal, Becerril… (Valenzuela, 1975; tabla 4.3). De menor importancia cuantitativa tenemos también en Madrid alguna cantera de arena, caliza o de yeso cuyo hueco se rellena con agua. Además, hay algunas bocas de mina inundadas en la zona del municipio de Colmenarejo. En total, hemos inventariado algo más de sesenta y cinco ambientes de origen minero que tienen agua temporal o permanentemente (tabla 4.3); la imprecisión cuantitativa deriva de complejos como el del Vado de la Tabla, en Colmenar Viejo, cuyo número de cubetas con agua resulta difícil de precisar (véase también el trabajo de Compañ y Colmenarejo, 2009). Y es probable que haya más, pues la tesis doctoral de Martínez-Solano (2004) refiere también otros ambientes acuáticos en canteras de los municipios de Collado Mediano, El Vellón, San Martín de Valdeiglesias, Talamanca de Jarama, Torrelaguna, Torres de la Alameda, Valdemorillo y Valdemanco, pero no hemos podido localizarlos usando el sistema SigPac.

Tabla 4.3. Algunos complejos mineros abandonados que se inundan de modo permanente o temporal en Madrid.

Cuenca	Topónimo	Número de ambientes con agua temporal o permanente	Término municipal (y orientación respecto al núcleo urbano)	Tipo de mina
Henares		1	Alcalá de Henares (SE)	Cantera de arcilla
Guadarrama	Dehesa de Alpedrete	11	Alpedrete (NE)	Canteras de granito
Guadarrama	Encinar del Castillo	1	Alpedrete (N)	Cantera de granito
Jarama	El Llano	1	Anchuelo (SE)	Cantera de arena
Guadarrama	El Berrocal	4	Becerril de la Sierra (E)	Canteras de granito

Tabla 4.3. *(continuación)*

Cuenca	Topónimo	Número de ambientes con agua temporal o permanente	Término municipal (y orientación respecto al núcleo urbano)	Tipo de mina
Guadalix		4	Bustarviejo (SE)	Canteras de granito
Tajo	Páramo de Navarre-donda	1	Colmenar de Oreja (NE)	Cantera de caliza
Manzanares	La Bastiana	4	Colmenar Viejo (W)	Cantera de pórfido
Manzanares	La Bastiana	1	Colmenar Viejo (W)	Cantera de granito
Manzanares	El Grajal	1	Colmenar Viejo	Cantera de pórfido
Manzanares	Altos de Navallar	1	Colmenar Viejo (W)	Cantera de pórfido
Manzanares	Remedios	1	Colmenar Viejo	Cantera de pórfido
Manzanares	Las Cuevas	1	Colmenar Viejo (W)	Cantera de granito
Manzanares	El Vado de la Tabla	Varias	Colmenar Viejo (W)	Canteras de pórfido
Manzanares	Las Carrizosas	1	Colmenar Viejo (S)	Cantera de granito
Manzanares	El Moralejo	3	Colmenar Viejo (E)	Canteras de granito
Manzanares	Tejada	2	Colmenar Viejo (SE)	Canteras de granito
Manzanares	Talanque-ra de San Pedro	1	Colmenar Viejo (N)	Cantera de granito
Aulencia		1	Colmenarejo (NW)	Cantera con charca estacional
Aulencia		1	Colmenarejo (N)	Cantera de granito
Aulencia	Mina La Pilar	1	Colmenarejo (SE)	Pozo minero anegado

Tabla 4.3. *(continuación)*

Cuenca	Topónimo	Número de ambientes con agua temporal o permanente	Término municipal (y orientación respecto al núcleo urbano)	Tipo de mina
Aulencia		2	Colmenarejo (S)	Pozo minero anegado
Aulencia	Valmayor	1	Colmenarejo (S)	Cantera de granito para construcción del embalse
Jarama	El Hornillo	1	El Berrueco (W)	Cantera de granito
Guadarrama	Dehesa de las Canteras	1	Galapagar (SE)	Cantera de granito
Manzanares	El Canchal	1	Hoyo de Manzanares (W)	Antigua mina de wolframio, al sureste del municipio
La Trofa		2	Hoyo de Manzanares (S)	Cantera de pórfido, al sureste de las urbaniza-ción Las Colinas
La Trofa	Los Camorchos	4	Hoyo de Manzanares (SW)	Cantera de arena
Lozoya	Los Espinares	1	Manjirón (NW)	Cantera de granito
Lozoya	Prados Pedros	1	Manjirón (NW)	Cantera de granito
Manzanares	La Pedriza	1	Manzanares el Real (N)	Cantera de gneis
Guadarrama	Dehesa Vieja	2	Moralzarzal (E)	Canteras de pórfido
Guadarrama	Los Praderones	2	Moralzarzal (NE)	Cantera de granito
Guadalix	Los Navazales	1	Navalafuente (E)	Cantera de granito
Alberche		2	Navas del Rey (E)	Cantera de granito

Tabla 4.3. *(continuación)*

Cuenca	Topónimo	Número de ambientes con agua temporal o permanente	Término municipal (y orientación respecto al núcleo urbano)	Tipo de mina
Lozoya	Junto a la antigua N-I/ *Close to the old N-I road*	1	Robregordo (SE)	Cantera de granito
Jarama	La Yesera	1	San Fernando de Henares (S)	Cantera de yeso
Jarama	Villa Montaña	1	San Martín de la Vega (W)	Cantera de yeso
Alberche	Valdeca-rros	1	Zarzalejo (NE de la estación	Cantera de granito

FUENTES: elaboración propia a partir de Google Earth y SIGPAC (www.sigpac.mapa.es/fega/visor), Jordá (2008), Martín Moreno (1994), Chamorro *et al.* (2014) y Compañ y Colmenarejo (2009).

Con vistas a la producción de hormigón, la excavación de graveras para la extracción de áridos en las terrazas de las llanuras aluviales de Madrid comienza a principios del siglo XX en el Manzanares (Martín Moreno, 1994), pero se empieza a acometer a mucha mayor escala a finales de la década de 1970, impulsado por las mejoras tecnológicas y por la intensa urbanización y el crecimiento rápido, tanto de la capital como de las ciudades de su entorno. La cuenca más afectada es la del Jarama y, aunque una norma de ámbito estatal obliga a tapar las láminas de agua una vez acabada la explotación (Real Decreto 2994/82), esto no siempre se hace, aunque haya incluso un protocolo diseñado para ello por el IGME (Vadillo, 2001). Como resultado, han aparecido una serie de lagunas artificiales de orillas inestables y profundidades variables, alimentadas por agua freática y pluvial, las cuales se han ido naturalizando poco a poco y colonizando por organismos. El número total de lagunas de gravera en la actualidad asciende en el territorio de Madrid a unas 122 (tabla 4.4), si bien la cifra ha disminuido en las últimas décadas. Roblas y García Avilés (1997) identificaron 96 en el valle del Jarama aguas abajo de su confluencia con el río Henares, pero ahora su número en esa zona supone alrededor de 83, a juzgar por la foto aérea del SigPac (www.sigpac.mapa.es/fega/visor). Es probable que este fenómeno se deba a la gran reducción en la producción de áridos, causada por la crisis inmobiliaria (ANEFA, www.aridos.org/estadisticas/).

Tabla 4.4. Lagunas de gravera en Madrid.

Cuenca	Topónimo	Número de lagunas	Término municipal (y orientación respecto al núcleo urbano)
Aulencia	Los Veneros	3	Villanueva de la Cañada (NE)
Henares	Meco	1	Meco (S)
	Presa del Henares	6	Mejorada (N)
Jarama	Ribatejada	1	Ribatejada (S)
	La Alameda	1	Talamanca (SE)
	San Bartolomé	1	Talamanca (NW)
	Los Caliches	3	Valdetorres (W)
	Vega de Belvís	12	Belvís de Jarama (W)
	La Isla	1	Barajas (E)
	Los Badenes	2	Barajas (E)
	San Roque	3	San Fernando de Henares (E)
	Soto de la Quica	2	Torrejón de Ardoz (SW)
	El Sotillo	4	Velilla (W)
	El Raso	5	Velilla (W)
	Laguna Rivas	2	Velilla (S)
	Margen izquierda de El Piul	3	Arganda del Rey (W)
	El Campillo	1	Rivas (SE)
	Junta de los Ríos	2	Rivas (SE)
	El Porcal	18	Rivas (SE)
	La Esperilla	16	Arganda del Rey (SW)
	Soto Pajares	12	San Martín de la Vega (NE)
	Isla del Herrero	2	San Martín de la Vega (NE)
	Parque Tierno Galván	3	San Martín de la Vega (NE)
	Soto de Juan Antonio	3	San Martín de la Vega (NE)
	Soto Gutiérrez	4	Ciempozuelos (E)
	Las Arriadas	5	Ciempozuelos (SE)
	Soto de las Cuevas	1	Titulcia (SW)
	Soto de las Conejeras	2	Aranjuez (NW)

Tabla 4.4. *(continuación)*

Cuenca	Topónimo	Número de lagunas	Término municipal (y orientación respecto al núcleo urbano)
Manzanares	Arroyo Quebranta-herradero	1	Manzanares el Real (W)
	Los Frailes	1	Perales del Río (SE)
	Horna	3	Getafe (E)
Tajo	Casa Canellas	1	Aranjuez (SW)

Probablemente haya bastantes más con inundación temporal o permanente, pero esto solo puede aseverarse con exactitud visitándolas.

FUENTE: recopilación de los autores usando Sigpac (www.sigpac.mapa.es/fega/visor).

Un aspecto de interés en esta clase de ecosistemas son los cambios morfométricos que acontecen con el tiempo –los cuales tienen lugar con relativa rapidez tras el abandono de la explotación mineral– pero apenas han sido analizados. La laguna grande de El Porcal mostraba en 1984 una cierta lobulación debida a la explotación que aún tenía lugar durante ese año (Álvarez Cobelas *et al.*, 1987); ahora, en 2017, tiene más lóbulos y su superficie ha aumentado. La laguna más oriental del complejo de Las Madres, por su parte, ha disminuido en volumen, ha reducido su profundidad media, ha aumentado su perímetro por la pérdida de una isla que se ha transformado en península y ha cambiado su batimetría desde 1991 (tabla 4.5), re-

Tabla 4.5. Cambios morfométricos a largo plazo en la cubeta más oriental de la laguna de gravera de Las Madres (Álvarez Cobelas, datos inéditos).

	1991	2014
Longitud máxima (m)	355	349
Anchura máxima (m)	128	120
Volumen (m^3)	283.480	201.022
Superficie (ha)	3,58	3,44
Profundidad máxima (m)	19	15,5
Profundidad media (m)	7,9	5,8
Profundidad relativa (%)	88	74
Perímetro (m)	1.030	1.043
Profundidad media: Profundidad máxima	0,42	0,37
Superficie de islas (m^2)	760	0
Exposición al viento (m)	146	140

cién abandonada su explotación, hasta 2014. Algunos de los motivos de este proceso son: la apertura cercana a finales de la primera década de más graveras que han detraído parte del agua de Las Madres y la redistribución y compactación del sedimento.

OTROS AMBIENTES ESTANCADOS ARTIFICIALES

Cabe mencionar también las lagunas creadas para riego, como la del Salmoral (Prádena del Rincón) o la del arroyo de los Tenderos (Villa del Prado).

La actividad del golf ha experimentado un gran auge durante las últimas décadas en el territorio madrileño, y da lugar a la consiguiente creación de numerosos campos, en la mayoría de los cuales se han construido una o más cubetas lacustres (tabla 4.6).

Tabla 4.6. Campos de golf donde se han creado cubetas lacustres en la Comunidad de Madrid.

Nombre	N.º de lagos	Lugar
La Moraleja	7	Algete
Real Automóvil Club	7	Madrid
La Moraleja	5	La Moraleja
Las Laderas (Encinar de los Reyes)	3	Madrid
Los Retamares	3	Algete-Alalpardo
Las Rejas	1	Majadahonda
La Dehesa	6	Villanueva de la Cañada
Las Lomas-El Bosque	2	Urbanización El Bosque
Las Encinas	4	Boadilla del Monte
Cuatro Vientos	1	Cuatro Vientos
Centro Nacional Fuencarral-El Pardo	3	Fuencarral
Base Aérea	2	Torrejón de Ardoz
Valdeláguila	4	Villalbilla
El Negralejo	1	San Fernando de Henares
La Montaña	4	Aranjuez

Finalmente, la extraordinaria importancia de la sal común durante siglos hizo que se abrieran numerosas explotaciones en el territorio de Madrid (López y Arroyo, 1994). Hacia mediados del siglo XX se han ido abandonando casi todas, aunque alguna nueva explotación, como la del sulfato de sosa en sus distintos minerales (thenardita, mirabilita, glaubertita), persistiera para cubrir la demanda de nuevas aplicaciones tecnológicas, como la fotografía o la producción de agua oxigenada (Puche y Mazadiego, 1999-2000). Pero los estanques de evaporación y los arroyos que las abastecían permanecen y se constituyen en interesantes ecosistemas acuáticos temporales (tabla 4.7). En algún caso, como en Carcaballana dichos estanques han sido derruidos para *reforestar* la zona, pero se espera que vuelvan a su estado industrial original cuando se restaure la salina, un proyecto largamente acariciado por el pueblo de Villamanrique. Otras salinas con larga historia de explotación, que se remonta a los tiempos de los musulmanes al menos (López y Arroyo, 1984), son las de Espartinas, pero su estado en 2020 es de gran deterioro.

Tabla 4.7. Salinas de Madrid en 2017.

Cuenca	Topónimo	Municipio (y orientación de la salina respecto al núcleo urbano)	Referencia bibliográfica
Jarama	Espartinas	Ciempozuelos (S)	López y Arroyo (1984), Puche y Mazadiego (1999/2000)
Jarama	Las Esteras	Colmenar de Oreja (SE)	Cano (1998), Álvarez Cobelas y García Avilés (2003), García Rodríguez *et al.* (2006)
Tajo	Carcaballana	Villamanrique de Tajo (SE)	Puche y Mazadiego (1999/2000), Mataix *et al.* (2015)

Aunque Las Esteras es de origen natural, también se ha explotado su mineral.

Agradecimientos

A Íñigo Martínez-Solano y Javier García Guinea (científicos del MNCN-CSIC), Antonia Ayuso García (alcaldesa de Villamanrique de Tajo), Carlos González-Amezúa (vecino de Colmenarejo) y Juan Compañ (técnico municipal y vecino de Colmenar Viejo), por sus valiosas informaciones y sugerencias sobre la minería en este territorio.

CAPÍTULO V

Síntesis hidrológica

SALVADOR SÁNCHEZ CARRILLO

RESUMEN

La hidrología de la Comunidad de Madrid se caracteriza por la gran regulación de sus ríos. Solo las cuencas de cabecera, ubicadas sobre materiales impermeables (granitos y rocas metamórficas), tienen aún un régimen natural. Aunque hay numerosos estudios sobre aprovechamiento y gestión de las aguas superficiales en el entorno de Madrid, existen pocos sobre procesos y funcionamiento hidrológicos. En este capítulo se evalúa el funcionamiento hidrológico de la región de Madrid a partir del estudio de las principales subcuencas hidrológicas, basado en los registros de aforo de la Confederación Hidrográfica del Tajo para el periodo 1945-2014. Aunque a largo plazo se pone de manifiesto la amplia irregularidad hidrológica existente en esta zona, existe una marcada tendencia de reducción de los caudales. Los recursos subterráneos regionales son importantes; sin embargo, en muchos casos o no están suficientemente estudiados, o se desconocen sus principales condicionantes hidráulicos. En general, los acuíferos no se hallan muy explotados, salvo algunas masas aluviales cuaternarias del Jarama, donde se puede apreciar un descenso, aunque heterogéneo, del nivel piezométrico desde 1985. El balance hídrico de las subcuencas de estudio usando el modelo SIMPA del Centro de Estudios Hidrográficos (CEDEX) muestra cómo la lluvia y la evapotranspiración explican el 99 % de la varianza del funcionamiento hidrológico de la región. Los escenarios de cambio climático plantean reducciones del 8-35 % de la escorrentía anual para el periodo 2011-2100, con un incremento de los eventos extremos en las zonas más elevadas (sierra) de la región. En general, los estudios enfocados hacia los procesos hídricos son muy escasos aún.

Palabras-clave: caudales, acuíferos, balance hídrico, irregularidad hídrica, escenarios de cambio global.

SUMMARY: HYDROLOGICAL SYNTHESIS

The hydrology of Madrid region is characterized by a strong river flow regulation by dams and reservoirs. Only headwatersheds, located over impermeable rocks (granite and metamorphic), still exhibit a hydrologic natural regime. Although there are numerous studies on water use and management in Madrid area, there are fewer on hydrological processes and river hydrology. In this chapter, the hydrological functioning of Madrid region is evaluated from the study of main hydrological watersheds based on the gauging records provided by the Tajo Water Authority for the 1945-2014 period. The long-term streamflow records demonstrate the strong hydrological irregularity of this area, but also a clear trend on river flow shortage. Although regional groundwater resources are important, aquifers are not characterized enough and their main hydraulic parameters are unknown as yet. Aquifers are not heavily overexploited, except for some Quaternary alluvials in Jarama River, where a decline of piezometric level, albeit heterogeneous, has been observed from 1985. Using the SIMPA model (Center for Hydrology-CEDEX), a water balance of watersheds has been performed showing that rain and evapotranspiration explained 99 % of streamflow variability. Climate change scenarios suggest a water shortage with annual runoff declining around 8-35 % for the 2011-2100 period, as well as an increase in extreme hydrological events mainly occurring at mountain areas.

INTRODUCCIÓN

La escorrentía que se genera en el ámbito de la Comunidad de Madrid se recoge y encauza en la vasta Cuenca Hidrográfica del Tajo (figura 5.1), exceptuando algunos arroyos de la ladera norte de Somosierra, que vierten sus aguas a la cuenca del Duero (los cuales no han sido incluidos en este estudio). El funcionamiento hidrológico del área que nos ocupa, aunque se presupone archiconocido, principalmente por el aprovechamiento hidráulico de sus aguas para los habitantes de la gran urbe, no lo es tanto desde una perspectiva científica. Abundan numerosos trabajos técnicos, muchos de ellos de un alcance geográfico más amplio, que incluyen aspectos hidrológicos muy variados (disponibilidad, aprovechamientos, efectos de la NAO, caracterización de masas de agua subterránea, impactos y escenarios del cambio climático, restauración, huella hídrica, etc.), casi siempre con un enfoque de «sistema de explotación» (Cabello-Vázquez, 2011; González del Tánago *et al.* 2012; Carreño-Conde *et al.*, 2014; CEDEX, 2010; CHT, 2014). Lo cierto es que en Madrid los sistemas hidrológicos están muy regulados y solo ciertas cuencas de cabecera presentan aún un régimen seminatural suficiente como para poder estudiar su comportamiento hidrológico (*e.g.* Vicente-Guillén *et al.*, 2012). Pero tampoco hay muchos estudios de esta índole, a pesar de que los datos de aforos existentes tienen –en algunos casos, aunque con cierta irregularidad– registros desde mediados del siglo XX. Y es así porque casi todo lo que se escapa del ámbito del aprovechamiento hidráulico queda fuera del interés tanto de los estamentos con objetivos hidrológicos como de los académicos estudiosos del tema. En este capítulo trataré de caracterizar las principales cuencas hidrográficas que discurren por la Comunidad de Madrid y evaluar su funcionamiento hidrológico durante el periodo para el que disponemos de datos, considerando los principales condicionantes e incluyendo los escenarios futuros de cambio climático. Igualmente trataré de caracterizar las principales masas de agua subterránea de la Comunidad de Madrid por su importancia, tanto en el funcionamiento hidrológico

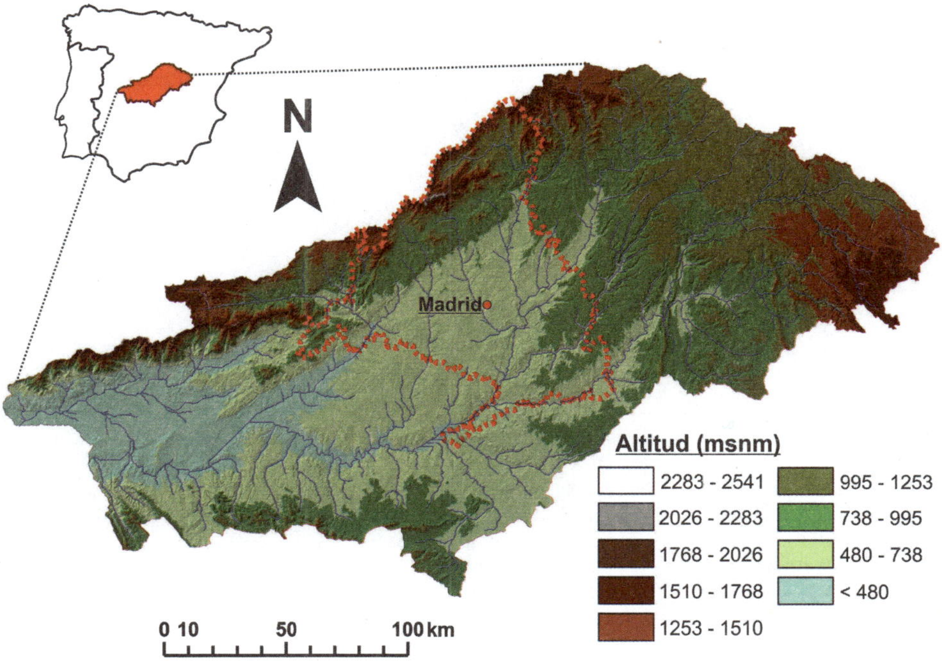

Figura 5.1. La Comunidad de Madrid en el contexto geográfico de la cuenca del Río Tajo y su red de drenaje principal.

de muchos ríos como en la aparición de numerosos lagos y humedales, sean naturales o artificiales. No entraré en aspectos relativos a la demanda y consumo de agua, ni en el impacto de la regulación de los ríos sobre los caudales ecológicos.

CARACTERÍSTICAS HIDROGRÁFICAS DE LAS PRINCIPALES CUENCAS

Para este apartado he incluido algunas cuencas de drenaje del Tajo que solo desaguan en la Comunidad de Madrid (12, 17, 28 y 29; figura 5.2), porque considero importante conocer sus principales características, ya que forman parte de la misma red. El área que nos ocupa abarca entre 9.300 km^2 y 24.600 km^2, según incluyamos o no esas cuencas del Tajo situadas fuera del ámbito de Madrid. No acometeré aquí una descripción hidrográfica de los ríos madrileños (puede consultarse fácilmente en es.wikipedia.org/wiki/Medio_f%C3%ADsico_de_la_Comunidad_de_Madrid), aunque sí resaltaré dos aspectos que considero importantes para entender el funcionamiento hidrológico: 1.º) todos los ríos que discurren por Madrid, excepto el Guadarrama y el Alberche, se canalizan a través del río Jarama, y 2.º) el flujo de agua encauzado tiene una dirección dominante norte-sur (figuras 5.2-5.3). En la figura 5.4 se ha representado de manera simplificada el funcionamiento hidrológico de las cuencas de estudio y los principales ríos de la Comunidad de Madrid, incluyendo

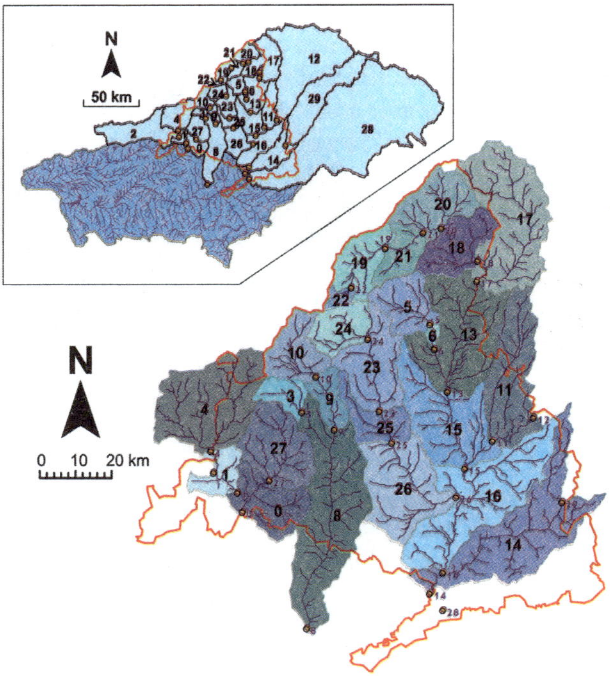

Figura 5.2. Principales subcuencas del Alto Tajo que desaguan en la Comunidad de Madrid y subcuencas seleccionadas para este estudio. Se han representado los principales cursos fluviales. Los números corresponden a los códigos citados en la tabla 5.1. Los círculos naranjas indican la ubicación de las principales estaciones de aforo a la salida de las subcuencas hidrográficas. La línea de color rojo es la demarcación de la Comunidad de Madrid.

las estaciones de aforo y los embalses. En la tabla 5.1 se recogen las principales características hidrográficas de las cuencas hidrográficas seleccionadas. La elección de las diferentes cuencas se ha realizado de acuerdo con la ubicación de las estaciones de aforo que tiene la Confederación Hidrográfica del Tajo (de aquí en adelante, CHT). En promedio estas cuencas, si excluimos a las que proceden de Guadalajara, son pequeñas (371 ± 293 km^2), de pendiente moderada (12 ± 7 %) y con una red de drenaje bastante desarrollada (en promedio, de orden 5; figura 5.3), con una densidad promedio de la red de drenaje de 1,0 ± 0,1. La pendiente de los cauces resulta elevada por la naturaleza del relieve y los materiales, principalmente en las zonas de cabecera de la sierra de Guadarrama (tabla 5.1). La longitud promedio del cauce principal de las cuencas es de 38 ± 24 km (56 ± 62 km, si incluimos a las subcuencas 12, 17, 28 y 29; tabla 5.1). El tiempo de concentración promedio, variable relacionada con el tamaño de la cuenca y con la forma y densidad de la red de drenaje, asciende a 5,3 ± 4,3 h. Las cuencas madrileñas más representativas son las del Lozoya y las del Manzanares –puesto que son entidades que nacen y mueren dentro de la Comunidad de Madrid–, las cuales representan, además, bastante bien la morfología de la red de drenaje regional (tabla 5.1).

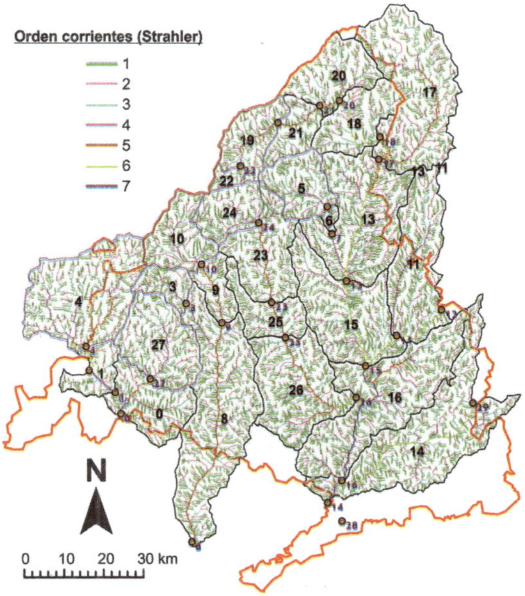

Figura 5.3. Red de drenaje de las subcuencas de estudio y orden de las corrientes según Strahler. Los números corresponden a los códigos citados en la tabla 5.1. Los círculos naranjas indican la ubicación de las principales estaciones de aforo a la salida de las subcuencas hidrográficas y la línea de color rojo, la demarcación de la Comunidad de Madrid. Las subcuencas de estudio han sido diferenciadas entre las de cabecera (azul) y las restantes (negro).

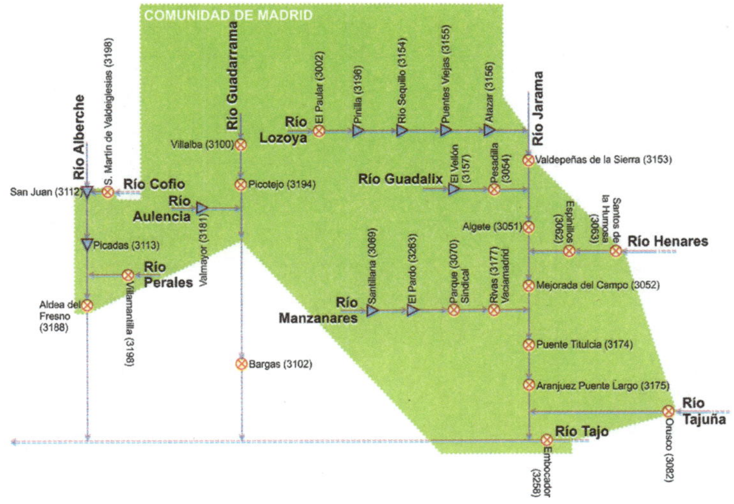

Figura 5.4. Esquema de la hidrología superficial de la Comunidad de Madrid (polígono verde), mostrando la ubicación de las principales estaciones de medida de caudales (aspas rojas sobre círculos) y niveles (embalses, como triángulos azules) usadas en este estudio (los números hacen referencia a los códigos de la Confederación del Tajo). Las flechas indican el sentido del flujo. Las líneas discontinuas indican que el río procede o continúa fuera del ámbito geopolítico de la Comunidad de Madrid.

Tabla 5.1. Características hidrográficas de las principales subcuencas de la Comunidad de Madrid. El código es el que se asigna a las subcuencas en este estudio. Orden es el de las corrientes según Strahler (Stra.), princ. es principal y concent. es concentración.

Código	Estación de aforo	Area (km²)	Perímetro (km)	Pendiente Cuenca(º)	Orden (Stra.)	Longitud total cauces (km)	Densidad drenaje (-)	Pendiente drenaje (º)	Cota inicial cauce princ. (msnm)	Cota final cauce princ. (msnm)	Altitud media red drenaje (msnm)	Longitud cauce princ. (km)	Pendiente cauce princ. (m/km)	Tiempo concent. (h)
	Alberche:													
0	Aldea del Fresno_3188	274,6	82,3	2,5	7	278,3	1,0	1,8	841	446	586	26,1	15,1	4,1
1	Picadas_3113	129,1	63,6	7,8	7	118,9	0,9	4,0	1.181	517	721	19,3	34,4	2,4
2	SanJuan_3112	1.278,9	242,9	9,2	6	1.259,4	1,0	3,8	2.172	572	1.199	100,9	15,9	11,4
	Aulencia:													
3	Valmayor_3181	105,0	48,0	5,3	4	108,1	1,0	1,4	1.745	784	980	18,5	51,9	2,0
	Cofio:													
4	S. M. Valdeiglesias_3180	607,5	111,1	7,0	6	540,9	0,9	3,8	1.832	607	1.164	41,8	29,3	4,6
	Guadalix:													
5	El Vellón_3157	219,1	67,5	7,3	4	242,2	1,1	2,7	2.103	792	1.086	22,1	59,4	2,1
6	Pesadilla_3054	20,0	20,7	4,9	4	19,3	1,0	4,4	907	637	851	9,7	27,9	1,5
	Guadarrama:													
8	Bargas_3102	799,7	173,8	1,9	5	790,9	1,0	1,5	923	479	633	76,8	5,8	13,6
9	El Picotejo_3194	120,7	52,0	3,9	5	111,4	0,9	2,5	1.353	605	826	23,8	31,4	2,9
10	Villalba_3100	234,0	75,1	7,5	5	258,4	1,1	2,3	2.151	867	1.154	27,4	46,9	2,8
	Henares:													
11	Espinillos_3062	464,7	122,1	2,3	6	525,4	1,1	1,3	950	571	740	49,7	7,6	8,8
12	Santos Humosa_3063	3.485,5	334,9	5,2	6	3.588,0	1,0	2,9	2.007	597	1.033	136,1	10,4	16,9
	Jarama:													
13	Algete_3051	606,0	133,3	3,1	5	709,3	1,2	1,7	1.488	587	764	48,8	18,5	6,1

Tabla 5.1. *(continuación)*

Código	Estación de aforo	Area (km²)	Perímetro (km)	Pendiente Cuenca(°)	Orden (Stra.)	Longitud total cauces (km)	Densidad drenaje (-)	Pendiente drenaje (°)	Cota inicial cauce princ. (msnm)	Cota final cauce princ. (msnm)	Altitud media red drenaje (msnm)	Longitud cauce princ. (km)	Pendiente cauce princ. (m/km)	Tiempo concent. (h)
14	Aranjuez P. Largo_3175	751,1	214,3	3,1	7	770,3	1,0	1,9	930	488	717	93,9	4,7	17,2
15	Mejorada del Campo_3052	511,3	119,7	1,9	7	558,7	1,1	0,9	1.191	545	659	47,0	13,8	6,7
16	Puente Titulcia_3174	702,7	172,2	2,5	7	768,0	1,1	1,5	906	478	662	66,7	6,4	11,8
17	Valdepeñas Sierra_3153	689,0	139,8	10,2	6	638,1	0,9	4,9	2.238	689	1.193	65,6	23,6	7,0
	Lozoya:													
18	Atazar_3156	255,6	75,0	8,3	6	247,9	0,9	2,9	1.827	757	1.109	28,5	37,6	3,1
19	Pinilla_3196	208,7	73,4	10,9	5	232,4	1,1	4,0	2.315	1.084	1.469	23,7	51,9	2,4
20	Puentes Viejas_3155	276,4	77,0	8,6	6	269,8	1,0	3,6	2098	951	1.311	20,2	56,7	2,0
21	Riosequillo_3154	143,4	56,4	8,3	5	142,0	1,0	2,6	1952	984	1.277	23,4	41,5	2,6
22	Paular_3002	38,6	29,7	15,1	3	32,2	0,8	6,2	2415	1.270	1.796	11,4	100,5	1,0
	Manzanares:													
23	El Pardo_3263	337,3	94,6	3,8	5	358,0	1,1	2,0	2094	614	866	38,2	38,7	3,8
24	Santillana_3069	190,2	57,6	11,0	5	215,6	1,1	3,5	2342	891	1.315	27,1	53,5	2,6
25	Parque Sindical_3070	180,7	76,9	2,7	5	166,4	0,9	1,5	1384	589	714	30,3	26,3	3,7
26	Rivas Vaciamadrid_3177	482,2	106,1	1,5	6	534,7	1,1	0,9	740	531	634	42,8	4,9	9,3
	Perales:													
27	Villamantilla_3198	355,4	79,6	3,6	5	341,5	1,0	1,9	1442	495	738	31,8	29,8	3,7
	Tajo:													
28	Embocador_3258	9.218,3	624,2	5,3	6	9.374,1	1,0	3,3	1927	490	1.032	320,5	4,5	45,2
	Tajuña:													
29	Orusco_3082	1.944,9	335,4	4,0	6	1.845,4	0,9	2,8	1362	617	980	152,4	4,9	24,7

RELACIÓN PRECIPITACIÓN-ESCORRENTÍA EN LAS CUENCAS DE CABECERA NO REGULADAS

En la tabla 5.2 se muestra un resumen de los caudales anuales medidos para las diferentes subcuencas y su correspondiente precipitación, cuya metodología de estimación se refiere en https://digital.csic.es. Los resultados muestran cierta disparidad en las secuencias temporales anuales de precipitación y caudal (figura 5.5). La escala anual de observación descarta que las diferencias se deban al desfase relacionado con el deshielo de la nieve acumulada en la sierra. En algunos casos (subcuencas 3, 22 y, al inicio, 24), los caudales registrados son superiores a las estimaciones de lluvia, lo que indica, probablemente, más que errores importantes en las estimaciones anuales del caudal, errores relacionados con la baja resolución espacial en la medida de las precipitaciones (figura 5.6; véase Zhang y Han, 2017). Esta anomalía se cita también en el estudio de Vicente-Guillén *et al.* (2012) para la subcuenca 22, aunque sin evaluar su posible origen. Las subcuencas 5, 10 y 24 muestran una elevada sincronía entre las secuencias temporales de caudal y precipitación (figura 5.5). Los hiatos existentes en los registros de las subcuencas 4 y 27 dificultan su interpretación. Según estos datos, los coeficientes anuales de escorrentía promedio de las cuencas con mayor sincronía entre ambas variables son de 0,26 ± 0,16, 0,36 ± 0,17, 0,31 ± 0,15 y 0,54 ± 0,13 (en las subcuencas 4, 5, 10 y 24, respectivamente), que se ajustan bien a los que presentan las cuencas semipermeables con vegetación boscosa y pendientes entre medias y altas (Pilgrim y Cordery, 1993), aunque con más variabilidad de unas cuencas a otras de las que muestran el paisaje hidrogeomorfológico y la cobertura vegetal. La precipitación anual medida en las estaciones meteorológicas más cercanas explica de manera significativa la escorrentía medida en las estaciones de aforo de la mayor parte de las subcuencas, según las correlaciones de la Tau de Kendall entre variables ($p < 0,05$; figura 5.7). En las subcuencas 5 y 24 (cabeceras de los ríos Manzanares y Guadalix), las lluvias registradas en Manzanares El Real y presa del Vellón explican más del 60 % de la varianza anual de los caudales (figura 5.6). Los valores anómalos de caudal registrados en la subcuenca 3 se corroboran por la ausencia de correlación significativa con la precipitación anual obtenida por el polígono de Thiessen (veáse la figura en Digital CSIC) o con la registrada en la estación de San Lorenzo del Escorial ($p > 0,05$). En el resto, aunque de manera significativa, las precipitaciones explican varianzas inferiores al 40 % (figura 5.6). Las variables físicas que caracterizan las cuencas tienen un efecto desigual para explicar la variabilidad observada en la escorrentía anual de las subcuencas (figura 5.7). Mientras que variables como la pendiente de la cuenca y de la red de drenaje no son significativas (Tau de Kendall, $p > 0,05$), otras –como, por ejemplo, el tiempo de concentración– explican más del 50 % de la varianza (figura 5.7). Esta última variable es la única que resulta significativa en un modelo de regresión lineal múltiple *(backward)* del caudal con todas las variables físicas, incluyendo la lluvia anual promedio ($R^2 = 0,50$), cuyo resultado indica que la mitad de la varianza del caudal anual depende de otras variables relacionadas con la geología, la cobertura vegetal y los usos del suelo, tal como se explica en el estudio de Vicente-Guillén *et al.* (2012) en la subcuenca 22

Tabla 5.2. Estadística descriptiva (N: número de observaciones, Prom±DS: promedio ± desviación estándar) del caudal y la precipitación anuales en las estaciones de cabecera de los ríos Aulencia, Manzanares, Lozoya, Guadalix, Perales, Cofio y Guadarrama para el periodo 1946-2014.

		Caudal (hm^3/año)			Precipitación (hm^3/año)		
	Subcuenca y estación de aforo	N	Prom±DS	Rango	N	Prom±SD	Rango
3	Aulencia (Valmayor_3181)	28	67,8±35,9	(6,5-151,6)	68	70,3±35,5	(4,4-154,9)
24	Manzanares (Santillana_3069)	68	94,7±42	(27,9-214,8)	69	164,4±51,6	(53,9-317,2)
22	Lozoya (Paular_3002)	43	42,9±15,9	(19,6-97,6)	54	39,7±12	(14,6-68,7)
5	Guadalix (El Vellón_3157)	46	48,9±30,6	(7,6-146,3)	44	128±36,9	(80,6-267,9)
27	Perales (Villamantilla_3198)	34	19,8±14,6	(0,2-61,2)	41	243,1±94,7	(21,1-513,9)
4	Cofio (San Martín de Valdeiglesias_3180)	23	143,3±92,4	(15,2-396,2)	39	446,4±154,8	(122,5-906,5)
10	Guadarrama (Villalba_3100)	39	66,3±38,8	(7,9-167)	59	209±56,8	(110-356,3)

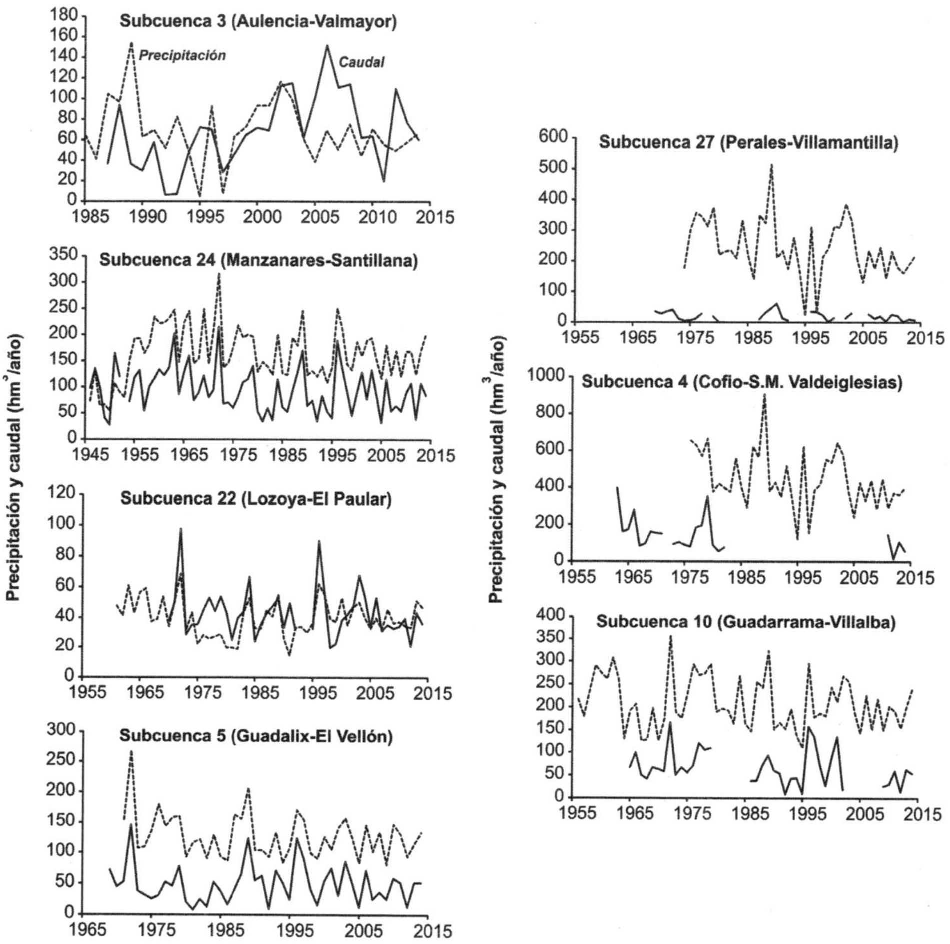

Figura 5.5. Variabilidad anual de las precipitaciones (línea discontinua) y caudales (línea continua) registrados en las estaciones de aforo ubicadas en las siete subcuencas de cabecera de Madrid para el periodo 1945-2014.

(Lozoya-El Paular), en otras áreas de la cuenca del Tajo (Beguería, 2006) y en los Pirineos (Beguería *et al.,* 2003).

RELACIÓN ENTRE EVAPOTRANSPIRACIÓN Y LLUVIA EN LAS CUENCAS

Según mis cálculos, derivados de los polígonos de Thiessen de precipitación y evapotranspiración potencial según Thornthwaite (ETP; véase Digital CSIC), el área de estudio presenta un déficit hídrico potencial de más de 1.000 hm³/año, lo que indica que esta variable es el componente principal del balance en las cuencas

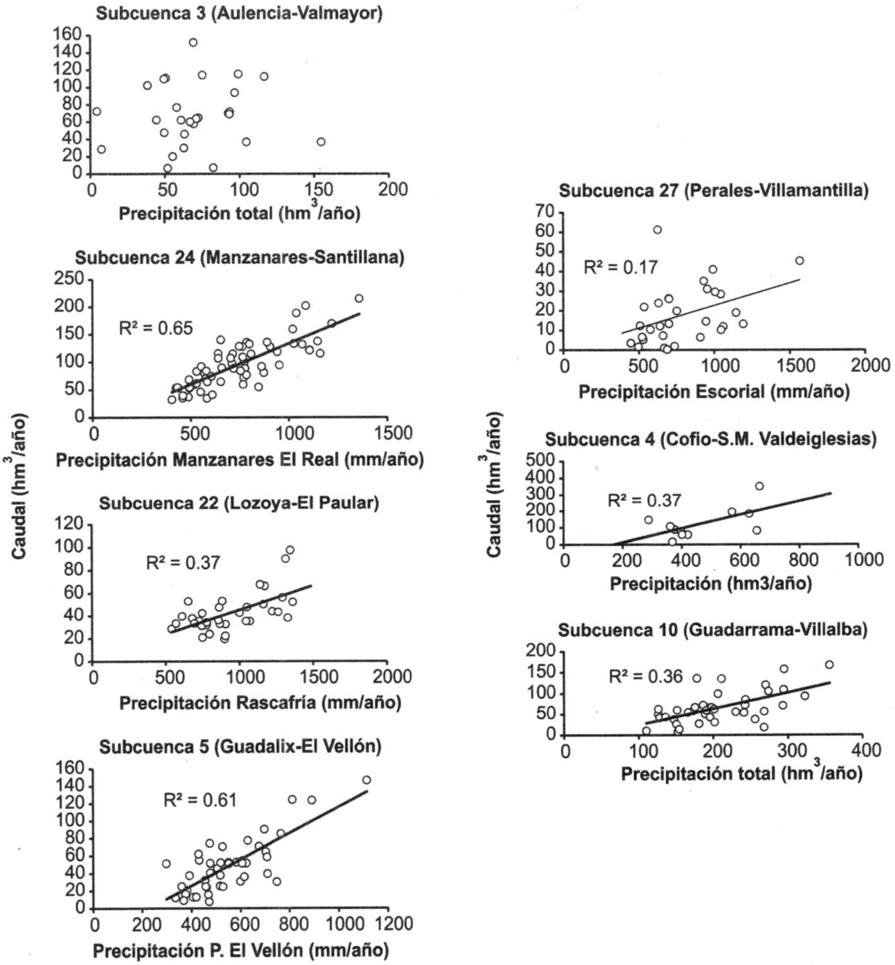

Figura 5.6. Relaciones entre los caudales anuales medios registrados a la salida de las subcuencas de cabecera y las precipitaciones (totales en cada cuenca o en las estaciones meteorológicas más próximas).

de estudio a una escala temporal anual, como en la mayor parte de las regiones semiáridas (Alazard *et al.,* 2015). Espacialmente, ese déficit viene marcado por un fuerte gradiente relacionado con la variación de las precipitaciones y de la temperatura del aire (figura 5.8). La zona de la sierra muestra un déficit hídrico potencial inferior respecto a la zona meridional de la Comunidad (figura 5.8). Por subcuencas, las 1, 3, 4, 21-25 y 27 presentan valores de lluvia en exceso que oscilan de 3 a 157 hm^3/año (en las 3 y 24, respectivamente), mientras el resto sufre un déficit notable (de –4 a –271 hm^3/año en las subcuencas 6 y 8, respectivamente). En promedio para toda la región de Madrid, la relación entre ETP y lluvia muestra una correlación significativa definida por la función: ETP (hm^3/año)= 1,26 × Lluvia (hm^3/año) ($R^2 = 0,69$; $p < 0,0001$).

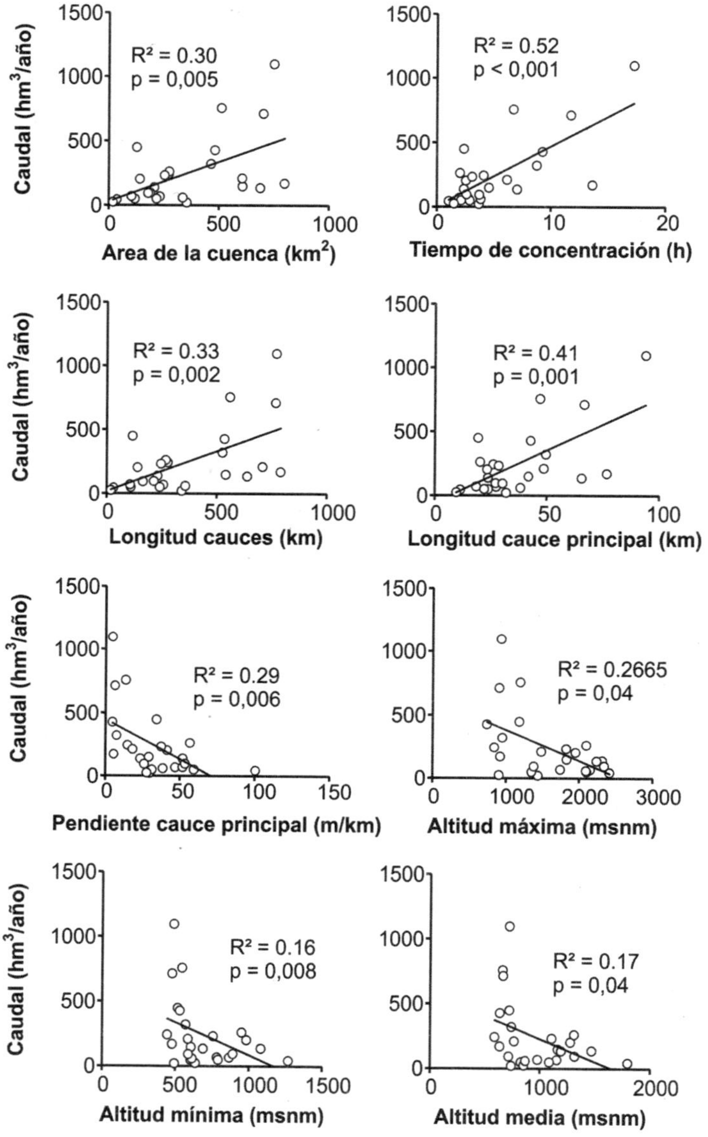

Figura 5.7. Relaciones entre el caudal medio anual y las principales características físicas de las subcuencas de estudio.

EVOLUCIÓN DE CAUDALES Y NIVELES DE AGUA EN LAS CUENCAS

Los primeros datos históricos sobre caudales se refieren en el estudio de Bullón (2011), basado en fuentes documentales, donde describen las inundaciones en la porción de la cuenca del Tajo que nos ocupa (Lozoya en El Paular, Manzanares en Madrid, Perales en Villamantilla y Jarama en Aranjuez) durante la segunda mitad

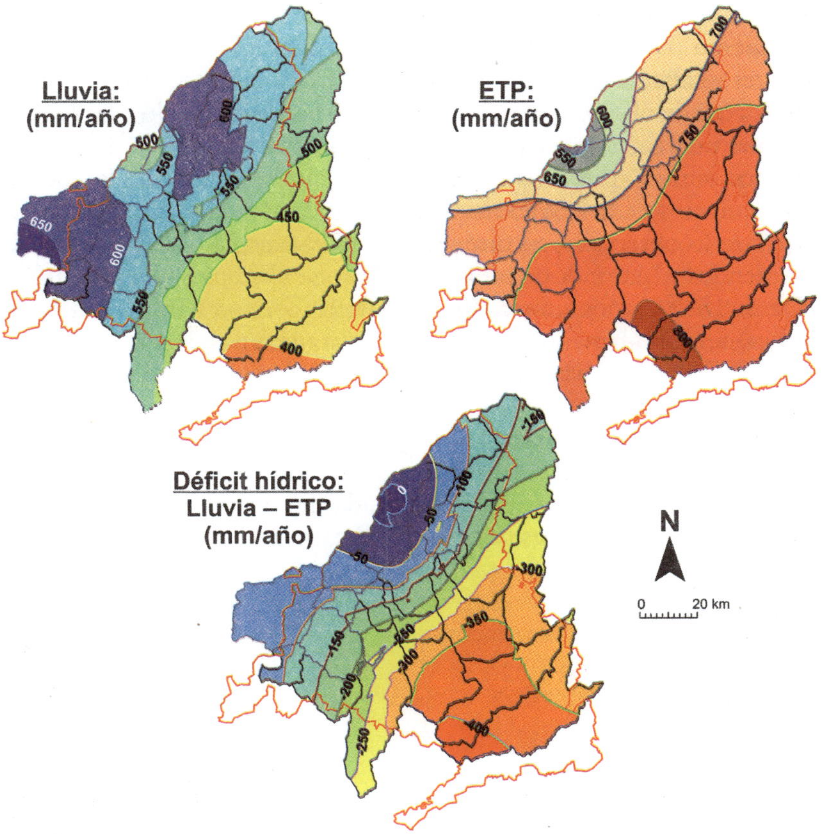

Figura 5.8. El déficit hídrico anual en la Comunidad de Madrid: mapas de isolíneas de lluvia (superior izquierda), de evapotranspiración potencial (ETP según Thornthwaite; superior derecha) y de la diferencia entre ambas (inferior). Se han usado los datos meteorológicos de las estaciones mostradas en la figura 5.5 (véase el capítulo *El contexto geográfico, geológico y climático* para más información).

del siglo XVI. En ese trabajo se resalta la irregularidad de la hidrología de la región, con una tendencia al aumento de las inundaciones extremas en los periodos de menor precipitación, pues se reducen las precipitaciones en primavera, aumenta la intensidad de la precipitación, desaparece el efecto amortiguador de la escorrentía producida por la vegetación y se reduce la capacidad de infiltración tras un periodo de prolongada sequía (Paredes *et al.*, 2006). Bullón (2011) destaca el periodo 1590-1599 como uno de grandes inundaciones en la cuenca del Tajo, que coincide con las observaciones de Benito *et al.* (2008) en su estudio de las inundaciones de las cuencas atlánticas de la Península Ibérica, aunque resalta la importancia del deshielo en el aumento del caudal de los ríos, provocado por el aumento de las temperaturas en ese periodo tras un ciclo muy frío de más de treinta años registrado previamente.

De otro estudio, realizado por Uribelarrea *et al.* (2003) sobre los cambios geomorfológicos de los canales de los ríos Jarama y Tajo a su paso por Madrid asociados a las inundaciones ocurridas desde 1550 a la actualidad, es posible deducir también el comportamiento hidrológico de dichos ríos durante los últimos quinientos años. Estos autores resaltan la existencia de diferentes ciclos hidrológicos: 1.º) desde 1550 hasta 1950, cuando el sistema carece de intervención humana, lo cual se manifiesta al producirse una correlación estrecha entre clima, frecuencia y magnitud de las inundaciones, situación que cambiará posteriormente, y 2.º) desde 1860 a 1892 observan aumentos de la frecuencia y de la magnitud de las inundaciones, en concordancia con lo observado en otros ríos de la Península (Molina Sempere *et al.*, 1994; Barriendos y Martín-Vide, 1998) y de Europa (Decamps *et al.*, 1989; McEwen, 1989). Desde 1892, dichos autores observan una reducción significativa del número de inundaciones y del tamaño de las mismas, con máximos de caudal estimado que cambian de >950 m^3/s (1611), >750 m^3/s (1747), >1.000 m^3/s (1878), a >762 m^3/s (1916), a ≈635 m^3/s (1924; véase la tabla 5.2 de Uribelarrea *et al.* 2003).

Para evaluar las tendencias a largo plazo, he usado las estaciones hidrométricas de los embalses de Puentes Viejas y Santillana y las del Parque Sindical (Manzanares), Espinillos (Henares) y Mejorada (Jarama), que son las que cuentan con mayor número de registros (figura 5.9). Resulta muy difícil extraer tendencias

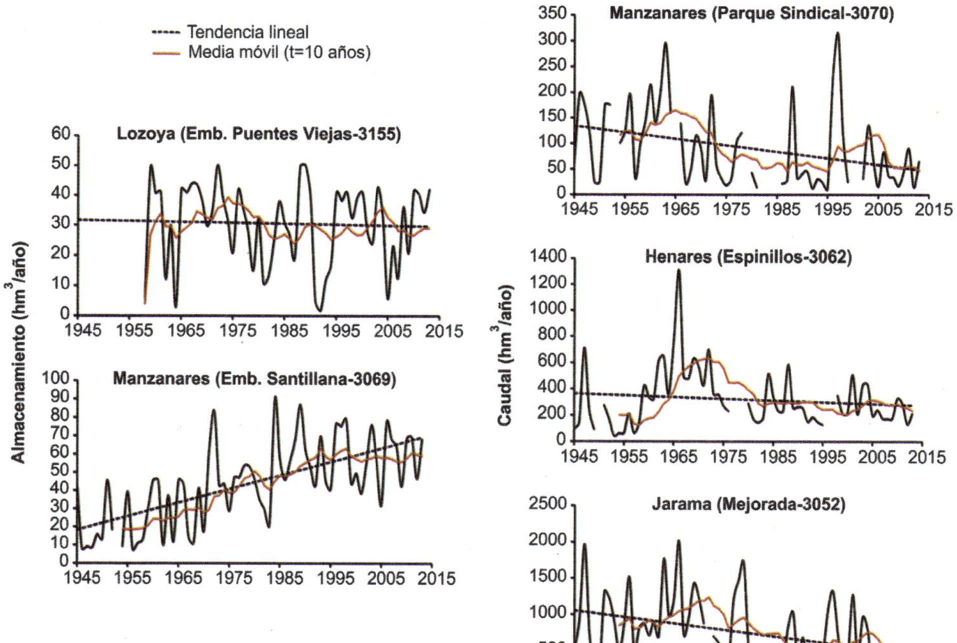

Figura 5.9. Tendencias temporales del almacenamiento anual de agua en los embalses de Puentes Viejas y Santillana (izquierda) y del caudal anual en las estaciones de Parque Sindical, Espinillos y Mejorada (derecha) para el periodo 1945-2014.

a largo plazo, pues la regulación de los ríos genera una elevada disparidad entre las estaciones de medida. Por ejemplo, en el almacenamiento de los embalses, los datos muestran que en el de Santillana, ubicado en la subcuenca de cabecera del Manzanares, la tendencia ha sido al aumento del almacenamiento, pero –como veíamos más arriba– eso no fue lo observado con la escorrentía durante ese mismo periodo. En la cuenca del Tajo, la variabilidad climática controla también el almacenamiento y la liberación de agua desde los embalses (López-Moreno *et al.*, 2007), por lo que esa tendencia se debe, principalmente, al aumento de los ciclos secos, que promueve el almacenamiento en los embalses de cabecera para maximizar las reservas de agua (menores pérdidas por evapotranspiración) y reducir los riesgos por inundación (más probables en ciclos secos; Lorenzo-Lacruz *et al.*, 2010). En los caudales anuales la tendencia resulta más clara (figura 5.9; véase la media móvil): los tres ríos estudiados muestran, por un lado, la existencia de un ciclo de aproximadamente 30 años en los máximos de caudal (más claro en el Henares y el Jarama), y –por otro– una reducción de la variabilidad interanual con flujos cada vez menores. La tendencia lineal muestra que los caudales anuales se han reducido en el periodo de observación desde 1,3 hm^3/año en el Manzanares a 8,7 hm^3/año en el Jarama (figura 5.9). Esta tendencia es común a la mayor parte de los ríos de la Península (Morán-Tejada *et al.*, 2011), para los que solo la magnitud y no el signo de dicha tendencia está influenciada por la regulación de los ríos (Lorenzo-Lacruz *et al.*, 2012). Desafortunadamente, en ríos con tanta regulación como los estudiados es prácticamente imposible estimar la proporción de este descenso de los caudales debida al cambio climático (Vicente-Serrano *et al.*, 2017).

ACUÍFEROS Y AGUA SUBTERRÁNEA

Hasta diez masas de agua subterránea, de diferente extensión y características, subyacen en la extensión geopolítica de la Comunidad de Madrid (agrupadas en cuatro Unidades Hidrogeológicas; figura 5.10). El acuífero más importante es el detrítico terciario de Madrid (o unidad hidrogeológica Madrid-Talavera 03.05), que se extiende por la porción central de la Comunidad (1.842 km^2), englobando las masas de agua subterránea 030.010 (Madrid: Manzanares-Jarama), 030.011 (Madrid: Guadarrama-Manzanares) y 030.012 (Madrid: Aldea del Fresno-Guadarrama). El acuífero detrítico terciario de Guadalajara (masa 030.006, en la unidad 03.04), que supone la continuación de los depósitos terciarios de la fosa de Madrid separados por los sedimentos aluviales cuaternarios del Jarama (masa 030.024), es otra de las masas de agua de importancia a escala regional (unos 500 km^2 dentro de la Comunidad de Madrid). Por último, el acuífero de la Alcarria (masa 030.008 y unidad 03.06), que se extiende por toda la fracción Sur de la Comunidad, constituye la otra entidad hidrogeológica de importancia a escala regional ($\approx$ 1.000 km^2 dentro de los límites administrativos de la Comunidad de Madrid). Las demás masas de agua subterránea se asocian a depósitos cuaternarios de los ríos y solo tienen importancia a escala local (figura 5.10).

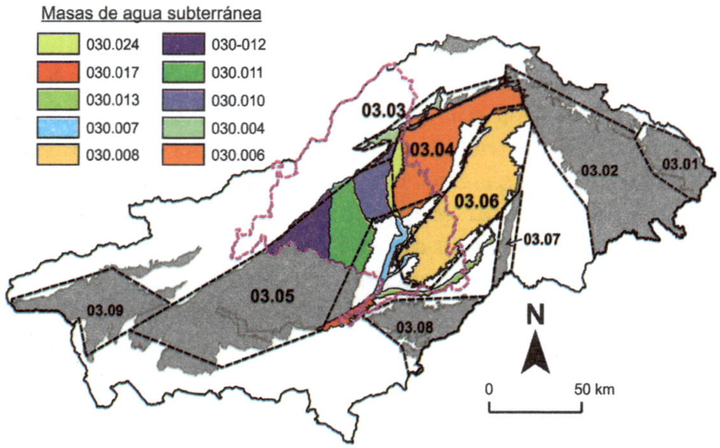

Figura 5.10. Masas de agua subterránea (polígonos coloreados) y unidades hidrogeológicas (polígonos de líneas discontinuas) de la cuenca del Tajo dentro del ámbito de la Comunidad de Madrid. Las masas de agua subterránea son: aluvial del Jarama-Guadalajara-Madrid (030.024), aluvial del Tajo-Aranjuez-Toledo (030.017), aluvial del Tajo-Zorita de los Canes-Aranjuez (030.013), Guadalajara (030.006), aluviales Jarama-Tajuña (030.007), La Alcarria (030.008), Madrid-Aldea del Fresno-Guadarrama (030.012), Madrid-Guadarrama-Manzanares (030.011), Madrid-Manzanares-Jarama (030.010) y Torrelaguna (030.004). En gris están representadas aquellas masas que están fuera del ámbito de este estudio. Las unidades hidrogeológicas son: Torrelaguna-Jadraque (03.03), Guadalajara (03.04), Madrid-Talavera (03.05) y La Alcarria (03.06). Aunque no se consideran aquí, también están representadas las unidades limítrofes de Albarracín-Cella-Molina De Aragón (03.01), Tajuña-Montes Universales (03.02), Entrepeñas (03.07), Ocaña (03.08) y Tiétar (03.09). El límite geográfico de la Comunidad de Madrid se representa mediante la línea morada discontinua.

Acuífero detrítico de Madrid

La unidad 03.05 (Madrid-Talavera o detrítico de Madrid) es la más estudiada de todas. A finales de la década de 1970 se desarrollaron sobre ella numerosas tesis doctorales en la facultad de Geología de la Universidad Complutense, bajo la dirección del Profesor Ramón Llamas (López Vera, 1977; Martínez-Alfaro, 1977; Rebollo, 1977; Sastre, 1978 y Villarroya, 1983), las cuales sentaron las bases de su conocimiento científico. La unidad 03.05 se considera como un único acuífero libre, heterogéneo, anisótropo y de gran espesor, constituido por lentejones arenosos inmersos en una matriz arcillosa o arenoso-arcillosa que actúa como semipermeable (Yélamos y Villarroya Gil, 2007). Los límites de las diferentes masas de agua subterránea que la conforman son permeables y conectados hidrodinámicamente entre sí, excepto en los límites sur y norte, donde la conexión no se produce debido a los afloramientos impermeables evaporíticos y los ígneo-metamórficos de la sierra de Guadarrama, respectivamente (López-Gutiérrez *et al.,* 2012). La recarga de la unidad se produce por infiltración y por la entrada de flujos subterráneos laterales procedente de las masas de Torrelaguna (030.004) y Guadalajara (030.006). La descarga natural se produce hacia los cursos de aguas superficiales, en especial hacia los ríos Jarama, Manzanares, Guadarrama y Alberche, y en el sur hacia el terciario detrítico de la masa 030.015 (Talavera). El esquema general de flujo presenta cierta distorsión debido a las extracciones de agua que ocurren a diferentes profundidades del acuífero (López-Gutiérrez *et al.,* 2012). A modo de síntesis, el flujo se distribuye, con componente vertical descendente, desde los interfluvios (zona de recarga) hasta los cauces superficiales que constituyen los ejes de drenaje, donde adquiere componente subhorizontal o incluso subvertical ascendente (figura 5.11; Llamas y López-Vera, 1975; Yélamos y Villarroya Gil, 2007). La tendencia general indica que los niveles de agua en esta unidad han descendido, aunque no de manera uniforme en todas las masas de agua subterránea (López-Gutiérrez *et al.,* 2012). En la masa 030.010 el principal descenso se ha producido asociado a los campos de pozos de extracción del Canal de Isabel II (hasta 30 m; Casado, 2007). En algunos de sus piezómetros de control se observa que los descensos principales se producen desde la década de 1990, con un aumento de la variabilidad estacional en las extracciones (Colmenar Viejo y El Molar; figura 5.12). En la masa 030.011 la evolución del nivel piezométrico ha sido también distinta según los sectores. Al sur (Móstoles, Parla y Griñón), los niveles se han

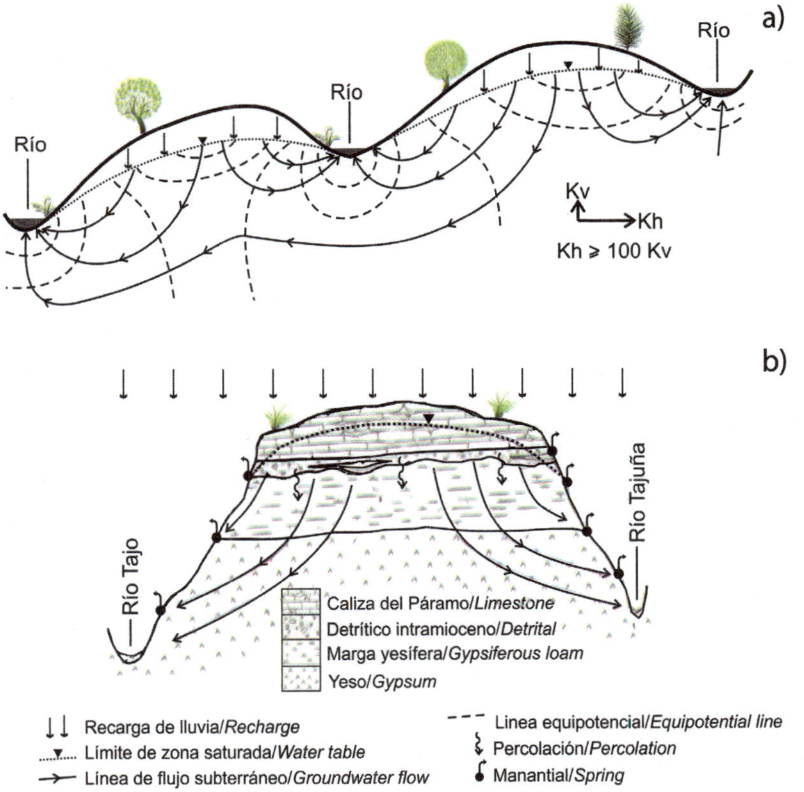

Figura 5.11. Esquemas conceptuales mostrando el flujo subterráneo en a) acuífero detrítico de Madrid (unidad hidrogeológica 03.05) y b) acuífero kárstico de La Alcarria (masa de agua subterránea 030.008). Modificados de IGME (1989) y de Villarroya y Rebollo (1978).

mantenido más o menos parecidos desde 1970, mientras que en un sector ubicado al oeste del anterior (Leganés, Villaviciosa de Odón, Moraleja de Enmedio y Pozuelo de Alarcón), los niveles piezométricos han acumulado variaciones importantes, aunque sin un descenso en los valores absolutos (como ocurre en Moraleja de Enmedio; figura 5.12). Al igual que en el caso anterior, los principales descensos del nivel piezométrico en esta unidad se produjeron desde 1990 asociados a los centros de explotación del Canal de Isabel II (López-Gutiérrez *et al.,* 2012). Por último, en la masa 030.012, a diferencia de las anteriores, la evolución del nivel piezométrico desde la década de 1970 ha sido muy estable (López-Gutiérrez *et al.,* 2012). En la tabla 5.3 se resumen las principales características hidrogeológicas de cada una de estas unidades, con su correspondiente balance hídrico. Los recursos renovables medios anuales son de 111 hm^3, de los que se explotan unos 30 hm^3/año, lo que supone un coeficiente de explotación medio aproximadamente de 0,33, aunque variable según la masa (más intenso en la 030.011, que está más próxima a la capital; tabla 5.3).

Masa de agua subterránea de Guadalajara

La información más detallada sobre el acuífero de la masa 030.006 Guadalajara se recopila en el estudio de López-Gutiérrez *et al.* (2012) y la resumimos aquí. Es un acuífero formado por materiales detríticos Terciarios, con espesores en torno a los 300-480 m, que se sitúan hacia el oeste bajo los sedimentos cuaternarios de la masa 030.024 Aluvial del Jarama: Guadalajara-Madrid. Forma la unidad hidrogeológica 03.04 y es una masa de agua subterránea compleja, constituida por una serie de lentejones permeables intercalados en una matriz de arcillas y arcillas arenosas de muy baja permeabilidad. La recarga del acuífero detrítico se debe a la infiltración de la lluvia, que se produce principalmente en las zonas de interfluvio, y a las aportaciones subterráneas laterales, procedentes de los materiales carbonatados que constituyen las masas de Torrelaguna (030.004) y Jadraque (030.005) y de los metamórficos que conforman la sierra de Guadarrama. Los recursos medios renovables se cifran en 34-40 hm^3/año (tabla 5.3). Las descargas naturales se establecen a través de manantiales puntuales y, de manera difusa, hacia los cauces de los ríos Henares y Jarama. Existen datos hidrogeológicos específicos para las dos formaciones detríticas del Terciario que componen esta masa de agua subterránea (formación Guadalajara y formación Alcalá), que muestran su importancia como recurso hídrico: transmisividad de 7 m^2/día, permeabilidad de 0,22 m/día y coeficiente de almacenamiento de $0{,}8 \cdot 10^{-4}$ (caudales medios de las captaciones inferiores a los 20 L/s, con caudales específicos de 0,2 a 0,5 L/s/m). Los piezómetros de control de esta masa ofrecen datos contradictorios respecto a la evolución de los niveles de agua (figura 5.13). No hay ningún análisis del efecto derivado del elevado coeficiente de explotación que presenta (0,5; tabla 5.3) en la evolución de las reservas de agua subterránea.

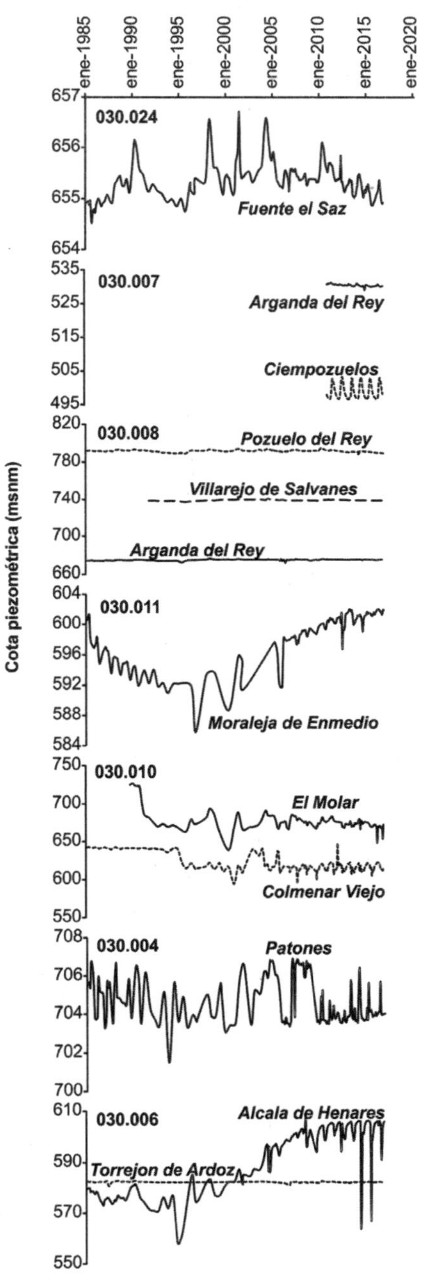

Figura 5.12. Cambios en el nivel piezométrico (cota absoluta, en msnm) desde enero de 1985 hasta diciembre de 2016 registrados en los pozos de observación de Fuente el Saz (03.04.016), Arganda del Rey (03.99.005), Ciempozuelos (03.99.006), Pozuelo del Rey (03.06.011), Villarejo de Salvanés (03.06.015), Arganda del Rey (03.06.006), Moraleja de Enmedio (03.05.087), El Molar (03.06.006), Colmenar Viejo (03.05.075), Patones (03.03.007), Alcalá de Henares (03.04.019) y Torrejón de Ardoz (03.04.021). Los códigos de las masas de agua subterránea, como los citados en la figura 5.10.

Tabla 5.3. Principales características hidrogeológicas y balance hídrico de las masas de agua subterránea de la Comunidad de Madrid.

Código de masa	Tipo de acuífero	Área[1] (km²)	Permeab. media (m/d)	Porosidad (%)	Reservas (hm³/año)	Recurso renovable[2] (hm³/año)	Usos (hm³/año)[3]			Indice de explotación
							Agrícola y ganadero	Urbano, industrial, recreativo	Total	
030.004	Carbonatado Mesozoico	56	0,06-0,3	2-5	25	9-12	0	21 (12)	12[A]	0-1
030.006	Detrítico Terciario	1.873	10^{-1}-10^{2}	0,6-3	55	34	4	12	16	0,5
030.007	Aluvial Cuaternario	207	10^{2}	1-20	?	?	3	1	4	?
030.008	Aluvial Cuaternario y Carbonatado Terciario	2.553	10^{-1}-10^{2}	2-20	180	120-140	4	4	8	0,06-0,08
030.010	Detrítico Terciario	539	10^{-4}-10^{-1}	0,6-3		32	0,3	9	9,3	0,29
030.011	Detrítico Terciario	848	10^{-4}-10^{-1}	0,6-20	10-20.000	51	0,3	16,3	16,6	0,32
030.012	Detrítico Terciario	455	10^{-4}-10^{-1}	0,6-20		27	1	1	2	0,07
030.013	Aluvial Cuaternario	202	10^{2}	1-20	?	?	0,5	0,5	1	?
030.017	Aluvial Cuaternario	148	10^{-1}-10^{2}	1-20	?	?	1	3	4	?
030.024	Aluvial Cuaternario	229	10^{-1}-10^{2}	1-20	2,5	?	1,1	0,1	1,2	?

Códigos de las masas de agua subterránea: 030.004 es Torrelaguna, 030.006 es Guadalajara, 030.007es Aluvial Jarama-Tajuña, 030.008es La Alcarria, 030.010 es Madrid: Manzanares-Jarama, 030.011es Madrid: Guadarrama-Manzanares, 030.012es Madrid: Aldea del Fresno-Guadarrama, 030.013es Aluvial del Tajo: Zorita de los Canes-Aranjuez, 030.017es Aluvial del Tajo: Aranjuez-Toledo y 030.024es Aluvial Jarama: Guadalajara-Madrid. Permeab. es la permeabilidad de la masa de agua subterránea. Los superíndices indican: 1: afloramiento, 2: recarga media anual, 3: inscritos en la Confederación Hidrográfica del Tajo y, en algunos casos, estimaciones adicionales, A: concesión al Canal de Isabel II, donde, aparentemente, sólo se extrae agua en periodos de sequía. Indice de explotación (-) = Uso total/Recurso renovable.

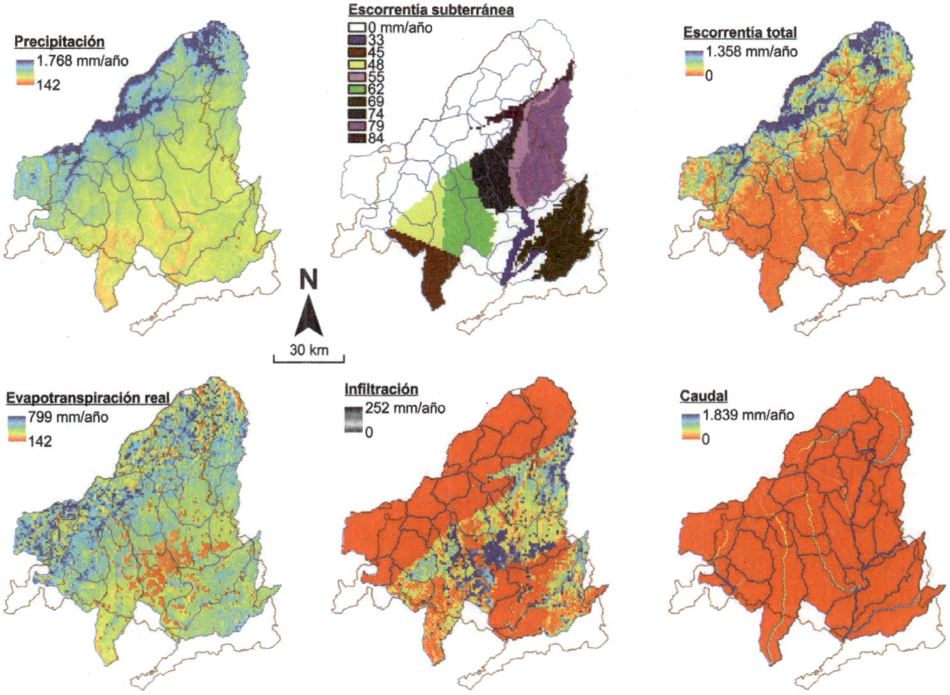

Figura 5.13. Variabilidad espacial de la precipitación, la escorrentía subterránea, la escorrentía total, la evapotranspiración real, la infiltración y el caudal anuales, obtenidos con los datos del modelo SIMPA para las diferentes subcuencas de estudio de la Comunidad de Madrid. La resolución espacial es de 1 × 1 km.

Masa de agua subterránea de La Alcarria

La masa 030.008, que define también la unidad hidrogeológica 03.06, está formada por diversos estratos de depósitos detríticos (gravas, arenas y areniscas) en la base que culminan en calizas lacustres hacia el techo (calizas del Páramo), dispuestos a modo de *mesas* sobre las formaciones margosas y yesíferas del Mioceno medio-inferior, las cuales aparecen karstificadas en ocasiones (Villarroya y Rebollo, 1978). Se trata de un acuífero de carácter libre y con circulación subterránea de tipo kárstico, que se drena sobre todo a través de los manantiales que jalonan el contacto de las calizas y los materiales subyacentesde baja permeabilidad (figura 5.11; López-Gutiérrez *et al.*, 2012). La masa de agua subterránea de La Alcarria está rodeada por facies de muy baja permeabilidad (margas, arcillas y yesos), dando lugar a un acuífero libre, colgado, de drenaje radial y que localmente puede estar conectado con los yesos Miocenos infrayacentes cuando están karstificados (Ruiz-Hernández y Guardiola-Albert, 2010). El flujo de agua subterránea depende de la recarga por infiltración y del drenaje hacia el río Tajuña y sus afluentes (manantiales), que intersectan la masa calcárea y la dividen en acuíferos independientes (figura 5.11; Villarroya y Rebollo,

1978). Aunque los recursos anuales son elevados, su explotación actual se ve limitada (tabla 5.3) por la mala calidad química del agua en las zonas de contacto con los materiales yesíferos (CHT, 2007). Los datos procedentes de los pozos de observación muestran una gran estabilidad de las reservas del acuífero (figura 5.12).

Masa de agua subterránea de Torrelaguna

La masa 030.004 está constituida por una estrecha franja en dirección suroeste-noroeste de rocas carbonatadas del Cretácico, de permeabilidad media-alta (tabla 5.3) y con un espesor medio de 130 m, englobadas en la unidad hidrogeológica 03.03 Torrelaguna-Jadraque (Corchón, 1976). La información sobre su funcionamiento hidráulico es muy escasa, aunque por su estructura geológica esté claro que la mayor parte de su descarga se produce hacia el río Jarama (Pérez-González *et al.,* 1990). En esta zona de conexión con el río es donde se supone que se recarga también el acuífero (López-Camacho y Iglesias, 2000). La CHT (2007) estima que los recursos hídricos renovables de la unidad 03.03 ascienden a 12-13 hm^3/año, aunque López-Camacho e Iglesias (2000) los cifren en 25 hm^3/año, considerando la fosa del Lozoya (75 km^2; tabla 5.3). La única explotación existente es la que tiene concedida el Canal de Isabel II en las inmediaciones del río Jarama, aguas abajo de la presa del Pontón de la Oliva, junto al azud de Valdentales. El máximo concedido es de 21 hm^3/año, aunque la extracción anual oscile de 5 a 12 hm^3/año (tabla 5.3). La concesión excede la tasa de renovación estimada y, si se produce de forma continuada, puede suponer la sobreexplotación del acuífero; sin embargo, esa cifra sólo se alcanzó en la sequía de 1992-1993, aunque algunos autores se alarmaron ya entonces por el deterioro del bosque de ribera del Jarama como efecto derivado (López-Camacho e Iglesias, 2000). En el área de Patones, donde existen más registros piezométricos, los datos muestran una tendencia al descenso del nivel con una variabilidad estacional que parece decrecer desde 2010 (figura 5.12).

Acuíferos aluviales de Madrid

El resto de masas acuíferas lo constituyen los depósitos aluviales y de llanura de inundación de los ríos Jarama, Manzanares, Tajuña y Tajo, de los que no hay una estimación oficial de las reservas ni un balance hídrico anual, aunque usando algunos parámetros hidráulicos es posible obtener alguna estimación media muy aproximada (tabla 5.3). De norte a sur (figura 5.10) tenemos:

1. 030.024 Aluvial del Jarama: Madrid-Guadalajara, el cual forma un acuífero tabular libre, con un coeficiente de almacenamiento de 0,00001 a 0,0034 y un espesor de la zona saturada que oscila de 3,2 a 4,1 m (López-Gutiérrez *et al.,* 2012). Presenta una buena conexión hidrodinámica con las masas de agua subterránea subyacentes (030.006 y 030.010), por lo que la detracción de agua en estos acuíferos determina cambios en las relaciones entre el acuífero y el río (López-Gutiérrez *et al.,* 2012). La recarga de agua se debe a la infiltración directa de la lluvia, al retorno del agua de riego y a las descargas

subterráneas laterales, someras y profundas, producidas desde las masas 030.006 y 030.010. Los derechos de uso inscritos (CHT, 2007) indican, según mis estimaciones, que la explotación actual puede estar reduciendo las reservas del acuífero a la mitad (tabla 5.3), aunque los registros piezométricos muestren una tendencia temporal muy variable (figura 5.12).

2. 030.007 Aluvial Jarama-Tajuña, del cual se reconoce que puede suponer interesantes recursos de agua subterránea, procedentes de las aportaciones de los ríos Jarama y Tajuña (López-Gutiérrez *et al.,* 2012), y es uno de los acuíferos aluviales más explotados (tabla 5.3). Los datos procedentes de los pozos de observación son muy recientes y solo permiten vislumbrar una fuerte estacionalidad en la explotación (Ciempozuelos; figura 5.12).
3. 030.013 Aluvial del Tajo: Zorita de los Canes-Aranjuez, limitado por los depósitos impermeables de los acuíferos de La Alcarria (030.008), situado al norte, y de la masa de Ocaña (030.018), ubicada al sur; también se considera de importancia hidrogeológica por su conexión con el río Tajo (López-Gutiérrez *et al.,* 2012).
4. 030.017 Aranjuez-Toledo, limitado al norte por los depósitos detríticos terciarios permeables de la masa de Talavera (030.015) y, al este, con facies de baja permeabilidad del relleno terciario de la cuenca del Tajo (López-Gutiérrez *et al.,* 2012). No hay información disponible para poder establecer ni su funcionamiento ni la variación de sus reservas (tabla 5.3).

BALANCE HÍDRICO EN LAS SUBCUENCAS DE ESTUDIO

En la tabla 5.4 se muestra un balance hídrico anual obtenido a partir de los datos hidrológicos que maneja el modelo SIMPA (CEDEX, ceh-flumen64.cedex.es/Hidrologia/pub/proyectos/simpa.htm), extraídos para cada una de las subcuencas de estudio de la Comunidad de Madrid. En la figura 5.13 se muestra la distribución espacial de cada una de las variables del balance hídrico para un tamaño de celda de 1 × 1 km, que es la usada en el modelo SIMPA. Las precipitaciones anuales recogidas en las subcuencas dependen estrechamente de cómo sean de extensas ($R^2 = 0,91$; $p < 0,001$). Igualmente, generan más escorrentía las subcuencas con mayor superficie, aunque desde un punto de vista estadístico, esa variable resulte despreciable. En un modelo de regresión múltiple por pasos, la precipitación ($R^2 = 0,53$; $p < 0,001$) y la evapotranspiración real son las variables hidrológicas que explican mayor varianza de la escorrentía (para ambas $R^2 = 0,996$; $p < 0,001$) y, por tanto, son las que controlan el balance hídrico. La infiltración y los aportes de agua subterránea, aunque significativos, apenas incrementan la varianza de la escorrentía total de las subcuencas ($R^2 = 0,997$; $p < 0,001$). Estos resultados indican que el balance hídrico de las subcuencas está controlado principalmente por variables hidrometeorológicas, mientras que las características biofísicas del terreno sólo condicionan marginalmente el funcionamiento hidrológico. El coeficiente de escorrentía potencial solo es > 0,4 en las cuencas de cabecera ubicadas en terrenos impermeables. La cuenca del Lozoya es la que muestra unos valores más elevados, superiores a 0,5 en las zonas más montanas (tabla 5.4). Los caudales estimados por el modelo SIMPA a la salida de las subcuencas de estudio son mayores a los que mide anualmente la Confederación del Tajo en las estaciones de aforo (figura 5.14), debido principalmente al efecto de la regulación de los ríos (régimen natural frente a regulado). Los datos normalizados por el área de las subcuencas reflejan las diferencias debidas a la ubicación de las mismas. Los valores de precipitación más altos corresponden a las subcuencas de cabecera, las del Lozoya, Guadarrama y Manzanares sobre todo (tabla 5.4). La escorrentía subterránea (0-0,7 hm^3/km^2/año) supone una aportación a la escorrentía del 0-11 % (tabla 5.4). La evapotranspiración real es bastante homogénea entre subcuencas, con pérdidas que oscilan de 0,36 a 0,48 hm^3/km^2/año (tabla 5.4). La escorrentía superficial sigue el mismo patrón que las precipitaciones, con valores más altos en las subcuencas de cabecera (> 0,26 hm^3/km^2/año; tabla 5.4). Solo las subcuencas de cabecera del Lozoya y del Manzanares muestran cifras superiores a 0,4 hm^3/km^2/año (tabla 5.4). Las diferencias entre los caudales de salida modelizados y los observados en las subcuencas son menores al dividir los datos por el área de las mismas, aunque el ajuste de la función también sea menor (figura 5.14). Finalmente, los coeficientes de escorrentía reales resultan muy dispares entre subcuencas y también cuando se comparan los valores modelizados con los medidos en la estaciones de aforo por la Confederación Hidrográfica del Tajo (tabla 5.4). Los valores en exceso quedan explicados, en unos casos, por las aportaciones de agua procedentes de los acuíferos, mientras que en otros se deben a la aportación de caudal recibida del río aguas arriba de la subcuenca objeto de estudio. En cualquier caso, la estimación de los coeficientes resulta bastante inverosímil por la elevada regulación a la que están sometidos los ríos de la Comunidad de Madrid.

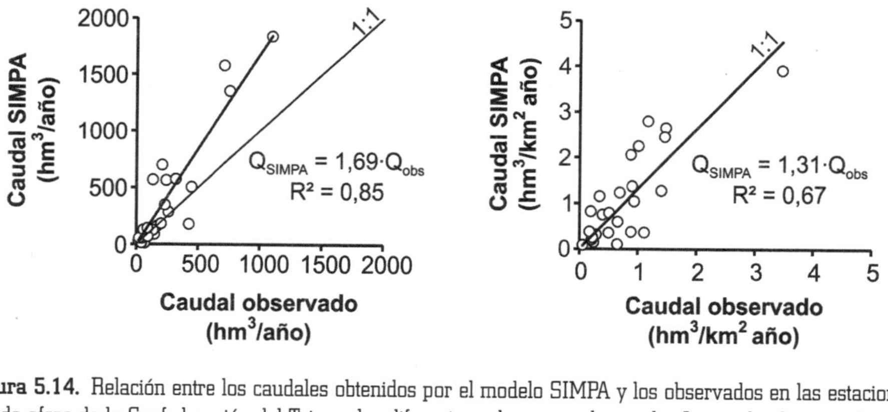

Figura 5.14. Relación entre los caudales obtenidos por el modelo SIMPA y los observados en las estaciones de aforo de la Confederación del Tajo en las diferentes subcuencas de estudio. Izquierda: datos totales anuales; derecha: datos normalizados por la superficie de cada subcuenca.

Tabla 5.4. Balance hídrico anual en las subcuencas hidrográficas de la Comunidad de Madrid consideradas en este estudio según el modelo SIMPA.

Subc.	Río (estación de aforo)	Tipo	Entradas P	Entradas ES	Salidas ET	Salidas I	Σentradas	Σsalidas	Balance Tot-E	Ce-pot	Caudales salida subcuencas SIMPA	Caudales salida subcuencas Aforos	Ce-real SIMPA	Ce-real Aforos
			hm³/año (hm³/km²/año)							-- (-) --	hm³/año (hm³/km²/año)		(-)	
4	Cofio (3180)	↘	446,5 (0,73)	0	290,0 (0,48)	0	446,5 (0,73)	290,0 (0,48)	156,2 (0,26)	0,35	89 (0,15)	147 (0,24)	0,20	0,33
1	Alberche (3113)	→R	79,3 (0,61)	0	61,1 (0,47)	0	79,3 (0,61)	61,1 (0,47)	18,2 (0,14)	0,23	504 (3,90)	448 (3,47)	6,36	5,65
27	Perales (3198)	↘	208,9 (0,59)	7,3 (0,02)	170,1 (0,48)	9,3 (0,03)	216,2 (0,61)	179,3 (0,50)	36,8 (0,10)	0,14	30 (0,08)	20 (0,06)	0,14	0,10
0	Alberche (3188)	↓↓	133,7 (0,49)	11,3 (0,04)	121,0 (0,44)	7,3 (0,03)	145,0 (0,53)	128,3 (0,47)	16,6 (0,06)	0,04	563 (2,05)	242 (0,88)	4,21	1,81
10	Guadarrama (3100)	↘	189,1 (0,81)	0	111,0 (0,47)	0	189,1 (0,81)	111,0 (0,47)	78,0 (0,33)	0,41	74 (0,32)	67 (0,28)	0,39	0,35
9	Guadarrama (3194)	↓	69,2 (0,57)	3,1 (0,03)	51,8 (0,43)	3,7 (0,03)	72,3 (0,60)	55,5 (0,46)	16,8 (0,14)	0,20	91 (0,75)	48 (0,39)	1,32	0,69
3	Aulencia (3181)	↘R	71,5 (0,68)	0	51,3 (0,49)	0	71,5 (0,68)	51,3 (0,49)	20,2 (0,19)	0,28	11 (0,10)	68 (0,65)	0,15	0,95
8	Guadarrama (3102)	↓↓	354,0 (0,44)	39,8 (0,05)	313,5 (0,39)	29,4 (0,04)	393,8 (0,49)	342,9 (0,43)	50,7 (0,06)	0,03	162 (0,20)	169 (0,21)	0,46	0,48
22	Lozoya (3002)	↘	44,3 (1,15)	0	16,9 (0,44)	0	44,3 (1,15)	16,9 (0,44)	27,4 (0,71)	0,62	14 (0,36)	43 (1,12)	0,32	0,97
19	Lozoya (3196)	↓R	196,2 (0,94)	0	91,8 (0,44)	0	196,2 (0,94)	91,8 (0,44)	104,4 (0,50)	0,53	125 (0,60)	136 (0,65)	0,64	0,70
21	Lozoya (3154)	↓R	115,1 (0,80)	0	63,5 (0,44)	0	115,1 (0,80)	63,5 (0,44)	51,5 (0,36)	0,45	183 (1,28)	201 (1,41)	1,59	1,75
20	Lozoya (3155)	↓R	225,4 (0,82)	0	124,3 (0,45)	0	225,4 (0,82)	124,3 (0,45)	101,0 (0,37)	0,45	288 (1,04)	260 (0,94)	1,28	1,15
18	Lozoya (3156)	↓R	178,5 (0,70)	0	113,1 (0,44)	0	178,5 (0,70)	113,1 (0,44)	65,2 (0,26)	0,37	350 (1,37)	231 (0,90)	1,96	1,30
17	Jarama (3153)	→	514,9 (0,75)	15,3 (0,02)	308,8 (0,45)	15,2 (0,02)	530,3 (0,77)	324,0 (0,47)	205,9 (0,30)	0,37	567 (0,82)	134 (0,19)	1,10	0,26
5	Guadalix (3157)	↘R	159,9 (0,73)	2,4 (0,01)	100,7 (0,46)	1,9 (0,01)	162,3 (0,74)	102,6 (0,47)	59,6 (0,27)	0,36	55 (0,25)	49 (0,22)	0,34	0,31
6	Guadalix (3054)	↓	11,8 (0,59)	0,7 (0,03)	9,6 (0,48)	0,5 (0,02)	12,5 (0,62)	10,1 (0,50)	2,4 (0,12)	0,14	56 (2,79)	23 (1,17)	4,75	2,00
13	Jarama (3051)	↓	309,6 (0,51)	38,2 (0,06)	258,2 (0,43)	31,2 (0,05)	347,8 (0,57)	289,4 (0,48)	58,0 (0,10)	0,07	696 (1,15)	209 (0,34)	2,25	0,67
11	Henares (3062)	→	233,3 (0,50)	33,6 (0,07)	195,3 (0,42)	28,7 (0,06)	266,9 (0,57)	224,0 (0,48)	42,5 (0,09)	0,04	572 (1,23)	320 (0,69)	2,45	1,37
15	Jarama (3052)	↓	240,8 (0,47)	32,6 (0,06)	199,0 (0,39)	30,5 (0,06)	273,4 (0,53)	229,4 (0,45)	43,8 (0,09)	0,05	1.352 (2,64)	756 (1,48)	5,61	3,14
24	Manzanares (3069)	↘R	167,6 (0,88)	0	85,4 (0,45)	0	167,6 (0,88)	85,4 (0,45)	82,1 (0,43)	0,49	68 (0,36)	95 (0,50)	0,41	0,57
23	Manzanares (3263)	↓R	195,5 (0,58)	9,0 (0,03)	153,8 (0,46)	4,6 (0,01)	204,5 (0,61)	158,4 (0,47)	46,0 (0,14)	0,19	128 (0,38)	58 (0,17)	0,65	0,30
25	Manzanares (3070)	↓	88,6 (0,49)	11,1 (0,06)	75,5 (0,42)	8,3 (0,05)	99,7 (0,55)	83,8 (0,46)	15,8 (0,09)	0,05	143 (0,79)	92 (0,51)	1,61	1,04
26	Manzanares (3177)	↓	214,0 (0,44)	22,0 (0,05)	174,0 (0,36)	25,6 (0,05)	236,0 (0,49)	199,5 (0,41)	36,3 (0,08)	0,07	181 (0,38)	427 (0,88)	0,85	1,99
16	Jarama (3174)	↓	319,8 (0,46)	22,7 (0,03)	289,3 (0,41)	13,4 (0,02)	342,5 (0,49)	302,7 (0,43)	39,4 (0,06)	0,05	1.577 (2,24)	711 (1,01)	4,93	2,22
14	Jarama (3175)	↓↓	358,0 (0,48)	39,6 (0,05)	328,1 (0,44)	23,6 (0,03)	397,6 (0,53)	351,7 (0,47)	45,3 (0,06)	0,02	1.839 (2,45)	1.097 (1,46)	5,14	3,06

Las líneas horizontales delimitan las principales cuencas (véase la figura 5.4). Tipos de subcuenca: ↘ = cabecera, ↓ = curso principal, → = recibe un aporte externo a la cuenca, ↓↓ = curso principal que desagua en otro cauce fuera del área de estudio, R = flujo regulado. P: precipitación, ES: escorrentía subterránea, ET: evapotranspiración real, I: infiltración, Tot-E: escorrentía total, Ce-pot: coeficiente de escorrentía potencial, Ce-real: coeficiente de escorrentía real. Los caudales de salida son los calculados en SIMPA como aportación total y los medidos en las estaciones de aforo. En Ce-real se han incluido las aportaciones de agua subterránea (ES), por lo que en algunos casos puede ser superior a la unidad.

RECURSOS HÍDRICOS Y FUNCIONAMIENTO HIDROLÓGICO: ESTADO ACTUAL Y PROYECCIONES DE LOS EFECTOS DEL CAMBIO CLIMÁTICO

En la figura 5.15 se muestran los esquemas de funcionamiento hidrológico anual de la red hídrica de Madrid según los registros obtenidos por la Confederación del Tajo en las diferentes estaciones de aforo usadas en este estudio. Ha de considerarse que el número de años de observación es muy dispar entre estaciones, lo que puede generar cierto sesgo en los balances aplicados. El balance entre estaciones de

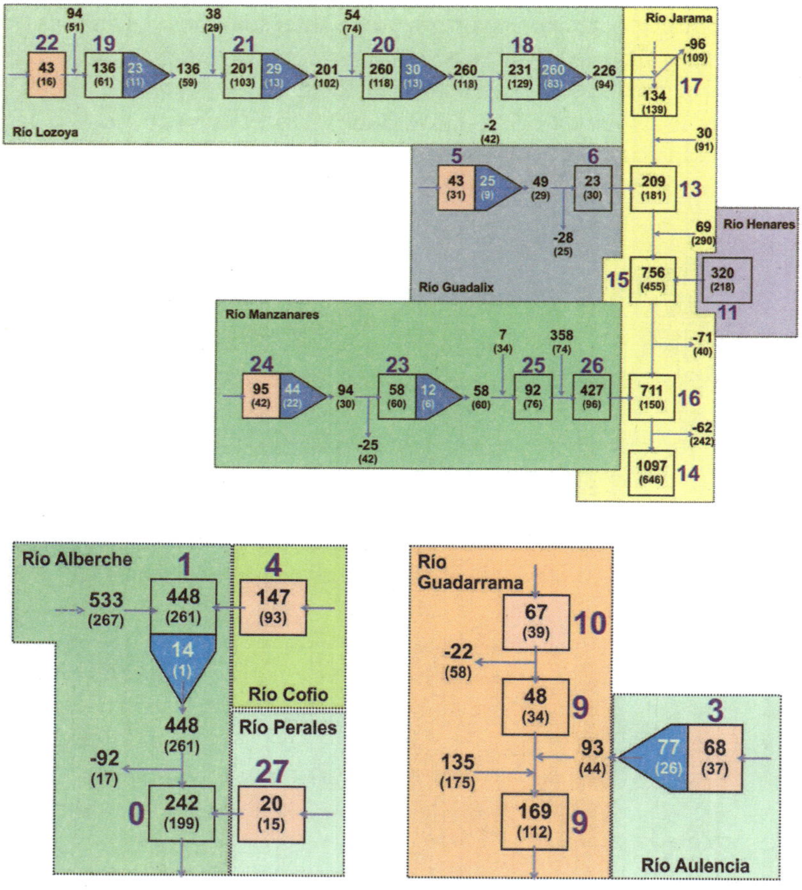

Figura 5.15 Diagrama de flujo mostrando el funcionamiento hidrológico anual de las cuencas del Lozoya, Guadalix, Manzanares, Henares y Jarama (a) y del Alberche y Guadarrama (b) a su paso por la Comunidad de Madrid para el periodo de 1945-2014, aunque variable según los datos disponibles para cada estación de aforo. Se muestran el promedio y, entre paréntesis, la desviación estándar. Los números sobre los recuadros son los que corresponden a las subcuencas citadas en la tabla 5.1. Los triángulos azules representan los embalses y los números en su interior, el almacenamiento medio anual. Las flechas indican la dirección del flujo; las ubicadas entre estaciones indican el carácter ganador (positivo) o perdedor (negativo) de ese tramo del río (globalmente, sin independizar componente superficial y subterráneo).

observación contiguas muestra un aumento de las pérdidas de agua (infiltración en los cauces) en las cuencas ubicadas aguas abajo, y es posible que esté relacionado con la dinámica del flujo de agua en los acuíferos (tramos de subcuencas 15 a 16 y 16 a 14; figura 5.15a). En algunos casos, las abstracciones se deben al caudal derivado en canales de abastecimiento (canal del Atazar en el tramo de las subcuencas 20 a 18; figura 5.15a). La cuenca del Manzanares es la que proporciona, en promedio, más recursos hídricos (427 ± 96 hm^3/año; figura 5.15a). El efecto del consumo de agua por la ciudad de Madrid se pone de manifiesto con la entrada de agua entre las cuencas 25 y 26, principalmente como agua residual tratada (figura 5.15a). Los recursos hídricos promedio almacenados en embalses oscilan de 330 a 698 hm^3/año. Sumando a esta cifra el caudal que fluye aguas abajo del Jarama en Puente Largo (Aranjuez, subcuenca 14) y los procedentes delos ríos Alberche y Guadarrama (figura 5.15b), es posible estimar la disponibilidad total recursos hídricos superficiales de la Comunidad de Madrid: 2022 ± 1141 hm^3/año para el periodo 1945-2014.

En el Libro Blanco del Agua (MIMAM, 2000) se analizó la escorrentía hacia 2030 según dos escenarios diferentes (1: aumento térmico de 1 °C; 2: disminución de la precipitación en un 5 % y aumento térmico de 1 °C) y se estimó una reducción del 7 % al 17 %, respectivamente, para la cuenca del Tajo. Mediante un modelo hidrológico distribuido de frecuencia mensual, Kilsby *et al.* (2007) estimaron impactos equivalentes a una disminución de la escorrentía media anual para el periodo 2070-2100 respecto al del control en 1961-1990 entre un 49 % (si se estimaba la precipitación según un modelo regional procedente del modelo HadRM3H del Hadley Center) y un 23 % (cuando se emplea un generador de clima regional para el modelo global HadCM3). El CEDEX (2010), aplicando las proyecciones climáticas desarrolladas por la AEMET para los distintos escenarios de emisiones de CO_2 (A2 –más adverso– y B2 –menos adverso– del IPCC, 2000) y el modelo hidrológico SIMPA, ha evaluado los efectos en los diferentes componentes del balance hídrico para el periodo 2011-2100. En el caso de la cuenca del Tajo, los escenarios modelizados indican reducciones en las precipitaciones (del 5-19 % en el escenario A2 y del 7-10 % en el escenario B2) y un aumento significativo de la evapotranspiración potencial (7-22 %), que convergen en una disminución de la evapotranspiración real (4-14 % en el A2 y 6-7 % en el B2) y de la recarga hacia los acuíferos (8-39 % y 9-18 %, en los escenarios A2 y B2, respectivamente). Según estos registros, las predicciones indican reducciones en la escorrentía en la cuenca del Tajo que oscilan del 8-35 % en el escenario A2 y del 8-15 % en el escenario B2, para el periodo 2011-2100 (CEDEX, 2010). Usando los escenarios regionalizados de cambio climático desarrollados por la AEMET para el ámbito de la Comunidad de Madrid (Morata, 2014), el estudio de Cañada *et al.* (2012), que es el único que aborda este aspecto a escala regional, llega a conclusiones similares, indicando un agravamiento del déficit hídrico (el área de la Comunidad de Madrid con lluvia útil inferior a 200 mm representa el 53 % del territorio en la actualidad, mientras que en el horizonte 2041-2070 ese porcentaje se eleva hasta 89 % y 93 % en los escenarios B2 y A2, respectivamente, y al 96 % en el periodo 2071-2100), principalmente en las cuencas de la sierra y, en menor grado, en las de la campiña.

LAGUNAS EN EL CONOCIMIENTO

Los estudios hidrológicos enfocados en los procesos siguen siendo muy escasos en los ríos y cuencas de la Comunidad de Madrid. Aquí no existe ninguna cuenca experimental en la que se realice el seguimiento de las variables hidrológicas, a pesar de tener un sistema montañoso de envergadura y numerosas presiones ambientales de las que puede ser interesante evaluar los efectos a largo plazo. La escala mensual a la que se miden los caudales en las estaciones de aforo ubicadas en los ríos madrileños es demasiado amplia como para poder realizar estudios sobre el funcionamiento hidrológico y para evaluar la variabilidad de los recursos hídricos y sus condicionantes, principalmente en las cuencas de cabecera. Es cierto que los ríos están muy regulados y que el caudal que presentan responde, principalmente, a la gestión de los embalses de abastecimiento, pero los efectos hidrológicos de los eventos temporales cortos, como las tormentas torrenciales, muy habituales en esta región climática y, según parece, más frecuentes en el futuro, precisan una mayor frecuencia temporal de observación y más detallada para poder estudiarlos. Hasta donde sé, tampoco hay o son muy escasos los estudios de hidrología urbana –incluyendo los ríos urbanos– o sobre los efectos del aumento de la superficie urbanizada en la hidrología de las cuencas madrileñas, a pesar de que este sea un aspecto de mucha relevancia en la región. Y en cuanto a la gestión del agua de Madrid, para la que existe cierta opacidad por parte del organismo gestor (Canal de Isabel II), se precisan más estudios de análisis que evalúen sus efectos en la alteración de los regímenes naturales de los ríos. Por otro lado, se necesitan balances hídricos más detallados y precisos de las diferentes masas de agua subterránea regional, así como más información sobre cómo operan los flujos regionales, principalmente en la confluencia de los ríos. El conocimiento hidrogeológico requiere de un nuevo empuje que evalúe de forma más precisa espacial y temporalmente la variabilidad de los parámetros hidráulicos de los acuíferos para mejorar las estimaciones sobre disponibilidad y variabilidad de los recursos de agua subterránea en la Comunidad de Madrid. Y por último, pero no menos importante, hay poca información detallada sobre los efectos del cambio climático en los recursos hídricos del ámbito regional.

CAPÍTULO VI

Física del agua

Miguel Álvarez Cobelas y Salvador Sánchez Carrillo

RESUMEN

La penetración de la radiación ultravioleta A en la laguna de Las Madres es mayor en junio que en noviembre, en tanto que la de la radiación UV-B resulta similar en ambos periodos, Las propiedades inherentes de la radiación visible (absorción, *scattering*) muestran mayores valores en los ambientes hipertróficos que en los mesotróficos del Parque Regional del Sureste. Los datos de *scattering* a largo plazo (1992-2005) sugieren una pauta definida con mayor variabilidad al final del periodo.

Respecto a las propiedades aparentes de la luz en el agua, tanto la transparencia como la atenuación reflejan el estado trófico. Los datos a largo plazo (1992-2016) de estas variables en la laguna de Las Madres no muestran tendencia alguna, pero experimentan mayores variabilidades estacionales al comienzo y al final de la serie. Los factores de control de la atenuación cambian con los lagos, pero también a largo plazo en un mismo lago. La atenuación ha sido estudiada específicamente en la laguna de Peñalara, donde depende mucho del albedo, el cual cambia también con la composición del agua helada.

Respecto a la atenuación monocromática, las graveras eutróficas e hipertróficas muestran una mayor atenuación en la banda del azul debido a su mayor contenido en clorofila, mientras que los lagos mesotróficos atenúan más en el rojo debido a que es la zona preferente de atenuación del agua pura.

El régimen térmico de las graveras y los embalses madrileños profundos (> 6 m) es monomíctico cálido, con un periodo de mezcla desde noviembre a marzo y una estratificación que puede ser leve o intensa durante el resto del año. Que sepamos, el único ambiente meromíctico madrileño es la laguna de Las Madres, efecto debido a las entradas de agua más caliente desde el acuífero subterráneo en otoño-invierno y el almacenamiento de sustancias en la capa hídrica situada sobre el sedimento. La formación de hielo solo se ha estudiado en la laguna de Peñalara, donde dura unos 115 días al año, con un espesor que oscila entre 30 y 140 cms. Como resultado, aparece una estratificación térmica inversa bajo el hielo, convirtiendo a este ecosistema en el único dimíctico de Madrid, aunque con una estratificación térmica leve en verano.

La difusión doble y la formación de una pluma convectiva se han registrado también en Las Madres, el segundo proceso de los cuales genera la resuspensión del sedimento. También se conoce el flujo de calor turbulento bajo el epilimnion de otra gravera, resultado de corrientes baroclínicas durante el calentamiento y de la disipación por el viento durante el enfriamiento lacustre.

El conocimiento de la física del agua en los ambientes madrileños se encuentra aún en su infancia. Prácticamente carecemos de estudios en los ambientes fluviales y en las pequeñas masas de agua. Nada se sabe de los procesos que controlan los movimientos del agua (secas, corrientes baroclínicas, plumas fluviales), en especial en los grandes embalses. Las interacciones del calor y la meteorología en las interfases entre el agua superficial y la subterránea son también un tema a abordar en el fututo, como también lo es la influencia de los ecosistemas de tamaño considerable (grandes embalses) o las zonas ricas en lagos (Parque Regional del Sureste) sobre el clima local. Respecto a las radiaciones ultravioleta y visible, se desconocen la importancia y los efectos de las características del agua (por ejemplo, las partículas minerales, los diferentes tipos de carbono orgánico disuelto, la absorción individual de la luz por las especies individuales del fitoplancton...) sobre las propiedades inherentes y aparentes del campo luminoso subacuático. El impacto del calentamiento global sobre la física de las aguas madrileñas también merece investigaciones futuras.

Palabras-clave: luz, calor, temperatura, radiación visible, radiación ultravioleta, cambio global.

SUMMARY: WATER PHYSICS

UV-A penetration is higher in June than in November in Las Madres gravel-pit lake, whereas that of UV-B is similar in both periods. Inherent properties of PAR radiation (absorption, scattering) show higher values in hypertrophic than in mesotrophic environments of Southeastern Regional Park. Long-term (1992-2005) data of scattering appear to suggest a more definite pattern, with higher variability at the end of that period.

Concerning apparent properties, both transparency and attenuation reflect trophic status. Long-term (1992-2016) data of those variables in Las Madres lake lack trend, but experience higher seasonal variability at the beginning and the end of time series. Controlling factors of attenuation change among lakes, but also in the long-term in the same lake. Attenuation has specifically been studied under ice in Peñalara, a mountain lake, but it greatly depends upon albedo, which is also much changing along with the composition of icy water.

Concerning monochromatic attenuation, hypertrophic and eutrophic gravel-pit lakes show higher attenuation in the blue band because of their high chlorophyll contents, whereas mesotrophic lakes do more in the red band because it is the preferred range for pure water absorption of light.

The thermal regime of Madrid deep (> 6 m), stagnant water bodies (reservoirs and gravel-pit lakes) is warm monomictic, with a mixing period from November to March and a weak-to-strong stratification for the rest of the year. To our present knowledge, the single meromictic environment of Madrid County is Las Madres lake, whose qualification is promoted by warmer water inputs from the aquifer in Autumn-Winter and substance storage in the overlying sediment water. Icy layer formation has only been studied in Peñalara lake, where it lasts for 115 days a year, whose thickness ranges 30-140 cm. As a result, there is an inverse stratification under ice, hence making this environment the single dimictic one in Madrid, albeit with a weak stratification in Summer.

Double diffussion and convective plume formation have also been recorded in Las Madres lake, the latter promoting resuspension of settling sediments. Turbulent heat flux below epilimnion has been reported in another gravel-pit lake to result from baroclinic currents during heating and wind dissipation during cooling.

Water physics in Madrid environments is still in its childhood. We lack studies in streams and small waterbodies. Nothing is known about processes controlling water movements (seiches, baroclinic currents, fluvial plumes), particularly in large environments, such as reservoirs. Heat and meteorology interactions at the surface water-groundwater interface are also a novel topic, as it is that of the influence of large ecosystems or lake-rich areas on local climate. Concerning UV and visible light, the importance of some water quality features (i.e. mineral particles in water, different types of DOC, the individual absorption of light by dominant phytoplankton species...) for inherent and apparent properties of the underwater light field is unknown. Climate warming impacts on water physics in the Madrid area await further research.

INTRODUCCIÓN

Los estudios de esta disciplina no abundan en el territorio madrileño. Una variable tan sencilla de medir como la temperatura del agua la registra Celso Arévalo (1923) por primera vez en el estanque del Retiro, adonde acude semanalmente con sus alumnos en 1920-1921 para muestrear las poblaciones planctónicas. Las primeras medidas de temperatura fluvial se llevan a cabo en una única ocasión en catorce estaciones del río Manzanares durante los años 1930 y 1931 (Luis Vélaz de Medrano y Jesús Ugarte, 1933)(véase el capítulo de Casado de Otaola para ambos sucesos). Luis Pardo (1935), por su parte, realizará medidas mensuales en la zona de Puerta de Hierro en 1933. Los primeros perfiles térmicos en un ambiente estancado los refieren José Román Sánchez de la Nieta *et al.* (1972) para el embalse de El Villar en 1970.

En cuanto a la luz, las primeras medidas de su penetración en el agua las efectúa José Luis Velasco (1978) en el embalse de San Juan en 1972 mediante un fotómetro sumergible diseñado por un amigo. Y las primeras de transparencia del agua las lleva a cabo Miguel Álvarez Cobelas (1982) en el embalse de El Vellón en 1980, con un disco de Secchi que fabricó tarando y pintando de blanco uno de 33 rpm del cantante Julio Iglesias. No será hasta en los años noventa cuando comiencen a publicarse más estudios sobre la física del agua en Madrid, como se describirá a continuación.

RADIACIÓN TOTAL

Que sepamos, las únicas medidas del espectro de radiación se han registrado en la laguna de gravera de Las Madres, al este de Madrid capital. Mediante un espectro-radiómetro se realizaron medidas de atenuación del espectro electromagnético, desde 190 a 900 nm a finales de enero de 2016. La mayor cantidad de radiación a una longitud de onda determinada se recibe entre los 500 y 550 nm (figura 6.1).

RADIACIÓN ULTRAVIOLETA

La radiación UV recibida en Las Madres se mantiene aproximadamente constante hasta los 310 nm, con unos valores que rondan los 2000 $\mu W/cm^2/nm$. Luego, co-

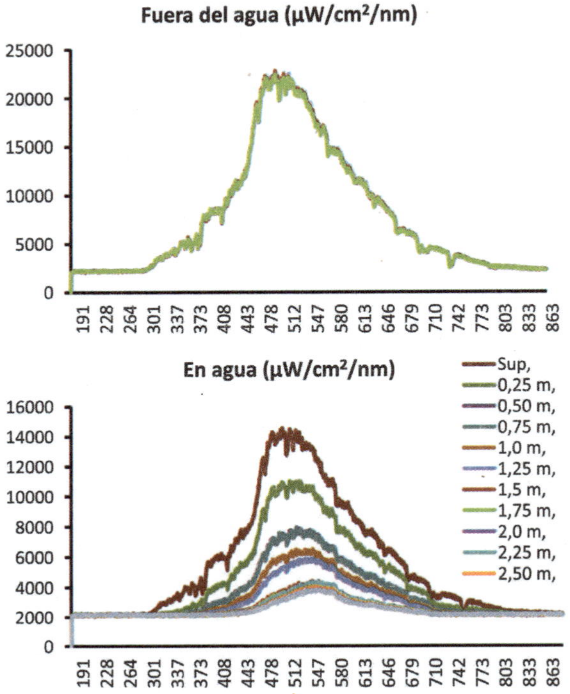

Figura 6.1. Espectro radiométrico en la laguna de Las Madres en enero de 2016, medido fuera del agua y a distintas profundidades.

mienza a ascender y a 320 nm, que es la zona habitualmente tipificada para la radiación ultravioleta B, alcanza los 2500 µW/cm²/nm (figura 6.1).

La atenuación de la luz ultravioleta en la laguna muestra mayores valores a finales de noviembre de algunos años, cuando una pluma convectiva de agua coloreada asciende y tiñe la laguna (véase más abajo), que en el mes de junio (figura 6.2). En ambas fechas, la penetración de la radiación UV-B es similar, alcanzando los 0,68 m de profundidad, mientras que la de la radiación UV-A resulta muy inferior en noviembre (0,83 frente a 1,70 m en junio). Estos datos son comparables a los medidos en los lagos oligotróficos de la zona argentina de Bariloche (Morris *et al.,* 1994).

RADIACIÓN VISIBLE

Este factor se suele caracterizar en el campo luminoso subacuático mediante dos tipos de variables: las inherentes y las aparentes (Preisendorfer, 1961). Las primeras dependen solo de las sustancias presentes en el medio acuático en cuestión, es decir, dependen de la calidad del agua; principalmente son la absorción y el «scattering» (o difracción). Las propiedades aparentes dependen de la estructura geométrica de dicho campo en el momento de las medidas que incluye el ángulo de incidencia de la

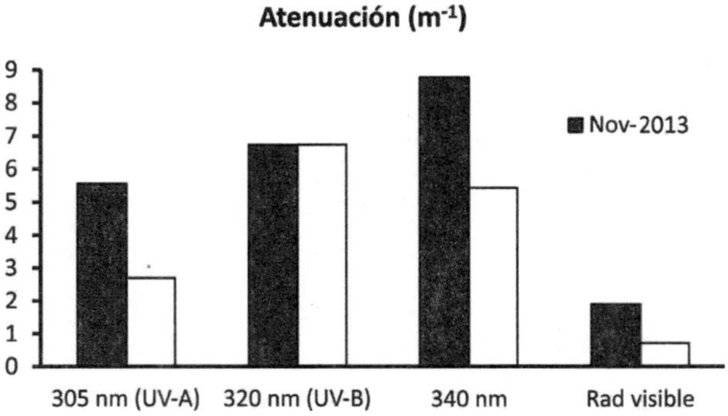

Figura 6.2. Atenuación de la radiación ultravioleta en la laguna de Las Madres en noviembre de 2013 y junio de 2014.

radiación luminosa en el agua; las más conocidas son la transparencia del agua y la atenuación (también llamada extinción) de la luz en el agua.

En Madrid solo se dispone de datos de esta índole para algunas graveras del Parque Regional del Sureste. Como indica la tabla 6.1, los rangos mayores se observan en el *scattering*, lo cual es lógico porque depende de la turbidez del agua (que refleja la cantidad de las partículas en suspensión y de la materia orgánica disuelta de tipo coloreado). En conjunto, la laguna de Las Madres muestra valores muy inferiores respecto a las otras dos estudiadas.

Tabla 6.1. Absorción y *scattering* del campo luminoso subacuático en distintas lagunas de gravera del Parque Regional del Sureste, medidos con frecuencia mensual o incluso mayor.

	El Campillo		**El Porcal**		**Las Madres**	
Años de estudio	**1994-1995**		**1984-1985**		**1992-2005**	
	Absorción (m^{-1})	*Scattering* (m^{-1})	Absorción (m^{-1})	*Scattering* (m^{-1})	Absorción (m^{-1})	*Scattering* (m^{-1})
Promedio	2,07	14,46	2,21	10,51	0,07	0,35
Desviación típica	0,76	13,35	0,97	8,61	0,03	0,32
CV	37	92	44	82	39	91
Mínimo	0,96	2,75	0,16	0,16	0,01	0,02
Máximo	3,40	51,23	4,49	40,65	0,17	2,06

Estas variables también se midieron en once graveras en 1994, pero en solo dos ocasiones. Mientras que la absorción mostraba un rango bajo y estrecho (0,27-1 m^{-1}), el *scattering* lo tenía más alto y amplio (1,17-8,08 m^{-1}; Álvarez Cobelas, datos inéditos). En su conjunto, las cifras se hallan dentro de los rangos referidos por Kirk (1994).

En la laguna de Las Madres, también se han estimado ambas variables mensualmente desde 1992 a 2005. La absorción no muestra ninguna tendencia a largo plazo. El *scattering*, sí, con mayor variabilidad hacia los años finales de la serie temporal (figura 6.3).

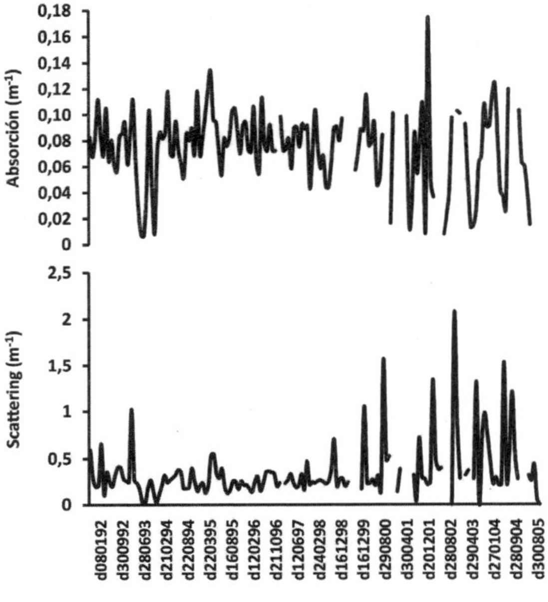

Figura 6.3. Absorción y *scattering* en el campo luminoso subacuático de la laguna de Las Madres, medida mensualmente desde 1992 a 2005.

La transparencia del agua en los ecosistemas acuáticos madrileños es muy cambiante (tabla 6.2), como cabe esperar de una variable afectada por numerosos factores, algunos de origen parcialmente antrópico, como la eutrofización. Se ha medido en la laguna de Peñalara, embalses y lagunas de gravera y no lo ha sido en los ríos, específicamente en los más contaminados, lo que hubiera permitido conocer el efecto de la misma sobre las comunidades bentónicas. La laguna de gravera de Las Madres en 2016, seguida del embalse de El Vellón en 1980-1981, son los ecosistemas que muestran mayor transparencia. Algunas lagunas de gravera próximas al río Jarama son los ecosistemas de menor transparencia (tabla 6.2). La variabilidad resulta relativamente baja en todos ellos, a excepción de la existente para la laguna de El Campillo, a juzgar por su coeficiente de variación.

Disponemos de más medidas de transparencia en once lagunas de gravera, aunque con periodicidad muchísimo menor para los años 1994 y 1998-1999. El rango de datos oscila entre 0,5 y 6,5 m en el primer año citado, y 0,1-11,6 m en los segundos (Álvarez Cobelas, datos inéditos).

Tabla 6.2. Promedio y variabilidad de la transparencia del agua en distintos ecosistemas estancados de Madrid donde se han realizado medidas aproximadamente mensuales o incluso más frecuentes.

	El Campillo	El Porcal	El Vellón	Las Madres	Las Madres	Peñalara	Valmayor
Promedio	1,1	0,6	4,1	3,5	4,8	3,9	2,1
Desviación típica	1,0	0,1	1,8	1,3	2,7	0,9	0,5
CV	90	24	44	37	55	24	23
Mínimo	0,3	0,3	1,5	2,5	1,7	2,1	1,5
Máximo	3,6	1,1	8,0	6,8	10,5	4,5	3,0
Tipo de ecosistema	Laguna de gravera	Laguna de gravera	Embalse	Laguna de gravera	Laguna de gravera	Lago de monta-ña	Embalse
Año(s) de medida	1995	1984-1985	1980-1981	1992	2016	1996	1982
Referencia	Álvarez Cobelas (datos inéditos)	Álvarez Cobelas (datos inéditos)	Álvarez Cobelas (1982)	Álvarez Cobelas (datos inéditos)	Álvarez Cobelas (datos inéditos)	Toro (com. pers.)	Haering (1984)

A largo plazo, la transparencia en la laguna de Las Madres muestra muchas oscilaciones, quizá con mayores valores hacia el final de la serie (figura 6.4). No se aprecia tendencia alguna en los datos mensuales, ni cuando se promedian anualmente. Sin embargo, la variabilidad intra-anual sí aumenta significativamente con el tiempo ($R^2 = 0,56$). Esto se debe a que hacia el final de la serie es cuando se observan más fenómenos de resuspensión sedimentaria por la pluma convectiva otoñal (véase más abajo), que reduce mucho la transparencia del agua durante varios meses.

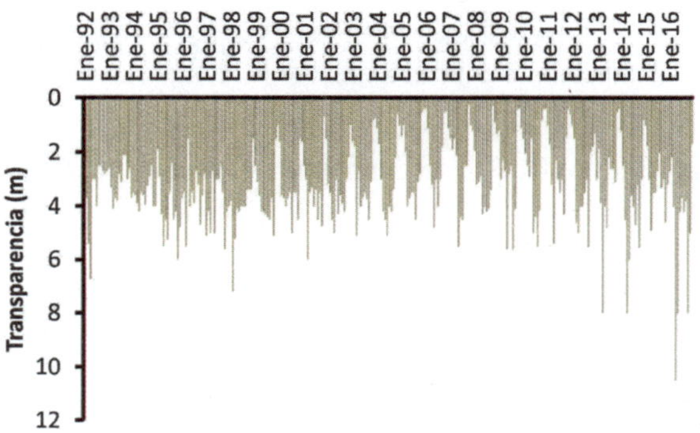

Figura 6.4. Transparencia del agua en la laguna de Las Madres a largo plazo (1992-2016), medida mensualmente.

Las medidas de la atenuación de la radiación visible en los ambientes estancados madrileños se han realizado siempre con un fotómetro LI-COR, a excepción de las efectuadas por Velasco (1978) en el embalse de San Juan en 1972-1973 (véase más arriba). Este último lugar es el que presentaba una menor atenuación de todos los estudiados, y son de nuevo las lagunas hipertróficas de El Campillo y El Porcal las que presentaban mayor atenuación (tabla 6.3). La zona eufótica más profunda, pero también la de mayor variabilidad, se registró en el embalse de San Juan en 1973. En las tres lagunas de gravera mejor conocidas (El Campillo, El Porcal y Las Madres), la relación entre la atenuación de la luz en el agua (K_d) y su transparencia (T) es razonablemente buena ($R^2 > 50\,\%$) y sigue una ley potencial negativa, como se sabe desde el estudio pionero de Poole y Atkins (1929) en el medio marino británico

$$K_d = \text{constante}/T$$

Tabla 6.3. Promedios y variabilidad de la atenuación de la luz en distintos ambientes estancados del territorio de Madrid. Medidas mensuales o con periodicidad más frecuente.

	El Campillo	El Porcal	Las Madres	San Juan
Tipo de ecosistema	Gravera	Gravera	Gravera	Embalse
Años de estudio	1995	1984-1985	1992-2016	1973
Promedio	2,14	3,05	0,70	0,27
Desviación típica	0,87	1,25	0,27	0,10
CV	40	41	39	38
Mínimo	1,28	1,60	0,26	0,16
Máximo	3,88	7,20	1,58	0,46
Rango de zona eufótica	1,2-5,6	0,6-2,9	3,9-17,7	10-29,4
Fuente	Álvarez Cobelas (datos inéditos)	Álvarez Cobelas (datos inéditos)	Álvarez Cobelas (datos inéditos)	Velasco (1978)

A largo plazo (1992-2016) la atenuación vertical de la radiación visible en la laguna de Las Madres carece de tendencia temporal alguna, mostrando mayores oscilaciones al principio y al final de la serie (figura 6.5). En conjunto, la penetración de la luz hasta la profundidad donde llega el 1 % de la radiación visible incidente asciende a 7,3 ± 2,5 m. Entre los procesos que afectan a la atenuación vertical en este lago se encuentra la ya citada formación de plumas ascendentes de materia en suspensión (véase más abajo).

El control de la atenuación de la luz en el agua cambia de unas lagunas a otras, pero también según las épocas cuando se realiza a largo plazo. Así, en la laguna de

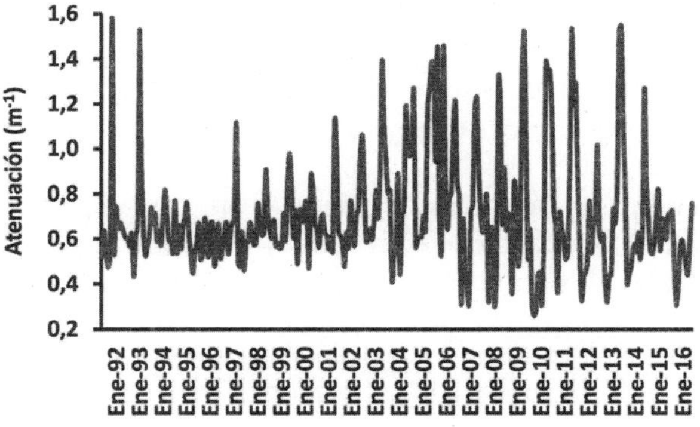

Figura 6.5. Atenuación de la luz en el agua en la laguna de Las Madres a largo plazo (1992-2016), medida mensualmente.

gravera de El Porcal, que es hipertrófica, se ve controlada por las concentraciones de clorofila «a» y de carbono orgánico disuelto. En la de El Campillo no parece haber ningún factor que lo haga (tabla 6.4).

Tabla 6.4. Factores de control de la atenuación de la radiación visible en varias lagunas de gravera madrileñas.

Lago	Periodo	Clorofila «a»	Materia orgánica coloreada	Materia en suspensión
El Campillo	1994-1995	ns	ns	ns
El Porcal	1984-1985	$R^2 = 0{,}56$	$R^2 = 0{,}58$	ns
Las Madres	1992-2016	ns	ns	ns
Las Madres	1992-1997	$R^2 = 0{,}41$	ns	ns
Las Madres	1998-2016	ns	ns	$R^2 = 0{,}56$

ns: estadísticamente no significativo al nivel de probabilidad del 5 %.

En Las Madres, para todo el periodo 1992-2016, tampoco hay factor alguno de control; sin embargo, esta laguna muestra dos periodos bien definidos de desarrollo fitoplanctónico; hasta 1997, con gran variabilidad estacional de la biomasa, y de ahí en adelante, cuando dicha variabilidad está muy atenuada (Benavent, 2015). Pues bien, en el primer periodo el control principal se debe a la absorción por la clorofila «a», mientras que en el segundo es la materia en suspensión el principal factor de control de la extinción de la luz (tabla 6.4).

Bajo el hielo se ha estudiado indirectamente la atenuación en la laguna de Peñalara, pero es muy dependiente del cambiante albedo debido a la diferente composición de la capa de agua helada (Granados *et al.,* 2006). Estos autores, usando los modelos de Petrov *et al.* (2005), indican que inmediatamente debajo de dicha capa puede haber 1 W/m^2 de radiación o incluso menos, lo cual sugiere que la cantidad de radiación visible presente en la columna de agua durante el invierno es prácticamente despreciable.

La relación entre propiedades inherentes y propiedades aparentes del campo luminoso subacuático la estableció Tyler (1968) teóricamente. *Grosso modo,* es la inclusión de la suma de absorción y *scattering* en la relación de Poole y Atkins (1929) ya citada:

$$T = \text{constante}/[A + S + K_d]$$

donde A es la absorción, S es el *scattering* (propiedades inherentes ambas), T es la transparencia del agua y K_d es la atenuación de la luz en el agua (propiedades aparentes ambas). Para las lagunas de El Campillo y El Porcal, cuyo campo luminoso se analizó durante algo más de un año, esa relación se cumple estadísticamente ($R^2 > 50\,\%$), pero no sucede lo mismo con Las Madres, quizá porque el conjunto de datos en esta laguna abarque varios años (trece años) y las relaciones entre las variables cambien mucho a largo plazo. La constante que relaciona ambos conjuntos de variables alcanza un valor muy inferior (< 3) para las dos lagunas citadas al referido por otros autores (> 8) (Tyler, 1968; Vant y Davies-Colley, 1984), lo cual sugiere que en los ambientes hipertróficos esa relación resulta distinta.

Los estudios de atenuación de la radiación monocromática en el agua también han sido escasos. Uno preliminar tuvo lugar durante la primavera de 1991 en el medio litoral de varias graveras de diferente grado trófico, situadas en el Parque Regional del Sureste y en tres de las cuales se explotaban aún los áridos. En general, los lugares hipertróficos y eutróficos (El Porcal, El Campillo, Muñoz, El Castillo) atenuaban más en el azul por la mayor absorción de la luz en esas longitudes de onda debida a la concentración de la clorofila fitoplanctónica, mientras que los mesotróficos atenuaban más en el rojo porque en esa banda es donde más radiación absorbe el agua pura (tabla 6.5). Esto era lo esperado (Kirk, 1994). En las lagunas cuyos áridos aún se explotaban, la atenuación ocurría en mayor proporción en la zona roja del espectro (tabla 6.5), quizá por el efecto de un mayor *scattering* de la radiación lumionsa debido a la mayor densidad de partículas de áridos en suspensión.

El estudio espectro-radiométrico ya citado más arriba (figura 6.1) nos permite identificar las pautas de la atenuación de la radiación monocromática en la laguna de Las Madres, que se determinaron mediante medicionesen el centro del lago en enero de 2016. Así, la atenuación en la zona del azul era similar a la existente en la zona del verde (0,72 *vs* 0.78 m^{-1}), mientras que la del rojo era inferior (0,52 m^{-1}), y la del infra-rojo mucho más baja todavía (0,14 m^{-1}). Estas cifras obedecen a las pautas de Kirk (1994), anteriormente señaladas, que permiten esbozar las respuestas al grado trófico de los lagos por parte de la luz en determinadas longitudes de onda.

Tabla 6.5. Atenuación de la luz en varias zonas del espectro visible, medida en la zona litoral durante la primavera de 1991 en varias graveras del Parque Regional del Sureste.

	Grado trófico	Explotación minera	Atenuación en el rojo (m^{-1})	Atenuación en el verde (m^{-1})	Atenuación en el azul (m^{-1})
El Porcal (zona explotación minera)	H	Sí	0,92	0,67	0,5
El Porcal (lejos explotación minera)	H	No	0,26	0,32	0,4
Steetley	E	Sí	1,22	0,54	0,7
Camping	M	No	1,02	0,35	0,58
Muñoz (Cambroneras)	E	No	0,97	1,1	2,38
Niño II	M	No	0,68	0,29	0,65
Mi Capricho	E	No	1,32	1,99	2,64
El Castillo	E	No	1,13	2	2,55
Villafranca	M	No	0,7	0,34	0,49
El Campillo	H	No	3,33	4,95	6,32

E: ambiente eutrófico; H: hipertrófico; M: mesotrófico.

RADIACIÓN INFRARROJA

El régimen térmico de los ambientes estancados madrileños que *grosso modo* superan los seis metros de profundidad es monomíctico, con una fase de mezcla total que se suele prolongar desde noviembre a marzo y una estratificación más o menos intensa durante el resto del año. Que sepamos, el único ambiente meromíctico es el de la cubeta más oriental del complejo lacustre de Las Madres, en el Parque Regional del Sureste.

Los contenidos anuales de calor en los ecosistemas madrileños se conocen para algunos embalses y graveras, oscilando entre 11 y 571 mJ/m²/año (tabla 6.6). Como es obvio por el método de cálculo, dicho contenido está íntimamente ligado con la extensión del ecosistema, y albergan más calor los más grandes. Pero la pequeñez de un ecosistema se ve compensada por el rango de temperaturas, como sucede con la laguna de Peñalara, donde es mayor que en los ambientes menos montanos.

La formación de capas de hielo en los ambientes estancados madrileños se ha referido a la laguna de Peñalara exclusivamente, donde viene a durar en promedio unos 115 días al año, con espesores que oscilan entre 30 y 140 cm (Granados *et al.*,

Tabla 6.6. Calor almacenado (MJ/m²/año) por distintos ecosistemas estancados madrileños.

	Tipo de ecosistema	Área (Ha)	Calor almacenado	Referencia
El Porcal (1984-1985)	Gravera	45	254	Álvarez Cobelas (1992)
El Campillo (1995)	Gravera	29	117	Álvarez Cobelas (inédito)
Las Madres (1992-2016)	Gravera	3,5	11-14	Álvarez Cobelas (inédito)
Peñalara (1994-2005)	Lago de montaña	0,55	117-146	Granados *et al.* (2006)
El Vellón (1981-1982)	Embalse	400	571	Álvarez Cobelas (1982)

2006). Como consecuencia, durante este periodo la estratificación térmica es inversa, convirtiendo al lago en el único dimíctico del territorio, si bien su estratificación estival resulta muy débil. Ocasionalmente, en 1981 y 1983, vimos capas de hielo en los embalses de Miraflores y El Vellón, pero no podemos aseverar nada sobre la duración de dicha cubierta o sobre su importancia en aquellos años para el funcionamiento lacustre. Con el cambio climático en marcha, la formación de capas de hielo en ambientes lacustres será cada vez menos frecuente y de menor magnitud cuando este se produzca.

En la meromixis de la laguna de Las Madres influye, por un lado, la entrada de agua subterránea, que suele estar más caliente (y menos densa, por tanto) que las capas hipolimnéticas en otoño-invierno y más fría (más densa) en primavera-verano. Por otra parte, las capas profundas acumulan sustancias en concentraciones totales que casi duplican las presentes en las capas superiores (figura 6.6), lo cual aumenta su densidad y las conforma como una capa lacustre que solo ocasionalmente se mezcla con las demás.

La lenta mezcla vertical en esta laguna ha sido objeto de un estudio pormenorizado por nosotros (Álvarez Cobelas *et al.,* 2005), donde detectamos la interacción entre procesos verticales y horizontales. Los primeros se debían a un enfriamiento lento, resultado de las tibias temperaturas atmosféricas existentes sobre la laguna y de la gran protección de la cubeta frente al viento. Los segundo tenían lugar como efecto de una corriente de densidad procedente de las zonas litorales y que arrastra la materia derivada de la descomposición de la gran orla vegetación litoral.

A largo plazo, la temperatura del epilimnion en Las Madres se ha incrementado a razón de 0,75 °C/década, si bien este ascenso se ha debido al aumento de la variabilidad con el tiempo, es decir, al aumento de los fenómenos extremos (figura 6.7). Como curiosidad, cabe señalar que esta tasa de incremento excede bastante de la detectada por Arhonditsis *et al.* (2004; 0,45 °C/década) para los primeros diez

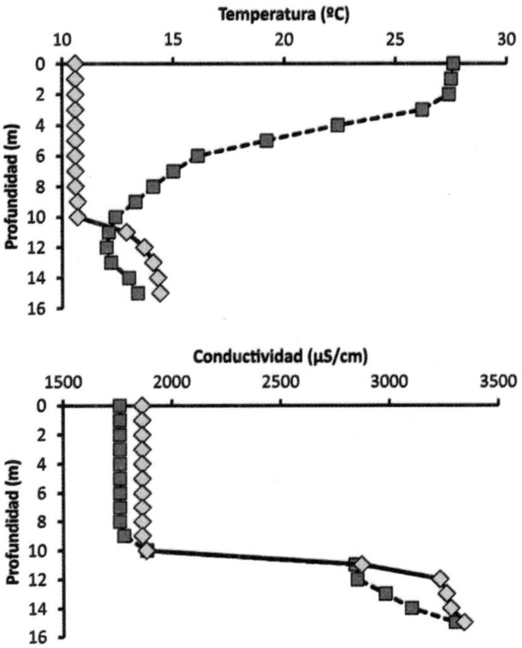

Figura 6.6. Temperatura y conductividad en la columna vertical de la laguna de Las Madres en junio (rombos) y diciembre (cuadrados) de 2016.

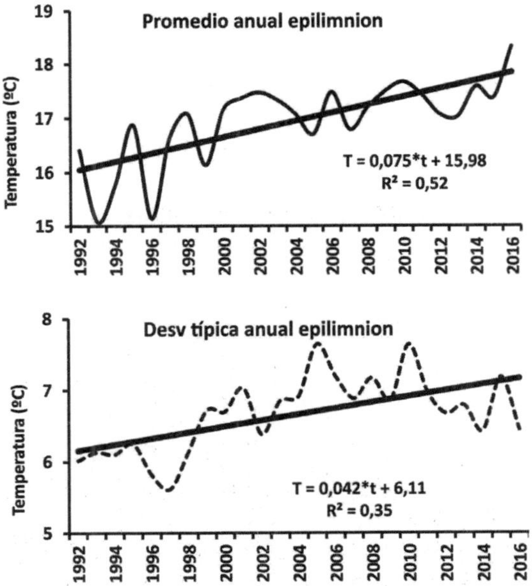

Figura 6.7. Promedio y variabilidad anual de la temperatura del agua en el epilimnion en la laguna de Las Madres desde 1992 a 2016.

metros del lago Washington, próximo a Seattle, o por Zhang *et al.* (2014; 0,13 °C/década) en los dos primeros metros del lago Qiandaohu, cercano a Hangzhou, en China. Sin embargo, ni la temperatura del hipolimnion, ni la del monimolimnion ni la del agua subterránea han sufrido aumentos significativos durante ese periodo (Álvarez Cobelas, datos inéditos). Un análisis preliminar del calentamiento atmosférico sobre la laguna revela que no ha habido tal durante el periodo 1992-2011 (Benavent, 2015). La temperatura del agua subterránea oscila entre 9,4 y 15,1 °C, un rango de cifras muy inferior al registrado en el lago de Bañolas, que es el ambiente ibérico meromíctico donde más se ha estudiado el efecto del agua subterránea sobre el calor lacustre (Casamitjana *et al.,* 2009).

Hay más procesos relacionados con el calor y la resuspensión de sustancias que se han estudiado en Las Madres. Uno es la doble difusión, consistente en la formación de capas de densidad diferente como resultado de la distribución térmica y salina en la columna vertical, y fue observada en el otoño de 1991 (Álvarez Cobelas *et al.,* 2005). Otra es la formación de plumas convectivas que dan lugar a la resuspensión de materiales desde el sedimento. De esta se ha tenido conocimiento en otoño-invierno durante algunos años, pero su duración cambia bastante, pudiendo llegar a prolongarse hasta seis meses (figura 6.8). Cuando eso sucede, el agua adopta un color anaranjado, debido a la resuspensión de sedimentos, ricos en hierro y manganeso, los cuales llegan hasta la superficie empujados por el agua más caliente (y menos densa, por lo tanto) que entra desde el acuífero subterráneo en esas fechas. Procesos similares, pero a una escala mucho mayor debido a las mayores dimensiones de sus cubetas, se han descrito para el lago de Bañolas (Casamitjana *et al.,* 2009).

Otro aspecto diferente relacionado con la radiación y el calor es el flujo turbulento en termoclina e hipolimnion, que se ha estudiado en la laguna de gravera de El Porcal, y que se debería posiblemente a corrientes baroclínicas durante la fase de calentamiento y a la disipación energética del viento durante el enfriamiento (Álvarez Cobelas *et al.,* 1986).

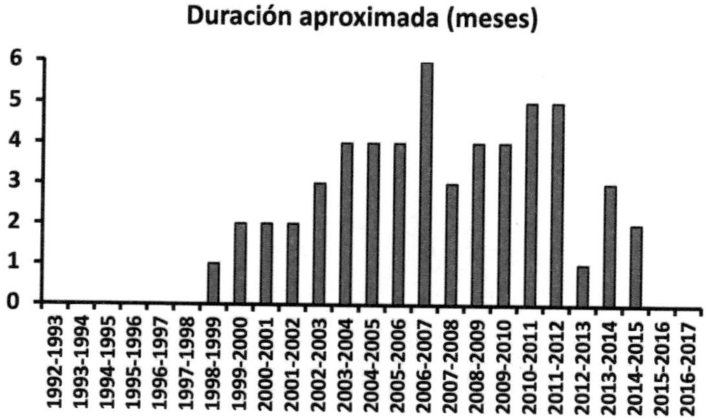

Figura 6.8. Duración aproximada mensual de la pluma vertical de resuspensión de material sedimentario en la laguna de Las Madres desde 1992 a 2016.

Un balance energético durante tres años, basado en datos diarios (figura 6.9), para la laguna de Las Madres se refiere en la tabla 6.7. Obsérvese en ella lo poco que cambian las cifras interanualmente y lo variables que resultan estacionalmente los flujos de calor latente (evaporación) y sensible (convección) en comparación con los demás. Estas pautas son similares a lo que sucede en otros ambientes peninsulares (Álvarez Cobelas, 2018; Armengol *et al.,* 2005; Casamitjana *et al.,* 2009). Los valores absolutos de los términos radiativos y del calor acumulado del balance en la laguna de Las Madres son mayores, en general, que los de los ecosistemas del nordeste de la Península, estudiados por los autores precedentes.

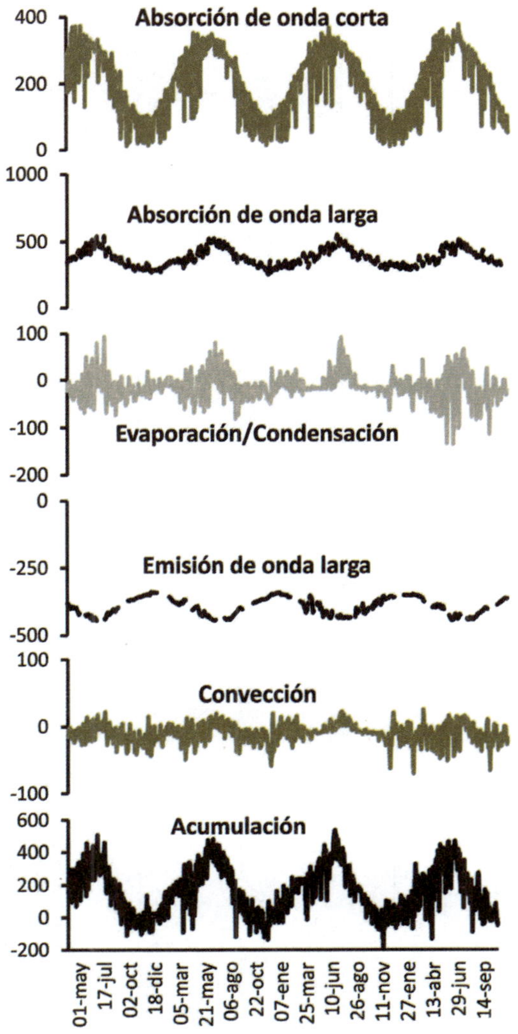

Figura 6.9. Balance energético (W/m^2) en la laguna de Las Madres en 1993-1996, medido diariamente. No se han cuantificado los intercambios de calor entre la laguna y el acuífero.

Tabla 6.7. Balance de calor (W/m^2) en la laguna de Las Madres en 1994-1996.

Año/ Year		Absorción onda corta	Absorción onda larga	Evaporación/ Condensación	Emisión onda larga	Convención	Calor acumulado
1994	Promedio	198	374	-12	-391	-10	160
	Desviación típica	97	70	24	34	13	151
	CV	49	19	-204	-9	-130	94
	Mínimo	14	254	-81	-447	-50	-121
	Máximo	352	524	82	-340	20	481
1995	Promedio	201	377	-9	-391	-8	172
	Desviación típica	93	65	21	31	12	142
	CV	46	17	-249	-8	-155	83
	Mínimo	15	249	-50	-436	-60	-138
	Máximo	368	552	92	-342	23	537
1996	Promedio	200	372	-20	-392	-13	148
	Desviación típica	99	62	31	31	16	145
	CV	49	17	-157	-8	-121	98
	Mínimo	12	272	-135	-447	-71	-198
	Máximo	377	524	68	-349	26	470

Los datos negativos de la quinta columna significan evaporación y los positivos, condensación.

Un tema de moda en estas últimas décadas es el de las teleconexiones de los procesos ambientales con el clima regional (Rodó *et al.*, 1997; Moreno Ostos *et al.*, 2012). Los indicadores regionales más usados para nuestras latitudes son la oscilación del Atlántico Norte (NAO), la oscilación del Atlántico Oriental (EA), la oscilación escandinava (SCAND) y la de la corriente del Golfo (GSI). A guisa de curiosidad y de modo preliminar, hemos intentado averiguar si ha habido relación entre estos procesos climáticos y la temperatura del agua en distintas capas de Las Madres, desde 1992 a 2006, tanto anual como mensualmente: no la hay ($p > 0{,}05$). Sin embargo, Hernández *et al.* (2015) sí detectan relaciones significativas entre las teleconexiones de la NAO, EA y SCAND, por una parte, y la temperatura atmosférica, la pluviosidad y el viento, por otra, en el entorno de esta laguna, si bien esas relaciones cambian entre las fechas estivales y las invernales.

Finalmente, cabe señalar aquí la existencia de una modelización de la temperatura fluvial del río Manzanares en la zona de la Pedriza, donde se midió la variable cada dos horas durante un año en dos estaciones de muestreo, y se ajustó a un modelo sinusoidal (Gutiérrez Teira y García de Jalón, 1999). En la tesis doctoral de Gutiérrez Teira (2003) hay también otro estudio térmico de ajuste de la serie temporal –mediante análisis ARIMA– de los datos mensuales de la temperatura del agua en el río Manzanares a la entrada del embalse de Santillana durante el periodo 1974-1997. El análisis detecta una pauta recurrente cada nueve años y una tendencia al aumento térmico del agua.

MOVIMIENTOS DEL AGUA

Son un tema preferente de los estudios en limnología física. Lamentablemente, que sepamos, nada se ha hecho al respecto en Madrid. Nada hay sobre secas internas, advección, plumas fluviales o corrientes baroclínicas, por ejemplo, en embalses cuyo tamaño y situación semiencañonada –como es el caso de algunos del Lozoya– daría lugar a resultados de gran interés. En graveras, hay un estudio (Domínguez Gómez, 2002) del que puede deducirse la existencia de advección, pero está sin analizar en este contexto. Véase, por ejemplo, su figura 205 donde se puede apreciar la heterogeneidad horizontal de la clorofila «a», influida verosímilmente por el régimen local de vientos y el transporte horizontal que estos generan en la laguna de gravera de El Porcal.

LAGUNAS EN EL CONOCIMIENTO

El conocimiento de la física de nuestras aguas dulces es escaso todavía. A los temas ya mencionados en el apartado precedente se deberían unir en el futuro: 1º) las interacciones térmicas entre aguas subterráneas, sedimentos y aguas superficiales, de especial interés en las numerosas lagunas aluviales; 2º) el estudio de la influencia de los ambientes acuáticos de gran tamaño (El Atazar) o los muy numerosos (los del Parque del Sureste) sobre el clima local. En cuanto a las luces ultravioleta y visible, no solo sería conveniente conocer sus propiedades inherentes y aparentes, así como los factores de control de las mismas en los embalses y en los ecosistemas de pequeño tamaño, sino comenzar a identificar la importancia de los componentes más específicos de los ecosistemas (como la naturaleza y el tamaño de las partículas minerales presentes en el agua, las distintas moléculas de carbono orgánico coloreado, la absorción individual de luz por las especies fitoplanctónicas dominantes, etc.) para dichas propiedades. Un aspecto aún sin estudiar es el del estudio del comportamiento de toda la radiación (UV, visible e infra-roja) en los ecosistemas de pequeño volumen de las zonas más serranas, teniendo en cuenta que los generados por el abandono de las canteras de pórfido pueden ser muy profundos y llevarán asociados fenómenos de estratificación térmica y de acumulación de carbono orgánico y materia en suspensión. En su conjunto, la física de las aguas fluviales es casi totalmente desconocida en el territorio madrileño. Finalmente, las afecciones del cambio global en relación con la física de nuestras masas de agua aguardan estudios de detalle.

CAPÍTULO VII

Química de aguas y sedimentos

Miguel Álvarez Cobelas y Salvador Sánchez Carrillo

RESUMEN

Las aguas madrileñas presentan una salinidad y composición iónica muy variadas y se ven influidas por la litología de las zonas sedimentarias que atraviesan los ríos o donde se enclavan los ambientes estancados. Al norte del territorio predominan las aguas de baja salinidad, bicarbonatadas-cálcicas, mientras que al sur y sureste lo hacen las aguas más salinas, sulfatadas-cálcico magnésicas. Hay también enclavada en el sureste de Madrid una laguna de gran salinidad, Las Esteras. La composición mineralógica de las aguas madrileñas está prácticamente por estudiar. Con los nutrientes sucede algo parecido a la salinidad: aumentan en dirección norte-sur, desde la sierra a la meseta, y se ven influidos notablemente por la presencia de aguas residuales parcialmente depuradas procedentes de pueblos y ciudades. A largo plazo, el agua fluvial ha experimentado una disminución de las concentraciones de amonio y ortofosfato, y un aumento del nitrato, frutos probables de los grandes planes de Saneamiento existentes desde comienzos de la década de 1980. La emisión de gases de efecto invernadero se conoce mal aún, pero una fuente notable –y por cuantificar aún– son los ríos mesetarios, ricos en materia orgánica. Finalmente, queda por explorar la composición molecular de la materia orgánica, al igual que la dinámica de la formación de complejos entre compuestos orgánicos, calcio, hierro, azufre y fósforo.

Los estudios químicos sobre el agua natural madrileña se han preocupado más por determinar las concentraciones de sustancias que por conocer los procesos biogeoquímicos y las tasas de los mismos que afectan a dichas concentraciones, lo cual es tarea para el futuro.

Palabras-clave: salinidad, contenido iónico, pH, nutrientes, metales pesados, gases.

SUMMARY: WATER AND SEDIMENT CHEMISTRY

Madrid inland waters have wide ranges of salinity and ionic content and are influenced by sedimentary lithology. In Northern areas low salinity, bicarbonate-calcium waters prevail, whereas higher salty, sulfated-calcium-magnesium waters occur in Southern and Southeastern areas. Also, there is a much higher salinity, playa-lake called Las Esteras in Southeastern Madrid. Mineral composition of Madrid waters awaits further studies. Nutrients experience a similar geographical pattern, with lower contents at northernmost areas and are strongly dependent of partially-treated wastewaters coming from towns and cities. In the long-term stream waters have experienced a decrease in ammonia and SRP concentrations and a concomitant increase in nitrate content, likely resulting from huge wastewater treatment plans implemented since the early eighties. Emissions of greenhouse effect gasses emitted by Madrid inland waters are poorly known as yet, but an important unquantified source are lowland rivers, which are organic matter-rich. Other topics scarcely dealt with are the molecular composition of organic matter both in streams and stagnant water bodies, and the complexation processes among organic matter, calcium, iron, sulfur and phosphorus.

Chemical studies on Madrid inland waters have only been considered from the point of view of substance concentrations up to date. It is time to deal with biogeochemical processes and their rates, which is certainly a task for the future.

INTRODUCCIÓN

Los primeros estudios sobre química de las aguas naturales en Madrid se remontan a la década de 1950 y fueron realizados por la Sección de Aguas Continentales (1956) del Instituto Forestal de Investigaciones y Experiencias. En los años sesenta hay algo de geoquímica en la tesis doctoral de José Gabriel Catalán Lafuente (1965) y en el trabajo del mismo Catalán y Juan José Alonso Pascual (1971). Es este primer autor también quien, junto con su grupo de Química hidrológica del CSIC en el Instituto de Edafología y Biología Vegetal, comienza los estudios sobre contaminación y eutrofización, y genera los primeros datos de nutrientes y oxígeno disuelto en ríos y embalses de la Comunidad de Madrid (véase el capítulo de *Limnologia aplicada*).

Aunque no sea costumbre tenerlo en cuenta, queremos resaltar aquí que el comportamiento de las sustancias químicas depende mucho de la cantidad de agua (caudales en ríos y niveles en lagos y embalses), de notoria variación en el territorio madrileño debida a la irregularidad y estacionalidad de las precipitaciones del clima-mediterráneo continental, pero también por la regulación de caudales por los embalses de abastecimiento situados en la cabecera de los ríos. En el apartado *Los nutrientes* ahondaremos brevemente en este aspecto.

LA SALINIDAD Y LA MATERIA EN SUSPENSIÓN

Hemos usado la conductividad como medida indicadora de la salinidad, que sigue la pauta bien conocida de aumento desde los ambientes montanos a los mesetarios (tabla 7.1). En las cuencas de cabecera o en ríos de alta montaña la conductividad es muy baja y más abajo, con el aporte de las sales derivadas de la erosión y de las aguas residuales de pueblos y ciudades, va aumentando (tabla 7.1), cosa que se constató

Tabla 7.1. Promedios y variabilidad de la conductividad superficial (µS/cm) en distintos tipos de ecosistemas acuáticos madrileños.

Tipo de ecosistema	Número de ecosistemas considerados (años)	Promedio	Desviación típica	CV	Mín.	Máx.
Ríos de alta montaña	6	63	38	61	20	126
Otros ríos	19 (2011-2015)	495	368	74	21	1.239
Embalses	16 (2011-2015)	134	87	64	49	384
Laguna de Peñalara	1	11	5	45		
Graveras	9 (1998-1999)	3.431	2.191	64	1.834	7.433
Canteras de granito	11 (1993)	425	347	82	67	1.294
Canteras de pórfido	8 (1993)	437	396	91	55	1.084
Humedales de descarga regional	7 (1987)	305	126	41	104	511
Manantiales de la campiña	3 (1993)	395	62	16	357	467
Manantiales de la rampa	6 (1993)	124	68	55	57	217

Para cada tipo de ambiente, que está integrado por varios ecosistemas, se ha promediado sobre los promedios de cada ecosistema. Fuente de los datos: ríos de alta montaña-capítulo de *Ríos montanos*; otros ríos-datos de la Confederación del Tajo (www.chtajo.es), promediados por nosotros; embalses-*ibidem*; Peñalara-capítulo de *Lagos y Humedales de alta montaña*; graveras-Álvarez Cobelas (datos inéditos); resto de los tipos de ecosistema-capítulo de *Otros ecosistemas estancados*. Dentro de los manantiales de la campiña no se ha incluido el manantial de La Boyeriza, de salinidad mucho más elevada que el resto (4.000-7.000 µS/cm; véase el capítulo *Otros ecosistemas estancados*). También se ofrece el número de años sobre el que se ha realizado el promedio de datos cuando se conoce.

claramente en un estudio sinóptico de la cuenca del Jarama (Bustos *et al.*, 1989). El ambiente más salino es la laguna de Las Esteras, un ecosistema tipo-playa enclavado sobre yesos, cuya enorme conductividad la hace hipersalina. Aparte de este, los ambientes más salinos son las lagunas de gravera del sureste (tabla 7.1). En conjunto, la conductividad oscila entre 0,02 y 7,4 mS/cm, excluyendo Las Esteras y algunas lagunas de gravera en Velilla de San Antonio cuya conductividad puntualmente supera los 10 mS/cm (Montes *et al.*, 1993). Por tipos de ecosistema, la mayor variabilidad de la conductividad tiene lugar en las canteras abandonadas de pórfido, y la menor, en los manantiales de la campiña (excluyendo La Boyeriza; tabla 7.1).

A largo plazo, la única estación fluvial con registros de salinidad (1982-2015) es la del río Jarama en Aranjuez, aunque no muestre tendencia alguna (figura 7.1). Está previsiblemente controlada por el caudal, con el que muestra una relación débil

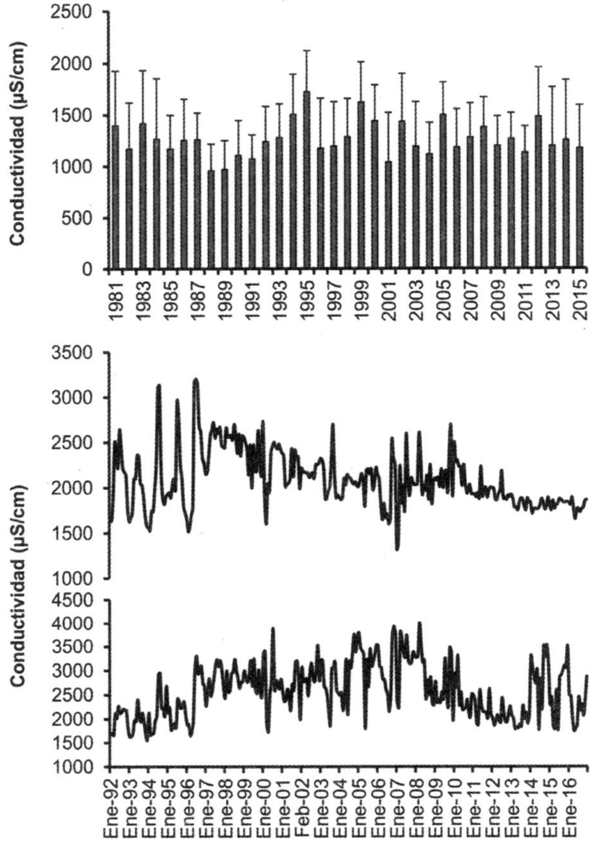

Figura 7.1. Tendencias a largo plazo de la conductividad anual promedio en el río Jarama en Aranjuez (panel superior) y en la laguna de Las Madres, en la cual se representan la conductividad mensual del epilimnion (panel central) y del hipolimnion (panel inferior). Los datos del Jarama se han extraído de la información pública de la Confederación del Tajo (www.chtajo.es), pero los cálculos son nuestros, mientras que los de Las Madres son de Álvarez Cobelas (inéditos).

pero significativa ($R^2 = 0,22$; $p < 0,05$), pero también por la emisión de aguas residuales desde las ciudades, por la gestión de los embalses debida al Canal de Isabel II y por la estacionalidad de la precipitación. En la laguna de gravera de Las Madres, donde también hay datos de conductividad a largo plazo (1992-2016, figura 7.1), tampoco se aprecia ninguna tendencia, y la conductividad del epilimnion es siempre igual o inferior a la del hipolimnion (2091 ± 321 *vs* 2584 ± 559 µs/cm), lo cual se debe a la presencia permanente de capas más densas en la zona próxima al fondo de esta laguna.

Por su parte, la concentración de la materia en suspensión en la capa superficial de las lagunas de gravera parece superior y mucho más variable que la presente en los embalses (tabla 7.2). En los ambientes fluviales no se ha medido recientemente, a pesar de su importancia como indicador de la erosión en las cuencas hidrográficas

Tabla 7.2. Promedios y variabilidad de la concentración de materia en suspensión (mg/L) en la capa superficial de algunos tipos de ecosistemas acuáticos madrileños.

	Número de ecosistemas (años)	Promedio	Desviación típica	CV	Mín.	Máx.
Ríos no montanos	11 (1982-1997)	31,5	18,0	56	6,6	72,3
Embalses	11 (2011-2015)	4,02	1,93	48	1,3	6,8
Graveras	9 (1998-1999)	16,1	7,2	45	4,0	28,3

Para cada tipo de ambiente, que está integrado por varios ecosistemas, se ha promediado sobre los promedios de cada ecosistema. Fuente de los datos: ríos no montanos-(www.chtajo.es), promediados por nosotros; embalses-(www.chtajo.es), promediados por nosotros; graveras-Álvarez Cobelas (datos inéditos). También se ofrece el número de años sobre el que se ha realizado el promedio de datos.

y de la emisión de materia particulada por las depuradoras. Los datos del periodo 1982-1997, sin embargo, sugieren que su concentración fluvial es superior y algo más variable que la presente en los otros dos tipos de ecosistemas (tabla 7.2). En conjunto para todos los ambientes, su rango promedio varía entre 1,3 y 72,3 mg/L. La relación inversa entre materia suspensión fluvial y caudal, aunque baja, se considera significativa desde antiguo (Catalán Lafuente, 1965).

EL PH Y EL POTENCIAL REDOX

El primero es una variable que se suele medir rutinariamente en la mayor parte de los estudios de campo y que, en casi todos los ambientes acuáticos madrileños, se encuentra en un rango estrecho (7-8,5; tabla 7.3). Apenas hay ecosistemas ni muy ácidos (<6), ni muy alcalinos (>10) en Madrid y aquellos que lo son lo muestran solo durante un corto espacio de tiempo dentro del ciclo anual; la variabilidad general, juzgada por el coeficiente de variación, es la menor (CV: 3-17) de todos los factores descritos en este capítulo. Un interés adicional del pH es que, en conjunción con la alcalinidad, permite calcular la concentración del dióxido de carbono, pero este es un ejercicio que no se hace frecuentemente.

Los pH más bajos se han medido en Peñalara y los más altos, en las capas superficiales de algunas lagunas de gravera del sureste, generados por la fotosíntesis fitoplanctónica. La distribución vertical del pH en la mayoría de los ambientes, cuando ocurre, suele ser decreciente, es decir, los pHs más elevados se dan en las capas superficiales. Una excepción es la laguna de Peñalara, donde ocurre al revés cuando hay capa de hielo: los procesos asociados a la generación de la alcalinidad (reducción de los escasos sulfatos y nitratos presentes) en las zonas profundas aumentan el pH en ellas, mientras que en superficie, bajo el hielo, se acumula el CO_2 producto de la respiración (Granados *et al.,* 2006).

Tabla 7.3. Promedios y variabilidad del pH en la capa superficial de algunos tipos de ecosistemas acuáticos madrileños.

	Número de ecosistemas (años)	Promedio	Desviación típica	CV	Mín.	Máx.
Ríos de alta montaña	6	6,88	0,19	3	6,55	7,10
Otros ríos	19 (1982-1997)	7,58	0,28	4	6,84	8,04
Embalses	16 (2011-2015)	7,96	0,62	8	7,03	8,87
Laguna de Peñalara	1				4,76	8,70
Graveras	9 (1998-1999)	8,22	0,38	5	7,88	9,05
Canteras de granito	11 (1993)	7,39	0,43	6	6,73	8,33
Canteras de pórfido	8 (1993)	7,32	0,51	7	6,80	7,90
Humedales de descarga regional	6 (1987)	6,67	0,41	6	6,00	7,00
Manantiales de la campiña	3 (1993)	7,20	0,28	4	6,90	7,46
Manantiales de la rampa	6 (1993)	7,27	1,21	17	6,28	9,61

Para cada tipo de ambiente, que está integrado por varios ecosistemas, se ha promediado sobre los promedios de cada ecosistema. Fuente de los datos: ríos de alta montaña-capítulo correspondiente; ríos no montanos-(www.chtajo.es) promediados por nosotros; embalses-(www.chtajo.es), promediados por nosotros; graveras-Álvarez Cobelas (datos inéditos); Peñalara (Granados *et al.,* 2006); resto de los ecosistemas-cálculos propios sobre los datos de González Besteiro (1992) y García Avilés (1994). También se ofrece el número de años sobre el que se ha realizado el promedio de datos cuando se conoce.

A largo plazo (1992-2016), disponemos de datos de pH para las capas del epilimnion y el hipolimnion de la laguna de Las Madres. Las cifras promedio en la capa superior son mayores (7,34 ± 0,45) que las hipolimnéticas (6,06 ± 1,01); la tendencia temporal en las zonas profundas muestra una caída conspicua en los años 2005 y 2008 (figura 7.2), quizá debida a una entrada en las capas profundas de agua subterránea más rica en CO_2 que en otros periodos, pero esto es solo una especulación, pues carecemos de datos cuantitativos sobre flujos subterráneos.

Aunque valores negativos de potencial redox se asocien a la anoxia, frecuente en las capas profundas de muchos ambientes (véase más abajo), lo cual tiene interés como indicador de procesos asociados al metabolismo anaerobio (azufre, hierro. manganeso, nitrato), esta variable nunca ha llegado a medirse de manera rutinaria en estudios de la química de las aguas madrileñas, a pesar de su importancia como

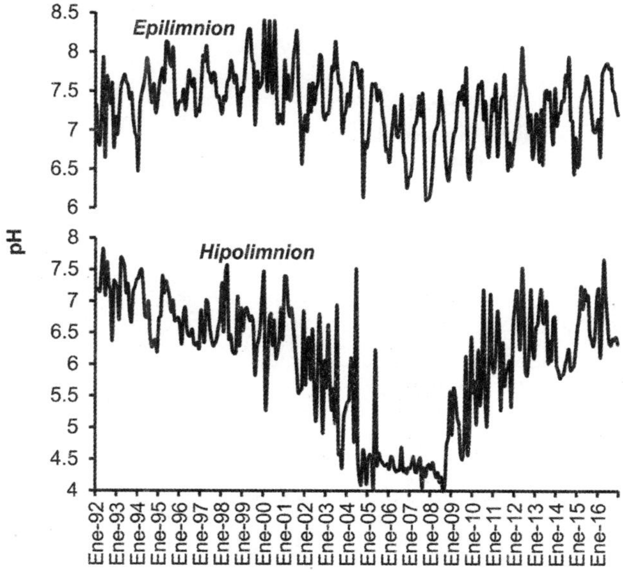

Figura 7.2. Datos a largo plazo (1992-2016) del pH en el epilimnion (gráfico superior) e hipolimnion (gráfico inferior) de la laguna de Las Madres.

indicador de procesos biogeoquímicos como la desnitrificación o la metanogénesis (Reddy y DeLaune, 2008).

LA ALCALINIDAD

Las cifras menores se presentan en Peñalara, ríos montanos y embalses, mientras que las más elevadas ocurren en las lagunas de gravera (tabla 7.4), vinculadas al sustrato geológico sobre el que se apoyan (véase el capítulo de *Contexto geográfico*). En conjunto, el rango de datos promedio oscila entre 0,014 y 6,33 meq/L. La mayor variabilidad –medida como coeficiente de variación– se da en las canteras de granito, seguida de la existente en los ambientes de pórfido, los ríos de montaña y los manantiales de la rampa serrana (tabla 7.4).

LOS COMPUESTOS MAYORITARIOS

La concentración de los iones mayoritarios en las aguas madrileñas depende de la geoquímica local. La de bicarbonato es paralela a la de la alcalinidad, ya citada. En cuanto a los cloruros, el tipo de ambiente con más concentración de este ión corresponde a las graveras, seguido muy lejanamente por los ríos montanos; su variabilidad, medida con el coeficiente de variación, resulta más alta en las canteras de granito y en los ríos de la meseta (tabla 7.5). Tomando los datos en su conjunto, el

Tabla 7.4. Promedios y variabilidad de la alcalinidad superficial (meq/L) en distintos tipos de ecosistemas acuáticos madrileños.

	Número de ecosistemas (años)	Promedio	Desviación típica	CV	Mín.	Máx.
Ríos de alta montaña	6	0,29	0,17	58	0,14	0,59
Otros ríos	11 (1981-1997)	2,45	0,95	39	1,16	3,72
Embalses	13 (2011-2015)	0,42	0,17	41	0,16	0,76
Laguna de Peñalara	1	0,050			0,014	0,115
Graveras	9 (1998-1999)	3,53	1,33	38	1,65	6,33
Canteras de granito	11 (1993)	2,3	1,6	69	0,5	6,2
Canteras de pórfido	8 (1993)	2,3	1,3	59	0,7	4,6
Humedales de descarga regional	7 (1987)	2,4	1,2	51	0,6	3,9
Manantiales de la campiña	3 (1993)	3,12	0,82	26	2,37	3,99
Manantiales de la rampa	6 (1993)	0,87	0,51	58	0,27	1,59

Para cada tipo de ambiente, que está integrado por varios ecosistemas, se ha promediado sobre los promedios de cada ecosistema. Fuente de los datos: ríos de alta montaña-capítulo de *Ríos montanos;* otros ríos- datos de la Confederación del Tajo (www.chtajo.es), promediados por nosotros; embalses-datos de la Confederación del Tajo (www.chtajo.es), promediados por nosotros; Peñalara-capítulo de *Lagos y humedales de alta montaña;* graveras-Álvarez Cobelas (datos inéditos); resto de los tipos de ecosistema-capítulo de *Otros ecosistemas estancados.* Dentro de los manantiales de la campiña no se ha incluido el manantial de La Boyeriza, de alcalinidad mucho más elevada que el resto (8,72 meq/L; véase el capítulo *Otros ecosistemas estancados*). También se ofrece el número de años sobre el que se ha realizado el promedio de datos cuando se conoce.

rango promedio oscila entre prácticamente 0 (Peñalara) y 10,9 meq/L (graveras, tabla 7.5).

La concentración de sulfato más alta se da en las graveras, seguida muy de lejos por la presente en los ríos no montanos y, con concentraciones mucho más bajas, en el resto de los tipos de ecosistema. La variabilidad de cada tipo de ambiente, tal como sugiere su CV, es máxima en los ríos de la meseta, seguida de la de los manantiales de la rampa (tabla 7.5). En conjunto, el rango promediado oscila entre 0,02 y 28,15 meq/L (tabla 7.5), sin tener en cuenta la verosímilmente elevada presencia de este ión en la laguna de Las Esteras, de la cual se carece de información geoquímica.

Desviando ahora nuestra mirada hacia el calcio, volvemos a constatar que su mayor concentración promedio tiene lugar en las lagunas de gravera, mientras que la cifra más baja aparece en Peñalara (tabla 7.5). La variabilidad mayor la muestran

Tabla 7.5. Promedios y variabilidad de los aniones y cationes en la superficie en distintos tipos de ecosistemas acuáticos madrileños.

	Número de ecosistemas (años)	Promedio	Desviación típica	CV	Mín.	Máx.
	Bicarbonato (meq/L)					
Ríos de alta montaña	6	0,29	0,17	58	0,14	0,59
Otros ríos	11 (1981-1997)	2,45	0,95	39	1,16	3,72
Embalses	13 (2011-2015)	0,42	0,17	40	0,16	0,76
Laguna de Peñalara	1	0,05			0,01	0,12
Graveras	9 (1998-1999)	3,53	1,33	37	1,65	6,33
Canteras de granito	11 (1993)	1,87	1,59	85	0,52	6,01
Canteras de pórfido	8 (1993)	0,88	1,41	160	0,06	3,36
Humedales de descarga regional	7 (1987)	2,40	1,20	51	0,60	3,90
Manantiales de la campiña	3 (1993)	3,04	0,80	26	2,31	3,89
Manantiales de la rampa	6 (1993)	1,88	0,96	51	0,72	3,13
	Cloruro (meq/L)					
Otros ríos	17	1,85	1,58	85	0,22	6,82
Embalses	16	0,47	0,54	112	0,05	1,86
Laguna de Peñalara	1				0,00	0,02
Graveras	9	6,53	2,33	35	3,46	10,91
Canteras de granito	10	0,80	1,10	137	0,14	3,18
Canteras de pórfido	5	0,99	1,19	121	0,13	3,09
Manantiales de la campiña	3	0,45	0,14	30	0,33	0,60
Manantiales de la rampa	6	0,27	0,08	29	0,21	0,41
	Sulfato (meq/L)					
Otros ríos	17	3,19	4,00	125	0,22	12.99
Embalses	7	0,51	0,23	45	0,25	0,88
Laguna de Peñalara	1				0,02	0,04
Graveras	9	18,26	5,61	31	10,61	28,15
Canteras de granito	10	1,01	1,51	149	0,11	4,88

Tabla 7.5. *(continuación)*

	Número de ecosistemas (años)	Promedio	Desviación típica	CV	Mín.	Máx.
Canteras de pórfido	5	0,15	0,15	100	0,02	0,41
Manantiales de la campiña	3	0,30	0,11	37	0,20	0,42
Manantiales de la rampa	6	0,48	0,51	105	0,17	1,51
Calcio (meq/L)						
Otros ríos	17	3,66	3,52	96	0,29	12,90
Embalses	16	0,55	0,40	73	0,20	1,85
Laguna de Peñalara	1				0,02	0,09
Graveras	9	11,03	3,97	36	5,38	17,00
Canteras de granito	10	1,80	1,66	92	0,32	5,20
Canteras de pórfido	5	0,35	0,23	66	0,20	0,75
Manantiales de la campiña	3	2,32	0,60	26	1,76	2,96
Manantiales de la rampa	6	0,57	0,37	65	0,21	1,24
Magnesio (meq/L)						
Embalses	16	0,41	0,45	110	0,11	1,88
Laguna de Peñalara	1				0,01	0,06
Graveras	9	6,50	1,95	30	4,12	10,39
Canteras de granito	10	0,65	0,52	80	0,16	1,85
Canteras de pórfido	5	0,22	0,22	102	0,06	0,60
Manantiales de la campiña	3	0,83	0,19	23	0,72	1,05
Manantiales de la rampa	6	0,18	0,12	66	0,02	0,29
Sodio (meq/L)						
Otros ríos	17	2,18	1,92	88	0,28	8,53
Embalses	16	0,52	0,40	76	0,20	1,45
Laguna de Peñalara	1				0,01	0,06
Graveras	9	10,37	4,16	40	6,48	18,23
Canteras de granito	10	0,63	0,54	86	0,11	1,89

Tabla 7.5. *(continuación)*

	Número de ecosistemas (años)	Promedio	Desviación típica	CV	Mín.	Máx.
Canteras de pórfido	5	0,07	0,04	59	0,03	0,11
Manantiales de la campiña	3	1,19	0,28	23	0,99	1,51
Manantiales de la rampa	6	0,36	0,27	74	0,21	0,90
Potasio (meq/L)						
Otros ríos	17	0,17	0,11	63	0,03	0,40
Embalses	16	0,05	0,04	77	0,02	0,16
Laguna de Peñalara	1				0,00	0,01
Graveras	9	0,42	0,15	35	0,23	0,63
Canteras de granito	10	0,23	0,55	241	0,02	1,79
Canteras de pórfido	5	0,15	0,07	47	0,03	0,21
Manantiales de la campiña	3	0,02	0,01	45	0,01	0,03
Manantiales de la rampa	6	0,05	0,03	62	0,02	0,09
Silicio (mg Si/L)						
Laguna de Peñalara	1	0,86			0,55	1,47
Graveras	9	4,16	1,37	33	1,69	5,77
Canteras de granito	10	2,14	1,54	72	0,15	5,33
Canteras de pórfido	5	2,37	1,41	60	0,19	3,82
Manantiales de la campiña	3	11,35	6,18	54	7,36	18,47
Manantiales de la rampa	6	5,54	1,53	28	3,94	8,04

Para cada tipo de ambiente, que está integrado por varios ecosistemas, se ha promediado sobre los promedios de cada ecosistema. Fuente de los datos: ríos de alta montaña-capítulo de *Ríos montanos*; otros ríos- datos de la Confederación del Tajo (www.chtajo.es), promediados por nosotros; embalses-datos de la Confederación del Tajo (www.chtajo.es), promediados por nosotros; Peñalara-capítulo de *Lagos y humedales de alta montaña*; graveras-Álvarez Cobelas (datos inéditos); resto de los tipos de ecosistema-capítulo de *Otros ecosistemas estancados*. Dentro de los manantiales de la campiña no se ha incluido el manantial de La Boyeriza, de conductividad mucho más elevada que el resto (véase el capítulo *Otros ecosistemas estancados*). También se ofrece el número de años sobre el que se ha realizado el promedio de datos cuando se conoce.

los embalses, seguidos de los ríos mesetarios. El rango promedio oscila entre 0,02 y 17,0 meq/L (tabla 7.5).

Por su parte, el magnesio sigue una pauta similar a la del calcio: concentración máxima en las graveras, mínima en Peñalara (tabla 7.5). Su mayor variabilidad promedio, sin embargo, tiene lugar en los embalses, seguida de la experimentada en las canteras de granito. El rango promedio para el conjunto de los ecosistemas madrileños varía entre 0,01 y 10,39 meq/L (tabla 7.5).

Dejando aparte la laguna de Las Esteras, donde la concentración de sodio probablemente sea la más alta de todos los ambientes acuáticos madrileños por su acumulación de minerales (thenardita, glaubertita y mirabilita) que contienen ese ión, son de nuevo las graveras las quemuestran mayores concentraciones sódicas, seguidas dela de los ríos mesetarios, con Peñalara como el ambiente de menor concentración de sodio (tabla 7.5). La máxima variabilidad tiene lugar en los ríos de la Meseta, seguida por la presente en los embalses y manantiales de la rampa serrana. En conjunto, el rango promedio oscila entre 0,01 y 18,53 meq/l (tabla 7.5).

Finalmente, el potasio sigue una pauta similar a la del otro metal alcalino dominante, y su rango de variación promedio cambia desde el valor nulo en Peñalara a 1,79 meq/l en las canteras de granito (tabla 7.5).

A juzgar por los párrafos anteriores, la tipología geoquímica de las masas de agua resulta bastante variada (tabla 7.5), con ambientes donde domina el bicarbonato-cálcico (zonas de alta montaña) y otros donde lo hace el sulfato sódico-cálcico-magnésico (ecosistemas del sureste).

Desde el punto de vista de los minerales presentes, en los sedimentos lacustres de la laguna de El Porcal hemos detectado arcillas caoliníticas principalmente (ilita, caolinita, quizá esmectita), mientras que en la fracción limosa se presentan la calcita cristalizada, el cuarzo, algunos feldespatos potásicos, turmalina, rutilo y óxidos de hierro (Álvarez Cobelas *et al.,* 1987a). En Las Madres también domina la fracción arcillosa, con la moscovita (silicato hidratado de aluminio y potasio) como mineral más abundante (Álvarez Cobelas, datos inéditos).

Pasando a los ambientes fluviales, ya Catalán Lafuente (1965) en su tesis doctoral señaló la presencia de turmalina, granate, anatasa, estaurolita, andalucita, apatito y distintas micas en los ríos Tajuña y Tajo a su paso por la provincia de Madrid, entre otros minerales presentes en menor cuantía. Que sepamos, no hay más estudios sobre la mineralogía de las aguas naturales madrileñas. La geoquímica de las rocas sedimentarias determina la composición iónica del agua fluvial en la cuenca del Jarama, pero los procesos de intercambio iónico no parecen muy relevantes (Bustos *et al.,* 1989).

La mayor concentración promedio de silicio tiene lugar en los manantiales de la campiña, a los cuales les sigue en importancia la presente en los manantiales de la rampa y en las graveras. Todos estos ambientes son de características sedimentarias y acusan la erosión prolongada de los materiales serranos, como se ha señalado al comienzo de este apartado. La mayor variabilidad promedio, como CV, se tiene en las canteras de granito y pórfido, mientras que la menor aparece en los manantiales de la rampa (tabla 7.4). En conjunto la concentración promedio de silicio en los ambientes acuáticos madrileños varía entre 0,15 y 18,47 mg Si/L (tabla 7.5).

No se ha trabajado en el metabolismo del carbono inorgánico en los ambientes carbonatados madrileños. La distribución de las distintas formas de esa fracción sigue las mismas pautas que cualquier ambiente: controlada por el pH. Se ignora la contribución de las entradas de carbono inorgánico al metabolismo general de los lagos, específicamente a las emisiones de CO_2 hacia la atmósfera, que suelen ser más acusadas en ambientes más carbonatados (Stets *et al.*, 2009), como los presentes al sur de la capital.

El metabolismo del azufre tampoco se ha explorado demasiado, a pesar de que las graveras del sureste sean ricas en sulfatos. Aunque la existencia de anoxia debería favorecer una reducción notable del sulfato, nuestros datos para Las Madres indican que dicha reducción es muy limitada (figura 7.3). El ión sulfato también domina abrumadoramente en las capas profundas y anóxicas de la laguna, donde el ión sulfuro presenta concentraciones muy bajas en comparación, lo cual sugiere algún factor muy limitante de la reducción del sulfato en el ambiente anóxico de Las Madres, además de la rápida precipitación de los sulfuros con el ión ferroso (Wetzel, 2001).

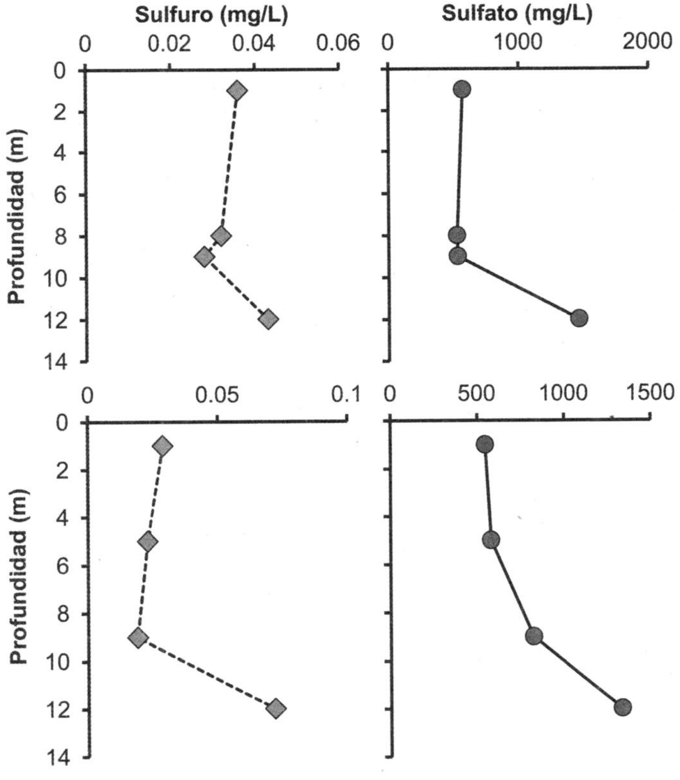

Figura 7.3. Concentraciones de sulfuro y sulfato en la columna vertical de la laguna de Las Madres a finales del periodo de mezcla (panel superior) y a mediados del periodo de estratificación (panel inferior). Datos no publicados. Nótense los cambios de escala para las concentraciones.

LOS GASES

La concentración de oxígeno en ambientes estancados y fluviales ha sido bien caracterizada en buena parte de los ambientes acuáticos madrileños, a excepción de los embalses, pues los datos disponibles son muy antiguos (Sánchez de la Nieta *et al.*, 1972; Velasco, 1978; Haering 1981, 1984; Álvarez Cobelas, 1982b). Todas las distribuciones verticales de este gas en los ambientes estancados son clinogradas (Hutchinson, 1957), es decir, los máximos tienen lugar en superficie y luego la concentración va disminuyendo hacia el fondo, a veces desapareciendo por completo, como sucede en los ambientes eutróficos.

Los ríos estudiados presentan solubilidades del oxígeno inferiores a la saturación, lo cual indica que su consumo predomina sobre su producción (tabla 7.6). En los principales ríos de la meseta, la concentración del oxígeno siempre muestra subsaturación (rango: 61-94 %).

En los embalses, el promedio de solubilidad se halla alrededor del 100 %, lo que podría indicar que se dan alternativamente condiciones con predominio de consumo y condiciones con predominio de producción. En las lagunas de gravera, sin embargo, el promedio excede la sobresaturación (tabla 7.6), lo cual se ve condicionado por el hecho de que algunas lagunas hipertróficas, como El Porcal, Las Arriadas, Soto de las Cuevas y Campillo, presenten una gran concentración de oxígeno en su capa superficial, producto de la gran actividad fotosintética del plancton. Y es ese mismo plancton el que, al sedimentar, origina un gran consumo de oxígeno en las capas profundas, donde la concentración del gas suele llegar a hacerse casi indetectable. La anoxia estival en las capas profundas de los ecosistemas acuáticos madrileños resulta muy frecuente.

El déficit hipolimnético de oxígeno en algunos ecosistemas estancados muestra valores muy altos, propios de ambientes con anoxia (tabla 7.7). En conjunto, las cifras se hallan en el extremo superior de las registradas para ambientes eutróficos (Cor-

Tabla 7.6. Promedios y variabilidad de la saturación del oxígeno disuelto (%) en la capa superficial de distintos tipos de ecosistemas acuáticos madrileños.

	Número de ecosistemas (años)	Promedio	Desviación típica	CV	Mín.	Máx.
Otros ríos	13 (2011-2015)	80,89	10,47	13	61,88	93,58
Embalses	16 (2011-2015)	100,29	24,91	25	67,84	164,41
Graveras	9 (1998-1999)	129,31	33,21	26	81,71	179,92

Para cada tipo de ambiente, que está integrado por varios ecosistemas, se ha promediado sobre los promedios de cada ecosistema. Fuente de los datos: otros ríos y embalses-datos de la Confederación del Tajo (www.chtajo.es), promediados por nosotros; graveras-Álvarez Cobelas (datos inéditos); resto de los tipos de ecosistema-capítulo de *Otros ecosistemas estancados*.

Tabla 7.7. Déficit hipolimnético de oxígeno (g $O_2/m^2/d$) en algunos ecosistemas madrileños estancados.

	Año	Déficit	Fuente de los datos
Embalse de El Vellón	1981	0,206	Álvarez Cobelas (1982b)
Embalse de Pinilla	1975	0,233	Haering (1981)
Embalse de Valmayor	1981	0,083	Haering (1984)
Laguna del Campillo	1995	0,221	Álvarez Cobelas (datos inéditos)
Laguna de El Porcal	1985	0,135	Álvarez Cobelas (datos inéditos)
Laguna de Las Madres	1992-2016	0,036-0,141	Álvarez Cobelas (datos inéditos)

Las cifras han sido estimadas a partir de los datos brutos de oxígeno facilitados en cada referencia bibliográfica, siguiendo la metodología de Lasenby (1975).

nett y Rigler, 1980; Müller *et al.,* 2012). A largo plazo (1992-2016), los cambios en Las Madres suponen una variabilidad notable, que casi multiplica por cuatro el valor mínimo, a pesar de que la laguna tenga una marcada anoxia estival desde el comienzo de su estudio en 1992.

En algunos ambientes se ha constatado la existencia primaveral de máximos metalimnéticos de oxígeno disuelto, como en el embalse de El Atazar (véase la figura 7.3 de Almodóvar *et al.,* 2004), donde se debió a la actividad de la cianobacteria *Planktothrix rubescens,* y en la laguna de Las Madres, cuando en los meses de mayo, junio y julio se observa ocasionalmente un máximo en esas capas intermedias (4-6 m), fruto de la fotosíntesis de los dinoflagelados (figura 7.4).

Hay también algunos datos preliminares sobre la evolución diaria de la concentración de oxígeno en el embalse de El Vellón, medida cada cuatro horas en el mes de junio de 1983, que indican máximos de saturación al atardecer y mínimos durante la noche, verosímilmente asociados a las actividades del plancton (sobre todo, la fotosintética diurna y la respiratoria nocturna; Arauzo, 1992).

A largo plazo, la concentración de oxígeno en las capas superficiales de la laguna de Las Madres muestra un comportamiento en el que predomina la subsaturación en un 69 % de los muestreos mensuales (figura 7.5), lo cual podría indicar que en esos momentos la laguna se comporta como netamente heterotrófica. Se aprecia cierta estacionalidad, aunque de magnitud variable interanualmente.

Apenas se han efectuado medidas de dióxido de carbono, metano y óxido nitroso en los ecosistemas acuáticos madrileños, y nada sabemos sobre la oxidación del metano al atravesar las capas lacustres más oxigenadas camino de la atmósfera. Las únicas mediciones conocidas se han llevado a cabo en la laguna de Las Madres. Los tres gases se suelen acumular en las capas más profundas, a excepción del óxido nitroso en invierno (figura 7.6), pero su presencia en la capa en contacto con la atmósfera varía con la época del año. Así, el dióxido de carbono muestra mayores concentraciones desde septiembre a febrero, cuando la mezcla vertical favorece su

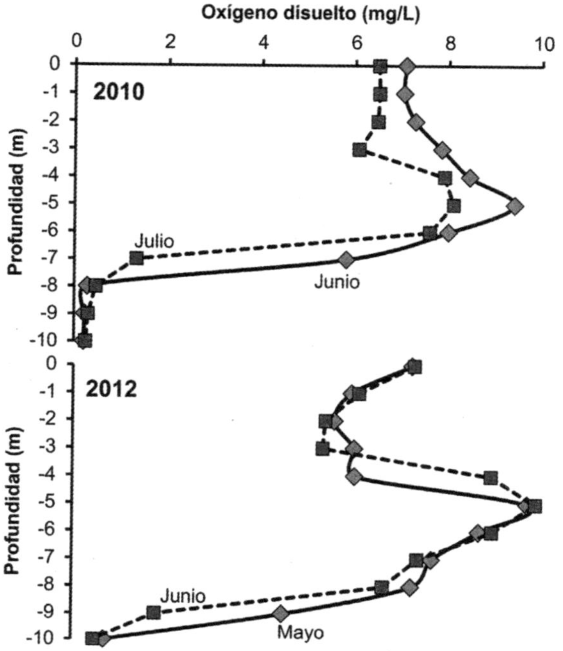

Figura 7.4. Máximo metalimnético de oxígeno disuelto en la laguna de Las Madres en dos años distintos.

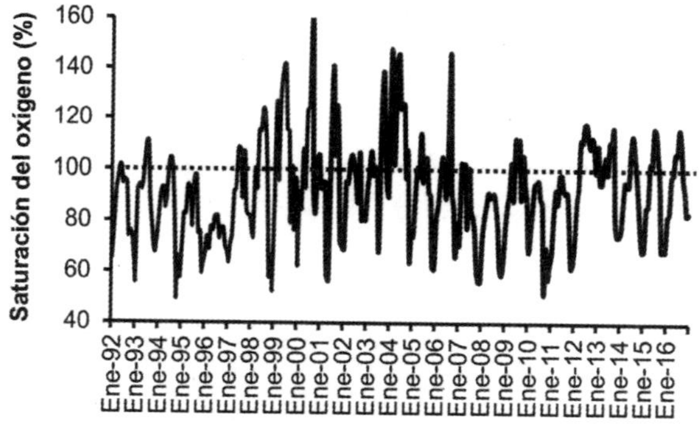

Figura 7.5. Solubilidad del oxígeno en la capa superior de la laguna de Las Madres a largo plazo. La línea de trazos indica el 100 % de saturación.

presencia, mientras que el metano llega a su máximo en verano, aunque en 2014 alcanzara cifras estivales mayores que en 2015. En cuanto al óxido nitroso, los máximos se observaron durante la mezcla otoñal (figura 7.7). Los flujos anuales hacia la atmósfera dependen del gradiente de cada gas en la interfase agua-atmósfera y de la velocidad de flujo de pistón, variable esta que es la más difícil de cuantificar. Una estimación conservadora, basada en los métodos de Cole *et al.* (2010), sugiere que las emisiones de estos gases en el periodo anual que discurre desde agosto de 2014

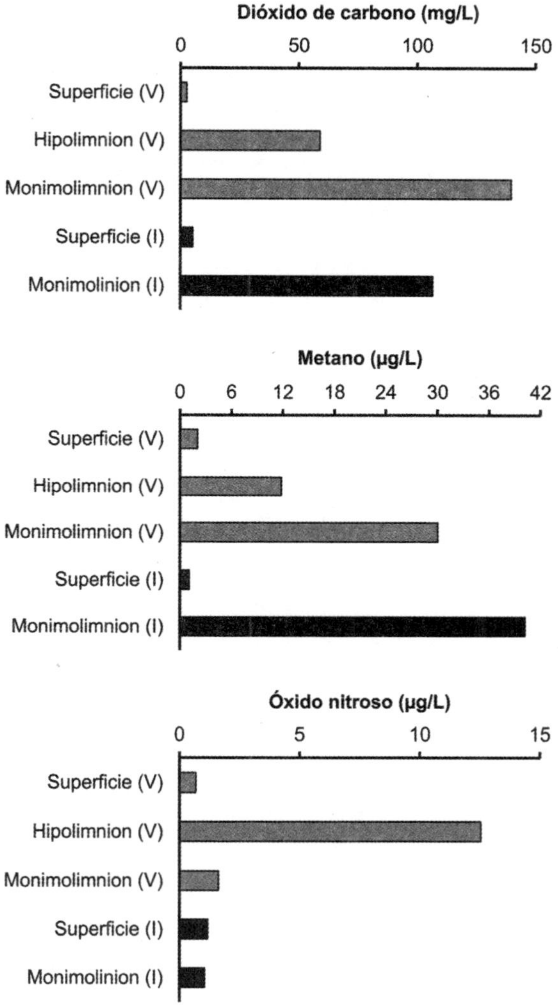

Figura 7.6. Pautas de la distribución vertical de algunos gases en la laguna de Las Madres durante el invierno (I) y el verano (V).

a julio de 2015 supusieron 0,148 g CH_4/m^2, 0,163 g N_2O/m^2 y 788 g CO_2/m^2, respectivamente. La emisión anual de metano se halla entre las menores registradas en los lagos del mundo (Ortiz-Llorente y Álvarez-Cobelas, 2012). No disponemos apenas de datos sobre lagos a escala mundial para comparar nuestra emisión de óxido nitroso; las dos únicas que conocemos (Huttunen *et al.*, 2003; Salk *et al.*, 2016) son inferiores a las generadas por Las Madres. La evasión de dióxido de carbono, por su parte, resulta bastante elevada, superior a la producida en algunos embalses heterótrofos del sur de España (Morales-Pineda *et al.*, 2016).

No hay estudios de emisión de estos gases por los ríos madrileños, que debe ser importante, dado el carácter heterotrófico de muchos de ellos (véase el capítulo

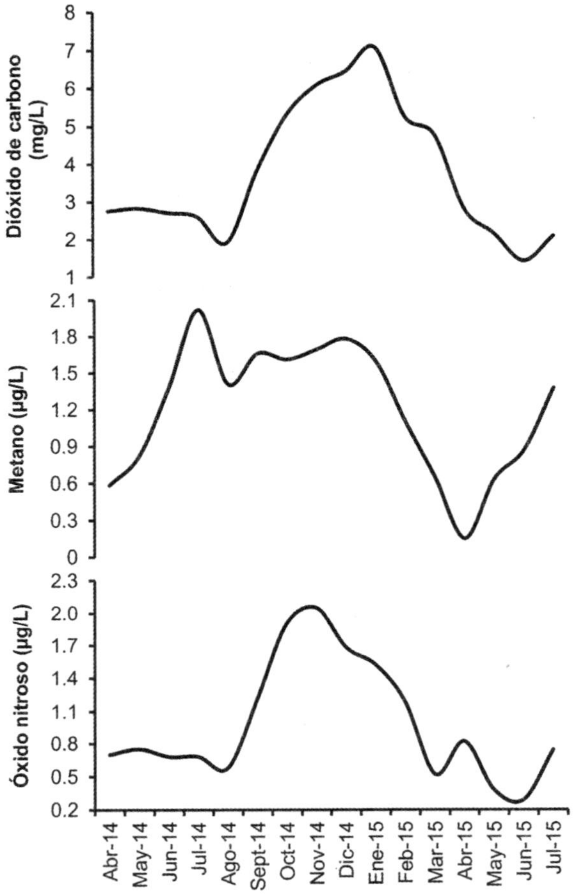

Figura 7.7. Curso temporal de la concentración de algunos gases en la capa superficial de la laguna de Las Madres.

Rios de la meseta) y la gran cantidad de materia orgánica que albergan, procedente de las aguas residuales parcialmente tratadas. Esta carencia resulta especialmente notable porque se sabe que los ríos emiten mucho más CO_2 hacia la atmósfera que los ambientes lacustres (Raymond *et al.,* 2013).

LOS NUTRIENTES

En Madrid, no hay datos sobre procesos biogeoquímicos (desnitrificación, amonificación, mineralización del fósforo orgánico, etc.), sino únicamente sobre concentraciones. En los ambientes estancados la distribución vertical sigue las bien conocidas pautas que responden a la dinámica térmica (Hutchinson, 1957): homogeneización durante el periodo de mezcla y distribución vertical heterogénea durante la estratificación, condicionada por la ingestión de materia disuelta por el fito y el bacterioplancton y por las transformaciones del metabolismo ya citadas, más intensas en las capas profundas y en el sedimento (figuras 7.8-7.10).

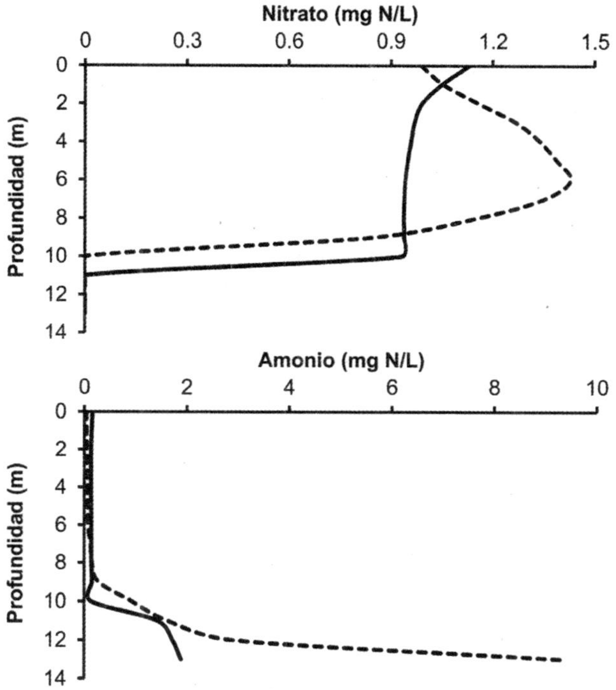

Figura 7.8. Perfiles verticales representativos de nitrato (panel superior) y amonio (panel infrerior) en la laguna de Las Madres durante la mezcla (línea continua) y la estratificación (línea discontinua).

Las concentraciones de nitrato son pequeñas en las corrientes fluviales de montaña y en los manantiales de la rampa serrana, mientras que sus cifras resultan muy superiores, principalmente en los ríos mesetarios, aunque también en el resto de los ecosistemas –enclavados en zonas antaño agrícolas– impactados por el agua nitrificada de las depuradoras o con alimentación hídrica por aguas subterráneas (caso de las graveras; tabla 7.8). El rango de dichas concentraciones oscila entre 0,015 y 38,67 mg $N\text{-}NO_3/L$ y la variabilidad de cada tipo de ecosistema –juzgada por su CV– es más alta en los manantiales de la campiña (tabla 7.8).

El caso del amonio es paralelo al del nitrato, pues están ligados por el proceso de la nitrificación. Las pautas son, pues, las mismas que en el caso anterior. El rango observado oscila entre 0,002 y 21,75 mg $N\text{-}NH_4/L$ (tabla 7.8).

Al integrar los dos compuestos precedentes, el nitrógeno total muestra relación con ellos, pero solo ha sido medido en Peñalara, los ríos mesetarios, los embalses y las graveras. Oscila entre 0,02 y 21,17 mg N/L y resulta más variable en los embalses que en el resto de los ambientes (tabla 7.8).

Tabla 7.8. Promedios y variabilidad de los nutrientes en la capa superficial de distintos tipos de ecosistemas acuáticos madrileños.

	Número de ecosistemas (años)	Promedio	Desviación típica	CV	Mín.	Máx.
	Nitrato (mg/L)					
Ríos de alta montaña	6	0,198	0,178	90	0,015	0,510
Otros ríos	18 (1982-1997)	12,694	10,129	80	2,058	38,675
Embalses	13 (2011-2015)	2,601	2,847	109	0,338	10,429
Graveras	9 (1998-1999)	4,274	3,586	84	0,306	9,456
Canteras de granito	10 (1993)	0,17	0,19	110	0,04	0,66
Canteras de pórfido	5 (1993)	0,07	0,04	59	0,02	0,13
Humedales de descarga regional	7 (1987)	4,479	4,768	106	0,185	11,293
Manantiales de la campiña	4 (1993)	2,064	3,354	163	0,137	7,068
Manantiales de la rampa	6 (1993)	0,181	0,190	10	0,066	0,558
	Amonio (mg/L)					
Ríos de alta montaña	6	0,016	0,010	61	0,004	0,030
Otros ríos	18	4,396	5,986	136	0,110	21,350
Embalses	13	0,276	0,433	157	0,082	1,750
Graveras	9	0,508	0,350	69	0,145	1,169
Canteras de granito	10	0,60	0,86	143	0,00	3,00
Canteras de pórfido	5	0,25	0,18	71	0,002	0,50
Humedales de descarga regional	7	0,028	0,019	68	0,006	0,051
Manantiales de la campiña	4	1,115	0,927	83	0,500	2,460
Manantiales de la rampa	6	0,292	0,102	35	0,250	0,500
	Nitrógeno total (mg N/L)					
Otros ríos	18	7,996	5,744	72	2,000	21,167
Embalses	13	1,873	1,751	93	0,042	5,052

Tabla 7.8. *(continuación)*

	Número de ecosistemas (años)	Promedio	Desviación típica	CV	Mín.	Máx.
Laguna de Peñalara	1				0,020	0,650
Graveras	9	4,025	1,748	43	2,028	7,514
Ortofosfato (mg/L)						
Ríos de alta montaña	6	0,012	0,006	51	0,004	0,020
Otros ríos	18	0,849	0,618	73	0,110	2,534
Embalses	11	1,550	4,165	269	0,067	14,090
Laguna de Peñalara	1				0,002	0,058
Graveras	9	0,170	0,206	121	0,014	0,549
Canteras de granito	10	0,610	1,841	299	0,001	5,84
Canteras de pórfido	5	0,016	0,018	114	0,001	0,046
Humedales de descarga regional	7	0,312	0,129	41	0,137	0,478
Manantiales de la campiña	4	0,357	0,156	44	0,163	0,537
Manantiales de la rampa	6	0,025	0,030	119	0,002	0,068
Fósforo total (mg P/L)						
Otros ríos	18	0,386	0,240	62	0,054	0,886
Embalses	13	0,136	0,119	88	0,020	0,390
Laguna de Peñalara	1				0,002	0,048
Graveras	9	0,366	0,384	105	0,040	0,986
Carbono orgánico disuelto (mg C/L)						
Graveras	9	5,142	2,646	51	1,875	10,053
Carbono orgánico total (mg C/L)						
Otros ríos	18	10,312	3,103	30	3,509	16,773
Embalses	13	5,696	3,285	58	3,150	13,159

Para cada tipo de ambiente, que está integrado por varios ecosistemas, se ha promediado sobre los promedios de cada ecosistema. Fuente de los datos: ríos de alta montaña-capítulo de *Ríos montanos*; otros ríos; embalses-datos de la Confederación del Tajo (www.chtajo.es), promediados por nosotros; Peñalara (Granados *et al.*, 2006); graveras-Álvarez Cobelas (datos inéditos); resto de los tipos de ecosistema-capítulo de *Otros ecosistemas estancados*. También se ofrece el número de años sobre el que se ha realizado el promedio de datos cuando se conoce.

El ortofosfato, por su parte, también presenta mayor variabilidad en la capa superficial de los embalses, donde alcanza las mayores cifras promedio (tabla 7.8). Su rango varía entre 0,001 y 14,09 mg/L. Finalmente, el fósforo total solo se ha determinado en ríos mesetarios, graveras, embalses y Peñalara, hallándose sus mayores cifras promedio en los primeros y siendo su concentración más variable en las graveras (rango global: 0,002-0,986 mg P/L; tabla 7.8).

En cuanto al carbono orgánico, importante en la nutrición bacteriana, cabe decir que hay pocos ecosistemas donde se haya determinado. Las medidas de Demanda Química de Oxígeno con respecto al dicromato pueden transformarse en cifras de carbono orgánico total (Ahlgren, 1983), y eso hemos hecho para los ríos, donde resulta superior, pero menos variable que en los embalses (tabla 7.8). El carbono orgánico disuelto solo se ha determinado en las lagunas de gravera, que muestran un rango de variación notable (1,87-10,05 mg C/L).

La distribución vertical del carbono orgánico total en la laguna de Las Madres, compuesta mayoritariamente por formas disueltas, refleja un incremento notable cuanto más profundas sean las capas en el caso de los compuestos disueltos, tanto durante la mezcla como en la estratificación (figura 7.9). Esas formas disueltas suponen alrededor del 90 % del carbono orgánico total en la laguna. En cuanto al nitró-

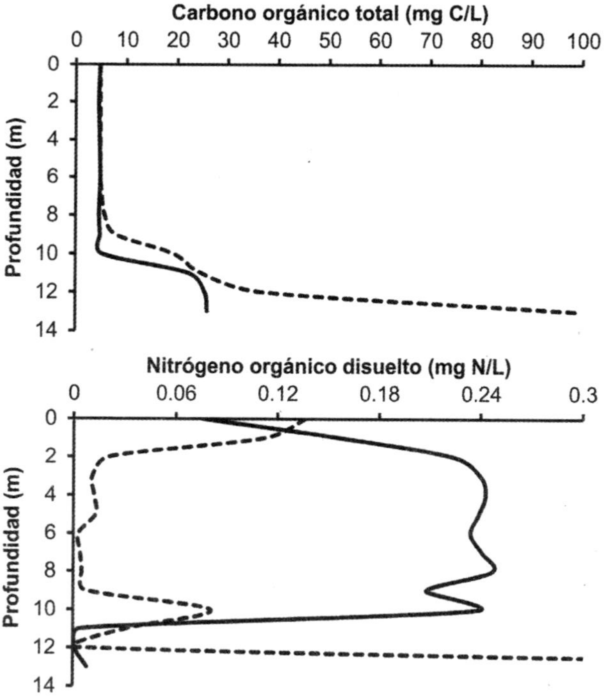

Figura 7.9. Perfiles verticales representativos de carbono orgánico total (panel superior) y nitrógeno orgánico disuelto en la laguna de Las Madres durante la mezcla (línea continua) y la estratificación (línea discontinua).

geno orgánico disuelto, su distribución vertical resulta muy cambiante: durante la estratificación alcanza sus máximos en epilimnion y monimolimnion, mientras que en la mezcla las cifras más altas se observan en las capas intermedias (figura 7.9). Ese ecosistema es el único lugar donde estos compuestos se han medido en Madrid. El fósforo total parece alcanzar mayores concentraciones durante la estratificación que en la mezcla y ofrece unas distribuciones verticales complejas, sobre todo durante la estratificación (figura 7.10).

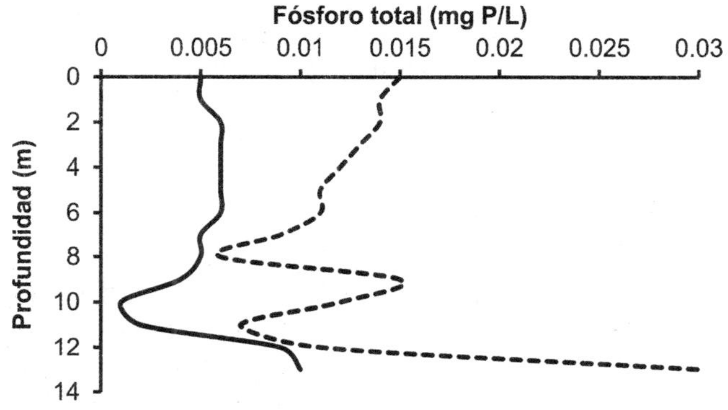

Figura 7.10. Perfiles verticales representativos de fósforo total en la laguna de Las Madres durante la mezcla (línea continua) y la estratificación (línea discontinua).

En cualquier caso, nada sabemos para los ambientes estancados de Madrid acerca de los flujos de nutrientes disueltos entre capas de distinta densidad durante la estratificación.

La dinámica de la mezcla vertical en otoño ha sido seguida en muestreos diarios en la laguna de Las Madres durante noventa y tres días consecutivos de 1991. Mientras que el carbono por unidad de superficie permaneció aproximadamente constante durante todo el estudio, el nitrógeno total aumentó y el fósforo disminuyó. En el proceso también fueron importantes las corrientes de densidad, que dirigieron la materia en descomposición desde la zona litoral, rica en macrófitos emergentes, hacia las zonas profundas, pero también los intercambios entre el lago y el acuífero, que dieron lugar a procesos de doble difusión (Álvarez Cobelas *et al.,* 2005d; véase también el capítulo de *Física del agua*).

A largo plazo (1992-2016) y en las distintas capas (epilimnion, termoclina e hipolimnion) de la laguna de Las Madres, el nitrato experimenta grandes oscilaciones a lo largo del tiempo, si bien con cifras muy inferiores en las zonas profundas debidas a las condiciones anóxicas; se aprecia también una suave tendencia creciente tanto en epilimnion como en termoclina, pero no en hipolimnion (figura 7.11). Esas grandes variaciones también son patentes en amonio, cuya pauta vertical es inversa a la del nitrato, y nitrógeno total (figuras 7.12-7.13). Finalmente, el fósforo total muestra unos máximos notables en momentos intermedios de la serie temporal, aunque los máximos en cada capa no coincidan en el tiempo (figura 7.14). En conjunto, las

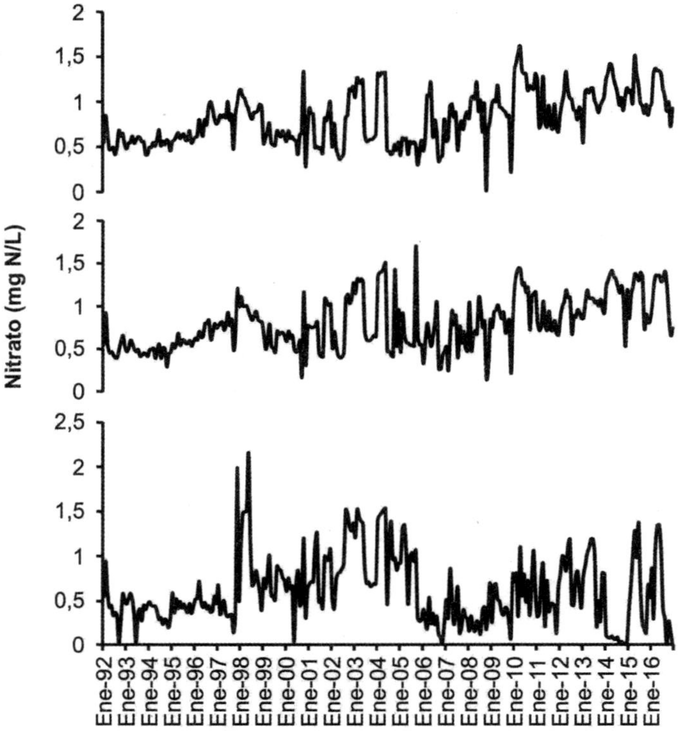

Figura 7.11. Datos a largo plazo (1992-2016) del nitrato (mg N/L) en el epilimnion (gráfico superior), termoclina (gráfico medio) e hipolimnion (gráfico inferior) de la laguna de Las Madres

formas de fósforo son más variables que las de nitrógeno en las tres capas estudiadas: el fósforo total aumenta hacia las zonas más profundas, mientras que el nitrógeno total parece más homogéneo en la columna de agua (tabla 7.9).

Los datos de nutrientes en el medio fluvial, generados por la Confederación del Tajo, podrían permitir análisis sugestivos si hubiese alguien interesado. Nosotros hemos extraído los promedios anuales para distintas formas disueltas en el caso del río Jarama, en Aranjuez, un lugar interesante por cuanto resulta ser aquel donde la cuenca del río sale de Madrid y, por tanto, nos informa sobre la exportación de nutrientes por la mayor cuenca madrileña. Las pautas parecen bastante claras: a largo plazo (1981-2015) se ha ido viendo como Madrid exporta cada vez menos amonio y ortofosfato hacia el Tajo, mientras que la exportación de nitrato ha aumentado (figura 7.15). Además, la figura nos permite apreciar que la variabilidad de las concentraciones era mayor antiguamente. Ambos hechos, las tendencias temporales de los promedios y de sus variabilidades, sugieren que: 1.º) dichas concentraciones se han visto afectadas por el funcionamiento de los varios planes de saneamiento madrileños; 2.º) el amonio es ampliamente nitrificado en dichas depuradoras, y 3.º) el funcionamiento de las mismas ha mejorado, lo cual reduce la variabilidad de las concentraciones en los efluentes y, por tanto, en el río. Dada la tendencia decreciente del sector

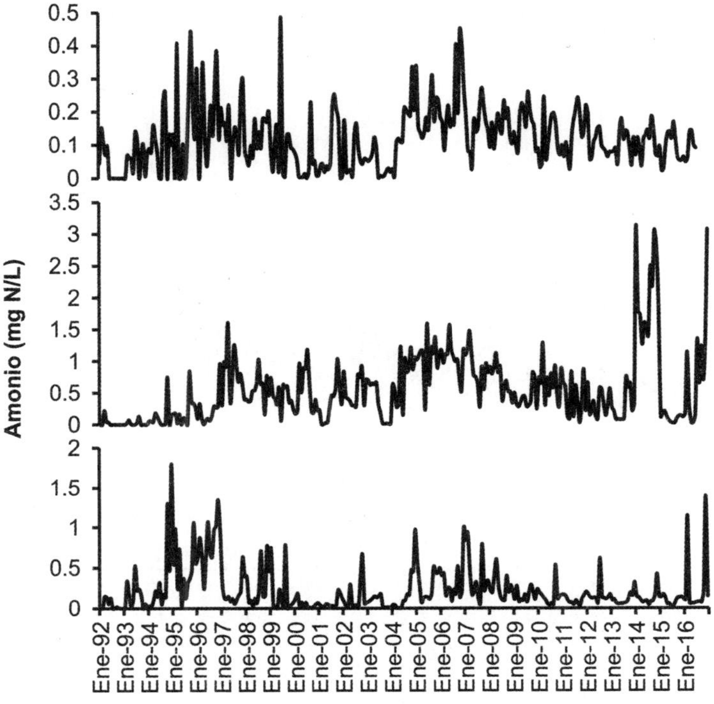

Figura 7.12. Datos a largo plazo (1992-2016) del amonio (mg N/L) en el epilimnion (gráfico superior), termoclina (gráfico medio) e hipolimnion (gráfico inferior) de la laguna de Las Madres.

agrícola en Madrid, no cabe sospechar que el aumento del nitrato a largo plazo en el tramo bajo del Jarama se deba fundamentalmente a un aumento de la contaminación agraria, sino que sería fruto de la nitrificación en las instalaciones de depuración.

La estequiometría de la relación nitrógeno/ fósforo en la capa iluminada de Las Madres está desplazada hacia el nitrógeno casi siempre a largo plazo (1992-2016), es decir, el principal elemento limitante de la producción primaria en esa laguna ha sido el fósforo.

La alimentación nutritiva de las graveras supone un tema interesante y poco conocido por las dificultades de conjugar hidrogeología y limnología, así como por la inexistencia de pozos cercanos a las graveras donde puedan medirse regularmente los niveles piezométricos, imprescindibles para conocer el gradiente de flujo. El asunto no resulta fácil de resolver porque la altura de la lámina de agua entre lagunas próximas, que define la dirección de los flujos de agua y nutrientes, cambia de unas a otras. Así, por ejemplo, las lagunas situadas al norte y al este de Las Madres mostraban un nivel más alto que ésta en noviembre de 2015, por lo que cabría sospechar que el flujo de agua discurriría desde ellas hacia Las Madres. Sin embargo, la cubeta oriental mostraba más nutrientes que nuestra laguna, mientras que con la septentrional sucedía lo contrario. En esas condiciones, ¿cuántos nutrientes y cómo influyen sobre las aguas de Las Madres, los procedentes de esas lagunas circundantes?

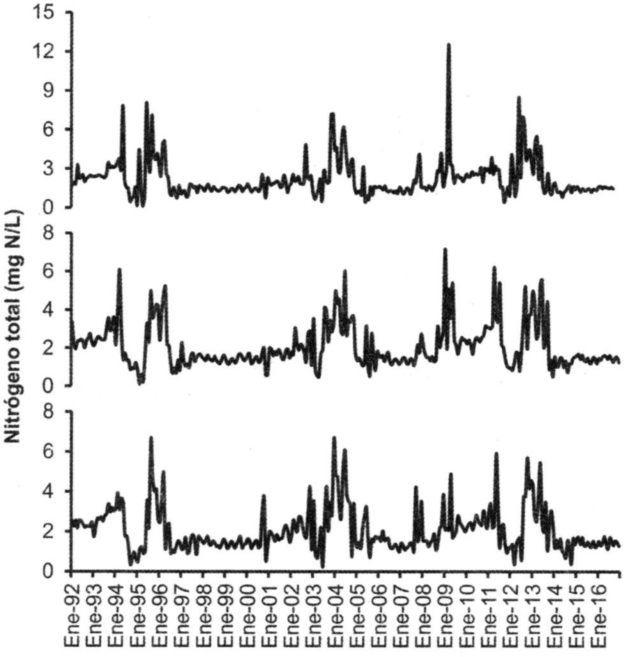

Figura 7.13. Datos a largo plazo (1992-2016) del nitrógeno total (mg N/L) en el epilimnion (gráfico superior), termoclina (gráfico medio) e hipolimnion (gráfico inferior) de la laguna de Las Madres.

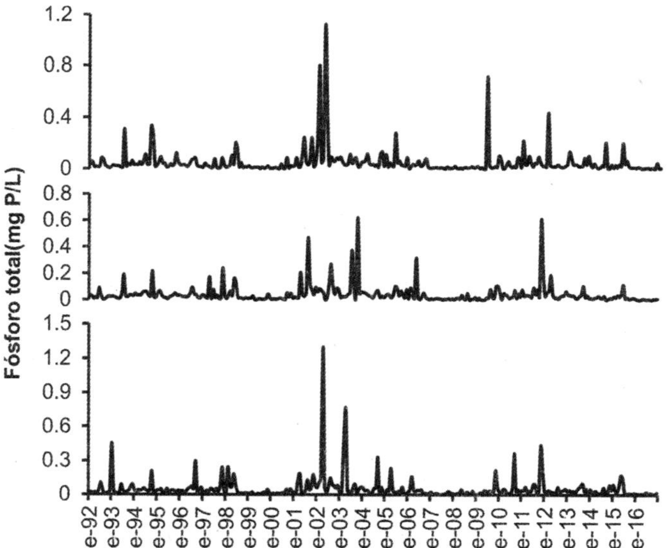

Figura 7.14. Datos a largo plazo (1992-2016) del fósforo total (mg P/L) en el epilimnion (gráfico superior), termoclina (gráfico medio) e hipolimnion (gráfico inferior) de la laguna de Las Madres.

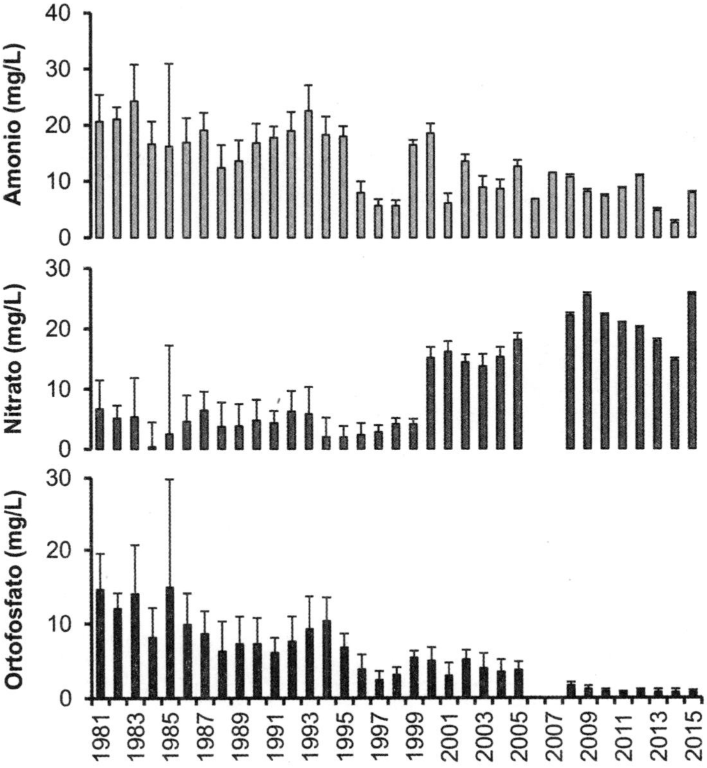

Figura 7.15. Promedio y desviación típica («T») anuales de los datos a largo plazo (1981-2015) de las concentraciones de amonio, nitrato y ortofosfato en el río Jarama, a la altura de Aranjuez.

Los de la septentrional las diluirían, mientras que los de la oriental las concentrarían. ¿En qué medida?

Hay otras metodologías para averiguar la entrada de nutrientes de origen subterráneo en un lago, como la de Lee (1977), pero nuestra propia experiencia con ellas no es suficientemente satisfactoria, pues el flujo en estos ambientes mediterráneos resulta demasiado lento como para obtener volúmenes suficientes de agua para el análisis.

La deposición atmosférica total (seca y húmeda), medida puntualmente en febrero de 2016 en Las Madres, supuso 0,207, 0,055 y 0,008 mg/m^2/día para carbono, nitrógeno y fósforo totales, respectivamente (Álvarez Cobelas, datos inéditos). En abril de 1993 los datos mostraron valores muy superiores, pero no pueden compararse porque los sistemas de captura de la deposición eran muy distintos. Asumiendo que nuestras cifras son muy puntuales, la comparación con datos de deposición seca y húmeda de nitrógeno y fósforo totales registrados en Sierra Nevada (Morales-Baquero *et al.*, 2013), los cuales acusan más las llegadas de polvo sahariano, hace que las cifras de deposición sobre Las Madres sean mucho menores. Si solo atendemos al nitrógeno, la comparación con los datos globales para España (García-Gómez *et*

Tabla 7.9. Promedio y variabilidad de las concentraciones mensuales de algunas formas de nitrógeno y fósforo a largo plazo (1992-2016) en distintas capas de la laguna de Las Madres.

	Nitrato (mg N/L)	Amonio (mg N/L)	Ortofosfato (mg/L)	Nitrógeno total (mg N/L)	Fósforo total (mg P/L)
Epilimnion					
Promedio	0,811	0,121	0,014	2,03	0,039
Desviación típica	0,288	0,090	0,022	1,20	0,053
CV	35	75	157	59	136
Mínimo	0,009	0,000	0,000	0,12	0,001
Máximo	1,607	0,488	0,187	8,01	0,454
Termoclina					
Promedio	0,797	0,579	0,016	2,12	0,043
Desviación típica	0,309	0,543	0,022	1,22	0,068
CV	39	94	133	57	159
Mínimo	0,145	0,000	0,000	0,36	0,000
Máximo	1,699	3,11	0,180	8,46	0,610
Hipolimnion					
Promedio	0,615	0,216	0,013	2,10	0,070
Desviación típica	0,392	0,268	0,022	1,20	0,142
CV	64	124	166	57	205
Mínimo	0	0,000	0,000	0,24	0,000
Máximo	2,154	1,800	0,218	7,20	1,300

FUENTE: Álvarez Cobelas (datos inéditos).

al., 2014) arroja también unas cifras extremadamente bajas en el caso de la laguna madrileña. Este aporte nutritivo de origen atmosférico, por tanto, resulta de muy poca importancia para la laguna de Las Madres. Existen interesantes cifras de deposición atmosférica para el entorno de Peñalara (véase el capítulo de Granados y Toro).

Algunos datos sedimentarios de embalses y graveras se refieren en los capítulos de *Aguas embalsadas* y *Otros ecosistemas estancados*. Las tasas medidas de sedimentación del nitrógeno y el fósforo particulados son superiores a las referidas en la bibliografía (tabla 7.10; Bloesch *et al.*, 1977; Molongoski y Klug, 1980), en parte porque los ecosistemas son hipertróficos (lagunas del Campillo y El Porcal) y, en parte porque la materia sedimentada proviene de la zona litoral, donde predomina la materia orgánica derivada de la vegetación emergente (caso de Las Madres).

Tabla 7.10. Tasas de sedimentación del nitrógeno y el fósforo orgánico particulado (mg/m^2/día) en varias graveras del sureste de Madrid.

	Campillo	El Porcal	Las Madres
	Nitrógeno orgánico particulado		
Promedio	474,37	360	202,41
Desviación típica	212,86	170	133,60
CV	45	47	66
Min	95,54		68,94
Max	693,33		489,56
	Fósforo orgánico particulado		
Promedio	102,77	480	96,54
Desviación típica	61,39	490	57,43
CV	60	102	59
Min	31,80		23,30
Max	247,63		218,22

FUENTE: Álvarez Cobelas, datos no publicados.

Exportación fluvial de nutrientes por las cuencas madrileñas y cargas

Resulta muy difícil hacer una estimación de los nutrientes que exportan las cuencas hidrográficas madrileñas porque la información sobre concentraciones de esas sustancias en las diferentes estaciones de aforo es muy dispar espacialmente, muy irregular temporalmente y, en numerosas ocasiones, no hay coincidencia entre las fechas de muestreo de caudal y de química del agua. Por otra parte, es necesario resaltar que los promedios anuales están representados por secuencias temporales muy heterogéneas, lo que propicia, en ocasiones, cierto sesgo en los resultados. Considerando los numerosos hiatos que existen en las series temporales, solo es posible tener estimaciones anuales promedio desde 1990 a 2013 para algunas subcuencas de los ríos Guadalix, Manzanares, Guadarrama y Jarama (tabla 7.11). En el resto de las subcuencas no se pueden realizar los cálculos por ausencia de datos de química, de caudal o por la presencia de embalses o presas. Finalmente, la concentración de carbono orgánico total (COT) se ha estimado a partir de los registros de DQO al dicromato, siguiendo la conversión propuesta por Ahlgren (1983).

La exportación de nutrientes es muy variable tanto interanualmente como entre las cuencas consideradas y, principalmente, para el nitrógeno y el fósforo totales (tabla 7.11). La exportación de COT no resulta tan cambiante (0,2-6,9 t C/km^2 año) y está en el rango bajo de las citadas en el estudio de Álvarez-Cobelas *et al.*

Tabla 7.11. Flujos promedio (± desviación estándar) de exportación de carbono orgánico (TOC), nitrógeno (Tot-N) y fósforo (Tot-P) de algunas cuencas hidrográficas del ámbito de la Comunidad de Madrid en el periodo 1990-2013.

	Guadalix (San Agustín de Guadalix)	Manzanares (Manzanares El Real)	Manzanares (Parque Sindical)	Manzanares (Vaciamadrid)	Guadarrama (Villalba)	Guadarrama (Bargas)	Jarama (Valdepeñas de la Sierra)	Jarama (Puente Largo)
Cuenca (km^2)	239	190	708	1.190	234	1.154	689	11.508
Caudal (hm^3/año)	23±30	95±42	92±76	427±96	67±39	169±112	134±139	1.098±646
TOC (*n*)	9	6	15	17	13	3	12	18
(t C/año)	253±443	187±301	572±638	8.260±3.425	499±421	1.910±219	156±356	10.481±6.060
(t C/km^2/año	1,1±1,9	1±1,6	0,8±0,9	6,9±2,9	2,1±1,8	1,7±0,2	0,2±0,5	0,9±0,5
Tot-N (*n*)	6	6	7	10	8	3	9	10
(t N/año)	12±13	51±79	138±238	9.980±3611	228±210	1.272±227	81±110	10.489±2.160
(kg N/km^2/año)	52,3±55,9	0,3±0,4	195,6±335,4	8.383,8±3033	976,5±896,1	1.101,6±196,8	116,9±160	911,5±187,7
Tot-P (*n*)	10	6	14	13	10	3	14	15
(t P/año)	22±49	3±2	30±33	1014±814	11±9	110±46	9±10	1300±988
(kg P/km^2/año)	93,2±203,5	0,01±0,01	41,7±46,2	852,2±683,4	48,3±36,8	94,9±39,7	13,0±15,1	113,0±85,8

n es el número de años con datos para cada nutriente en el periodo considerado. La ubicación de las estaciones puede consultarse en el capítulo *Síntesis hidrológica*.

(2012). La mayor parte de las cuencas consideradas tienen valores de exportación de nitrógeno total situadas en el rango inferior citado por Álvarez-Cobelas *et al.* (2008), excepto la del río Manzanares a la altura de Rivas-Vaciamadrid (tabla 7.11), que se halla en el rango medio. Lo mismo ocurre para la exportación de fósforo total, con la cuenca del Manzanares en un rango intermedio de los citados por Álvarez-Cobelas *et al.* (2009).

Durante el periodo 1990-2013, el flujo de exportación de COT, nitrógeno y fósforo totales por la red de fluvial que drena el río Jarama a su paso por Madrid (estación de Puente Largo o Aranjuez) es, en promedio, de más de 10000 t C/año, de más de 10000 t N/año y de 1300 t P/año (tabla 7.11). El río Manzanares es el principal contribuyente de C, N y P al flujo de exportación del río Jarama, principalmente tras las descargas que recibe a su paso por la ciudad de Madrid (estación de Vaciamadrid), aportando el 79 % del COT, el 95 % del nitrógeno y el 78 % del fósforo (tabla 7.11). El peso del sector urbano en la exportación de nutrientes al río Jarama es tal que la carga absoluta de esos tres nutrientes se multiplica por 6,7, 13 y 14,5 veces, respectivamente, desde que el río entra en la Comunidad de Madrid (Valdepeñas de la Sierra) hasta que desemboca en el río Tajo (tabla 7.11). Afortunadamente, la extensa superficie drenada rebaja esas cifras, pues al considerar dicha extensión (km^2), ese flujo absoluto sólo se incrementa 4, 7,8 y 8,7 veces para carbono orgánico, nitrógeno y fósforo, respectivamente (tabla 7.11).

Las dos cuencas de cabecera consideradas (Manzanares en Manzanares El Real y Guadarrama en Villalba) muestran grandes discrepancias en la exportación de nutrientes debidas, mayormente, al diferente carácter (natural frente a urbano) de las mismas. Mientras que las diferencias en la exportación de carbono orgánico no son muy elevadas, la cabecera del Manzanares presenta unas cargas de nitrógeno y fósforo totales extremadamente bajas en comparación con la del Guadarrama (tabla 7.11).

La valoración de la exportación de nutrientes por el río Guadarrama se ha llevado a cabo en una estación localizada fuera de la Comunidad de Madrid (Bargas, Toledo), porque es la única ubicada aguas abajo. Sin embargo, no debe de existir mucha diferencia dada la ausencia de importantes núcleos de población entre Batres (en el límite madrileño) y Bargas. Aunque existen muy pocos datos, llama la atención el elevado valor de las cargas que presenta esta cuenca, principalmente la del nitrógeno total –aunque parezca razonable– considerando que recorre un área extensamente poblada y urbanizada (Cercedilla, Guadarrama, Collado Villalba, Galapagar, Torrelodones, Las Rozas, Villaviciosa de Odón y Navalcarnero) (tabla 7.11). La exportación por el río Guadalix, por el contrario, muestra cifras bajas, excepto para el fósforo, lo cual se relaciona probablemente también con las descargas de aguas de origen urbano (tabla 7.11).

La dinámica temporal de las exportaciones fluviales sigue, en términos generales, una pauta decreciente, aunque no sea posible observar ningún patrón por los numerosos hiatos existentes (figuras 7.16-7.17). Hay un descenso muy acusado del carbono orgánico total desde el año 2000 en el río Manzanares (principalmente en la estación de Rivas-Vaciamadrid) y en el Guadarrama, así como desde 1996 en el río Guadalix (Figura 7.16), aunque sorprendan los valores elevados registrados en

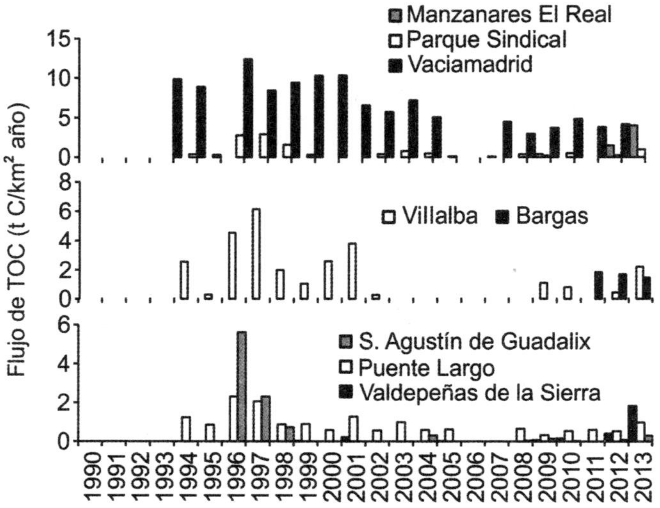

Figura 7.16. Curso temporal de la exportación promedio anual de carbono orgánico total (TOC) para el periodo 1990-2013 en tres subcuencas contiguas del río Manzanares (panel superior: Manzanares El Real → Parque Sindical → Vaciamadrid), en dos del río Guadarrama (panel intermedio: Villalba → Bargas) y en los ríos Guadalix (San Agustín de Guadalix) y Jarama (Valdepeñas de la Sierra → Puente Largo; panel inferior).

Manzanares El Real en 2013 (figura 7.16), coincidiendo con la declaración del entorno de cabecera de ese río (el Manzanares) como Parque Nacional. El caso del nitrógeno total resulta bastante más dispar, aunque es posible apreciar una reducción muy sustancial desde finales de la década de los noventa en el alto Guadarrama (Villalba) y en el bajo Manzanares (Vaciamadrid; figura 7.17a). Para el fósforo total, la tendencia indica una gran reducción de la carga de exportación desde 1996-1997 en todas las cuencas estudiadas, excepto en la del alto Guadarrama, donde se aprecia un aumento, aunque muy variable, en 2009-2013 (figura 7.17b), derivado del incremento en la concentración de esta sustancia.

EL HIERRO Y EL MANGANESO

Solo se han medido en las capas superiores de embalses y ríos mesetarios, además de en la laguna de Las Madres. Mientras que la variabilidad del manganeso es superior a la del hierro, con sus valores promedio sucede lo contrario (tabla 7.12).

Un ciclo anual en Las Madres indica el clásico control de ambos elementos por las reacciones de óxido-reducción, afectadas por el ciclo térmico de estratificación-mezcla. Verticalmente, el hierro en sus formas ferrosa y férrica domina en las capas anóxicas profundas, aunque la forma reducida sea mucho más abundante allí. La presencia de hierro reducido en las zonas óxicas y de hierro oxidado en las anóxicas resulta paradójica, pero se debe a la formación de complejos con la materia or-

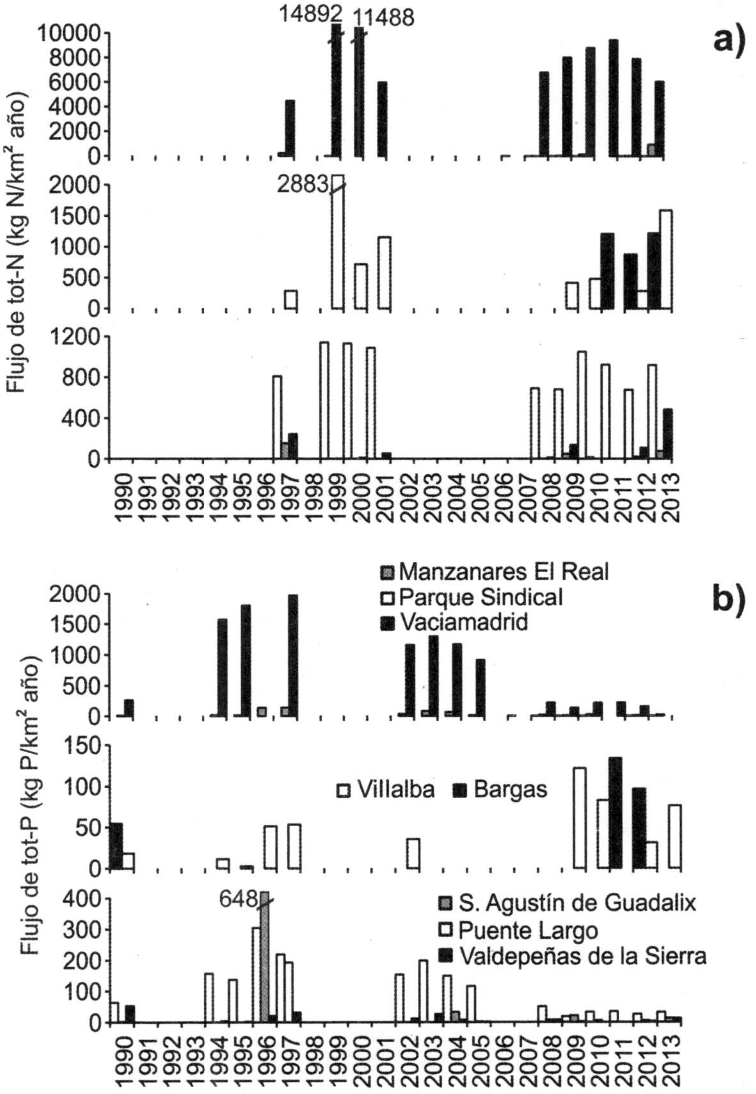

Figura 7.17 Curso temporal de promedios anuales de exportación de nitrógeno total (a: Tot-N) y fósforo total (b: Tot-P) para el periodo 1990-2013 en tres subcuencas contiguas del río Manzanares (panel superior: Manzanares El Real -> Parque Sindical → Vaciamadrid), en dos del río Guadarrama (panel intermedio: Villalba → Bargas) y en los ríos Guadalix (San Agustín de Guadalix) y Jarama (Valdepeñas de la Sierra → Puente Largo; panel inferior).

gánica (Martynova, 2010). Esta distribución asimétrica en la columna vertical también sucede con el manganeso total (Álvarez Cobelas, datos inéditos).

Se han medido estos elementos en los sedimentos de embalses, graveras y ríos (véanse los capítulos de *Limnología aplicada* y *Aguas embalsadas*). En Las Madres,

Tabla 7.12. Promedios y variabilidad de las concentraciones de hierro y manganeso (mg/L) en la capa superficial de distintos tipos de ecosistemas acuáticos madrileños.

	Número de ecosistemas	Promedio	Desviación típica	CV	Mín.	Máx.
			Hierro (mg/L)			
Otros ríos	12	0,085	0,040	47	0,050	0,160
Embalses	15	0,049	0,027	56	0,012	0,115
			Manganeso (mg/L)			
Otros ríos	14	0,044	0,035	81	0,010	0,118
Embalses	15	0,034	0,030	86	0,008	0,119

Para cada tipo de ambiente, que está integrado por varios ecosistemas, se ha promediado sobre los promedios de cada ecosistema. Fuente de los datos: otros ríos y embalses-datos de la Confederación del Tajo (www.chtajo.es), promediados por nosotros para el periodo 2011-2015.

donde se midió espacialmente en 2015, la concentración de hierro supuso 26,31 ± 5,19 g/kg peso seco, mientras que la de manganeso ascendió a 5,31 ± 7,45 g/kg peso seco, lo cual sugiere que la variabilidad espacial de este último elemento fue superior a la del hierro (Álvarez Cobelas, datos inéditos). Conviene apuntar aquí que la propia explotación minera añade frecuentemente hierro a las graveras, pues suelen dejarse abandonados en los fondos los enormes cables de las dragas cuando acaba la explotación, pero ignoramos a cuánto pueda ascender esa contribución.

LOS COMPUESTOS ORGÁNICOS

De nuevo, el único lugar para el cual existen datos sobre compuestos orgánicos de origen natural es la laguna de Las Madres, donde se ha caracterizado la composición de hidrocarburos lineales saturados (alcanos) y ácidos grasos en muestras de capas superficiales y profundas (tabla 7.13). Los alcanos de cadena corta (número de átomos de carbono inferior a 8) y muy larga (> 21) predominan en la muestra de fondo, y están ausentes de la capa superficial, mientras que los alcanos de cadenas intermedias se hallan presentes en la capa superficial, pero faltan en las capas profundas. Ignoramos el de estas diferencias, dado que todos estos tipos de molécula derivan de la vegetación terrestre (Simoneit y Mazurek, 1982), y esta rodea extensamente a la laguna. En cuanto a los ácidos grasos, la presencia de la inmensa mayoría es común a ambas capas, y su origen es la biota animal y vegetal (Medeiros y Simoneit, 2007).

Tabla 7.13. Alcanos y ácidos grasos de origen natural en la capa superficial y profunda de la laguna de Las Madres en 2016, detectados por cromatografía de gases acoplada con espectrometría de masas.

	Superficie	**Fondo**
Alcano	**Presencia**	**Presencia**
Heptano (C7 alcano)	–	+
Octano (C8 alcano)	–	+
Nonano (C9 alcano)	–	+
Decano (C10 alcano)	–	+
Undecano (C11 alcano)	–	+
Dodecano (C12 alcano)	–	+
Tridecano (C13 alcano)	+	–
Tetratadecano (C14 alcano)	+	–
Pentadecano (C15 alcano)	+	–
Hexadecano (C16 alcano)	+	–
Nor heptadecano (C17 alcano)	+	–
Nor octadecano (C18 alcano)	+	–
Nonadecano (C19 alcano)	+	–
Eicosano (C20 alcano)	+	–
Nor heneicosano (C21 alcano)	+	–
Nor docosano (C22 alcano)	–	+
Nor tricosano (C23 alcano)	+	+
Nor tetracosano (C24 alcano)	–	+
Nor pentacosano (C25 alcano)	–	+
Nor hexacosano (C26 alcano)	–	+
Nor heptacosano (C27 alcano)	–	+
Nor octacosano (C28 alcano)	–	+
Nor nonacosano (C29 alcano)	–	+
Nor triacontano (C30 alcano)	–	+
Nor hentriacontano (C31 alcano)	–	+
Nor dotriacontano (C32 alcano)	–	+
Nor tritriacontano (C33 alcano)	–	+
Nor tetratriacontano (C34 alcano)	–	+
(C35 alcano)	–	+

Tabla 7.13. *(continuación)*

	Superficie	Fondo
Alcano	**Presencia**	**Presencia**
Ácido graso		
Methyl nonanoato(C9 graso)	+	+
Methyl decanoateo (C10 graso)	+	+
Metil undecanoato(C11 graso)	+	+
Metil dodecanoato (laurato) (C12 graso)	+	+
Metil tridecanoato (C13 graso)	+	+
Metil tetradecanoate (miristato) (C14 graso)	+	+
Metil pentadecanoato (C15 graso)	+	+
Metil hexadecanoato (palmitato) (C16 graso)	+	+
Metil heptadecanoato (margarato) (C17 graso)	+	+
Metil octadecanoato (estearato) (C18 graso)	+	+
Metil nonadecanoato (C19 graso)	+	+
Metil eicosanoato (araquidato) (C20 graso)	+	+
Metil heneicosanoato (C21 graso)	+	+
Metil docosanoato (behenato) (C22 graso)	+	+
Metil tricosanoato (C23 graso)	+	+
Metil tetracosanoato (lignocerato) (C24 graso)	+	+
Metil pentacosanoato (C25 graso)	+	+
Metil hexacosanoato (cerotato) (C26 graso)	+	+
Metil heptacosanoato (C27 graso)	+	+
Metil octacosanoato (C28 graso)	+	+
Metil nonacosanoato (C29 graso)	–	+
Metil triacosanoato (C30 graso)	–	+

LAGUNAS EN EL CONOCIMIENTO

Hasta la fecha, los estudios sobre química en los ambientes acuáticos madrileños se han dedicado casi exclusivamente a la detección de concentraciones y a sus cambios en el tiempo y en la columna de agua (caso de los ambientes estancados). Pero hay una disciplina donde incluso cabe realizar avances, como es la identificación de los numerosos compuestos de carbono orgánico de origen natural. Es hora también de comenzar a medir procesos geoquímicos, mediados o no por los organismos, como los numerosos que inciden sobre el carbono (gasificación de CO_2 o metano, mineralización del carbono orgánico...), el nitrógeno (desnitrificación, amonificación, reducción desasimiladora del nitrato, oxidación anaerobia del amonio...) y el fósforo (mineralización del fósforo, formación de complejos con la materia orgánica y el calcio...), el silicio (formación de complejos con las sustancias húmicas, el hierro y el aluminio) o el sulfato (formación de sulfuros, relaciones con el hierro y el manganeso). Tampoco se han estudiado las relaciones entre procesos químicos y físicos, tanto en medios fluviales como lacustres (transporte de materiales por advección, doble difusión, movimientos verticales hacia el epilimnion...). La deposición atmosférica de sustancias sobre los ecosistemas acuáticos madrileños, tanto húmeda como seca, apenas se conoce. Los intercambios de materiales entre lagunas y acuíferos subterráneos están aún por cuantificar; los procesos que originan transformaciones de sustancias en los sedimentos fluviales y lacustres, también. Finalmente, se ignora en realidad qué efectos tendrá el omnipresente cambio climático sobre las sustancias presentes en el agua (los nutrientes, pero también la mera salinidad y el contenido iónico).

Agradecimientos

Gonzalo Almendros Martín, del Museo Nacional de Ciencias Naturales (CSIC), realizó los análisis de compuestos orgánicos de la laguna de Las Madres.

CAPÍTULO VIII

Cianobacterias

Elvira Perona Urízar, Pilar Mateo Ortega y Antonio Quesada del Corral

RESUMEN

La comunidad de cianobacterias de la Comunidad de Madrid está constituida por un total de 139 especies que pertenecen a 54 géneros diferentes. De ellas, 44 especies pertenecen a la comunidad del fitoplancton, mientras que el resto se han encontrado residiendo en el fitobentos. 37 de las especies pertenecen al grupo de las Chroococcales, 56 a las Oscillatoriales y 46 a las Nostocales.

Las cianobacterias planctónicas aparecen como organismos dominantes en los periodos de verano y otoño y relacionados directamente con la eutrofización de los distintos ecosistemas acuáticos. *Aphanizomenon flos-aquae, Woronichinia naegeliana, Anabaena flos-aquae* y *Microcystis aeruginosa* son los taxones más frecuentes, pudiendo algunos de ellos generar problemas por su capacidad productora de toxinas. De las cianobacterias bentónicas, existe una clara distribución en función de las características de los ríos, en las que las diferentes poblaciones muestran sus preferencias ambientales. Así, existe un grupo de cianobacterias frecuentes en los ríos como *Chamaesiphon investiens, Aphanocapsa muscicola, A. rivularis, Chroococcus minutus, P. ambigum, P. autumnale, Calothrix elenkini, Tolypothrix penicillata, Nostoc punctiforme* y *N. carneum,* las cuales aparecen mayoritariamente en los ríos de naturaleza silícea, y que se acompañan de otras especies en los ríos calcáreos, si bien su abundancia viene determinada por el grado de eutrofia de las aguas. Las poblaciones han mostrado así tener diferente grado de tolerancia frente a la litología y los nutrientes del ambiente.

Entre las carencias en el conocimiento de este grupo se cuentan la ausencia de estudios taxonómicos precisos sobre los taxones planctónicos y bentónicos presentes masas de agua lénticas y lóticas, que permitan identificar las entidades biológicas, así como ampliar los estudios sobre ecología (sucesión, producción, biomasa, redes tróficas y efectos toxicológicos).

Palabras-clave: plancton, bentos, riqueza específica, toxicidad, eutrofización.

SUMMARY: CYANOBACTERIA

The Cyanobacterial flora of Madrid County is comprised by at least of 139 species belonging to 55 genera. While 44 species mostly occur in planktonic environments, the remaining species have been recorded from phytobenthic communities. 37 species are included in the Chroococcales, 56 belong to Oscillatoriales and 46 are Nostocales.

Planktonic taxa are dominant in summer and fall until stratification disappears and are often related to high eutrophication. Aphanizomenon flos-aquae, Woronichinia naegeliana, Anabaena flos-aquae y Microcystis aeruginosa are the most frequent phytoplankters and are considered a potential health risk since some of them can produce toxins.

Benthic Cyanobacteria are distributed as a function of stream features, different populations showing clear preferences by different environmental conditions. For example, there is a group of Cyanobacteria frequently found in rivers of siliceous characteristics, comprised by Chamaesiphon investiens, Aphanocapsa muscicola, A. rivularis, Chroococcus minutus, Phormidium ambigum, P. autumnale, Calothrix elenkini, Tolypothrix penicillata, Nostoc punctiforme and N. carneum. However, the abundance of the different taxa is also modulated by the trophic level. In that way, Cyanobacterial populations show different tolerance to lithological and nutrient concentrations in the environment.

The knowledge gaps for this group in Madrid County include accurate taxonomical studies on benthic and planktonic taxa living both in stream and stagnant waters, which enable to identify biological entities, and in-depth ecological studies concerning succession, production, biomass, food webs and toxicological effects.

INTRODUCCIÓN

Las cianobacterias son muy comunes en los ambientes lénticos pero también en los lóticos de Madrid. No habitan exclusivamente en ambientes acuáticos, sino que son habituales en ambientes subaerofíticos, de ocasional agua líquida, como las cortezas de los árboles, los suelos, los muros de los edificios, o incluso las entradas de las cavernas o cuevas. La naturaleza mayoritariamente granítica de la litología madrileña influye de manera decisiva en la distribución de las cianobacterias, ya que son consideradas especialmente sensibles a pHs ácidos (Whitton, 1992), por lo que suelen dominar en ambientes ligeramente alcalinos. Sin embargo, las cianobacterias están presentes o incluso dominan en buena parte de los ecosistemas acuáticos madrileños, incluso en aquellos con pHs ligeramente ácidos.

En embalses y lagunas, la dominancia de las cianobacterias planctónicas se considera un indicador de eutrofización (Sejnohova y Marsalek, 2012) y alcanzan crecimientos masivos cuando las concentraciones de nutrientes no son favorables para otros organismos filtoplanctónicos. Se asume que las ventajas de las cianobacterias en ambientes eutróficos se deben fundamentalmente a algunas de sus características ecofisiológicas que las hacen especialmente aptas para estas condiciones, entre las cuales están: i) la capacidad de regular su posición en la columna de agua; ii) su capacidad de acumular fósforo en altas concentraciones y utilizarlo cuando este es limitante para otros organismos; iii) en algunos casos son fijadoras de N_2, lo cual evita su dependencia del nitrógeno disuelto (nitrato y amonio).

En el caso de ríos y arroyos, nuestros trabajos han demostrado que las cianobacterias en su conjunto no pueden ser consideradas como indicadoras de estado eutrófico. Sin embargo, sí hemos encontrado que algunas especies de cianobacterias muestran diferentes rangos de tolerancia a los distintos niveles tróficos. Así, algunos taxones se pueden asociar a ambientes eutróficos, mientras que otros son característicos de ambientes oligotróficos, por lo que son considerados buenos indicadores de eutrofia (Mateo *et al.,* 2015).

Las cianobacterias tienen un metabolismo secundario muy activo mediante el cual pueden producir un sinfín de moléculas de diferente naturaleza química, cuya función es desconocida en muchos casos. Dichas moléculas pueden tener características tóxicas para diferentes seres vivos –incluidos los humanos–, por lo que, en numerosas ocasiones, los estudios e investigación sobre las cianobacterias están dirigidos a su potencial toxicidad.

La identificación de las cianobacterias es especialmente compleja, dado su pequeño tamaño y la similitud morfológica de taxones relativamente distantes, y se tiende a realizar identificaciones que podemos denominar *prácticas,* en las que los diferentes taxones se identifican a nivel de género por sus implicaciones ecológicas (Cirés y Quesada, 2011). Entre las cianobacterias se distinguen varias morfologías que se solían atribuir a diferentes órdenes (véase más abajo). Dichas morfologías son muy variadas, pues las hay desde formas cocoides, unicelulares o coloniales, de pequeño tamaño y difícil asignación mediante técnicas microscópicas habituales, hasta formas filamentosas con diferenciación celular (heterocistes y acinetos) y gran diversidad morfológica. En las últimas dos décadas se ha progresado de manera exponencial en la identificación genética de las cianobacterias mediante marcadores genéticos de diferentes niveles taxonómicos. Estos trabajos han conducido a una revisión profunda de la taxonomía de cianobacterias, en la que se ha cuestionado la pertenencia de algunos taxones comunes al género al que estaban adscritos, pero incluso se están modificando niveles taxonómicos elevados, como el Orden (Komárek, 2014). Estas modificaciones hacen que investigadores y gestores de los recursos hídricos deban estar pendientes de los avances en la investigación taxonómica sobre cianobacterias, ya que muchos taxones comunes han cambiado de denominación. Por ejemplo, los taxones planctónicos adscritos al género *Anabaena* han sido reasignados al nuevo género *Dolichospermum,* y ya hay disponibles recientes revisiones para los géneros *Phormidium, Tolypothrix* y *Calothrix*, entre otros. En los dos últimos años se han publicado varios manuales en los que se trata este problema y se incluyen las sinonimias (por ejemplo, los de Meriluoto *et al.,* 2016, y Kurmayer *et al.,* 2017). Los estudios polifásicos sobre poblaciones naturales y cultivos de cianobacterias llegan a identificaciones más precisas de algunos taxones (Berrendero *et al.,* 2008; Loza *et al.,* 2013b). Las nuevas técnicas de secuenciación masiva permiten el análisis simultáneo de muchos de los taxones presentes en las masas de agua, pero la asignación de cada genotipo a una *morfoespecie* no ha sido aún resuelto en su totalidad (Casero, 2013; Muñoz-Martín *et al.,* 2016). Recientemente, en la Comunidad de Madrid se han realizado varios estudios sobre las comunidades de cianobacterias mediante secuenciación masiva, tanto en ríos como en embalses (Casero *et al.,* 2015).

Existen datos de cianofíceas de la región de Madrid desde principios del siglo XX, estudiadas por el ficólogo Pedro González Guerrero (1927, 1929, 1942), el cual analizó diferentes ecosistemas acuáticos madrileños en los que encontró cianofíceas. Hay también algún dato para Madrid en el estudio de algas y cianobacterias bentónicas de aguas fluviales españolas realizado por Hans Budde (1929). Por otro lado, Margalef (1949) publicó un estudio en la sierra de Guadarrama dedicado a la laguna de Peñalara y a otros ecosistemas acuáticos de la donde cita algunos taxones. Algunos ejemplares de cianobacterias madrileñas encuentran conservados y restaurados en la colección de algas de González Guerrero en el Jardín Botánico de Madrid (Izquierdo y Pando, 2017).

El análisis de la diversidad de cianobacterias en la región de Madrid se ha realizado utilizando los resultados existentes de los diferentes análisis de calidad de las aguas superficiales (CEDEX, CHT, MAPAMA), así como datos de diferentes grupos de investigación (CSIC, universidades, etc.). La diversidad que se muestra se refiere, por un lado, a las comunidades fitoplanctónicas de sistemas lénticos (embalses, lagos y lagunas) y, por otro, a las comunidades fitobentónicas de sistemas lóticos, ya procedan tanto de análisis macroscópicos como de muestras de extractos de comunidades epilíticas. En total, el número de taxones citados a nivel de especie en Madrid asciende a 139 (tabla 8.1).

Tabla 8.1. Especies de cianobacterias citadas en la Comunidad de Madrid.

Ammatoidea normanii W. y G. S. West
Anabaena augstumalis Schmidle
Anabaena cylindrica Lemmermann
Anabaena inaequalis (Kützing) Bornet y Flahault
Anabaena orientalis S. C. Dixit
Anabaena oscillarioides Bory ex Bornet y Flahault
Anabaena sphaerica Bornet y Flahault
Anabaena vaginicola Fritsch y Rich
Anabaena variabilis (Kützing ex Bornet y Flahault) Anagnostidis y Komárek
Anabaenopsis elenkinii Miller
Anagnostidinema amphibium (C. Agardh ex Gomont) Strunecký, Bohunická, J. R. Johansen y J. Komárek
Aphanizomenon flos-aquae Ralfs ex Bornet y Flahault
Aphanizomenon gracile (Lemmermann) Lemmermann
Aphanocapsa clathrata W. y G. S. West
Aphanocapsa fonticola Hansgirg
Aphanocapsa grevillei (Berkeley) Rabenhorst
Aphanocapsa holsatica (Lemmermann) Cronberg y Komárek
Aphanocapsa incerta (Lemmermann) Cronberg y Komárek

Tabla 8.1. *(continuación)*

Aphanocapsa montana (Meneghini) Willén
Aphanocapsa rivularis (Carmichael) Rabenhorst
Aphanothece castagnei (Brébisson) Rabenhorst
Arthrospira jenneri Stizenberger ex Gomont
Calothrixparietina Thuret ex Bornet y Flahault
Calothrix braunii Bornet y Flahault
Calothrix clavatoides Ghose
Calothrix elenkinii Kosinskaja
Calothrix marchica Lemmermann
Chamaesiphon incrustans Grunow
Chamaesiphon investiens Skuja
Chamaesiphon minutus (Rostafinski) Lemmermann
Chamaesiphon polymorphus Geitler
Chamaesiphon subglobosus (Rabenhorst) Lemmermann
Chroococcus giganteus West
Chroococcus limneticus Lemmermann
Chroococcus minor (Kützing) Nägeli
Chroococcus minutus (Kützing) Nägeli
Chroococcus tenax (Kirchner) Hieronymus
Chroococcus turgidus (Kützing) Nägeli
Chrysosporum ovalisporum (Forti) Zapomělová et al.
Coleodesmium wrangelii Brozi ex Geitler
Cuspidothrix issatschenkoi (Usačev) Rajaniemi et al.
Cyanothece aeruginosa (Nägeli) Komárek
Dactylococcopsis raphidioides Hansgirg
Dichothrix fusca Fritsch
Diplocolon heppii Nägeli ex Bornet y Flahault
Dolichospermumspiroides (Klebahn) Wacklin et al.
Dolichospermum circinale (Rabenhorst ex Bornet y Flahault) Wacklin et al.
Dolichospermum flos-aquae (Lyngbye Brébisson ex Bornet y Flahault) Wacklin et al.
Dolichospermum planctonicum (Brunnthaler) Wacklin et al.
Dolichospermum scheremetieviae (Elenkin) Wacklin, L. Hoffmann y Komárek
Dolichospermum solitarium (Klebahn)Wacklin et al.
Geitlerinema splendidum (Greville ex Gomont) Anagnostidis
Gloeocapsa punctata Nägeli
Gomphosphaeria aponina Kützing
Hapalosiphon intricatus West y G. S. West
Heteroleiblenia kuetzingii (Schmidle) Compère
Hydrococcus rivularis Kützing
Isocystis messanensis Borzi ex Bornet y Flahault

Tabla 8.1. *(continuación)*

Jaaginema geminatum (Schwabe ex Gomont) Anagnostidis y Komárek
Jaaginema subtilissimum (Kützing ex Forti) Anagnostidis y Komárek
Kamptonema formosum (Bory ex Gomont) Strunecký, Komárek y J. Smarda
Konvophoron crassum (Vozžennikova) Anagnostidis y Komárek
Leiblenia epiphytica (Hieronymus) Compère
Leiblenia norgardii (Wille) Anagnostidis y Komárek
Leptolyngbya boryana Anagnostidis y Komárek
Leptolyngbya foveolara (Gomont) Anagnostidis y Komárek
Leptolyngbya fragilis (Gomont) Anagnostidis y Komárek
Leptolyngbya lagerheimii (Gomont) Anagnostidis y Komárek
Limnothrix planctonica (Woloszynska) Meffert
Limnothrix redekei (Van Goor) Meffert
Lyngbya aerugineo-caerulea (Gomont) Anagnostidis y Komárek
Lyngbya major Meneghini ex Gomont
Lyngbya martensiana ((Meneghini ex Gomont) Anagnostidis y Komárek
Lyngbya nigra Agardh ex Gomont
Lyngbya perelegans Lemmermann
Merismopedia elegans A. Braun ex Kützing
Merismopedia glauca (Ehrenberg) Kützing
Merismopedia punctata Meyen
Merismopedia tenuissima Lemmermann
Microcystis aeruginosa (Kützing) Kützing
Microcystis flos-aquae (Wittrock) Kirchner
Microcystis ichthyolabe Kützing
Microcystis novacekii (Komárek) Compere
Microcystis viridis (A. Braun in Rabenhorst) Lemmermann
Microcystis wesenbergii (Komárek) Komárek in Kondrateva
Nodularia harveyana Thuret ex Bornet y Flahault
Nodularia spumigena Mertens ex Bornet y Flahault
Nostoc carneum (Lyngbye) Agardh ex Bornet y Flahault
Nostoc commune Vaucher
Nostoc ellipsosporum Rabenhorst ex Bornet y Flahault
Nostoc linkia (Roth) Bornet y Flahault
Nostoc muscorum Agardh ex Bornet y Flahault
Nostoc piscinale Kützing ex Bornet y Flahault
Nostoc punctiforme (Kützing ex Hariot) Hariot
Nostoc rivulare Kützing ex Bornet y Flahault
Nostoc sphaericum Vaucher ex Bornet y Flahault
Oscillatoria anguina Bory ex Gomont
Oscillatoria irrigua Kützing ex Gomont
Oscillatoria lanceaformis Kalbe

Tabla 8.1. *(continuación)*

Oscillatoria limnetica Lemmermann
Oscillatoria princeps Vaucher ex Gomont
Oscillatoria tenuis Agardh ex Gomont
Phormidium ambiguum Gomont ex Gomont
Phormidium autumnale (Agardh) Trevisan ex Gomont
Phormidium breve (Kützing ex Gomont) Anagnostidis y Komárek
Phormidium cebennense Gomont
Phormidium corium Gomont
Phormidium diguetti (Gomont) Anagnostidis y Komárek
Phormidium favosum Gomont ex Gomont
Phormidium inundatum Kützing ex Gomont
Phormidium papyraceum Gomont ex Gomont
Phormidium subfuscum Kützing ex Gomont
Phormidium tenue (Gomont) Anagnostidis y Komárek
Phormidium terebriforme (Agardh ex Gomont) Anagnostidis y Komárek
Phormidium uncinatum Gomont ex Gomont
Planktolyngbya limnetica (Lemmermann) Komárková-Legnerová y Cronberg
Planktothrix agardhii (Gomont) Anagnostidis y Komárek
Planktothrix rubescens (DeCandolle ex Gomont) Anagnostidis y Komárek
Plectonema gracillima (Zopf ex Hansgirg) Anagnostidis y Komárek
Plectonema nostocorum (Bornet y Gomont) Anagnostidis y Komárek
Pleurocapsa minor Hansgirg
Psedanabaena catenata Lauterborn
Pseudanabaena galeata Böcher
Pseudanabaena limnetica (Lemmermann) Komárek
Pseudanabaena mucicola (Naumann y Huber-Pestalozzi) Schwabe
Pseudophormidium fragile (Forti)
Schixothrix fragilis Kützing ex Gomont
Scytonema myochrous C. Agardh ex Bornet y Flahault
Snowella lacustris (Chodat) Komárek y Hindák
Sphaerospermopsis aphanizomenoides (Forti) Zapomělová et al.
Spirulina major Kützing ex Gomont
Spirulina subsalsa Oersted ex Gomont
Stigonema ocellatum Thuret ex Bornet y Flahault
Synechococcus elongatus (Nägeli) Nägeli
Synechococcus leopoliensis (Raciborski) Komárek
Tolypothrix distorta Kützing ex Bornet y Flahault
Tolypothrix penicillata Thuret ex Bornet y Flahault
Tolypothrix tenuis Kützing ex Bornet y Flahault
Woronichinia naegeliana (Unger) Elenkin

CIANOBACTERIAS PLANCTÓNICAS

La Comunidad de Madrid tiene numerosos ambientes lénticos (embalses y lagunas) en los que se han identificado numerosas especies (taxones) de cianobacterias, aunque en los últimos veinte años esta identificación se haya llevado a cabo fundamentalmente con objetivos toxicológicos o de calidad de aguas. Habitualmente, las cianobacterias dominan las columnas de agua en ambientes eutróficos mientras dura la estratificación, que en la mayor parte de la Comunidad de Madrid se produce desde mayo a octubre en ambientes con suficiente profundidad. Sin embargo, en otoños especialmente calmados, las cianobacterias pueden seguir dominando la columna de agua hasta el comienzo del invierno. Los meses más propensos para la presencia masiva de cianobacterias en los embalses madrileños son los del principio de la estratificación hasta el mes de julio, y en los meses de septiembre y octubre (Carrasco Gata, 2007). Entre los géneros que dominan los crecimientos masivos de cianobacterias se encuentran *Microcystis, Planktothrix, Anabaena (Dolichospermum)*, y *Aphanizomenon*. Dentro de este último, se han identificado las siguientes especies dominantes: *A. issatschenkoi (Cuspidothrix), A. aphanizomenoides (Sphaerospermopsis)* y *A. ovalisporum (Chrysosporum)*.

Embalses

En los de la Comunidad de Madrid son frecuentes nueve géneros (tabla 8.2), considerando los géneros tradicionalmente aceptados por investigadores y gestores del recurso hídrico, y catorce especies (tabla 8.3), aunque se hayan identificado unas treinta especies. Sin embargo, la dificultad de identificación hace que en muchos casos no se llegue al nivel de especie en la identificación, por lo que muchas más especies podrían estar presentes bajo la denominación *sp.*

Tabla 8.2. Géneros de cianobacterias encontrados en catorce embalses de la Comunidad Autónoma de Madrid.

Género	Número de embalses	Porcentaje de presencia
Anabaena	14	100,00
Aphanizomenon	13	92,86
Microcystis	12	85,71
Woronichinia	12	85,71
Aphanocapsa	9	64,29
Chroococcus	8	57,14
Planktothrix	1	7,14
Merismopedia	1	7,14
Spirulina	1	7,14

FUENTE: Datos extraídos de la base de datos del CEDEX (2014) con financiación de MAPAMA.

Tabla 8.3. Especies más frecuentes de cianobacterias registradas en catorce embalses de la Comunidad de Madrid.

Especies	Número de embalses	Porcentaje de presencia
Aphanizomenon flos-aque	13	92,86
Woronichinia naegeliana	12	85,71
Anabaena flos-aquae	10	71,43
Microcystis aeruginosa	10	71,43
Aphanocapsa holsatica	7	50,00
Anabaena spiroides	6	42,86
Anabaena sp.	6	42,86
Microcystis flos-aquae	6	42,86
Anabaena planctonica	5	35,71
Anabaena circinalis	4	28,57
Chroococcus limneticus	4	28,57
Microcystis sp.	3	21,43
Aphanocapsa elachista	3	21,43

FUENTE: Datos elaborados de la base de datos conformada por el CEDEX (2014) con financiación de MAPAMA.

El género más frecuente es *Anabaena,* que se encuentra en el 100 % de las masas de agua analizadas (tabla 8.3). *Aphanizomenon* aparece en trece de los catorce embalses analizados. Los géneros *Microcystis* y *Woronichinia* son también muy frecuentes, y se presentan en el 85 % de las masas de agua estudiadas. Algunos géneros picoplanctónicos, como *Chroococcus* y *Aphanocapsa,* son también muy abundantes, y aparecen en más de la mitad de los embalses. El género *Planktothrix* solo se presenta de forma continuada en el embalse de El Atazar, aunque en la mayoría de los casos forme poblaciones metalimnéticas, difíciles de descubrir. En dicho embalse *P. rubescens* produjo densos afloramientos que supusieron graves problemas aplicados durante los primeros años del siglo XXI, como la producción de microcistinas (Barco *et al.,* 2004) y la afección en peces (Almodóvar *et al.,* 2004).

Aphanizomenon flos-aquae fue la especie más frecuente, y aparecen en trece de los catorce embalses estudiados; *Woronichinia naegeliana* se presenta en el 85 % de los ecosistemas, mientras que *Anabaena flos-aquae* y *Microcystis aeruginosa* aparecieron en el 71 y el 64 % de las masas de agua analizadas, respectivamente. Es de destacar la gran diversidad de especies del género *Anabaena* (*Dolichospermum*), las cuales también aparecen bastante frecuentemente, presentándose hasta en diez masas de agua (CEDEX, 2014).

Otras especies presentes en los embalses de la Comunidad de Madrid son: *Microcystis wesenbergii, M. ichthyoblabe, M. viridis, M. novacekii* (Sanchís *et al.,* 2004; Agha *et al.*, 2014), *Synechococcus limneticus* (Quesada, datos inéditos) y *Pseudanabaena mucicola* (Agha *et al.*, 2016).

LAGUNAS Y OTRAS PEQUEÑAS MASAS DE AGUA (ESTANQUES)

En ellas son muy abundantes las especies de cianobacterias picoplanctónicas (definidas como especies cocoides de tamaño inferior a 2 µm). Así, en las lagunas de gravera de la confluencia de los ríos Jarama y Manzanares (Campillo y Las Madres), el picoplancton supone una parte relativamente minoritaria de la comunidad fitoplanctónica, y alcanza en ocasiones valores de hasta 4.000 cel/mL (Álvarez-Cobelas, comunicación personal), pero dado su pequeño tamaño no representan una parte importante de la biomasa fitoplanctónica. En la laguna del Campillo la comunidad de cianobacterias está dominada por *Planktothrix agardhii*, *Pseudanabaena limnetica* y *Limnothrix redekei* (Rojo y Álvarez-Cobelas, 1994).

En masas de agua más oligotróficas, como las lagunas de alta montaña (por ejemplo, en la laguna grande de Peñalara), las cianobacterias no son muy frecuentes, pero presentan una gran diversidad, fundamentalmente debida a especies de pequeño tamaño, y aparecen diferentes taxones de los géneros *Aphanothece* y *Pseudanabaena*. Otros, de mayor tamaño, como *Anabaena* y *Microcystis* también están presentes, pero en muy bajas concentraciones (Granados *et al.*, 2006).

En los estanques urbanos en los que se ha investigado el fitoplancton (estanque del Retiro y lago de la Casa de Campo), las comunidades se ven dominadas fundamentalmente por algas verdes, pero aunque las cianobacterias son minoritarias, *Oscillatoria lanceaeformis* y *Aphanocapsa clathrata* resultan relativamente abundantes (Romo y Becares, 1998). En el estanque del Parque urbano Juan Carlos I, se detectó por primera vez y se aisló en Europa la cianobacteria *Aphanizomenon ovalisporum*, conocida por la producción de la potente cianotoxina cilindrospermopsina (Quesada *et al.*, 2006).

En total, en los ambientes estancados de la Comunidad de Madrid se han descrito al menos cuarenta especies planctónicas de cianobacterias. Sin embargo, debemos considerar que en numerosas ocasiones los autores de las identificaciones han descrito solo el taxón con el nombre genérico, y existe una proporción importante de taxones que no han sido descritos a nivel de especie, por lo que cabe pensar que existan más especies y que la distribución de las descritas sea mayor.

CIANOBACTERIAS BENTÓNICAS

Prácticamente solo se han estudiado en ecosistemas lóticos; su conocimiento en el bentos de ecosistemas estancados está aún por abordarse, y lo mismo sucede con las cianobacterias presentes en superficies higropétricas por las que escurre el agua y que son abundantes en la sierra del Guadarrama. Existen citas recientes de cianobacterias en diversos puntos de muestreo fluvial de la región de Madrid (20 ríos, 51 estaciones muestreo). Dentro de la red de estaciones de control del MAPAMA, incluyendo los de las Confederaciones Hidrográficas, de un total de 32 localidades en la región, tan solo se han encontrado cianobacterias en 7 de ellas (MAPAMA, 2008-2010; Confederación Hidrográfica del Tajo, 2014-2016).

En la Comunidad de Madrid se han citado en los últimos veinte años un total de 29 géneros que comprenden 81 especies de cianobacterias (tabla 8.4). De ellas, la mayor parte se han identificado a nivel microscópico y, complementándolo con

Tabla 8.4. Lista de géneros de cianobacterias descritos en el bentos de los ríos de la región de Madrid.

Género	N.º de ríos	N.º de especies	% presencia
Phormidium	14	10	80
Nostoc	16	8	80
Chamaesiphon	12	5	60
Leptolyngbya	11	7	55
Aphanocapsa	10	4	50
Chroococcus	10	2	50
Calothrix	10	6	50
Pleurocapsa	9	2	45
Pseudanabaena	9	3	45
Tolypothrix	9	3	45
Synnechococcus	8	1	40
Anabaena	8	5	40
Lyngbya sp.	7	4	35
Ammatoidea	6	1	30
Aphanothece	4	2	20
Trichormus	4	2	20
Coleodesmium	4	1	20
Oscillatoria	3	4	15
Porphirosiphon	3	1	15
Leiblenia	3	1	15
Schizothrix	3	1	15
Pseudophormidium	3	1	15
Homoeothrix	3	1	15
Scytonema	3	1	15
Nodularia	3	1	15
Dicothrix	2	1	10
Merismopedia	1	1	5
Cyanobium	1	1	5
Konvophoron	1	1	5
Total: 29 géneros	**20 ríos**	**81 especies**	

estudios ecológicos, fisiológicos, genéticos y toxicológicos; incluso se han logrado aislar muchas de ellas en cultivo unicianobacteriano. Los géneros de cianobacterias más distribuidos por la región son *Nostoc* y *Phormidium*, los cuales se han encontrado en el 80 % de los ríos estudiados (dieciséis ríos), seguidos de *Chamaesiphon,* que se ha encontrado en doce de ellos (60 %). El género *Nostoc*, en general, es bastante frecuente en muchos ríos de la región, posiblemente debido a sus capacidades de supervivencia. *Phormidium* resulta también muy abundante, aunque está incrementando su abundancia en los últimos años y, a pesar de estar generalmente asociado a aguas eutróficas (Loza *et al.,* 2014), también aparece más frecuentemente en arroyos oligotróficos de montaña (Mediano y alto Manzanares; García-Weber, 2010; Ramos, 2012). Muchas especies del género *Chamaesiphon* se presentan habitualmente en ríos y arroyos de montaña de litologías silíceas y de carácter oligotrófico (Douterelo *et al.,* 2004, Loza *et al.,* 2018). Otros géneros también bastante frecuentes en los ríos de la región son *Aphanocapsa, Chroococcus* y *Pleurocapsa,* dentro del orden Chroococales, *Leptolyngbya* y *Pseudanabaena* en el de Oscillatoriales, y *Calothrix* y *Tolypothrix* en el de las Nostocales, que parecen constituir buena parte de la comunidad bentónica de los ríos silíceos (Perona *et al.,* 2003; Douterelo *et al.,* 2004; Loza *et al.,* 2014). En los ríos de naturaleza más calcárea se han encontrado los géneros *Scytonema, Schizothrix* y *Dichothrix* (ríos Jarama y Guadalix: Sánchez García, 2002; Douterelo *et al.,* 2004).

En cuanto a la diversidad de especies de los diferentes géneros, de nuevo *Phormidium* y *Nostoc* vuelven a ser los que con mayor número de especies de la región, con diez y ocho especies, respectivamente, seguidos de *Chamaesiphon*, *Leptolyngbya* y *Calothrix* (cinco, siete y seis, respectivamente), como se verá más adelante (figura 8.1).

Las especies que representan la comunidad bentónica en ambientes silíceos son cuatro del tipo unicelular: *Aphanocapsa muscicola, A. rivularis, Chamaesiphon investiens* y *Chroococcus minutus*. *Aphanocapsa rivularis* parece ser más abundante cuando aumenta la eutrofia fluvial (Loza *et al.,* 2013a; Loza *et al.,* 2018). *Leptolyngbya gracillima* y *L. nostocorum* resultan también bastante frecuentes, ya que tienen la capacidad de crecer en el mucílago de otras algas, por lo que aparecen generalmente asociadas a *Chamaesiphon, Phormidium* y *Nostoc*. *Nostoc punctiforme, N. carneum* o *N. piscinale* suelen presentarse de forma frecuente (en más del 40 % de los ríos) junto con *Tolypothrix penicillata*, dado que tienen capacidad de generar formas de resistencia (acinetos), lo cual les confiere ventajas ecológicas en momentos poco favorables o de desecación (Perona *et al.,* 2003). El resto de cianobacterias tiene una distribución variopinta en los ríos, por lo que se pueden encontrar algunas especies características de ambientes con mayor conductividad en los ríos calizos, como es el caso de *Schizothrix fragile* (Sánchez García, 2002; Douterelo *et al.,* 2004).

ECOLOGÍA DE LAS CIANOBACTERIAS

La presencia de especies de cianobacterias dominando las comunidades fitoplanctónicas en la mayor parte de las masas de agua de la Comunidad de Madrid, indica un elevado grado de eutrofización, teniendo en cuenta que muchas cianobacterias

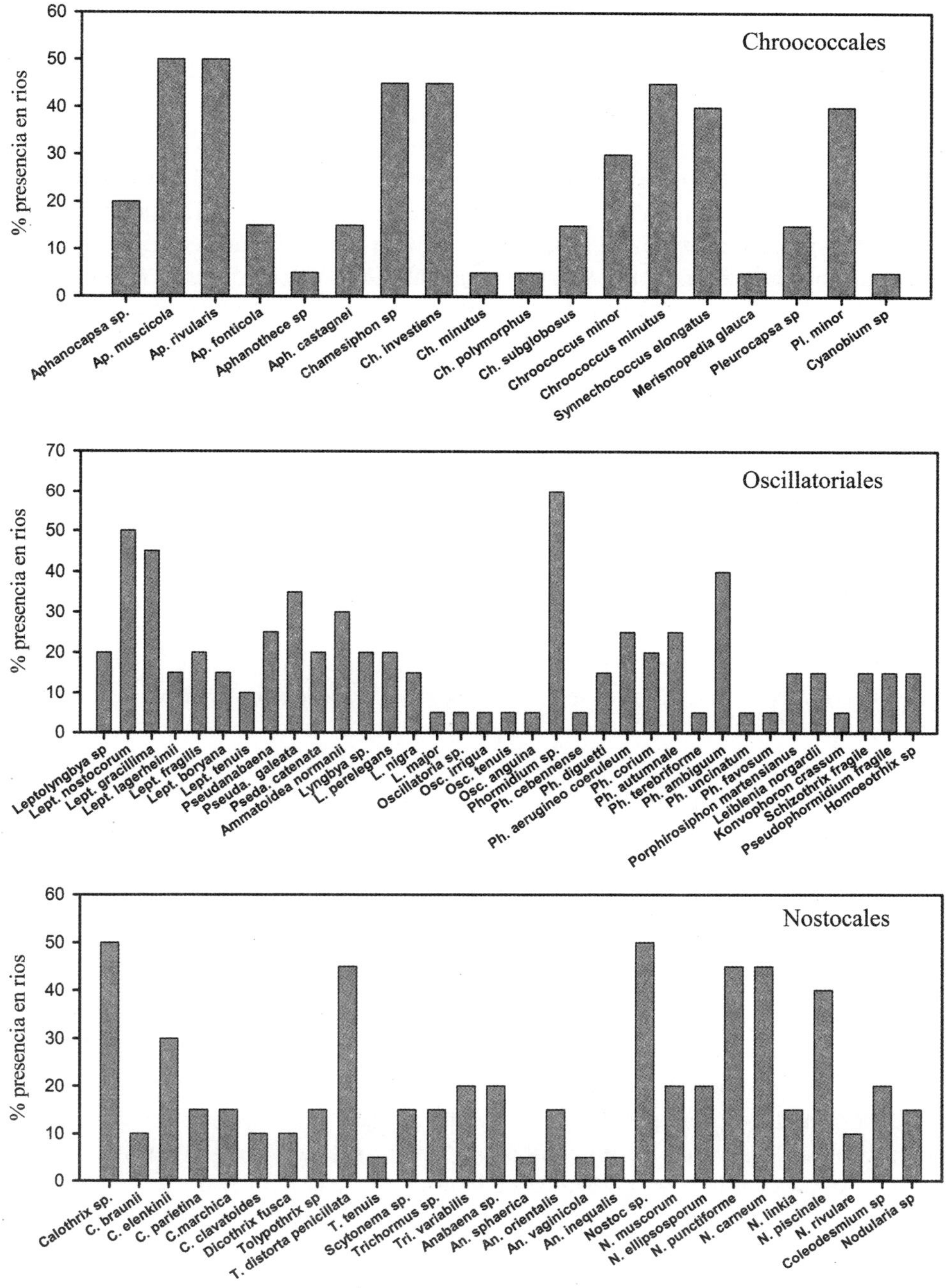

Figura 8.1. Porcentaje de presencia de las especies de cianobacterias encontradas en el bentos fluvial de la región de Madrid según los Órdenes taxonómicos. A) Chroococcales, B) Oscillatoriales, C) Nostocales.

planctónicas se consideran indicadoras de eutrofización cuando son dominantes (Sejnohova y Marsalek, 2012). En las masas de agua madrileñas las concentraciones de cianobacterias son muy variables, por lo que pueden llegar a centenares de µg de clorofila «a»/L (Carrasco *et al.*, 2007), lo cual supone características francamente eutróficas (Carvalho *et al.*, 2013). En cuanto a las cianobacterias planctónicas, estas frecuentemente contienen toxinas que pueden ejercer efectos en los ecosistemas y en los usos que damos de estos, como aguas de consumo, recreativas o para la ganadería (Chorus y Bartram, 1999). En los embalses de la Comunidad de Madrid, varios autores han encontrado habitualmente elevadas concentraciones de toxinas, fundamentalmente del grupo de las microcistinas, las cuales llegan a concentraciones de varias decenas de µg/L en el embalse de El Atazar (Barco *et al.*, 2004) y cercanos a 100 µg/L en el embalse de Santillana (Carrasco Gata, 2007).

Existe una sucesión ecológica entre las cianobacterias que ocupan la columna de agua a lo largo del periodo óptimo de crecimiento. Las cianobacterias planctónicas tienen típicamente su óptimo de crecimiento en los meses cálidos y con la columna de agua estratificada. Esta sucesión es especialmente evidente en taxones como *Planktothrix rubescens,* considerado un organismo metalimnético, que se hace evidente cuando se empieza a desarrollar la estratificación en primavera. Dicha sucesión ha sido investigada en diferentes masas de agua de la Comunidad de Madrid, pero resulta difícil de explicar desde una perspectiva ecológica, ya que no parece repetirse a lo largo del tiempo en el mismo ecosistema (Carrasco *et al.*, 2006). Estos autores demostraron que muchas veces la diversidad de morfoespecies es críptica, de modo que los distintos taxones solo se pueden distinguir utilizando técnicas genéticas, pues su aspecto es idéntico al microscopio. Esa sucesión puede tener especial importancia aplicada, pues puede generar riesgo toxicológico de una masa de agua (Carrasco Gata, 2007).

Las comunidades fitobentónicas de cianobacterias han demostrado su carácter indicador en diversos estudios, en los que se observa una disminución de la diversidad con la eutrofización de los ríos, y generalmente desaparecen las especies del orden Nostocales (Perona *et al.*, 1998; Douterelo *et al.*, 2004, Loza *et al.*, 2013c). A su vez, las diferentes poblaciones de cianobacterias muestran preferencias ambientales, existiendo comunidades con vocación oligotrofa, como muchas especies de *Chamaesiphon,* y otras con características fisiológicas que las permiten crecer en ambientes más eutróficos, como *Aphanocapsa rivularis* y *Phormidium* spp., entre otros. Asimismo, en los últimos diez años se está observando un incremento de la biomasa de cianobacterias incluso en ambientes oligotróficos y de montaña, en los que los bajos niveles de agua y probablemente el aumento de la temperatura están favoreciendo algunas poblaciones *(Phormidium corium, P. autumnale),* incrementándose un posible riesgo para la salud humana por su posibilidad de producir toxinas (Ramos, 2012; Haya, 2016). Toda esa comunidad, además, ha mostrado una clara estacionalidad en su desarrollo, desde finales de primavera (dependiendo de las especies) hasta el otoño, momento este en el que se observa una mayor biodiversidad en los ríos de la región, coincidiendo su crecimiento más favorable con los momentos en los que otras comunidades de productores primarios de los ríos se encuentran en claro retroceso.

LAGUNAS EN EL CONOCIMIENTO

La investigación sobre las cianobacterias en las masas de agua de la Comunidad de Madrid ha sido especialmente intensa desde los años noventa del siglo pasado. Sin embargo, hay aún importantes lagunas en el conocimiento de estos organismos. Dichas carencias se centran fundamentalmente en la ausencia de estudios taxonómicos precisos sobre las masas de agua lénticas y lóticas que permitan identificar las entidades biológicas, su ecología (sucesión, biomasa, participación en redes tróficas, producción primaria...) y sus posibles implicaciones toxicológicas, dada la producción diferencial de toxinas de los diferentes taxones. Este conocimiento puede adquirirse de una manera relativamente sencilla gracias a las nuevas tecnologías de secuenciación masiva. En el caso de las cianobacterias de ambientes bentónicos (tanto lóticos como lénticos), además, se debería incentivar su conocimiento mediante de estudios florísticos y de distribución, puesto que son pocos los ambientes que han sido objeto de estudio hasta la fecha para poder reflejar bien la distribución, su función ecológica y la sucesión de estas comunidades en los ríos y ambientes estancados de la región.

Agradecimientos

Queremos agradecer a la confederación hidrográfica del Tajo y al Ministerio de Agricultura, Pesca, Alimentación y Medio Ambiente y al Centro de Estudios Hidrográficos (CEDEX) por la cesión de datos no publicados, así como a los estudiantes de licenciatura, grados y tesis doctorales de la Universidad Autónoma de Madrid que han contribuido al conocimiento de las cianobacterias en la región de Madrid.

CAPÍTULO IX

Otros procariotas

MIGUEL ÁLVAREZ COBELAS

RESUMEN

Los pocos datos disponibles indican que la densidad bacteriana en los ecosistemas acuáticos madrileños está en el rango 0,12-1,82 · 10^6 ind/mL. A largo plazo, en la laguna de Las Madres no se aprecia ninguna tendencia de la biomasa bacteriana en la columna de agua y sus factores de control no están claros, pues no muestra relación con el carbono orgánico disuelto, el fósforo, el fitoplancton o el zooplancton herbívoro.

La distribución vertical de los géneros bacterianos en esa misma laguna apunta a la dominancia de algunos grupos desde el epilimnion hasta el hipolimnion *(Bacteroidetes, Planctomycetaceae, Enterobacteriaceae)* y de otros que solo se presentan en el hipolimnion *(Chlorobium, Reynarella)* o en el monimolimnion *(Desulfomonile, Sphingomonadaceae)*. También es resaltable la presencia de: *Chlorobium*, bacteria fotosintética del azufre; *Desulfomonile*, reductora de sulfuros a ácido sulfhídrico; y *Limnohabitans,* un oxidadora del amonio. Como curiosidad, también cabe señalar la presencia, poco abundante, de los géneros *Brocadia* y *Kuenenia*, participantes en el proceso de la oxidación anaerobia del amonio.

Hasta ahora, apenas se han aplicado las técnicas de secuenciación molecular al estudio de las bacterias acuáticas madrileñas. Nada se sabe de ellas para charcas o ríos. Los estudios de ecología bacteriana más clásica (factores abióticos de control, relaciones tróficas, producción, etc.) son también muy escasos. Se carece de datos sobre virus en las aguas madrileñas.

Palabras-clave: composición taxonómica, riqueza específica, densidad y biomasa, procesos biogeoquímicos.

SUMMARY: OTHER PROKARYOTES

The few data available suggest that bacterial density amounts to 0.12-1.82 · 106 ind/mL in oligo to mesotrophic Madrid stagnant waters. No long-term trend has been envisaged in the single environment surveyed from 1997 to 2016 (Las Madres lake) and for the whole period there appeared to be no controlling factor (either DOC, total P, phytoplankton or herbivorous zooplankton) of bacterial abundance.

Some bacterial groups (Bacteroidetes, Planctomycetaceae, Enterobacteriaceae) are dominant from epilimnion to hypolimnion in Las Madres lake, where others only occur in the hypolimnion (Chlorobium, Reynarella) or monimolimnion (Desulfomonile, Sphingomonadaceae). Chlorobium (a phototrophic sulfur bacterium), Desulfomonile (a sulphide-reducing bacterium) and Limnohabitans (an ammonia oxidizer) have also been identified in that lake. Interestingly, Brocadia and Kuenenia, which play a role in the anammox process, also occur there.

Up to date, molecular sequentiation studies are very few for bacterial communities in Madrid. Nothing is known about bacteria in ponds and rivers of this territory. And classical ecology studies (controlling abiotic factors, trophic relationships, production and so on) are still very few and must be encouraged. Data on viruses are lacking for Madrid waters.

INTRODUCCIÓN

El estudio bacteriano de las aguas dulces en Madrid comienza con las actividades de José Madrid Moreno (1911a) en el Laboratorio Municipal. Las aguas del embalse del Villar le permiten realizar siembras en agar y gelatina a distintas temperaturas, las cuales producen densidades notables de bacterias aerobias y anaerobias, a la vez que refiere algunos taxones del género *Bacillus.* Además, publica otro estudio introductorio sobre las bacterias presentes en el estanque del Retiro, incluido en sus observaciones planctónicas (Madrid Moreno, 1911b).

Aunque parece probable que el laboratorio municipal de Madrid haya efectuado análisis bacteriológicos de aguas potables en el medio natural con asiduidad desde comienzos del siglo XX, desconozco si existen nuevos estudios sobre las bacterias hasta el de Kohan y Catalán (1963), quienes determinan las bacterias de interés sanitario presentes en varias estaciones de muestreo a lo largo del curso del Manzanares. Estos estudios de bacteriología fluvial, iniciados por el grupo de investigación de Química Hidrológica del Instituto de Edafología y Biología Vegetal (CSIC), continúan la década siguiente en el Centro de Investigaciones del Agua (CSIC; Catalán *et al.,* 1974, 1976), pero siempre se han centrado en los aspectos sanitarios.

En ambientes estancados, los primeros datos que conozco sobre bacterias, también de índole sanitaria, son los de Velasco (1978) en su tesis doctoral efectuada en el embalse de San Juan en 1972-1974. Sin embargo, es probable que en los laboratorios del Canal de Isabel II se hiciesen análisis bacterianos del agua embalsada durante esas décadas, aunque de modo no sistemático.

COMPOSICIÓN, DENSIDAD, BIOMASA Y FACTORES DE CONTROL

La información que aquí daré solo concierne a las bacterias, sin realizar mención a las cianobacterias, objeto de otro capítulo (véase el de Perona *et al.*). En cualquier caso, la cantidad de información disponible sobre la bacteriología del agua madrileña en el medio natural es escasa. En Peñalara, el total de bacterias registradas en 2002 tuvo un rango de 0,44-1,65 · 10^6 ind/mL, con un máximo a finales de septiembre (Granados *et al.,* 2006).

En la laguna de gravera de Las Madres, las cifras de densidad mensual en promedio para la columna vertical oscilan entre los 0,12 y los 1,82 · 10^6 ind/mL para el lapso 1997-2016 (Álvarez Cobelas, datos inéditos; figura 9.1). Estas densidades son inferiores a las registradas en otros lagos templados (Pace y Cole, 1996; Pernthaler *et al.*, 2004). No parece haber ninguna tendencia a largo plazo, pero sí un aumento en 2016 que ignoro si se mantendrá en el futuro. Estacionalmente, la mayor densidad bacteriana se observa en otoño-invierno (figura 9.2), verosímilmente asociada a la pluma convectiva que ocurre esos meses durante la mayor parte de los años (véase el capítulo de *Física del agua*).

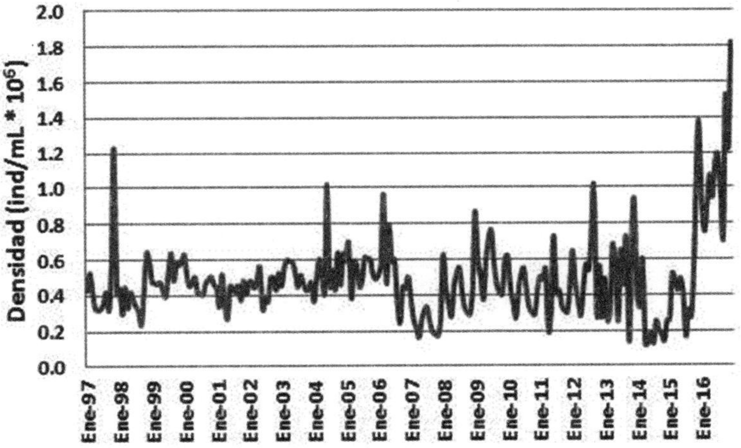

Figura 9.1. Densidad bacteriana promedio en la columna de agua de la laguna de Las Madres, desde 1997 a 2016.

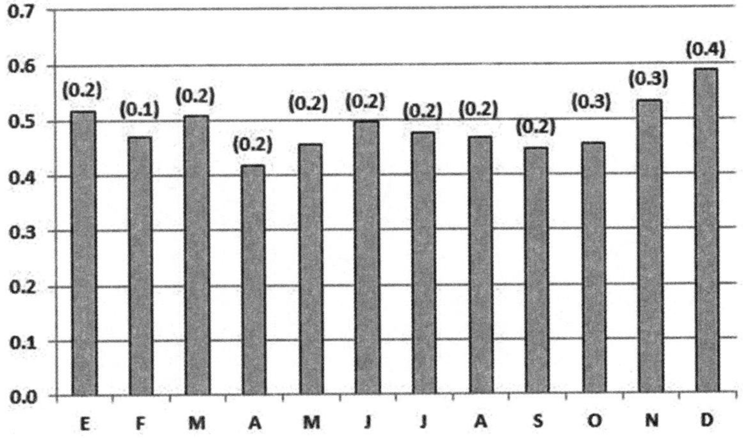

Figura 9.2. Densidad bacteriana promedio (x 10^6 ind/mL) durante el ciclo anual en la laguna de Las Madres. Entre paréntesis, las desviaciones típicas.

La distribución de las bacterias en la columna vertical de Las Madres solo se ha estudiado en 2015 y 2016. Durante la estratificación son más abundantes en la termoclina, mientras que durante la mezcla parecen alcanzar mayores densidades en las capas superiores (figura 9.3). En hipolimnion y monimolimnion su densidad disminuye respecto a la presente en las capas superiores, pues acusa el ambiente anóxico que allí se genera (figura 9.3).

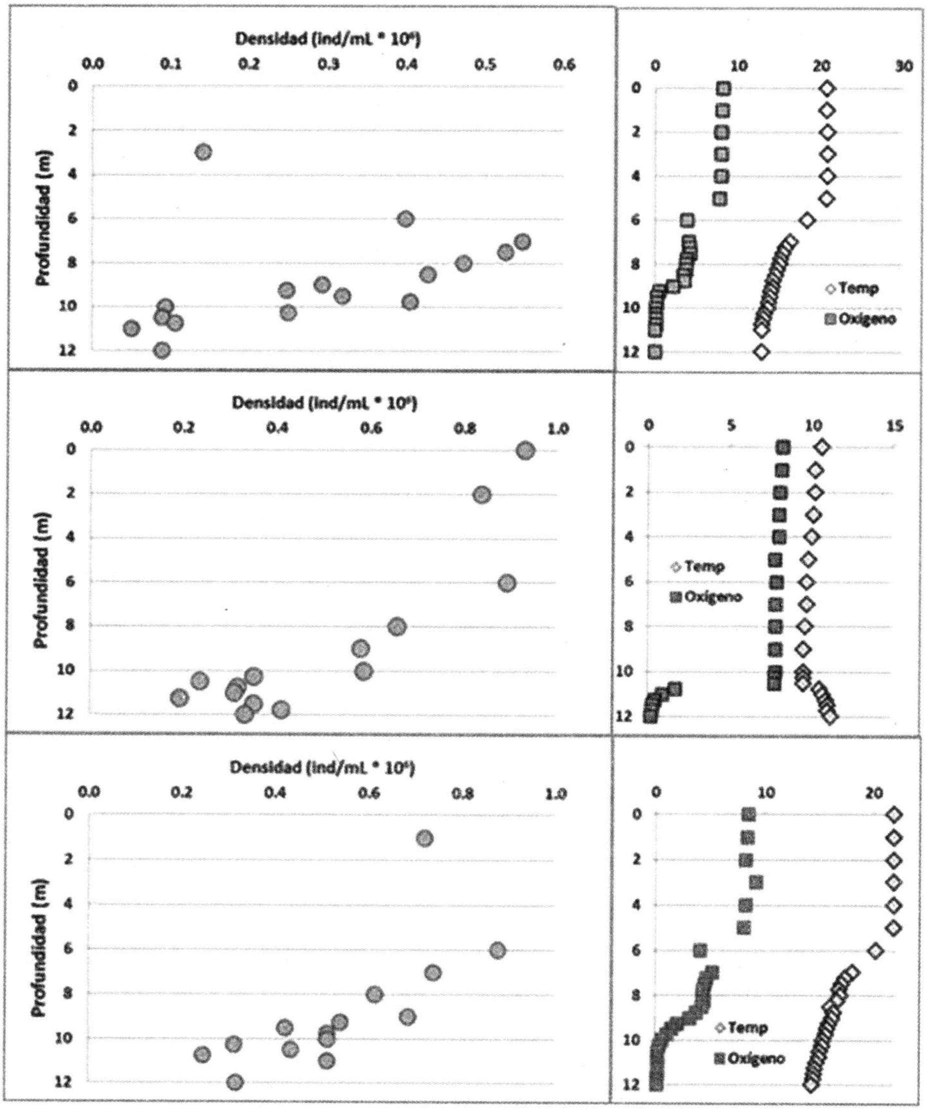

Figura 9.3. Distribución vertical de la densidad bacteriana en la laguna de Las Madres en septiembre de 2015 (panel superior) y enero y septiembre de 2016 (paneles medio e inferior). Se muestran también los perfiles de temperatura y oxígeno disuelto de cada fecha.

La composición de las comunidades bacterianas se ha estudiado en Las Madres mediante análisis moleculares del ARN de la subunidad ribosómica 16S durante las fases de estratificación y mezcla de 2015 y 2016. Como muestra la tabla 9.1, la mayoría de los grupos principales observados se encuentran tanto en la estratificación como durante la mezcla térmica del lago. Verticalmente, hay segregación entre varios de los grupos; así, mientras aparecen algunos de amplia distribución desde el epilimnion hasta el hipolimnion *(Bacteroidetes, Planctomycetaceae, Enterobacteriaceae)*, otros solo se presentan en el hipolimnion *(Chlorobium, Reynarella)* o en el monimolimnion *(Desulfomonile, Sphingomonadaceae)*.

Tabla 9.1. Principales géneros y grupos bacterianos identificados molecularmente en la laguna de Las Madres durante la estratificación (E) y la mezcla (Me), indicando las capas térmicas donde dominan.

Género	Capas donde domina	Estratificación o mezcla	Grupo fisiológico
ud-Bacteroidetes	Ep-T-H	E+Me	En heces de aves
Chlorobium	H	E	Fotosíntesis del azufres
GpIIa	Ep-T-H	E+Me	Grupo de los *Synechococcus*
Aquisphaera	H	E+Me	Planctomycete
ud-Planctomycetaceae	Ep-T-H	E+Me	Planctomycete
ud-Bradyrhizobiaceae	H-M	E+Me	¿Simbiosis?
ud-Rhizobiales	H-M	E+Me	¿Simbiosis?
Reyranella	H	E	Proteobacteria
Sphingobium	M	E+Me	Degradador de fenoles
ud-Sphingomonadaceae	M	E+Me	Degradador de fenoles
Limnohabitans	Ep-T-H	E+Me	Oxidador del amonio
ud-Betaproteobacteria	H	E+Me	
Desulfomonile	M	E+Me	Reductor de sulfuros a ácido sulfhídrico
ud-Enterobacteriaceae	Ep-T-H	E+Me	¿Flora intestinal?
Legionella	H-M	E+Me	¿?
ud-Gammaproteobacteriaceae	H-M	E+Me	¿¿

Ep: epilimnion, T: termoclina, H: hipolimnion, M: monimolimnion, ud: género sin identificar.

Entre los grupos fisiológicos identificados de interés para las transformaciones biogeoquímicas en la laguna están: *Chlorobium,* que es una bacteria fotosintética del azufre; *Desulfomonile,* reductor de sulfuros a ácido sulfhídrico, y *Limnohabitans,* un oxidador del amonio (tabla 9.1). Como curiosidad, también cabe señalar la presencia –poco abundante– de los géneros *Brocadia* y *Kuenenia,* que son bacterias involucradas en el proceso anammox (oxidación anaerobia del amonio), cuya gran relevancia para el ciclo del nitrógeno en los ecosistemas marinos y dulceacuícolas se está desvelando en los últimos años (Thamdrup, 2012; Oshiki *et al.,* 2016). Finalmente y aunque no es el tema de este capítulo, cabe señalar aquí la abundante presencia de la cianobacteria fotosintética *Synechococcus,* que aparece en todas las capas –excluyendo el monimolimnion– y fases térmicas de la laguna.

Los factores de control de la comunidad bacteriana en Las Madres han sido analizados de modo preliminar por Benavent (2015) en su tesis doctoral, que abarca el periodo 1997-2011. Dicha comunidad parece estar desacoplada del fitoplancton y el zooplancton herbívoro, por lo que no se observan relaciones que sugieran competencia con el primero y depredación por el segundo. Por mi parte, he prolongado dichos análisis hasta 2016 y confirmo los resultados de Benavent. De todos modos, los análisis llevados a cabo hasta la fecha son escasos y requieren más estudio para abordar adecuadamente la ecología acuática bacteriana (Shafi *et al.,* 2017). Como se ha señalado más arriba, tampoco hay relación estacional con la temperatura, aunque las bacterias sí acusan el fenómeno físico de la pluma convectiva otoñal, que resuspende materiales desde el sedimento. Finalmente, debo señalar también que la cantidad de carbono orgánico disuelto no parece ser un factor limitante del crecimiento bacteriano.

LAGUNAS EN EL CONOCIMIENTO

Las crecientes posibilidades que ofrece la genómica aguardan su aplicación a la bacteriología acuática madrileña, de modo que permita expandir el conocimiento de la distribución de los distintos grupos taxonómicos en el territorio de Madrid. En cualquier caso, la identificación bacteriana debe ser el primer paso para conocer el papel que cumplen estos organismos en los ecosistemas, es decir, cobraría más sentido si se ligara a la biogeoquímica de los mismos. De todos modos, una aproximación más clásica (factores limitantes abióticos, producción, biomasa, interacciones tróficas con fito y zooplancton, etc.) tampoco ha sido muy explorada. Nada se sabe de bacterias en ríos y en charcas, sean o no de origen artificial. Finalmente, el conocimiento de los virus acuáticos también brilla por su ausencia.

CAPÍTULO X

Algas

MIGUEL ÁLVAREZ COBELAS, CARMEN ROJO GARCÍA-MORATO
Y SANTOS CIRUJANO BRACAMONTE

RESUMEN

El número de especies de algas citadas en el territorio de Madrid asciende a 808: Carofitas-10, Clorofitas-355, Criptofitas-11, Crisofitas-12, Diatomeas-336, Dinoflageladas-19, Euglenofitas-33, Haptofitas-1, Rafidofitas-1, Rodofitas-2 y Xantofitas-16. Tanto la mera presencia de estos organismos como su distribución geográfica se conocen muy imperfectamente para este territorio. En particular, los ecosistemas al sur de la capital (a excepción de algunas graveras), pero también las canteras graníticas, merecen un estudio intensivo. Algunas algas aparentemente más exigentes, como los carófitos, pueden ser frecuentes en los ambientes situados al norte, donde la alteración de los ecosistemas acuáticos no es muy acusada, pero su estudio aún nos aguarda.

Otro aspecto estructural al que se le ha prestado atención es el de la influencia del sustrato sobre las comunidades de algas bentónicas. En estudios madrileños, se sugiere que el parecido entre comunidades algales ubicadas sobre distintos sustratos de una misma localidad era superior a la similitud entre los mismos sustratos de localidades diferentes, aunque próximas. Hoy se tiende a analizar este problema desde el punto de vista de las metacomunidades.

Desde el punto de vista ecológico, hay solo dos estudios con datos de producción primaria fitoplanctónica: uno en charca ganadera, que era heterótrofa, y otro en laguna de gravera hipertrófica, que era francamente autótrofa. La biomasa fitoplanctónica cambia mucho de unos ambientes madrileños a otros, como resultado del diferente grado trófico. Su control ambiental se conoce imperfectamente, en especial el papel de los herbívoros, pero hay algunos estudios sobre el papel que en ella juegan las infecciones por hongos en embalses.

La sucesión estacional del fitoplancton en casi todos los lugares donde se ha estudiado se ajusta bien a las pautas ya conocidas para otros ecosistemas del mundo. En las charcas, sin embargo, hay una sucesión original de flagelados de distintos grupos taxonómicos, en la que valdría la pena profundizar. Mención especial merece el papel ecológico de las Criptofíceas (géneros *Cryptomonas* y *Plagioselmis*), muy abundantes y frecuentes en gran cantidad de ecosistemas, pero que ha sido poco estudiado.

Espacialmente, la biomasa fitoplanctónica en el embalse de El Vellón no parece diferir cuantitativamente de un lugar a otro, pero sí su composición específica. En el caso de las algas bentónicas de su cuenca hidrográfica, los factores que más las discriminan son la altitud y la contaminación orgánica. La ubicación sobre el sustrato de las distintas especies de diatomeas bentónicas fluviales cambia con la época del año y el caudal, pero los resultados obtenidos en el río Manzanares son aún poco concluyentes.

A largo plazo, la biomasa fitoplanctónica de Las Madres (1991-2017) muestra una tendencia decreciente hacia la estabilización, como sucede en los embalses de reciente creación. Su control ambiental es abiótico, estando desacoplada de las comunidades bacteriana y zooplanctónica. Las poblaciones principales cambian mucho a largo plazo. El periodo de mayor crecimiento vegetativo del fitoplancton en esa laguna se ha incrementado 48 días desde que comenzó el estudio, lo cual verosímilmente se relacionaría con el calentamiento global.

Muchas temáticas del estudio de las algas están aún por desarrollar en el territorio de Madrid. La ecología de las microalgas bentónicas, tanto lacustres como fluviales, es una de ellas. No solo el reconocimiento de la presencia de muchos taxones que hasta ahora no han sido citados, sino su distribución geográfica, ecología y adaptaciones a un mundo cambiante, esperan a que las generaciones futuras se incorporen a su estudio.

Palabras-clave: composición taxonómica, biomasa, poblaciones, plancton, bentos, heterogeneidad espacial, largo plazo.

SUMMARY: ALGAE

The species richness of Madrid algal flora amounts to 808: Charophyta-10, Chlorophyta-355, Cryptophyta-11, Chrysophyta-12, Diatoms-336, Dinoflagellates-19, Euglenophyta-33, Haptophyta-1, Raphidophyta-1, Rodophyta-2 and Xanthophyta-16. Their occurrence and geographical distribution are still poorly known. More specifically, Southern areas (some gravel-pits aside) and granite pits deserve much examination. Some seemingly environmentally-strict algae, such as stoneworts, can be frequent at the Northern environments, where environmental impairment is not too strong, but its study is still ahead.

Community similarity of benthic algae on different substrates at the same site was reported higher than similarity between the same substrates at different, albeit close, locations. Nowadays, this topic is usually addressed by the metacommunity viewpoint.

There are only two studies dealing with primary production: a cattle pond and a hypertrophic gravel-pit, the former being heterotrophic whereas the latter was autotrophic. Phytoplankton biomass depicts wide ranges in Madrid ecosystems as a result of a very wide range of trophic conditions. Its environmental control is poorly known, particularly that by herbivores, but there have been some studies on fungal infections controlling phytoplankton populations in reservoirs.

Phytoplankton seasonal succession in Madrid is roughly the same of that studied in freshwater environments abroad. In small granitic ponds, however, is quite distinct due to a unique flagellate substitution which would deserve closer scrutiny. The ecological role of Cryptophyceans (mostly Cryptomonas and Plagioselmis), taxa which are very common and share a good biomass fraction in many environments, is also worthy of further study.

Spatially, phytoplankton biomass in El Vellón reservoir does not appear to differ quantitatively from one site to another, bu its composition does. The distribution of benthic algae in that catchment is partly explained by altitude and organic pollution. Benthic diatom position on substrates happened to change along with season and discharge, but results attained in a study on Manzanares river are pretty unconclusive.

Long-term phytoplankton biomass at Las Madres lake (1991-2017) shows a stabilizing trend in recent years, a fact also reported for recenty-built reservoirs worldwide. Their environmental control is abiotic, being decoupled from bacterial and zooplanktonic assemblages.

Many topics of algal study are still to be implemented in Madrid. Benthic microalgal ecology in stagnant waters and streams is one of them. Occurrence of newly reported species, increasing data of geographical distribution, ecology and adaptations to a changing world are issues waiting for new generations of scholars.

INTRODUCCIÓN

La primera cita de un alga para la Comunidad la ofrece Casimiro Gómez Ortega (1784), que describe el *Equisetum foetidum sub agua repens* (hoy, *Chara vulgaris*) y asegura que «es muy común en las balsas y aguas detenidas y encharcadas» y que «se halla en el Soto de Migas Calientes hacia el Puente Verde y en las vegas de San Fernando y Ribas». Posteriores son las referencias de Vicente Cutanda y Mariano del Amo (1848), que mencionan *Chara vulgaris* y *Ch. hispida,* y las de Miguel Colmeiro (1868) de *Chara vulgaris* y *Nitella flexilis,* quien recoge las anteriores localidades y añade alguna recolección propia.

En cuanto a otros grupos de algas, es también Colmeiro (1849) el que las menciona, siguiendo a Heinrich Willkomm y señalando la presencia de las clorofitas *Cladophora fracta* y *C. glomerata,* la primera en el mar de Ontígola y la segunda en riachuelos de Aranjuez. Posteriormente, Máximo Laguna (1877) realiza una recogida en el limo de la laguna de Peñalara y publica una lista de diatomeas. Casi al terminar el siglo, José Secall (1894, 1897) lleva a cabo sendos trabajos sobre diatomeas bentónicas en la zona de El Escorial, pero eran tiempos en los cuales apenas se facilitaban datos sobre el ambiente donde se recogían las algas, ni siquiera los nombres de los ecosistemas concretos. En agosto de 1901, el italiano Achille Forti (1906) se acerca al Estanque Grande de El Retiro, toma algunas muestras de plancton con una red, y realiza un estudio que luego será traducido por José Madrid Moreno (1911b), director del laboratorio municipal de la ciudad. Mucho más tarde, Pedro González Guerrero comenzará a tomar muestras en muchos lugares de la provincia y las referirá en su tesis doctoral, publicada en 1927, aún sin precisar el tipo de hábitat de donde recoge el material, *modus operandi* que también seguirá su discípula Fernanda Caballero (1942, 1946) en sus estudios sobre desmidiáceas, en los que incluso llega a describir una especie nueva *(Staurastrum santillanae)* en 1942, actualmente aceptada en el catálogo mundial *AlgaeBase* (www.algaebase.org) y que nadie ha vuelto a registrar. Una manera más adecuada de referir las algas la incorpora Ramón Margalef (1949) en su modesto trabajo sobre los organismos acuáticos de Peñalara y su entorno. Posteriormente, se regularizaría el modo de estudio de estos organismos, aportando cada autor los datos imprescindibles para reconocer su hábitat.

Volviendo a los carófitos, Eduardo Reyes Prósper da un empuje al conocimiento de los carófitos españoles al poner a disposición de los algólogos, tras su visita a Alemania, la obra de Walter Mígula *Synopsis Characearum europearum* (Migula, 1898), junto con sus propias observaciones y experiencias. Reyes Prósper (1910) menciona unos veintitrés enclaves madrileños en los que recolectó *Chara connivens, Ch. foetida (Ch. vulgaris), Ch. fragilis, Ch. hispida* y *Nitella flexilis.* Tras este autor, solo hemos encontrado referencias puntuales a algunas especies ya indicadas para la Comunidad de Madrid (Caballero, 1924; Álvarez Ramis y Agulló, 1981), hasta que Comelles (1982) presenta el resultado de sus recolecciones en España, entre las que se incluyen veinticuatro localidades madrileñas, si bien no amplía el catálogo de los taxones ya citados.

COMPOSICIÓN DE LA FLORA

Las especies que se encontraron y las citas de recogida se ofrecen en la tabla 10.1, pero no se garantiza que muestreos más actuales permitan encontrarlas todas en los mismos lugares donde se citaron, porque en muchos ambientes las condiciones ecológicas han cambiado notablemente desde que los muestreó cada uno de los autores. Aunque la riqueza específica parezca alta, debe tenerse en cuenta que cualquier hábitat muestreado en una única ocasión alberga numerosas especies de algas microscópicas –a menudo más de cincuenta– por lo que no resulta extraña la alta riqueza específica observada en el área objeto de estudio. De todos modos, el número de especies citadas de muchos grupos es muy escaso (como ocurre con las zygnemales o las crisofitas, por ejemplo), y hay hábitats apenas estudiados, como los arroyos salinos, el suelo, las rocas, las cortezas de los árboles, los pilancones graníticos, las cascadas, los ríos muy contaminados, etc. Otro botón de muestra: en los arroyos montanos de Madrid en primavera es frecuente encontrar *Lemanea,* un género de rodofitas rico en especies en la Península Ibérica (véase Chapuis *et al.,* 2014), pero nadie las ha determinado todavía en la provincia a nivel de especie. Tampoco se sabe gran cosa de la flora algológica de los ambientes salinos, ni de la de los ecosistemas carbonatados del sureste del territorio. En cualquier caso, a pesar del gradiente altitudinal y de la geoquímica de las aguas, el gran impacto humano (urbanización, infraestructuras, además de ganadería extensiva en lugares antaño más pristinos, como la sierra de Guadarrama) podría dar como resultado una flora más pobre y homogénea que la registrada hasta la fecha. De todos modos, el número de especies de algas halladas es todavía escaso y, si se muestreara en más lugares, quizá se encontraran otras especies.

Tabla 10.1. Lista de especies de algas registradas en el territorio de la Comunidad de Madrid. Se ha empleado la nomenclatura aceptada por la hoja web AlgaeBase (www.algaebase.org). Véase https://digital.csic.es/ para las localidades y referencias bibliográficas.

Grupo	Taxon
CARO	*Chara braunii* C. C. Gmelin
CARO	*Chara connivens* Salzmann ex A. Braun
CARO	*Chara fragilis* Desvaux
CARO	*Chara hispida* Linnaeus
CARO	*Chara vulgaris* Linnaeus
CARO	*Nitella flexilis* (Linnaeus) C. Agardh

Tabla 10.1. *(continuación)*

Grupo	Taxon
CARO	*Nitella gracilis* (J. E. Smith) C. Agardh
CARO	*Nitella mucronata* (A. Braun) F. Miquel
CARO	*Nitella translucens* (Persoon) C. Agardh
CARO	*Tolypella glomerata* (Desvaux) Leonhardi
CLORO	*Actinastrum hantzschii* Lagerheim
CLORO	*Actinotaenium cucurbita* (Brébisson ex Ralfs) Teiling
CLORO	*Actinotaenium truncatum* (Brébisson ex Ralfs) Teiling
CLORO	*Ankistrodesmus arcuatus* Korshikov
CLORO	*Ankistrodesmus falcatus* (Corda) Ralfs
CLORO	*Ankistrodesmus fasciculatus* (Lundberg) Komarková-Legnerová
CLORO	*Ankyra ancora* (G. M. Smith) Fott
CLORO	*Ankyra lanceolata* (Korshikov) Fott
CLORO	*Aphanochaete repens* A. Braun
CLORO	*Apiocystis brauniana* Nägeli
CLORO	*Arthrodesmus incus* (Hassall ex Ralfs) Teiling
CLORO	*Binuclearia lauterbornii* (Schmidle) Proschkina-Lavrenko
CLORO	*Botryococcus braunii* Kützing
CLORO	*Botryosphaerella sudetica* (Lemmermann) Silva
CLORO	*Chaetopeltis orbicularis* Berthold
CLORO	*Chaetophora elegans* (Roth) C. Agardh
CLORO	*Chaetosphaeridium pringsheimii* Klebahn
CLORO	*Characium cyclindricum* F. D. Lambert
CLORO	*Chlamydocapsa planctonica* (West y G. S. West) Fott
CLORO	*Chlamydomonas acuta* Korshikov
CLORO	*Chlamydomonas angulosa* O. Dill
CLORO	*Chlamydomonas bicocca* Pascher
CLORO	*Chlamydomonas doliolum* Pascher
CLORO	*Chlamydomonas ehrenbergii* Goroschankin
CLORO	*Chlamydomonas nivalis* (F. A. Bauer) Wille
CLORO	*Chlamydomonas orbicularis* Pringsheim

Tabla 10.1. *(continuación)*

Grupo	Taxon
CLORO	*Chlamydomonas pertusa* Chodat
CLORO	*Chlamydomonas reinhardtii* P. A. Dangeard
CLORO	*Chlamydomonas sphaeroides* Gerloff
CLORO	*Chlamydomonas splendida* L. Péterfi
CLORO	*Chlorangium stentorinum* (Ehrenberg) Stein
CLORO	*Chlorella vulgaris* Beijerinck
CLORO	*Chlorogonium elongatum* Dangeard
CLORO	*Chlorogonium leiostracum* Strehlow
CLORO	*Cladophora fracta* (O. F. Müller ex Vahl) Kützing
CLORO	*Cladophora glomerata* (Linnaeus) Kützing
CLORO	*Cladophora rivularis* (Linnaeus) Hoek
CLORO	*Closteriopsis acicularis* (Smith) Belcher y Swale
CLORO	*Closterium acerosum* Ehrenberg ex Ralfs
CLORO	*Closterium acutum* Brébisson
CLORO	*Closterium angustatum* Kützing ex Ralfs
CLORO	*Closterium costatum* Corda ex Ralfs
CLORO	*Closterium cynthia* De Notaris
CLORO	*Closterium dianae* Ehrenberg ex Ralfs
CLORO	*Closterium gracile* Ehrenberg ex Ralfs
CLORO	*Closterium incurvum* Brébisson
CLORO	*Closterium jenneri* Ralfs
CLORO	*Closterium lanceolatum* Kützing ex Ralfs
CLORO	*Closterium leiblenii* Kützing ex Ralfs
CLORO	*Closterium libellula* Focke ex Nordstedt
CLORO	*Closterium limneticum* Lemmermann
CLORO	*Closterium littorale* F. Gay
CLORO	*Closterium moniliferum* Ehrenberg ex Ralfs
CLORO	*Closterium navicula* (Brébisson) Lütkemüller
CLORO	*Closterium parvulum* Nägeli
CLORO	*Closterium pritchardianum* W. Archer

Tabla 10.1. *(continuación)*

Grupo	Taxon
CLORO	*Closterium rostratum* Ehrenberg ex Ralfs
CLORO	*Closterium strigosum* Brébisson
CLORO	*Closterium striolatum* Ehrenberg ex Ralfs
CLORO	*Closterium toxon* West
CLORO	*Closterium tumidulum* F. Gay
CLORO	*Closterium venus* Kützing ex Ralfs
CLORO	*Coelastrum astroideum* De Notaris
CLORO	*Coelastrum cambricum* W. Archer
CLORO	*Coelastrum microporum* Nägeli
CLORO	*Coelastrum pseudomicroporum* Korshikov
CLORO	*Coelastrum sphaericum* Nägeli
CLORO	*Colemanosphaera charkowiensis* (Korshikov) Nozaki, T. K. Yamada, F. Takahashi, Matsuzaki y Nakada
CLORO	*Coleochaete scutata* Brébisson
CLORO	*Cosmarium abruptum* P. Lundell
CLORO	*Cosmarium asphaerosporum* Wittrock
CLORO	*Cosmarium binum* Nordstedt
CLORO	*Cosmarium bipunctatum* Børgesen
CLORO	*Cosmarium biretum* Brébisson ex Ralfs
CLORO	*Cosmarium blytii* Wille
CLORO	*Cosmarium botrytis* Meneghini ex Ralfs
CLORO	*Cosmarium broomei* Thwaites ex Ralfs
CLORO	*Cosmarium caelatum* Ralfs
CLORO	*Cosmarium contractum* O. Kirchner
CLORO	*Cosmarium crenatum* Ralfs ex Ralfs
CLORO	*Cosmarium cucumis* Corda ex Ralfs
CLORO	*Cosmarium cucurbita* Brébisson ex Ralfs
CLORO	*Cosmarium depressum* Bailey
CLORO	*Cosmarium difficile* Lütkemüller
CLORO	*Cosmarium formosulum* Hoff

Tabla 10.1. *(continuación)*

Grupo	Taxon
CLORO	*Cosmarium garrolense* J. Roy y Bisset
CLORO	*Cosmarium granatum* Brébisson ex Ralfs
CLORO	*Cosmarium holmiense* P. Lundell
CLORO	*Cosmarium inconspicuum* West y G. S. West
CLORO	*Cosmarium laeve* Rabenhorst
CLORO	*Cosmarium latum* Brébisson
CLORO	*Cosmarium margaritatum* (P. Lundell) J. Roy y Bisset
CLORO	*Cosmarium margaritiferum* Meneghini ex Ralfs
CLORO	*Cosmarium meneghinii* Brébisson ex Ralfs
CLORO	*Cosmarium minimum* West y G. S. West
CLORO	*Cosmarium naegelianum* Brébisson
CLORO	*Cosmarium nitidulum* De Notaris
CLORO	*Cosmarium notabile* Brébisson
CLORO	*Cosmarium pachydermum* P. Lundell
CLORO	*Cosmarium polygonum* (Nägeli) W. Archer
CLORO	*Cosmarium pseudoarctoum* Nordstedt
CLORO	*Cosmarium pseudobotrytis* (F. Gay) De Toni
CLORO	*Cosmarium pseudoconnatum* Nordstedt
CLORO	*Cosmarium punctulatum* Nordstedt
CLORO	*Cosmarium pyramidatum* Brébisson ex Ralfs
CLORO	*Cosmarium quadratum* Ralfs ex Ralfs
CLORO	*Cosmarium quadrum* P. Lundell
CLORO	*Cosmarium regnelli* Wille
CLORO	*Cosmarium regnesi* Reinsch
CLORO	*Cosmarium reniforme* (Ralfs) W. Archer
CLORO	*Cosmarium sportella* Brébisson ex Kützing
CLORO	*Cosmarium subcostatum* Nordstedt
CLORO	*Cosmarium subcucumis* Schmidle
CLORO	*Cosmarium subprotumidum* Nordstedt
CLORO	*Cosmarium tetraophtalmum* Brébisson ex Ralfs

Tabla 10.1. *(continuación)*

Grupo	Taxon
CLORO	*Cosmarium undulatum* Corda ex Ralfs
CLORO	*Cosmarium venustum* (Brébisson) W. Archer
CLORO	*Cosmarium vexatum* West
CLORO	*Crucigenia apiculata* (Lemmermann) Schmidle
CLORO	*Crucigenia irregularis* Wille
CLORO	*Crucigenia quadrata* Morren
CLORO	*Crucigenia rectangularis* (Nägeli) Gay
CLORO	*Crucigenia tetrapedia* (Kirchner) Kuntze
CLORO	*Crucigenia triangularis* (Chodat) Schmidle
CLORO	*Crucigeniella apiculata* (Lemmermann) Komárek
CLORO	*Cylindrocystis brebissonii* (Ralfs) De Bary
CLORO	*Cylindrocystis crassa* De Bary
CLORO	*Desmidium swartzii* C. Agardhi ex Ralfs
CLORO	*Desmodesmus abundans* (Kirchner) E. Hegewald
CLORO	*Desmodesmus armatus* (Chodat) E. Hegewald
CLORO	*Desmodesmus bicaudatus* (Dedusenko) P. M. Tsarenko
CLORO	*Desmodesmus bicellularis* (Chodat) S. S. An, T. Friedl y E. Hegewald
CLORO	*Desmodesmus brasiliensis* (Bohlin) E. Hegewald
CLORO	*Desmodesmus communis* (E. Hegewald) E. Hegewald
CLORO	*Desmodesmus denticulatus* (Lagerheim) S. S. An, T. Friedl y E. Hegewald
CLORO	*Desmodesmus dispar* (Brébisson) E. Hegewald
CLORO	*Desmodesmus insignis* (West y G. S. West) M. J. Wynne
CLORO	*Desmodesmus intermedius* (Chodat) E. Hegewald
CLORO	*Desmodesmus opoliensis* (P. G. Richter) E. Hegewald
CLORO	*Desmodesmus protuberans* (F. E. Fritsch y M. E. Rich) E. Hegewald
CLORO	*Desmodesmus serratus* (Corda) S. S. An, Friedl y E. Hegewald
CLORO	*Desmodesmus spinosus* (Chodat) E. Hegewald
CLORO	*Dictyosphaerium ehrenbergianum* Nägeli
CLORO	*Dictyosphaerium pulchellum* H. C. Wood
CLORO	*Dictyosphaerium subsolitarium* Van Goor

Tabla 10.1. *(continuación)*

Grupo	Taxon
CLORO	*Didymocystis comassii* Komárek
CLORO	*Didymocystis inermis* (Fott) Fott
CLORO	*Didymogenes palatina* Schmidle
CLORO	*Dimorphococcus lunatus* A. Braun
CLORO	*Diplochloris lunata* (Fott) Fott
CLORO	*Draparnaldia glomerata* (Vaucher) C. Agardh
CLORO	*Draparnaldia mutabilis* (Roth) Bory
CLORO	*Elakathothrix gelatinosa* Wille
CLORO	*Eremosphaera viridis* De Bary
CLORO	*Euastrum bidentatum* Nägeli
CLORO	*Euastrum binale* Ehrenberg ex Ralfs
CLORO	*Euastrum denticulatum* F. Gay
CLORO	*Euastrum dubium* Nägeli
CLORO	*Euastrum elegans* Ralfs
CLORO	*Euastrum humerosum* Ralfs
CLORO	*Euastrum insulare* (Wittrock) J. Roy
CLORO	*Euastrum montanum* West y G. S. West
CLORO	*Euastrum oblongum* Ralfs
CLORO	*Euastrum pectinatum* Ralfs
CLORO	*Euastrum rostratum* Ralfs ex Ralfs
CLORO	*Eudorina elegans* Ehrenberg
CLORO	*Fotterella tetrachlorelloides* R. Buck
CLORO	*Gloeocystis vesiculosa* Nägeli
CLORO	*Gloeoplax weberi* Schmidle
CLORO	*Gonatozygon brebissonii* De Bary
CLORO	*Gonatozygon kinahanii* (W. Archer) Rabenhorst
CLORO	*Gonatozygon monotaenium* De Bary
CLORO	*Gonium pectorale* O. F. Müller
CLORO	*Granulocystis verrucosa* (J. V. Roll) Hindák
CLORO	*Granulocystopsis coronata* (Lemmermann) Hindák

Tabla 10.1. *(continuación)*

Grupo	Taxon
CLORO	*Gregiochloris lacustris* (Chodat) Marvan, Komárek y Comas
CLORO	*Haematococcus lacustris* (Girod-Chantrans) Rostafinski
CLORO	*Haplotaenium minutum* (Ralfs) Bando
CLORO	*Hyalotheca dissiliens* Brébisson ex Ralfs
CLORO	*Hyalotheca mucosa* Ralfs
CLORO	*Hydrodictyon reticulatum* (Linnaeus) Bory
CLORO	*Hydrurus foetidus* (Villars) Trevisan
CLORO	*Iconella biseriata* (Brébisson) Ruck y Nakov
CLORO	*Iconella linearis* (Brun) Ruck y Nakov
CLORO	*Iconella tenera* (W. Gregory) Ruck y Nakov
CLORO	*Isthmochloron trispinatus* (West y G. S. West) Skuja
CLORO	*Kirchneriella lunaris* (Kirchner) Möbius
CLORO	*Kirchneriella obesa* (West) West y G. S. West
CLORO	*Klebsormidium flaccidum* (Kützing) P. C. Silva, K. R. Mattox y W. H. Blackwell
CLORO	*Klebsormidium rivulare* (Kützing) M. O. Morison y Sheath
CLORO	*Klebsormidium subtile* (Kützing) Mikhailyuk, Glaser, Holzinger y Karsten
CLORO	*Koliella longiseta* (Vischer) Hindák
CLORO	*Koliella spiculiformis* (Vischer) Hindák
CLORO	*Korshikoviella limnetica* (Lemmermann) Silva
CLORO	*Korshikoviella michailovskoensis* (F. G. Lambert) Silva
CLORO	*Lagerheimia genevensis* (Chodat) Chodat
CLORO	*Lagerheimia subsalsa* Lemmermann
CLORO	*Lagerheimia wratislawiensis* Schröder
CLORO	*Lemmermannia triangularis* (Chodat) C. Bock y Krienitz
CLORO	*Micractinium pusillum* Fresenius
CLORO	*Micrasterias denticulata* Brébisson ex Ralfs
CLORO	*Micrasterias furcata* C. Agardh ex Ralfs
CLORO	*Micrasterias papillifera* Brébisson ex Ralfs
CLORO	*Micrasterias rotata* Ralfs

Tabla 10.1. *(continuación)*

Grupo	Taxon
CLORO	*Micrasterias truncata* Brébisson ex Ralfs
CLORO	*Microspora amoena* (Küztzing) Rabenhorst
CLORO	*Microthamnion kuetzingianum* Nägeli ex Kützing
CLORO	*Monoraphidium circinale* (Nygaard) Nygaard
CLORO	*Monoraphidium contortum* (Thuret) Komárková-Legnerová
CLORO	*Monoraphidium griffithii* (Berkeley) Komárková-Legnerová
CLORO	*Monoraphidium irregulare* (G. M. Smith) Komárková-Legnerová
CLORO	*Monoraphidium komarkovae* Nygaard
CLORO	*Monoraphidium minutum* (Nägeli) Komárková-Legnerová
CLORO	*Monoraphidium pusillum* (Printz) Komárková-Legnerová
CLORO	*Monoraphidium saxatile* Komárková-Legnerová
CLORO	*Monoraphidium subclavatum* Nygaard
CLORO	*Monoraphidium tortile* (West y G. S. West) Komárková-Legnerová
CLORO	*Monostroma bullosum* (Roth) Thuret
CLORO	*Mougeotia viridis* (Kützing) Wittrock
CLORO	*Nephrocytium agardhianum* Nägeli
CLORO	*Netrium digitus* (Brébisson ex Ralfs) Itzigsohn y Rothe
CLORO	*Oedogonium pluviale* Nordstedt ex Hirn
CLORO	*Oedogonium pringsheimii* C. E. Cramer ex Hirn
CLORO	*Oocystis borgei* J. W. Snow
CLORO	*Oocystis lacustris* Chodat
CLORO	*Oocystis marssonii* Lemmermann
CLORO	*Oocystis parva* West y G. S. West
CLORO	*Oocystis rupestris* Kirchner
CLORO	*Oocystis solitaria* Wittrock
CLORO	*Pandorina morum* (O. F. Müller) Bory
CLORO	*Pediastrum braunii* Wartmann
CLORO	*Pediastrum duplex* Meyen
CLORO	*Pediastrum simplex* Meyen
CLORO	*Penium cylindrus* Brébisson ex Ralfs

Tabla 10.1. *(continuación)*

Grupo	Taxon
CLORO	*Penium margaritaceum* Brébisson
CLORO	*Phacotus lenticularis* (Ehrenberg) Deising
CLORO	*Phytelios de-tonii* González Guerrero
CLORO	*Planktosphaeria gelatinosa* G. M. Smith
CLORO	*Pleurotaenium coronatum* (Brébisson) Rabenhorst
CLORO	*Pleurotaenium ehrenbergii* (Ralfs) De Bary
CLORO	*Pleurotaenium trabecula* Nägeli
CLORO	*Polytoma granuliferum* Lackey
CLORO	*Protoderma viride* Kützing
CLORO	*Pseudodidymocystis fina* (Komárek) E. Hegewald y Deason
CLORO	*Pseudopediastrum boryanum* (Turpin) E. Hegewald
CLORO	*Pseudosphaericystis lacustris* (Lemmermann) Nováková
CLORO	*Pteromonas angulosa* (H. J. Carter) Lemmermann
CLORO	*Pteromonas rectangularis* Lemmermann
CLORO	*Radiococcus bavaricus* (Skuja) Komárek
CLORO	*Raphidocelis danubiana* (Hindák) Marvan, Komárek y Comas
CLORO	*Rhizoclonium hieroglyphicum* (C. Agardh) Kützing
CLORO	*Roya obtusa* (Brébisson) West y G. S. West
CLORO	*Scenedesmus abundans* (O. Kirchner) Chodat
CLORO	*Scenedesmus acunae* Comas
CLORO	*Scenedesmus arcuatus* (Lemmermann) Lemmermann
CLORO	*Scenedesmus armatus* (Chodat) Chodat
CLORO	*Scenedesmus bicaudatus* Dedusenko
CLORO	*Scenedesmus communis* E. Hegewald
CLORO	*Scenedesmus dimorphus* (Turpin) Kützing
CLORO	*Scenedesmus ecornis* (Ehrenberg) Chodat
CLORO	*Scenedesmus ellipticus* Corda
CLORO	*Scenedesmus kissii* Hortobágyi
CLORO	*Scenedesmus magnus* Meyen
CLORO	*Scenedesmus obtusus* Meyen

Tabla 10.1. *(continuación)*

Grupo	Taxon
CLORO	*Scenedesmus opoliensis* P. G. Richter
CLORO	*Scenedesmus quadricauda* (Turpin) Brébisson
CLORO	*Scenedesmus subspicatus* Chodat
CLORO	*Schizochlamys gelatinosa* A. Braun
CLORO	*Schroederia setigera* (Schroeder) Lemmermann
CLORO	*Selenastrum bibraianum* Reinsch
CLORO	*Sorastrum bidentatum* Reinsch
CLORO	*Sorastrum spinulosum* Nägeli
CLORO	*Sphaerellocystis ampla* (Kützing) Nováková
CLORO	*Sphaerellopsis fluviatilis* (Stein) Pascher
CLORO	*Sphaerocystis schroeteri* Chodat
CLORO	*Sphaeroplea annulina* (Roth) C. Agardh
CLORO	*Spirogyra arcta* (C. Agardh) Endlichter
CLORO	*Spirogyra communis* (Hassall) Kützing
CLORO	*Spirogyra fluviatilis* Hilse
CLORO	*Spirogyra inflata* (Vaucher) Dumortier
CLORO	*Spirogyra maiuscula* Kützing
CLORO	*Spirogyra maxima* (Hassall) Wittrock
CLORO	*Spirogyra rivularis* (Hassall) Rabenhorst
CLORO	*Spirogyra weberi* Kützing
CLORO	*Spirotaenia condensata* Brébisson
CLORO	*Spondylosium planum* (Wolle) West y G. S. West
CLORO	*Spondylosium pulchellum* (W. Archer) W. Archer
CLORO	*Spondylosium pygmaeum* Cooke
CLORO	*Staurastrum alternans* Brébisson
CLORO	*Staurastrum anatinum* Cooke y Wills
CLORO	*Staurastrum avicola* Brébisson
CLORO	*Staurastrum brevispina* Brébisson in Ralfs
CLORO	*Staurastrum coarctatum* Brébisson
CLORO	*Staurastrum denticulatum* (Nägeli) W. Archer

Tabla 10.1. *(continuación)*

Grupo	Taxon
CLORO	*Staurastrum dilatatum* Ehrenberg ex Ralfs
CLORO	*Staurastrum furcatum* Brébisson
CLORO	*Staurastrum furcigerum* (Brébisson) W. Archer
CLORO	*Staurastrum gracile* Ralfs ex Ralfs
CLORO	*Staurastrum hirsutum* Ehrenberg ex Ralfs
CLORO	*Staurastrum manfeldtii* Delponte
CLORO	*Staurastrum orbiculare* Meneghini ex Ralfs
CLORO	*Staurastrum paradoxum* Meyen ex Ralfs
CLORO	*Staurastrum pilosum* Brébisson
CLORO	*Staurastrum pingue* Teiling
CLORO	*Staurastrum polymorphum* Brébisson
CLORO	*Staurastrum polytrichum* (Perty) Rabenhorst
CLORO	*Staurastrum punctulatum* Brébisson
CLORO	*Staurastrum pyramidatum* West
CLORO	*Staurastrum santillanae* F. Caballero
CLORO	*Staurastrum sexcostatum* Brébisson ex Ralfs
CLORO	*Staurastrum teliferum* Ralfs
CLORO	*Staurastrum tetracerum* Ralfs ex Ralfs
CLORO	*Staurastrum turgescens* De Notaris
CLORO	*Stauridium tetras* (Ehrenberg) E. Hegewald
CLORO	*Staurodesmus convergens* (Ehrenberg ex Ralfs) S. Lillieroth
CLORO	*Staurodesmus cuspidatus* (Brébisson) Teiling
CLORO	*Staurodesmus dejectus* (Brébisson) Teiling
CLORO	*Staurodesmus omearae* (W. Archer) Teiling
CLORO	*Staurodesmus ralfsii* (West) Tomaszewicz
CLORO	*Stichococcus bacillaris* Nägeli
CLORO	*Stigeoclonium tenue* (C. Agardh) Kützing
CLORO	*Teilingia excavata* (Ralfs ex Ralfs) Bourrelly
CLORO	*Teilingia granulatum* (J. Roy y Bisset) Bourrelly
CLORO	*Teilingia wallichii* (J. P. Jacobsen) Bourrelly

Tabla 10.1. *(continuación)*

Grupo	Taxon
CLORO	*Tetmemorus brebissoni* Ralfs
CLORO	*Tetmemorus granulatus* Brébisson ex Ralfs
CLORO	*Tetmemorus laevis* Ralfs ex Ralfs
CLORO	*Tetrabaena sociale* (Dujardin) N. Nozaki y M. Itoh
CLORO	*Tetrachlorella alternans* (G. M. Smith) Korshikov
CLORO	*Tetradesmus acutus* (Turpin) M. J. Wynne
CLORO	*Tetradesmus bernardii* (G. M. Smith) M. J. Wynne
CLORO	*Tetradesmus dimorphus* (Turpin) M. J. Wynne
CLORO	*Tetradesmus lagerheimii* M. J. Wynne y Guiry
CLORO	*Tetradesmus obliquus* (Turpin) M. J. Wynne
CLORO	*Tetraëdriella regularis* (Kützing) Fott
CLORO	*Tetraedron caudatum* (Corda) Hansgirg
CLORO	*Tetraedron minimum* (A. Braun) Hansgirg
CLORO	*Tetraedron triangulare* Korshikov
CLORO	*Tetraedron trigonum* (Nägeli) Hansgirg
CLORO	*Tetraspora gelatinosa* (Vaucher) Desvaux
CLORO	*Tetraspora lemmermanni* Fott
CLORO	*Tetraspora limnetica* West y G. S. West
CLORO	*Tetrastrum staurogeniiforme* (Schröder) Lemmermann
CLORO	*Tortitaenia obscura* (Ralfs) Brook
CLORO	*Treubaria triappendiculata* C. Bernard
CLORO	*Ulothrix tenerrima* (Kützing) Kützing
CLORO	*Ulothrix tenuissima* Kützing
CLORO	*Ulothrix zonata* (F. Weber y Mohr) Kützing
CLORO	*Ulva intestinalis* Linnaeus
CLORO	*Uronema confervicula* Lagerheim
CLORO	*Volvox tertius* Art. Meyer
CLORO	*Westella botryoides* (West) De Wildemann
CLORO	*Willea apiculata* (Lemmermann) D. M. John, M. J. Wynne y P. M. Tsarenko

Tabla 10.1. *(continuación)*

Grupo	Taxon
CLORO	*Zygnema stellinum* (O. F. Müller) C. Agardh
CRIPTO	*Cryptomonas erosa* Ehrenberg
CRIPTO	*Cryptomonas marssonii* Skuja
CRIPTO	*Cryptomonas obovoidea* Pascher
CRIPTO	*Cryptomonas ovata* Ehrenberg
CRIPTO	*Cryptomonas phaseolus* Skuja
CRIPTO	*Cryptomonas pyrenoidifera* Geitler
CRIPTO	*Cryptomonas reflexa* Skuja
CRIPTO	*Cryptomonas rostratiformis* Skuja
CRIPTO	*Katablepharis ovalis* Skuja
CRIPTO	*Plagioselmis nannoplanctica* (Skuja) G. Novarino, I. A. N. Lucas y S. Morall
CRIPTO	*Rhodomonas lacustris* Pascher y Ruttner
CRISO	*Bicosoeca alaskana* Hilliard
CRISO	*Chrysococcus rufescens* Klebs
CRISO	*Chrysopyxis stenostoma* Lauterborn
CRISO	*Dinobryon bavaricum* Imhof
CRISO	*Dinobryon crenulatum* West y G. S. West
CRISO	*Dinobryon sertularia* Ehrenberg
CRISO	*Mallomonas akrokomos* Ruttner
CRISO	*Mallomonas elliptica* (Kisselev) W. Conrad
CRISO	*Mallomonas ploeslii* Perty
CRISO	*Ochromonas sphaerella* Skuja
CRISO	*Pseudopedinella erkensis* Skuja
DIATO	*Achnanthes coarctata* (Brébisson ex W. Smith) Grunow
DIATO	*Achnanthes exigua* Grunow
DIATO	*Achnanthidium affine* (Grunow) Czarnecki
DIATO	*Achnanthidium biasolettianum* (Grunow in Cleve y Grunow) Lange-Bertalot
DIATO	*Achnanthidium eutrophilum* (Lange-Bertalot) Lange-Bertalot

Tabla 10.1. *(continuación)*

Grupo	Taxon
DIATO	*Achnanthidium exiguum* (Grunow) Czarnecki
DIATO	*Achnanthidium minutissimum* (Kützing) Czarnecki
DIATO	*Achnanthidium subhudsonis* (Hustedt) H. Kobayasi
DIATO	*Achnanthidium thermale* Rabenhorst
DIATO	*Amphipleura pellucida* (Kützing) Kützing
DIATO	*Amphora affinis* Kützing
DIATO	*Amphora inariensis* Krammer
DIATO	*Amphora libyca* Ehrenberg
DIATO	*Amphora montana* Krasske
DIATO	*Amphora ovalis* (Kützing) Kützing
DIATO	*Amphora pediculus* (Kutzing) Grunow ex A. Schmidt
DIATO	*Amphora veneta* (Kützing) Levkov
DIATO	*Anomoeoneis sphaerophora* Pfitzer
DIATO	*Asterionella formosa* Hassall
DIATO	*Aulacoseira alpigena* (Grunow) Krammer
DIATO	*Aulacoseira ambigua* (Grunow) Simonsen
DIATO	*Aulacoseira crenulata* (Ehrenberg) Thwaites
DIATO	*Aulacoseira distans* (Ehrenberg) Simonsen
DIATO	*Aulacoseira granulata* (Ehrenberg) Simonsen
DIATO	*Aulacoseira italica* (Ehrenberg) Simonsen
DIATO	*Aulacoseira subarctica* (Otto Müller) E. Y. Haworth
DIATO	*Bacillaria paxillifera* (O. F. Müller) T. Marsson
DIATO	*Brachysira brebissonii* R. Ross
DIATO	*Caloneis amphisbaena* (Bory) Cleve
DIATO	*Caloneis bacillum* (Grunow) Cleve
DIATO	*Caloneis silicula* (Ehrenberg) Cleve
DIATO	*Caloneis ventricosa* F. Meister
DIATO	*Cocconeis diminuta* Pantocsek
DIATO	*Cocconeis disculus* (Schumann) Cleve in Cleve y Jentzsch
DIATO	*Cocconeis neothumensis* Krammer

Tabla 10.1. *(continuación)*

Grupo	Taxon
DIATO	*Cocconeis pediculus* Ehrenberg
DIATO	*Cocconeis placentula* Ehrenberg
DIATO	*Cocconeis pseudolineata* (Geitler) Lange-Bertalot
DIATO	*Craticula accomoda* (Hustedt) Mann
DIATO	*Craticula ambigua* (Ehrenberg) D. G. Mann
DIATO	*Craticula cuspidata* (Kützing) D. G. Mann
DIATO	*Craticula halophila* (Grunow ex Van Heurck) Mann
DIATO	*Craticula molestiformis* (Hustedt) Lange-Bertalot
DIATO	*Ctenophora pulchella* (Ralfs ex Kützing) D. M. Williams y Round
DIATO	*Cyclostephanos dubius* (Fricke) Round
DIATO	*Cyclostephanos invisitatus* (Hohn y Hellerman) Theriot, Stoermer y Hakansson
DIATO	*Cyclotella atomus* Hustedt
DIATO	*Cyclotella bodanica* Eulenstein ex Grunow
DIATO	*Cyclotella chaetoceras* Lemmermann
DIATO	*Cyclotella distinguenda* Hustedt
DIATO	*Cyclotella glomerata* H. Bachmann
DIATO	*Cyclotella melosiroides* (Kirchner) Lemmermann
DIATO	*Cyclotella meneghiniana* Kützing
DIATO	*Cyclotella pseudostelligera* Hustedt
DIATO	*Cyclotella radiosa* (Grunow) Lemmermann
DIATO	*Cylindrotheca closterium* (Ehrenberg) Reimann y J. C. Lewin
DIATO	*Cymatopleura elliptica* (Brébisson) W. Smith
DIATO	*Cymatopleura solea* (Brébisson) W. Smith
DIATO	*Cymbella affinis* Kützing
DIATO	*Cymbella aspera* (Ehrenberg) H. Peragallo
DIATO	*Cymbella cistula* (Ehrenberg) O. Kirchner
DIATO	*Cymbella cymbiformis* C. Agardh
DIATO	*Cymbella delicatula* Kützing
DIATO	*Cymbella dicephala* (Ehrenberg) Holmboe

Tabla 10.1. *(continuación)*

Grupo	Taxon
DIATO	*Cymbella ehrenbergii* Kützing
DIATO	*Cymbella gracilis* (Ehrenberg) Kützing
DIATO	*Cymbella helvetica* Kützing
DIATO	*Cymbella lanceolata* (C. Agardh) C. Agardh
DIATO	*Cymbella leptoceros* (Ehrenberg) Kützing
DIATO	*Cymbella lunula* (Ehrenberg) Rabenhorst
DIATO	*Cymbella microcephala* Grunow
DIATO	*Cymbella tumida* (Brébisson) Van Heurck
DIATO	*Cymbella ventricosa* Kützing
DIATO	*Cymbopleura amphicephala* (Nägeli) Krammer
DIATO	*Cymbopleura inaequalis* (Ehrenberg) Krammer
DIATO	*Cymbopleura lata* (Grunow ex Cleve) Krammer
DIATO	*Cymbopleura naviculiformis* (Auerswald ex Heiberg) Krammer
DIATO	*Cymbopleura subaequalis* (Grunow) Krammer
DIATO	*Denticula tenuis* Kützing
DIATO	*Diadesmis confervacea* Kützing
DIATO	*Diadesmis contenta* (Grunow ex Van Heurck) D. G. Mann
DIATO	*Diatoma anceps* (Ehrenberg) Kirchner
DIATO	*Diatoma elongata* (Lyngbye) C. Agardh
DIATO	*Diatoma hyemalis* (Roth) Heiberg
DIATO	*Diatoma mesodon* (Ehrenberg) Kützing
DIATO	*Diatoma moniliformis* (Kützing) D. M. Williams
DIATO	*Diatoma vulgaris* Bory
DIATO	*Diploneis oblongella* (Nägeli ex Kützing) Cleve-Euler
DIATO	*Diploneis ovalis* (Hilse) Cleve
DIATO	*Diploneis parma* Cleve
DIATO	*Diploneis pseudovalis* Hustedt
DIATO	*Discostella stelligera* (Cleve y Grunow) Houk y Klee
DIATO	*Ellerbeckia arenaria* (Moore) Crawford
DIATO	*Encyonema caespitosum* Kützing

Tabla 10.1. *(continuación)*

Grupo	Taxon
DIATO	*Encyonema elginense* (Krammer) D. G. Mann
DIATO	*Encyonema lacustre* (C. Agardh) F. W. Mills
DIATO	*Encyonema leiblenii* (C. Agardh) W. J. Silva, R. Jahn, T. A. Veiga Ludwig y M. Menezes
DIATO	*Encyonema minutum* (Hilse in Rabhenhorst) D. G. Mann
DIATO	*Encyonema silesiacum* (Bleisch in Rabhenhorst) D. G. Mann
DIATO	*Encyoniopsis braunii* (Hustedt) Krammer
DIATO	*Encyoniopsis microcephala* (Grunow) Krammer
DIATO	*Entomoneis alata* (Ehrenberg) Ehrenberg
DIATO	*Entomoneis ornata* (Bailey) Reimer
DIATO	*Epithemia adnata* (Kützing) Brébisson
DIATO	*Epithemia argus* (Ehrenberg) Kützing
DIATO	*Epithemia sorex* Kützing
DIATO	*Epithemia turgida* (Ehrenberg) Kützing
DIATO	*Eunotia arcus* Ehrenberg
DIATO	*Eunotia diodon* Ehrenberg
DIATO	*Eunotia exigua* (Brébisson ex Kützing) Rabenhorst
DIATO	*Eunotia lunaris* (Ehrenberg) Grunow
DIATO	*Eunotia major* (W. Smith) Rabenhorst
DIATO	*Eunotia minor* (Kutzing) Grunow in Van Heurck
DIATO	*Eunotia neocompacta* S. Mayama
DIATO	*Eunotia pectinalis* (Kützing) Rabenhorst
DIATO	*Eunotia praerupta* Ehrenberg
DIATO	*Eunotia sudetica* Otto Müller
DIATO	*Eunotia tetraedon* Ehrenberg
DIATO	*Eunotia veneris* (Kützing) De Toni
DIATO	*Fallacia monoculata* (Hustedt) D. G. Mann
DIATO	*Fallacia pygmaea* (Kützing) Stickle y D. G. Mann
DIATO	*Fistulifera saprophila* (Lange-Bertalot y Bonik) Lange-Bertalot
DIATO	*Fragilaria amphicephaloides* Lange-Bertalot

Tabla 10.1. *(continuación)*

Grupo	Taxon
DIATO	*Fragilaria bidens* Heiberg
DIATO	*Fragilaria brevistriata* Grunow
DIATO	*Fragilaria capucina* Desmazières
DIATO	*Fragilaria construens* (Ehrenberg) Grunow
DIATO	*Fragilaria crotonensis* Kitton
DIATO	*Fragilaria gracilis* Østrup
DIATO	*Fragilaria nanana* Lange-Bertalot
DIATO	*Fragilaria radians* (Kützing) D. M. Williams y Round
DIATO	*Fragilaria rumpens* (Kützing) G. W. F. Carlson
DIATO	*Fragilaria tenera* (W. Smith) Lange-Bertalot
DIATO	*Fragilaria vaucheriae* (Kützing) J. B. Petersen
DIATO	*Fragilariforma virescens* (Ralfs) D. M. Williams y Round
DIATO	*Frustulia rhomboides* (Ehrenberg) De Toni
DIATO	*Frustulia saxonica* Rabenhorst
DIATO	*Frustulia vulgaris* (Thwaites) De Toni
DIATO	*Geissleria decussis* (Ostrup) Lange-Bertalot y Metzeltin
DIATO	*Gomphocymbella ancyli* (Grunow) Hustedt
DIATO	*Gomphoneis minuta* (Stone) Kociolek y Stoermer
DIATO	*Gomphonema acuminatum* Ehrenberg
DIATO	*Gomphonema affine* Kutzing
DIATO	*Gomphonema angustatum* (Kutzing) Rabenhorst
DIATO	*Gomphonema angustum* C. Agardh
DIATO	*Gomphonema augur* Ehrenberg
DIATO	*Gomphonema clevei* Fricke
DIATO	*Gomphonema constrictum* Ehrenberg
DIATO	*Gomphonema coronatum* Ehrenberg
DIATO	*Gomphonema gracile* Ehrenberg
DIATO	*Gomphonema intricatum* Kützing
DIATO	*Gomphonema lanceolatum* Ehrenberg
DIATO	*Gomphonema lingulatiformis* Lange-Bertalot y Reichardt

Tabla 10.1. *(continuación)*

Grupo	Taxon
DIATO	*Gomphonema micropus* Kützing
DIATO	*Gomphonema minutum* (C. Agardh) C. Agardh
DIATO	*Gomphonema olivaceum* (Hornemann) Brébisson
DIATO	*Gomphonema parvulum* (Kützing) Kützing
DIATO	*Gomphonema productum* (Grunow) Lange-Bertalot y Reichardt
DIATO	*Gomphonema pumilum* (Grunow) Reichardt y Lange-Bertalot
DIATO	*Gomphonema rhombicum* Fricke
DIATO	*Gomphonema sphaerophorum* Ehrenberg
DIATO	*Gomphonema subclavatum* (Grunow) Grunow
DIATO	*Gomphonema tergestinum* Fricke
DIATO	*Gomphonema truncatum* Ehrenberg
DIATO	*Gyrosigma acuminatum* (Kützing) Rabenhorst
DIATO	*Gyrosigma attenuatum* (Kützing) Rabenhorst
DIATO	*Gyrosigma nodiferum* (Grunow) Reimer
DIATO	*Gyrosigma parkerii* (Harrison) Elmore
DIATO	*Halamphora normanii* (Rabenhorst) Levkov
DIATO	*Halamphora perpusilla* (Grunow) Q.-M. You y J. P. Kociolek
DIATO	*Hannaea arcus* (Ehrenberg) R. M. Patrick
DIATO	*Hantzschia abundans* Lange-Bertalot
DIATO	*Hantzschia amphioxys* (Ehrenberg) Grunow
DIATO	*Hippodonta capitata* (Ehrenberg) Lange-Bertalot, Metzeltin y Witkowski
DIATO	*Hippodonta hungarica* (Grunow) Lange-Bertalot, Metzeltin y Witkowski
DIATO	*Humidophila perpusilla* (Grunow) Lowe, Kociolek, Johansen, Van de Vijver, Lange-Bertalot y Kopalová
DIATO	*Iconella biseriata* (Brébisson) Ruck y Nakov
DIATO	*Karayevia clevei* (Grunow) Round y Bukhtiyarova
DIATO	*Kobayasiella subtilissima* (Cleve) Lange-Bertalot
DIATO	*Kolbesia kolbei* (Hustedt) Round y Bukhtiyarova
DIATO	*Kolbesia ploenensis* (Hustedt) Kingston
DIATO	*Lemnicola hungarica* (Grunow) Round y Basson

Tabla 10.1. *(continuación)*

Grupo	Taxon
DIATO	*Lindavia antiqua* (W. Smith) Nakov, Guillory, Julius, Theriot y Alverson
DIATO	*Luticola binodis* (Hustedt) M. B. Edlund
DIATO	*Luticola cohnii* (Hilse) D. G. Mann
DIATO	*Luticola goeppertiana* (Bleisch ex Rabenhorst) D. G. Mann
DIATO	*Luticola mutica* (Kützing) D. G. Mann
DIATO	*Luticola nivalis* (Ehrenberg) D. G. Mann
DIATO	*Luticola ventricosa* (Kützing) D. G. Mann
DIATO	*Mayamaea atomus* (Kützing) Lange-Bertalot
DIATO	*Melosira nivalis* W. Smith
DIATO	*Melosira varians* C. Agardh
DIATO	*Meridion circulare* (Greville) C. Agardh
DIATO	*Navicella pusilla* (Grunow) Krammer
DIATO	*Navicula angusta* Grunow
DIATO	*Navicula bicapitellata* Hustedt
DIATO	*Navicula cari* Ehrenberg
DIATO	*Navicula cincta* (Ehrenberg) Ralfs
DIATO	*Navicula cryptocephala* Kützing
DIATO	*Navicula cryptotenella* Lange-Bertalot
DIATO	*Navicula cryptotenelloides* Lange-Bertalot
DIATO	*Navicula dicephala* Ehrenberg
DIATO	*Navicula exigua* Gregory
DIATO	*Navicula exilis* Kützing
DIATO	*Navicula gregaria* Donkin
DIATO	*Navicula lanceolata* (C. Agardh) Ehrenberg
DIATO	*Navicula menisculus* Schumann
DIATO	*Navicula minima* Grunow
DIATO	*Navicula oblonga* (Kützing) Kützing
DIATO	*Navicula perminuta* Grunow
DIATO	*Navicula radiosa* Kützing
DIATO	*Navicula recens* (Lange-Bertalot) Lange-Bertalot

Tabla 10.1. *(continuación)*

Grupo	Taxon
DIATO	*Navicula reichardtiana* Lange-Bertalot
DIATO	*Navicula rhynchocephala* Kützing
DIATO	*Navicula rostellata* Kützing
DIATO	*Navicula rotaeana* (Rabenhorst) Grunow
DIATO	*Navicula schroeteri* Meister
DIATO	*Navicula subminuscula* Manguin
DIATO	*Navicula tripunctata* (O. F. Müller) Bory
DIATO	*Navicula veneta* Kützing
DIATO	*Navicula viridula* (Kützing) Ehrenberg
DIATO	*Navicula vulpina* Kützing
DIATO	*Neidiomorpha binodis* (Ehrenberg) M. Cantonati, Lange-Bertalot y N. Angeli
DIATO	*Neidium affine* (Ehrenberg) Pfitzer
DIATO	*Neidium dubium* (Ehrenberg) Cleve
DIATO	*Neidium iridis* (Ehrenberg) Cleve
DIATO	*Nitzschia acicularis* (Kützing) W. Smith
DIATO	*Nitzschia acula* (Kützing) Hantzsch
DIATO	*Nitzschia amphibia* Grunow
DIATO	*Nitzschia capitellata* Hustedt
DIATO	*Nitzschia clausii* Hantzsch
DIATO	*Nitzschia communis* Rabenhorst
DIATO	*Nitzschia commutata* Grunow
DIATO	*Nitzschia dissipata* (Kützing) Rabenhorst
DIATO	*Nitzschia fonticola* Grunow
DIATO	*Nitzschia frustulum* (Kutzing) Grunow
DIATO	*Nitzschia gracilis* Hantzsch
DIATO	*Nitzschia hantzschiana* Rabenhorst
DIATO	*Nitzschia holsatica* Hustedt
DIATO	*Nitzschia inconspicua* Grunow
DIATO	*Nitzschia kuetzingiana* Hilse

Tabla 10.1. *(continuación)*

Grupo	Taxon
DIATO	*Nitzschia linearis* (C. Agardh) W. Smith
DIATO	*Nitzschia palea* (Kützing) W. Smith
DIATO	*Nitzschia perminuta* (Grunow) M. Peragallo
DIATO	*Nitzschia sigmoidea* (Nitzsch) W. Smith
DIATO	*Nitzschia thermalis* (Ehrenberg) Auerswald
DIATO	*Nitzschia tryblionella* Hantzsch
DIATO	*Nitzschia umbonata* (Ehrenberg) Lange-Bertalot
DIATO	*Nitzschia vermicularis* (Kützing) Hantzsch
DIATO	*Nitzschia vitrea* G. Norman
DIATO	*Nupela lapidosa* (Lange-Bertalot) Lange-Bertalot
DIATO	*Odontidium hyemale* (Roth) Kützing
DIATO	*Orthoseira roeseana* (Rabenhorst) Pfitzer
DIATO	*Pantocseckiella comensis* (Grunow) K. T. Kiss y E. Ács
DIATO	*Pantocseckiella kuetzingiana* (Thwaites) K. T. Kiss y E. Ács
DIATO	*Pantocseckiella ocellata* (Pantocsek) K. T. Kiss y E. Ács
DIATO	*Pinnularia acrosphaeria* W. Smith
DIATO	*Pinnularia appendiculata* (C. Agardh) Schaarschmidt
DIATO	*Pinnularia bicapitata* (Lagerstedt) Cleve
DIATO	*Pinnularia borealis* Ehrenberg
DIATO	*Pinnularia brauniama* (Grunow) Studnicka
DIATO	*Pinnularia brebissonii* (Kützing) Rabenhorst
DIATO	*Pinnularia dactylus* Ehrenberg
DIATO	*Pinnularia divergens* W. Smith
DIATO	*Pinnularia ehrenbergii* Rabenhorst
DIATO	*Pinnularia interrupta* W. Smith
DIATO	*Pinnularia lata* (Brébisson) W. Smith
DIATO	*Pinnularia major* (Kützing) Rabenhorst
DIATO	*Pinnularia mesolepta* (Ehrenberg) W. Smith
DIATO	*Pinnularia microstauron* (Ehrenberg) Cleve
DIATO	*Pinnularia nobilis* (Ehrenberg) Ehrenberg

Tabla 10.1. *(continuación)*

Grupo	Taxon
DIATO	*Pinnularia nodosa* (Ehrenberg) W. Smith
DIATO	*Pinnularia obscuriformis* Krammer
DIATO	*Pinnularia stauroptera* Grunow
DIATO	*Pinnularia subcapitata* Gregory
DIATO	*Pinnularia viridis* (Nitzsch) Ehrenberg
DIATO	*Pinnularia vulpina* Rabenhorst
DIATO	*Placoneis elginensis* (W. Gregory) E. J. Cox
DIATO	*Planothidium conspicuum* (A. Mayer) Aboal
DIATO	*Planothidium delicatulum* (Kutz.) Round y Bukhtiyarova
DIATO	*Planothidium ellipticum* (Cleve) M. B. Edlund
DIATO	*Planothidium frequentissimum* (Lange-Bertalot) Lange-Bertalot
DIATO	*Planothidium lanceolatum* (Brebisson ex Kützing) Lange-Bertalot
DIATO	*Planothidium rostratum* (Oestrup) Lange-Bertalot
DIATO	*Pleurosigma angulatum* (J. T. Quekett) W. Smith
DIATO	*Pleurosira laevis* (Ehrenberg) Compère
DIATO	*Psammothidium bioretii* (Germain) Bukhtiyarova et Round
DIATO	*Psammothidium montanum* (Krasske) S. Mayama
DIATO	*Reimeria sinuata* (W. Gregory) Kociolek y Stoermer
DIATO	*Rhoicosphenia abbreviata* (C. Agardh) Lange-Bertalot
DIATO	*Rhopalodia brebissonii* Krammer
DIATO	*Rhopalodia gibba* (Ehrenberg) Otto Müller
DIATO	*Rhopalodia gibberula* (Ehrenberg) Otto Müller
DIATO	*Sellaphora disjuncta* (Hustedt) D. G. Mann
DIATO	*Sellaphora parapupula* Lange-Bertalot
DIATO	*Sellaphora pupula* (Kützing) Mereschkovsky
DIATO	*Sellaphora seminulum* (Grunow) D. G. Mann
DIATO	*Stauroneis anceps* Ehrenberg
DIATO	*Stauroneis phoenicenteron* (Nitzsch) Ehrenberg
DIATO	*Staurosira elliptica* (Schumann) Williams y Round
DIATO	*Staurosira venter* (Ehrenberg) Cleve y J. D. Möller

Tabla 10.1. *(continuación)*

Grupo	Taxon
DIATO	*Staurosirella harrisonii* (W. Smith) E. Morales y C. E. Wetzel
DIATO	*Staurosirella leptostauron* (Ehr.) Williams y Round
DIATO	*Staurosirella pinnata* (Ehrenberg) D. M. Williams y Round
DIATO	*Stenopterobia heribaudii* (Playfair) Playfair
DIATO	*Stephanodiscus astraea* (Kützing) Grunow
DIATO	*Stephanodiscus binderanus* (Kützing) Krieger
DIATO	*Stephanodiscus hantzschii* Grunow
DIATO	*Stephanodiscus minutulus* (Kützing) Cleve y Müller
DIATO	*Stephanodiscus neoastraea* Hakansson y Hickel
DIATO	*Surirella angusta* Kutzing
DIATO	*Surirella brebissonii* Krammer y Lange-Bertalot
DIATO	*Surirella constricta* Ehrenberg
DIATO	*Surirella elegans* Ehrenberg
DIATO	*Surirella minuta* Brébisson ex Kützing
DIATO	*Surirella obtusangula* Rabenhorst
DIATO	*Surirella ovalis* Brébisson
DIATO	*Surirella robusta* Ehrenberg
DIATO	*Surirella spiralis* Kützing
DIATO	*Surirella splendida* (Ehrenberg) Kützing
DIATO	*Tabellaria fenestrata* (Lyngbye) Kützing
DIATO	*Tabellaria flocculosa* (Roth) Kützing
DIATO	*Tabellaria ventricosa* Kützing
DIATO	*Tabularia fasciculata* (C. Agardh) D. M. Williams y Round
DIATO	*Tryblionella acuminata* W. Smith
DIATO	*Tryblionella apiculata* W. Gregory
DIATO	*Tryblionella gracilis* W. Smith
DIATO	*Tryblionella hungarica* (Grunow) D. G. Mann
DIATO	*Tryblionella levidensis* W. Smith
DIATO	*Ulnaria acus* (Kützing) Aboal
DIATO	*Ulnaria amphirhynchus* (Ehrenberg) Compère y Bukhtiyarova

Tabla 10.1. *(continuación)*

Grupo	Taxon
DIATO	*Ulnaria biceps* (Kutzing) Compère
DIATO	*Ulnaria capitata* (Ehrenberg) Compère
DIATO	*Ulnaria danica* (Kützing) Compère y Bukhtiyarova
DIATO	*Ulnaria oxyrhynchus* (Kützing) Aboal
DIATO	*Ulnaria ulna* (Nitzsch) Compère
DINO	*Amphidinium elenkinii* Skvortzov
DINO	*Ceratium hirundinella* (O. F. Müller) Dujardin
DINO	*Glenodinium inaequale* Chodat
DINO	*Gymnodinium cnecoides* T. M. Harris
DINO	*Gymnodinium excavatum* Nygaard
DINO	*Gymnodinium mitratum* J. Schiller
DINO	*Gymnodinium paradoxum* A. J. Schilling
DINO	*Gymnodinium uberrimum* (G. J. Allman) Kofoid y Swezy
DINO	*Gyrodinium hyalinum* (A. J. Schilling) Kofoid y Swezy
DINO	*Katodinium fungiforme* (Anissimova) Fott
DINO	*Parvodinium inconspicuum* (Lemmermann) S. Carty
DINO	*Parvodinium pusillum* (Penard) S. Carty
DINO	*Parvodinium umbonatum* (Stein) S. Carty
DINO	*Peridiniopsis borgei* Lemmermann
DINO	*Peridiniopsis elpatiewski* (Ostenfeld) Bourrelly
DINO	*Peridinium bipes* Stein
DINO	*Peridinium cinctum* (O. F. Müller) Ehrenberg
DINO	*Peridinium willei* Huitfeldt-Kass
DINO	*Woloszynskia ordinata* (Skuja) R. H. Thompson
EUGLENO	*Anisonema acinus* Dujardin
EUGLENO	*Anisonema platysomum* Skuja
EUGLENO	*Astasia hypolimnica* Skuja
EUGLENO	*Colacium vesiculosum* Ehrenberg
EUGLENO	*Entosiphon polyaulax* Skuja
EUGLENO	*Euglena texta* (Dujardin) Hübner

Tabla 10.1. *(continuación)*

Grupo	Taxon
EUGLENO	*Euglena viridis* (O. F. Müller) Ehrenberg
EUGLENO	*Euglenaformis proxima* (Dangeard) M. S. Bennett y Triemer
EUGLENO	*Lepocinclis ovum* (Ehrenberg) Lemmermann
EUGLENO	*Lepocinclis oxyuris* (Schmarda) B. Marin y Melkonian
EUGLENO	*Lepocinclis spirogyroides* B. Marin y Melkonian
EUGLENO	*Menoidium tortuosum* (Stokes) Lemmermann
EUGLENO	*Monomorphina pyrum* (Ehrenberg) Mereschkowsky
EUGLENO	*Notosolenus lens* Skuja
EUGLENO	*Phacus acuminatus* Stokes
EUGLENO	*Phacus alatus* G. A. Klebs
EUGLENO	*Phacus caudatus* Hübner
EUGLENO	*Phacus longicauda* (Ehrenberg) Dujardin
EUGLENO	*Phacus orbicularis* K. Hübner
EUGLENO	*Phacus pleuronectes* (O. F. Müller) Nitzsch ex Dujardin
EUGLENO	*Strombomonas eurystoma* (F. Stein) T. G. Popova
EUGLENO	*Strombomonas urceolata* (A. C. Stokes) Deflandre
EUGLENO	*Trachelomonas abrupta* Svirenko
EUGLENO	*Trachelomonas aculeata* Dolgoff
EUGLENO	*Trachelomonas curta* A. M. Cunha
EUGLENO	*Trachelomonas granulosa* Playfair
EUGLENO	*Trachelomonas hispida* (Perty) F. Stein
EUGLENO	*Trachelomonas intermedia* P. A. Dangeard
EUGLENO	*Trachelomonas lacustris* Drezepolski
EUGLENO	*Trachelomonas oblonga* Lemmermann
EUGLENO	*Trachelomonas selecta* Deflandre
EUGLENO	*Trachelomonas volvocina* (Ehrenberg) Ehrenberg
EUGLENO	*Trachelomonas volvocinopsis* Svirenko
HAPTO	*Chrysochromulina parva* Lackey
RAFI	*Gonyostomum semen* (Ehrenberg) Diesing
RODO	*Audouinella hermannii* (Roth) Duby

Tabla 10.1. *(continuación)*

Grupo	Taxon
RODO	*Lemanea fluviatilis* (Linnaeus) C. Agardh
XANTO	*Characiopsis minuta* (A. Braun) Borzi
XANTO	*Ophiocytium arbusculum* (A. Braun ex Kützing) Sande Lacoste y Suringar
XANTO	*Ophiocytium cochleare* (Eichwald) A. Braun
XANTO	*Ophiocytium gracillipes* (A. Braun) Rabenhorst
XANTO	*Ophiocytium lagerheimii* Lemmermann
XANTO	*Ophiocytium parvulum* (Perty) A. Braun
XANTO	*Tribonema aequale* Pascher
XANTO	*Tribonema affine* (Kützing) G. S. West
XANTO	*Tribonema bombycinum* (C. Agardh) Derbès y Solier
XANTO	*Tribonema crassum* Pascher
XANTO	*Tribonema minus* (Wille) Hazen
XANTO	*Tribonema subtilissinum* Pascher
XANTO	*Tribonema viride* Pascher
XANTO	*Tribonema vulgare* Pascher
XANTO	*Vaucheria geminata* (Vaucher) De Candolle
XANTO	*Vaucheria sessilis* (Vaucher) De Candolle

Sin entrar en una clasificación rigurosa por encima del género, diremos que el número de algas citadas en el territorio de Madrid asciende a 808, de las cuales, las algas verdes constituyen el grupo más numeroso, seguido por el de las diatomeas (tablas 10.1-10.2). El resto de los grandes grupos está compuesto por un limitado número de taxones (tabla 10.1 y Digital CSIC para las localidades). Hasta el presente, casi todos los estudios se han realizado mediante microscopía óptica y son de carácter morfológico. Apenas ha habido trabajos de microscopía electrónica, a excepción de uno sobre la diatomea *Cyclotella ocellata* en la laguna de Las Madres (Kiss *et al.,* 1996), ni de ADN.

Por otro lado, de los aproximadamente cuarenta y dos taxones de carófitos (especies y variedades) citados en España (Cirujano *et al.,* 2008), diez lo han sido de la Comunidad de Madrid (24 %), siendo *Chara vulgaris* y *Ch. hispida* los más frecuentes. Cuatro de ellos (*Chara braunii, Nitella mucronata, N. gracilis* y *Tolypella glomerata*) solo cuentan con una referencia y en el caso de los tres primeros, por su rareza, sería necesario confirmar su presencia, especialmente en el caso de *N. mucronata,* ya que corresponde a una recolección del año 1987 realizada en el «preembalse del Tobar» (Santa María

Tabla 10.2. Número de especies de algas registradas en Madrid para los distintos grupos.

CAROFITAS	10
CLOROFITAS	355
CRIPTOFITAS	11
CRISOFITAS	12
DIATOMEAS	336
DINOFITAS	19
EUGLENOFITAS	33
HAPTOFITAS	1
RAFIDOFITAS	1
RODOFITAS	2
XANTOFITAS	16

de La Alameda) (Sánchez Mata *et al.,* 1988), y en el de *Nitella gracilis,* citada de las charcas de Los Camorchos en Hoyo de Manzanares (Comunidad de Madrid, 2004).

Otro aspecto muy debatido hace treinta años es el de la importancia del sustrato sobre las comunidades de algas bentónicas. ¿Condiciona el sustrato físico (plantas superiores, arena, limo, piedras) la composición de estas comunidades? Nuestros datos sugerían que el parecido entre dichas comunidades en distintos sustratos de una misma localidad era superior a la similitud entre los mismos sustratos de localidades diferentes, aunque próximas entre sí (Álvarez Cobelas, 1982b). Hoy se tiende a analizar este problema desde el punto de vista de las metacomunidades (Leibold *et al.,* 2004). Así, se constata que el fitoplancton de las lagunas de gravera (Arauzo *et al.,* 1996) o las comunidades bentónicas de una misma cuenca (Álvarez Cobelas, 1982b) comparten una flora algológica propia, con un buen número de especies comunes en cada área de estudio, y que constituyen una metacomunidad. Lo que resulta interesante y desconocido todavía es qué procesos condicionan la colonización de un lugar concreto por taxones concretos a partir de ese grupo común de especies (Shoemaker y Melbourne, 2016).

Otra vieja duda era si los sustratos artificiales usados en los estudios de colonización de algas bentónicas permitirían la aparición de una flora análoga a la de los sustratos naturales del mismo lugar. Estévez (1982) concluía que no: la composición de los portaobjetos, colonizados por algas ligadas a un determinado sustrato, era bastante distinta de la presente en los sustratos naturales.

PRODUCCIÓN PRIMARIA Y RESPIRACIÓN

La producción primaria de algas en Madrid tan solo se ha estudiado en una charca originada por la explotación granítica en Colmenar Viejo que se emplea para dar de beber al ganado (Álvarez Cobelas, 1982a), y en una laguna de gravera del término de Arganda del Rey (Álvarez Cobelas *et al.,* 1992). Hasta la fecha, se carece de otros datos de esa índole para cualquier embalse, río o laguna natural. Los disponibles indican que la charca ganadera no tenía una producción neta de algas, sino que la respiración de la comunidad dominaba ampliamente sobre la producción bruta de las algas en las dos únicas ocasiones en que se midió (tabla 10.3). En el caso de la gravera, de carácter hipertrófico y en la cual estas variables se midieron semanalmente, la producción neta de algas resultaba notable en muchos momentos, y siempre la producción fitoplanctónica superaba a la respiración de la comunidad planctónica (Álvarez Cobelas *et al.,* 1992; tabla 10.3).

Tabla 10.3. Promedios y variabilidad de las producciones bruta y neta del fitoplancton y respiración de toda la comunidad planctónica en dos ecosistemas acuáticos estancados de Madrid.

	Charca en Colmenar Viejo	**Laguna de El Porcal**
Producción bruta (promedio ± desviación típica) (mg C/m²/h)	47 ± 11	280 ± 140
Producción bruta (rango) (mg C/m²/h)	40 - 55	60 - 600
Producción neta (promedio ± desviación típica) (mg C/m²/h)	–29 ± 32	170 ± 120
Producción neta (rango) (mg C/m²/h)	–6 - (–52)	10 - 430
Respiración de la comunidad planctónica (promedio ± desviación típica) (mg O_2/m²/h)	207 ± 60	310 ± 240
Respiración de la comunidad planctónica (rango) (mg O_2/m²/h)	165 -250	20 - 600

FUENTE: Álvarez Cobelas (1982a), Álvarez Cobelas et al. (1992).

La producción anual de la laguna de El Porcal excede un poco los 900 g C/m², una cifra característica de ambientes hipertróficos (LeCren y Lowe-McConnell, 1980), aunque lejos de las producciones máximas registradas en los lagos extraordinariamente productivos o en los estanques para cultivo de peces (Nasar, 1980). La producción máxima por unidad de clorofila «a» y la producción bruta dependen de la temperatura, con unos Q_{10} de 1,50 y 1,88, respectivamente. La producción bruta sigue un curso estacional, con ciclos de autocorrelación de tres semanas. El control de la producción se debe no solo al ambiente físico, como era previsible dado el carácter hipertrófico del lago, sino también al químico (carbono inorgánico y ortofosfato). De todos modos, estas variables explican algo más de la mitad de la variabilidad estacional de la producción, por lo que sospechamos que también habría control por parte de la red trófica.

En el medio fluvial, solo conocemos los datos de producción de Nieto (1970) y Monzón *et al.* (1991). Los primeros son muy variables entre tipos de comunidades (*Stigeoclonium* frente a *Cladophora* spp.) y también según que la variable elegida se divida entre el peso fresco o por la unidad de superficie (tabla 10.4). De todos modos, esa notable variabilidad es intrínseca a todas las algas bentónicas (Vymazal, 1994). Por su parte, los datos de Monzón *et al.* (1991) se registraron en cinco arroyos de montaña de la sierra del Guadarrama. Estos mismos autores aseguran que los datos de producción primaria solo pueden compararse entre sí debido al tipo de metodología empleada. Así, el arroyo de la Maliciosa tuvo la menor producción primaria, mientras que el arroyo Mediano resultaría el más productivo de todos los estudiados.

Tabla 10.4. Clorofila «a», producción primaria y respiración de distintas comunidades de algas fluviales bentónicas en ríos de Madrid. Fuente: Nieto (1970).

Facies	Clorofila «a» (mg/m²)	P. bruta (mg O_2/mg Clorof/h)	P. neta (mg O_2/mg Clorof/h)	Respiración (mg O_2/mg Clorof/h)	R:PB (%)	P. bruta (mg O_2/ m^2/h)	P. bruta (mg O_2/g biomasa/h)
Stigeoclonium	1.523	0,28	0,24	0,04	14	426	5,19
Cladophora glomerata	540	0,99	0,75	0,24	24	535	6,18
Cladophora fracta	567	1,28	0,96	0,22	17	726	6,20

FUENTE: Nieto (1970).

BIOMASA Y DINÁMICA DE POBLACIONES

La biomasa total del fitoplancton se ha cuantificado durante ciclos anuales completos en siete ambientes pelágicos (tabla 10.5), para uno de los cuales facilitamos aquí datos dedos años muy separados en el tiempo. Además de mostrar un amplio rango de biomasas –que van desde el mínimo de Las Madres en 2016 hasta el máximo de las lagunas del Campillo y El Porcal– resulta notable la variabilidad intraanual, mayor en Peñalara y en los embalses analizados.

Los estudios de biomasa fitoplanctónica llevados a cabo por la Confederación Hidrográfica del Tajo dentro de las obligaciones de la Directiva-Marco del Agua revelan que se da un amplio rango de variabilidad estival de los embalses (tabla 10.6). Las biomasas menores en dicha estación se presentan en El Atazar y El Villar, y las mayores, en Picadas y Valmayor. Este último embalse es el que ha albergado mayor

Tabla 10.5. Promedio y variabilidad de la biomasa fitoplanctónica (mm^3/L) medida en la capa de mezcla de distintos ambientes estancados de la Comunidad de Madrid.

	Charca en Colmenar Viejo (1981)	**Laguna del Campillo (1995)**	**Laguna del Porcal (1984)**	**Laguna de Las Madres (1993)**	**Laguna de Las Madres (2016)**	**Laguna de Peñalara (1996)**	**Embalse de Valmayor (1982)**	**Embalse de El Vellón (1981)**
Promedio	14,02	69,11	69,16	3,18	0,28	2,28	6,25	2,65
Desviación típica	13,36	53,20	57,29	3,04	0,12	3,24	7,94	3,44
CV	95	77	83	96	43	142	127	130
Mínimo	0,71	8,00	6,15	0,58	0,12	0,10	0,30	0,04
Máximo	37,46	195,00	244,53	11,04	0,49	9,00	24,28	8,90
Referencia	Álvarez Cobelas (1982a)	Álvarez Cobelas (datos inéditos)	Rojo (1990)	Álvarez Cobelas (datos inéditos)	Álvarez Cobelas (datos inéditos)	Granados *et al.* (2006)	Haering (1984)	Álvarez Cobelas (1982b)

biomasa puntualmente. El coeficiente de variación interanual fue máximo en Puentes Viejas y Valmayor (tabla 10.6).

Tabla 10.6. Promedios y variabilidad de la biomasa fitoplanctónica estival (mm^3/L) en distintos embalses de Madrid durante el periodo 2007-2015. Datos de la Confederación Hidrográfica del Tajo (www.chtajo.es/LaCuenca/CalidadAgua).

	El Atazar	Picadas	Pinilla	Puentes Viejas	Riosequillo	San Juan	Santillana	Valmayor	Vellón	Villar
Promedio	0,65	10,90	2,90	4,24	0,79	10,39	7,13	16,38	3,72	0,80
Desviación típica	0,61	7,67	1,95	10,46	0,57	13,14	5,20	30,99	2,79	0,60
CV	94	70	67	247	72	126	73	189	75	75
Mínimo	0,17	1,70	0,55	0,15	0,24	0,70	2,33	0,67	1,35	0,06
Máximo	1,75	22,63	5,58	32,11	1,83	34,76	17,60	98,08	9,70	1,92

FUENTE: Cálculos del autor.

No se han explorado demasiado los factores de control de la biomasa fitoplanctónica en el territorio madrileño. Uno obvio es la concentración de fósforo, de relación directa con la biomasa al ser el nutriente limitante en muchas ocasiones. Álvarez Cobelas *et al.* (2005) refieren que a mayor concentración de fósforo, mayor concentración de biomasa promedio durante el ciclo anual en las lagunas de gravera. Por otro lado, la presencia de peces ictiófagos en esos ambientes no afecta a la biomasa fitoplanctónica, lo cual sugiere que la cascada trófica tiene poco impacto en estos ambientes.

Se sabe poco también sobre la dinámica de poblaciones de las algas de Madrid. El estudio sobre la diatomea *Nitzschia gracilis* detecta que la sedimentación es la principal responsable de las pérdidas, mientras que el crecimiento se ve más controlado por el ambiente físico (luz y estabilidad térmica de la columna de agua) que por el químico (Álvarez-Cobelas y Rojo, 1990). El alga, que se estudió en la laguna de El Porcal durante sus ocho meses de residencia en ella, creció de modo muy variable, con tiempos de duplicación que oscilaron entre dos y diez días. Su tamaño celular fue mayor durante las fases de declive que durante las de crecimiento, pero el control del mismo pareció de tipo endógeno y con mayores desfases que la dinámica poblacional del alga.

Otro aspecto relacionado con la dinámica de poblaciones fue el ciclo diario de división de una desmidiácea, en el embalse de El Vellón. Así, se constató que *Stau-*

rastrum longiradiatum se reproduce fundamentalmente entre las 15:00 y las 19:00, y su tasa de división es bastante constante durante todo el periodo de estudio, cosa que no sucedía con la tasa de crecimiento poblacional, también dependiente del transporte horizontal entre las distintas zonas del embalse. Las tasas reales de división celular constituían, *grosso modo,* la décima parte de las tasas poblacionales. Este fenómeno cíclico diario es común a otras algas microscópicas, pero en nuestro caso no pudimos determinar si era de carácter endógeno o exógeno (Álvarez Cobelas *et al.,* 1988). De todos modos, la duración de la división celular de esta desmidiácea parecía verse influida por las condiciones meteorológicas locales (Arauzo *et al.,* 1986).

La biometría de algunas algas fitoplanctónicas también se estudió en el embalse de El Vellón. La relación largo:ancho en la colonia chlorococcal de *Fotterella tetrachlorelloides* se mantenía durante la fase de crecimiento poblacional, pero no durante la de declive, cosa que ocurría en todo momento en la especie de *Staurastrum* mencionada más arriba, la cual –a diferencia de chlorococcal colonial– mostraba una relación inversa entre el volumen celular y la tasa de crecimiento. Además, *Fotterella* experimentó un envejecimiento clonal durante el estudio (Álvarez-Cobelas *et al.,* 1987a).

Otro proceso interesante que afecta a las poblaciones de algas microscópicas es la infección por hongos chytridiales, conocida fundamentalmente en diatomeas, y que puede reducir sustancialmente dichas poblaciones. También se ha detectado en las algas verdes Chlorococcales *Oocystis borgei* y *Fotterella tetrachlorelloides* durante el periodo de estratificación térmica, y ha resultado ser la causa principal de desaparición de la población (Arauzo *et al.,* 1987a, b).

Apenas se dispone de datos sobre la biomasa en el medio fluvial para Madrid. Entre los existentes están los antiguos registrados sobre algas filamentosas y limo en distintas estaciones del Manzanares, el Jarama y el Tajo durante la década de los sesenta (tablas 10.4, 10.7; extraídas de Nieto, 1970). Los valores que mostraban los datos de clorofila sobre el limo resultaron muy inferiores a los presentes en las algas filamentosas, entre las cuales la facies de *Stigeoclonium* mostraba más clorofila «a» por unidad de superficie que las de *Cladophora* spp. (tabla 10.4). En cualquier caso, también se constató la gran variabilidad del pigmento entre estaciones del limo fluvial (tabla 10.7), las cuales alcanzaron unos valores más similares a los presentes en humedales respecto a los citados para corrientes fluviales (Vymazal, 1994).

Posteriormente, se han publicado los datos de Camargo *et al.* (2005a), donde se comparan la clorofila «a» del perifiton sobre piedras aguas arriba y abajo del embalse de Miraflores. En la estación superior, dicha variable alcanza los 7,9 ± 2,3 mg/m^2, mientras que bajo el embalse la biomasa llegaba a 18,2 ± 4,7 mg/m^2, efecto que atribuyen los autores al aumento de nutrientes procedentes del embalse.

En la bibliografía hay muchísimos más datos sobre perifiton que sobre algas del epipelon o del psamon. Los de la cuenca del río Miraflores-Guadalix no alcanzan valores muy elevados (Álvarez Cobelas, 1982b) en comparación con los referidos en la bibliografía (Vymazal, 1994).

Tabla 10.7. Concentración de clorofila «a» en el sedimento limoso de varias corrientes fluviales.

Estación	Clorofila «a»del limo (mg/m^2)
Manzanares en Puente Crta. Colmenar-Manzanares el Real	174 ± 3
Manzanares en La China	45 ± 3
Manzanares en Perales del Río	37 ± 3
Puente Crta. Madrid-San Martín de la Vega	51 ± 3
Manzanares a la altura de Casa Eulogio	15 ± 3
Manzanares antes de la desembocadura en el Jarama	18 ± 2
Jarama en Puente de Arganda	217 ± 2
Jarama a la altura de La Boyeriza	50 ± 2
Jarama en el Puente Crta. Titulcia	37 ± 3
Jarama en Puente Largo (Pte de la Reina)	53 ± 6
Tajo aguas abajo del Jarama	212 ± 3

FUENTE: Nieto (1970).

CICLO ESTACIONAL

Apenas hay estudios sobre la estacionalidad de las algas bentónicas fluviales en Madrid. El realizado por Estévez (1982) en el río Manzanares a su paso entre El Pardo y Madrid capital, está condicionado por los vertidos del pueblo citado –sin depuración alguna entonces– y por el desagüe estival de agua desde el embalse de El Pardo, que aumentaba la velocidad de la corriente y mejoraba la calidad del agua. La sucesión estacional venía dominada por las diatomeas en primavera, las clorofitas en verano y la combinación de cianobacterias y diatomeas en otoño (Estévez y Álvarez Cobelas, 1984).

Las especies principales en primavera, cuando había muy poca corriente, eran *Gomphonema parvulum, Nitzschia palea, Nitzschia thermalis, Stigeoclonium tenue,* así como diversas Chlorococcales propias de ambientes estancados. En verano, con la mejora de la calidad del agua y el aumento del caudal, aparecía *Cladophora glomerata*, organismo típico de estos ambientes (Margalef, 1948), acompañada de numerosas especies de desmidiáceas y zygnemales (*Closterium* spp., *Cosmarium* spp., *Spirogyra* spp.). En otoño, regresaba *Stigeoclonium* tímidamente, junto con las diatomeas de la primavera (Estévez, 1982).

La dinámica estacional del fitoplancton es muy variada en los ambientes donde se ha estudiado. En cuanto a los grandes grupos taxonómicos, hay lugares en los cuales dominan las cianobacterias casi todo el año (laguna de El Campillo) y otros donde lo hacen las criptofíceas (laguna de Las Madres en 1993) o las clorofíceas (charca ganadera de Colmenar Viejo). En el resto de los ambientes conocidos, el reparto entre grandes grupos es más variable (tabla 10.8).

Tabla 10.8. Porcentaje de biomasa de los distintos grupos de algas (y Cianobacterias) fitoplanctónicas durante un ciclo anual en varios ecosistemas del territorio considerado.

		Ciano-bacterias	Clorofi-ceas	Criptofi-ceas	Crisofi-ceas	Diato-meas	Dinofla-geladas	Eugle-noficeas	Haptofi-ceas
Charca en Colmenar Viejo (1979-1980)	Promedio	0,2	67,9	0,2	11,7	0,6	0,5	18,9	
	Desviación típica	0,5	38,7	0,4	29,0	0,8	1,5	33,0	
Laguna del Campillo (1994-1995)	Promedio	86,6	1,5	10,9		0,1	0,8	0,2	
	Desviación típica	17,8	2,5	18,1		0,2	1,3	0,6	
Laguna de Las Madres (1993)	Promedio	0,4	5,2	58,9		24,5	11,0		
	Desviación típica	1,2	6,1	21,3		21,4	16,0		
Laguna de Las Madres (2006)	Promedio	3,2	2,9	20,9	13,8	42,4	14,1		2,6
	Desviación típica	5,9	2,3	15,1	8,5	21,0	10,8		2,5
Laguna de Peñalara (1995-1996)	Promedio	15,7	19,9	6,5	4,4	0,6	52,8		
	Desviación típica	28,1	34,0	16,7	5,3	1,5	35,6		
Laguna del Porcal (1984-1985)	Promedio	22,3	31,0	32,8		13,1	0,3	0,5	
	Desviación típica	25,9	29,3	17,0		12,2	0,4	0,6	
Embalse de El Vellón (1980-1981)	Promedio	9,0	26,0			48,0	14,8	2,2	
	Desviación típica	12,9	36,5			44,2	26,8	4,0	
Embalse de Valmayor (1981-1982)	Promedio	16,2	29,8	39,4		13,3			
	Desviación típica	32,9	36,7	43,5		17,1			

Cálculos de los autores del capítulo a partir de los datos de Álvarez Cobelas (1982a, b, e inédito), Granados et al. (2006) y Haering (1984).

Desde el punto de vista de las especies dominantes, la sucesión estacional sigue distintas pautas (tabla 10.9). La más curiosa, por menos conocida, es la de las charcas sobre granitos, donde dominan crisofíceas de los géneros *Chromulina* y *Ochromonas* en invierno, y numerosas especies de euglonofíceas a finales de la primavera (Álvarez Cobelas, 1982a). Un estudio del mismo tipo en las charcas derivadas de la explotación de los pórfidos (véase el capítulo de *La creación de nuevos ecosistemas acuáticos*) y en las charcas de montaña alta y media del Parque Nacional del Guadarrama daría muchas sorpresas sobre la sucesión algológica estacional, muy alejada de los ejemplos más conocidos (Reynolds, 2006). A largo plazo, la dominancia de las poblaciones de *Cryptomonas* spp en la laguna de Las Madres se ve reemplazada por la de la diatomea *Cyclotella ocellata* y la de una especie del género *Chromulina* (tabla 10.8). *Cryptomonas* es también dominante durante la mayor parte del año en la laguna hipertrófica de El Porcal (tabla 10.8). En los tres embalses estudiados, los taxones dominantes corresponden a las cianobacterias, las diatomeas y las clorofíceas, pero la identidad de los mismos difiere de un ecosistema a otro (tabla 10.9).

Tabla 10.9. Especies fitoplanctónicas dominantes en biomasa en la estacionalidad de algunos ecosistemas de Madrid.

	Invierno	Primavera	Verano	Otoño	Referencia
Charca en Colmenar Viejo (1979-1980)	*Chromulina sp, Ochromonas sp, Chlamydomonas spp*	*Euglena* spp, *Trachelomonas* spp	Seca	*Chlorella vulgaris, Oocystis parva*	Álvarez Cobelas (1982a)
Embalse de San Juan (1974-1975)	*Asterionella formosa*	*Geitlerinema splendidum, Anabaena flos-aquae, Aulacoseira* spp	*Geitlerinema, Coelastrum microporum*	*Aulacoseira* spp	Velasco (1978)
Embalse de El Vellón (1980-1981)	*Aulacoseira granulata*	*Cyclotella chaetoceras, Anaaena flos-aquae*	*Anabaena flos-aquae, Aphanizomenon flos-aquae, Volvox aureus*	*Ceratium hirundinella, Aulacoseira granulata*	Álvarez Cobelas (1982b)
Embalse de Valmayor (1982)	*Asterionella formosa, Fragilaria spp, Cryptomonas erosa*	*Asterionella formosa, Sphaerocystis schroeteri*	*Microcystis aeruginosa, Anabaena flos-aquae, Dictyosphaerium pulchellum*	*Dictyosphaerium pulchellum, Cryptomonas erosa, Fragilaria crotonensis*	Haering (1984)
Laguna del Campillo (1994-1995)	*Planktothrix agardhii*	*Planktothrix agardhii*	*Planktothrix agardhii*	*Planktothrix agardhii, Cryptomonas erosa*	Álvarez Cobelas (datos no publicados)

Tabla 10.9. *(continuación)*

	Invierno	Primavera	Verano	Otoño	Referencia
Laguna de El Porcal (1984-1985)	*Dictyosphaerium tetrachotomum, Cryptomonas erosa*	*Planktothrix agardhii, Cryptomonas erosa,*	*Cryptomonas erosa*	*Cryptomonas erosa*	Rojo (1990)
Laguna de Las Madres (1993)	*Cryptomonas* spp	*Cryptomonas spp*	*Cryptomonas* spp	*Cryptomonas spp, Cyclotella ocellata*	Álvarez Cobelas (datos no publicados)/ unpublished data
Laguna de Las Madres (2016)	*Cyclotella ocellata*	*Cryptomonas spp, Chromulina sp, Cyclotella ocellata*	*Cryptomonas* spp, *Chromulina* sp	*Cyclotella ocellata, Chromulina* sp	Álvarez Cobelas (datos no publicados)
Laguna de Peñalara (1995-1996)	*Amphidinium* sp	*Pedinomonas sp, Cryptomonas erosa*	*Aphanothece clathrata, Pseudoanabaena* sp	*Dinoflagelado, Chlorococcales*	Granados *et al.* (2006)

Trabajando sobre el fitoplancton hipertrófico a escala de semanas, hemos constatado la existencia de varios periodos de perturbación y equilibrio dinámico *(steady state)* durante todo el ciclo anual en la laguna de El Porcal, cuyo control es probablemente abiótico (Rojo y Álvarez Cobelas, 1993).

Otros cambios temporales analizados en el fitoplancton han sido los de la respuesta de poblaciones y comunidades a la mezcla térmica otoñal. Durante setenta y nueve días consecutivos del otoño de 1991, se hizo un seguimiento de las mismas en la laguna meromíctica de Las Madres. En ese periodo se observaron cuatro comunidades distintas y sucesivas, debidas al efecto de la mezcla vertical, la competencia entre especies y la depredación por herbívoros; las respuestas de la comunidad fueron, obviamente, más lentas que las de las poblaciones individuales (Rojo y Álvarez Cobelas, 2001).

HETEROGENEIDAD ESPACIAL

La distribución espacial de la biomasa fitoplanctónica en el epilimnion del embalse de El Vellón se estudió mensualmente durante los años 1980-1981 en once estaciones de muestreo, distribuidas por todo el embalse (Álvarez Cobelas, 1982b). Los rangos observados para cada punto fueron muy notables, en particular por la gran variabilidad estacional (véase más arriba); sin embargo, no se observaron variaciones estadísticamente significativas entre estaciones. Cuando se compararon las biomasas presentes en el eje principal del embalse con las existentes en las zonas de desembocaduras de los ríos y arroyos, tampoco se detectaron diferencias significativas. Eso sí, el coeficiente de variación de todas las biomasas registradas en las desembocaduras fue superior al de las biomasas presentes en el eje principal del embalse (205 % *vs* 156 %). El embalse tiene una extensión de unos 4 km^2, y hay una distancia de 6,6 km entre la presa y la entrada fluvial principal. Aunque en otros ecosistemas lacustres se ha detectado variabilidad espacial del fitoplancton desde la escala de decenas de metros (Harris y Smith, 1977) a la de kilómetros (Lewis, 1978), en embalses, el rápido transporte horizontal del agua en dirección a la presa determina que los efectos del mismo se noten a un kilómetro en unas doce horas (Trimbee y Harris, 1983), con lo cual no resulta de extrañar la falta de diferencias significativas entre las estaciones de muestreo del embalse madrileño.

Por especies de fitoplancton, resulta instructivo analizar qué ocurre en el gradiente de aumento de la profundidad del embalse, es decir, desde la cola –menos profunda, mezclada siempre, de carácter más fluvial– a la parte propiamente dicha del embalse (más profunda y estratificada en verano). Es lo que se muestra en la tabla 10.10, con datos extraídos de Álvarez Cobelas (1982b). Obsérvese cómo las especies más planctónicas *(Ankyra, Korshikoviella* spp, *Ceratium)* se distribuyen hacia las estaciones de mayor columna de agua, mientras que las ticoplanctónicas (las flageladas como *Chlamydomonas, Pteromonas, Euglena* y *Trachelomonas*) lo hacen en las más someras. El caso de las diatomeas resulta interesante también, pues *Aulacoseira* parece abundar más en zonas diferentes según el momento del muestreo, lo cual pone de relieve su carácter meroplanctónico, por lo que resulta muy importante el papel del *reclutamiento* de población desde el sedimento (Lund, 1954).

Tabla 10.10. Densidad celular (cels/mL) en la capa de mezcla de distintas estaciones de muestreo de la cola del embalse de El Vellón durante tres muestreos del verano de 1981.

		Estación 7	Estación 6	Estación 5	Estación 4	Estación 3	Estación 2	Estación 1
	Profundidad máxima (m)	13	8	6	5	3	2	1
Jul-81	**Profundidad real (m)**	12,3	7,6	5,7	4,7	2,8	1,9	0,9
	Cyclotella cf. *melosiroides*				8	8	77	209
	Aulacoseira granulata	261	117	176	353	181	942	1178
	Ankyra ancora	44	28	18	10	20	10	15
	Chlamydomonas spp.					2	15	130

Tabla 10.10. *(continuación)*

		Estación 7	Estación 6	Estación 5	Estación 4	Estación 3	Estación 2	Estación 1
	Korshikoviella spp.	71	49	39	21	8		31
Ago-81	**Profundidad real (m)**	12,0	7,4	5,5	4,6	2,8	1,8	0,9
	Ceratium hirundinella	13	14	13	26	19		
	Cyclotella cf. *melosiroides*			25				
	Aulacoseira granulata	3.357	1.767	2.945	5.301	6.479	2.945	6.185
	Aulacoseira italica	9.542	35.343	18.555	15.904	22.089	10.897	3.239
	Trachelomonas volvocina							260
	Ankyra ancora	164	1387	366	366	281	33	45
	Korshikoviella spp.	27	19	300	294	110	300	580
	Pteromonas angulosa			75	40	61	2.241	65.444
Sept-81	**Profundidad real (m)**	11,8	7,3	5,4	4,5	2,7	1,8	0,9
	Ceratium hirundella	412	153	26				
	Euglena proxima				6	71		287
	Aulacoseira granulata	5.301	2.827	589	294	2.061	589	
	Aulacoseira italica		589	235		1.767		
	Ankyra ancora	26	20	2	6			
	Korshikoviella spp.	209	43	62	78			52
	Pteromonas angulosa						130	26

La estación 1, a la entrada del río, es más somera y la 7, más profunda. Cada una dista de las demás unos 200 m.

En cuanto a la distribución de las algas bentónicas en una cuenca hidrográfica y a partir de los datos de Álvarez Cobelas (1982b), hemos estudiado la riqueza específica de las encontradas en junio de 1981 en 32 enclaves del río Guadalix, al norte de Madrid capital. En primer lugar, pretendíamos establecer si dichos lugares compartían una flora bentónica similar, para lo cual calculamos el índice de similitud de Jaccard entre pares de sitios, usando solo aquellos taxones presentes –al menos– en un 30 % de las localidades. En general, la similitud entre las floras de los distintos enclaves resultó ser inferior al 50 %.

Los dos factores principales que más variabilidad podrían explicar en la flora del río Guadalix serían la altitud y la contaminación ganadera y urbana, como sugiere la concentración de amonio en el agua fluvial. No se eligió el fósforo total porque en casi todas las estaciones las concentraciones eran muy altas, fruto probable del uso generalizado de detergentes con fosfatos en los años ochenta. Para mayor claridad, comparamos las floras de algas presentes en los lugares que comparten parecidas concentraciones de amonio o se encuentran a altitudes similares. En el caso del amonio, los cuatro grupos fueron: lugares fluviales < 0,15 mg/L de amonio (grupo 1), 0,15 mg/L < lugares fluviales < 0,50 mg/L (grupo I2), 0,15 mg/L < lugares lacustres (embalse de El Vellón) < 0,50 mg/L (grupo 3), y lugares fluviales > 0,50 mg/L de amonio (grupo 4). Para la altitud, seleccionamos cuatro grupos de estaciones: las situadas a más de 1000 m sobre el nivel del mar, las localizadas entre 900 y 1000 m, las presentes entre 800 y 900 m y las ubicadas a menos de 800 m de altitud.

La flora estudiada resulta más homogénea entre los lugares más contaminados por polución urbana y ganadera y más heterogénea en aquellos de los grupos fluviales, el G1 y el G2, cuyas concentraciones de amonio eran inferiores a 0,50 mg/L (figura 10.1). De igual modo, podemos constatar que los lugares situados a baja altitud comparten más especies de algas, es decir, son más homogéneos entre sí (figura 10.1). En cualquier caso, la similitud promedio no supera el valor del 60 %, con menos diferencias entre los distintos grupos según el contenido en amonio, y algo mayores con arreglo a la altitud (figura 10.1). Estadísticamente, la diferencia entre estos promedios de similitud se calculó mediante un análisis NPMANOVA, por el

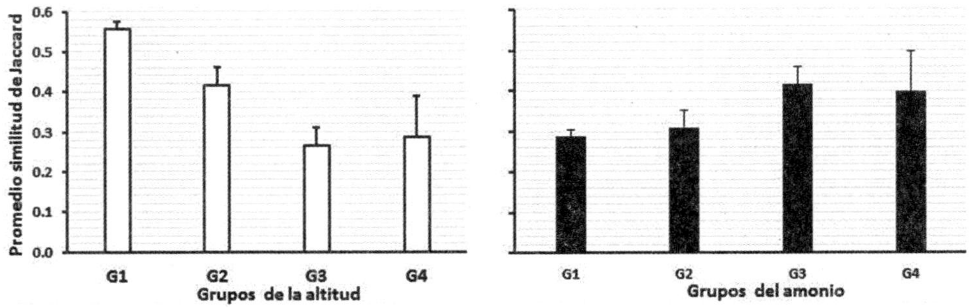

Figura 10.1. Histogramas de los promedios de la similitud (índice de Jaccard) entre floras de algas bentónicas en la cuenca del río Guadalix y error típico de las mismas para los grupos de localidades basados en la altitud y la contaminación (amonio).

que se pudo constatar que los grupos establecidos en cada clasificación (altitud y contenido de amonio) fueron significativamente diferentes, pero no su interacción, es decir, la diferencia entre la flora algológica de los grupos condicionados por el amonio no aumenta con la altitud (tabla 10.11).

Tabla 10.11. Resultados de un análisis NPMANOVA entre los grupos del amonio y de la altitud, en base a la similitud de Jaccard entre las composiciones de la flora de algas bentónicas en la cuenca del río Guadalix.

	Suma de cuadrados	g.l.	Cuadrado de la media	F	p
Grupos del amonio	13,62	3	0,45	0,25	0,0055
Grupos de la altitud	14,00	3	0,47	0,26	0,0054
Interacción	20,75	9	23,06	1,26	0,9042
Residual	27,56	15	18,37		
Total	95,68	30			

Se basa en 9.999 permutaciones; se indican los grados de libertad (g.l.), el parámetro F del análisis y la probabilidad estadística (p).

Una vez cuantificada la similitud, las agrupaciones de los sitios por su flora algológica mostraban un valor *bootstrap* muy bajo en los nodos, lo cual sugería que eran poco significativos. Sin embargo, la agrupación de aquellos lugares que demostraron tener mayor similitud entre ellos (lugares situados a altitud elevada, por un lado, y lugares con alto contenido en amonio, por otro) generó dos dendrogramas aun más significativos.

El primero no considera una estación por tener una determinada composición, pero diferencia dos bloques nítidos (figura 10.2); el dendrograma de los lugares de menor altitud también presenta un lugar muy diferente al resto, además de dos bloques (figura 10.3). El análisis de agrupación de las especies en función de las estaciones de muestreo mostró muy poca coherencia, lo cual impide establecer las asociaciones de algas predominantes. Esto nos lleva a analizar la diversidad beta, que es un indicador de la heterogeneidad en la composición de la flora; el índice de Whittaker ascendió a 2,7, lo cual –teniendo en cuenta que el número total de especies incluido en el análisis (66) es casi cuatro veces mayor que el promedio de especies presentes en las muestras– indicó una alta diversidad beta y sugiere que la flora de la cuenca del río Guadalix se construye a base de floras locales muy diferentes entre sí.

Por otro lado, se ha estudiado también la distribución espacial de las Diatomeas en sustratos artificiales en relación con la posición de los mismos respecto a la luz incidente y a la corriente. En este segundo factor, la situación predominante de cada alga en un sustrato determinado podría favorecer el proceso de «desprendimiento» (*scouring*; Matthaei *et al.*, 2003) si el alga se sitúa en la zona de aguas arriba del por-

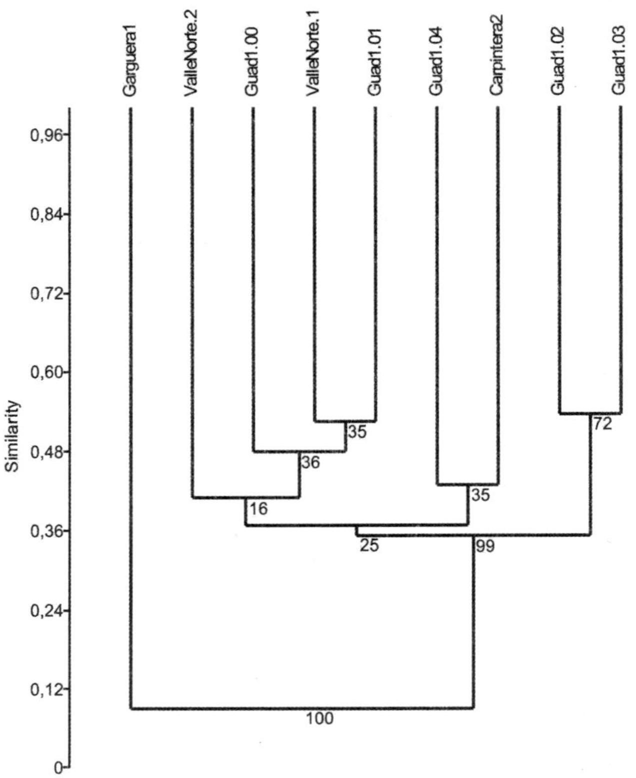

Figura 10.2. Dendrograma de grupos de estaciones situados en las zonas más altas de la cuenca del río Guadalix, calculado a partir de su flora algológica.

taobjetos, donde el impacto del flujo es más notable. Así, *Cocconeis placentula* no mostraba preferencia respecto a la corriente en julio, pero sí se localizaba preferencialmente más cerca del impacto de la corriente en octubre. Con *Gomphonema parvulum* sucedía a la inversa. *Nitzschia thermalis* no adoptaba ninguna distribución especial respecto a la corriente en julio, pero en octubre, cuando la radiación se reducía, se situaba en la parte superior de los portaobjetos y en la zona central de los mismos, donde el impacto de la corriente se iba atenuando. *Navicula pupula,* por su parte, se posicionaba en verano centrada respecto a la corriente, y en otoño, en la zona del portaobjetos más alejada del impacto de la corriente y la porción superior del portaobjetos, de modo que le permitiera recibir más radiación (Estévez, 1982). Los resultados, por tanto, resultan contradictorios en parte, lo cual debiera incentivar la producción de más estudios en el futuro, haciendo uso de las microscopías confocal (Murdock y Dodds, 2007) y electrónica de barrido (Hamilton y Duthie, 1984).

Existe también un estudio muy preliminar sobre la colonización de los sustratos por las algas bentónicas fluviales del río Manzanares, en el que se presta atención especial a las diatomeas (Estévez, 1982). Se llevó a cabo con portaobjetos de vidrio en la primavera de 1981, a la altura del puente del ferrocarril que comunica la esta-

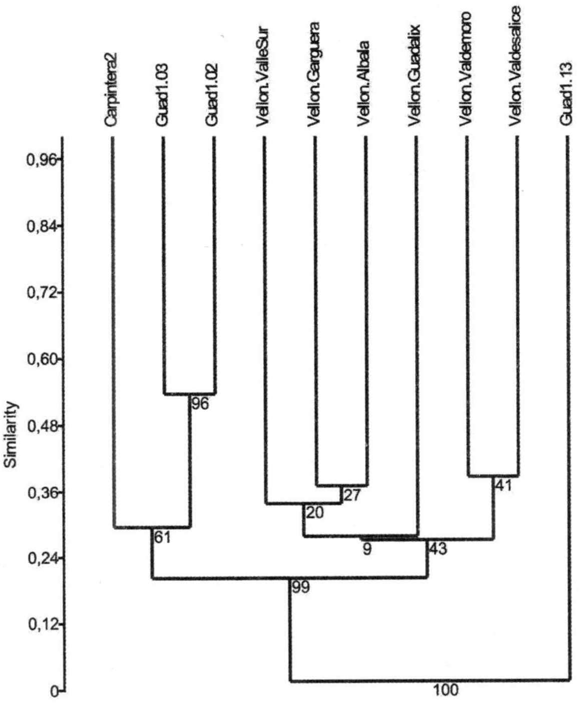

Figura 10.3. Dendrograma de grupos de estaciones más contaminadas de la cuenca del río Guadalix, calculado a partir de su flora algológica.

ción de Chamartín con Pinar de las Rozas. Dichos portaobjetos se retiraban del agua al cabo de una semana. La concentración promedio de clorofila «a», indicadora de la biomasa algológica total (y de cianobacterias), varió poco entre estaciones, y era la estación inferior del cauce la que presentaba menor variabilidad (tabla 10.12). En el caso de la biomasa diatomológica, la estación situada aguas arriba fue la de mayores promedios, es decir, la que acumuló más biomasa a lo largo del tiempo, pero también con una variabilidad temporal mayor (tabla 10.12). Las comunidades situadas aguas abajo mostraron una caída notable de la biomasa a medida que avanzaba la estación del año, a diferencia de las localizadas aguas arriba (Estévez, 1982). En cualquier caso, no hubo relación significativa entre biomasa de diatomeas y clorofila «a», lo que otorga mayor relevancia a la abundancia de otras algas y cianobacterias en la colonización de estos sustratos.

Como se puede apreciar en la figura 10.4, la biomasa de las diatomeas en la estación más alta del río era menor y menos variable con el tiempo; al cabo del sexto día de colonización ya se había alcanzado la biomasa máxima. En la estación más baja, las oscilaciones de la biomasa fueron superiores y el máximo se alcanzó hacia el noveno día. Las pautas de la biomasa en ambas estaciones estuvieron estadísticamente correlacionadas, lo que indica que estaban controladas en parte por el mismo conjunto de variables, pero también sugiere que la colonización del tramo

Tabla 10.12. Colonización de superficies artificiales en el río Manzanares en 1981, realizada en cuatro fechas distintas (abril-junio) de la primavera de 1981.

Clorofila «a» (mg/cm^2)	I	II	III
Promedio	7	8	5
Desviación típica	6	9	3
CV	90	113	57
Biomasa de diatomeas ($\mu g/cm^2$)			
Promedio	51	22	27
Desviación típica	34	19	19
CV	67	83	69

Las zonas I y II distan unos 50 m, siendo la primera más alta. La zona III está a unos 200 m de la II, aguas abajo.

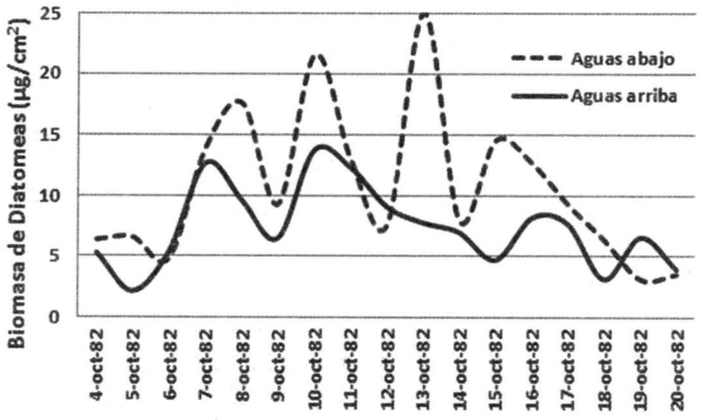

Figura 10.4. Colonización diaria de las Diatomeas en el río Manzanares, en dos estaciones distantes 250 m.

inferior pudo verse afectada por el fenómeno de *drift* (Müller-Haeckel, 1966) desde el tramo fluvial superior.

CAMBIOS A LARGO PLAZO

El estudio más prolongado sobre la dinámica fitoplanctónica en Madrid es el de la laguna de Las Madres, que comenzó en primavera de 1991 y ha continuado hasta el momento presente. El curso temporal de la biomasa en el epilimnion indica mayor variabilidad estacional al principio de la serie y una disminución paulatina de la misma a medida que avanza el tiempo (figura 10.5). Un análisis inicial de esta diná-

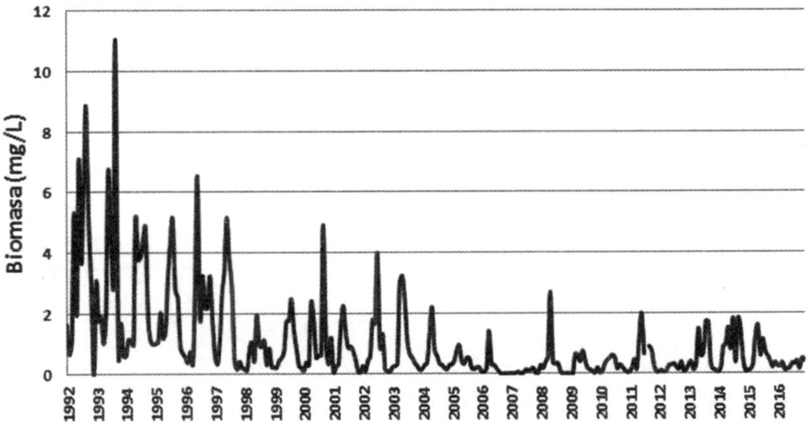

Figura 10.5. Biomasa de fitoplancton en el epilimnion de la laguna de Las Madres desde 1992 a 2016, medida mensualmente.

mica puede interpretarse como un indicador de la estabilización de la comunidad fitoplanctónica en ambientes de reciente creación (Benavent, 2015), al igual que sucede en los embalses (Holz *et al.*, 1997).

En el embalse de El Vellón, sin embargo, los cambios a largo plazo (1973-1991) de la composición del fitoplancton han sido notables (Arauzo y Álvarez Cobelas, 1994), aunque los datos disponibles no permitan asociarlos a factores concretos. El embalse ha seguido siendo eutrófico durante todo el periodo considerado. Lo que sí parece haber ocurrido es que la llamada «memoria ecológica» (Padisák, 1992), una idea antigua que posteriormente se ha ampliado mediante el enfoque de metacomunidades (Leibold *et al.*, 2004), parece menos importante que la de otros lagos, como la laguna de Las Madres (véase más arriba).

La estacionalidad de las poblaciones principales del fitoplancton de esa laguna es sugestiva (figura 10.6) y muestra mucha variabilidad a largo plazo (tabla 10.13). Mientras que algunas son más propias de finales de la primavera y el verano *(Didymocystis)*, otras lo son de mediados y finales del verano *(Planctonema)*, o bien del invierno *(Chrysochromulina)* o la primavera *(Plagioselmis, Cyclotella)*. De todos modos, los rangos de variación son más amplios en las clorofíceas *(Didymocystis* y *Planctonema)* que en las flageladas *(Cryptomonas, Plagioselmis* y *Chrysochromulina)* y la diatomea *(Cyclotella)*.

Hay otros aspectos de cambios a largo plazo que vale la pena mencionar aquí. En Las Madres, el periodo de mayor crecimiento vegetativo (usualmente la primavera y el verano) se ha incrementado en unos cuarenta y ocho días (Benavent, 2015), es decir, el fitoplancton tiene actualmente más tiempo para crecer en condiciones óptimas de luz y temperatura que antaño. En cuanto a los fenómenos de teleconexión climática a escala regional, las fluctuaciones regulares de la biomasa fitoplanctónica en esta laguna presentan relación significativa con los procesos asociados a la corriente meridional de El Niño, a la del Golfo y a la oscilación del Atlántico oriental (Benavent, 2015), pero no a la oscilación del Atlántico Norte, que es la teleconexión más habitualmente relacionada con los lagos europeos (Weyhenmeyer *et al.*, 1999).

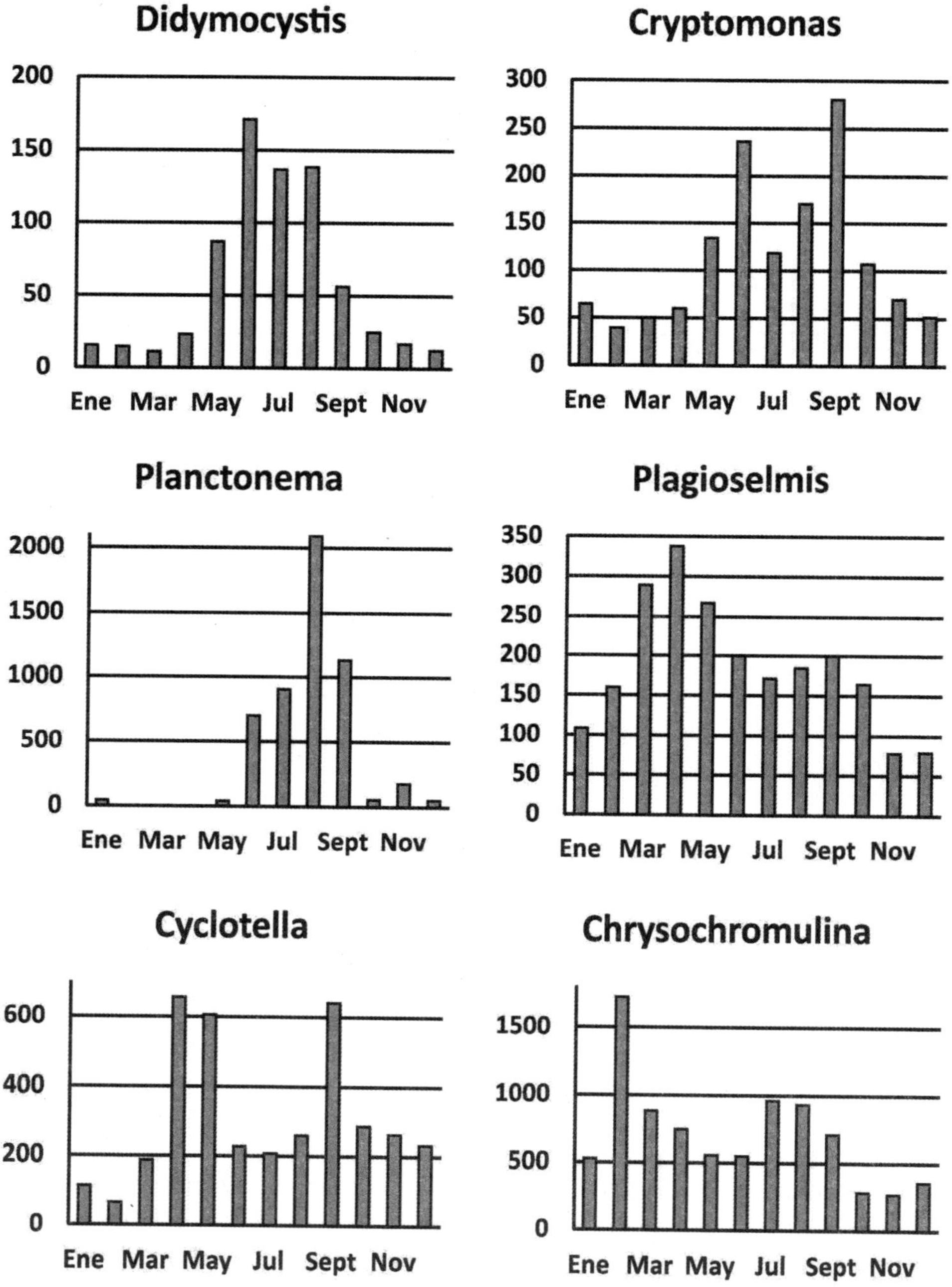

Figura 10.6. Promedios de la densidad (ind/mL) intraanual (1992-2016) en las poblaciones principales de fitoplancton presentes en la capa de mezcla de la laguna de Las Madres.

Tabla 10.13. Coeficientes de variación de la densidad mensual de las principales poblaciones de fitoplancton en la capa de mezcla de Las Madres a largo plazo (1992-2016).

	Rango del CV	ΔCV
Didymocystis bicellularis	159-441	282
Planctonema lauterbornii	169-479	310
Cryptomonas erosa	151-295	144
Plagioselmis nannoplanctica	90-169	79
Cyclotella ocellata	107-211	104
Chrysochromulina parva	82-135	53

LAGUNAS EN EL CONOCIMIENTO

Buena parte de los resultados referidos aquí pertenecen a las décadas de 1980 y 1990, y están influidos por las temáticas y las ideas en boga en la algología de esos años. En 2018 ya no son, obviamente, las mismas. Han aparecido nuevas temáticas, como la biología molecular y la biogeoquímica, y nuevas maneras de analizar las viejas informaciones, como la noción de *metacomunidad*. Esas novedades no han llegado aún a la algología madrileña. Por ejemplo, no hay todavía estudios de tipo molecular ni estudios de estequiometria de carbono, nitrógeno y fósforo aplicados a nuestras algas. O han pasado de moda los estudios de producción primaria, los de heterogeneidad espacial e incluso los de sucesión estacional (que se deben realizar a escala de días para que resulten de provecho), los cuales integren aspectos bióticos para permitir la detección de toda la varianza explicable. Los estudios de aquellas décadas suponían que la dinámica de las algas estaba principalmente controlada por el medio abiótico, sin apenas prestar atención alguna a los procesos de competencia entre algas, a la depredación por herbívoros, a las infecciones por hongos y virus, o la propia mortalidad por apoptosis.

Además, para el mero conocimiento de los taxones presentes en el área de estudio, la información disponible sugiere grandes lagunas en su riqueza específica, su distribución geográfica y su ecología (producción, biomasa, ecofisiología, etc.), pues hay muchos ambientes (charcas, arroyos, suelo, rocas, vegetación terrestre...) y áreas de Madrid (el sureste y el suroeste) que no se han muestrado todavía. La producción y la biomasa en el medio fluvial son poco menos que desconocidas. En referencia a los carófitos, podemos decir que al norte de la capital existe un buen número de humedales naturales, como las lagunas y charcas alpinas de Peñalara, las cubetas de recarga pluvial de la cuenca alta del Manzanares y de El Escorial y las numerosas canteras de diferentes tamaños originadas por la explotación de granitos y pórfidos, donde la adecuada calidad del agua y la escasa actividad agrícola favorecerían la presencia de los carófitos, pero tampoco han sido estudiadas. Más problemática, pero desconocida, resulta la existencia de carófitos en la llanura y vegas del sur de la capital, donde se localizan numerosas graveras, en los que la contaminación y el efecto que la fauna piscícola tiene sobre la vegetación sumergida (Laguna *et al.,* 2016) impiden el asentamiento de los carófitos o han contribuido a su extinción, como ha ocurrido en el Mar de Ontígola en Aranjuez.

Finalmente, la nueva temática del cambio global requiere, o bien estudios de paleolimnología (véase el capítulo de Granados y Toro), o bien estudios a largo plazo (insostenibles por un único investigador por sí solo, entre otros motivos, por la duración de la propia vida), los cuales deben ser abordados por instituciones, pero esta simple idea parece todavía lejos de ponerse en práctica. Y, de todos modos, la previsible reducción de los aportes hídricos debida al cambio global dará como resultado la reducción del número de hábitats (y de su variedad) donde puedan proliferar las algas.

CAPÍTULO XI

Briófitos

KATIA CEZÓN GARCÍA

RESUMEN

El número de especies de briófitos acuáticos citados para Madrid asciende a 93 (71 musgos y 22 hepáticas) entre los que se incluyen algunos taxones raros o de interés especial. Aunque puede considerarse una comunidad con una brioflora relativamente rica, es indudable que el conocimiento sobre los briófitos de sus medios acuáticos es aún escaso y no está igualmente representado en toda la Comunidad. La mayoría de los estudios sobre este grupo han estado focalizados en los macizos montañosos, el extremo suroccidental de Madrid y espacios naturales próximos a la capital, mientras que hay escasa representación de las zonas húmedas del sur y sureste.

Palabras-clave: flora, distribución geográfica.

SUMMARY: BRYOPHYTES

The number of aquatic bryophyte species recorded for Madrid amounts to 93 (71 mosses and 22 hornworts), including some rare or specially-interesting taxa. Although Madrid County can be considered a territory with a relatively-rich bryophyte flora, there is no doubt that knowledge about aquatic bryophytes is still scarce and is not equally represented throughout the County. Most studies have been focused on the Northern mountain areas, the Southwestern side and natural spaces nearby the capital, while Southeastern and southeastern areas are under-studied.

ANTECEDENTES

Las primeras citas de briofitos en la Comunidad de Madrid se remontan a principios del siglo XIX (Lagasca *et al.,* 1802), pero –a pesar de los tempranos comienzos– los estudios publicados en esa época solo aportan datos aislados sobre determinadas especies, resultado de herborizaciones casuales o de alguna revisión taxonómica (Colmeiro 1849, 1867; Röll, 1897).

No es hasta la primera década del siglo XX, cuando aparece el primer catálogo estrictamente briológico de Madrid, centrado en la sierra de Guadarrama (Casares Gil y Beltrán Bigorra, 1912), y más tarde los primeros catálogos de la flora criptogámica de la provincia (Mas Guindal, 1923a, b).

La década de los ochenta es especialmente productiva para la briología de la Península Ibérica. Madrid no es una excepción, y de ese periodo data buena parte de las recolecciones en espacios naturales o de interés, las cuales quedan plasmadas en numerosos trabajos florísticos para distintas zonas: el término municipal de Chinchón (Fuertes y Galán, 1981b), el hayedo de Montejo de la sierra (Ron *et al.,* 1982), La Pedriza (Blanco Castro y Acón, 1984), la dehesa del Carrascal de Arganda (Fuertes y Ron, 1986), la ciudad de Madrid (Mazimpaka *et al.,* 1988), el puerto de Canencia (Vicente y Ron, 1989), la Casa de Campo (García-Márquet *et al.,* 1989) y el entorno de Lozoya del Valle (Lara y Mazimpaka, 1989). En su mayoría, las citas de esos trabajos quedan recopiladas en dos catálogos que recogen toda la información publicada hasta el momento para musgos (Acón, 1988) y hepáticas (Acón y Herszkowicz, 1987) de Madrid.

En la década de los noventa y hasta la actualidad disminuye el ritmo de publicaciones, y son muy pocos los trabajos publicados sobre el área objeto de estudio. Entre ellos, destacan las recolecciones realizadas en La Herrería (López *et al.,* 1993), en los melojares guadarrámicos y ayllonenses (Lara *et al.,* 1997) y en el extremo suroeste (Villaverde *et al.,* 2008).

En lo que respecta a los medios acuáticos, hasta el momento no se han realizado estudios específicos, y las citas que se han recogido de especies propias de estos sistemas corresponden a recolectas oportunistas, realizadas en el contexto de las herborizaciones de las áreas antes mencionadas, o de estudios corológicos, taxonómicos o limnológicos (Casas, 1975a, 1975b; Fuertes y Galán, 1981b; Sergio *et al.,* 1995; Lloret *et al.,* 1997; Álvarez Cobelas *et al.,* 2000; Álvarez Cobelas y García Avilés, 2003; etc.). Aunque se han realizado muestreos limnológicos específicos para contribuir al conocimiento de la flora briofítica española de lagunas y charcas (Peñuelas y Comelles, 1984), no se han citado especies procedentes la provincia madrileña.

COMPOSICIÓN DE LA FLORA

A partir de la bibliografía existente para el territorio, se han recopilado más de trescientas citas de briófitos acuáticos, considerando como tales a las especies que crecen en contacto intermitente (helófitas) o permanente (hidrófitas) con el agua, y que ocupan tanto los bordes de la lámina de agua como los lechos de los cauces completamente sumergidos (Vitt y Glime, 1984). El número de especies citadas en la Comunidad de Madrid con estas características asciende a 93, de las cuales 71 son musgos y 22 hepáticas (tabla 11.1 y Repositorio del CSIC), agrupados en 57 géneros.

Tabla 11.1. Especies de briófitos citadas en la provincia de Madrid. Véase Digital CSIC para la situación de las localidades y citas.

HEPÁTICAS
Aneura pinguis (Linnaeus) Dumortier
Barbilophozia kunzeana (Huebener) Gams
Chiloscyphus polyanthods (Linnaeus) Corda
Conocephalum conicum (Linnaeus) Dumortier
Jungermannia exsertifolia Stephani
Jungermannia hyalina Lyell
Jungermannia pumila Withering
Lophozia turbinata (Raddi) Stephani
Marchantia paleacea Bertoloni
Marchantia polymorpha Linnaeus
Marsupella emarginata (Ehrhart) Dumortier
Pellia epiphylla (Linnaeus) Corda
Plagiochila asplenioides (Linnaeus) Dumortier
Porella cordaeana (Huebener) Moore
Riccardia chamedryfolia (Withering) Grolle
Riccia beyrichiana Hampe ex Lehm
Riccia fluitans Linnaeus
Riccia glauca Linnaeus
Ricciocarpos natans (Linnaeus) Corda
Riella helicophylla (Bory de Saint Vicent y Montagne) Montagne
Riella notarisii (Montagne) Montagne
Scapania undulata (Linnaeus) Dumortier
MUSGOS
Amblyodon dealbatus (Hedwig) P. Beauvais
Amblystegium serpens (Hedwig) Schimper
Amphidium mougeotii (Bruch y Schimper) Schimper
Atrichum undulatum (Hedwig) P. Beauvais
Aulacomnium androgynum (Hedwig) Schwaegrichen

Tabla 11.1. *(continuación)*

MUSGOS
Aulacomnium palustre (Hedwig) Schwaegrichen
Barbula bolleana (J. K. A. Müller Halle) Brotherus
Brachythecium rivulare Schimper
Bryum alpinum Hudson ex Withering
Bryum gemmiparum De Notaris
Bryum muehlenbeckii Bruch y Schimper
Bryum pallens Swartz
Bryum pallescens Schleicher ex Schwaegrichen
Bryum pseudotriquetrum (Hedwig) P. Gaertner, B. Meyer y Scherbius
Bryum schleicheri Schwaegrichen
Calliergonella cuspidata (Hedwig) Loeske
Campylophyllum calcareum (Crundwell y Nyholm) Hedenäs
Campylophyllum sommerfeltii (Myrin) Hedenäs
Cinclidotus fontinaloides (Hedwig) P. Beauvais
Climacium dendroides (Hedwig) Weber y D. Mohr
Cratoneuron filicinum (Hedwig) Spruce
Dialytrichia mucronata (Brithmer) Brotherus
Dichodontium palustre (Dickson) M. Stech
Didymodon tophaceus (von Bridel) Lisa
Drepanocladus aduncus (Hedwig) Warnstorf
Eucladium verticillatum (Withering) Bruch
Fissidens adianthoides Hedwig
Fissidens pusillus (Wilson) Milde
Fissidens rufulus Schimper
Fontinalis antipyretica Hedwig
Fontinalis hypnoides Swartz
Fontinalis squamosa Hedwig
Gymnostomum calcareum Nees y Hornschuch
Hamatocaulis vernicosus (Mitten) Hedenäs
Hygroamblystegium humile (P. Beauvais) Vanderpoorten, Hedenäs y Goffinet
Hygroamblystegium tenax (Hedwig) Jennings
Hygroamblystegium varium (Hedwig) Mönkemeyer
Hygrohypnum luridum (Hedwig) Jennings

Tabla 11.1. *(continuación)*

MUSGOS
Leptodictyum riparium (Hedwig) Warnstorf
Mnium hornum Hedwig
Philonotis caespitosa Jurine
Philonotis calcaea (Bruch y Schimper) Schimper
Philonotis capillaris Lindberg
Philonotis fontana (Hedwig) von Bridel
Philonotis marchica (Hedwig) von Bridel
Philonotis seriata Mitten
Plagiomnium undulatum (Hedwig) T. J. Koponen
Platyhypnidium riparioides (Hedwig) Dixon
Pohlia melanodon (von Bridel) A. J. Shaw
Polytrichastrum formosum (Hedwig) G. L. Smith
Racomitrium aciculare (Hedwig) von Bridel
Racomitrium affine (F. Weber y Mohr) Lindberg
Racomitrium aquaticum (Schrader) von Bridel
Racomitrium hespericum Sérgio, J. Muñoz y Ochyra
Racomitrium lamprocarpum (J. K. A. Müller Halle) A. Jaeger
Rhizomnium punctatum (Hedwig) T. J. Koponen
Sanionia uncinata (Hedwig) Loeske
Schistidium agassizii Sullivant y Lesquereux
Sphagnum capillifolium (Ehrhart) Hedwig
Sphagnum compactum Lam y De Candolle
Sphagnum denticulatum von Bridel
Sphagnum palustre Linnaeus
Sphagnum papillosum Lindberg
Sphagnum platyphyllum (Lindberg) Warnstorf
Sphagnum subnitens Russow y Warnstorf
Sphagnum subsecundum Nees
Sphagnum teres (Schimper) Ångström
Straminergon stramineum (Dickson ex von Bridel) Hedenäs
Warnstorfia exannulata (Schimper) Loeske
Warnstorfia fluitans (Hedwig) Loeske

A la luz de estas cifras, puede afirmarse que la brioflora acuática madrileña conocida en la actualidad es relativamente rica, aunque la lista de especies podría verse incrementada a medida que se vayan muestreando más tramos fluviales y humedales que aún permanecen inexplorados.

Entre los territorios más desconocidos están las llanuras y vegas fluviales del sur, donde encontramos numerosas zonas húmedas permanentes que corresponden en su mayor parte a antiguas graveras y a meandros que transitan sobre sustratos ricos en bases. Si bien es cierto que la mayor contaminación del agua en estas zonas pueda tener un efecto negativo sobre la riqueza de la brioflora, no hay estudios que permitan establecer comparaciones con los humedales del norte madrileño, donde la alteración de los ecosistemas acuáticos es menos acusada, los cuales han sido bastante más estudiados.

Entre los taxones presentes en la Comunidad, se incluyen algunos de interés especial, ya sea por su rareza en el contexto centro-peninsular, por la existencia de pocas poblaciones o por la fragilidad de su hábitat. Es el caso de *Hamatocaulis vernicosus,* una especie propia de sustratos ácidos que se encuentra principalmente en turberas y suelos higroturbosos de zonas montañosas (Heras y Infante, 2000; Fuertes *et al.,* 2005); en la Península Ibérica cuenta solo con seis poblaciones representadas con un escaso número de individuos. En Madrid esta especie ha sido citada para los puertos de Canencia y Somosierra (Fuertes *et al.,* 2005), aunque parte de esas subpoblaciones se consideren ya muy reducidas o probablemente extintas.

Riella helicophylla y *R. notarisii,* también citadas en Madrid (Acón y Herszkowicz, 1987; Álvarez Cobelas *et al.,* 2000), viven en humedales salinos y estacionales con aguas limpias y someras, si bien las poblaciones existentes en el término municipal de Rivas ya han desaparecido en 2020 (Cirujano, comunicación personal). Otros taxones hidrófitos o helófitos de interés especial por su rareza en la Comunidad de Madrid (Lara *et al.,* 2005) son: *Cratoneuron filicinum, Drepanocladus aduncus, Fissidens pusillus, F. rufulus, Fontinalis hypnoides* var. *duriaei, Hygrohypnum luridum, Jungermannia exsertifolia* subsp. *cordifolia, J. pumila, Mnium hornum, Plagiomnium elatum* y *Plagiomnium rostratum.*

LAGUNAS EN EL CONOCIMIENTO

A pesar de que Madrid ha sido objeto de diversos estudios briológicos, todavía no puede considerarse una provincia bien conocida, ya que son varios los espacios de interés que permanecen aún sin explorar (Lara *et al.,* 2005). En lo que se refiere a los ecosistemas acuáticos, este desconocimiento es aún más notorio, pues no se han realizado estudios específicos sobre briófitos en esos medios, y la información de la que se dispone en la actualidad sobre su composición y diversidad es muy limitada. Tampoco existen estudios que permitan cuantificar la biomasa de estos organismos en la Comunidad, ni su dinámica de poblaciones. Todas las citas recogidas sobre especies acuáticas proceden de recolectas oportunistas realizadas en el marco de estudios briofíticos más amplios, revisiones taxonómicas o trabajos limnológicos.

El análisis de las publicaciones y citas previas ponen de manifiesto que el interés briológico de la provincia ha estado focalizado en los macizos montañosos silíceos de la sierra de Guadarrama, Somosierra y en el extremo suroccidental de Madrid, y de esas regiones procede la mayoría de los registros de especies ligadas al medio acuático (figura 11.1). También se han recogido datos en el área metropolitana de la capital y espacios naturales cercanos a la misma. Muy excepcionalmente, se han tomado datos de las regiones sur y sureste, en las que predominan los yesos y las calizas, a pesar de que en ellas abunden numerosas zonas húmedas permanentes, incluyendo muchas de origen artificial.

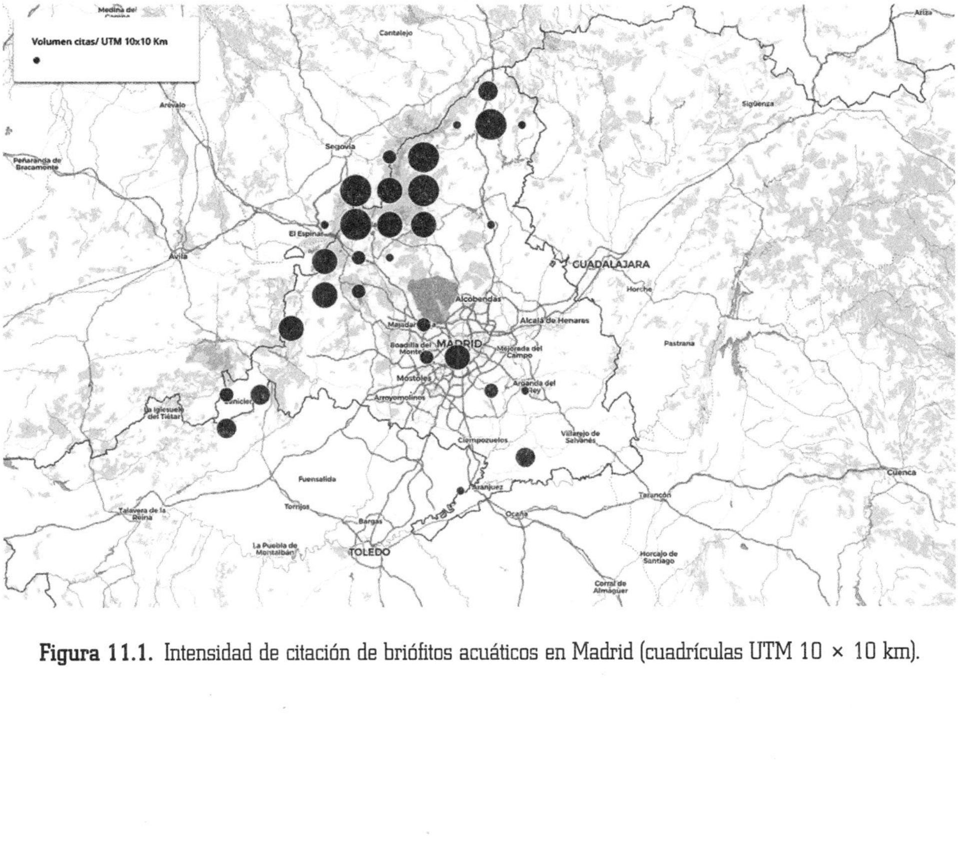

Figura 11.1. Intensidad de citación de briófitos acuáticos en Madrid (cuadrículas UTM 10 × 10 km).

CAPÍTULO XII

Pteridofitas y fanerógamas emergentes y sumergidas

SANTOS CIRUJANO BRACAMONTE

RESUMEN

La flora acuática vascular (Pteridofitas y Fanerógamas) de la Comunidad de Madrid está poco estudiada, por lo que carecemos de una monografía específica. En los últimos 250 años, se han citado 45 macrófitos acuáticos (hidrófitos) –de los cuales al menos 7 se han extinguido–, y 36 plantas emergentes (helófitos, 3 de ellas también extinguidas). Esto supone que en la Comunidad están o estaban representados aproximadamente el 38 % de los hidrófitos y casi la mitad de los helófitos existentes en España. La flora acuática vascular es mucho más diversa y está mejor representada al norte de la capital, donde abundan los humedales de pequeño tamaño sobre sustratos pobres en bases, que al sur. Es en este último territorio donde encontramos numerosas zonas húmedas permanentes que corresponden en su mayor parte a antiguas graveras y meandros asociados a los ríos que transitan sobre sustratos ricos en bases. La contaminación del agua, la eutrofización, y la fauna piscícola introducida e invasora tienen un claro efecto negativo sobre la riqueza de la flora acuática vascular madrileña, que es más acusado en estos humedales del sur. Quedan muchas zonas húmedas por estudiar, incluyendo turberas, lagunas de montaña y bordes de pantanos. La flora acuática madrileña está por hacer.

Palabras-clave: flora, distribución, afecciones sobre la flora.

SUMMARY: SUBMERGED AND EMERGENT HIGHER PLANTS

The vascular aquatic flora (Pteridophytes and Phanerogams) of Madrid County has scarcely been studied and we lack a specific monograph. After the compilation of studies carried out in the latter 250 years, 45 aquatic macrophytes (hydrophytes, at least 7 of which have been extinguished) and 36 emergent plants (helophytes, at least 3 are extinct) have been recorded. In the area, approximately 38 % of hydrophytes and almost half of the helophytes occurring in Spain are currently or have been represented. This type of flora is much more diverse and is better represented at the north of Madrid city, where small wetlands abound on poor ionic substrata, than in southern areas. Many permanent wetlands are found in the latter territory, which correspond mostly to gravel-pits and ox-bow lakes associated with rivers located on ionic-rich substrates. Water pollution, eutrophication and introduced fish faunas have a clear negative effect on the richness of Madrid aquatic flora, a fact which is more dramatic in southern stagnant environments. Many wetlands remain to be studied, including peat bogs, mountain ponds and reservoir edges. The aquatic flora of Madrid is still to be done.

INTRODUCCIÓN

Como ocurre en el caso de los carófitos madrileños, no disponemos ni de una flora vascular actualizada de la Comunidad de Madrid, ni de una flora acuática de dicho territorio. Hubo varios intentos de abordar una flora de Madrid en la década de 1970, pero la única disponible sigue siendo la de Vicente Cutanda (1861), aunque se hayan publicado varios catálogos desde 1982 (Ruiz de la Torre *et al.*, 1982; Morales, 2003; López Jiménez, 2007; Grijalbo Cervantes, 2017), y quede pendiente una última actualización en la que se están incorporando los datos recopilados en los últimos volúmenes de *Flora ibérica* (Castroviejo, 1986-2015).

Podemos considerar que la primera publicación de datos consistentes sobre la flora y la vegetación de los hábitats acuáticos de la Comunidad de Madrid es la que describe las formaciones vegetales del alto Manzanares (Rivas Goday y Monasterio, 1943). La siguiente corresponde a la memoria doctoral de Rivas-Martínez (1963), en la cual se incluye información sobre las comunidades inundadas temporalmente y las sumergidas de bordes de lagunas situadas en las sierras de Guadarrama y Gredos.

Posteriormente, habría que mencionar un artículo del mismo autor sobre la vegetación acuática dulceacuícola, que parece responder a un intento de describir los diferentes tipos de vegetación madrileña comenzando por la acuática, aunque quedara en eso, en un intento. No se trata de un trabajo extenso, pues apenas hay cuatro inventarios que incluyen tres especies de plantas flotantes y, curiosamente, la única cita conocida de *Wolffia arrhiza* para la Comunidad (en el Tajo a su paso por Aranjuez), una lenteja de agua muy pequeña que no se ha vuelto a encontrar (Rivas-Martínez, 1982).

Mucho más interesante es la publicación sobre la flora y la vegetación acuática y helofítica de la cuenca alta del río Guadarrama en la que se analizan y describen trececomunidades acuáticas, las cuales colonizan tanto ríos y arroyos como humedales de diferente entidad (Arnáiz y Molina Abril, 1985). Se trata de un trabajo monográfico sobre vegetación acuática con numerosas referencias de hidrófitos y helófitos que fueron ampliadas posteriormente (Molina Abril, 1986; Reguilón *et al.*, 1993).

Existen, no obstante, algunas publicaciones en las que pueden encontrarse citas de plantas y de comunidades acuáticas, pero en el marco de estudios más amplios de flora y vegetación de territorios madrileños, o en diferentes estudios limnológicos, taxonómicos, corológicos, etc. (Rivas Goday *et al.*, 1956; Rivas Goday, 1970; Sánchez-Mata, 1984; Sánchez-Mata *et al.,* 1988; Fernández-González, 1988; García Murillo, 1989; Cirujano *et al.,* 1992; Pizarro, 1995; Medina, 2003, etc.). Por otro lado, no son muy abundantes los trabajos que aportan información sobre las características ambientales de los ecosistemas colonizados por plantas acuáticas (Álvarez Ramis y Agulló, 1981; Gil Pinilla, 1991; Álvarez Cobelas *et al.,* 2000, 2005, 2017; Molina Holgado, 2002; Álvarez Cobelas y García Avilés, 2003; Granados *et al.,* 2006).

LA FLORA

A partir de la flora y de los catálogos mencionados inicialmente –procedentes de nuestro banco de datos de plantas acuáticas en el que hemos tratado de recoger las referencias existentes para el territorio– y de las correspondientes revisiones y precisiones, hemos compilado una lista de los macrófitos acuáticos (hidrófitos) y las plantas emergentes (helófitos) citadas de la Comunidad de Madrid, siguiendo los criterios de la *Flora acuática española, Hidrófitos vasculares* (Cirujano *et al.,* 2014, figuras 12.1-12.2). En las tablas 12.1-12.2, al final del capítulo, se ofrecen los nombres actualizados, sus autores y los sinónimos más frecuentes según la *Flora ibérica* (Castroviejo, 1986-2015), así como las plantas que deben ser excluidas de la flora acuática de Madrid.

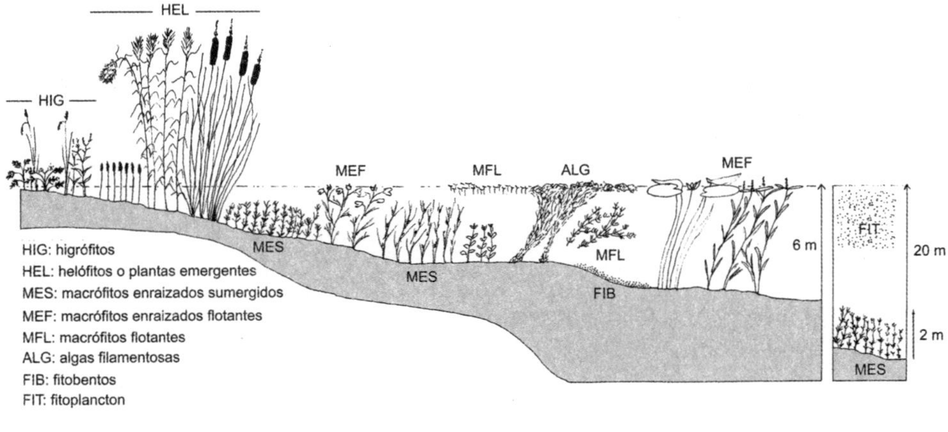

Figura 12.1. Esquema con los diferentes tipos de plantas en relación a su localización en el medio acuático (Cirujano *et al.,* 2014).

En los lugares húmedos o encharcados encontramos, además, otras plantas que tienen menor dependencia del medio acuático (higrófitos), y que constituyen un amplio grupo del que forman parte unos 55 géneros y 181 especies, los cuales no incluimos en este apartado dedicado a la flora acuática, pero que pueden consultarse en la mencionada *Flora acuática española.*

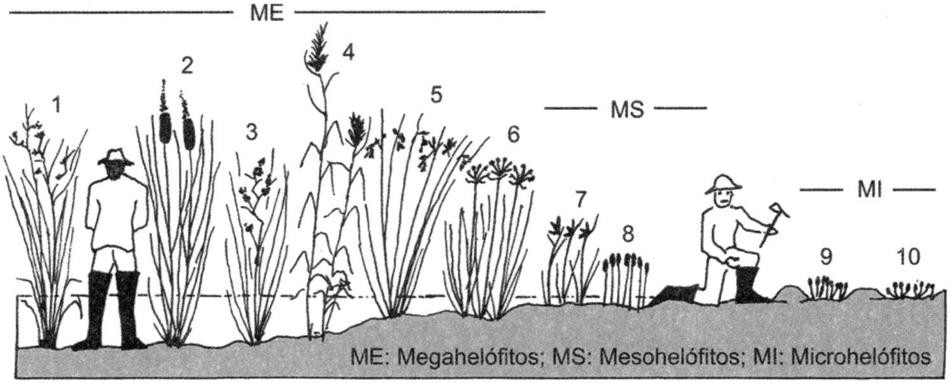

Figura 12.2. Diferentes tipos de plantas emergentes (helófitos).

Tabla 12.1. Macrófitos acuáticos (hidrófitos) y plantas emergentes (helófitos) citados para la Comunidad de Madrid. Entre paréntesis figuran las sinonimias con las que fueron citadas. † = planta presuntamente extinta. Véase Digital CSIC para las localidades.

HIDRÓFITOS
Pteridofitas
Azolla filiculoides Lamarck
Isoetes durieui Bory de Saint Vicent
Isoetes histrix Bory de Saint Vicent
Isoetes setaceum Lamarck
Isoetes velatum A. Braun
Fanerógamas
Apium inundatum (Linnaeus) H. G. L. Reichenbach fil.
†*Baldellia alpestris* (Cosson) M. Laínz
Callitriche brutia Petagna
Callitriche lusitanica Schotsman
Callitriche stagnalis Scopoli
Ceratophyllum demersum Linnaeus
†*Ceratophyllum submersum* Linnaeus
Egeria densa Planchon
Groenlandia densa (Linnaeus) Fourreau
Lemna gibba Linnaeus
Lemna minor Linnaeus

Tabla 12.1. *(continuación)*

HIDRÓFITOS
†*Lemna trisulca* Linnaeus
Limosella aquatica Linnaeus
Myriophyllum alterniflorum De Candolle
Myriophyllum spicatum Linnaeus
†*Myriophyllum verticillatum* Linnaeus
Najas marina Linnaeus
†*Nymphaea alba* Linnaeus
Polygonum amphibium Linnaeus
Potamogeton berchtoldii Fieber in Berchtold
Potamogeton crispus Linnaeus
Potamogeton nodosus Poiret
Potamogeton gramineus Linnaeus
Potamogeton natans Linnaeus
Potamogeton pectinatus Linnaeus
Potamogeton perfoliatus Linnaeus
Potamogeton polygonifolius Pourret
Potamogeton pusillus Linnaeus
Potamogeton trichoides Chamisso y Schechlentdal
Ranunculus hederaceus Linnaeus
†*Ranunculus omiophyllus* Tenore
Ranunculus peltatus Schrank
Ranunculus penicillatus (Dumortier) Babington
Ranunculus trichophyllus Chaix
Ruppia maritima Linnaeus
Utricularia australis R. Brown
Utricularia minor Linnaeus
†*Wolffia arrhiza* (Linnaeus) Horkel ex Wimmer
Zannichellia pedunculata Reichenbach
Zannichellia peltata Bertoloni
HELÓFITOS
Alisma lanceolatum Withering
Alisma plantago-aquatica Linnaeus

Tabla 12.1. *(continuación)*

HELÓFITOS
Baldellia repens subsp. *cavanillesii* (J. A. Molina, A. Galán, J. M. Pizarro y Sardinero) Talavera
Blysmus compressus (Linnaeus) Panzer ex Link
Bolboschoenus maritimus (Linnaeus) Palla
Bolboschoenus glaucus (Lamoreux) S. G. Smith
†*Butomus umbellatus* Linnaeus
Carex acutiformis Ehrhart
Carex hispida Willdenow ex Schkuhr
†*Carex pseudocyperus* Linnaeus
Carex riparia Curtis
Carex vesicaria Linnaeus
†*Cladium mariscus* (Linnaeus) Pohl
Damasonium polyspermum Cosson
Elatine alsinastrum Linnaeus
Eleocharis acicularis (Linnaeus) Roemer y Schultes
Eleocharis multicaulis (Smith) Desvaux
Eleocharis palustris (Linnaeus) Roemer y Schultes
Eleocharis quinqueflora (Hartmann) O. Schwarz
Eriophorum latifolium Hoppe
Glyceria declinata Brébisson
Glyceria fluitans (Linnaeus) R. Brown
Glyceria notata Chevall
Isolepis pseudosetacea (Daveau) Gandoger
Isolepis setacea (Linnaeus) R. Brown
Juncus heterophyllus Dufour
Oenanthe fistulosa Linnaeus
Phragmites australis (Cavanilles) Trinius ex Steudel
Schoenoplectus lacustris (Linnaeus) Palla
Schoenoplectus litoralis (Schrader) Palla
Schoenoplectus supinus (Linnaeus) Palla
Sparganium erectum Linnaeus
Typha domingensis Persoon
Typha latifolia Linnaeus
Veronica anagallis-aquatica Linnaeus
Veronica beccabunga Linnaeus

Tabla 12.2. Plantas citadas erróneamente para la Comunidad de Madrid.

HIDRÓFITOS
Pteridofitas
Marsilea quadrifolia Linnaeus
Fanerógamas/Phanerogams
Callitriche palustris Linnaeus
Callitriche platicarpa Kützing
Callitriche truncata Gussone
Elodea canadensis Michaux
Ranunculus aquatilis Linnaeus
Ranunculus ololeucos Lloyd
Ranunculus tripartitus De Candolle
Utricularia vulgaris Linnaeus
Zannichellia palustris Linnaeus
HELÓFITOS
Baldellia ranunculoides (Linnaeus) Parlatore
Damasonium alisma Miller
Eleocharis uniglumis (Link) Schultes
Glyceria spicata Gussone
Oenanthe aquatica (Linnaeus) Poiret
Typha angustifolia Linnaeus

Si comparamos el catálogo realizado para la flora acuática madrileña (excluyendo las plantas de las que se tiene constancia que están extinguidas) con el de la flora acuática española, puede afirmarse que se han citado aproximadamente el 38 % de los hidrófitos y algo más de la mitad de los helófitos existentes en España.

Como ocurría en el caso de los carófitos (véase el capítulo de *Algas*), la flora acuática vascular es mucho más diversa y está mejor representada al norte de la capital (donde abundan los humedales de pequeño tamaño sobre sustratos pobres en bases) que al sur, aunque es en este territorio y especialmente en el Parque Regional del Sureste donde encontramos numerosas zonas húmedas, extensas y permanentes, que corresponden en su mayor parte a antiguas graveras y meandros asociados a los ríos Tajuña, Henares y Jarama, los cuales transitan sobre sustratos ricos en bases. La ausencia de hidrófitos es un indicador de la pobre calidad ambiental de estos humedales, en los que solo encontramos densas formaciones helofíticas constituidas casi exclusivamente por carrizales de *Phragmites australis* y eneares de *Typha domingensis*, que crecen sin problemas en las aguas eutrofizadas.

La contaminación del agua (Powell *et al.,* 2017), la eutrofización (Egertson, 2004) y la fauna piscícola introducida e invasora (Laguna *et al.,* 2016) tienen un claro efecto negativo sobre la riqueza de la flora acuática vascular madrileña, que es más acusado en los humedales del sur. Quedan por explorar y estudiar numerosas zonas húmedas madrileñas y, sobre todo, recuperar algunos ambientes acuáticos que serían de gran interés desde el punto de vista de la diversidad vegetal, si se consiguiera mejorar la calidad del agua que los alimenta.

En cuanto a otros aspectos ecológicos, hay unos datos muy preliminares sobre producción vegetal de *Potamogeton* y *Ceratophyllum* en la tesis doctoral de Nieto (1970).

LAGUNAS EN EL CONOCIMIENTO

Si se repasan las referencias bibliográficas y sus correspondientes localidades, se observa que quedan muchas zonas húmedas madrileñas por estudiar, incluyendo las turberas de montaña y las colas y bordes de embalses. Los datos disponibles sobre la ecología de las plantas acuáticas y la caracterización de los diferentes tipos de hábitats son demasiado escasos como para que permitan obtener una visión global de la diversidad de este tipo de flora y los problemas relativos a su conservación. La flora acuática de la Comunidad de Madrid está por hacer. Además, sería necesario actualizar y revisar las plantas acuáticas incluidas en el *Catálogo Regional de especies amenazadas* (BOCM, 1992), donde se ha incluido una planta inexistente en el territorio *(Callitriche truncata)* y otra que es un xenófito invasor *(Azolla caroliniana).*

CAPÍTULO XIII

Ciliados, flagelados incoloros y rizópodos

PABLO QUINTELA ALONSO Y SUSANA SERRANO BARRERO

RESUMEN

Disponemos de extensos inventarios de las especies de protistas, principalmente ciliados, en la columna de agua, el perifiton y el sedimento de varios embalses, ríos y arroyos, en el sedimento de pilas graníticas, así como datos sobre la biomasa y producción de distintas comunidades de protistas en Madrid.

Los ciliados son el grupo de protistas que acumula un mayor número de citas bibliográficas de diferentes especies en la Comunidad de Madrid (*ca.* 400), superando notablemente el número de citas de especies de rizópodos (*ca.* 50) y de flagelados incoloros (*ca.* 20). Por otro lado, el número de estudios de biodiversidad y distribución geográfica de protistas es escaso, por lo que la mayor parte de ecosistemas acuáticos madrileños continua inexplorada. La identificación de protistas se ha basado tradicionalmente en la caracterización morfológica de las especies y los estudios que incorporan técnicas moleculares son aún escasos en los ecosistemas madrileños, a pesar de que la combinación de los enfoques morfológico, molecular y ecofisiológico se ha mostrado como una eficaz y potente herramienta para la descripción de especies, permitiendo distinguir especies crípticas dentro de una misma especie morfológica.

La laguna de Las Madres (Parque Regional del Sureste) es uno de los escasos ambientes madrileños en los que se han determinado la biomasa y la producción de alguno de los grupos de microorganismos objeto de este capítulo.

Palabras-clave: composición taxonómica, distribución geográfica, densidad, biomasa.

SUMMARY: PROTOZOANS

We now have extensive inventories of protozoan species, mostly ciliates, in the water column, periphyton and the sediment of several reservoirs, rivers and streams of Madrid County, in the sediment of rainfall-fed granite rock pools, as well as data on biomass and production of protist communities.

Ciliates are the most recorded group of protists in Madrid (ca. 400 species), notably exceeding the number of citations of rhizopods (ca. 50 species) and uncoloured flagellates (ca. 20 species). On the other hand, the number of studies on biodiversity and geographic distribution is scarce, and most aquatic ecosystems of Madrid remain unexplored. The identification of protists has traditionally been based on the morphological characterization of species, and the studies incorporating molecular techniques are still scarce for Madrid ecosystems, although the combination of morphological, molecular and ecophysiological approaches has been shown as an effective and powerful tool for species description, enabling to distinguish cryptic species within a given morphological species.

Las Madres lake, located in the Southeastern Regional Park, is one of the few environments in Madrid where protist biomass and production have been determined, in particular those of ciliated protozoa.

INTRODUCCIÓN

Las primeras menciones bibliográficas de los microorganismos en los ambientes de agua dulce de la Comunidad de Madrid, así como los primeros inventarios que incluyeron algunas especies de los grupos de microorganismos de este capítulo, datan de principios del siglo XX. El Estanque Grande del Buen Retiro fue objeto de algunos de los primeros trabajos realizados sobre la diversidad de microorganismos en muestras de agua superficial. Forti (1906) menciona en su inventario especies como el dinoflagelado *Glenodinium pusillum* y, posteriormente, Madrid Moreno (1911a) ampliaría dicho inventario con nuevas observaciones en muestras del fango incluyendo amebas *(Amoeba princeps, A. terricola, Arcella vulgaris, Difflugia oblonga* y *Pelomixa palustris),* flagelados incoloros *(Anisonema ludibundum, Diplomastix caudata, Oikomonas termo, Peranema trichoforum, Petalomonas irregularis)* y ciliados *(Coleps hirtus, Euplotes charon, Paramecium aurelia, P. caudatum, Stylonychia mytilus, Uroleptus piscis, Vorticella campanula, V. microstoma).* Anteriormente, Madrid Moreno (1907) había realizado observaciones sobre muestras de sedimentos de un depósito del Canal de Isabel II, y menciona cinco especies de Ciliados *(Coleps hirtus*[1], *Paramecium aurelia, P. caudatum, Stentor elegans, S. polymorphus)* y un rizópodo *(Quadrula symmetrica).* Este mismo autor realizó estudios en sedimentos del embalse de El Villar, y citó la ameba *Amoeba globularis* y las especies de ciliados *Stentor* sp. y *Vorticella microstoma* (Madrid Moreno, 1911b).

Hasta mediados del siglo XX, los trabajos y estudios divulgativos realizados en los ambientes de agua dulce madrileños se circunscriben a la sierra de Guadarrama. Cabe destacar la figura de Celso Arévalo (1920, 1931; véase el capítulo de Santos Casado), que alertó del interés de la «fauna invertebrada microscópica» de la laguna de Peñalara. No obstante, en sus trabajos no dejó constancia de ningún protista heterótrofo. Tampoco lo hicieron sus coetáneos Pedro González Guerrero, especialista en algas, ni los ingenieros de montes Luis Vélaz de Medrano y Jesús Ugarte (1933) en su memoria sobre el río Manzanares, en la que registraron varias especies vegetales y animales del plancton. Sin embargo, las observaciones de Luis Pardo García

---

[1] Organismo erróneamente incluido en la lista de crustáceos junto con *C. cuadricornis,* especie inexistente del género *Coleps* que probablemente se introdujo, por error, para referirse al crustáceo *Cyclops quadricornis.*

(1935a, 1935b, 1935c), discípulo de Celso Arévalo, sí hacen mención a los ciliados *Colpoda* sp., *Paramecium* sp., *Vorticella microstoma* y *Vorticella* sp.en dicho plancton.

Ramón Margalef (1949) recogió en Peñalara muestras de agua de lagunas, arroyos y turberas junto con el citólogo y botánico Emilio Fernández Galiano, y publicó ese mismo año una extensa lista de los organismos microscópicos que menciona varias especies de amebas y a un ciliado sin identificar (tabla 13.1 y Anexo en el Repositorio digital del CSIC).

Tabla 13.1. Especies de ciliados, flagelados incoloros y rizópodos citadas en la provincia de Madrid. Véase Digital CSIC para la situación de las localidades.

CILIADOS
Acineria uncinata Tucolesco
Acineta tuberosa Ehrenberg
Acropisthium mutabile Perty
Allotricha mollis Sterki
Amphileptus pleurosigma (Stokes) Foissner
Antameron antarcticum (Thompson) Jankowski
Anteholosticha australis (Blatterer y Foissner) Berger
Anteholosticha gracilis (Kahl) Berger
Anteholosticha intermedia (Bergh) Berger
Anteholosticha monilata (Kahl) Berger
Anteholosticha sigmoidea (Foissner) Berger
Apoamphisiella hymenophora (Stokes) Berger
Apodileptus visscheri visscheri (Dragesco) Vďačný y Foissner
Apsiktrata gracilis (Penard) Foissner, Berger y Kohmann
Aspidisca cicada (Müller) Claparède y Lachmann
Aspidisca costata Ehrenberg
Aspidisca jugensis Fernández-Leborans y Castro de Zaldumbide
Aspidisca lynceus (Müller) Ehrenberg
Aspidisca turrita (Ehrenberg) Claparede and Lachmann
Astylozoon pyriforme Schewiakoff
Atopodinium fibulatum Kahl
Balanonema sapropelica Foissner
Birojimia muscorum (Kahl) Berger y Foissner

Tabla 13.1. *(continuación)*

CILIADOS
Blepharisma hyalinum Perty
Blepharisma japonicum Suzuki
Blepharisma lateritium (Ehrenberg) Stein
Blepharisma undulans Stein
Brachonella spiralis (Smith) Jankowski
Bresslaua vorax Kahl
Bryometopus atypucus Foissner
Bryometopus hawaiiensis Foissner
Bryometopus pseudochilodon Kahl
Bryometopus sphagni (Penard) Kahl
Bryophyllum tegularum Kahl
Bursaria truncatella Müller
Bursaridium pseudobursaria (Fauré-Fremiet) Kahl
Caenomorpha medusula Perty
Caenomorpha sapropelica Kahl
Caenomorpha uniserialis Levander
Carchesium polypinum (Linnaeus) Ehrenberg
Caudiholosticha sylvatica (Foissner) Berger
Chilodonella cucullus (Müller) Ehrenberg
Chilodonella uncinata (Ehrenberg) Strand
Chilodontopsis depressa (Perty) Blochmann
Chilodontopsis vorax (Stokes) Kahl
Chlamydonella alpestris Foissner
Cinetochilum margaritaceum (Ehrenberg) Perty
Cinetozona pyriformis Olmo, Téllez y Esteban
Cirranter mobilis (Penard) Jankowski
Climacostomum virens Ehrenberg
Coleps arenicolus Dragesco
Coleps hirtus (Müller) Nitzsch
Coleps nolandi Kahl

Tabla 13.1. *(continuación)*

CILIADOS
Colpidium colpoda (Losana) Ganner y Foissner
Colpoda aspera Kahl
Colpoda cucullus (Müller) Gmelin
Colpoda inflata (Stokes) Kahl
Colpoda magna (Gruber) Lynn
Colpoda maupasi Enriques
Colpoda minima (Alekperov) Foissner
Colpoda orientalis Foissner
Colpoda steinii Maupas
Cristigera pleuronemoides Roux
Ctedoctema acanthocryptum Stokes
Cyclidium citrullus Cohn
Cyclidium flagellatum Kahl
Cyclidium glaucoma Müller
Cyclidium plouneouri Dragesco
Cyrtohymena candens (Kahl) Foissner
Cyrtolophosis elongata (Schewiakoff) Kahl
Cyrtolophosis minor Vuxanovici
Cyrtolophosis mucicola Stokes
Deltophylum rhabdoides Fauré-Fremiet y Mugard
Dexiostoma campylum Ganner y Foissner
Dexiotricha colpidiopsis (Kahl) Peck
Dexiotricha granulosa (Kent) Foissner, Berger y Kohmann
Dexiotricha media Peck
Dexiotrichides centralis (Stokes) Kahl
Dexyotricha colpidiopsis (Kahl) Peck
Didinium nasutum (Müller) Stein
Dileptus margaritifer (Ehrenberg) Dujardin
Discophrya collini Root
Disematostoma buetschlii Lauterborn

Tabla 13.1. *(continuación)*

CILIADOS
Disematostoma sp.
Drepanomonas revoluta Penard
Drepanomonas sphagni Kahl
Enchelyodon elegans Kahl
Enchelyodon vermiformis Dragesco
Epalxella antiquorum (Penard) Corliss
Epalxella striata (Kahl) Corliss
Epenardia myriophylli (Penard) Corliss
Epispathidium regium Foissner
Epispathidium terricola Foissner
Epistylis astaci Nenninger
Epistylis plicatilis Ehrenberg
Epistylis rotans Svec
Epistylis variabilis Stiller
Euplotes aediculatus Pierson
Euplotes affinis Dujardin
Euplotes charon (Müller) Ehrenberg
Euplotes daidaleos Diller y Kounaris
Euplotes elegans Kahl
Euplotes eurystomus (Wrzesniowski) Kahl
Euplotes novemcarinatus Wang
Euplotes patella Ehrenberg
Frontonia acuminata Ehrenberg
Frontonia depressa (Stokes) Kahl
Frontonia elliptica Beardsley
Frontonia leucas (Ehrenberg) Ehrenberg
Furgasonia rubens (Perty) Jankowski
Furgasonia trichocystis (Stokes) Jankowski
Gastronauta membranaceus Engelmann en Bütschli
Gastrostyla mystacea (Stein) Sterki

Tabla 13.1. *(continuación)*

CILIADOS
Gastrostyla steinii Engelmann
Glaucoma chattoni Corliss
Glaucoma scintillans Ehrenberg
Gloeococcus schroeteri (Chodat) Lemmermann
Gonostomum affine (Stein) Sterki
Gonostomum strenuum (Engelmann) Sterki
Grossglockneria acuta Foissner
Halteria grandinella (Müller) Dujardin
Hemiamphisiella wilberti (Foissner) Foissner
Hemisincirra gellerti (Foissner) Foissner en Berger
Heterometopus palaeformis (Kahl) Foissner
Histiobalantium majus Kahl
Histiobalantium natans Claparède y Lachmann
Holophrya matritensis Fernández Leborans y Martín González
Homalogastra setosa Kahl
Homalozoon vermiculare (Stokes) Stokes
Hypotrichidium conicum Ilowaisky
Kariphilus muscorum (Kahl) Jankowski
Kreyella minuta Foissner
Lacrymaria olor (Müller) Bory
Lagynus elegans (Engelmann) Quennerstedt
Lagynus verrucosa Foissner
Lembadion bullinum (Müller) Perty
Lembadion lucens (Maskell) Kahl
Lembadion magnum (Stokes) Kahl
Leptopharynx costatus Mermod
Litonotus crystallinus (Vuxanovici) Foissner, Berger, Blatterer y Kohmann
Litonotus cygnus (Müller) Foissner, Berger, Blatterer y Kohmann
Litonotus lamella (Müller) Schewiakoff
Loxodes magnus Stokes

Tabla 13.1. *(continuación)*

CILIADOS
Loxodes striatus (Englemann) Penard
Loxophyllum meleagris (Müller) Dujardin
Mesodinium pulex Claparede y Lachmann
Metabakuella bimarginata Franco, Esteban y Téllez
Metopus es (*Müller*) Lauterborn
Metopus hasei Sondheim
Metopus spinosus Kahl
Metopus striatus McMurrich
Microdiaphanosoma arcuatum (Grandori y Grandori) Wenzel
Microthorax pusillus Engelmann
Microthorax transversus Foissner
Monilicaryon monilatum (Stokes) Jankowski
Mylestoma anatinum (Penard) Kahl
Nassula tumida Maskell
Nassulides pictus (Greeff) Foissner, Agatha y Berger
Nassulopsis elegans (Ehrenberg) Foissner, Berger y Kohmann
Nivaliella plana Foissner
Ophryoglena flava Ehrenberg
Opisthonecta henneguyi Fauré-Fremiet
Oxytricha balladyna Song and Wilbert
Oxytricha curta Dumas
Oxytricha granulifera Foissner y Adam
Oxytricha hymenostoma Stokes
Oxytricha longa Gelei y Szabados
Oxytricha parallela Engelmann
Oxytricha saprobia Kahl
Oxytricha setigera Stokes
Oxytricha similis Engelmann
Paramecium aurelia Ehrenberg
Paramecium bursaria (Ehrenberg) Focke

Tabla 13.1. *(continuación)*

CILIADOS
Paramecium calkinsi Woodruff
Paramecium caudatum Ehrenberg
Paramecium putrinum Claparède y Lachmann
Paraurostyla weissei (Stein) Borror
Pelagohalteria cirrifera (Kahl) Foissner, Skogstad y Pratt
Perispira ovum Stein
Phacodinium metchnikoffi (Certes) Kahl
Phascolodon vorticella Stein
Philasterides armatus (Kahl) Kahl
Placus luciae (Kahl) Kahl
Placus striatus Cohn
Plagiocampa rouxi Kahl
Plagiopyla nasuta Stein
Platynematum sociale (Penard) Foissner, Berger y Kohmann
Platyophrya binucleata Foissner
Platyophrya macrostoma Foissner
Platyophrya vorax Kahl
Pleuronema coronatum Kent
Pleuronema simplex Dragesco
Pleurotricha lanceolata (Ehrenberg) Stein
Prorodon discolor Ehrenberg
Prorodon hispanicus Fernández-Leborans and Martín-González
Prorodon lemani (Dragesco) Dragesco
Prorodon magnus Dragesco
Prorodon ovum (Ehrenberg) Kahl
Prorodon teres Ehrenberg
Prorodon viridis (Ehrenberg) Kahl
Protospathidium muscicola Dragesco y Dragesco-Kernéis
Pseudochilodonopsis algivora (Kahl) Foissner
Pseudochlamys arcelloides Penard

Tabla 13.1. *(continuación)*

CILIADOS
Pseudocohnilembus pusillus (Quennerstedt) Foissner y Wilbert
Pseudocyrtolophosis alpestris Foissner
Pseudokeronopsis rubra (Ehrenberg) Borror y Wicklow
Pseudokeronopsis similis (Stokes) Borror y Wicklow
Pseudomicrothorax dubius (Maupas) Penard
Pseudomonilicaryon anguillula (Kahl) Vďačný y Foissner
Pseudomonilicaryon anser (Müller,) Vďačný y Foissner
Pseudoplatyophrya nana (Kahl) Foissner
Pseudouroleptus caudatus Hemberger
Rimostrombidium caudatum (Kahl) Agatha y Riedel-Lorjé
Rubrixytricha ferruginea (Stein) Berger
Saprodinium dentatum Lauterborn
Saprodinium putrinum Lackey
Sathrophilus ovatus Kahl
Spathidium muscicola Kahl
Spirostomum ambiguum (Müller)Ehrenberg
Spirostomum caudatum (Müller) Delphy
Spirostomum minus Roux
Spirostomum teres Claparède y Lachmann
Steinia platystoma (Ehrenberg) Diesing
Stentor coeruleus Ehrenberg
Stentor elegans Fromentel
Stentor igneus Ehrenberg
Stentor muelleri (Ehrenberg) Oken
Stentor niger (Müller) Ehrenberg
Stentor polymorphus (Müller) Ehrenberg
Stentor roeseli Jirovec
Sterkiella histriomuscorum (Foissner, Blatterer, Berger y Kohmann) Foissner, Blatterer, Berger y Kohmann
Stichotricha aculeata Wrześniowski

Tabla 13.1. *(continuación)*

CILIADOS
Strobilidium gyrans (Stokes) Kahl
Strombidium viride (Stein) Krainer
Stylonychia mytilus (Müller) Ehrenberg
Stylonychia pustulata (Müller) Ehrenberg
Stylonychia putrina Stokes
Stylonychia vorax Stokes
Tachysoma pellionellum (Müller) Borror
Tetrahymena pyriformis (Ehrenberg) Lwoff
Tetrahymena rostrata (Kahl) Corliss
Thigmogaster oppositevacuolatus Augustin y Foissner
Thigmogaster pardus Deroux
Thigmogaster sp.
Thuricola kellicottiana (Stokes) Kahl
Tintinnidium fluviatile (Stein) Kent
Tokophrya infusionum (Stein) Bütschli
Trachelius ovum (Ehrenberg) Ehrenberg
Trachelophyllum apiculatum (Perty) Claparède y Lachmann
Trimyema compressum Lackey
Trithigmostoma cucullulus (Müller) Jankowski
Trithigmostoma srameki Foissner
Trithigmostoma steini (Blochmann) Foissner
Trochilia minuta (Roux) Kahl
Tropidoatractus acuminatus Levander
Urocentrum turbo (Müller) Nitzsch
Uroleptus caudatus (Stokes) Bardele
Uroleptus lacteus (Kahl) Borror
Uroleptus lepisma (Wenzel) Foissner
Uroleptus piscis (Müller) Ehrenberg
Uronema nigricans (Müller) Florentin

Tabla 13.1. *(continuación)*

CILIADOS
Urosoma caudata (Ehrenberg) Berger
Urostyla grandis Ehrenberg
Urotricha agilis (Stokes) Kahl
Urotricha armata Kahl
Urotricha castalia Muñoz, Téllez y Fernández-Galiano
Urotricha farcta Claparède y Lachmann
Urotricha globosa Schewiakoff
Urotricha nais Muñoz, Téllez y Fernández-Galiano
Urotricha ondina Muñoz, Téllez y Fernández-Galiano
Urotricha ovata Kahl
Urotricha vitrea Martín-González, Serrano y Fernández-Galiano
Urozona buetschlii Schewiakoff
Vorticella aquadulcis Stokes
Vorticella campanula Ehrenberg
Vorticella convallaria (Linnaeus) Linnaeus
Vorticella gracilis Dujardin
Vorticella infusionum Dujardin
Vorticella microstoma Ehrenberg
Vorticella striata Dujardin
Woodruffia rostrata Kah
Woodruffides terricola Foissner
Zoothamnium arbuscula (Ehrenberg) Ehrenberg
Zosterodasys agamalievi Deroux
FLAGELADOS INCOLOROS
Anisonema ludibundum Kent
Astasia klebsii Lemmermann
Bodo saltans Ehrenberg
Diplomastix caudata (Dujardin) Kent
Distigma proteus Ehrenberg
Glenodinium pusillum Penard

Tabla 13.1. *(continuación)*

FLAGELADOS INCOLOROS
Goniomonas sp.
Notoselenus apocamptus Stokes
Oikomonas termo (Müller) Kent
Peranema trichophorum (Ehrenberg) Stein
Petalomonas irregularis Skuja
Petalomonas tricarinata Skuja
Proterospongia choanojuncta Leadbeater
Rhabdomonas costata (Korshikov) Pringsheim
Sphaeroeca volvox Lauterborn
Sphenomonas laevis Skuja
RIZÓPODOS
Acanthocystis longiseta Penard
Actinophrys sol Ehrenberg
Actinosphaerium arachnoideum Penard
Amoeba globularis (posible *Difflugia globularis* Wallich)
Amoeba nitida Penard
Amoeba princeps Auerbach
Amoeba proteus (Pallas) Leidy
Amoeba terricola (Ehrenberg) Penard
Arcella arenaria Greeff
Arcella conica (Playfair) Deflandre
Arcella discoides Ehrenberg
Arcella gibbosa Penard
Arcella hemisphaerica Perty
Arcella vulgaris Ehrenberg
Astramoeba radiosa (Ehrenberg) Vejdovsky
Centropyxis aculeata (Ehrenberg) Stein
Centropyxis ecornis (Ehrenberg) Leidy
Chaos illinoisense Kudo
Cyphoderia ampulla (Ehrenberg) Leidy

Tabla 13.1. *(continuación)*

RIZÓPODOS
Difflugia acuminata Ehrenberg
Difflugia bacillifera Penard
Difflugia oblonga Ehrenberg
Difflugia pyriformis Perty
Difflugia varians Penard
Difflugia viscidula Penard
Echinosphaerium nucleofilum (Barrett) Hovasse
Euglypha alveolata Dujardin
Euglypha brachiata Leidy
Euglypha ciliata (Ehrenberg) Leidy
Euglypha crenulata Wailes
Euglypha cristata Leidy
Euglypha denticulata Brown
Euglypha laevis Perty
Lesquereusia spiralis Ehrenberg
Metachaos discoides Schaeffer
Nebela collaris (Ehrenberg) Leidy
Nebela galeata Penard
Nebela tubulosa Penard
Pelomixa palustris Greeff
Polychaos dubium (Schaeffer) Schaeffer
Quadrulella symmetrica (Wallich) Kosakyan et al.
Trichamoeba myakka Bovee
Trinema enchelys (Ehrenberg) Leidy
Trinema lineare Penard
Trinema penardi Thomas y Chardez

En la década de los ochenta es cuando la realización de trabajos hidrobiológicos y ecológicos sobre los ecosistemas de aguas dulce de la Comunidad de Madrid se efectúa de forma más continuada (Álvarez-Cobelas y García-Avilés, 2003). Margalef fue uno de los investigadores que participaron en el primer estudio extensivo de embalses españoles (1976). En ese trabajo se recogen datos sobre cuatro embalses de la Comunidad de Madrid: Atazar, Santillana, San Juan y El Vellón, aunque en sus inventarios (tabla 13.1 y Repositorio CSIC) apenas se mencionen especies de ciliados, flagelados incoloros o rizópodos (Margalef *et al.,* 1976). Entre los años 1980 y 1990 destaca la figura Dimas Fernández-Galiano,catedrático de Bacteriología y Protozoología de la Universidad Complutense de Madrid y fundador del Departamento de Microbiología de la Facultad de Ciencias Biológicas, quien consolidó uno de los grupos de investigación en Protozoología más activos dentro de la Comunidad de Madrid, particularmente en lo que respecta a aspectos morfogenéticos, taxonómicos, ecológicos y aplicados en ciliados, cuya línea de investigación se ha mantenido hasta la actualidad. La mayoría de los estudios realizados por ese grupo durante esos años utilizaron su método de impregnación argéntica del carbonato de plata amoniacal para los ciliados (Fernández-Galiano, 1966), cuyo desarrollo se basó en la tinción argéntica de Río-Hortega.

Destacamos los inventarios de especies de ciliados aportados por Ana Isabel Sola Bueno (1987), Mercedes Castro de Zaldumbide (1993), Carmen Franco Minguell (1998) y José Luis Olmo Rísquez (1998) (véase la tabla 13.1 y el archivo de localidades en https://digital.csic.es/).

En general, la distribución de los ciliados es cosmopolita, lo que implica que sus especies tienen amplios márgenes de tolerancia para diversos factores abióticos, si bien podría haber endemismos en ecosistemas acuáticos con características especiales. El hecho de que Franco (1998) y Olmo (1998) encontraran dos nuevas especies de ciliados (*Metabakuella bimarginata* y *Cinetozona pyriformis*) indica que aún es posible hallar nuevas especies en hábitats que ya habían sido estudiados, y sugiere que las posibles especies nuevas que queden por descubrir en estos ambientes –posiblemente taxones con una densidad baja o de pequeño tamaño– en ciertos casos podrían resultar endémicas. El desarrollo de nuevas técnicas de detección para la identificación de especies probablemente permita describir aún más especies nuevas en estos ambientes dulceacuícolas.

Por último, desde 2014 el proyecto MICROEPICS, dirigido por Mercedes Martín Cereceda en el Departamento de Genética, Fisiología y Microbiología de la Facultad de Ciencias Biológicas de la Universidad Complutense de Madrid, tiene como principal objetivo generar un inventario de especies de protistas bioindicadoras de la calidad ambiental y biorremediadoras de contaminantes microbianos en hábitats acuáticos y terrestres del Parque Nacional Sierra de Guadarrama. Los resultados del estudio permitirán, además, determinar patrones de biogeografía y geomorfología para las especies de protistas y establecer planes de conservación y protección de la diversidad microbiana. Son de interés para el presente capítulo los siguientes estudios de MICROEPICS: el de La Pedriza sobre las comunidades de ciliados presentes en el sedimento y agua intersticial de varios puntos del rio Manzanares sometidos a diferentes influencias humanas (Quintela-Alonso *et al.,* 2015a; 2017); el de la posible presencia en el agua del río Manzanares de protistas patógenos, incluyendo coccidios *(Eimeria* y *Cryptosporidium),* amebas (*Entamoeba* spp.) y flagelados (*Giardia* sp.), por efecto de la contaminación por heces de fauna de la zona, principalmente cabras montesas (*Capra pyrenaica* Schinz; Quintela-Alonso *et al.*, 2015b, 2017); y el de las comunidades de microorganismos, particularmente protozoos ciliados y amebas testáceas en el sedimento de pilas graníticas (Pérez-Uz *et al.*, 2015; Pérez-Uz *et al.*, 2020). En la tabla 13.1 y en https://digital.csic.es/ se incluyen las especies identificadas en estos trabajos. Quintela-Alonso *et al.* (2017) identificaron 74 morfoespecies de ciliados, cifra situada dentro del rango descrito en la bibliografía (Andrushchyshyn *et al.*, 2007; Dias *et al.*, 2008). Los grupos taxonómicos con mayor presencia y abundancia fueron los escuticociliados (Scuticociliatia) y los esticotricos (Stichotrichia). Las especies más abundantes fueron *Balladyna* sp., *Cinetochilum margaritaceum, Ophryoglena* sp., *Tachysoma pellionellum* y *Trochilia minuta.* Respecto a los grupos funcionales de ciliados más representados en las muestras, fueron los fitobacterívoros y los bacterívoros, seguidos de omnívoros y carnívoros.

Respecto a las pilas graníticas de La Pedriza, se trata de ambientes sometidos a variaciones extremas de diversos parámetros físicos y químicos (particularmente temperatura y humedad), en los que se desarrollan comunidades temporales de microorganismos dependientes de la presencia de agua procedente de la lluvia o el deshielo que apenas se han estudiado. Estos protistas (ciliados, flagelados y amebas), son capaces de adaptarse a la supervivencia en dichas condiciones extremas gracias a la formación de quistes y formas de resistencia. En los estudios realizados dentro del proyecto MICROEPICS (Pérez-Uz *et al.*, 2015; Equipo Proyecto MICROEPICS, 2016; Pérez-Uz *et al.*, 2020) se determinó la sucesión ecológica de las especies de ciliados en los sedimentos recogidos en cada pila, con el fin de revelar la posible biodiversidad críptica (biodiversidad escondida) de especies con escasa abundancia o de crecimiento o desarrollo más lento. Se identificaron un total de 54 morfoespecies (especies morfológicas) de ciliados y 22 de amebas testáceas en el sedimento de tres pilas graníticas (tabla 13.1 y Digital CSIC).

En ambientes lacustres meromícticos como la laguna de Las Madres (Arganda del Rey), se recogieron muestras en febrero y junio de 2016, tanto en superficie como a distintas profundidades (hasta los 13 m), y se registraron varios microorganismos incluyendo ciliados, flagelados incoloros y rizópodos (Álvarez Cobelas, datos inéditos; veánse la tabla 13.1 y Digital CSIC). En las muestras de febrero destacó la ausencia de estos tres grupos de microorganismos en las observaciones directas de las muestras *in vivo*, aunque sí se encontraran formas quísticas en la columna de agua. Esto justificaría la aparición de algunos de estos microorganismos en las muestras enriquecidas con nutrientes que estimulan el crecimiento bacteriano y el desenquistamiento y desarrollo en primera instancia de protistas bacterívoros. Así, en febrero aparecieron diversos flagelados bacterívoros como *Bodo* o *Goniomonas,* amebas desnudas y heliozoos alguívoros y ciliados bacterívoros como *Vorticella* o *Cyclidium* u omnívoros como *Euplotes.* En las muestras de junio aumentó la densidad de protistas heterótrofos que, si bien con densidades medias, se observaron en el recuento inicial: flagelados incoloros como *Chilomonas, Goniomonas* o *Notosolenus* y ciliados como *Mesodinium* y, posteriormente en cultivos enriquecidos, *Coleps* y *Stentor,* ambos omnívoros.

Como se ha señalado anteriormente, son más escasas las referencias sobre estudios que hayan prestado atención a la biodiversidad de flagelados incoloros o rizópodos en ambientes madrileños de agua dulce. Encontramos un artículo relativamente reciente de Magnet *et al.* (2012) que menciona la presencia de especies del género *Acanthamoeba* en muestras clínicas y en muestras aisladas en varios puntos de la Comunidad de Madrid relacionados con la potabilización y tratamiento de agua y en las zonas de influencia de estos. Estas zonas de influencia corresponden a ambientes fluviales y embalses, de modo que aunque el objetivo del trabajo era la caracterización molecular de especies de *Acanthamoeba,* los datos facilitados sirven para confirmar la presencia de estos Rizópodos en dichos ambientes (tabla 13.1 y Digital CSIC).

COMPOSICIÓN DE LA FAUNA, BIOMASA Y PRODUCCIÓN

El grupo de protistas que acumula un mayor número de especies de organismos detectados en la Comunidad de Madrid son los ciliados, de los que se han citado en torno a cuatrocientas especies, cifra que supera notablemente el número de citas de especies de rizópodos(aproximadamente cincuenta taxones) y de flagelados incoloros (aproximadamente veinte especies). El número exacto de cada uno de estos grupos resulta imposible de concretar, dado que algunas de las identificaciones encontradas en la literatura solo alcanzaron el nivel taxonómico de género.

Son escasos los ambientes de agua dulce madrileños en los que se han determinado la biomasa y la producción de protistas. Castro de Zaldumbide (1993) determinó la abundancia y biomasa de protistas ciliados y no ciliados en los embalses de Navacerrada y de La Jarosa, y en los ríos Navacerrada y Guadarrama durante 1988.

Cabe señalar que, en el caso de grupos diferentes a los ciliados, los datos proporcionados incluyen de forma conjunta a rizópodos, flagelados incoloros y otros grupos de protistas. Respecto a la abundancia y biomasa de ciliados en el embalse de Navacerrada, oscilaron respectivamente dentro de los rangos 78 (agosto)-348 (septiembre) ind/mL y 0,03 (noviembre)-4,85 (julio) g/m^3, mientras que en el caso de los no ciliados estos valores fueron respectivamente 68 (julio y diciembre)-491 (noviembre) ind/mL y 0,0001 (mayo)-33,9 (noviembre) g/m^3. En el río Navacerrada, la abundancia de ciliados osciló entre 32 (septiembre)-317 (agosto) ind/mL y la biomasa 0,002 (octubre)-2,67 (enero) g/m^3. Respecto a los no ciliados, en el río Navacerrada se determinaron valores en el rango 16 (abril)-202 (julio) ind/mL, mientras que la biomasa osciló entre 0,0001 (enero)-82,08 (marzo) g/m^3. En el embalse de La Jarosa, la abundancia y biomasa de ciliados variaron, respectivamente, entre 115 (diciembre)-416 (febrero) ind/mL y 0,074 (junio)-9,94 (marzo) g/m^3, mientras que en el caso de los no ciliados estos valores fueron 42-781 ind/mL y 0,006 (mayo)-303,13 g/m^3. En el río Guadarrama, los ciliados alcanzaron abundancias entre 105 (enero)-443 (diciembre) ind/mL y, en cuanto a la biomasa, el rango se estableció entre 0,016 (agosto)-2,30 (febrero) g/m^3, mientras que las cifras de los no ciliados oscilaron entre 70 (junio)-1093 (octubre) ind/mL y 0,002-19,0 g/m^3. Como indica Castro de Zaldumbide (1993), los valores de abundancia y biomasa de ciliados obtenidos en los ambientes estudiados en su tesis doctoral son, en términos generales, comparables a los descritos en la bibliografía, aunque alejados de los valores descritos en ambientes más productivos como la laguna de Priest Pot en el Distrito de los Lagos (Reino Unido), de la cual Finlay *et al.* (1988) refirieron valores de 5.610 ind/mL y 13,08 g/m^3 para los ciliados y de 1.325 ind/mL y 77,02 g/m^3 para los no ciliados.

El citado estudio de Castro de Zaldumbide también incluye información sobre la abundancia y biomasa máximas de algunas especies de ciliados y rizópodos en los embalses de Navacerrada y de La Jarosa, y en los ríos Navacerrada y Guadarrama (tabla 13.2). Las distintas especies de protozoos fueron clasificadas en grupos funcionales, es decir atendiendo a sus hábitos de alimentación (autótrofos fotosintéticos, bacterívoros-detritívoros, saprótrofos, alguívoros, omnívoros no-selectivos y predadores); las proporciones relativas de dichos grupos, expresadas en abundancia de individuos y de especies, indican que la estructura trófica de las comunidades es semejante en los distintos ambientes estudiados y está dominada por los bacterívoros-detrítivoros y los fotosintéticos.

Tabla 13.2. Abundancia y biomasa máximas de algunas especies de ciliados y rizópodos en los embalses de Navacerrada y de La Jarosa, y en los ríos Navacerrada y Guadarrama durante 1988.

Especie	Tipo de organismo	Localidad	Municipio	Abundancia (ind/mL)	Biomasa (mg/m^3)	Mes
Paramecium bursaria	Ciliado	Embalse de Navacerrada	Navacerrada	50	28,2	Mayo; septiembre
Aspidisca cicada	Ciliado	Embalse de Navacerrada	Navacerrada	28	2,2	Septiembre
Halteria cirrifera	Ciliado	Embalse de Navacerrada	Navacerrada	32	4,8	Febrero
Epispathidium terricola	Ciliado	Embalse de Navacerrada	Navacerrada	12	9,7	Noviembre
Colpidium colpoda	Ciliado	Embalse de Navacerrada	Navacerrada	62	23,9	Marzo
Oxytricha similis	Ciliado	Embalse de Navacerrada	Navacerrada	45	16,3	Octubre
Dileptus monilatus	Ciliado	Embalse de Navacerrada	Navacerrada	32	3.120	Abril
Stentor roeseli	Ciliado	Embalse de Navacerrada	Navacerrada	25	3.037	Octubre
Stentor coeruleus	Ciliado	Embalse de Navacerrada	Navacerrada	12	4.320	Julio

Tabla 13.2. *(continuación)*

Especie	Tipo de organismo	Localidad	Municipio	Abundancia (ind/mL)	Biomasa (mg/m^3)	Mes
Strongylidium wilberti	Ciliado	Embalse de Navacerrada	Navacerrada	22	39,1	Septiembre
Dileptus anser	Ciliado	Embalse de Navacerrada	Navacerrada	12	89	Octubre
Epispathidium terricola	Ciliado	Río Navacerrada	Navacerrada	10	8,1	Enero
Vorticella gracilis	Ciliado	Río Navacerrada	Navacerrada	84	101	Mayo
Histriculus muscorum	Ciliado	Río Navacerrada	Navacerrada	32	45,2	Julio
Paramecium caudatum	Ciliado	Río Navacerrada	Navacerrada	45	74	Abril
Vorticella convallaria	Ciliado	Río Navacerrada	Navacerrada	16	76	Junio
Colpoda maupasi	Ciliado	Rio Navacerrada	Navacerrada	46	50	Agosto
Colpidium campylum	Ciliado	Río Navacerrada	Navacerrada	62	14,8	Agosto
Gastrostyla steinii	Ciliado	Río Navacerrada	Navacerrada	38	50	Agosto
Lembadion lucens	Ciliado	Río Navacerrada	Navacerrada	14	12,7	Enero
Lembadion magnum	Ciliado	Río Navacerrada	Navacerrada	15	234	Febrero
Amoeba proteus	Rizópodo	Embalse de La Jarosa	Guadarrama	15	46,8	Enero
Zosterodasys agamalievi	Ciliado	Embalse de La Jarosa	Guadarrama	22	20,7	Abril
Bursaria truncatella	Ciliado	Embalse de La Jarosa	Guadarrama	6	2.074	Enero
Lembadion lucens	Ciliado	Embalse de La Jarosa	Guadarrama	16	14,5	Febrero
Lembadion magnum	Ciliado	Embalse de La Jarosa	Guadarrama	22	343	Diciembre

Tabla 13.2. *(continuación)*

Especie	Tipo de organismo	Localidad	Municipio	Abundancia (ind/mL)	Biomasa (mg/m^3)	Mes
Euplotes elegans	Ciliado	Embalse de La Jarosa	Guadarrama	9	2,1	Enero
Strombilidium gyrans	Ciliado	Embalse de La Jarosa	Guadarrama	8	7,7	Febrero; junio
Euplotes affinis	Ciliado	Embalse de La Jarosa	Guadarrama	15	0,7	Agosto
Euplotes patella	Ciliado	Embalse de La Jarosa	Guadarrama	16	4,5	Diciembre
Halteria cirrifera	Ciliado	Embalse de La Jarosa	Guadarrama	82	12,3	Junio
Paramecium caudatum	Ciliado	Embalse de La Jarosa	Guadarrama	34	56,3	Mayo
Epispathidium terricola	Ciliado	Embalse de La Jarosa	Guadarrama	16	12,9	Febrero; junio
Oxytricha similis	Ciliado	Embalse de La Jarosa	Guadarrama	14	5	Febrero; abril
Amoeba proteus	Rizópodo	Río Guadarrama	Guadarrama	58	181	Octubre
Metachaos discoides	Rizópodo	Río Guadarrama	Guadarrama	86	18.963	Septiembre
Lembadion lucens	Ciliado	Río Guadarrama	Guadarrama	34	30,9	Noviembre
Strombilidium gyrans	Ciliado	Río Guadarrama	Guadarrama	6	5,8	Enero; abril
Zosterodasys agamalievi	Ciliado	Río Guadarrama	Guadarrama	6	5,6	Junio
Epispathidium terricola	Ciliado	Río Guadarrama	Guadarrama	18	14,6	Julio
Oxytricha similis	Ciliado	Río Guadarrama	Guadarrama	35	12,7	Octubre

Datos extraídos de Castro de Zaldumbide (1993).

En la laguna de Las Madres, ubicada en el Parque Regional del Sureste, Álvarez Cobelas (datos inéditos) determinó la densidad promedio de ciliados en la columna de agua, medida mensualmente para el periodo 2012–2016, que ascendió a 5,5 ± 11,0 ind/mL (rango: 0-49,4 ind/mL). Su biomasa supuso 19 ± 20 mg/m^3 durante el mismo periodo (rango: 0-92 mg/m^3).

En el estudio llevado a cabo en tres pilas graníticas de La Pedriza por Pérez-Uz *et al.* (2020), se determinó para una de las pilas que en un gramo de peso seco (PS) de sedimento pueden coexistir hasta 12 especies de ciliados. Sus abundancias medias en las distintas pilas alcanzaron un valor mínimo de 242,4 ind/g PS y un máximo de 1.039,9 ind/g PS. La especie *Colpoda steinii* alcanzó una densidad media por día de 2,4 × 10^4 ind/g PS, *Homalogastra setosa* 4,6 × 10^3 ind/g PS, y *Cyclidium glaucoma* 3,8 × 10^3 ind/g PS (MICROEPICS, 2016).

LAGUNAS EN EL CONOCIMIENTO

La búsqueda bibliográfica de estudios en ambientes naturales madrileños de aguas dulces evidencia el limitado número de referencias, particularmente en el caso de flagelados incoloros y de rizópodos. El hecho de que estos trabajos se hayan centrado fundamentalmente en un número limitado de ambientes (fundamentalmente ríos, arroyos, embalses y lagunas) y que la información recogida sea, en general, un inventario de especies refleja, por un lado, las carencias en el conocimiento de los ambientes de agua dulce madrileños y, por otro, la escasa o nula información (particularmente, la relativa a la biodiversidad y la ecología) disponible sobre estas comunidades. Si bien la información disponible sobre los protistas ciliados en la Comunidad de Madrid es notablemente superior a la de los otros grupos considerados en este capítulo, la biodiversidad de la mayor parte de ecosistemas acuáticos madrileños sigue inexplorada, lo que contrasta con la importancia de estos microorganismos en las redes microbianas, controlando el crecimiento bacteriano y transfiriendo la materia orgánica y la energía entre los distintos niveles tróficos (Sherr y Sherr, 1984; Beaver y Cristman, 1989; Finlay, 1997).

La ausencia de suficientes datos moleculares de estos microorganismos supone no solo que gran parte de ellos no hayan sido caracterizados molecularmente, sino que aún desconocemos las relaciones filogenéticas y evolutivas entre las distintas especies y grupos. La combinación de distintos tipos de técnicas (morfológicas, moleculares y de ecología funcional) supone una herramienta necesaria para el conocimiento y caracterización de los protozoos en los ambientes madrileños de agua dulce.

CAPÍTULO XIV

Rotíferos

MIGUEL ÁLVAREZ COBELAS Y JOSÉ LUIS VELASCO DÍAZ

RESUMEN

El número de especies de Rotíferos citadas para Madrid asciende a 123. El género del que se han referido más especies es *Lecane*, con 20, seguido de *Trichocerca* (8) y *Brachionus* (7). Casi todos los animales se han registrado en el medio pelágico y solo hay un estudio realizado sobre musgos, en el suelo y las rocas (Donner, 1970), que –además– es el único que considera el grupo de los Bdelloides a nivel específico. En cuanto a la distribución de estos animales en las aguas madrileñas, se consideran dos gradientes que pudieran tener mucha relevancia: la contaminación (urbana, ganadera y agrícola) y la altitud, según un estudio realizado en el Parque Regional de la cuenca alta del Manzanares.

La variabilidad de densidad y biomasa de estos animales en las graveras del Parque del Sureste, que es donde tenemos más datos, es muy alta. La biomasa puede ser puntualmente muy grande. En general, las lagunas profundas albergan menos biomasa de Rotíferos que las someras. Los factores de control de ambas variables son de difícil determinación, pues las correlaciones con depredadores y clorofila son débiles.

También en la laguna de Las Madres se ha estudiado mensualmente la biomasa de los Rotíferos a largo plazo, desde 2003 a 2016, en la que se aprecia también gran variabilidad y ninguna tendencia definida. A largo plazo, la densidad de las poblaciones principales en Las Madres muestra bastante variabilidad entre meses, siendo la de *Keratella quadrata* la menos cambiante y la de *Anuraeopsis fissa* la que más varía.

Desde el punto de vista de la distribución vertical de las especies, un estudio realizado diariamente a distintas profundidades de la misma laguna durante el otoño de 1992 revela que *Polyarthra dolichoptera* y *Hexarthra fennica* mostraron mayor preferencia por el epilimnion, mientras que *Filinia hofmanni* y *Anuraeopsis fissa* lo hicieron por el hipolimnion.

Las lagunas en el conocimiento de estos animales en Madrid son numerosas todavía, pues se conoce muy imperfectamente su distribución geográfica y se carece de información sobre su presencia en el perifiton fluvial. Su bioquímica (genómica, proteómica y metabolómica) es totalmente desconocida. Hay muy pocos datos aún sobre los factores de control de sus poblaciones y sobre el papel biogeoquímico que juegan puntualmente en los ecosistemas en los momentos de mayor abundancia. Finalmente, nada sabemos sobre las tendencias faunísticas y sus cambios ecológicos en relación con procesos a largo plazo, como el cambio global.

Palabras-clave: composición taxonómica, biomasa, distribución geográfica, ciclo estacional, distribución vertical, largo plazo.

SUMMARY: ROTIFERANS

The number of recorded species in Madrid amounts to 123. Lecane is the richest genus (20 spp), followed by Trichocerca (8) and Brachionus (7). Except for a single study carried out on Bdelloids living on mosses, soil and rocks (Donner, 1970), all records have been gathered from the pelagial environment of stagnant waters. The geographical distribution of Rotifers in the territory can be organized along two gradients: altitude and pollution, as judged by a study in the Upper Manzanares Regional Park.

In the best known Madrid area for these animals, i.e. that of gravel pits of the Southeastern Regional Park, the density and biomass variability is rather high. Rotifer biomass can occasionally be very high. As a rule, deep lakes harbour lower biomass than shallow lakes. Controlling factors are hard to suggest because their abundance relationships with predators and chlorophyll-«a» are weak.

High variability and no temporal trends are also the rule of long-term (2003-2016) monthly biomass in Las Madres lake. Keratella quadrata is the least changing population and Anuraeopsis fissa is the highest one. Vertical distribution of species segregates well Polyarthra dolichoptera and Hexarthra fennica in the epilimnion from Filinia hofmanni and Anuraeopsis fissa in the hypolimnion in daily samples gathered throughout 1991 Autumn from the same lake.

Knowledge gaps are still wide for Madrid territory. The geographical distribution is poorly known; more specifically, nothing has been reported about its occurrence in stream periphyton. No biochemical (either on genomics, proteomics or metabolomics) data are available. Controllling factors of population dynamics have scarcely been studied, and nothing has been reported about the role they play in biogeochemical processes when occasionally abundant. Their faunistic and ecological responses to long-term processes, such as global change, wait for closer scrutiny.

INTRODUCCIÓN

El estudio de los rotíferos en Madrid comienza con el trabajo de Forti (1906), traducido años más tarde por Madrid Moreno (1911b), quien en contribuciones anteriores había mencionado alguna especie en los sedimentos de un depósito del Canal de Isabel II y en el embalse del Villar, en el río Lozoya (Madrid Moreno, 1907, 1911a). Antes de la guerra civil, hay alguna cita más debida a Arévalo (1923, 1929) y a Pardo (1935a, b). Posteriormente, aparecen las observaciones de Margalef (1949) en Peñalara, seguidas años después por las de Donner (1970) en cuatro localidades de Torrelodones, Villalba y Vallecas-Vaciamadrid, así como las correspondientes al primer estudio extensivo de embalses españoles (Margalef *et al.*, 1976), seguido de un segundo reconocimiento de los mismos tres quinquenios después (De Manuel, 1997). Finalmente, Velasco realiza numerosos trabajos sobre estos organismos durante los años noventa, cuyas citas de localidades madrileñas recopila en la década siguiente (Velasco, 2006).

COMPOSICIÓN Y DISTRIBUCIÓN DE LA FAUNA

El número de especies de rotíferos citadas para Madrid asciende a 122 (tabla 14.1 y Digital CSIC). A efectos comparativos, conviene señalar que en los 104 embalses cosiderados en el estudio extensivo de De Manuel (2000) para toda España se encontraron 101 especies. El género del que se han referido más especies es *Lecane,* con 19, seguido de *Trichocerca* (8) y *Brachionus* (7).

Tabla 14.1. Especies de Rotíferos citadas en la provincia de Madrid. Véase el Anexo electrónico en Digital CSIC para ver la ubicación de las localidades.

Adineta vaga (Davis)
Anuraeopsis fissa Gosse
Ascomorpha saltans Bartsch
Asplanchna brightwelli Gosse
Asplanchna girodi De Guerne
Asplanchna priodonta Gosse
Asplanchna sieboldi (Leydig)
Brachionus angularis Gosse
Brachionus bidentata Anderson
Brachionus calyciflorus Pallas
Brachionus plicatilis O. F. Müller
Brachionus quadridentatus Hermann
Brachionus urceolaris O. F. Müller
Brachionus variabilis Hempel
Cephalodella catellina O. F. Müller
Cephalodella delicata Wulfert
Cephalodella forficula (Ehrenberg)
Cephalodella gibba (Ehrenberg)
Cephalodella hoodi (Gosse)
Cephalodella misgurnus Wulfert
Ceratotrocha cornigera (Bryce)
Collotheca ornata (Ehrenberg)
Colurella adriatica Ehrenberg
Colurella colurus(Ehrenberg)
Colurella obtusa (Gosse)

Tabla 14.1. *(continuación)*

Colurella uncinata (O. F. Müller)
Conochilus hippocrepis (Schrank)
Conochilus unicornis Rousselet
Dicranophoroides caudatus (Ehrenberg)
Dicranophorus epicharis Harring y Myers
Dicranophorus forcipatus (O. F. Müller)
Dicranophorus uncinatus (Milne)
Encentrum mustela (Milne)
Encentrum plicatum (Eyferth)
Epiphanes senta (O. F. Müller)
Euchlanis deflexa (Gosse)
Euchlanis dilatata Ehrenberg
Filinia longiseta (Ehrenberg)
Filinia hofmanni Koste
Filinia terminalis (Plate)
Habrotrocha constricta (Dujardin)
Habrotrocha flaviformis De Koning
Habrotrocha pusilla (Bryce)
Habrotrocha tranquilla Milne
Hexarthra mira (Hudson)
Hexarthra oxyuris (Sernov)
Keratella cochlearis (Gosse)
Keratella irregularis (Lauterborn)
Keratella procurva (Torpe)
Keratella quadrata (O. F. Müller)
Keratella tropica Apstein
Keratella valga (Ehrenberg)
Lecane aculeata (Jakubski)
Lecane arcuata (Bryce)
Lecane bulla (Gosse)
Lecane clara (Bryce)
Lecane closterocerca (Schmarda)
Lecane flexilis (Gosse)

Tabla 14.1. *(continuación)*

Lecane furcata (Murria)
Lecane hamata (Stokes)
Lecane hastata (Murray)
Lecane inermis (Bryce)
Lecane luna (O. F. Müller)
Lecane lunaris (Ehrenberg)
Lecane mira (Murray)
Lecane pyriformis (Daday)
Lecane stichaea (Harring)
Lecane subtilis Harring y Myers
Lecane tenuiseta Harring
Lecane ungulata (Gosse)
Lepadella acuminata (Ehrenberg)
Lepadella astacicola Hauer
Lepadella ovalis (O. F. Müller)
Lepadella patella (O. F. Müller)
Lepadella rhomboides (Gosse)
Lepadella triptera (Ehrenberg)
Lindia torulosa Dujardin
Lophocharis oxysternon (Gosse)
Lophocharis salpina (Ehrenberg)
Macrotrachela ehrenbergii (Janson)
Macrotrachela habita (Bryce)
Macrotrachela multispinosa Thompson
Macrotrachela nana (Bryce)
Macrotrachela papillosa (Thompson)
Macrotrachela quadricornifera Milne
Mniobia magna (Plate)
Monommata grandis Tessin
Monommata longiseta (O. F. Müller)
Mytilina mucronata (O. F. Müller)
Mytilina ventralis (Ehrenberg)
Notholca acuminata (Ehrenberg)

Tabla 14.1. *(continuación)*

Notholca squamula (O. F. Müller)
Notommata glyphura Wulfert
Philodina flaviceps Bryce
Philodina roseola Ehrenberg
Platyias quadricornis (Ehrenberg)
Ploesoma hudsoni (Imhoff)
Polyarthra dolichoptera Idelson
Polyarthra euriptera Wiezejski
Polyarthra longiremis Carlin
Polyarthra major Burckhardt
Polyarthra remata Skorikov
Polyarthra vulgaris Carlin
Pompholix sulcata Hudson
Rotaria neptunia (Ehrenberg)
Rotaria rotatoria (Pallas)
Rotaria sordida (Western)
Scephanotrochà simplex De Koning
Squatinella mutica (Ehrenberg)
Synchaeta oblonga Ehrenberg
Synchaeta pectinata Ehrenberg
Synchaeta tremula (O. F. Müller)
Testudinella mucronata (Gosse)
Testudinella patina (Hermann)
Trichocerca brachyura (Gosse)
Trichocerca elongata (Gosse)
Trichocerca insulana (Hauer)
Trichocerca longiseta (Schrank)
Trichocerca pusilla (Jennings)
Trichocerca rattus (O. F. Müller)
Trichocerca similis (Wierzejski)
Trichocerca weberi (Jennings)
Trichotria pocillum (O. F. Müller)

Todos los animales se han registrado en los medios pelágico y litoral, a excepción de los estudiados por Donner (1970), que se realizaron en musgos, en el suelo y las rocas. Además, él es el único autor que ha determinado ejemplares del grupo de los Bdelloides a nivel específico: en todos los ambientes acuáticos se cita la presencia de este grupo de rotíferos, a veces pueden ser muy abundantes (véase más abajo), pero nunca se determinan. Un medio donde nunca se han estudiado los rotíferos en Madrid ha sido el bentos fluvial, a pesar de su presencia conspicua en muchas muestras de perifiton. Geográficamente, quedan aún bastantes zonas por explorar en Madrid, como casi toda la mitad sur y gran parte de las charcas de montaña, incluyendo muchas de origen artificial generadas por la minería a cielo abierto para la extracción de pórfidos y granitos.

Como curiosidad, cabe señalar aquí que Pardo (1935a, b) menciona a *Keratella cochlearis, Lecane luna* y *Trichotria pocillum* como pertenecientes al plancton del río Manzanares en 1933, y los sitúa a la altura de Puerta de Hierro. Probablemente sea este autor el primero y el último que se atreva a hablar de plancton en este río.

El estudio más extensivo en las aguas madrileñas es el realizado por Velasco y García Avilés (1998) en 74 ambientes estancados del Parque Regional de la Cuenca Alta del Manzanares, quienes identificaron 61 taxones a nivel especie, amén de distintas variedades y formas. Estos autores encuentran la mayor diversidad de este grupo en las charcas permanentes de alimentación subterránea del sector de la rampa del citado parque. La especie más frecuente fue *Lecane closterocerca,* residente en un 66 % de medios, seguida del grupo no determinado de los Bdelloides. Estos autores mencionan en su análisis dos gradientes que pudieran ser muy relevantes para la distribución de las especies de rotíferos en el territorio estudiado: la contaminación (urbana, ganadera y agrícola) y la altitud. Pero la definición de comunidades de rotíferos asociadas a estos gradientes tropieza con el mismo inconveniente que observan De Manuel y Armengol (1993) en el estudio extensivo sobre ellos en los embalses españoles: no se distinguen comunidades asociadas a cada tipo específico de ambiente, lo cual sugiere que cada una está compuesta por distintos grupos de Rotíferos que experimentan cambios graduales en su composición como respuesta a la variabilidad ambiental.

BIOMASA Y PRODUCCIÓN

En un estudio estacional de la biomasa en las graveras del Parque del Sureste, constatamos que la variabilidad de las densidades y las biomasas de rotíferos eran muy elevadas (tabla 14.2), como también le sucedía a su variabilidad. La biomasa puede ser puntualmente muy alta, lo cual sucede en las lagunas someras de Los Frailes y San Martín de la Vega. En general, las lagunas profundas albergan menos biomasa de rotíferos que las someras.

Los factores de control de la densidad y la biomasa de estos animales en esas graveras resultan de difícil determinación. Hemos encontrado una débil correlación positiva de su densidad con la densidad de copépodos ciclopoides, supuestos depredadores. Y otra débil, también positiva, de la biomasa con la clorofila «a» fitoplanc-

Tabla 14.2. Promedios y variabilidad de la densidad y la biomasa total de rotíferos en diversas lagunas de gravera del sureste de Madrid. Muestreos estacionales, integrados a toda la columna de agua, durante los meses de Julio y Octubre de 1998 y Marzo y Mayo de 1999.

	Densidad (ind/L)					Biomasa (µg PS/L)				
Lakes	Promedio	Desv. típica	CV	Mín.	Máx.	Promedio	Desv. típica	CV	Mín.	Máx.
Arriadas	159	9	6	152	170	8,13	2,58	32	5,24	10,21
Campillo	1.327	1.617	122	75	3.570	37,85	57,22	151	1,70	122,94
Camping	282	242	86	4	448	85,69	74,18	87	0,74	137,67
Frailes	1.435	2.367	165	44	4.168	1.417,87	2.416,56	170	10,81	4.208,24
Embalse de Gózquez	113	84	75	32	200	30,20	27,26	90	3,67	58,14
Muñoz	42	42	99	14	125	2,65	2,24	85	0,34	5,18
Laguna Henares	350	220	63	143	661	27,40	31,52	115	5,62	73,90
Las Madres-Este	23	41	176	1	85	2,48	4,79	194	0,02	9,67
Porcal	292	415	142	69	914	18,78	21,28	113	1,50	47,55
Presa Henares	6.809	7.583	111	500	16.180	200,36	59,94	30	146,83	255,00
San Martín de la Vega	4.690	4.291	92	700	8.550	972,64	1.885,03	194	7,14	3.799,98
Soto de las Cuevas	1.061	1.780	168	25	3.725	52,40	94,27	180	2,62	193,77
Parque Tierno Galván	286	284	99	5	573	8,57	10,36	121	0,77	20,32
Villafranca	35	53	153	3	114	1,41	1,71	121	0,19	3,94
Yeseras	120	56	47	83	184	3,98	1,72	43	2,61	5,92

tónica. Pero no hemos detectado ninguna con la densidad bacteriana, alimento preferente de los rotíferos, ni con la densidad de la suma de cladóceros, copepoditos, nauplios y copépodos calanoides, supuestos competidores por el alimento con los rotíferos.

La laguna de Las Madres es el único lugar de Madrid donde se ha determinado la producción de rotíferos, cosa que se hizo en un estudio diario del otoño de 1991 (Álvarez Cobelas *et al.,* 2006). Estaba controlada por la temperatura: a mayor temperatura, mayor producción animal. De las dos especies principales que se estimaron, *Hexarthra fennica* alcanzó entre 0,05 y 0,28 mg peso fresco/m^2/día, mientras que *Polyarthra dolichoptera* mostró un rango de 0,01-0,18 mg de peso fresco/m^2/día (Álvarez Cobelas *et al.,* 2006). Estas cifras son inferiores a otras referidas en la bibliografía (Andrew y Fitzsimmons, 1992). En ese mismo estudio, la biomasa de *Hexarthra* alcanzó los 0,11 g peso seco/m^2, mientras que la de *Polyarthra* llegó a 6 g peso seco/m^2 (Álvarez Cobelas *et al.,* 2006). Ambas corresponden a un orden de magnitud inferior a otras publicadas (Fussmann, 1993).

También en la laguna de Las Madres se ha estudiado mensualmente la biomasa de los rotíferos a largo plazo, desde 2003 a 2016. Los resultados resultan muy variables entre años, y da lugar a un promedio de 0,39 ± 0,69 µg peso seco/L. No se aprecia una tendencia definida de esta variable a largo plazo y sí una época de valores máximos (entre 2009 y 2013), además de otro más reciente en 2016 (figura 14.1).

DINÁMICA DE POBLACIONES

El primer estudio estacional de los rotíferos en Madrid es el de Arévalo (1923) en el estanque del Retiro, en donde realizó un seguimiento semanal de las poblaciones. El fundador de la hidrobiología en España detectó *Keratella cochlearis* durante casi todo el año, la cual desaparecía en la época más calurosa y alcanzaba en primavera sus valores máximos en términos de población. Arévalo distingue en las poblaciones entre las especies invernales *(Brachionus calyciflorus, B. urceolaris, Filinia longiseta, Polyarthra dolichoptera, Synchaeta pectinata, Testudinella patina* y *Trichotria pocillum)* y las estivales *(B. quadridentatus, Lecane luna)*. En conjunto, la mayor diversidad específica la observa entre enero y abril.

Otra laguna donde se ha analizado la estacionalidad de los rotíferos es la de San Juan, al sureste del territorio. De los 54 taxones detectados durante año y medio los que alcanzaron mayor densidad fueron: *Brachionus calyciflorus,* en el estío; *B. urceolaris,* en primavera; y *Synchaeta tremula,* en invierno (Velasco, 1992).

En el estudio llevado a cabo diariamente en la laguna de Las Madres en otoño de 1991, la población de *Hexarthra fennica* alcanzó su máximo durante la primera fase del paulatino proceso de mezcla y *Polyarthra dolichoptera* durante la fase final. La primera llegó a los 200.000 ind/m^2 y la segunda, a los 250.000 (Velasco *et al.,* 1996b). En la columna vertical esas dos especies mostraron mayor preferencia por el epilimnion, mientras que *Filinia hofmanni* y *Anuraeopsis fissa,* cuya densidad fue muy inferior, lo hicieron por el hipolimnion. Álvarez Cobelas *et al.* (2006) sugieren competencia entre *Polyarthra* y el cladócero *Daphnia longispina* durante todo ese periodo otoñal y

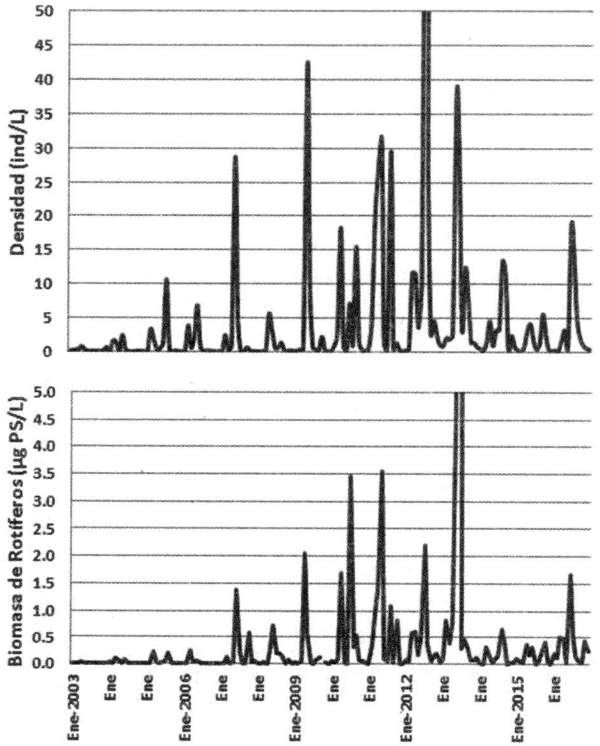

Figura 14.1. Densidad y biomasa a largo plazo de los rotíferos en la columna de agua de la laguna de Las Madres. En julio de 2012 la densidad alcanzó los 189 ind/L, mientras que en junio de 2013 la biomasa superó los 20 µg peso seco/L. No hay correlación significativa entre densidad y biomasa.

entre *Hexarthra* y el también cladócero *Ceriodaphnia reticulata* durante periodos más cortos. Pero no está claro que los rotíferos prefirieran alguna fracción determinada del plancton más pequeño (el inferior a 20 µm de longitud máxima, que incluye a las bacterias y ciertas especies de algas) como alimento.

Apenas hay datos sobre la distribución vertical de los rotíferos en la columna de agua. En Las Madres, el grupo de *Synchaeta* se situó preferentemente en el hipolimnion durante todo el año 1992, mientras que *Polyarthra* spp lo hicieron en el epilimnion. De todos modos, estos datos están tomados a la misma hora del día, por lo que carecemos de indicios sobre las pautas diarias de migración vertical.

Otro tema clásico en la biología de estos animales es la ciclomorfosis, asociada a cambios de tamaño y forma en las distintas épocas del año. Nada de esto se sabe para el caso de Madrid. Hay, sí, algunos datos de biometría de *Polyarthra vulgaris* en el Parque Regional de la Cuenca Alta del Manzanares, donde se discrimina entre las distintas variedades y formas presentes allí (Velasco y García Avilés, 1998).

A largo plazo, la densidad de las poblaciones principales en Las Madres muestra bastante variabilidad entre meses, y es la de *Keratella quadrata* la menos cambiante y la de *Anuraeopsis fissa* la que más varía (tabla 14.3). *Anuraeopsis* muestra su máximo estacional a comienzos del verano, pero se detiene ahí; mientras que *Hexarthra* sp. alcanza un máximo en julio, aunque también siga manteniendo densidades altas en la segunda parte de esa estación (figura 14.2). *Keratella quadrata* es predominantemente primaveral, y *K. cochlearis* muestra un notable pico en julio. Finalmente, el máximo de los bdelloides acontece en mayo (figura 14.2). De todos modos, estos datos –que abarcan trece años de observaciones– contradicen algunas aseveraciones publicadas en la literatura de la especialidad, como la de De Manuel (2000) cuando asegura que *Keratella cochlearis* y *K. quadrata* son euritermas y no muestran preferencia por una época determinada del año en los embalses españoles.

Tabla 14.3. Coeficientes de variación de la densidad mensual de las principales poblaciones de rotíferos en la columna de agua de la laguna de Las Madres a largo plazo (1992-2016).

	Rango del CV	**ΔCV**
Anuraeopsis fissa	144-316	272
Bdelloides	108-297	189
Hexarthra sp.	118-278	160
Keratella cochelaris	187-360	173
Keratella quadrata	166-260	94

El estudio estacional realizado en Peñalara indica que *Polyarthra remata* domina en la época estival cuando hay más nutrientes, y pudiera verse controlado por el rotífero carnívoro *Asplachna priodonta*. En invierno, *Keratella quadrata* aparece como el rotífero principal en los años de aguas menos ricas en nutrientes (Granados *et al.*, 2006).

A largo plazo, no se ha estudiado la evolución temporal de estos animales en relación con procesos de largo alcance, como el cambio global. Nuestros incipientes datos en la laguna de Las Madres sugerían máximos de densidad de los rotíferos al final del invierno y comienzo de la primavera de 1992 a cargo de *Polyarthra* spp. En 2016 los máximos tuvieron lugar en verano, con *Brachionus plicatilis* en junio, seguido de *Keratella* spp en julio. Nada podemos aseverar sobre las causas de estos hechos.

LAGUNAS EN EL CONOCIMIENTO

Resulta indudable que nuestro conocimiento sobre los rotíferos madrileños es aún escaso. No solo faltan por conocer la composición y la diversidad de su fauna en muchos de los ecosistemas y zonas del territorio madrileño; también es muy reducida la información que disponemos sobre su papel en los mismos. El conocimiento sobre la bioquímica de los animales es inexistente, especialmente en esta época de hipertrofia molecular; los estudios de genómica, proteómica y metabolómica de los

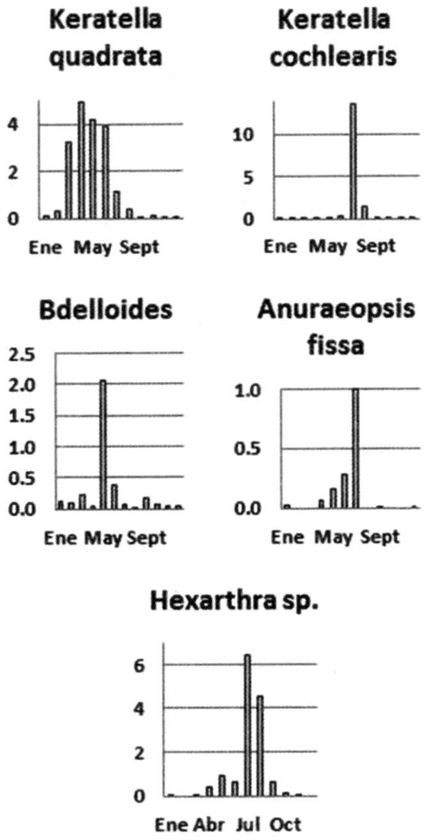

Figura 14.2. Promedios mensuales de la densidad de los rotíferos en la columna de agua de la laguna de Las Madres. Datos del periodo 2003-2016.

rotíferos madrileños brillan por su ausencia. En cuanto al hábitat, no sabemos nada de los rotíferos en el bentos fluvial y poquísimo sobre el extendido grupo de los bdelloides, no solo en el agua, sino también en otros medios (suelo, musgos...) donde aparecen. Lo que se deduce de este capítulo es que se trata de organismos muy oportunistas y que, por eso, las variabilidades de sus poblaciones y de su biomasa se vuelven enormes en los distintos lugares analizados, lo cual minimiza su papel ecológico casi siempre y lo recalca puntualmente. Escasea mucho también el conocimiento que tenemos sobre determinados aspectos de su ecología: su papel como herbívoros y como presa para otros animales, su producción estacional, anual e interanual, las migraciones verticales, la biometría y la ciclomorfosis, las posibles respuestas al cambio global, etc.

CAPÍTULO XV

Turbelarios

CAROLINA NOREÑA JANSSEN

RESUMEN

Los turbelarios de las zonas centrales españolas y, concretamente, los de la Comunidad de Madrid se distribuyen preferentemente en las laderas meridionales del sistema central del Guadarrama, así como a lo largo de la cuenca del río Tajo. El número de taxones citados a nivel de especie hasta la fecha asciende a 39. La mayoría de las especies de turbelarios aparecen durante los meses de primavera y otoño. Las precipitaciones, junto con las temperaturas, son el factor limitante más importante.

Al sur de Madrid (Arganda del Rey) se encuentra una serie de lagunas de gravera en cuyos bancos de vegetación se capturaron especies pertenecientes a los géneros *Stenostomum, Castrella, Castrada* y *Rhynchomesostoma.* En la ladera norte y dentro del medio intersticial encontramos *Rhychoscolex simplex, Prorhynchus stagnalis, Geocentrophora spyrocephala* y *Bothrioplana semperi.* También en la ladera norte, pero en ambientes lénticos se pueden encontrar especies pertenecientes a los géneros *Stenostomum, Microdalyellia, Castrella, Castrada, Typhloplanella, Mesostoma* y *Olisthanella.* En la ladera oriental del sistema de Guadarrama los géneros más abundantes son *Castrada, Phaenocora* y *Mesostoma,* seguidos de *Microdalyellia, Macrostomum* y *Catenula.*

Las masas de agua muestreadas en la Comunidad de Madrid muestran un alto grado de biodiversidad dentro de las mismas, pero bajo entre ellas. La presencia de microturbelarios es frecuente, ya sea en aguas temporales o permanentes de la Comunidad. Se pueden encontrar tanto en charcas de pequeño porte las del Puerto de Canencia o de La Morcuera, como en las lagunas de gravera como Las Madres o El Campillo.

Sería muy positivo en el futuro poder profundizar en su papel en las redes tróficas, describir mejor sus ciclos de desarrollo y averiguar qué factores abióticos los afectan más. También sería muy interesante realizar estudios moleculares de genes precisos, con el fin de determinar la relación entre las diferentes poblaciones y así detectar posibles zonas de especiación en la sierra de Guadarrama.

Palabras-clave: composición taxonómica, distribución geográfica.

SUMMARY: TURBELLARIANS

They are mainly distributed on the southern slopes of Guadarrama mountains, as well as along the river Tagus basin. Species richness amounts to 39 up to date. The majority of Turbellarian species occurs during Spring and Autumn months. Rainfall and precipitation, together with temperature, are their most important limiting factors.

Southern Madrid (Arganda del Rey) presents a series of gravel-pit lakes in whose vegetation banks species belonging to the genera Stenostomum, Castrella, Castrada and Rhynchomesostoma have been captured. On the northern slope of Guadarrama mountains and within the interstitial medium we find Rhychoscolex simplex, Prorhynchus stagnalis, Geocentrophora spyrocephala and Bothrioplana semperi. Also on the northern slope, but in lentic environments, we can find species belonging to the genera Stenostomum, Microdalyellia, Castrella, Castrada, Typhloplanella, Mesostoma and Olisthanella. On the eastern slope of the Guadarrama fringe the most abundant genera are Castrada, Phaenocora and Mesostoma, followed by Microdalyellia, Macrostomum and Catenula.

Madrid water bodies show a high degree of biodiversity within, but low among them. The occurrence of microturbellarians is frequent in temporary and permanent waters of Madrid County. They can be found in small ponds, such as those in Canencia and La Morcuera Passes, and in gravel-pit lakes (Las Madres and El Campillo).

Future studies of Madrid microturbellarians would gain much knowledge if they were devoted to 1st) their role in food webs, 2nd) their developmental processes and 3rd) abiotic factors controlling populations. Furthermore, molecular studies using accurate genes would also be interesting in order to trace relationships among populations and so detect likely areas of speciation in the Guadarrama mountain fringe.

INTRODUCCIÓN

Dentro de la Comunidad de Madrid los estudios sobre la clase Turbellaria son muy escasos y puntuales. Sólo el trabajo de Gamo y Noreña (1998), realizado durante los años noventa, registra las especies encontradas en esta zona. Más tarde, algunas campañas realizadas para el proyecto *Fauna Ibérica* aumentan el número de localidades con presencia de la clase Turbellaria. Estos resultados se presentan aquí (tabla 15.1 y Digital CSIC). El número de taxones registrados hasta ahora asciende a 39.

Tabla 15.1. Especies de Turbellaria citadas para la Comunidad de Madrid.

Atrioplanaria racovitzai (De Beauchamp)
Bothrioplana semperi Braun
Bothromesostoma personatum Braun
Castrada borealis (Steinböck)
Castrada infernalis Papi
Castrada sphagnetorum Luther
Castrada viridis Volz
Castrella truncata (Abildgaard) Hofsten

Tabla 15.1. *(continuación)*

Catenula lemnae Duges
Dalyellia viridis (Shaw) Graff
Fuliskiella bardeaui (Steinböck)
Geocentrophora sphyrocephala De Man
Gieysztoria cuspidata (Schmidt) Luther
Gieysztoria ornata (Hofsten) Luther
Gieysztoria rubra (Fuhrmann) Luther
Girardia tigrina (Girard)
Gyratrix hermaphroditus Ehrenberg
Macrostomum hystricinum Beklemischev
Mesosotoma craci Schmidt
Mesosotoma lingua (Abilgaard) Schmidt
Microdalyellia armigera (Schmidt) Gieysztor
Microdalyellia fairchildi (Graff)
Microdalyellia rossi (Graff) Gieysztor
*Microdalyellia tennessensis*Ruebush y Hayes
Microstomum lineare Oersted
Myostenostomum bulbocaudatum Luther
Olisthanella obtusa (Schultze) Luther
Opisthocystis goettei (Bresslau) Graff
Opistomum pallidum Schmidt
Phaenocora typhlops (Vejdovski) Graff
Phaenocora unipunctata (Oersted) Graff
Polycelis felina (Dalyell)
Prorhynchus stagnalis Schultze
Rhynchomesostoma rostratum (Müller) Luther
Rhynchoscolex simplex Leidy
Stenostomum bryophilum (Schmidt) Luther
Stenostomum leucops (Duges) Schmidt
Tetracelis marmorosa (Müller) Graff
Typhloplana viridata (Abildgaard) Luther

Los microturbelarios en las zonas centrales se distribuyen preferentemente en las laderas meridionales del sistema central del Guadarrama (figura 15.1), así como a lo largo de la cuenca del río Tajo. En la zona nordeste de la cuenca del Tajo, los ríos Jarama, Tajuña, Henares, Torote y otros ríos menores forman una red fluvial con el río Tajo, la cual ofrece un refugio y un medio de distribución incomparable a órdenes con representantes en el medio intersticial, como pueden ser los Lecitoepitheliata, los Proseriata o los Catenulida (figura 15.1). Esa zona se caracteriza también por la presencia de numerosas zonas pantanosas o encharcadas de carácter temporal, que tienden a desaparecer en verano. Con las lluvias de marzo, abril e incluso mayo, en las masas de agua temporales y permanentes se pueden observar representantes de los géneros *Bothromesostoma, Castrada, Mesocastrada, Mesostoma, Phaenocora, Protoplanella, Rhynchomesostoma* y *Strongylostoma*. Las especies más abundantes, empero, suelen ser *Catenula lemnae, Gyratrix hermaphroditus* y *Microstomum lineare,* mientras que en el medio intersticial podemos encontrar *Bothrioplana semperi* y *Rhynchoscolex simplex*, y algún representante del bentos refugiado en las hendiduras del medio intersticial, como *M. lineare*.

Figura 15.1. Distribución espacial de los principales órdenes y géneros de turbelarios en la zona madrileña de la sierra de Guadarrama. A-*Microstomum*, B-*Protoplana*, C-*Dugesia*, D-*Catenula*, E-*Bothrioplana*, F-*Prorhynchus*, G-*Polycelis*, H-*Phaenocora*, I-*Macrostomum*, J-*Dalyellia*, K-*Mesostoma*, L-*Castrada*.

Al sur de Madrid (Arganda del Rey) se encuentra una serie de laguna sartificiales que ofrecen un nuevo hábitat para la fauna de la zona. En los bancos de vegetación de las graveras se capturaron representantes de los géneros *Castrada, Castrella, Rhynchomesostoma* y *Stenostomum*.

Al norte, la ladera sur del sistema montañoso del Guadarrama se caracteriza por sus numerosos embalses (Puentes Viejas, Riosequillo, El Villar, El Atazar, Santillana, Valmayor, San Juan, etc.), la mayoría de los cuales están interconectados por canales. Dichos embalses ofrecen amparo a las especies durante periodos secos y aumentan la oportunidad de distribución a través del sistema de canales y las numerosas decantaciones.

En otoño y primavera, suele haber numerosas charcas temporales en esta ladera sur, ricas en detritos y por lo cual ofrecen un hábitat idóneo para el desarrollo de los microturbellarios. En la ladera norte, menos urbanizada que el lado sur, no se encuentran depósitos y los ríos se hallan menos alterados. En el medio intersticial de esos ríos, especies como *Bothrioplana semperi, Geocentrophora spyrocephala, Prorhynchus stagnalis* y *Rhychoscolex simplex* aparecen con frecuencia.

Por otra parte, en la ladera oriental del sistema de Guadarrama los géneros más representados en las masas de agua, tanto perennes como temporales, son *Castrada, Mesostoma* y *Phaenocora,* seguidos de *Catenula, Macrostomum* y *Microdalyellia*.

PRESENCIA ESTACIONAL Y HÁBITATS

La mayoría de las especies de turbelarios aparece durante los meses de primavera y otoño. A pesar de ello, existen claras diferencias de un año a otro, dependiendo de las lluvias. En años de sequía, la falta de hábitats apropiados es la causante de su menor presencia. Es decir, el nivel de humedad y el agua en sí, junto con las temperaturas, son sus factores limitantes más importantes. Así, la mayoría de las especies encontradas durante los meses de verano se presentan en estanques semipermanentes de las zonas altas de la montaña, en las zonas someras de los embalses (principalmente *Microstomum lineare* y representantes de la familia Dalyelliidae) y en las aguas estancadas de los ríos de menor orden, en canales y zanjas.

Durante los años con pluviometría normal, se puede esperar la presencia de turbelarios entre febrero y julio en las zonas centrales de la Península Ibérica, con una sustitución gradual de las poblaciones de los ambientes lénticos (permanentes, semipermanentes o temporales). Mayor abundancia y riqueza de especies se encuentran en las charcas y pequeñas lagunas con abundante vegetación marginal, detritos y pocos depredadores o competidores como los peces o los anfibios.

Dentro de los ambientes lóticos, el medio intersticial es un hábitat bastante idóneo para los turbelarios, aunque a menudo sea muy difícil decidir si las especies presentes pueden considerarse estigobiontes (Schwank, 1986) o no. Dentro del medio intersticial encontramos tres zonas características: 1.ª) zonas freáticas; 2.ª) arena del lecho de los ríos, y 3.ª) áreas de transición entre las zonas freáticas y bentónicas. Las especies *Bothrioplana semperi, Geocentrophora spyrocephala, Macrostomum* sp., *Prorhynchus stagnalis* y *Rhynchoscolex simplex* se encuentran en los biotopos freáticos, pero también dentro de la zona bentónica. Todos estos organismos se presentan en aguas limpias y frías, y desaparecen en los ríos contaminados a medida que se aproximan a núcleos urbanos, como ocurre en las inmediaciones de Madrid, a la altura de Guadalix de la Sierra o en Canto Blanco.

Como ya se ha comentado, el segundo factor más importante que influye en la presencia de turbelarios es la temperatura. Temperaturas extremas, por debajo de 4 °C o por encima de 25 °C, suelen provocar su desaparición. Generalmente, en regiones con temperaturas extremas las masas de agua son temporales, hecho que no favorece su desarrollo. A pesar de ello, es posible encontrarlos en charcas donde se ha formado una capa de hielo que actúa de aislante y evita las oscilaciones bruscas de temperatura, las cuales sí pueden resultar mortales.

El caso contrario son las altas temperaturas, que reducen la concentración de oxígeno disuelto en el agua y aumentan las tasas de descomposición. En esas charcas, si no son capaces de encontrar un refugio adecuado entre la vegetación o en los hábitats bentónicos, los turbelarios suelen desaparecer y forman huevos de resistencia. En la mayoría de las charcas, lagunas y masas lénticas donde podemos encontrar estos animales, las temperaturas oscilan entre 6 °C y 25 °C. Por tanto, los microturbelarios de las zonas centrales de España deben considerarse euritérmicos o termo-euriplásticos.

DISTRIBUCIÓN

Dentro de la clase Turbellaria solo algunas especies pueden ser consideradas cosmopolitas, como es el caso de *Mesostoma lingua,* que se ha citado tanto en América como en Europa o en Australia. Las especies encontradas suelen ser las mismas en España y Europa, sin que haya muchas diferencias entre las especies encontradas en el Norte de Europa o en la Comunidad de Madrid.

Los géneros *Mesostoma* y *Stenostomum* aparecen en las laderas sur y norte de la sierra de Guadarrama. También se encuentran representantes de ambos géneros a lo largo de la cuenca del río Tajo, con excepción de la zona central, donde se detectan especies pertenecientes a *Rhynchomesostoma,* pero no a *Mesostoma.* Los géneros *Microdalyellia* y *Phaenocora* también están ampliamente distribuidos. Individuos pertenecientes a diferentes especies del primer género se encontraron a lo largo de la cuenca del río Tajo y en algunas localidades de la sierra de Guadarrama (puerto de Canencia, 1.600 m). *Microdalyellia,* por su parte, se distribuye a ambos lados de las montañas del Guadarrama, mientras que *Microstomum* es uno de los géneros más ampliamente distribuidos en la cuenca del Tajo, pero no en las laderas norte y este del Guadarrama. Otro género de amplia distribución dentro de la Comunidad de Madrid y que aparece en casi cualquier charca, independientemente del tamaño y de la temporalidad de la misma, es *Bothromesostoma.*

La distribución de *Catenula lemnae* es amplia, pero irregular. Siendo una especie conocida por su cosmopolitismo, se encuentra tanto en las charcas y lagunas de Europa (Luther, 1963) como en las charcas de Sudamérica (Noreña-Janssen, 1996), pero no se han encontrado hasta la fecha representantes de ella ni en la ladera norte del Guadarrama, ni en la zona central de la cuenca del río Tajo.

Los géneros *Castrella* y *Gieysztoria* (Dalyellidae) se concentran a lo largo de la cuenca del río Tajo. El género *Rhynchoscolex,* un representante característico de la fauna intersticial, aparece en los manantiales de la montaña de la ladera norte de la sierra de Guadarrama y en el suroeste de Madrid. Su distribución es de las más amplias, pero limitada siempre a zonas libres de contaminación.

Una de las distribuciones más irregulares es la que presenta el género *Macrostomum,* que fue recogido en la ladera sur del Guadarrama y en las lagunas del puerto de Canencia, dos regiones muy separadas entre sí.

CONOCIMIENTO ACTUAL Y PERSPECTIVAS DE ESTUDIO

Los microturbelarios madrileños resultan prácticamente desconocidos y las campañas y muestreos realizados en esta Comunidad son escasos. Su presencia, empero, es común en todas las charcas temporales o permanentes. La biodiversidad que podemos encontrar dentro de una charca o laguna es alta, pero se vuelve baja entre las diferentes masas de agua. Es decir, el número de especies diferentes en una charca será grande, pero las mismas especies aparecerán en las distintas masas de agua. Las localidades mejor conocidas dentro de la comunidad de Madrid son las de los puertos de Canencia y La Morcuera. También se ha registrado su presencia en lagunas de mayor porte, como en las graveras de Las Madres y El Campillo, principalmente.

A pesar de ello, la diversidad y las especies muestran un grado comparable al de zonas más estudiadas, como son el sur de Finlandia (Luther 1955, 1960, 1963) o Alemania (Heitkamp, 1976; Schwank, 1981). Sería muy positivo poder profundizar en su papel en las redes tróficas o en describir mejor sus ciclos de desarrollo y por cuáles factores abióticos pueden verse mayoritariamente afectados. También sería muy interesante realizar estudios moleculares de genes concretos, con el fin de determinar la relación entre las diferentes poblaciones y así detectar los posibles puntos de especiación dentro de la sierra de Guadarrama.

CAPÍTULO XVI

Hirudíneos

Óscar Soriano Hernando, Benito Muñoz Araujo e Ignacio García Más

RESUMEN

El conocimiento de las sanguijuelas en España se ha adquirido de forma poco continuada, hasta que a partir de los años ochenta se iniciaron los estudios faunísticos sistemáticos, que han permitido conocer bastante bien la faunística de este grupo. Aun así, no existían trabajos específicos sobre faunística de la provincia de Madrid y solo datos sueltos han constituido la información publicada. En esta publicación se recogen estos datos y se añaden las citas inéditas que se contenían en la colección García Más, lo que ha permitido reunir una información más completa de ejemplares y localidades. El resultado aquí incluido recoge 14 especies para la provincia de Madrid, lo cual aumenta en una especie las citadas en la Península Ibérica. En cuanto a la ecología de las especies en el territorio madrileño, queda todo por hacer.

Palabras-clave: Fauna, citas nuevas.

SUMMARY: LEECHES

The knowledge of Spanish leeches has been acquired in an interrupted way. Until the beginning of the eighties, when faunal studies began, we have not had enough information about this group in Spain. Even so, there were no specific studies on the Hirudinean fauna in the province of Madrid and only scattered data comprised the available information. In this chapter, these data are collected and unpublished records included in the García-Más collection are added, which has enabled us to gather an updated information on specimens and locations. 14 species have been recorded for Madrid province and this adds a species to those cited in the Iberian Peninsula. Regarding Hirudinean ecology in Madrid County, we lack any information on the topic.

INTRODUCCIÓN

La primera publicación científica que recoge citas de hirudíneos para la provincia de Madrid fue la de Blanchard (1893). Posteriormente, Otero y Quílez (1935) citan dos especies en el río Lozoya, pero hasta que Álvarez y Selga (1967), 32 años después, muestrean algunos invertebrados dulceacuícolas en Madrid no se retoman los estudios sobre este grupo. Las recolecciones específicas sobre sanguijuelas son continuadas por García Más y Jiménez (1981) y Jiménez y García Más (1981a, b), quienes publican la distribución de los géneros *Trocheta*, *Batracobdella* y de la especie *Erpobdella monostriata* en la Península Ibérica, y se recogen nuevas citas para Madrid en estos trabajos. En el mismo año, Jiménez y García Más (1980-1981) publican el primer catálogo de sanguijuelas de España, en el cual también se recogen varias citas para Madrid. Con posterioridad a estos estudios, en una publicación sobre faunística del río Lozoya (Casado *et al.*, 1990) se citan cuatro especies para la provincia. A partir de este momento, se abre un amplio espacio de tiempo sin nuevas citas, que ahora intentamos cubrir con la presente publicación, en la cual se reúne la información inédita contenida en la colección de García Más.

LA FAUNA

En este capítulo, se contabilizan catorce especies, de las cuales una es primera cita para la Península Ibérica *(Theromyzon tessulatum)* y tres son nuevas para Madrid: *Erpobdella testácea, Hirudo troctina* y *T. tessulatum.* Con la nueva cita, el número total de especies citadas para la Península Ibérica asciende a veinticuatro (tabla 16.1 y Digital CSIC).

HISTOLOGÍA Y FISIOLOGÍA

Previo a sus trabajos faunísticos ya reseñados, García Más (1974, 1975) elabora sus memorias de licenciatura y de doctorado sobre histología y histofisiología del aparato digestivo de *Dina lineata.* Estos trabajos son los únicos, fuera de la faunística, realizados para el territorio de Madrid.

LAGUNAS EN EL CONOCIMIENTO

Hasta ahora el conocimiento sobre sanguijuelas de la Península Ibérica, aparte de la faunística y la histología, es muy reducido. Nuevas líneas de trabajo encaminadas a conocer la autoecología de las diferentes especies y las relaciones entre depredadores y presas o entre hospedadores y parásitos, pueden aportar información muy importante y útil para ampliar el conocimiento que se tiene sobre la biología y el papel de este grupo en los ecosistemas, con aplicaciones tan importantes como el control de

Tabla 16.1. Especies de sanguijuelas citadas en la provincia de Madrid. Véase el Anexo electrónico en Digital CSIC para la situación de las localidades, en el cual se señalan con «C.N.» las citas nuevas que se recogen en este trabajo.

Batracobdella algira (Moquin-Tandon)
Batracobdella paludosa (Carena)
Dina lineata (O. F. Müller)
Erpobdella monostriata (Lindenfeld y Pietruszynski)
Erpobdella testacea (Savigny)
Glossiphonia complanata (Linnaeus)
Glossiphonia heteroclita (Linnaeus)
Haemopis sanguisuga (Linnaeus)
Helobdella stagnalis (Linnaeus)
Hirudo medicinalis (Linnaeus)
Hirudo troctina (Johnson)
Limnatis nilotica Savigny
Theromyzon tessulatum (O. F. Müller)
Trocheta subviridis Dutrochet

poblaciones de diferentes especies de insectos de larva acuática, que son causantes de molestias o vectores de enfermedades.

CAPÍTULO XVII

Moluscos

Rafael Araujo Armero

Dedicado a Diego Moreno Lampreave,
el malacólogo español más brillante que he conocido

RESUMEN

Se hace aquí una breve descripción de la diversidad y distribución de los moluscos de agua dulce de Madrid con algunas recomendaciones para futuros estudios. Se han citado 33 especies para este territorio.

Palabras-clave: fauna, distribución geográfica, especies exóticas.

SUMMARY: MOLLUSCS

A brief description of species richness and geographical distribution of Madrid freshwater molluscs is given, with some recommendations for future studies. 33 species have been recorded.

INTRODUCCIÓN

Tras la revisión bibliográfica de Vidal-Abarca y Suárez (1985), no se publica un artículo monográfico sobre los moluscos de agua dulce de Madrid hasta el de Soler *et al.* (2006), donde se citan 33 especies, de las que 25 son gasterópodos y 8 bivalvos. De estas especies (tabla 17.1), 23 ya habían sido citadas antes, la mayoría con otros nombres. En el artículo de Soler *et al.* (2006), se ilustran tanto las conchas como los animales vivos de todas las especies, mapas con su distribución en la provincia y una selección de los hábitats donde se han recolectado.

Tabla 17.1. Moluscos de agua dulce citados en Madrid.

Ancylus fluviatilis Müller
Anisus spirorbis (Linnaeus)
Anisus vortex (Linnaeus)
Anodonta anatina (Linnaeus)
Bythynia tentaculata (Linnaeus)
Corrosella hinzi (Boeters)
Corrosella tajoensis (Boeters, Callot-Girardi y Knebelsberger)
Ferrissia clessiniana (Jickeli)*
Galba truncatula (Müller)
Gyraulus albus (Müller)
Gyraulus chinensis (Dunker)*
Gyraulus crista (Linnaeus)
Gyraulus laevis (Alder)
Hippeutis complanatus (Linnaeus)
Islamia coronadoi (Bourguignat)
Islamia pallida Arconada y Ramos
Lymnaea stagnalis (Linnaeus)
Musculium lacustre (Müller)
Physella acuta (Drapanaud)
Pisidium casertanum (Poli)
Pisidium nitidum Jenyns
Pisidium personatum Malm
Pisidium subtruncatum Malm
Planorbarius metidjensis (Forbes)
Potamopyrgus antipodarum (Gray)*
Potomida littoralis (Cuvier)
Pseudamnicola subproducta (Paladilhe)
Radix auricularia (Linnaeus)
Radix balthica (Linnaeus)
Segmentina nitida (Müller)
Sinanodonta woodiana (Lea) *
Stagnicola palustris (Müller)**
Unio delphinus Spengler
Valvata piscinalis (Müller) ¿?

* Especie exótica invasora. ** Solo conchas. ¿? Cita no comprobada. Véase Digital CSIC para la ubicación de las localidades.

DIVERSIDAD Y DISTRIBUCIÓN DE LA FAUNA

Gastropoda

Los hidróbidos son diminutos caracoles de agua dulce que viven generalmente en hábitats muy frágiles como manantiales, fuentes y cuevas, aunque también puedan aparecer en ríos. La Península Ibérica es una de las zonas europeas con mayor número de especies de esta familia, muchas de ellas endémicas (Arconada y Ramos 2003; Delicado y Ramos, 2012). *Pseudamnicola subproducta, Corrosella hinzi* e *Islamia pallida* son muy poco comunes en Madrid, mientras que *I. coronadoi* está probablemente extinguida (Soler *et al.,* 2006).

Se han encontrado ejemplares de *Bithynia tentaculata* procedentes de la pradera de San Isidro, junto al Río Manzanares, en la Colección de moluscos del Museo Nacional de Ciencias Naturales, pero en los últimos años solamente se ha citado en los ríos Jarama y Tajo y en la laguna de San Juan (Soler *et al.,* 2006).

Los limneidos son probablemente la familia de gasterópodos de agua dulce más común y rica en especies. Es posible que albergue muchas especies crípticas probablemente exóticas, y que bajo el nombre de *Radix balthica,* la especie más común de la familia, existan otras como *R. labiata* (Rossmassler), *R. lagotis* (Schrank), *R. ampla* (Hartmann) o *Austropeplea viridis* (Quoy et Gaimard) (Schniebs *et al.,* 2011, 2017).

La especie *Physella acuta* es muy abundante y común en toda España. Se trata de una introducción antigua, ya que procede de América del Norte. Es un gasterópodo levógiro, es decir, con la abertura al lado izquierdo, por lo que resulta muy fácil de distinguir. Soporta muy bien la contaminación orgánica y en Madrid es el molusco de agua dulce más frecuente (Soler *et al.,* 2006).

La mayoría de los planórbidos están en franca regresión, probablemente por la enorme presión a la que están sometidos los hábitats dulceacuícolas de la provincia. *Ancylus fluviatilis* es una pequeña lapa de río que vive sobre sustratos duros en tramos de ríos medios y altos. Otra especie similar de lapa, *Ferrissia clessiniana,* procede de América del Norte. La especie de mayor tamaño es *Planorbarius metidjensis,* bastante común en la Comunidad de Madrid y habitual en aguas estancadas y arroyos estacionales (Soler *et al.,* 2006).

Las especies *Anisus vortex* y *A. spirorbis* son muy poco abundantes y podrían funcionar como centinelas de la buena salud de las aguas dulces en Madrid. Probablemente *A. vortex* esté ya extinguida en la Comunidad (Soler *et al.,* 2006).

Existen en Madrid cuatro especies del género *Gyraulus.* Una en concreto, *G. crista,* fue citada por primera vez en Madrid por Graells (1846a) como *Planorbis nautileus* y, posteriormente, Álvarez (1969) como *Armiger crista.*

Segmentina nitida fue citada por Graells (1846a) y Pérez Arcas (1863) en la Comunidad de Madrid, pero no se ha vuelto a encontrar.

Bivalvia

Los grandes bivalvos o náyades, están considerados actualmente como uno de los grupos animales más amenazado del planeta. La especie *Potomida littoralis* era hasta hace poco tiempo uno de los uniónidos más comunes en España. Habita los fondos de grava y cieno de los ríos, siendo más habitual entre las raíces de los árboles de la ribera. En la actualidad, se conocen algunas poblaciones envejecidas en la cuenca del Tajo.

La especie *Unio delphinus* sólo vive en los ríos atlánticos de la Península Ibérica, aunque comparte el hábitat con *P. littoralis*. Probablemente ya esté extinguida en el Jarama, y en vías de desaparición en otros ríos.

Anodonta anatina es quizá la especie más común de náyade en España, abundante en algunos embalses, canales y acequias. Está viéndose ahora sustituida por la náyade exótica *Sinanodonta woodiana*, similar aunque de mayor tamaño (Pou-Rovira *et al.*, 2009), cuyas poblaciones actuales en el embalse de Santillana son enormes.

Los esféridos son pequeños bivalvos muy poco patentes, difíciles de determinar y casi siempre menores de 1 cm. Todas las especies de esta familia habitan en fuentes, charcas, lagos y remansos de ríos de escasa corriente, sobre el cieno del fondo, especialmente en el retenido por la vegetación sumergida. También viven en los fondos de materia orgánica de ríos con mucha corriente.

DISCUSIÓN Y LAGUNAS EN EL CONOCIMIENTO

Como concluyen Soler *et al.* (2006), la Comunidad de Madrid no es un área especialmente diversa por su fauna autóctona de moluscos dulceacuícolas, ya que, a pesar de la gran variedad de ambientes acuáticos, su composición litológica y la climatología no crean las condiciones más favorables. Por todo ello, predominan especies ubiquistas *como Ancylus fluviatilis, Galba truncatula, Physella acuta, Pisidium casertanum, P. personatum y Radix balthica,* en casi todos los hábitats y cuencas fluviales. Algunas especies se localizan casi exclusivamente en las pequeñas áreas de afloramientos calizos de la vertiente sur de la sierra de Guadarrama, como *Gyraulus albus, Planorbarius metidjensis* y *Radix auricularia.* Aunque más escasa, *G. laevis* vive igualmente en aguas limpias, mientras que *G. crista* es ligeramente más abundante, aunque sus poblaciones parecen estar desapareciendo por contaminación o pérdida de los ambientes naturales.

Las áreas madrileñas con mayor número de especies se localizan en los tramos altos de los ríos de la vertiente sur del Guadarrama, con dos grandes zonas situadas respectivamente hacia el nordeste y sureste del Parque Regional de la Cuenca Alta del Manzanares (Soler *et al.*, 2006). Entre las del sureste cabe destacar el área del río Perales-Quijorna, donde han aparecido quince especies pertenecientes a todos los grupos aquí tratados, a excepción de los hidróbidos. Sin embargo, parece que el número de especies está disminuyendo sensiblemente por el crecimiento urbanístico de las urbes y el consiguiente aumento de la contaminación. Le siguen el área del río Aulencia-Valdemorillo con diez especies, el arroyo Tórtolas (San Martín de Valdeiglesias) con seis especies y finalmente el río Guadarrama (Cercedilla) y arroyo Corralizo (Colmenar de Arroyo), con cinco especies. Hacia el nordeste, las áreas con mayor riqueza específica se localizan más próximas entre sí, con predominio de las ubicadas en las franjas calizas. La mayor diversidad corresponde al tramo Valdetorres

(Talamanca del Jarama), donde se han identificado once especies, y al río Guadalix (San Agustín) con diez especies (Soler *et al.,* 2006). En la primera de ellas parece estar produciéndose un descenso en la diversidad de moluscos dulceacuícolas. Forman parte de este conjunto de áreas las de los alrededores de Patones, con cinco especies de moluscos, y la del arroyo Albalá, también con cinco especies. En el extremo sur de la región destacan dos áreas separadas entre sí, la de la laguna de San Juan (Titulcia), con diez especies de gasterópodos y un bivalvo, y la del arroyo Sepulcro (Estremera), en el que se han citado seis especies (Soler *et al.,* 2006).

Los tramos bajos de los ríos sufren, además, el impacto de la contaminación producida por escorrentía de los productos fitosanitarios, así como el aporte extra de materia orgánica procedente de los cultivos. Esto es patente en la zona sur, principalmente en Henares, Tajuña y Tajo. Otro capítulo importante que se debe considerar es el de las graveras y alteraciones de los cauces, como limpiezas, canales, etc. Las graveras de Vaciamadrid, en el tramo final del Jarama, son un buen ejemplo de esta alteración, aunque también podrían colonizarse por especies ubiquistas. Los canales de la cuenca del Tajo y de otros de los grandes ríos del sur también son un buen ejemplo de alteración de las cuencas, ya que modifican los caudales y el sustrato se vuelve artificial (Soler *et al.,* 2006).

Por todo ello, hay una tendencia hacia el empobrecimiento y la homogenización faunística entre cuencas. Los embalses, además, impiden la dispersión de las especies, incluyendo la de los peces que sirven de vector de difusión para las larvas (gloquidios) de los grandes bivalvos de agua dulce. Sin duda, esta puede ser una de las principales causas del paulatino enrarecimiento de las poblaciones de náyades en la región. Con respecto a estas especies –que son, quizá, los moluscos de agua dulce con mayor capacidad como especie-centinela– se comprueba que en la Comunidad de Madrid, al igual que en el resto de la Península Ibérica, están desapareciendo de forma alarmante por destrucción de su hábitat. Dado que una náyade de tamaño medio filtra hasta cincuenta litros diarios de agua, y que estas especies han vivido en colonias de hasta setecientos ejemplares por metro cuadrado, en un tramo de río de esta extensión se filtrarían 35.000 litros por día (Araujo *et al.,* 2009). Los datos de la cantidad de citas de estas especies en la bibliografía y en la colección del MNCN, comparados con los obtenidos desde 1983, indican una clara regresión de las náyades en la Región, tanto en su distribución como en la densidad de poblaciones.

Los hidróbidos son especies propias de medios calizos, y también pueden servir como especies-centinela. Estos medios, tan sensibles a la contaminación y alteración física del hábitat por acción humana, presentan en Madrid una fauna muy pobre de esta familia. La sobreexplotación de los acuíferos para el cultivo y el consumo urbano provocan que se sequen manantiales que son hábitats particularmente ricos en cuanto a su fauna de moluscos (Arconada y Ramos, 2003; Soler *et al.,* 2006).

Podríamos concluir, por tanto, que sería necesario estudiar los datos de dinámica poblacional de las citadas especies, así como actualizar sus mapas de distribución regional (Soler *et al.,* 2006).

CAPÍTULO XVIII

Tardígrados

NOEMÍ GUIL

RESUMEN

El número de especies citadas de tardígrados madrileños asciende a seis y un taxón (*Macrobiotus* sp.) cuya especie no ha podido ser determinada. A pesar de este bajo número, representan una gran diversidad filogenética, pues incluye géneros tanto exclusivos de las aguas dulces (*Dactylobiotus*), como géneros que habitan ecosistemas dulceacuícolas entre otros (*Murrayon, Hypsibius* e *Isohypsibius*), así como habitantes ocasionales en estas aguas (*Macrobiotus*). Las muestras más diversas se han encontrado en los musgos acuáticos, que incluyen cinco de las siete especies halladas, frente a las algas o los sedimentos, probablemente porque sean el tipo de muestra más frecuentemente prospectado en los estudios madrileños.

Las lagunas del conocimiento son extensas y profundas en el ámbito dulceacuícola madrileño. Muestreos extensivos e intensivos en áreas geográficas más amplias e incluyendo la diversidad de paisajes y la variedad de muestras acuáticas que Madrid ofrece, permitirán una aproximación más realista a la diversidad de la tardigradofauna madrileña y a su distribución. La inclusión de la información molecular permitirá, además, determinar la conectividad dentro y entre masas de agua y establecer las potenciales barreras geográficas y/o ecológicas, en el marco de la evolución de los organismos con dispersión ilimitada. Los estudios de ecología (dinámica de poblaciones, relaciones tróficas, etc.) están también por abordar.

Palabras-clave: fauna.

SUMMARY: TARDIGRADES

Six species along with an unidentified taxon (Macrobiotus sp.) have been found in Madrid. Despite the low number of species, they represent a high phylogenetic diversity, including freshwater exclusive genera (Dactylobiotus), as well as species from genera that can inhabit freshwater environments (Murrayon, Hypsibius e

Isohypsibius), and occasional dwellers of these habitats (Macrobiotus). The most diverse samples were found on aquatic mosses, where five out of the seven species have been collected, in contrast to sediments and algae. Those differences could be related to differential sampling effort enhancing aquatic mosses in Madrid studies. The gaps of knowledge in Madrid freshwater tardigrades are deep and wide. Extensive and intensive sampling efforts, in wider geographic areas and including Madrid aquatic landscapes and samples, will enable an accurate assessment of tardigrade diversity and its geographic distribution in the area. Further, inclusion of molecular data will allow determining connectivity among and within water bodies, establishing potential geographic and ecological barriers for the evolutionary framework of organisms with unlimited dispersal capabilities. Ecological studies (population dynamics, their role in food webs and so on) are still to be started in Madrid.

INTRODUCCIÓN

Los tardígrados son un grupo de microecdisozoos cuyo estudio ha sido ampliamente ignorado a nivel internacional, especialmente en los ambientes dulceacuícolas, a pesar de encontrarse en todas las latitudes y altitudes, y en todo tipo de ambientes: marinos, terrestres y dulceacuícolas. Esta circunstancia es notable en España, y más aún en Madrid. El hallazgo de especies en la Península Ibérica, y en concreto en la Comunidad de Madrid, ha sido muy lento, principalmente por el escasísimo número de investigadores dedicados a su estudio, el cual, además, comienza mucho más tarde respecto a otras partes del mundo (figura 18.1). Mientras que en otras regiones del mundo ha habido un interés creciente por estos organismos –lo que se refleja en el aumento de investigadores interesados en su estudio (Guil y Cabrero-Sañudo, 2007)– en España, y especialmente en Madrid, eso no ha ocurrido.

El primer documento sobre la observación de un tardígrado procede del naturalista y sacerdote alemán Johann August Ephraim Goeze (1773), pero hubo que esperar más de un siglo para que el primer trabajo sobre tardígrados en la Península Ibérica viera la luz (figura 18.1), cuando José Madrid Moreno realizó un estudio sobre el plancton del río Lozoya (Madrid Moreno, 1907, 1911a). El siguiente impulso al conocimiento de los tardígrados españoles lo dio Julio Rodríguez Roda con su tesis, añadiendo 34 especies a la tardigradofauna, once de ellas en la Comunidad de Madrid (figura 18.1). Sin embargo, tan sólo tres de esas once especies provenían de ambientes dulceacuícolas (Rodríguez Roda, 1949). Cinco años después, Franz Mihelčič presenta tres nuevas citas de tardígrados en Madrid, aunque procedentes de ambientes terrestres (Mihelčič, 1954). Entre 1979 y 1983, diversos autores (Fontoura, 1981, 1982; Maucci, 1979, 1983; Maucci y Ramazzotti, 1981; Ramazzotti y Maucci, 1983) añaden diez nuevas citas de especies terrestres, entre las que hay tres nuevas especies y un género nuevo, pero ignorando las aguas dulces. No es hasta la última revisión del filo en la Península Ibérica, las Islas Baleares y las Islas Chafarinas realizada por Noemí Guil (2002) cuando se vuelven a estudiar los tardígrados dulceacuícolas. En esa revisión se presenta una lista de 118 especies, de las que 23 se presentan en la Comunidad de Madrid, añadiendo tres nuevas citas de especies dulceacuícolas a la fauna madrileña (figura 18.1). El último trabajo publicado sobre la fauna de tardígrados en la Comunidad de Madrid sólo trata los hábitats terrestres, añadiendo 29 nuevas citas a la provincia, dos de ellas nuevas especies (Guil, 2008).

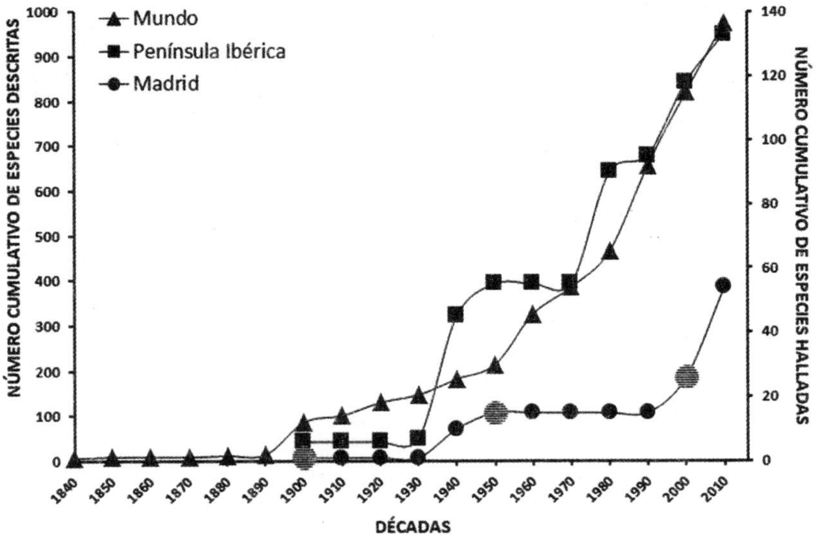

Figura 18.1. Representación del número cumulativo de especies descritas en el tiempo en el mundo (eje de la izquierda, triángulo negro), y de las halladas en la Península Ibérica (eje de la derecha, cuadrado negro) y Madrid (eje de la derecha, círculo negro). Los círculos rayados indican los momentos en que se han citado especies de agua dulce en Madrid.

HÁBITATS DE AGUA DULCE Y COMPOSICIÓN DE LA FAUNA

Los tardígrados de agua dulce se ciñen a cuatro géneros que son exclusivamente dulceacuícolas (*Dactylobiotus, Macroversum, Pseudobiotus y Thulinius*) y a especies de otros géneros que se encuentran en agua dulce de forma fortuita, porque también pueden residir en ambientes terrestres (como, por ejemplo, *Murrayon, Macrobiotus* e *Isohypsibius*). Como resultado de los tres trabajos mencionados que han incluido Madrid, se han encontrado seis especies (tabla 18.1 y Digital CSIC). En musgos acuáticos se presentan cinco especies: *Dactylobiotus dispar* (figura 18.2), *Hypsibius dujardini*, *Isohypsi-*

Tabla 18.1. Listado de especies de tardígrados citadas en la Comunidad de Madrid. En Digital CSIC se pueden consultar las localidades, hábitats y las referencias asociadas.

Dactylobiotus dispar (Murray)
Dactylobiotusselenicus Bertolani
Hypsibius dujardini (Doyère)
Isohypsibius annulatus (Murray)
Isohypsibius marcellinoi Binda et Pilato
Murrayon pullari (Murray)

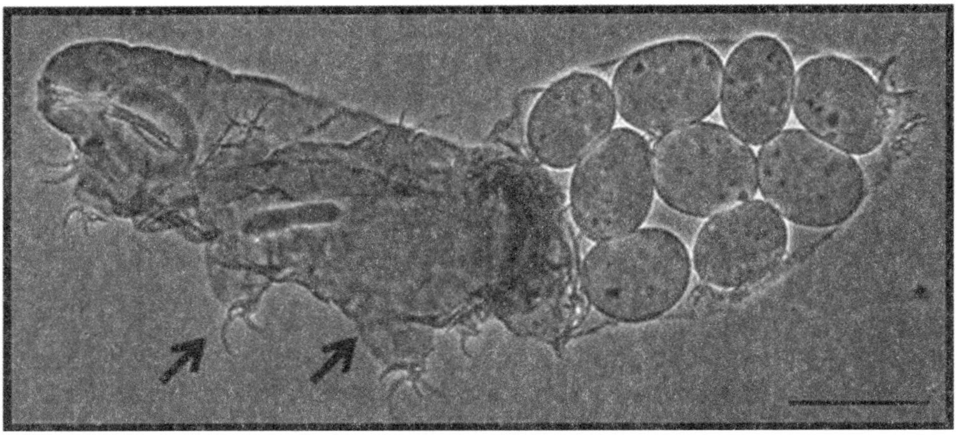

Figura 18.2. Fotografía de *Dactylobiotus dispar* encontrado en Madrid, dejando una puesta de nueve huevos lisos dentro de la cutícula que acaba de mudar, obtenida con un microscopio óptico y el objetivo de inmersión con el aumento máximo. Las flechas negras indican las patas y las uñas alargadas típicas de los géneros exclusivos de agua dulce. Escala: 0,25 mm.

bius annulatus, *Macrobiotus* sp. y *Murrayon pullari* (Madrid Moreno, 1907; Rodríguez Roda, 1949; Guil, 2002). *Isohypsibius marcellinoi* se encontró en un alga recogida en una fuente de agua dulce (Guil, 2002), mientras que *Dactylobiotus selenicus* fue localizada en una muestra de sedimento de un río (Guil, 2002).

En lo que se refiere a los tardígrados madrileños, se han encontrado tanto en fuentes y charcas como en ríos, y tanto en muestras de musgos acuáticos como en algas y sedimentos (Digital CSIC). Sin embargo, esta limitación se debe más al escaso esfuerzo de muestreo realizado que a una ausencia real de estos animales en otros hábitats. Los verdaderos taxones dulceacuícolas suelen presentar patas y uñas muy largas, consideradas adaptaciones morfológicas al medio (figura 18.2). *Dactylobiotus* es a menudo epífito de algas filamentosas o plantas sumergidas en aguas lénticas, aunque en Madrid también se haya encontrado asociado a ambientes intersticiales (figura 18.2; Guil, 2002). Otros géneros acuáticos, como *Macroversum,* se han hallado en sedimentos arenosos y de guijarros fluviales, mientras que los géneros *Pseudobiotus* y *Thulinius* se han recolectado frecuentemente en los sedimentos de lagos, ríos y arroyos (Nelson *et al.,* 2015). Otros géneros con especies que habitan las aguas dulces –la mayoría presentes en sedimentos acuáticos– tienen las patas achaparradas y terminadas enen un par de uñas dobles (conocidas como *diplouñas*) e incluyen los géneros *Acutuncus, Bertolanius, Borealibius, Doryphoribius, Hypsibius, Murrayon, Microhypsibius, Mixibius, Ramajendas* y, especialmente, *Isohypsibius* (Nelson *et al.,* 2015). *H. dujardini,* citada en Madrid, así como otras especies del género, no son organismos dulceacuícolas estrictos, pero se encuentran principalmente o con frecuencia en hábitats de agua dulce. El género *Isohypsibius*, dos de cuyas especies han sido citadas en Madrid *(I. marcellinoi* e *I. annulatus),* y todos los géneros con uñas de tipo *isohypsibius* (como *Pseudobiotus, Thulinius*), son dulceacuícolas o contienen especies acuáticas o terrestres. Algunas especies del género *Macrobiotus*, también encontrado en Madrid (y otros taxones como *Milnesium tardigradum* y *Paramacrobiotus richtersi*, así como especies de los géneros *Astatumen, Diphascon, Eohypsibius, Eremobiotus* y *Ramazzottius*), son taxones terrestres que también pueden habitar en agua dulce (Nelson *et al.,* 2015).

LAGUNAS EN EL CONOCIMIENTO

Si algo define el conocimiento de los tardígrados dulceacuícolas madrileños es su carácter anecdótico. Entre las causas para este exiguo conocimiento están las propias de cualquier trabajo sobre tardígrados, a saber: su tamaño microscópico y las dificultades asociadas a su manejo, su complicada taxonomía por la escasez de caracteres morfológicos y la poca información previa disponible, esencial para plantear proyectos (Guil, 2011). En el caso de España –y, por ende, de Madrid– estas dificultades se añaden a la escasez de investigadores implicados en su estudio, la cual, además, no ha mejorado con el tiempo. Por acotar las carencias existentes que, en el fondo, son las posibilidades futuras de estudio, se podría mencionar la restricción geográfica y ecológica de los estudios existentes. Como ya se ha demostrado en el ámbito terrestre, un aumento del número de regiones geográficas y, especialmente, de los hábitats incrementa significativamente la biodiversidad en los tardígrados (Guil, 2002). Existen numerosos hábitats que aún no se han explorado en el territorio madrileño, como los embalses, las pozas y las charcas, los arroyos temporales, las cascadas o las fuentes, o muestras como los medios intersticiales dentro y en las orillas de los ríos, los vegetales acuáticos e, incluso, en la propia columna de agua. Madrid cuenta con muchos de estos hábitats concentrados en una extensión geográfica pequeña, por lo que es apta para llevar a cabo estudios extensivos e intensivos para determinar la biodiversidad y su distribución.

A escala mundial no se conoce mucho sobre la dinámica poblacional de los tardígrados de agua dulce. Sin embargo, los pocos estudios existentes muestran que las poblaciones de tardígrados se ven afectadas por el ambiente o por la alteración del hábitat (Nelson *et al.,* 1987). Aspectos como la abundancia, la estacionalidad y la dinámica poblacional de los tardígrados de agua dulce, así como su importancia en la micro y la meiofauna, o su función en las redes tróficas, serán determinantes para establecer su relación con el medio y con otros organismos, así como su posible uso como bioindicador de la calidad de las aguas. En Madrid serían interesantes y abordables los estudios sobre la dinámica poblacional de los tardígrados y su relación con la contaminación, que es especialmente importante en zonas más bajas de la cuenca de los ríos que atraviesan la Comunidad.

Por otra parte, estudios como la dispersión de los tardígrados entre y dentro de las masas de agua dulce tampoco se han abordado aún. Teóricamente los ríos y arroyos transportan activamente animales adultos y juveniles, así como quistes y huevos, río abajo durante las lluvias fuertes, las inundaciones y el deshielo. Sin embargo, se desconoce el mecanismo de repoblación de los hábitats acuáticos por los tardígrados, después de su aparente desaparición en el verano o tras perturbaciones del hábitat por la naturaleza o la acción humana (Nelson *et al.*, 1987). En este sentido, serán muy interesantes los futuros trabajos moleculares que arrojaran luz sobre la conexión de las cuencas y la presencia o ausencia de barreras geográficas, así como la diversidad de las distintas especies de tardígrados dulceacuícolas y la influencia del ambiente y de otros organismos sobre ella.

CAPÍTULO XIX

Crustáceos

MIGUEL ÁNGEL BRAVO UTRERA Y ÁNGEL BALTANÁS GENTIL

RESUMEN

La fauna de crustáceos de la Comunidad de Madrid se compone de 126 taxones, identificados a nivel específico, agrupados en cinco clases y 14 órdenes. El grupo con mayor representación es el de los Copépodos. En su mayoría son organismos planctónicos. No obstante, debido a que los sistemas naturales de aguas profundas son escasos en la región en relación a los sistemas someros o a los de aguas fluyentes, la mayor parte de los organismos planctónicos están relacionados con pequeñas masas de agua o con los medios litorales.

Cabe destacar aquí la singularidad de los organismos relacionados con la fauna de las aguas subterráneas y el medio intersticial en los grandes ríos y la importancia ecológica de los crustáceos bentónicos, entre los cuales se cuentan algunos de los representantes de mayor tamaño e importancia económica.

La fauna de crustáceos de las lagunas del sureste y la de los grandes ejes fluviales del suroeste ha sido escasamente estudiada y supone una de las principales lagunas en el conocimiento de este grupo en la provincia. Así mismo, son escasos los seguimientos a largo plazo y aquellos dedicados a estudiar el funcionamiento de las comunidades y la dinámica de poblaciones.

Palabras-clave: composición taxonómica, distribución geográfica, densidad, biomasa, largo plazo.

SUMMARY: CRUSTACEANS

The catalogue of crustacean species recorded in Madrid County includes 126 species in 5 classes and 14 orders, most being planktonic organisms. Copepods are the most diverse group. Nevertheless, due to the scarcity of deep aquatic systems in the region as compared to shallow-water or flowing-water systems, most of those planktonic animals inhabit small water bodies or the littoral fringe of larger ones.

The uniqueness of crustaceans inhabiting groundwater and interstitial habitats and the ecological relevance of some species living in the benthos of streams and rivers must be emphasized. Some of them are among the largest species of their kind.

Our knowledge on crustaceans in lakes and streams of the Regional Southwestern Park must be improved, and long-term studies on crustacean population dynamics and community ecology are to be strongly promoted.

INTRODUCCIÓN

El grupo de los crustáceos incluye taxones de muy diversos ambientes y grupos funcionales y aunque es especialmente abundante y diverso en el zooplancton, también tiene representantes entre los organismos bentónicos, de la fauna intersticial y de la estigofauna, y entre los parásitos de peces y aves (Martínez *et al.,* 2004). Algunas de las especies del grupo son las de mayor tamaño entre los macroinvertebrados acuáticos; y otras, exóticas, se han convertido en severas amenazas para la conservación de especies y espacios naturales. Su enorme diversidad ecológica y taxonómica explica que su estudio haya discurrido por caminos diversos, difíciles de reducir a una línea argumental única, que se complica con el paso del tiempo y el aumento en el grado de su conocimiento.

El estudio de los crustáceos en la Comunidad de Madrid se remonta a los trabajos de Ignacio Bolívar sobre la colección de crustáceos del Museo de Historia Natural de Madrid (Bolívar, 1892), aunque puede que los trabajos de Richard (1888), ya hubieran estudiado ejemplares de alguna localidad madrileña. Seguidamente, la obra de Achille Forti (1906) y su traducción posterior al castellano (Madrid Moreno, 1911) sobre el plancton del estanque grande del Retiro y los trabajos de Celso Arévalo (1923) y los de Luis Pardo (1930, 1932) sobre la fauna planctónica de la Península completan lo realizado en este sentido antes del parón que supuso la guerra civil.

Una vez finalizada, Pardo completa dos obras iniciadas con anterioridad: el *Tratado de Astacicultura elemental* (1941), y el *Catálogo de los Lagos de España* (1948), donde incluye algunas anotaciones sobre los crustáceos madrileños. De la década de los cuarenta también son los trabajos de García Velázquez (1941) sobre los copépodos de las aguas dulces, donde incluye expresamente material recolectado en «Madrid y sus cercanías».

Ramón Margalef, que ya en 1949 había publicado información sobre la laguna de Peñalara y algunos sistemas cercanos (turbera y arroyos), nos ofrece en 1953 una monografía sobre los crustáceos de la Península Ibérica donde, además de incluir datos propios, recopila exhaustivamente la información disponible hasta entonces. Bien es cierto que con frecuencia la localización de muchos registros resulta bastante imprecisa; así, por ejemplo, en múltiples ocasiones se refiere simplemente a Madrid, sin especificar más detalle, o a términos tan difíciles de reducir a una localidad concreta como «canal del Lozoya».

El estudio de los cangrejos de río recibe un gran impulso con la obra de Torre Cervigón y Rodríguez Marqués (1964), en la que dejan a la provincia de Madrid en una posición marginal respecto a la importancia de sus poblaciones de cangrejos, con solo tres poblaciones en los ríos Tajuña, Henares y Cofio.

Ya en la década de los setenta, Pinkster (1973) publica sus trabajos sobre especies de *Echinogammarus* del grupo *berilloni,* en el que registra la presencia de ejemplares en diversas localidades de la provincia. Este trabajo tendrá continuidad en los de Fernández-Lop (1986) y Notenboom (1990) con nuevas especies y localidades madrileñas.

Entretanto, durante la década de los setenta se desarrolla un amplio trabajo sobre el plancton de los embalses españoles bajo la dirección de Ramón Margalef (Margalef *et al.,* 1976). Esos sistemas acuáticos atraen una considerable atención debido a su notable aumento, tanto en número como en capacidad de embalse y de regulación, desde el final de la guerra civil. Los trabajos desarrollados en la Comunidad de Madrid incluyen los embalses de San Juan, Santillana, Atazar y El Vellón (Armengol, 1978, 1980). Este último embalse, también llamado *de Pedrezuela,* fue objeto de estudio en la tesis de licenciatura de Revenga (1979). Con posterioridad no se han vuelto a estudiar los crustáceos de los embalses de la Comunidad.

En las dos últimas décadas del siglo XX se incrementa sobremanera la producción científica en torno a los crustáceos en la Comunidad de Madrid, sobre todo en el campo de los crustáceos bentónicos (García de Jalón y González del Tánago, 1982; Casado *et al.,* 1990) y del zooplancton de los humedales someros (González Besteiro, 1992, González Besteiro *et al.,* 1993). En este periodo se publica una lista faunística del grupo de los ostrácodos que compila las referencias disponibles de todo el país y, por supuesto, de Madrid (Baltanás *et al.,* 1996), y un estudio marco sobre la limnología de los humedales artificiales originados por actividades extractivas, fundamentalmente graveras y canteras (Montes *et al.,* 1993). Se inicia también el seguimiento de las lagunas del Macizo de Peñalara (Granados *et al.,* 2006), que continúa en la actualidad. En los años ochenta hay que destacar los trabajos sobre estigofauna y fauna intersticial, que se resumen para la provincia en el trabajo de Camacho y G. Valdecasas (2006).

En el siglo XXI, finalmente, la atención parece de momento dirigida a la fauna de sistemas fluyentes (epibentónica y, de manera especial, hiporreica), y son varios los trabajos realizados en este campo (Iepure *et al.,* 2013, 2017; Rasines y Iepure, 2016; Rasines, 2017). También continúan los seguimientos a largo plazo, como el ya mencionado de los humedales de Peñalara o el iniciado en los años noventa en la laguna de las Madres (Álvarez-Cobelas, datos no publicados). Además, se siguen produciendo trabajos de carácter técnico, orientados a la vigilancia de la calidad ambiental de ríos y humedales, promovidos por la Confederación Hidrográfica del Tajo (2007, 2008, 2009, 2010, 2013, 2014 y 2016) o la Consejería de Medio Ambiente de la Comunidad de Madrid (CAM, 2004).

COMPOSICIÓN Y DISTRIBUCIÓN DE LA FAUNA

Se han reconocido 126 taxones, hasta el nivel específico, agrupados en cinco clases y 14 órdenes (tabla 19.1 y Digital CSIC).

Tabla 19.1. Especies de crustáceos citadas en la Comunidad de Madrid. Véase Digital CSIC para la situación de las localidades.

Branchiopoda: Anomopoda
Bosmina longirostris (O. F. Muller)
Ceriodaphnia pulchella G. O. Sars
Ceriodaphnia quadrangula (O. F. Muller)
Ceriodaphnia reticulata (Jurine)
Daphnia (Ctenodaphnia) atkinsoni Baird
Daphnia (Ctenodaphnia) bolivari Richard
Daphnia (Ctenodaphnia) magna Straus
Daphnia (Daphnia) cucullata G. O. Sars
Daphnia (Daphnia) hyalina Leydig
Daphnia (Daphnia) longispina (O. F. Muller)
Daphnia (Daphnia) obtusa Kurz
Daphnia (Daphnia) pulex Leydig
Daphnia (Daphnia) pulicaria Forbes
Daphnia curvirostris Eylman
Simocephalus exspinosus (DeGeer)
Simocephalus sp. Schödler
Simocephalus vetulus (Müller)
Alona affinis (Leydig)
Alona intermedia G. O. Sars
Alona quadrangularis (Müller)
Alona rectangula G. O. Sars
Alonella nana (Baird)
Chydorus piger G. O. Sars
Chydorus sphaericus Leach
Frixura rostrata (Koch)
Graptoleberis testudinaria (S. Fischer)
Leydigia acanthocercoides (Fischer)
Leydigia leydigi (Schoedler)
Leydigia quadrangularis (Leydig)
Pleuroxus aduncus (Jurine)
Pleuroxus letournexi (Richard)
Macrothrix hirsuticornis Norman y Brady

Tabla 19.1. *(continuación)*

Branchiopoda: Anomopoda
Moina brachiata (Jurine)
Moina micrura Kurz
Branchiopoda: Anostraca
Branchipus schaefferi Fischer
Chirocephalus diaphanus Prévost
Tanymastix stagnalis (Linnaeus)
Branchiopoda: Ctenopoda
Diaphanosoma brachyurum (Liévin)
Branchiopoda: Notostraca
Triops cancriformis (Lamarck)
Branchiopoda: Spinicaudata
Cyzicus grubei (Simon)
Hexanauplia (Copepoda): Calanoida
Arctodiaptomus salinus (Daday)
Arctodiaptomus wierzejskii Richard
Copidodiaptomus steueri (Brehm y Zederbauer)
Diaptomus cyaneus Gurney
Diaptomus castor (Jurine)
Diaptomus castaneti Burckhardt
Hemidiaptomus roubaui (Richard)
Mixodiaptomus incrassatus (G. O. Sars)
Neolovenula alluaudi (Guerne y Richard)
Hexanauplia (Copepoda): Cyclopoida
Acanthocyclops capillatus (G. O. Sars)
Acanthocyclops robustus G. O. Sars
Acanthocyclops venustus (Norman y Scott)
Acanthocyclops vernalis (Fischer)
Cyclops abyssorum G. O. Sars
Cyclops matritensis Velázquez
Cyclops strenuus Fisher
Cyclops vulgaris Koch
Diacyclops bicuspidatus (Brady)
Diacyclops bisetosus (Rehberg)

Tabla 19.1. *(continuación)*

Hexanauplia (Copepoda): Cyclopoida
Diacyclops clandestinus (Kiefer)
Diacyclops crassicaudis (G. O. Sars)
Diacyclops languidoides (Lilljeborg)
Diacyclops lindae (Pesce)
Diacyclops nanus (G. O. Sars)
Ectocyclops phaleratus (Koch)
Eucyclops agilis (Koch)
Eucyclops graeteri (Chappuis)
Eucyclops hadjebensis (Kiefer)
Eucyclops lilljeborgi (G. O. Sars)
Eucyclops serrulatus (Fisher)
Eucyclops speratus (Lilljeborg)
Macrocyclops albidus (Jurine)
Macrocyclops annulicornis (Koch)
Macrocyclops fuscus (Jurine)
Megacyclops brachypus (Jurine)
Megacyclops gigas (Claus)
Megacyclops viridis (Jurine)
Metacyclops minutus (Clauss)
Microcyclops rubellus (Lilljeborg)
Paracyclops chiltoni (Thomson)
Paracyclops fimbriatus (Fischer)
Paracyclops imminutus Kiefer
Paracyclops oligarthrus (G. O. Sars)
Thermocyclops dybowskii (Lande)
Thermocyclops oithonoides (G. O. Sars)
Tropocyclops prasinus (Fisher)
Urocorycaeus furcifer (Claus)
Lernaea cyprinacea Linnaeus
Hexanauplia (Copepoda): Harpacticoida
Atteheyella crassa (G. O. Sars)
Bryocamptus minutus (Claus)
Bryocamptus sp. gr. *zscchokkei* (Schmeil)

Tabla 19.1. *(continuación)*

Hexanauplia (Copepoda): Harpacticoida
Canthocamptus staphylinus (Jurine)
Elaphoidella bidens (Schmeil)
Ichthyostraca (Branchiura): Arguloida
Argulus japonicus Thiele
Malacostraca: Amphipoda
Bogidiella convexa Stock y Notenboom
Echinogammarus berilloni (Catta)
Echinogammarus echinosetosus Pinkster
Echinogammarus longisetosus Pinkster
Echinogammarus margalefi Pinkster
Echinogammarus simoni (Chevreux)
Eulimnogammarus macrocarpus Stock
Eulimnogammarus toletanus Pinkster y Stock
Malacostraca: Decapoda
Austropotamobius italicus (Faxon)
Pacifastacus leniusculus (Dana)
Atyaephyra desmarestii (Millet)
Procambarus clarkii (Girard)
Malacostraca: Syncarida
Hexabathynella nicoleiana Camacho
Hexaiberobathynella mateusi (Galhano)
Ostracoda: Podocopida
Candona neglecta G. O. Sars
Candonopsis scourfieldi (Brady)
Cyclocypris laevis (O. F. Müller)
Fabaeformiscandona fabaeformis (Fischer)
Bradleystrandesia fuscata (Jurine)
Cypridopsis parva G. W. Müller
Cypridopsis vidua (O. F. Müller)
Cypris bispinosa Lucas
Eucypris virens (Jurine)
Herpetocypris brevicaudata Kaufmann

Tabla 19.1. *(continuación)*

Ostracoda: Podocopida
Herpetocypris reptans (Baird)
Heterocypris incongruens (Ramdohr)
Isocypris beauchampi (Paris)
Potamocypris villosa (Jurine)
Potamocypris zschokkei (Kaufmann)
Prionocypris zenkeri (Chyzer y Toth)
Sarscypridopsis aculeata (Costa)
Tonnacypris lutaria (Koch)
Darwinula stevensoni (Brady y Robertson)
Illyocypris brady G. O. Sars
Illyocypris gibba (Ramdohr)
Limnocythere inopinata (Baird)

Grandes branquiópodos

De los 24 taxones de este grupo citados para la Península Ibérica (Hernández-Flores, 2016), en Madrid encontramos solo cinco especies, de las cuales solo *Cyzicus grubei* es un endemismo íbero-balear. Ninguna de las registradas en la región puede ser considerada en riesgo en cuanto al estado de conservación de sus poblaciones, según la aplicación de los criterios de la UICN efectuada por García de Lomas *et al.* (2017).

Branchipus schaefferi está ampliamente distribuida en zonas costeras, pero en el centro peninsular estaba considerada como habitante de estepas mediterráneas en la meseta norte, con su límite meridional de distribución situado en el Sistema Central (Alonso, 1996). Aparece ahora también en la meseta sur, en un charco de lluvia a baja altitud en Villanueva de la Cañada (Hernández-Flores, 2016).

Chirocephalus diaphanus se presenta en charcas temporales poco mineralizadas a cualquier altitud y en la provincia de Madrid está ampliamente distribuido desde las lagunas y turberas del Macizo de Peñalara hasta zonas más bajas, en charcas temporales en campos de labor, pasando por masas de agua sobre oquedades naturales o artificiales en medios graníticos (Margalef, 1949; 1953; Montes *et al.,* 1993; Hernández Flores, 2016). Su presencia en charcas de la sierra de Guadarrama ha sido registrada por Fernández-Lop (1983) y Baltanás (1985). Este último ofrece algunos datos referidos a su dinámica en una charca temporal situada en altitud (1.800 m) en la que se observa el desarrollo temprano de su población, estrategia que se asocia con su extrema sensibilidad a la depredación. González Besteiro *et al.* (1993) definen el hábitat de esta especie para los humedales del acuífero de Madrid como el de charcas de lluvia, someras, temporales con aguas turbias poco mineralizadas. Esta misma autora y sus colaboradores recogen las únicas muestras citadas en la provincia de *Cyzicus grubei* y *Triops cancriformis* en estos mismos hábitats. *Tanymastix stagnalis,* otro branquiópodo anostráceo algo más pequeño que *Ch. diaphanus*, se ha citado en charcas de la sierra de Guadarrama (Margalef, 1958; Baltanás, 1985) y en pilancones someros sobre rocas graníticas en el sistema central (Baonza, 2009; Hernández Flores, 2016), donde parece ser bastante común.

Cladóceros

Se incluyen bajo este nombre un grupo muy amplio de especies pertenecientes a los órdenes Anomopoda y Ctenopoda de la clase Branchiopoda. Son parte importante del plancton y el meiobentos en masas de agua de todo tipo, desde grandes embalses a pequeñas charcas temporales. Su presencia en sistemas de aguas corrientes, en los que el efecto de arrastre del caudal es importante, es escasa. En la región se han citado 33 taxones, de los cuales *Daphnia hyalina* y *Bosmina longirostris* están relativamente bien representados en todo tipo de ambientes lénticos, aunque preferentemente ligados a las masas de agua profunda, mientras que *Ceriodaphnia quadrangula* y *Chydorus sphaericus* lo están a ambientes someros, y aparece también en la zona litoral de las grandes masas de agua.

Cabe destacar aquí la presencia de *Phrixura rostrata*, citada como rara en la Península (Alonso, 1996), en dos ambientes de aguas permanentes en sistemas artificiales. *Pleuroxus letourneuxi*, por su parte, ha sido caracterizada como especie típica de charcas y lagunas temporales a baja altitud, con aguas turbias y de escasa vegetación.

Los ambientes con mayor diversidad de cladóceros son, por orden, el complejo lagunar del Macizo de Peñalara, el estanque grande del Retiro y la laguna de Las Madres. En el primer caso, la elevada diversidad de ambientes propicia la presencia de las citadas especies típicamente planctónicas y otras litorales o bentónicas. En el caso del estanque del Retiro y Las Madres, la abundancia de taxones descritos puede deberse al esfuerzo de investigación invertido en estos sistemas, algo mayor que para el resto de localidades. Entre los embalses destaca el de San Juan, quizá porque también combine especies típicamente planctónicas con otras litorales. Los sistemas artificiales en explotaciones extractivas no son especialmente ricos en especies de cladóceros, pero destacan los situados en antiguas canteras de granito frente a los de extracción de áridos.

Ostrácodos

Es este un grupo de crustáceos muy diverso y abundante, pero escasamente conocido. Son animales bivalvos, pequeños y, salvo raras excepciones, de hábitos bentónicos (aunque también estén presentes en medios intersticiales y subterráneos). Las poblaciones de muchas especies, especialmente en la familia Cyprididae, están formadas exclusivamente por hembras partenogenéticas que, además, producen huevos resistentes a la desecación, por lo que su potencial colonizador es considerablemente grande. El catálogo de especies registradas en la región asciende a veintidós, incluyendo aquellas que habitan en los lechos de arroyos o ríos de poco caudal *(e.g.*

Potamocypris zschokkei), en prados inundados o pequeñas masas de agua *(e.g. Tonnacypris lutaria),* especies que se presentan tanto en ambientes someros como en masas de agua profundas *(e.g. Limnocythere inopinata)* y, por supuesto, a la especie de mayor tamaño –¡tres milímetros!– de entre todas las conocidas en el entorno europeo, *Cypris bispinosa.*

La mayoría de las especies encontradas en la región tienen, como es frecuente en el grupo, amplias áreas de distribución, y son cosmopolitas varias de ellas *(Heterocypris incongruens, Eucypris virens, Cypridopsis vidua* y *Potamocypris villosa)* y destacando la presencia de *Isocypris beauchampi* (Paris) y *Candonopsis scourfieldi* (Brady). La primera, citada en un área marginal del río Jarama (Baltanás, 1992), es interesante porque, aun siendo una especie de distribución amplia (se encuentra en toda Europa), es poco abundante. De la segunda, citada por Iepure *et al.* (2017) en el aluvial del Tajo en Aranjuez, solo se conoce otro registro en la Península ibérica –más bien una simple surgencia– entre arrozales en los alrededores de la Albufera valenciana (Poquet *et al.,* 2008).

Copépodos

El taxon más citado es el género *Acanthocyclops,* tanto en sistemas de lagunas profundas (graveras, laguna del Campillo, laguna de las Madres) como en los medios bentónicos del río Tajuña, por lo cual parece evidente que no debe de tratarse de un único taxon. De las citas de este género a nivel específico *Acanthocyclops capillatus,* que aparece asociado a embalses de gran capacidad junto con *Thermocyclops dybowskii,* podría ser la especie común en el primer caso, en tanto que *Acanthocyclops venustus* y *Acanthocyclops robustus* lo serían en el segundo, muy comunes en los sistemas hiporreicos y bentónicos de los ríos del sureste provincial. *Acanthocyclops vernalis* aparece también citada en estanques y en embalses, además de en el bentos del río Tajuña.

Eucyclops lilljeborgi ha sido citado en Madrid en la laguna grande y en los humedales del macizo de Peñalara, lo que contrasta con otras localidades en las cuales ha sido registrada la especie en el bentos fluvial y en medios hiporreicos y subterráneos del norte de África (Toumi *et al.,* 2012)

Megacyclops viridis, Eucyclops serrulatus y *Macrocyclops albidus* se presentan en un amplio espectro de hábitats, siendo los taxones a nivel específico más comúnmente citados en la provincia.

Cyclops strenuus, Arctodiaptomus salinus y *Tropocyclops prasinus* están asociados a lagunas de profundidad media o alta, mientas que *Dyacyclops bicuspidatus* subsp. *liubbockii, Thermocyclops oithonoides, Cyclops matritensis, Megacyclops gigas* y *Cyclops abyssorum* lo están a estanques de media o baja profundidad.

Cyclops vulgaris, Eucyclops agilis, E. speratus, Ectocyclops phaleratus, Macrocyclops annulicornis, Metacyclops minutus, Mixodiaptomus incrassatus, Hemidiaptomus (Occidodiaptomus) roubaui y *Paracyclops fimbriatus* aparecen asociados a ambientes someros, pequeñas charcas o humedales. Salvo *P. fimbriatus,* más común, los demás apenas han sido citados más una vez.

Canthocamptus staphylinus, Diacyclops bisetosus, D. crassicaudis crassicaudis, D. languidoides languidoides, D. lindae, Elaphoidella bidens, Eucyclops (Eucyclops) graeteri, E. (Eucyclops) hadjebensis, Macrocyclops fuscus, Microcyclops rubellus, Paracyclops imminutus, P. chiltoni y *Platycyclops oligarthrus* suelen asociarse fundamentalmente a ambientes hiporreicos o al bentos fluvial.

Attheyella crassa, Bryocamptus gr. *zscchokkei* y *Megacyclops brachypus* se adscriben estrictamente a las aguas subterráneas en cuevas y pozos y han sido escasamente citados.

Por último, *Lernaea cyprinacea* es un parásito de peces y solo aparece citado en el estanque del Retiro (Almeida *et al.,* 2008).

Decápodos

Austropotamobius italicus (A. pallipes) es el cangrejo de patas blancas o, como proponen algunos autores, el cangrejo italiano (Clavero *et al.,* 2016a) y no parece haber sido especialmente abundante en la provincia. Sus requerimientos ecológicos de aguas limpias, bien oxigenadas y con niveles altos de calcio lo habrían relegado a los ríos del cuadrante suroriental de la provincia (Henares, Tajuña y Tajo). Allí los citan Torre Cervigón y Rodríguez Marqués (1964), aunque siempre con la mención de ser poblaciones poco importantes en el contexto nacional. Incluyen estos autores una población en el río Cofio, que no se compadece con los requerimientos ecológicos expuestos. Nieto (1970) todavía encuentra en la década de los sesenta una población en el tramo bajo del Jarama antes de su confluencia con el Tajo. Recientes investigaciones proponen el carácter introducido de la especie en la Península (Clavero *et al.,* 2016b), y eleva la provincia de Madrid a la categoría de núcleo de esta introducción y origen de todas las poblaciones peninsulares, al tratarse de una acción promovida por la Corona en tiempos de Felipe II que tuvo como medio receptor los jardines de El Escorial o de Aranjuez, o quizá ambos, lo que podría explicar la población del río Cofio. En cualquier caso, la especie ha desaparecido de las aguas de la mayor parte de nuestros ríos desde los años noventa, en gran medida como consecuencia de la extensión de la peste del cangrejo provocada por el hongo *Aphanomyces astaci* (Gutierrez-Yurrita *et al.,* 1999).

Pacifastacus leniusculus es el cangrejo-señal, especie de astácido originario de la costa pacífica de los EE.UU., introducida en los años setenta en la Península con el objetivo de recuperar poblaciones de cangrejo de río resistentes a la acción de la peste del cangrejo. No se sabe a ciencia cierta en qué momento llega a la provincia, pues no ha sido documentado tal hecho, aunque se propone que pudo ser hacia el año 2000 en el embalse de Pinilla (PNSG, 2015). Las primeras citas lo sitúan en el río Lozoya en 2005 y los seguimientos sistemáticos de la Confederación Hidrográfica del Tajo (2016) lo encuentran también en los ríos Guadalix, Guatel y Manzanares. La cita de un «astácido» en 2013 (CHT, 2013) en el arroyo de La Jarosa, en Guadarrama, puede adjudicarse también a esta especie, habida cuenta de la desaparición del otro astácido peninsular décadas antes.

De requerimientos semejantes al cangrejo italiano, el cangrejo-señal parece soportar mejor las bajas concentraciones de calcio en el agua, a tenor de los ambientes en los que se encuentra: aguas frías, bien oxigenadas y oligotrofas en ríos con aguas de baja mineralización.

Procambarus clarkii, el cangrejo rojo americano o cangrejo de las marismas, es un cambárido originario de la costa del golfo de México, donde ocupa la desembocadura y terrenos pantanosos de los grandes ríos de la zona, en ambientes templados subtropicales de aguas dulces o salobres de carácter permanente. Introducido en 1973 en el suroeste peninsular con ánimo productivista (curiosamente, una introducción promovida por miembros de la misma familia que en el siglo XVI se supone que importó el cangrejo italiano), su éxito fue tal que en veinte años ya ocupaba la práctica totalidad de la Península y había saltado a las islas y a Centroeuropa. A su capacidad de desplazamiento propia hay que unir, obviamente, la buena acogida que tuvo en los mercados y que llevó a pescadores de toda índole a sembrar de cangrejo rojo cualquier masa de agua susceptible de ser posteriormente explotada como recurso de pesca.

En la Comunidad de Madrid, la primera cita documentada de su presencia fue en la laguna de San Juan a mediados de los ochenta (Grijalbo, 1991); en los noventa fue detectado en multitud de masas de agua artificiales, tanto graveras como canteras y, siguiendo los registros de la Confederación del Tajo en sus programas de seguimiento, en 2008 ocupaba los principales ríos del sur y este de la provincia, en 2014 ya había llegado al valle de Lozoya y en 2016 ocupaba la práctica totalidad de la red fluvial (CHT, 2008, 2014, 2016).

Pese a su origen templado subtropical, se adapta bastante bien a nuestras latitudes, y ocupasobre todo los tramos medios y bajos de los ríos desde donde puede invadir, temporalmente, los tramos superiores.

Atyaephira desmarestii, el camarón de agua dulce es un habitante habitual de los ríos de corriente lenta y las aguas quietas a baja altitud. Margalef (1953) da cuenta de su presencia en las aguas de la provincia, pero no aporta, sin embargo, ninguna precisión sobre su localización, aunque sí sobre su hábitat, que corresponde al de la vegetación litoral o a la del fondo, en aguas dulces o ligeramente saladas y con amplitud térmica. Nieto (1970) lo cita en el río Tajo a su paso por Aranjuez, y García de Jalón y González del Tánago (1982) lo asocian al *Potamon*, situándolo en el tramo medio del Jarama, entre la confluencia del Lozoya y la del Guadalix. Esta distribución no se corresponde con la cita de Casado *et al.* (1990) para el río Lozoya. Las citas posteriores siempre proceden de tramos bajos (CHT, 2016) o de aguas estancadas a menor altitud, como la laguna de Las Madres (Álvarez Cobelas, comunicación personal), lo que hace que su presencia actual en el Valle del Lozoya sea, cuando menos, dudosa.

Anfípodos

En función del hábitat que ocupan, podemos distinguir en este grupo a los anfípodos de aguas subterráneas de aquellos que habitan el bentos y la zona litoral de ríos y humedales. En el primer caso solo se ha citado una especie en Madrid. Notenboom y Meijiers (Notenboom, 1990) recolectaron una importante cantidad de material de la estigofauna ibérica durante la década de los ochenta, de la que solo el género *Bogidiella* fue identificado en río Jarama –posteriormente referida como *Bogidiella*

(Bogidiella) convexa por Camacho y G. Valdecasas (2006)– para el tramo de río entre Talamanca y Torrelaguna.

El grupo de anfípodos bentónicos, mucho más diverso y abundante, pertenece en su totalidad a la familia *Gammaridae*. Margalef (1953) cita *Gammarus (Echinogammarus) simoni,* probablemente en aguas del Manazanares, a la altura de Puerta de Hierro, sin que se tenga constancia de su posterior presencia. Nieto (1970) cita *Echinogammarus berilloni* en aguas del río Tajo en Aranjuez, mientras que Pinkster (1973) y posteriormente Fernández-Lop (1986) realizan una revisión taxonómica del grupo *E. berilloni.* Para la provincia de Madrid encontramos un total de siete especies de gammaridos bentónicos, distribuidos en los tramos medios y bajos de los ríos Tajo, Jarama, Tajuña y Henares. El área de distribución de este grupo se amplía con los trabajos de seguimiento de la Confederación Hidrográfica del Tajo, los cuales registran ejemplares de esta familia en 2013 –sin entrar en mayores detalles taxonómicos– en aguas del río Artiñuelo (Rascafría) y en algún punto del tramo alto del Jarama en 2014, que son sus localizaciones más elevadas en términos de altitud. El hábitat de dichas especies corresponde a ambientes de vegetación densa, preferiblemente en zonas de escasa corriente o entre las piedras.

Isópodos

Las únicas citas para este grupo corresponden a individuos de la familia *Asellidae*, los cuales se presentan en los ríos Cofio y Manzanares como parte del seguimiento del estado ecológico de las aguas efectuado por la Confederación del Tajo (CHT, 2016). La mayor parte de sus especies ocupan hábitats de aguas subterráneas y medios intersticiales y, desde un punto de vista taxonómico, revisten especial dificultad en su determinación. Camacho y G. Valdecasas (2006) realizan una revisión de la estigofauna en Madrid y no citan ningún representante de este grupo.

Sincáridos

Este grupo incluye unas doscientas especies en todo el mundo y veinticinco en la Península Ibérica, adaptadas a los ambientes de aguas subterráneas y medios intersticiales. En la Comunidad de Madrid se han citado cuatro especies de la familia *Bathynellidae,* aunque dos de los especímenes no hayan sido identificados más allá de ese nivel. *Hexaiberobathynella mateusi* es endémica de la Península Ibérica, de la que no existen más allá de setenta y seis registros georrefrenciados (www.gbif.org/species/4416579), mientras que *Hexabathynella nicoleiana* ha sido citada exclusivamente en las localidades emplazadas en el curso del río Jarama donde fue descrita (Camacho, 1986).

Branquiuros

Los branquiuros son ectoparásitos de peces. El único representante de este grupo identificado en la región ha sido *Argulus japonicus,* descrito como *A. matritensis* por Arévalo (1921b) en el estanque del Palacio de Cristal. Como se puede inferir de su nombre, se trata de una especie de origen asiático que se ha distribuido por todo el mundo al estar asociada a carpas *(Cyprinus carpio)* y carpines (*Carassius auratus*).

LAGUNAS EN EL CONOCIMIENTO

Aunque el número de taxones de crustáceos conocidos en la región configura una lista faunística razonablemente amplia, no podemos dejar de hacer una serie de consideraciones al respecto. La primera se refiere a la extensión espacial de la información, cuya distribución territorial dista de ser homogénea en la Comunidad madrileña. En el mapa de la figura 19.1 se han representado en amarillo, como una primera aproximación geográfica, los municipios para los que existen registros de la presencia de alguna de las especies de crustáceos consignadas en la tabla 19.1. Resulta evidente que esta distribución en mosaico no puede explicarse en función de la distribución de los ecosistemas acuáticos, pues se aprecian extensas áreas con presencia de cursos de agua y sistemas de aguas estancadas para los que no se dispone de información alguna.

La segunda consideración concierne a la baja *densidad* de la información. Nos referimos aquí al hecho de que en muchas zonas de la región los registros disponibles son muy escasos, casi anecdóticos, incluso en los espacios naturales protegidos de la Comunidad. Así, las lagunas del Parque Regional del Sureste de Madrid y amplias zonas del Parque Regional de la cuenca alta del Manzanares y del Parque Nacional del Guadarrama –excepción hecha de los humedales del Macizo de Peñalara y algunos embalses del río Lozoya– apenas se han llevado a cabo prospecciones para los crustáceos. Esta es una circunstancia que llama aún más la atención si consideramos que en la Comunidad están presentes cinco universidades públicas, algunas otras privadas y varios centros de investigación vinculados a las ciencias naturales y el medio ambiente, los cuales parecen haber vivido de espaldas a la realidad más cercana.

La tercera de nuestras reflexiones se refiere a la desigual atención que han suscitado los distintos tipos de sistemas acuáticos. Si bien los grandes ríos del sureste pueden considerarse bien conocidos, ni la cuenca del Lozoya ni la del Alberche –salvando los trabajos realizados en el embalse de San Juan– han sido adecuadamente prospectadas. Tampoco los ambientes subterráneos e intersticiales, especialmente abundantes en nuestra Comunidad, han sido explorados suficientemente, y el conocimiento que tenemos de su fauna es aún incipiente pese al notable esfuerzo de algunas investigadoras aisladas (véanse los trabajos de Ana Camacho y Sanda Iepure referenciados en la bibliografía). Finalmente, quedan por mencionar otros sistemas: los generados por actividades extractivas (Montes *et al.,* 1993), que muestran en nuestra región una presencia y diversidad muy considerables, aunque apenas han recibido atención pese a su enorme potencial como laboratorios científicos y pedagógicos (véanse, por ejemplo, los trabajos de Álvarez Cobelas y colaboradores en la laguna de Las Madres).

La última consideración queremos hacerla sobre la naturaleza episódica y efímera de la mayor parte de los estudios sobre crustáceos de la región. Son muy

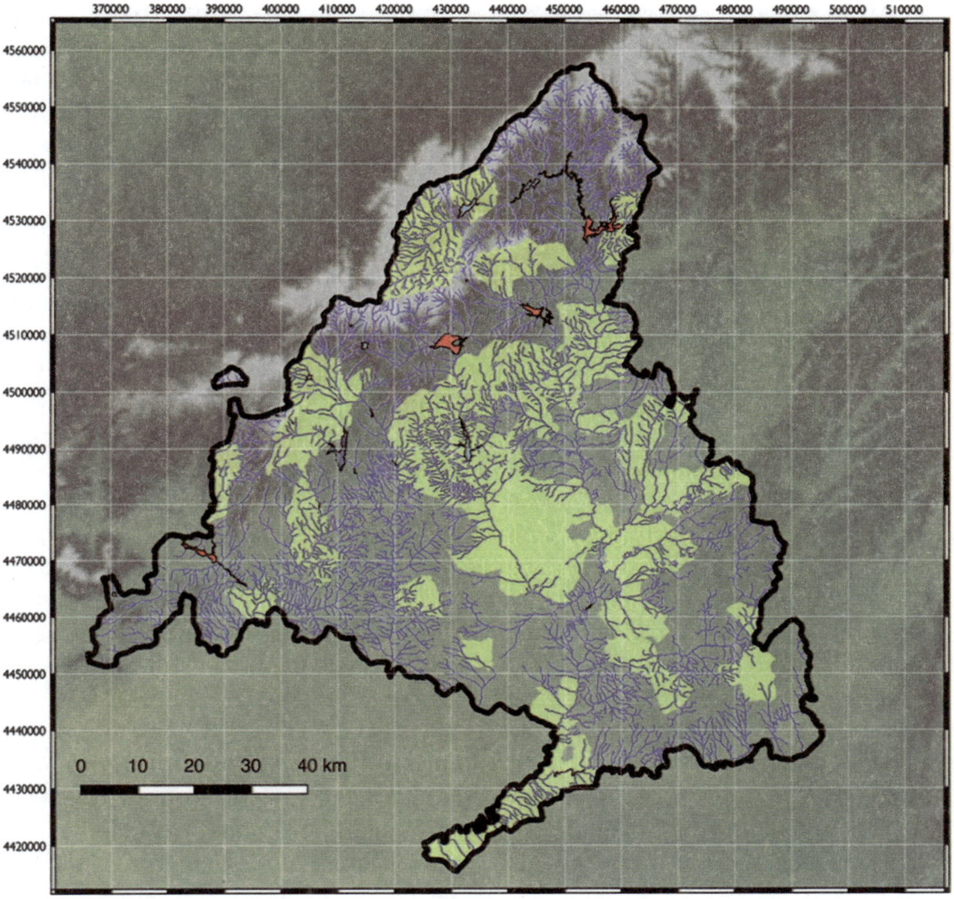

Figura 19.1. Mapa de la Comunidad de Madrid: en color azul la red fluvial y las principales masas de agua; en rojo los embalses con registros de crustáceos; y, en color amarillo, los términos municipales para los que existe cita de algún crustáceo sin distinción del número de citas, taxones citados o tipos de ecosistema acuático implicado.

escasos los trabajos a largo plazo –incluso a medio plazo– que ahonden en la biología y la ecología de estos grupos: ciclos de vida, reclutamiento, dinámica de poblaciones, etc. El estudio de los embalses –salvo lo que puedan estar haciendo en el Canal de Isabel II– quedó sin continuidad tras los referidos trabajos de Armengol (1980), y tampoco se ha recuperado la actividad en los sistemas originados por actividades extractivas tras los trabajos de Montes y colaboradores (1993). En este sentido, solo dos sistemas muy distantes ecológicamente entre sí, la laguna grande de Peñalara y la laguna de Las Madres, mantienen planes de seguimiento a largo plazo. Sirvan de ilustración las figuras 19.2-19.3, que resumen algunos datos relativos a las poblaciones de cladóceros y copépodos obtenidos en la laguna de Las Madres a lo largo de casi dos décadas y que los investigadores responsables –Miguel Álvarez Cobelas y colaboradores– nos han cedido amablemente para la ocasión. En estas gráficas puede apreciarse lo valioso de los estudios a largo plazo para desvelar patrones que de otra manera pasarían desapercibidos como, por ejemplo, las pautas estacionales de crecimiento de las poblaciones, los pulsos de reclutamiento en las mismas y la aparición (y desaparición) a escala interanual de algunas especies.

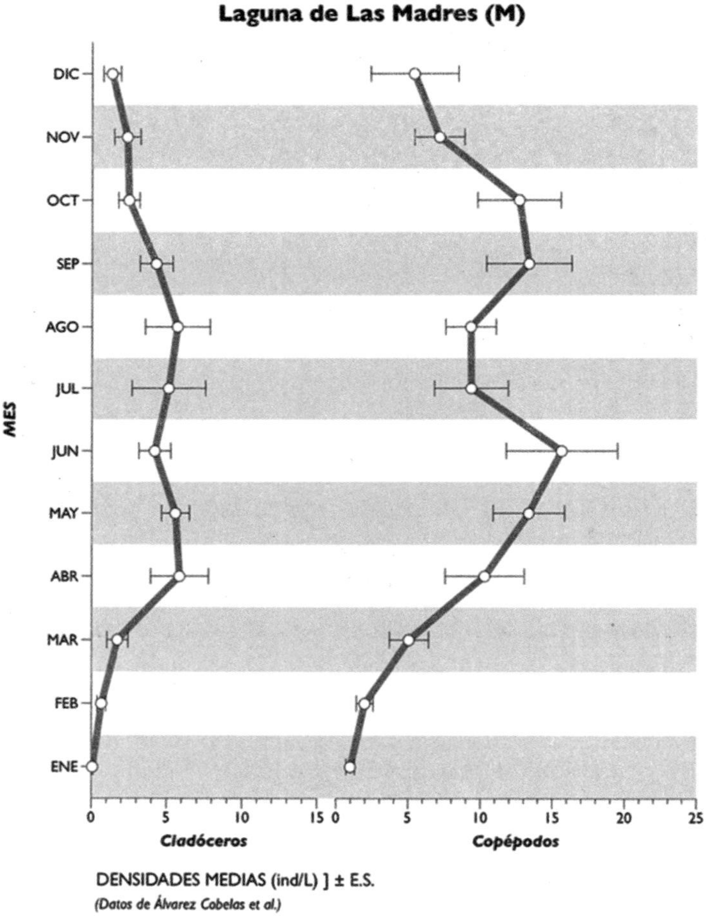

Figura 19.2. Densidades mensuales medias (± error estándar) de las poblaciones totales de Cladóceros y Copépodos en la laguna de Las Madres.

Haciendo de la necesidad virtud, podemos concluir que las carencias reseñadas son ventanas de oportunidad para los futuros estudiosos. Y en ellos hemos de confiar.

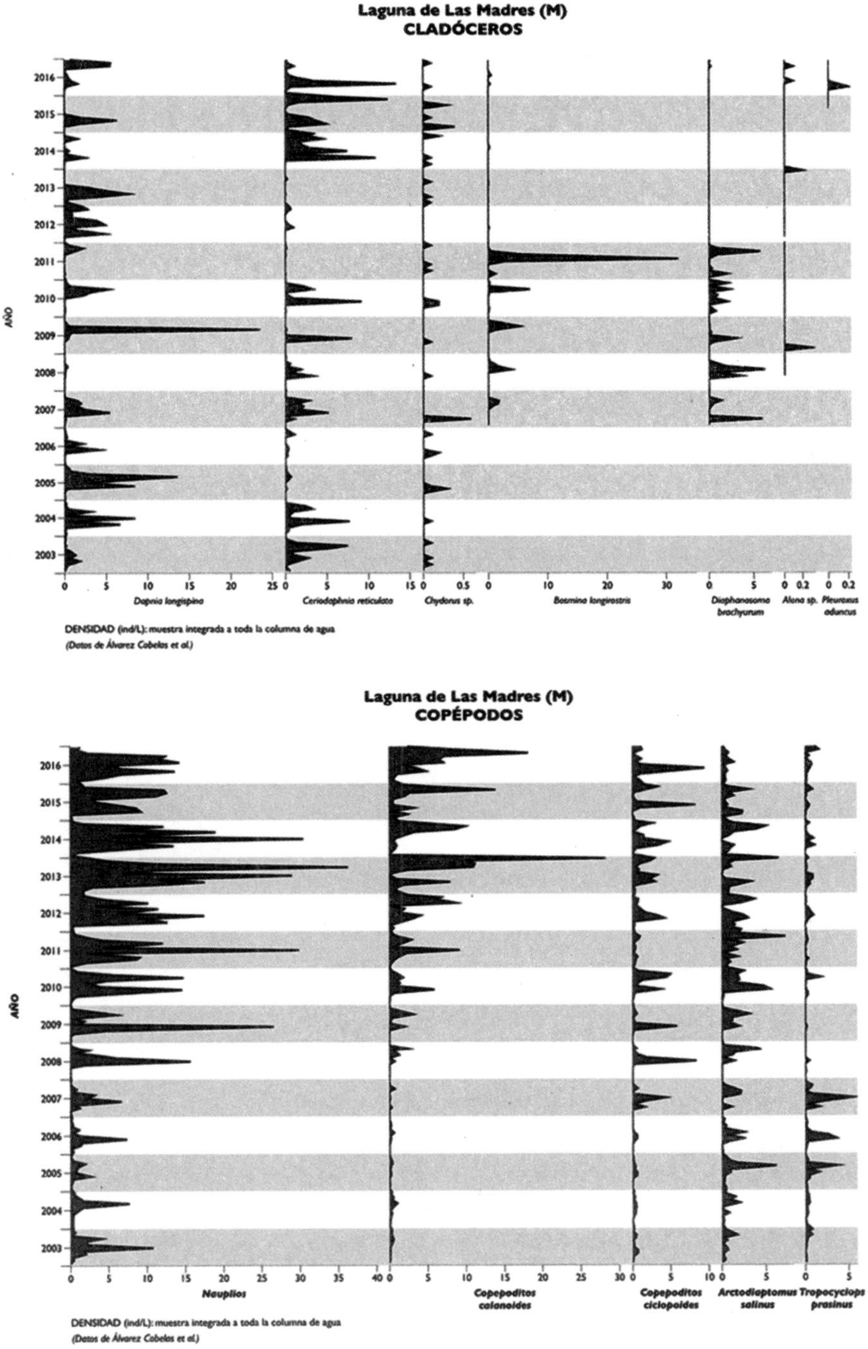

Figura 19.3. Densidades mensuales medias (± error estándar) de las distintas especies de cladóceros y copépodos registradas en la laguna de Las Madres desde 2003 a 2016. Obsérvense las diferencias en abundancia de las distintas especies y la presencia 'ocasional' de algunas de ellas.

CAPÍTULO XX

Insectos I: Dípteros

Óscar Soriano Hernando, Ignacio Ruiz Arrondo, Rubén Bueno Marí y Fernando Cobo Gradín

RESUMEN

En el presente trabajo se refiere la lista faunística de los Dípteros con larva acuática en Madrid. En cuanto a los quironómidos, se revisa una lista anterior (Soriano y Cobo, 2006) y se añade información inédita. El número de especies citadas en esta Comunidad se eleva a 223. De ellas una especie (*Cryptochironomus obreptans* (Walker) es nueva para España. Respecto a los culícidos, se han listado 31 especies en esta Comunidad, lo que supone casi el 50% de las citadas en España. De los simúlidos se han citado 23 especies en total, incluyendo 5 nuevas no recogidas previamente. En lo referente a los ceratopogónidos y díxidos, la información existente es muy reducida (14 y 4 especies citadas respectivamente). En el primero de los casos, por no existir claves de determinación de los estados preimaginales (carencia para los estudios limnológicos), y en el segundo, al no ser tenidos demasiado en cuenta, dadas su escasa presencia y densidad en los ambientes acuáticos. Por su parte, *Chaoborus* apenas ha sido detectado en Madrid, lo cual probablemente se haya debido a la escasez de muestreos para buscarlo.

Las investigaciones biológicas, biogeográficas y ecológicas, y en algunos casos taxonómicas (Ceratopogónidos), de estos grupos de dípteros en Madrid han sido muy escasas hasta la fecha, por lo que convendría incentivarlas. Particular interés tienen los problemas sanitarios y económicos que causan algunas especies de culícidos, simúlidos y ceratopogónidos, lo cual debiera promover más investigación sobre las mismas, encaminada a obtener un mayor conocimiento de este grupo y, así, poder elaborar directrices para el control de sus poblaciones.

Palabras-clave: fauna, problemas sanitarios.

SUMMARY: INSECTS I: DIPTERANS

A chironomid list is given here, updating that of Soriano and Cobo (2006) for Madrid County by including unpublished information. Species richness amounts to 223, of which Cryptochironomus obreptans is a new record for Spain. Regarding culicids, 31 species have been recorded in Madrid, which are roughly 50% of all Spanish records. 23 Simuliid species have been found in this territory, including five not previously recorded. Regarding ceratopogonids and dixids, the existing information is very small (14 and 4 species cited, respectively). In the former case, there are no keys to determine the preimaginal states due to lacking of limnological studies and in the latter that is because they have been overlooked due to their scarce occurrence and density in aquatic environments. Finally, Chaoborus has rarely been recorded in Madrid, but this has probably resulted from poor survey efforts.

Biological, biogeographical and ecological –and taxomomical sometimes (for ceratopogonids)– research of these Dipteran groups has been very scarce in Madrid up to date, and hence it must be encouraged. More specifically, economic and health problems posed by some species of culicids, simuliids and ceratopogonids can be important and their research must be promoted to improve our knowledge on them and enact regulations for their population control in Madrid County.

INTRODUCCIÓN

Consideraremos en este capítulo los siguientes grupos de dípteros de larva acuática: quironómidos, culícidos, simúlidos, díxidos, ceratopogónidos y caobóridos.

QUIRONÓMIDOS

En esta sección actualizaremos la lista de Soriano y Cobo (2006), que recogió la información publicada e incluyó nuevas adiciones de las colecciones de los autores, caso similar a lo que pretendemos hacer en esta publicación.

Por regla general, las primeras citas de quironómidos que se publican, tanto en España como en Madrid, corresponden a citas sueltas recogidas en artículos y libros de los primeros años del siglo XX (Arias, 1912; Strobl, 1900, 1905; Czerny y Strobl, 1909). Estas citas, en su totalidad, eran fruto de muestreos esporádicos que (corresponsales o colegas de los autores) les remitían, pero no eran resultado de un proceso sistemático. Las localidades no se describían con precisión, y la nomenclatura, en algunos casos, no ha sido posible actualizarla *(nomina dubia)*. En años posteriores, otros autores extranjeros (Goetghebuer, 1931; Wülker, 1957; Hirvenoja, 1973) utilizan algunos ejemplares de procedencia ibérica en sus trabajos, citando su procedencia, lo cual nos ha permitido incluir esas citas en este capítulo.

El primer especialista español que estudia este grupo y que, entre sus múltiples citas para la Península, nos provee de nuevas citas para Madrid es Narcís Prat (1980b). En los años ochenta del siglo pasado, Casado *et al.* (1990), en una publicación sobre el río Lozoya, tratan los quironómidos, pero solo a nivel genérico. Posteriormente, Soriano (2001) muestrea los quironómidos de los ríos de Madrid y recoge 205 especies en esta provincia. Años después, Soriano y Cobo (2006) publican la primera lista de quironómidos de Madrid, en la que se incluyen especies de algunos medios leníticos no estudiados hasta entonces, con lo que se incrementa el número de especies conocidas hasta 218 (incluidos *nomina dubia*). En el presente trabajo repasamos las citas existentes e incluimos otras nuevas, con lo que se obtiene como resultado 223 especies (incluyendo *nomina dubia*, tabla 20.1), una de las citadas por primera vez para España *(Cryptochironomus obreptans)*.

Tabla 20.1. Especies de quironómidos citadas para Madrid. Véase Digital CSIC para situar las localidades de recogida. La mayoría de las citas se han obtenido por determinación de exuvias pupales, y es relativamente frecuente encontrar taxones específicos que se denominan con el nombre genérico seguido de «Pe» y un número. Esta terminología es la utilizada por Langton (1984, 1991) para nombrar exuvias que aún no han sido adscritas a una especie determinada o que pudieran pertenecer a ejemplares de especies no descritas todavía. En los anexos figuran con el acrónimo «C.N.» las citas inéditas que se aportan. Un signo de interrogación significa cita dudosa.

Ablabesmyia longistyla Fittkau
Ablabesmyia monilis (Linnaeus)
Boreoheptagyia legeri (Goetghebuer)
Brillia modesta (Meigen)
Cardiocladius capucinus (Zetterstedt)
Cardiocladius fuscus Kieffer
Chironomus annularius Auctt., nec. De Geer in Meigen
Chironomus dorsalis Auctt. nec Meigen
Chironomus nuditarsis (Linnaeus)
Chironomus plumosus (Linnaeus)
Chironomus prasinus Meigen
Chironomus riparius Meigen
Chironomus venustus Staeger
Chironomus latus Meigen
Chironomus flaveolus Meigen
Chironomus luridus Strenzke
Cladopelma virescens (Meigen)
Cladotanytarsus atridorsum Kieffer
Cladotanytarsus lepidocalcar Krüger
Cladotanytarsus mancus (Walker)
Cladotanytarsus Pe 5 a in Langton
Cladotanytarsus vanderwulpi (Edwards)

Tabla 20.1. *(continuación)*

Conchapelopia pallidula (Meigen)
Conchapelopia viator (Kieffer)
Corynoneura celtica Edwards
Corynoneura coronata Edwards
Corynoneura edwardsi Brundin
Corynoneura lobata Edwards
Corynoneura Pe 2a in Langton
Corynoneura scutellata Winnertz
Cricotopus albiforceps (Kieffer in Thienemann y Kieffer)
Cricotopus annulator Goetghebuer
Cricotopus beckeri Hirvenoja
Cricotopus bicinctus (Meigen)
Cricotopus curtus Hirvenoja
Cricotopus cylindraceus (Kieffer in Kieffer y Thienemann)
Cricotopus festivellus (Kieffer)
Cricotopus fuscus (Kieffer)
Cricotopus intersectus (Staeger)
Cricotopus ornatus (Meigen)
Cricotopus pallidipes Edwards
Cricotopus similis Goetghebuer
Cricotopus speciosus Goetghebuer
Cricotopus sylvestris (Fabricius)
Cricotopus tibialis (Meigen)
Cricotopus tremulus (Linnaeus)
Cricotopus triannulatus (Macquart)
Cricotopus tricinctus (Meigen)
Cricotopus trifascia Edwards
Cricotopus trifasciatus (Meigen in Panzer)
Cricotopus vierriensis Goetghebuer
Cryptochironomus obreptans (Walker)
Cryptochironomus rostratus Kieffer

Tabla 20.1. *(continuación)*

Cryptochironomus supplicans (Meigen
Cryptotendipes usmaensis (Pagast)
Diamesa bertrami Edwards
Diamesa tonsa (Walker)
Dicrotendipes nervosus (Staeger)
Dicrotendipes peringueyanus (Kieffer)
Endochironomus dispar (Meigen)
Endochironomus tendens (Fabricius)
Epoicocladius flavens (Malloch)
Eukiefferiella brevicalcar (Kieffer)
Eukiefferiella claripennis (Lundbeck)
Eukiefferiella clypeata (Kieffer)
Eukiefferiella coerulescens (Kieffer in Zavrel)
Eukiefferiella cyanea Thienemann
Eukiefferiella devonica (Edwards)
Eukiefferiella dittmari Lehmann
Eukiefferiella fuldensis Lehmann
Eukiefferiella gracei (Edwards)
Eukiefferiella ilkleyensis (Edwards)
Eukiefferiella lobifera Goetghebuer
Eukiefferiella minor (Edwards)
Eukiefferiella tirolensis Goetghebuer
Glyptotendipes barbipes (Staeger)
Glyptotendipes gripekoveni (Kieffer)
Glyptotendipes pallens (Meigen)
Harnischia fuscimana Kieffer
Heleniella ornaticollis (Edwards)
Heterotrissocladius marcidus (Walker)
Krenosmittia boreoalpina (Goetghebuer)
Krenosmittia camptophlebs (Edwards)
Larsia atrocincta (Goetghebuer)

Tabla 20.1. *(continuación)*

Limnophyes minimus (Meigen)
Limnophyes Pe 1a in Langton
Limnophyes punctipennis (Goetghebuer)
Lymnophyes edwarsi Saether
Macropelopia nebulosa (Meigen)
Metriocnemus eurynotus (Holmgren)
Micropsectra atrofasciata (Kieffer)
Micropsectra bidentata (Goetghebuer)
Micropsectra contracta Reiss
Micropsectra junci (Meigen)
Micropsectra lindebergi Sawedal
Micropsectra lindrothi Goetghebuer in Goetghebuer y Lindroth
Micropsectra notescens (Walker)
Micropsectra radialis Goetghebuer
Microtendipes britteni (Edwards)
Microtendipes chloris (Meigen)
Microtendipes diffinis (Edwards)
Nanocladius bicolor (Zetterstedt)
Nanocladius rectinervis (Kieffer)
Neozavrelia Pe 1 in Langton
Nilotanypus dubius (Meigen)
Orthocladius ashei Soponis
Orthocladius frigidus (Zetterstedt)
Orthocladius obumbratus Johannsen
Orthocladius Pe 4 Langton
Orthocladiusri vicola Kieffer
Orthocladiusri vulorum Kieffer
Orthocladius saxosus (Tokunaga)
Orthocladius thienemanni Kieffer in Kieffer y Thienemann
Orthocladius fuscimanus (Kieffer in Kieffer y Thienemann)
Parachironomus arcuatus (Goetghebuer)

Tabla 20.1. *(continuación)*

Parachironomus Pe 2 in Langton
Parachironomus Pe 3 in Langton
Paracladius alpicola (Zetterstedt)
Paracladius conversus (Walker)
Paracricotopus niger (Kieffer)
Parakiefferiella bathophila (Kieffer)
Parakiefferiella coronata (Edwards)
Parakiefferiella wuelkeri Moubayed
Paramerina cingulata (Walker)
Paramerina divisa (Walker)
Paramerina Pe 1 in Langton
Parametriocnemus stylatus (Kieffer)
Paraphaenocladius impensus Walker
Paratanytarsus austriacus (Kieffer in Albrecht)
Paratanytarsus dissimilis Johanssen
Paratanytarsus grimmii (Schneider)
Paratanytarsus inopertus (Walker)
Paratanytarsus natvigi (Goetghebuer)
Paratendipes albimanus (Meigen)
Paratendipes Pe 1 in Langton
Paratrichocladius rufiventris (Meigen)
Paratrichocladius skirwithensis (Edwards)
Paratrissocladius excerptus (Walker)
Phaenopsectra flavipes (Meigen)
Polypedilum arundineti (Goetghebuer)
Polypedilum bicrenatum Kieffer
Polypedilum convictum (Walker)
Polypedilum cultellatum Goetghebuer
Polypedilum laetum (Meigen)
Polypedilum nubeculosum (Meigen)

Tabla 20.1. *(continuación)*

Polypedilum nubens (Edwards)
Polypedilum nubifer (Skuse)
Polypedilum pedestre (Meigen)
Polypedilum pullum (Zetterstedt)
Polypedilum quadriguttatum Kieffer
Polypedilum scalaenum (Schrank)
Polypedilum tetracrenatum Hirvenoja
Polypedilum tritum (Walker)
Polypedilum uncinatum (Goetghebuer)
Potthastia gaedii (Meigen)
Procladius choreus (Meigen)
Procladius Pe 1 in Langton
Procladius Pe 3 in Langton
Procladius Pe 4 in Langton
Procladius Pe 4a in Langton
Procladius sagittalis (Kieffer)
Procladius signatus (Zetterstedt)
Procladius Pe 4a in Langton
Prodiamesa olivacea (Meigen)
Psectrocladius limbatellus (Holmgren)
Psectrocladius oxyura Langton
Psectrocladius sordidellus Zetterstedt
Psectrocladius obvius (Walker)
Psectrotanypus varius (Fabricius)
Pseudodiamesa branickii (Nowicki)
Pseudorthocladius filiformis (Kieffer in Kieffer y Thienemann)
Pseudosmittia Pe 2 in Langton
Rheocricotopus atripes (Kieffer)
Rheocricotopus chalybeatus (Edwards)
Rheocricotopus fuscipes (Kieffer)
Rheopelopia maculipennis (Zetterstedt)

Tabla 20.1. *(continuación)*

Rheotanytarsus distinctissimus (Brundin)
Rheotanytarsus pentapoda (Kieffer)
Rheotanytarsus photophilus (Goetghebuer)
Rheotanytarsus reissi Lehmann
Rheotanytarsus rhenanus Klink
Smittia aterrima (Meigen)
Stempellina bausei (Kieffer)
Stempellinella brevis (Edwards)
Stenochironomus gibbus (Fabricius)
Stictochironomus maculipennis (Meigen)
Stictochironomus Pe 2 in Langton
Stictochironomus sticticus (Fabricius)
Sympotthastia spinifera Serra-Tosio
Sympotthastia zavreli Pagast
Synorthocladius semivirens (Kieffer)
Tanypus kraatzi (Kieffer)
Tanypus punctipennis Meigen
Tanytarsus brundini Lindeberg
Tanytarsus chyniensis Goetghebuer
Tanytarsus ejuncidus (Walker)
Tanytarsus eminulus (Walker)
Tanytarsus fimbriatus Reiss y Fittkau
Tanytarsus gregarious Kieffer
Tanytarsus heusdensis Goetghebuer
Tanytarsus latus (Staeger)
Tanytarsus medius Reiss y Fittkau
Tanytarsus mendax Kieffer, nec Reiss y Fittkau
Tanytarsus pallidicornis (Walker)
Tanytarsus pusio Meigen
Tanytarsus quadridentatus Brundin
Tanytarsus striatulus Lindeberg

Tabla 20.1. *(continuación)*

Tanytarsus usmaensis Pagast
Thienemannia gracilis Kieffer
Thienemanniella acuticornis (Kieffer)
Thienemanniella clavicornis (Kieffer)
Thienemanniella majuscula (Edwards)
Thienemanniella Pe 2a in Langton
Thienemanniella Pe 2b in Langton
Thienemanniella vittata (Edwards)?
Thienemannimyia carnea (Fabricius)
Trissopelopia longimana (Staeger)
Tvetenia bavarica (Goetghebuer)
Tvetenia calvescens (Edwards)
Tvetenia verralli (Edwards)
Virgatanytarsus arduennensis (Goetghebuer)
Virgatanytarsus triangularis (Goetghebuer)
Xenochironomus xenolabis (Kieffer in Thienemann y Kieffer
Zavrelimyia barbatipes (Kieffer)
Zavrelimyia nubila Fittkau
Nomina dubia
Chironomus flaveolus Meigen
Tanytarsus latus (Staeger)
Tanytarsus pusio Meigen

Los únicos datos de densidad de quironómidos palustres son los de la laguna de Las Madres (Álvarez Cobelas, datos inéditos), registrados en 2016, los cuales resultan muy variables entre sustratos y estaciones del año (tabla 20.2). Como se puede constatar, los cantos rodados albergaban mayor densidad en primavera, debida mayoritariamente a los ortocladinos. Ese máximo se desplazaba a la vegetación emergente de carrizo y enea a comienzos del verano, cuya composición se veía dominada por *Stempellina* sp. Para el medio fluvial, disponemos solamente de los datos del bajo Henares, muestrado estacionalmente en 1999-2000 y cuyo rango oscila entre 23.370 y 38.877 individuos/m^2 (de la Puente y Camargo, 2005b).

Tabla 20.2. Densidad de los quironómidos (ind/m^2) en distintos sustratos de la laguna de Las Madres en 2016.

	Comienzo de la primavera	Comienzo del verano
Canto rodado	1.348	160
Limo	520	130
Enea	93	2.980
Carrizo	670	2.070

FUENTE: Álvarez Cobelas (datos inéditos).

CULÍCIDOS

Como en el resto de los dípteros que tratamos en este trabajo, la primera cita que se tiene para España de culícidos es de Strobl (1900), y corresponde a *Culex pipiens* en Algeciras (Cádiz). Pocos años después, Strobl (1905) y Czerny y Strobl (1909) publican nuevos registros, que Arias (1912) recoge con posterioridad junto con algunas más, resultado de aportes de corresponsales o colegas de este autor. Como es fácilmente constatable, en los trabajos mencionados las citas no son resultado de un trabajo sistemático de recolecta, sino que son citas sueltas obtenidas de viajes en los que se recogía cualquier especie de díptero que se encontrara.

En este grupo en particular, y dado el interés por su estudio habida cuenta de quelas especies que lo componen pueden ser causantes de picaduras en humanos y vectores de un gran número de microorganismos patógenos, los trabajos son muy numerosos, tanto en el ámbito taxonómico como en el biológico, ecológico, epidemiológico, etc.

Los primeros estudios que aportan información más concreta y documentada sobre especies presentes en Madrid se deben a Gil Collado (1926, 1930, 1933 y 1935), Nájera (1943), Clavero (1945 y 1946) y Torres Cañamares (1979). Con posterioridad, Sánchez-Covisa (1985) presenta su tesis doctoral referida a los culícidos arborícolas de Madrid y, posteriormente, Melero-Alcíbar (2004) la suya sobre la taxonomía, biología, fenología y ecología de los culicinos de esta provincia. También hemos revisado otras publicaciones como las de Llave Correas y González Mora (1996), Álvarez Cobelas *et al.* (2016) e informes, no publicados por ahora, que aportan nuevas localidades para especies ya citadas, como los de Lucientes y Molina (2013, 2016). En el apartado del anexo referido a *C. pipiens* no listamos localidades, ya que por su ubicuidad puede citarse en tantas localidades como figuran en las guías telefónicas y, como no hay domicilio que no haya sido invadido por esta especie en algún momento, sería imposible listar todas ellas.

A día de hoy, el número de especies citadas en España asciende a 64, de las cuales 31 se han encontrado en Madrid (tabla 20.3). Dado que los estudios más completos sobre la biología y la ecología de este grupo han sido sobre culícidos arborícolas (Sánchez-Covisa, 1985) y culicinos (Melero-Alcíbar, 2004), quedan algunas

Tabla 20.3. Especies de culícidos presentes en el territorio de Madrid. Véase Digital CSIC para la ubicación de las localidades de recogida. En los anexos figuran con el acrónimo «C.N.» las citas inéditas que se aportan.

Aedes aegypti (Limnaeus)
Aedes berlandi (Séguy)
Aedes geminus Peus
Aedes geniculatus (Olivier)
Aedes gilcolladoi Sánchez-Covisa *et al.*
Aedes vexans (Meigen)
Anopheles atroparvus Van Thiel
Anopheles cinereus hispaniola (Theobald)
Anopheles claviger (Meigen)
Anopheles maculipennis Meigen (*sensu lato*)
Anopheles plumbeus Stephens
Culex hortensis Ficalbi
Culex mimeticus Noé
Culex pipiens Linnaeus
Culex territans Walker
Culex theileri Theobald
Culex univittatus Theobald
Culiseta annulata (Schrank)
Culiseta fumipennis (Stephens)
Culiseta longiareolata (Macquart)
Culiseta subochrea (Edwards)
Ochlerotatus cantans (Meigen)
Ochlerotatus caspius (Pallas)
Ochlerotatus leucomelas (Meigen)
Ochlerotatus pulcritarsis (Rondani)
Ochlerotatus punctor (Kirby)
Ochlerotatus quasirusticus Torres Cañamares
Ochlerotatus rusticus (Rossi)
Ochlerotatus surcoufi (Theobald)
Orthopodomyia pulcripalpis (Rondani)
Uranotaenia unguiculata Edwards

lagunas sobre la biología, fenología y ecología de otras especies que aún no han sido tratadas en profundidad.

SIMÚLIDOS

El conocimiento actual sobre este grupo en Madrid se basa en trabajos que han aportado citas sueltas. Las primeras son las de principios del siglo XX por Strobl (1900, 1905) y Czerny y Strobl (1909) en sus trabajos sobre la fauna dipterológica de España. Con posterioridad, Arias (1912) recopila esta información y la incluye en nuevas citas facilitadas por diferentes recolectores. Desde la fecha en que se publica este último trabajo no ha habido nuevas publicaciones que recojan citas de simúlidos, hasta que Grenier y Bertrand (1954) realizan y publican el primer catálogo de simúlidos de España, en el cual aparecen especies no citadas antes para la provincia de Madrid. Estos autores realizan sus muestreos en un mismo punto (río Guadarrama, en Villalba), salvo otro muestreo que se toma en El Ventorrillo y que suponemos debió de hacerse en el arroyo Matasalgado, el único cercano a dicha estación biológica, y esta es la razón por la que ponemos junto a la localidad un signo de interrogación en la tabla 20.4.

Ya durante la segunda mitad del siglo XX, se llevan a cabo diferentes estudios sobre la ecología de los ríos de la provincia de Madrid. El primero, que recoge nuevas citas de simúlidos, es la tesis doctoral de Casado (1986), en la cual aparecen los simúlidos presentes en unos completos listados de fauna del río Lozoya, río objeto de estudio. Durante 1990 se publica un trabajo (Casado *et al.,* 1990), derivado de esta memoria doctoral, a la vez que se presenta la tesis de González (1990), que es la primera memoria doctoral sobre simúlidos elaborada en la Península Ibérica, en la cual se complementan los resultados de Casado (1986), ya que –aparte de estudiar numerosas cuencas españolas– se vuelve a revisar la fauna de simúlidos del río Lozoya. En esa memoria doctoral se tratan también la taxonomía, la biología y la ecología de este importante grupo de dípteros acuáticos, lo que supone un gran avance en el conocimiento de los simúlidos de la Península Ibérica.

Con posterioridad, Vinçon y Clergue-Gazeau (1993) muestrean tramos altos de arroyos del sudoeste europeo, entre ellos alguno de la estación invernal de Valdesquí, y aportan nuevas citas para la provincia de Madrid. De ahí en adelante, solo se han realizado nuevos estudios orientados al conocimiento de la limnología de diferentes ambientes acuáticos, donde también se han determinado los ejemplares de simúlidos que aparecen en ellos (Álvarez-Cobelas *et al.,* 2016).

Por lo tanto, aprovechamos este capítulo para incluir datos inéditos recogidos por nosotros en los últimos años y en diferentes ríos de Madrid. Hasta la actualidad y en los últimos catálogos publicados (González *et al.,* 2002; Belqat y Garrido, 2008 y Lopez-Peña y Peydró, 2017) se han citado para la Península Ibérica e islas Baleares y Canarias 52 especies de simúlidos. El número de especies mencionadas para Madrid asciende a 21, de las cuales 5 son nuevas para la provincia. Ello nos hace pensar que nuevos estudios aumentarán el número de citas madrileñas, ya que la mayoría de los ríos y parte de sus tramos no han sido muestreados.

Tabla 20.4. Especies de simúlidos citados en la provincia de Madrid. Véase Digital CSIC para la situación de las localidades. En los anexos figuran con el acrónimo «C.N.» las citas inéditas que se aportan. El signo de interrogación significa que Adler y Crosskey (2018) consideran esta especie dudosa para Europa.

Prosimulium hirtipes (Fries)
Prosimulium latimucro (Enderlein)
Prosimulium tomosvaryi Enderlein
Simulium angustitarse Lundström
Simulium argyreatum Meigen
Simulium carthusiense (Greniery Dorier)
Simulium costatum Friederichs
Simulium cryophilum (Rubtsov)
Simulium equinum (Linnaeus)
Simulium erythrocephalum (De Geer)
Simulium gr. *aureum*
Simulium intermedium Roubaud
Simulium lineatum (Meigen)
Simulium monticola Friederichs
Simulium ornatum Meigen
Simulium pseudequinum Séguy
Simulium rubzovianum (Sherban)
Simulium ruficorne Macquart
Simulium sergenti Edwards
Simulium tuberosum (Lundström)?
Simulium vernum Macquart

CERATOPOGÓNIDOS

Son una familia de dípteros nematóceros (mosquitos), que engloba cerca de 6200 especies (Borkent, 2014). De ellas, se han citado 590 en Europa (Oosterbroek, 2006) y 174 en la península Ibérica y Baleares (Delécolle, 2002). Sus larvas y pupas habitan ecosistemas acuáticos y semiacuáticos, pero aunque su conocimiento es amplio, por ser mosquitos picadores y vectores de diferentes enfermedades, la taxonomía se ha centrado principalmente en los adultos, con lo que quedan relegadas las larvas y las pupas. Esto ha impedido que los estadios preimaginales recolectados en muestreos limnológicos se hayan identificado por regla general. Así que las citas recopiladas para Madrid son, con toda seguridad, muy escasas y se centran en recolectas de adultos (tabla 20.5).

Tabla 20.5. Especies de ceratopogónidos citados en la provincia de Madrid. Véase Digital CSIC para la situación de las localidades; en sus anexos para esta obra figuran con el acrónimo «C.N.» las citas inéditas que se aportan.

Bezzia albicornis (Meigen)
Culicoides almeidae Cambournac
Culicoides circumscriptus Kieffer
Culicoides corsicus Kremer, Leberre y Beaucournu-Saguez
Culicoides duddingstoni Kettle y Lawson
Culicoides fagineus Edwards
Culicoides fascipennis (Staeger)
Culicoides haranti Rioux, Descous y Pech
Culicoides longipennis Khalaf
Culicoides segnis Campbell y Pellham-Clinton
Palpomyia castellana (Strobl)
Palpomyia flavipes (Meigen)
Dasyhelea dufouri (Laboulbène)
Forcipomyia nigra (Winnertz)

Los primeros registros madrileños, como en las familias anteriores, se deben a Strobl (1900, 1905), Czerny y Strobl (1909) y Arias (1912), pero no es hasta bien entrada la segunda mitad del siglo xx cuando Sánchez-Covisa *et al.* (1979) y Gil-Collado y Sahuquillo-Herráiz (1983) generan nuevas citas. Con posterioridad, se han capturado larvas y pupas, pero en ningún caso se han determinado a nivel específico.

DÍXIDOS

Se trata de un grupo reducido, representado en Europa por alrededor de cuarenta especies y en el ámbito iberobalear por solo nueve (Wagner y Baez, 2002). En España han sido poco estudiados y en Madrid solo existen citas que datan de principios del siglo XX (Czerny y Strobl, 1909; Arias, 1912). El resto de registros para esta provincia son los aportes que se incorporan en este capítulo (tabla 20.6).

Tabla 20.6. Especies de díxidos citados en la provincia de Madrid. Véase Digital CSIC para la situación de las localidades. En los anexos figuran con el acrónimo «C.N.» las citas inéditas que se aportan.

Dixa autumnalis Meigen
Dixella aestivalis (Meigen)
Dixella martinii (Peus)
Dixella serotina (Meigen)

CAOBÓRIDOS

Este interesante grupo de d*ípteros, de* gran importancia en el plancton en algunos lagos españoles y europeos apenas ha sido citado en Madrid. *Chaoborus flavicans* (Meigen) fue registrado en el embalse de El Vellón en la primavera de 1978 (Revenga, 1978) y Álvarez Cobelas (com. pers.) detectó ejemplares sin identificación específica en la laguna de Las Madres (Arganda del Rey) en los años noventa, pero no ha vuelto a observarlos desde entonces. Así pues, es posible que haya especies de este grupo en más ambientes acuáticos madrileños, pero aguardan a muestreos futuros.

LAGUNAS EN EL CONOCIMIENTO

En cuanto a los quironómidos se refiere, quedan aún por muestrear diferentes ecosistemas acuáticos (lagunas naturales, turberas, arroyos de cabecera de alta montaña, etc.) que podrían aumentar la lista de especies de esta provincia. Igualmente pasaría con el estudio taxonómico de grupos complicados morfológicamente *(Corynoneura, Cricotopus, Tanytarsus...)* o de especies crípticas de géneros como *Chironomus* si se usaran herramientas moleculares. Por otra parte, el abordar aspectos de su investigación tales como su ecología o ciclo de vida –en especial sus ciclos reproductivos–, la fenología y la dinámica espacial de sus larvas, es un reto aún pendiente y que esperamos se asuma en algún momento.

En cuanto a los culícidos, debería incentivarse la investigación de nuevas líneas de trabajo encaminadas a la identificación de parásitos y patógenos en sus diferentes fases (acuáticas y aéreas). De igual manera, el abundar en el conocimiento de la biología, fenología y ecología de especies, aún no estudiadas con profundidad en Madrid, se hace prioritario.

Hasta el momento, tampoco se ha realizado ningún trabajo faunístico sobre el resto de los dípteros incluidos en este capítulo, encaminado a conocer con precisión su distribución, biología y ecología en la provincia de Madrid, lo cual pone de manifiesto la necesidad de investigación en este área.

Nuevos problemas, derivados del hábito hematófago de algunas especies (por ejemplo, *Simulium erythrocephalum*), están animando a las autoridades, principalmente sanitarias, a promover este tipo de estudios, ya que la expansión de estas especies

(Ruiz-Arrondo *et al.,* 2014) ha despertado el interés por desarrollar proyectos encaminados a conocer la biología, fenología, ecología y patología de este grupo y, así, poder elaborar protocolos destinados a evitar o controlar posibles emergencias masivas de adultos picadores, ya que en la actualidad los problemas sanitarios y económicos originados por especies de este grupo son muy importantes en el conjunto de España.

CAPÍTULO XXI

Insectos II: Efemerópteros, Neurópteros, Plecópteros y Tricópteros

MIGUEL ÁLVAREZ COBELAS

RESUMEN

Reviso aquí el conocimiento que se tiene de los efemerópteros, neurópteros, plecópteros y tricópteros en el territorio madrileño. El número de especies citadas asciende a 40 (5 dudosas), 4, 54 (6 dudosas) y 113, respectivamente. El grupo peor conocido son los neurópteros de larva acuática. La inmensa mayoría de los estudios se ha dedicado a las corrientes fluviales del norte de la provincia, prestándose muy escasa atención a cualquier ambiente del centro y del sur madrileño.

La ecología de estos organismos se conoce mal, en parte porque los estudios existentes abordan más los grupos funcionales que los taxonómicos. De todos modos, hay algunos trabajos sobre la dinámica de algunas poblaciones de efemerópteros, plecópteros y tricópteros en el río Manzanares Alto, sobre el efecto de la existencia de embalses en la distribución fluvial y ciertos datos que sugieren la influencia del cambio global sobre aquellas.

Entre los estudios pendientes, falta una mejor biogeografía para todo el territorio que contemple los ecosistemas situados al sur de la capital, aún sin estudiar, así como trabajos sobre producción secundaria, biomasa, redes tróficas, además de la compilación de series poblacionales a largo plazo que permitan evaluar mejor los efectos del cambio global.

Palabras-clave: fauna, distribución geográfica, cambio global.

SUMMARY: INSECTS II: EFEMEROPTERANS, NEUROPTERANS, PLECOPTERANS AND TRICHOPTERANS

Studies on mayflies, neuropterans, plecopterans and caddisflies living in Madrid County are briefly reviewed here. Species numbers amount to 40 (five doubtful), 4, 54 (six doubtful) and 113, respectively. The scar-

city of knowledge is remarkable for neuropterans with aquatic larvae. Most studies have been devoted to Northern streams, paying little attention to any environment (either fluvial or stagnant) of Central and Southern Madrid.

The ecology of these taxonomical groups is not well known, maybe because studies tackle functional- rather than taxonomical groups. Anyway, there are some studies on 1st) population dynamics of ephemeropterans, plecopterans and trichopterans in the Upper Manzanares river, 2nd) the effect of dams on population distribution along a river gradient, and 3rd) data suggesting evidences of changes in some populations arising from global change.

Some gaps in the knowledge on these Insecta in Madrid include a better knowledge on their distribution, increasing records in central and Southern environments (which are barely known), and studies on secondary productivity, biomass, food webs, in addition to monitoring populations in the long term, thus enabling a better evaluation of global change effects.

INTRODUCCIÓN

Se trata de un conjunto de organismos con larva cuya vida acuática es mucho más larga que cuando el adulto emerge a la atmósfera. Al autor de este breve capítulo le pareció que no podía pasarse por alto en este libro, dada la riqueza específica, la abundancia y el importante papel ecológico de estos Insectos en muchos tipos de aguas dulces. Por lo tanto, referiré aquí algunas informaciones existentes para Madrid, con objeto de que le puedan servir a algún zoólogo o limnólogo en el futuro.

Las primeras menciones a estos animales en Madrid se remontan a las realizadas por Jules Pierre Rambur (1842) y los Pictet (1841, 1865), François Jules y A. Edouard, que eran padre e hijo. Ya en el siglo XX, la nutrida actividad de Longinos Navás (1901, 1905, 1908) –aunque criticada (González *et al.*, 1992)– supuso la primera gran contribución a su conocimiento taxonómico y faunístico en el territorio que nos ocupa, seguida por la también numerosa de Jacques Aubert (1952, 1956, por ejemplo) en los años cincuenta. Cierto es que todos esos estudios se centraban fundamentalmente en las formas adultas, residentes en el medio terrestre. Sin embargo, a las larvas acuáticas no se les prestaba la atención debida, y el estadio larvario de muchas especies ni siquiera estaba descrito. El empuje posterior y el grueso de las contribuciones más propiamente acuáticas comienzan con la tesis de Diego García de Jalón (1979).

Los neurópteros resultan un caso chocante porque en su estadío adulto presentan un aspecto conspicuo y, en ocasiones, vistoso. Sin embargo, el número de especies con larva acuática es pequeño, esos estadios se conocen imperfectamente y las especies apenas se han estudiado (Montserrat, 1984).

El número de estudios de estos grupos de insectos debería ser alto, dado que se contemplan expresamente en los de calidad biológica de aguas, una obligación desde que la Directiva-Marco entró en vigor en todos los países europeos. No es así porque esos estudios solo obligan a determinaciones hasta el nivel taxonómico de familia. Por lo tanto, no hay demasiados trabajos sobre todos estos animales con el nivel taxonómico adecuado para profundizar en su conocimiento biológico y ecológico en la Comunidad de Madrid.

EFEMERÓPTEROS

El número de especies registradas para el territorio madrileño asciende a 40, entre las cuales hay cinco dudosas por su taxonomía o su determinación (tabla 21.1). De acuerdo con Alba-Tercedor y Jáimez-Cuéllar (2003), se han citado 45 en la provincia, que constituyen el 30 % de la cifra total presente en la Península Ibérica, si bien ellos no facilitan la distribución de cada taxón por provincias. La diferencia entre sus cifras y las mías seguramente se deba a registros que esos autores conocerán y no citan en su trabajo, pero que yo ignoro.

Presentes también en ambientes estancados, los estudios madrileños sobre efemerópteros se han dedicado, sobre todo, a su vida en los ambientes fluviales. Las únicas citas de estos animales al sur de Madrid y en ambiente estancado (lagunas de gravera) se deben a Salah (2010), quien también es el único autor que ofrece datos de densidad.

Los estudios de densidades poblacionales en este grupo suelen referirse a Familias. Así, Camargo *et al.* (2007) descubren que los leptoflébidos se encuentran en menor densidad aguas abajo del embalse de Miraflores (enriquecidas en nutrientes), respecto a los presentes por encima de dicho embalse, mientras que con el grupo de los baétidos sucede a la inversa.

Desde el punto de vista poblacional, hay un estudio referido en la tesis doctoral de Gutiérrez Teira (2003) sobre *Epeorus torrentium* en la zona de La Pedriza (río Manzanares). En dicho estudio, la autora señala que las eclosiones de las distintas generaciones de adultos son asincrónicas. La tasa de crecimiento y la mortalidad de esta población aumentan con la temperatura, al igual que su tiempo de supervivencia medio. La duración de la vida larvaria en el agua también sería inversamente proporcional a la temperatura. La densidad por unidad de superficie que alcanzan las poblaciones en dos lugares de diferente temperatura del Alto Manzanares parece similar.

La misma tesis apunta al traslado de *Ecdyonurus forcipula* desde 1986 a 1999-2000 hacia estaciones más altas del río Manzanares, en verosímil respuesta al calentamiento global. Sin embargo, *Habroleptoides modesta* se movió en sentido contrario, lo cual alerta sobre la necesidad de no aplicar a rajatabla a estos animales las suposiciones esperadas del cambio climático.

NEURÓPTEROS

Las especies de larva acuática citadas en nuestra provincia ascienden a cuatro: *Osmylus fulvicephalus* (Scopoli), *Sialis lutaria* L., *Sialis nigripes* Pictet y *Sisyra iridipennis* Costa (Montserrat, 1984). Carecemos de informaciones biológicas o ecológicas sobre ellas en Madrid, y no ha habido estudios posteriores de las especies con fases acuáticas de este grupo de insectos en nuestro territorio.

PLECÓPTEROS

El número de especies registradas hasta la fecha asciende a 54, con seis taxones dudosos (tabla 21.2), lo cual supone alrededor del 16 % del total ibérico. García de

Tabla 21.1. Efemerópteros citados en la Comunidad de Madrid. El asterisco indica especie dudosa, bien por la taxonomía, bien por la determinación. Véase Digital CSIC para las localidades de recogida.

Baetis alpinus Pictet
Baetis fuscatus (Linnaeus)
Baetis melanonyx Pictet
Baetis muticus (Linnaeus)
Baetis pavidus Grandi
Baetis rhodani Pictet
Caenis luctuosa (Burmeister)
Calliarctis humilis Eaton
Centroptilum luteolum (Müller)
Centroptilum pennulatum Eaton
Choroterpis picteti (Eaton)
Cloeon dipterum (Linnaeus)
Cloeon inscriptum Bengtsson
Cloeon schoenemundi Bengtsson
Drunella paradinasi González del Tánago y García de Jalón
Ecdyonurus dispar (Curtis)
Ecdyonurus excelsus Navás
Ecdyonurus fluminum var. *speciosa* Navás*
Ecdyonurus forcipula Pictet
Ecdyonurus venosus Fabricius
Epeorus torrentium Eaton
Ephemera danica Müller
Ephemera hispanica Rambur
Ephemera vulgata Linnaeus
Ephemerella ignita (Poda)
Ephoron virgo (Olivier)
Habroleptoides modesta Hagen
Habroleptophlebia fusca (Curtis)
Habroleptophlebia nervulosa Eaton
Habrophlebia fusca Curtis
Haptophlebia fusca Curtis
Heptagenia sulphurea Müller
Leptophlebia vespertina Linnaeus
Oligoneuriella rhenana (Imhoff)
Paraleptophlebia submarginata (Stephens)
Rhithrogena diaphana Navás
Rhithrogena hybrida Eaton*
Rhithrogena semicolorata Curtis
Serratella hispanica Eaton
Siphlonurus lacustris Eaton

Tabla 21.2. Plecópteros citados en la Comunidad de Madrid. El asterisco indica especie dudosa, bien por la taxonomía, bien por la determinación. Véase Digital CSIC para las localidades de recogida.

Amphinemura guadarramensis Aubert
Amphinemura sulcicollis (Stephens)
Brachyptera arcuata (Klapálek)
Brachyptera auberti Consiglio
Brachyptera braueri (Klapálek)
Brachyptera trifasciata (Pictet)
Capnia bifrons (Newman)
Capnia nigra (Pictet)
Capnioneura mitis Despax
Chloroperla tripunctata (Scopoli)
Dictyogenus ventralis (Pictet)
Dinocras cephalotes (Curtis)
Guadalgenus franzi (Aubert)
Hemimelaena flaviventris (Pictet)
Isoperla acicularis Aubert
Isoperla curtata Navás
Isoperla grammatica (Poda)
Isoperla pallida Aubert
Isoperla rivulorum (Pictet)*
Leuctra alosi Navás
Leuctra brauneri Kempny*
Leuctra castillana Aubert
Leuctra franzi Aubert
Leuctra fusca Linnaeus
Leuctra geniculata Stephens
Leuctra hiberiaca Aubert
Leuctra hippopus Kempny
Leuctra hispanica Aubert
Leuctra illiesi Aubert
Leuctra inermis Kempny
Leuctra madritensis Aubert
Leuctra major Brinck
Leuctra maroccana Aubert
Leuctra stupeningi Illies

Tabla 21.2. *(continuación)*

Marthamea selysii (Pictet)
Nemoura cambrica Stephens*
Nemoura cinerea (Retzius)
Nemoura fulviceps Klapálek
Nemoura lacustris Pictet
Nemoura uncinata Despax
Perla burmeisteriana Claasen
Perla madritensis Rambur
Perla marginata (Panzer)
Perlodes intricata (Pictet)*
Perlodes microcephala (Pictet)
Protonemura hispanica (Aubert)
Protonemura intricata (Ris)
Protonemura lateralis (Pictet)*
Protonemura meyeri (Pictet)
Protonemura navacerrada (Aubert)
Protonemura pyrenaica Mosely
Rhabdiopteryx thienemanni Illies
Siphonoperla torrentium (Pictet)
Taeniopteryx fasciata (Burmeister)*

Jalón y González del Tánago (1982) refieren especies características y datos globales de diversidad, tanto de este grupo como de efemerópteros y tricópteros en el Lozoya, Alto Jarama (en la provincia de Madrid) y Alto Manzanares.

Pérlidos y leúctridos alcanzan mayores densidades aguas arriba del embalse de Miraflores que en la estación situada inmediatamente aguas abajo del mismo (Camargo *et al.*, 2007) y más enriquecida en nutrientes.

También en la tesis doctoral de Gutiérrez Teira (2003) se encuentra un estudio sobre la población de *Leuctra maroccana*, presente asimismo en dos estaciones del alto Manzanares. Esta especie puede presentar allí una eclosión bimodal, pero la emergencia hacia la atmósfera no depende del fotoperiodo. Su tasa de crecimiento se relaciona directamente con la temperatura. La maduración sexual es más rápida en individuos de mayor tamaño, pero también es función directa de la temperatura. La densidad de población resultó más elevada en la población situada en el tramo más alto y más frío del río.

Ese mismo estudio apunta a posibles efectos del cambio global en el grupo. Algunas especies, como *Brachyptera arcuata*, *Protononemura intricata* y *Amphinemura gua-*

darramensis, se han movido aguas arriba en el lapso transcurrido entre 1986 y 1999-2000. De todos modos, y en contra de lo que supone la ortodoxia asociada al cambio climático, *Perla marginata* se ha trasladado a aguas más cálidas, en la zona más meridional del alto Manzanares.

TRICÓPTEROS

Hasta ahora, se han citado 113 especies en Madrid (tabla 21.3), alrededor de un 30 % de las presentes en la Península Ibérica. La inmensa mayoría se han recogido en la parte norte del territorio.

Solo hay una *(Ecnomus deceptor)* observada en algunas lagunas de gravera del Parque Regional del Sureste (Salah, 2010).

Tabla 21.3. Tricópteros citados en la Comunidad de Madrid. Véase Digital CSIC para las localidades de recogida.

Adicella reducta (McLachlan)
Agapetus delicatulus McLachlan
Agapetus fuscipes Curtis
Agapetus laniger (Pictet)
Agapetus segovicus Schmid
Agraylea sexmaculata Curtis
Agrypnia pagetana Curtis
Agrypnia varia (Fabricius)
Allogamus laureatus (Navás)
Allogamus ligonifer (McLachlan)
Allotrichia galaica González y Malicky
Anabolia nervosa (Curtis)
Anomalopterygella chauviniana (Stein)
Athripsodes bilineatus (Linnaeus)
Athripsodes brauneri (Pictet)
Beraea malahiguerra Schmid
Beraea malatebrera Schmid
Ceraclea norfolki (Navás)
Ceraclea sobradieli (Navás)
Chaetopteryx villosa (Fabricius)
Cheumatopsyche lepida (Pictet)
Chimarra marginata (Linnaeus)

Tabla 21.3. *(continuación)*

Diplectrona clara Navás
Drusus bolivari (McLachlan)
Ecnomus deceptor McLachlan
Glossosoma privatum McLachlan
Grammotaulius submaculatus (Rambur)
Halesus radiatus (Curtis)
Hydropsyche ambigua Schmid
Hydropsyche bulbifera McLachlan
Hydropsyche dinarica Marinkövic
Hydropsyche exocellata Duföur
Hydropsyche guttata Pictet
Hydropsyche incognita Pitsch
Hydropsyche instabilis (Curtis)
Hydropsyche lobata McLachlan
Hydropsyche pellucidula (Curtis)
Hydropsyche pictetorum Botosaneanu y Schmid
Hydropsyche siltalai Döhler
Hydropsyche tibialis McLachlan
Hydropsyche urgorri González y Malicky
Hydroptila angulata Mosely
Hydroptila fuentelargola Schmid
Hydroptila vectis Curtis
Larcasia partita Navás
Lasiocephala basalis (Kolenati)
Lepidostoma hirtum (Fabricius)
Leptocerus lusitanicus (McLachlan)
Limnephilus auricula Curtis
Limnephilus guadarramicus Schmid
Limnephilus hirsutus (Pictet)
Limnephilus ignavus McLachlan
Limnephilus obsoletus Rambur
Limnephilus rhombicus (Linnaeus)
Limnephilus sparsus Curtis
Limnephilus vittatus (Fabricius)

Tabla 21.3. *(continuación)*

Mesophylax aspersus (Rambur)
Micrasema longulum McLachlan
Micrasema minimum McLachlan
Micrasema moestum (Hagen)
Micrasema servatum (Navás)
Micropterna fissa (McLachlan)
Micropterna nycterobia McLachlan
Micropterna sequax McLachlan
Mystacides azurea (Linnaeus)
Oligoplectrum maculatum (Fourcroy)
Orthotrichia angustella (McLachlan)
Oxyethira falcata Morton
Philopotamus amphilectus McLachlan
Philopotamus montanus (Donovan)
Philopotamus variegatus (Scopoli)
Plectronemia conspersa (Curtis)
Plectronemia geniculata McLachlan
Plectronemia laetabilis McLachlan
Polycentropus corniger McLachlan
Polycentropus flavomaculatus (Pictet)
Polycentropus kingi McLachlan
Polycentropus telifer McLachlan
Potamophylax cingulatus (Stephens)
Potamophylax latipennis (Curtis)
Psychomyia ctenophora McLachlan
Psychomyia pusilla (Fabricius)
Ptilocolepus extensus McLachlan
Rhyacophyla adjuncta McLachlan
Rhyacophyla dorsalis (Curtis)
Rhyacophyla intermedia McLachlan
Rhyacophyla laufferi Navás
Rhyacophyla lusitanica McLachlan
Rhyacophyla meridionalis Pictet
Rhyacophyla mocsaryi Klapálek

Tabla 21.3. *(continuación)*

Rhyacophyla munda McLachlan
Rhyacophyla obliterata McLachlan
Rhyacophyla occidentalis McLachlan
Rhyacophyla pulchra Schmid
Rhyacophyla relicta McLachlan
Rhyacophyla terpsichore Malicky
Rhyacophyla tristis Pictet
Schizopelex festiva (Rambur)
Sericostoma pyrenaicum Pictet
Sericostoma vittatum Rambur
Silo graellsii Pictet
Stactobia furcata Mosely
Stactobia intermedia González y Terra
Stactobia malacantosa Schmid
Stenophylax crossotus McLachlan
Stenophylax vibex (Curtis)
Thremma gallicum McLachlan
Thremma tellae González
Tinodes assimilis McLachlan
Tinodes foedella McLachlan
Tinodes waeneri (Linnaeus)
Wormaldia beaumonti Schmid
Wormaldia variegata Mosely

También Gutiérrez Teira (2003) ha estudiado algunas facetas poblacionales de cinco especies de *Hydropsyche,* presentes en el alto Manzanares. Constata que hay una relación inversa entre la mortalidad y la temperatura, sobre todo, a partir de los 7 °C. El metabolismo de las mismas sufre un efecto de umbral térmico, ajustado por la disminución del fotoperiodo. La detención del crecimiento en los estadios más jóvenes aumenta la probabilidad de que el individuo llegue a adulto, si bien aquellas especies donde esa detención sucede en estadios larvarios más avanzados pueden emerger antes si las condiciones abióticas son favorables.

Los tricópteros también parecen sensibles al calentamiento global. En el mismo estudio precedente se refiere el traslado de *Rhyacophila occidentalis* y *R. relicta* a zonas más altas del Manzanares en el periodo transcurrido entre 1986 y 1999-2000, aunque también se mencione que *Hydropsyche incognita* se movió aguas abajo, hacia temperaturas más cálidas.

Como curiosidad para finalizar, señalaré que hay algunos estudios ecotoxicológicos de laboratorio realizados con el género *Hydropsyche* en Madrid (Camargo, 1991; Camargo y Tarazona, 1990), cuyos ejemplares fueron capturados en el tramo medio del río Manzanares y en el río Aulencia.

LAGUNAS EN EL CONOCIMIENTO

Además de haber una serie de ecosistemas madrileños donde nunca se han tomado muestras de todos estos grupos de insectos, como los estancados y fluviales situados en las zonas no montanas, poco se sabe de su biología y ecología. Apenas hay datos poblacionales y ninguno de biomasas o de producción secundaria. Los de distribución estacional se analizan en el capítulo *Ríos montanos,* pero desde el ángulo de los grupos tróficos (raspadores, recolectores, desmenuzadores, raspadores, etc.). Finalmente, carecemos de datos a largo plazo sobre estos animales en la Comunidad de Madrid, básicos para averiguar sus respuestas biogeográficas y ecológicas al cambio global.

CAPÍTULO XXII

Insectos III: Heterópteros, Odonatos y Coleópteros

JAVIER GARCÍA-AVILÉS

RESUMEN

El número de especies de coleópteros acuáticos citadas para la Comunidad de Madrid es 208. En total se han registrado 102 trabajos que mencionan este grupo de insectos para el territorio madrileño. Las especies más frecuentes son *Agabus bipustulatus, Haliplus lineatocollis, Hydroporus pubescens* e *Hydroporus tessellatus*. Por contra, hay 40 especies que sólo han sido citadas una vez en la provincia de Madrid. La inmensa mayoría de las referencias bibliográficas recogidas, cerca de un 93 %, son de ambientes acuáticos ligados a las Sierras de Guadarrama y Somosierra.

El número de especies de heterópteros acuáticos citadas para la Comunidad de Madrid asciende a 54. En total, se han registrado 51 trabajos que mencionan este grupo de insectos para el territorio madrileño. Las especies más frecuentes son *Gerris thoracicus, Hydrometra stagnorum, Micronecta scholtzi, G. gibbifer, Sigara lateralis* y *Corixa affinis*. Las especies más abundantes en la provincia de Madrid son *Micronecta scholtzi, Sigara janssoni, Sigara scotti, S. lateralis* y *S. nigrolineata*.

El número de especies de odonatos citadas para la Comunidad de Madrid es 62. En total se han registrado 61 trabajos que mencionan este grupo de insectos para el territorio madrileño. Las especies más frecuentes son *Ischnura graellsii, Platycnemis latipes, Anax imperator, Sympetrum striolatum* y *S. fonscolombii*. Por contra, las especies menos frecuentes en la provincia de Madrid son *Anax ephippiger, Gomphus graslinii* y *Libellula fulva*.

Por último, se hace mención de la falta de estudios más globales que consideren las poblaciones de estos grupos de insectos acuáticos dentro de las comunidades de invertebrados que habitan los medios acuáticos madrileños.

Palabras-clave: fauna, distribución geográfica.

SUMMARY: INSECTS III: HETEROPTERANS, ODONATA AND COLEOPTERANS

The number of aquatic beetle species recorded for Madrid County is 208. Overall, 102 works have been collected mentioning this group of insects for the territory. The most frequent species are Agabus bipustulatus, Haliplus lineatocollis, Hydroporus pubescens and H. tessellatus. Contrastingly, there are 40 species that have only been cited once. It is also noted that most bibliographic references recorded (some 93 %) deal with aquatic environments related to the Sierras de Guadarrama and Somosierra.

The number of aquatic heteropteran species cited for the Community of Madrid is 54. Overall, 51 studies have been recorded regarding this insect group. The most frequently recorded taxa are Corixa affinis, Gerris thoracicus, G. gibbifer, Hydrometra stagnorum, Micronecta scholtzi and Sigara lateralis, whereas the most abundant ones are Micronecta scholtzi, Sigara janssoni, S. scotti, S. lateralis and S. nigrolineata.

The number of dragonfly species recorded for Madrid County amounts to 62. Overall, 61 works have been collected mentioning this group of insects. The most frequent species are Anax imperator, Ischnura graellsii, Platycnemis latipes, Sympetrum striolatum and S. fonscolombii. In contrast, the less frequent species are A. ephippiger, Gomphus graslinii and Libellula fulva.

Finally, some mention is made to the lack of more comprehensive, ecological studies that consider populations of these insect groups within the invertebrate communities that inhabit Madrid aquatic environments.

COLEÓPTEROS

Hay 102 trabajos que citan coleópteros acuáticos para la Comunidad de Madrid en los que se menciona un total de 208 especies (tabla 22.1 y Digital CSIC), las cuales

Tabla 22.1. Especies de coleópteros acuáticos citadas en la provincia de Madrid. Véase Digital CSIC para la situación de las localidades.

Acilius sulcatus (Linnaeus)
Agabus biguttatus (Olivier)
Agabus bipustulatus (Linnaeus)
Agabus brunneus (Fabricius)
Agabus conspersus (Marsham)
Agabus didymus (Olivier)
Agabus guttatus (Paykull)
Agabus heydeni Wehncke
Agabus nebulosus (Forster)
Agabus paludosus (Fabricius)
Anacaena bipustulata (Marsham)
Anacaena globulus (Paykull)
Anacaena limbata (Fabricius)
Anacaena lutescens (Stephens)
Berosus affinis Brullé

Tabla 22.1. *(continuación)*

Berosus hispanicus Küster
Berosus signaticollis (Charpentier)
Bidessus coxalis Sharp
Bidessus goudotii (Laporte de Castelnau)
Bidessus minutissimus (Germar)
Boreonectes ibericus (Dutton y Angus)
Chaetarthria similis Wollaston
Chaetarthria simillima Vorst y Cuppen
Coelostoma hispanicum Küster
Coelostoma orbiculare (Fabricius)
Colymbetes fuscus (Linnaeus)
Cybister lateralimarginalis (De Geer)
Deronectes aubei (Mulsant)
Deronectes bicostatus (Schaum)
Deronectes hispanicus (Rosenhauer)
Deronectes wewalkai Fery y Fresneda
Dryops algiricus (Lucas)
Dryops gracilis (Karsch)
Dryops luridus (Erichson)
Dupophilus brevis Mulsant y Rey
Dytiscus circumflexus Fabricius
Dytiscus marginalis Linnaeus
Dytiscus pisanus Laporte de Castelnau
Dytiscus semisulcatus O. F. Müller
Elmis aenea (P. W. J. Müller)
Elmis maugetii maugetii Latreille
Elmis perezi Heyden
Elmis rioloides (Kuwert)
Enochrus bicolor (Fabricius)
Enochrus fuscipennis (Thomson)
Enochrus morenae (Heyden)
Enochrus nigritus (Sharp)
Enochrus politus (Küster)
Esolus angustatus (P. W. J. Müller)

Tabla 22.1. *(continuación)*

Esolus parallelepipedus (P. W. J. Müller)
Georissus costatus Laporte de Castelnau
Graptodytes flavipes (Olivier)
Graptodytes fractus (Sharp)
Graptodytes ignotus (Mulsant y Rey)
Graptodytes varius (Aubé)
Gyrinus caspius Ménétries
Gyrinus dejeani Brullé
Gyrinus distinctus Aubé
Gyrinus substriatus Stephens
Gyrinus urinator Illiger
Haliplus lineatocollis (Marsham)
Haliplus ruficollis (De Geer)
Helochares lividus (Forster)
Helochares punctatus Sharp
Helophorus alternans Gené
Helophorus aquaticus (Linnaeus)
Helophorus asturiensis Kuwert
Helophorus brevipalpis Bedel
Helophorus flavipes Fabricius
Helophorus glacialis A. Villa y G. B. Villa
Helophorus grandis Illiger
Helophorus granularis (Linnaeus)
Helophorus griseus Herbst
Helophorus hispanicus (Sharp)
Helophorus lapponicus Thomson
Helophorus leontis leontis Angus
Helophorus longitarsis Wollaston
Helophorus maritimus Rey
Helophorus minutus Fabricius
Helophorus nevadensis Sharp
Helophorus nubilus Fabricius
Helophorus obscurus Mulsant
Helophorus occidentalis Angus

Tabla 22.1. *(continuación)*

Helophorus rufipes (Bosc d'Antic)
Helophorus schmidti Villa
Helophorus seidlitzii Kuwert
Hemisphaera seriatopunctata (Perris)
Hydaticus leander (Rossi)
Hydraena affusa d'Orchymont
Hydraena angulosa Mulsant
Hydraena barrosi d'Orchymont
Hydraena bisulcata Rey
Hydraena bolivari d'Orchymont
Hydraena brachymera d'Orchymont
Hydraena cordata L. W. Schaufuss
Hydraena corinna d'Orchymont
Hydraena corrugis d'Orchymont
Hydraena exasperata d'Orchymont
Hydraena gracilidelphis Trizzino, Valladares, Garrido y Audisio
Hydraena hispanica Ganglbauer
Hydraena iberica d'Orchymont
Hydraena inapicipalpis Pic
Hydraena marinae Castro
Hydraena minutissima Stephens
Hydraena nigrita Germar
Hydraena pygmaea G. R. Waterhouse
Hydraena riparia Kugelann
Hydraena rugosa Mulsant
Hydraena sharpi Rey
Hydraena stussineri Kuwert
Hydraena testacea Curtis
Hydraena unca Valladares
Hydrobius fuscipes (Linnaeus)
Hydrochus angustatus Germar
Hydrochus flavipennis Küster
Hydrochus grandicollis Kiesenwetter
Hydrochus interruptus Heyden

Tabla 22.1. *(continuación)*

Hydrochus nitidicollis Mulsant
Hydroglyphus geminus (Fabricius)
Hydroglyphus signatellus (Klug)
Hydrophilus pistaceus (Laporte de Castelnau)
Hydroporus brancoi gredensis Fery
Hydroporus decipiens Sharp
Hydroporus discretus Fairmaire y Brisout de Barneville
Hydroporus gyllenhalii Schiödte
Hydroporus lucasi Reiche
Hydroporus marginatus (Duftschmid)
Hydroporus nevadensis Sharp
Hydroporus nigrita (Fabricius)
Hydroporus normandi normandi Régimbart
Hydroporus obsoletus Aubé
Hydroporus planus (Fabricius)
Hydroporus pubescens (Gyllenhal)
Hydroporus tessellatus (Drapiez)
Hydroporus vagepictus Fairmaire y Laboulbène
Hydroscapha crotchi Sharp
Hydrovatus cuspidatus (Kunze)
Hygrobia hermanni (Fabricius)
Hygrotus confluens (Fabricius)
Hygrotus impressopunctatus (Schaller)
Hygrotus inaequalis (Fabricius)
Hygrotus parallellogrammus (Ahrens)
Hyphydrus aubei Ganglbauer
Ilybius ater (De Geer)
Ilybius chalconatus (Panzer)
Ilybius fenestratus (Fabricius)
Ilybius meridionalis Aubé
Ilybius montanus (Stephens)
Laccobius atratus Rottenberg
Laccobius bipunctatus (Fabricius)
Laccobius femoralis Rey

Tabla 22.1. *(continuación)*

Laccobius gracilis gracilis Motschulsky
Laccobius obscuratus Rottenberg
Laccobius sinuatus Motschulsky
Laccobius striatulus (Fabricius)
Laccobius ytenensis Sharp
Laccophilus hyalinus (De Geer)
Laccophilus minutus (Linnaeus)
Laccophilus poecilus Klug
Limnebius gerhardti Heyden
Limnebius lusitanus Balfour-Browne
Limnebius maurus Balfour-Browne
Limnebius montanus Balfour-Browne
Limnebius nanus Jäch
Limnebius papposus Mulsant
Limnebius truncatellus (Thunberg)
Limnius intermedius Fairmaire
Limnius opacus P. W. J. Müller
Limnius perrisi carinatus (Pérez-Arcas)
Limnius volckmari (Panzer)
Liopterus atriceps Sharp
Liopterus haemorrhoidalis (Fabricius)
Meladema coriacea Laporte de Castelnau
Metaporus meridionalis (Aubé)
Nebrioporus baeticus (Schaum)
Nebrioporus canaliculatus (Lacordaire)
Nebrioporus carinatus (Aubé)
Nebrioporus ceresyi (Aubé)
Nebrioporus fabressei (Régimbart)
Noterus laevis Sturm
Ochthebius aeneus Stephens
Ochthebius aguilerai Ribera, Castro y Hernando
Ochthebius heydeni Kuwert
Ochthebius nanus Stephens
Ochthebius punctatus Stephens

Tabla 22.1. *(continuación)*

Orectochilus villosus (O. F. Müller)
Oreodytes davisii (Curtis)
Oreodytes sanmarkii (C. R. Sahlberg)
Oulimnius major (Rey)
Oulimnius perezi Sharp
Oulimnius rivularis (Rosenhauer)
Oulimnius troglodytes (Gyllenhal)
Oulimnius tuberculatus (P. W. J. Müller)
Paracymus scutellaris (Rosenhauer)
Peltodytes caesus (Duftschmid)
Peltodytes rotundatus (Aubé)
Platambus maculatus (Linnaeus)
Pomatinus substriatus (P. W. J. Müller)
Rhantus hispanicus Sharp
Rhantus suturalis (Macleay)
Riolus subviolaceus (P. W. J. Müller)
Scarodytes halensis (Fabricius)
Stenelmis canaliculata (Gyllenhal)
Stictonectes epipleuricus (Seidlitz)
Stictonectes lepidus (Olivier)
Stictonectes rebeccae Bilton
Stictotarsus duodecimpustulatus (Fabricius)
Yola bicarinata (Latreille)

suponen un 44 % del total de las registradas en la Península Ibérica (Millán *et al.*, 2014). No se han incluido las siguientes especies: *Agabus affinis* (Paykull), citada por Fernández Lop (1983) en una charca de Puentes Viejas, y cuya presencia en la Península Ibérica es muy dudosa (Rico *et al.*, 1990); *Agabus undulatus* (Schrank), citada por González del Tánago y García de Jalón (1980) en el río Jarama en Montejo de la Sierra, cuya presencia en la Península Ibérica e Islas Baleares es igualmente muy dudosa (Rico *et al.*, 1990); *Berosus luridus* (Linnaeus), citada por Vélaz de Medrano y Ugarte (1933) en el río Manzanares (sin indicar localidad). Valladares y Ribera (1999) mencionan que esta especie debe ser excluida de la fauna iberobalear; *Enochrus ochropterus* (Marsham), citada por Fuente (1925) en El Escorial, si bien Valladares y Ribera (1999) indican que las citas ibéricas de esta especie requieren confirmación; y, por último, *Hydroporus guernei* Régimbart, citada por Lindberg (1939) en Villalba (Collado Villalba), y cuya presencia en la Península Ibérica resulta muy dudosa (Rico *et al.*, 1990). Actualmente se considera endémica de las Islas Azores (Florencio y Lamelas-López, 2016).

La primera cita madrileña de este grupo de insectos se debe a Graells (1846b), quien visita la sierra de Guadarrama y describe cinco especies nuevas de coleópteros, una de ellas acuática hallada en la laguna de los Pájaros (Peñalara). Se trata de *Elophorus frigidus*, actualmente sinonimia de *Helophorus aquaticus*. Al hablar de los coleópteros ibéricos en general, ya sean terrestres o acuáticos, también es necesario recordar el *Catálogo sistemático-geográfico de los Coleópteros observados en la península ibérica, Pirineos propiamente dichos y Baleares* que José María de la Fuente publicara desde 1918 hasta 1935, el cual –aunque quedó inconcluso (Martín Albaladejo, 2000)– recoge todas las especies acuáticas (de la Fuente, 1921, 1925, 1929). Posteriormente, tanto en las dos últimas décadas del siglo XX como en este siglo XXI, se ha incrementado de manera notable la investigación sobre los coleópteros acuáticos ibéricos (Millán *et al.*, 2014; Montes y Soler, 1986; Rico *et al.*, 1990; Valladares y Montes, 1991; Valladares y Ribera, 1999).

En cuanto a las especies más frecuentes, raras, abundantes, etc. de coleópteros acuáticos en la provincia de Madrid, no existe un trabajo de reúna los datos, con una intensidad de muestreo similar que pueda utilizarse para tal fin, por lo cual es necesario recurrir al número de citas bibliográficas de cada especie y a las diferentes localidades donde fueron halladas. De esta manera, se puede indicar que las especies más frecuentes en el territorio madrileño son: *Agabus bipustulatus*, con 43 referencias; *Haliplus lineatocollis* e *Hydroporus pubescens*, ambas con 42 citas bibliográficas; e *Hydroporus tessellatus*, con 33 referencias.

Por contra, hay 40 especies que sólo han sido citadas una vez para la Comunidad de Madrid (véanse en Digital CSIC).

HETERÓPTEROS

Este grupo está relativamente bien conocido en la Península Ibérica, sobre todo en temas relacionados con su taxonomía, localizaciones geográficas, etc. De hecho, hay varias revisiones bibliográficas que mencionan su distribución (Nieser y Montes, 1984; Baena y Vázquez, 1986). Incluso existe una clave de determinación de los mismos (Nieser *et al.*, 1994). Las primeras citas madrileñas se deben a Laureano Pérez Arcas (1861) e Ignacio Bolívar y César Chicote (1879), pero no es hasta los años ochenta del siglo XX, cuando se acomete realmente el grueso de la investigación de este grupo de insectos en el territorio madrileño.

Goula y Mata (2015) refieren 87 especies y subespecies de heterópteros acuáticos para la Península Ibérica y Baleares, pero considerando únicamente las especies hay 84, de las cuales, si se menciona sólo la Península Ibérica, hay que excluir *Velia hoberlandti* Tamanini, por ser endémica de las Islas Baleares (García-Avilés *et al.*, 1996). Por tanto, las especies citadas para Madrid (54 especies) suponen el 65 % del total mencionado para la Península.

Hay 51 trabajos que citan heterópteros acuáticos para la Comunidad de Madrid, y mencionan un total de 54 especies (tabla 22.2 y Digital CSIC). No se han

Tabla 22.2. Especies de heterópteros acuáticos citadas en la provincia de Madrid. Véase Digital CSIC para la situación de las localidades.

Anisops crinitus Brooks
Anisops sardeus Herrich-Schäffer
Aphelocheirus occidentalis Nieser y Millán
Aquarius cinereus (Puton)
Aquarius najas (De Geer)
Aquarius paludum (Fabricius)
Arctocorisa carinata (Sahlberg)
Corixa affinis Leach
Corixa iberica Jansson
Corixa panzeri Fieber
Corixa punctata (Illiger)
Cymatia rogenhoferi (Fieber)
Gerris argentatus Schummel
Gerris asper (Fieber)
Gerris gibbifer Schummel
Gerris lacustris (Linnaeus)
Gerris lateralis Schummel
Gerris thoracicus Schummel
Hebrus pusillus (Fallén)
Heliocorisa vermiculata (Puton)
Hesperocorixa bertrandi Poisson
Hesperocorixa castanea (Thomson)
Hesperocorixa linnaei (Fieber)
Hesperocorixa sahlbergi (Fieber)
Hydrometra stagnorum (Linnaeus)
Ilyocoris cimicoides (Linnaeus)
Mesovelia vittigera Horváth
Micronecta minuscula Poisson
Micronecta scholtzi (Fieber)
Microvelia pygmaea (Dufour)
Naucoris maculatus Fabricius
Nepa cinerea Linnaeus
Notonecta glauca Linnaeus
Notonecta maculata Fabricius

Tabla 22.2. *(continuación)*

Notonecta obliqua Thunberg
Notonecta viridis Delcourt
Ochterus marginatus Latreille
Paracorixa concinna (Fieber)
Parasigara infuscata (Rey)
Parasigara perdubia (Rey)
Plea minutissima Leach
Ranatra linearis (Linnaeus)
Sigara dorsalis (Leach)
Sigara janssoni Lucas
Sigara lateralis (Leach)
Sigara limitata (Fieber)
Sigara nigrolineata (Fieber)
Sigara scotti (Douglas y Scott)
Sigara scripta (Rambur)
Sigara selecta (Fieber)
Sigara stagnalis (Leach)
Velia bertrandi Tamanini
Velia caprai Tamanini
Velia saulii Tamanini

incluido en dicha tabla ni en el Anexo de Digital CSIC las siguientes especies: *Hesperocorixa algirica* (Puton), citada erróneamente para la provincia de Madrid por Baena y Vázquez (1986) según indican López Martínez *et al.* (1995a) y *Hesperocorixa moesta* (Fieber), citada para Madrid por Bolívar y Chicote (1879), cuya presencia en Madrid es muy dudosa, según los criterios de López Martínez *et al.* (1995a).

La especie *Aphelocheirus aestivalis* (Fabricius) tiene una amplia distribución por toda Europa y, aunque ha sido citada en Madrid, se han seguido los criterios indicados por diversos autores (Carbonell y Millán, 2010; Carbonell *et al.,* 2011), y en el presente trabajo figura como *Aphelocheirus occidentalis* Nieser y Millán, especie endémica del centro de la Península Ibérica.

Para hablar de las especies raras, frecuentes, abundantes, etc., de heterópteros acuáticos en la provincia de Madrid es obligado referirse a la tesis doctoral de Tomás López (López Martínez, 1998), ya que este autor prospectó mensualmente, durante los años 1988 y 1989, 26 estaciones en muestreos de tipo semicuantitativo, intentando reflejar la diversidad de ambientes acuáticos de la Comunidad de Madrid. Así, se puede indicar que las especies con una distribución más extendida en la provincia de Madrid fueron: *Gerris thoracicus,* hallada en 20 estaciones; *Hydrometra stagnorum,* 17 estaciones; *Micronecta scholtzi* y *Gerris gibbifer* (localizadas ambas en 16 puntos de muestreo), y *Sigara lateralis* y *Corixa affinis* (ambas, en 15 estaciones).

En cuanto a su abundancia, *Micronecta scholtzi,* con 801 individuos, resulta la especie más abundante en Madrid, seguida por *Sigara janssoni,* con 612 ejemplares adultos capturados. En número decreciente están *S. scotti,* con 513 individuos, *S. lateralis,* con 377 individuos, y *S. nigrolineata,* con 315 ejemplares (López Martínez, 1998).

Por contra, las especies más raras o muy poco frecuentes en la Comunidad de Madrid fueron:

Aquarius paludum, cuyas citas para la Comunidad de Madrid (López Martínez *et al.,* 1995a; López Martínez, 1998) se basan en un único ejemplar (una hembra), capturado por F. Pedrazuela en Junio de 1979 en Fuenlabrada (sin indicar el medio acuático donde se halló) y que forma parte de las colecciones de la cátedra de Entomología de la facultad de Ciencias Biológicas de la Universidad Complutense de Madrid.

Gerris lacustris ha sido citada, en la región de Madrid, únicamente por Chicote (1880) en El Escorial, y desde entonces no ha vuelto a ser capturada. La mención posterior de Pardo (1933) de esta especie y de la misma localidad es una cita bibliográfica del trabajo ya mencionado de Chicote (1880).

Anisops crinitus, localizada solo en el embalse de la Granjilla (San Lorenzo de El Escorial), la misma captura (18-VIII-1989, unmacho y 23-XI-1989, un macho), con diversas citas (López Martínez *et al.,* 1995a; López Martínez, 1998; López Martínez y Hernández, 2000, 2001).

Ilyocoris cimicoides, hallada sólo en laguna del Parque de la Coruña (Collado Villalba) (López Martínez *et al.,* 1995a; López Martínez, 1998; López Martínez y Hernández, 2000; López Martínez y Hernández, 2001) una hembra capturada el 6 de junio de 1989.

Sigara dorsalis, capturada esta especie únicamente en graveras de San Martín de la Vega 6 (Montes, 1993).

Micronecta minuscula, localizados 4 individuos en dos muestreos en el río Jarama (Talamanca) (López Martínez, 1998; López Martínez *et al.,* 1995a; López Martínez y Hernández, 2000, 2001).

Velia bertrandi, descubierta en las charcas de la hoya de Pepe Hernando, Rascafría (López Martínez, 1998; López Martínez *et al.,* 1995a; López Martínez y Hernández, 2000, 2001). Fueron hallados 12 individuos en varios muestreos (todas las citas se refieren a los mismos ejemplares).

Parasigara perdubia, citada para Brunete (Bolívar y Chicote, 1879) y un macho capturado por M. J. Carroquino en abril de 1984 en Colmenar Viejo (sin indicar el medio acuático donde se halló) y que forma parte de las colecciones de la cátedra de Entomología de la facultad de Ciencias Biológicas de la Universidad Complutense de Madrid (López Martínez, 1998; López Martínez *et al.,* 1995a).

Aphelocheirus occidentalis, encontrada en los ríos Lozoya (Gargantilla del Lozoya y Pinilla de Buitrago; Casado, 1986; Casado *et al.,* 1990) y Manzanares (Canto Cochino, Manzanares el Real; Gutiérrez Teira, 2003).

Sigara selecta, citada de las graveras de San Antonio 1 (Velilla de San Antonio; Montes, 1993), cuya lámina de agua ya no existe, pues su cubeta se rellenó hace años (García-Avilés 2002b), y Rivas 1 (Rivas-Vaciamadrid; Salah, 2010).

Heliocorisa vermiculata, descubierta en el Mar de Ontígola (Aranjuez; 39 individuos, en varios muestreos; López Martínez, 1998; López Martínez *et al.*, 1995a; López Martínez y Hernández, 2000, 2001) y en la gravera de Soto de las Cuevas (en Aranjuez también; Salah, 2010).

Por último, cabe indicar que todas las citas de *Arctocorisa carinata* se refieren únicamente al Macizo de Peñalara, en concreto cinco charcas y lagunas (Comunidad de Madrid 2002, 2004; Toro y Granados 1998; Toro *et al.*, 2006).

En cuanto a la ecología y hábitats preferentes de las especies de heterópteros acuáticos, López Martínez (1998) realiza diversos análisis estadísticos con el objetivo de profundizar en estas materias. Por una parte, menciona a *Hebrus pusillus, Hesperocorixa bertrandi, H.sahlbergi, Notonecta obliqua, Sigara scotti, Velia bertrandi, V. caprai* y *V. saulii* como especies características de las aguas frías, ácidas, casi sin sales y presentes a elevada altitud. E indica, además, que *Parasigara infuscata* también se puede asociar a este tipo de aguas, pero en altitud media-alta.

Por otro lado, añade que, en las aguas templadas, básicas, con grandes concentraciones de sales y poca altitud, se sitúa *Heliocorisa vermiculata* y, en menor medida, *Anisops crinitus, Micronecta minuscula* y *Sigara stagnalis.*

También menciona que *Aquarius najas, Corixa panzeri, Gerris argentatus, G. asper, G. lateralis, Hesperocorixa linnaei, Ilyocoris cimicoides, Mesovelia vittigera, Paracorixa concinna, Sigara janssoni* y *S. scotti* aparecen asociadas a cuerpos con abundante agua, como embalses y lagunas, de sustrato arenoso-limoso y aguas poco oxigenadas (López Martínez, 1998). Las restantes especies frecuentes se presentan en unos u otros hábitats, y no muestran unas tendencias definidas.

ODONATOS

Hay 61 trabajos que citan libélulass para la Comunidad de Madrid en los que se menciona un total de 62 especies (tabla 22.3 y Digital CSIC), lo cual supone el 78 % de las registradas en la Península Ibérica que, junto con Baleares, registra 79 especies de odonatos (Prunier *et al.*, 2015; Torralba-Burrial, 2015).

No se han incluido entre las madrileñas a las siguientes especies: *Cordulia aenea* (Linnaeus), citada por Fernández Lop (1983), quien menciona la captura de larvas en dos charcas de El Berrueco y Soto del Real, cuya presencia en Madrid es muy dudosa ya que hasta la fecha en España solo ha sido localizada esta especie en el Valle de Arán (Lockwood *et al.*, 2007); *Platycnemis pennipes* (Pallas), citada por Vélaz de Medrano y Ugarte (1933), quienes mencionan la captura de una larva en el río Manzanares, sin indicar localidad, cuando la determinación de este género a nivel de especie basado en sus larvas todavía no se ha resuelto satisfactoriamente (Heidemann y Seidenbusch, 2002; Askew, 2004), y su distribución en la Península Ibérica se limita a los Pirineos (Boudot y Kalkman, 2015). Tampoco se ha incluido la cita del género *Somatochlora* Selys por Toro y Granados (1998) para diversas larvas halla-

Tabla 22.3. Especies de Odonatos citadas en la provincia de Madrid, indicando en negrita se indican aquellas cuya reproducción está confirmada en los ecosistemas acuáticos madrileños. Véase Digital CSIC para la situación de las localidades.

Aeshna affinis **Vander Linden**
Aeshna cyanea **(Müller)**
Aeshna isoceles **(Müller)**
Aeshna juncea **(Linnaeus)**
Aeshna mixta **Latreille**
Anax ephippiger (Burmeister)
Anax imperator **Leach**
Anax parthenope **(Selys)**
Boyeria irene **(Fonscolombe)**
Brachythemis impartita (Karsch)
Calopteryx haemorrhoidalis **(Vander Linden)**
Calopteryx virgo **(Linnaeus)**
Calopteryx xanthostoma **(Charpentier)**
Ceriagrion tenellum **(Villiers)**
Chalcolestes viridis **(Vander Linden)**
Coenagrion caerulescens **(Fonscolombe)**
Coenagrion mercuriale **(Charpentier)**
Coenagrion puella (Linnaeus)
Coenagrion scitulum **(Rambur)**
Cordulegaster boltonii **(Donovan)**
Crocothemis erythraea **(Brullé)**
Enallagma cyathigerum **(Charpentier)**
Erythromma lindenii **(Selys)**
Erythromma viridulum **(Charpentier)**
Gomphus graslinii Rambur
Gomphus pulchellus **Selys**
Gomphus simillimus **Selys**
Ischnura elegans **(Van der Linden)**
Ischnura graellsii **(Rambur)**
Ischnura pumilio **(Charpentier)**
Lestes barbarus **(Fabricius)**
Lestes dryas **Kirby**

Tabla 22.3. *(continuación)*

Lestes macrostigma **(Eversmann)**
Lestes sponsa **(Hansemann)**
Lestes virens (Charpentier)
Libellula depressa **Linnaeus**
Libellula fulva Müller
Libellula quadrimaculata **Linnaeus**
Onychogomphus costae Selys
Onychogomphus forcipatus **(Linnaeus)**
Onychogomphus uncatus **(Charpentier)**
Orthetrum brunneum **(Fonscolombe)**
Orthetrum cancellatum **(Linnaeus)**
Orthetrum coerulescens (Fabricius)
Orthetrum nitidinerve (Selys)
Orthetrum trinacria (Selys)
Oxygastra curtisii (Dale)
Paragomphus genei (Selys)
Platycnemis acutipennis **Selys**
Platycnemis latipes **Rambur**
Pyrrhosoma nymphula **(Sulzer)**
Selysiothemis nigra **(Van der Linden)**
Sympecma fusca **(Van der Linden)**
Sympetrum flaveolum (Linnaeus)
Sympetrum fonscolombii **(Selys)**
Sympetrum meridionale (Selys)
Sympetrum sanguineum **(Müller)**
Sympetrum sinaiticum Dumont
Sympetrum striolatum **(Charpentier)**
Sympetrum vulgatum **(Linnaeus)**
Trithemis annulata (Palisot de Beauvois)
Trithemis kirbyi **(Selys)**

das en dos humedales del Macizo de Peñalara y recogida también en otras citas bibliográficas (Comunidad de Madrid, 2002, 2004), ya que esos autores dudan entre las especies *S. alpestris* y *S. arctica* para la atribución de sus capturas.

Las primeras citas madrileñas se deben a Hagen (1866), pero siempre es necesario mencionar, cuando se habla de estudios sobre las libélulas ibéricas, a Longinos Navás, el cual recoge información sobre los odonatos madrileños en doce trabajos. Posteriormente, tanto en las dos últimas décadas del siglo XX como en este siglo XXI, se ha incrementado de manera notable la investigación sobre este grupo de insectos en Madrid.

No existe ningún trabajo semicuantitativo que reúna los datos existentes de los odonatos madrileños; por lo tanto, se hace necesario recurrir al número de citas bibliográficas de cada especie y a las diferentes localidades donde fueron halladas. De esta manera, se puede indicar que la especie más frecuente en el territorio es *Ischnura graellsii* con 107 referencias, seguida de *Platycnemis latipes* (80 referencias), *Anax imperator* (65 referencias), *Sympetrum striolatum* y *S. fonscolombii,* con 64 y 60 referencias, respectivamente.

Por contra, las especies más raras o muy poco frecuentes en la Comunidad de Madrid son:

- *Anax ephippiger,* con una sola cita para la provincia de Madrid (Prunier *et al.,* 2015), sin indicar tipo de hábitat.
- *Gomphus graslinii,* la cual –al igual que la especie anterior– está registrada para la provincia de Madrid, sin indicar tipo de hábitat (Prunier *et al.,* 2015), aunque los autores mencionan la existencia de más de una cita posterior al año 2000.
- *Libellula fulva,* de la que Jödicke (1996) ha visto un macho en el río Manzanares, cerca de El Pardo.

LAGUNAS EN EL CONOCIMIENTO

De las más de 1.700 citas bibliográficas recogidas para los coleópteros acuáticos madrileños, apenas un 7 % se refiere a zonas lejanas o no ligadas a las sierras de Guadarrama y Somosierra. Este hecho provoca una falta de representación o infravaloración de especies vinculadas a otro tipo de ecosistemas, tales como los presentes en terrenos yesíferos o calizos, muy poco frecuentes en las Sierras mencionadas.

En el caso de los odonatos madrileños, si bien algunos de los estudios realizados sobre ellos son muy amplios y abarcan ambientes muy dispares, se observa que la mayor parte se ha realizado exclusivamente con adultos. Así, de las 62 especies citadas, hay todavía 16 cuya reproducción en la provincia de Madrid no está confirmada.

También se echa de menos la realización de trabajos que tengan un enfoque más global, incluyendo las poblaciones de coleópteros, heterópteros y odonatos dentro de las comunidades de invertebrados que habitan los medios acuáticos madrileños, así como su función e importancia dentro de dichos ambientes.

CAPÍTULO XXIII

Peces

BENIGNO ELVIRA Y ANA ALMODÓVAR

RESUMEN

El catálogo de peces de la Comunidad de Madrid consta en la actualidad de 25 especies, de las cuales once son autóctonas y catorce son especies exóticas introducidas. Se debe destacar que nueve de las once especies autóctonas son endemismos ibéricos. El elevado número y la abundancia de peces exóticos constituyen un grave factor de amenaza para la conservación de la ictiofauna autóctona. Además, al menos otras dos especies exóticas han sido encontradas en el medio natural de la Comunidad de Madrid, *Leucaspius delineatus* y *Piaractus brachypomus,* procedentes de sueltas descontroladas realizadas por particulares y cuya viabilidad es poco probable. El catálogo de especies de peces autóctonas y su taxonomía parecen bien determinados, mientras que el número de especies exóticas y su dispersión siguen en aumento, precisando de un seguimiento continuo.

Las principales características biológicas, ecológicas y el hábitat de los peces madrileños se pueden considerar en general bien conocidos. En particular, se ha descrito con bastante aproximación la selección de hábitat de determinadas especies, como la trucha común *Salmo trutta,* el barbo común *Luciobarbus bocagei,* la boga del Tajo *Pseudochondrostoma polylepis* y el cacho *Squalius pyrenaicus.* También se dispone de buenos datos de la edad, el crecimiento, la alimentación y la reproducción de muchas especies. La trucha común, por ser una especie de gran interés para la pesca deportiva, ha sido objeto de estudios como los que han descrito su densidad, biomasa y producción.

Las comunidades de peces han sido poco estudiadas, algo más en ríos que en embalses, y solo en muy pocos casos se han descrito sus densidades, biomasas y producción.

Palabras-clave: fauna, poblaciones, especies exóticas, densidad, biomasa.

SUMMARY: FISH

The fish catalogue of the Community of Madrid currently consists of 25 species, of which eleven are native and fourteen are introduced, alien species. Nine of the eleven autochthonous species are endemic to the Iberian Peninsula. The high number and abundance of exotic fish is a serious threat to the conservation of native fish fauna. In addition, at least two other exotic species have been found in natural environments of Madrid County (Leucaspius delineatus and Piaractus brachypomus), originating from uncontrolled releases and whose viability is unlikely. While the catalogue of native fish species and their taxonomy appear to be well-defined, the number of alien species and their dispersion continue to increase, requiring continuous monitoring.

The main biological, ecological and habitat characteristics of Madrid fish can generally be considered well known. In particular, habitat selection of certain species, such as the brown trout (Salmo trutta), the Iberian barbel (Luciobarbus bocagei), the Iberian straight-mouth nase (Pseudochondrostoma polylepis) and the Southern Iberian chub (Squalius pyrenaicus), has been rather well described. Good data are also available on age, growth, diet and reproduction of many species. The brown trout has been the subject of studies on density, biomass and production. Fish communities, however, have been little studied, albeit somewhat more in rivers than in reservoirs, and only in very few cases their population features have been described.

INTRODUCCIÓN

Todos los cursos fluviales de la Comunidad de Madrid pertenecen a la cuenca hidrográfica del Tajo, por lo que su ictiofauna se encuadra biogeográficamente en el subsector central, y a su vez en el sector meridional de la región Ibérica meridional (Doadrio, 1988a). Según Hernando y Soriguer (1992), la ictiofauna de la cuenca del Tajo estaría incluida en la subregión Atlántica de la Península Ibérica. Otros aspectos biogeográficos de los peces de la cuenca del Tajo han sido descritos por Carmona *et al.* (1999).

COMPOSICIÓN Y DISTRIBUCIÓN DE LA ICTIOFAUNA

El diccionario de Pascual Madoz (1846-1850) se refiere a algunos peces que pueden ser identificados a nivel de especie de manera inequívoca, como es el caso de la anguila *Anguilla anguilla,* de la que recoge numerosas citas en Madrid, que corresponden a una distribución muy amplia por la mayor parte de sus cursos fluviales.

La bibliografía científica de los peces de Madrid comienza cuando Franz Steindachner publica los resultados científicos de su viaje de recolección de peces en España y Portugal en 1864 y 1865, en los que describe (Steindachner, 1866) seis de las especies autóctonas madrileñas como nuevas. Casi simultáneamente, Laureano Pérez-Arcas aporta datos de la distribución de peces en los ríos madrileños en una obra redactada en 1865, en la que ya sigue la nomenclatura propuesta por Steindachner, pero que fue publicada mucho después (Pérez-Arcas, 1921-1923).

Jesús Ugarte (1929a, b) y Luis Vélaz de Medrano y Ugarte (1930) aportan muchas citas de peces en diferentes ríos madrileños que permiten conocer su distribución a principios del siglo XX. Asimismo, estos autores son los primeros en describir la ictiofauna de un río madrileño en su monografía sobre el río Manzanares

(Vélaz de Medrano y Ugarte 1933). Este estudio representa la inauguración en España de los estudios de ecología fluvial y también de ecología de peces continentales (Casado, 1997).

Algo más tarde, en la Sección de Biología de las Aguas Continentales del Instituto Forestal de Investigaciones y Experiencias se realizaron durante 1942 y 1943 campañas de pesca en la provincia de Madrid, en las que se efectuaron muestreos en Aranjuez, San Fernando, Torrejón, Rascafría, Oteruelo, Alameda del Valle, Lozoya, Buitrago, Pinilla de Buitrago, Braojos, Garganta, Gargantilla, Canencia, San Fernando, Torrejón, Mejorada del Campo y Vaciamadrid (Anónimo, 1952). También se incluyen algunas citas de peces en localidades madrileñas en el catálogo de Luis Pardo (1948).

Los peces procedentes de Madrid conservados en las colecciones del Museo Nacional de Ciencias Naturales en la primera mitad del siglo XX fueron citados por Luis Lozano-Rey (1919, 1935, 1947, 1952) y Fernando Lozano-Cabo (1964). Más recientemente, el catálogo de los peces del Museo Nacional de Ciencias Naturales, realizado por Doadrio (1989), aporta muchas nuevas citas y actualiza la nomenclatura de los peces de Madrid.

Montoya (1989), en un libro sobre la pesca deportiva en Madrid, elabora una lista de la ictiofauna e incluye algunas distribuciones generales de las distintas especies; mientras que Cubillo *et al.* (1990), en su obra sobre caudales ecológicos, incluyen interesantes datos de distribución y abundancia de peces en ríos de la mitad noroccidental de la Comunidad. También Doadrio *et al.* (1991) y Gómez-Caruana y Díaz-Luna (1991) citan especies de peces en la Comunidad de Madrid. Más tarde, Almodóvar (1995) y Almodóvar y Elvira (1996) ofrecen diversa información sobre el estado de conservación de las especies amenazadas, mientras que Elvira *et al.* (1998, 2003) incluyen datos de distribución de la ictiofauna del curso del río Tajo en la Comunidad de Madrid.

El *Atlas de los Peces Continentales de España* de Doadrio (2001, 2002) aporta numerosas citas y mapas de distribución de las especies que viven en la Comunidad de Madrid. García de Jalón *et al.* (2002) y Gallego (2004, 2011) ofrecen información de la distribución de las especies de peces con interés para la pesca deportiva. Asimismo, en la *Guía de peces de Castilla-La Mancha* (Gabaldón y Robles, 2009) se incluyen citas de distribución en las aguas limítrofes con la Comunidad de Madrid. Finalmente, Doadrio *et al.* (2011) facilitan información reciente de distribución de las especies.

Como consecuencia de toda esta información, se puede concluir que el catálogo de peces de la Comunidad de Madrid consta en la actualidad de 25 especies, de las cuales once son autóctonas y catorce son especies exóticas introducidas (tabla 23.1). Nueve de las once especies autóctonas son endemismos ibéricos, y las causas de este elevado número vienen determinadas por su origen antiguo –probablemente entre el Oligoceno Superior y el Mioceno Inferior– y por su aislamiento respecto a las faunas europeas y africanas durante la mayor parte del Neógeno. Esto ha dado lugar a que los peces dulceacuícolas, con un escaso poder de dispersión, hayan evolucionado originando un gran número de especies y poblaciones bien diferenciadas, reflejo de los fenómenos paleogeográficos que han afectado a la Península Ibérica. Cabe destacar entre estos, el endorreismo y la formación de las cuencas fluviales.

Tabla 23.1. Especies de peces de la Comunidad de Madrid, junto con los tramos fluviales donde predominan las diferentes especies. El asterisco indica que se trata de una especie introducida. La nomenclatura utilizada sigue la propuesta por Leunda *et al.* (2009).

Especie	**Nombre común**	**Tramo fluvial**
Anguilla anguilla (Linnaeus)	Anguila	Bajo
Oncorhynchus mykiss (Walbaum)*	Trucha Arco Iris	Alto
Salmo trutta Linnaeus	Trucha Común	Alto
Salvelinus fontinalis (Mitchell)*	Salvelino	Alto
Esox lucius Linnaeus*	Lucio	Medio y bajo
Achondrostoma arcasii (Steindachner)	Bermejuela	Alto y medio
Alburnus alburnus (Linnaeus)*	Alburno	Medio y bajo
Carassius auratus (Linnaeus)*	Pez Rojo	Bajo
Cyprinus carpio Linnaeus*	Carpa	Bajo
Gobio lozanoi Doadrio y Madeira*	Gobio	Alto y medio
Iberochondrostoma lemmingii (Steindachner)	Pardilla	Medio
Luciobarbus bocagei (Steindachner)	Barbo Común	Medio y bajo
Luciobarbus comizo (Steindachner)	Barbo Comizo	Bajo
Pseudochondrostoma polylepis (Steindachner)	Boga del Tajo	Medio y bajo
Squalius alburnoides (Steindachner)	Calandino	Medio
Squalius pyrenaicus (Günther)	Cacho	Medio
Tinca tinca (Linnaeus)*	Tenca	Bajo
Cobitis calderoni Bacescu	Lamprehuela	Alto
Cobitis paludica (de Buen)	Colmilleja	Alto y medio
Ameiurus melas (Rafinesque)*	Pez Gato Negro	Medio y bajo
Silurus glanis Linnaeus*	Siluro	Bajo
Gambusia holbrooki Girard*	Gambusia	Medio y bajo
Lepomis gibbosus (Linnaeus)*	Pez Sol	Medio y bajo
Micropterus salmoides (Lacépède)*	Blacbás	Medio y bajo
Sander lucioperca(Linnaeus)*	Lucioperca	Bajo

Además de los trabajos generales antes mencionados, numerosos autores han proporcionado citas sobre determinadas especies que permiten conocer de manera bastante aproximada la distribución geográfica de las distintas especies de peces de Madrid (tabla 23.2).

Tabla 23.2. Principales autores que aportan datos sobre la taxonomía y distribución de especies de peces en la Comunidad de Madrid.

Especie	Autor(es)
Oncorhynchus mykiss	Vélaz de Medrano (1947b)
Salmo trutta	Almodóvar (1994)
Esox lucius	Gutiérrez-Calderón (1950, 1955, 1969) Pena (1986)
Achondrostoma arcasii	Vélaz de Medrano (1944)
Alburnus alburnus	Vinyoles *et al.* (2007)
Carassius auratus	Doadrio y Elvira (1986)
Cyprinus carpio	Gutiérrez-Calderón (1964)
Iberochondrostoma lemmingii	Vélaz de Medrano (1944)
Luciobarbus bocagei	Vélaz de Medrano (1947a)
Luciobarbus comizo	Vélaz de Medrano (1947a) Doadrio (1988b)
Pseudochondrostoma polylepis	Elvira (1987)
Squalius alburnoides	Vélaz de Medrano (1944)
Cobitis calderoni	Doadrio (1981)
Cobitis paludica	Doadrio *et al.* (1988)
Gambusia holbrooki	Nájera (1946)
Lepomis gibbosus	de Sostoa *et al.* (1987)
Micropterus salmoides	Llatjós (1980)

Recientemente, Martínez-Rivas (2002) cita la captura de un ejemplar de siluro (*Silurus glanis*) en la laguna de San Martín de la Vega. Además, en foros de pescadores se mencionan capturas de ejemplares de esta especie en la laguna de El Raso en Velilla de San Antonio, en el embalse de Valmayor y en el río Tajo en Aranjuez.

Añadidas a estas 25 especies (tabla 23.1), se han producido capturas ocasionales de especies exóticas en los cursos fluviales de la Comunidad de Madrid, como las de ejemplares aislados de Pacú o falsa piraña *Piaractus brachypomus* (Cuvier) en el embalse de San Juan en 2004 y en Velilla de San Antonio en 2015. Esos ejemplares, que se expenden en comercios de acuariofilia, proceden de sueltas descontroladas realizadas por particulares, y su viabilidad en aguas abiertas de la Comunidad de Madrid es poco probable.

TAXONOMÍA Y FILOGENIA

Los peces que habitan las aguas madrileñas han formado parte de estudios más amplios de taxonomía, filogenia y filogeografía mediante análisis moleculares (tabla 23.3). Se puede concluir que la taxonomía de los peces madrileños es bien conocida, mientras que queda aún por determinar la filogenia o la filogeografía de algunas especies autóctonas.

Tabla 23.3. Principales autores que aportan datos de taxonomía, filogenia y filogeografía mediante análisis moleculares de los peces de la Comunidad de Madrid.

Especie	Autor(es)
Salmo trutta	Machordom *et al.* (2000)
Gobio lozanoi	Madeira *et al.* (2005)
Iberochondrostoma lemmingii	Callejas y Ochando (2002)
Luciobarbus bocagei	Callejas y Ochando (1998, 2000, 2001, 2002)
Luciobarbus comizo	Callejas y Ochando (1998, 2000, 2001, 2002)
Squalius pyrenaicus	Callejas y Ochando (2002)
Cobitis calderoni	Doadrio y Perdices (1997, 2005), Perdices y Doadrio (2000)
Cobitis paludica	Doadrio y Perdices (1997, 2005), Perdices y Doadrio (2000)

Los análisis moleculares han permitido también detectar la hibridación de barbo común × barbo comizo en el río Tajo (Almodóvar *et al.,* 2008), de alburno × calandino y de alburno × cacho en el río Jarama (Almodóvar *et al.,* 2012). También se ha podido analizar la introgresión de genomas alóctonos en la trucha común en los ríos Jarama y Guadarrama (Almodóvar *et al.,* 2002, 2006b).

BIOLOGÍA Y ECOLOGÍA DE POBLACIONES

Las principales características ecológicas y el hábitat de los peces madrileños se resumen en Almodóvar y Nicola (2002). Se conoce bastante bien la selección de hábitat de algunas especies, tales como: la del barbo común y de la boga del Tajo en el río Lozoya (Martínez-Capel *et al.,* 1999); la del barbo común y el cacho en el Jarama (Martínez-Capel y García de Jalón, 1999); la del barbo común, la boga del Tajo y el cacho en los ríos Jarama y Lozoya (Martínez-Capel *et al.,* 2009); y la del barbo y la trucha comunes en el río Lozoya (García-Rodríguez *et al.,* 2008, 2009).

También se han descrito diversos aspectos de la biología de la boga del Tajo en los ríos Jarama y Lozoya (Lobón-Cerviá y Elvira 1981; Lobón-Cerviá, 1982; Elvira y Lobón-Cerviá, 1984), y la del barbo común en el Jarama (Lobón-Cerviá y Fernández-Delgado, 1984).

La alimentación de los peces madrileños se conoce en distintas especies: el barbo común, el gobio, el calandino, el cacho y la colmilleja (Valladolid y Przybylski, 1996), la colmilleja y la lamprehuela (Valladolid y Przybylski, 2003), el pez-gato negro (Leunda *et al.*, 2008) y la trucha común (Nicola *et al.*, 2010). Destacan los resultados obtenidos para el pez-gato negro, especie oportunista que se alimenta de materia vegetal y de invertebrados acuáticos, aunque también consume peces, por lo cual puede constituir un impacto negativo por depredación sobre las especies nativas de peces.

Asimismo, se conoce la biología de la reproducción de la colmilleja (Lobón-Cerviá y Zabala, 1984) y la de la trucha común (Nicola y Almodóvar, 2002) en el río Jarama. Otros trabajos abordan el estudio de la edad y crecimiento de la colmilleja (Przybylski y Valladolid, 2000), del crecimiento y reproducción de la lamprehuela (Valladolid y Przybylski, 2008), y del crecimiento de la trucha común (Nicola y Almodóvar, 2004).

DESCRIPCIÓN ECOLÓGICA DE LAS COMUNIDADES

El estudio de producción de peces en el río Jarama (Lobón-Cerviá y Penczak, 1984) fue pionero en el estudio de densidades, biomasas y producciones de las comunidades de peces fluviales en España, con datos sobre la trucha común, el barbo común, la boga del Tajo, el cacho, el gobio y la colmilleja. Esta comunidad de peces presentó densidades entre 13.502 y 85.776 individuos/ha, biomasas entre 178,6 y 221,3 kg/ha y producciones entre 221,7 y 583,6 kg/ha/año.

García de Jalón y Hervella (1999) describen la densidad de la trucha común en el río Lozoya, con valores sorprendentemente bajos de densidad media (entre 46 y 186 individuos/ha, si bien quizá sea una errata y quisieran decir «biomasas entre 46 y 186 kg/ha»). Por su parte, Almodóvar y Nicola (2004) y Almodóvar *et al.* (2006a) describen en el Jarama para la misma especie, en promedio, densidades de 2156 individuos/ha, biomasas de 56,6 kg/ha y producciones de 47,3 kg/ha/año.

Las comunidades de peces de los embalses madrileños han sido descritas por García de Jalón *et al.* (1993a, b), quienes aportan datos de abundancia de las especies. Las comunidades de peces, su distribución, densidad y biomasa también se abordan para el río Manzanares por Morillo *et al.* (1999).

Bosch *et al.* (2006) describen el impacto y control de las especies introducidas de salmónidos en la Laguna Grande de Peñalara, donde ha podido erradicarse el salvelino *Salvelinus fontinalis* en un trabajo ejemplar de control de especies exóticas entre los escasos que han sido llevados a cabo en España.

Finalmente, Almodóvar *et al.* (2011) han descrito la comunidad de peces del río Henares, mientras que Solana *et al.* (2012) han estudiado diversas comunidades de la cuenca del Tajo a su paso por la Comunidad de Madrid.

LAGUNAS EN EL CONOCIMIENTO

Si bien se conocen en parte, todavía faltan muchos estudios básicos de biología y ecología de las especies de peces en Madrid. Aún son más escasos los trabajos que abordan la descripción de los parámetros ecológicos en las comunidades de peces, tanto en ríos como en embalses.

La creciente presencia y la consiguiente interacción de las especies de peces exóticas con las autóctonas se están comenzando a analizar en España, y aún se conocen muy pocos datos concretos sobre la incidencia negativa de los peces depredadores. Por ello, falta averiguar aspectos concretos de las relaciones depredador-presa entre las especies exóticas ictiófagas, como el lucio, el siluro, el blacbás, el lucioperca, y las autóctonas, pues las poblaciones de especies amenazadas presumiblemente están siendo gravemente alteradas por esta presión depredadora. En el caso de la lamprehuela, puede, además, existir un problema de interacción negativa por competencia con una especie exótica de hábitos epibentónicos: el gobio. Finalmente, la hibridación del alburno con las especies autóctonas de *Squalius,* así como la introgresión genética producida por la introducción de ejemplares alóctonos de trucha común en las poblaciones naturales, deberían seguir siendo analizadas.

CAPÍTULO XXIV

Anfibios y reptiles

ÍÑIGO MARTÍNEZ-SOLANO

RESUMEN

El número de especies de anfibios y reptiles citadas para Madrid es de 17 y 26, respectivamente, aunque sólo seis especies de reptiles están asociadas a medios acuáticos. Las especies más abundantes son, entre los anfibios, *Epidalea calamita* y *Pelophylax perezi* y *Mauremys leprosa* y *Natrix maura* en los reptiles. Aunque varían en su grado de dependencia del agua en su fase adulta, todos los Anfibios madrileños tienen larvas acuáticas, por lo que precisan de la existencia de medios acuáticos favorables para su reproducción. En general, se ha registrado un mayor número de especies de anfibios y reptiles en las zonas de media altitud al pie de la sierra de Guadarrama, especialmente en el suroeste madrileño, en la confluencia de las sierras de Gredos y Guadarrama y los valles de los ríos Tiétar y Alberche.

Desde finales de la década de los noventa del siglo pasado se está realizando un seguimiento poblacional detallado de la comunidad de anfibios del entorno de Peñalara. Este estudio continuado ha revelado la existencia de tendencias demográficas opuestas, con especies que han sufrido importantes declives *(Alytes obstetricans),* fundamentalmente debidos a una enfermedad infecciosa emergente (la quitridiomicosis), y otras que han experimentado incrementos poblacionales moderados (*Pelophylax perezi* y la introducida *Ichthyosaura alpestris,* entre otras).

Además de este estudio, en el entorno de la laguna de Valdemanco se está llevando a cabo otro programa de seguimiento de la comunidad de anfibios mediante la combinación de datos basados en captura-marcaje-recaptura y herramientas moleculares. Este programa ha mostrado la existencia de tamaños efectivos relativamente pequeños en la mayoría de especies (entre 50 y 130 individuos) y una baja proporción entre el tamaño efectivo y el tamaño de censo (entre 0,18 y 0,5). Además, ha aportado datos sobre la capacidad de migración de varias especies, que es en general baja y congruente con las tasas estimadas a partir de marcadores moleculares. No existen datos demográficos similares para las poblaciones de Reptiles asociados a medios acuáticos en Madrid, con la excepción de *Emys orbicularis,* que presenta cuatro núcleos poblacionales aislados entre sí y que suman entre 350 y 700 individuos.

El grado de conocimiento de los anfibios y reptiles de Madrid es aceptable en lo que respecta a sus áreas de distribución (exceptuando a la mayoría de los ofidios). Sin embargo, existen importantes lagunas; por ejemplo, muchos aspectos básicos de la biología, demografía y abundancia de la mayor parte de especies son desconocidos. Hay estudios acerca del origen evolutivo y patrones biogeográficos de muchas especies de anfibios y reptiles madrileños, basados en estudios moleculares con marcadores neutros. Sin embargo, no existen estudios que aborden posibles procesos de adaptación usando marcadores sujetos a selección natural, lo que dificulta realizar predicciones acerca de los efectos de procesos como el cambio global en la viabilidad a largo plazo de sus poblaciones.

Palabras-clave: composición taxonómica, distribución geográfica, poblaciones, demografía, quitridiomicosis.

SUMMARY: AMPHIBIANS AND REPTILES

The numbers of amphibian and reptile species reported from Madrid amount to 17 and 26, respectively, though only six reptile species are associated with aquatic habitats. The most abundant species are, amongst amphibians, Epidalea calamita and Pelophylax perezi, and Mauremys leprosa and Natrix maura in reptiles. All amphibian species in Madrid, while varying in their dependence from water as adults, have aquatic larvae and thus require favorable aquatic habitats for breeding. In general, more amphibian and reptile species have been reported on the foothills of sierra de Guadarrama, especially in the southwest of the region, in the confluence of sierras of Gredos and Guadarrama and the valleys of Tiétar and Alberche rivers.

The amphibian community in Peñalara has been monitored in detail since the late 90's. This study has revealed contrasting demographic trends, with some species suffering important declines (Alytes obstetricans), mostly caused by an emerging infectious disease (chytridiomycosis), while others have experienced moderate increases (Pelophylax perezi and the introduced Ichthyosaura alpestris, among others).

In addition, there is another monitoring program focused on the amphibian community in the vicinity of Valdemanco pond, which combines capture-mark-recapture data with molecular tools. This program has found low effective population sizes in most species (between 50 and 130) and a low ratio between the effective and the census population size (0.18-0.5). In addition, it has also provided data on dispersal potential in several species, which is generally low, in agreement with migration rates estimated from molecular markers. There is no comparable demographic information for reptile populations associated with aquatic habitats in Madrid, with the exception of Emys orbicularis, which presents four isolated population nuclei with 350-700 individuals.

The state of knowledge about amphibians and reptiles in Madrid is acceptable regarding documentation of their geographic ranges (excluding snakes). However, there are major gaps including many basic aspects of the biology, demography and abundance of most species. There are studies on the evolutionary history and biogeography of several amphibian and reptile species in Madrid, based on neutral molecular markers. However, there are no studies dealing with possible adaptation processes using markers subject to natural selection, which hamper predictions on the effect of processes like global change on long-term population viability.

INTRODUCCIÓN

El primer estudio sistemático de los anfibios y reptiles de Madrid es el atlas provisional elaborado por García-París *et al.* (1989a), quienes analizan la información dispersa en catálogos generales y estudios faunísticos publicados hasta la fecha y añaden datos originales, recopilando más de 4000 citas, la mayoría del periodo 1978-1988. Además, presentan por primera vez mapas de distribución detallados para 15 especies de anfibios y 24 de reptiles en cuadrículas UTM de 10 × 10 km. Posteriormente, Martínez-Solano y González Fernández (2003) hacen una revisión de los anfibios recolectados en la Comunidad de Madrid y depositados en la colección de herpetología del Museo Nacional de Ciencias Naturales, la cual incluye más de 2000 entradas, con representantes de todas las especies presentes en territorio madrileño, excepto *Hyla meridionalis,* cuya presencia en Madrid parece ser fruto de una colonización reciente (Aceituno, 2001). Más recientemente, Martínez-Solano (2006) recoge la información publicada con posterioridad al trabajo de García-París *et al.* (1989a) y presenta nuevas observaciones en una actualización del atlas de anfibios de la Comunidad de Madrid, el cual incluye mapas a una escala de 5 × 5 km para 18 especies, basados en datos de más de 1300 puntos de muestreo. Hasta el momento, no se ha realizado un trabajo de actualización similar para el grupo de los reptiles desde el trabajo pionero de García-París *et al.* (1989a), a excepción del catálogo de González Fernández (2006), y únicamente se han publicado citas aisladas (Barberá Luna *et al.,* 2006), generalmente recogidas (junto con algunos nuevos registros de anfibios) en el Servidor de Información de Anfibios y Reptiles de España (SIARE), gestionado por la Asociación Herpetológica Española (SIARE, 2014).

COMPOSICIÓN Y DISTRIBUCIÓN DE LA FAUNA

El número de especies de anfibios y reptiles citadas para Madrid asciende a 17 y 26, respectivamente (tablas 24.1-24.2 y Digital CSIC). Estas cifras corresponden a un 65,4 % y un 52,0 % de las especies nativas de anfibios y reptiles de la Península Ibérica (Ayllón López y Barberá Luna, 2011). Para este recuento se ha seguido la lista patrón de la fauna española de ambos grupos elaborada por la Asociación Herpetológica Española (Carretero *et al.,* 2016). Entre los anfibios, cabe destacar que la presencia en Madrid de *Ichthyosaura alpestris* es fruto de una introducción a partir de individuos procedentes de la Cordillera Cantábrica (Lope y Cuadrado, 1985; Arano *et al.,* 1991; Recuero *et al.,* 2014; Bosch *et al.,* 2015; Palomar *et al.,* 2017). Por otro lado, entre los reptiles presentes en Madrid, únicamente seis especies están habitualmente asociadas a los medios acuáticos (tres galápagos, un lagarto y dos culebras; véase más abajo), por lo que solo estas se considerarán en este capítulo.

Además del uso de medios acuáticos naturales permanentes y temporales para la reproducción, muchas especies de anfibios son capaces de adaptarse con éxito a medios artificiales como albercas, acequias, pilones de fuentes o abrevaderos. De hecho, en algunas regiones como el sureste madrileño estos medios tienen gran importancia en la supervivencia de poblaciones viables (Martínez-Solano y García-París, 2001; Ayllón López y Barberá Luna, 2011; Paños *et al.,* 2011; Caballero-Díaz *et al.,* 2020). Con excepción de *Salamandra salamandra,* que solo se acerca al agua en el momento de parir sus larvas, el resto de las especies de urodelos presentan una fase acuática y una terrestre bien diferenciadas. Los anuros también varían en cuanto a su dependencia del medio acuático, con especies de hábitos fundamental-

Tabla 24.1. Especies de anfibios citadas en la provincia de Madrid. Véase Digital CSIC para la situación de las localidades. * = especie introducida.

Pleurodeles waltl Michahelles
Salamandra salamandra (Linnaeus)
Triturus marmoratus (Latreille)
Triturus pygmaeus (Wolterstorff)
**Ichthyosaura alpestris* (Laurenti)
Lissotriton boscai (Lataste)
Alytes cisternasii Boscá
Alytes obstetricans (Laurenti)
Discoglossus galganoi Capula, Nascetti, Lanza, Bullini y Crespo
Pelobates cultripes (Cuvier)
Pelodytes punctatus (Daudin)
Bufo spinosus Daudin
Epidalea calamita (Laurenti)
Hyla molleri Bedriaga
Hyla meridionalis Boettger
Rana iberica Boulenger
Pelophylax perezi (López-Seoane)

Tabla 24.2. Especies de reptiles asociados a ambientes acuáticos citadas en la provincia de Madrid. Véase Digital CSIC para la situación de las localidades. * = especie introducida.

Emys orbicularis (Linnaeus)
Mauremys leprosa (Schweigger)
**Trachemys scripta* (Schoepff)
Lacerta schreiberi Bedriaga
Natrix maura (Linnaeus)
Natrix astreptophora (López-Seoane)

mente terrestres, como los sapos parteros (género *Alytes*), que sólo se acercan al agua cuando se acerca el momento de la eclosión de las larvas, y otras casi estrictamente acuáticas, como *Pelophylax perezi* (García-París *et al.*, 1989b).

Como se ha comentado con anterioridad, tan sólo seis especies de reptiles madrileños están asociadas habitualmente a los medios acuáticos. Los galápagos leproso *(Mauremys leprosa)* y europeo *(Emys orbicularis)* suelen ocupar embalses, charcas ganaderas, ríos y arroyos temporales o permanentes. Existen también en Madrid poblaciones de especies exóticas de galápagos, como la tortuga de Florida, *Trachemys scripta.* Esta especie, citada inicialmente en la ciudad de Madrid, en el estanque de El Retiro, por García-París y Martín (1987a), tiene en la actualidad una amplia distribución en la región, incluyendo las cuencas de los ríos Alberche, Guadarrama, Henares, Manzanares y Tajo (Barquero, 2001), y se ha constatado su reproducción en libertad en algunas localidades, como en Boadilla del Monte (Mingot *et al.,* 2003). Por otro lado, el lagarto verdinegro *(Lacerta schreiberi)* siempre se encuentra asociado a la presencia de cursos de agua, de los que no se aleja mucho, y de hecho no es infrecuente que se sumerjan en el agua durante algunos minutos para huir de sus depredadores (García-París *et al.,* 1989b). Finalmente, las culebras viperina *(Natrix maura)* y de collar mediterránea *(Natrix astreptophora)* son habitantes frecuentes de embalses, charcas y arroyos, especialmente la primera. Ambas incluyen anfibios en su dieta, sobre todo *N. astreptophora,* lo que refuerza su asociación con ambientes acuáticos.

La diversidad de especies de anfibios está desigualmente repartida por el territorio madrileño. De acuerdo a los datos presentados por Martínez-Solano (2006), correspondientes al número de especies de anfibios por cuadrícula de 10 × 10 km, la mayor diversidad se encuentra en las zonas de pie de sierra, especialmente en el suroeste de la región, en la confluencia de las sierras de Gredos y Guadarrama y los valles de los ríos Tiétar y Alberche. Las dos especies de anfibios más ampliamente distribuidas en Madrid son *Epidalea calamita* y *Pelophylax perezi.* Comparativamente, la región del sureste madrileño está peor prospectada, aunque algunos estudios recientes hayan aportado nuevos datos (Paños *et al.,* 2011; Caballero-Díaz *et al.,* 2020). Martínez-Solano y González Fernández (2003) y Martínez-Solano (2006) citan casos de extinciones locales de poblaciones en diferentes regiones y enumeran las principales amenazas que afrontan los anfibios madrileños desde el punto de vista de la conservación, de las cuales, la principal es la pérdida de hábitats terrestres y acuáticos (véase también Ayllón López y Barberá Luna, 2011).

Finalmente, existe también bastante información acerca de la biogeografía de la mayor parte de especies de anfibios presentes en Madrid y se han descrito con bastante detalle la presencia y áreas de distribución de linajes intraspecíficos basados en datos moleculares (García-París *et al.,* 1993, 2001; García-París y Jockusch, 1999; Martínez-Solano, 2004a, b; Martínez-Solano *et al.,* 2005b, 2006b; Real *et al.,* 2005; Gonçalves *et al.,* 2009, 2015; Recuero *et al.,* 2012; Stöck *et al.,* 2012; Díaz Rodríguez *et al.,* 2015, 2017; Pereira *et al.,* 2016; Gutiérrez-Rodríguez *et al.,* 2017c, d; Sánchez-Montes *et al.,* 2019). La mayor parte de los anfibios madrileños está representada en el registro fósil Cuaternario de la región, especialmente los anuros (Lobo *et al.,* 2016).

Mientras que la distribución de la mayor parte de anfibios en Madrid puede considerarse bien documentada, existe poca información actualizada acerca de los patrones de abundancia y diversidad de los reptiles madrileños, especialmente en el grupo de los ofidios. De las cinco especies asociadas a medios acuáticos, las más ampliamente distribuidas son *Mauremys leprosa* y *Natrix maura,* si bien esta última es más común. Entre las demás especies, *Emys orbicularis* y *Lacerta schreiberi* presentan distribuciones fragmentadas en mayor o menor medida en las zonas de pie de sierra o en media-alta montaña, respectivamente. En el caso de *L. schreiberi,* que está presente por encima de los 900 metros y alcanza altitudes superiores a los 2100 m, la temperatura de incubación de los huevos parece limitar el rango altitudinal de la especie en la sierra de Guadarrama (Monasterio *et al.,* 2013). Por otro lado, *Natrix astreptophora* se halla ampliamente distribuida por la Comunidad de Madrid, donde se ha documentado su presencia desde el Pleistoceno medio (Sanz y Sanchiz, 1980; Sanchiz, 1991). Las citas de esta especie están repartidas desde la sierra de Guadarrama hasta zonas áridas del sureste, pero el número global de observaciones es escaso, lo que hace de esta especie una de las peor conocidas de la herpetofauna madrileña (García-París *et al.,* 1989b).

DINÁMICA DE POBLACIONES

Existen pocos estudios acerca de las dinámicas y tendencias poblacionales de los anfibios y reptiles madrileños. Algunos de los seguimientos más detallados se han llevado a cabo en el entorno del Parque Nacional de la Sierra de Guadarrama (Bosch y Fernández-Beaskoetxea, 2014). Tras el estudio inicial de la comunidad de anfibios de Peñalara de García-París y Martín (1987b), Bosch y Martínez-Solano (2003) analizan las preferencias de las diferentes especies de anfibios presentes en Peñalara a la hora de elegir medios acuáticos para la reproducción, y Martínez-Solano *et al.* (2003) describen las tendencias demográficas de las diferentes especies comparando datos de abundancia del período 1982-1986 con nuevos muestreos llevados a cabo en 1999. Entre los resultados más reseñables destacan los grandes declives experimentados por algunas especies, como *Alytes obstetricans* y *Salamandra salamandra,* afectados por una enfermedad infecciosa emergente, la quitridiomicosis (Bosch *et al.,* 2001; Bosch y Martínez-Solano, 2006). Curiosamente, ese declive parece haber favorecido la expansión de otras especies, como *Bufo spinosus,* la cual –aunque también se ve afectada por la enfermedad– hace uso de un número mayor de lugares de reproducción que en el pasado (Bosch y Rincón, 2008). Sin embargo, esto no se ha traducido en una tasa de crecimiento positiva de la población, probablemente por la baja tasa de reclutamiento de adultos (Bosch *et al.,* 2014). Estos declives contrastan con las tendencias expansivas detectadas en especies más termófilas, como *Pelophylax perezi,* o introducidas hace poco, como *Ichthyosaura alpestris* (Martínez-Solano *et al.,* 2003). Más recientemente, Bosch *et al.* (2018) analizan una serie temporal de datos desde 1999 hasta 2016, de acuerdo con la cual algunas especies muestran tendencias poblacionales negativas *(S. salamandra, A. obstetricans, Rana iberica),* mientras que otras han aumentado sus poblaciones en el mismo periodo *(Triturus marmoratus, I. alpestris* e *H. molleri),* lo que atribuyen a un efecto positivo del calentamiento climático. Además del impacto negativo de la quitridiomicosis en las poblaciones de varias especies, se ha detectado un impacto negativo de los salmónidos introducidos para pesca deportiva en Peñalara sobre la población de *R. iberica,* una especie aparentemente resistente a la enfermedad (Bosch *et al.,* 2006). La posterior erradicación de salmónidos introducidos en Peñalara ha permitido la recuperación de la población de *R. iberica* en este espacio protegido (Bosch *et al.,* 2019).

Además de los estudios centrados en Peñalara, desde 2009 se viene llevando a cabo un programa de seguimiento a largo plazo de la comunidad de anfibios del entorno de la laguna de Valdemanco, integrando datos directos (estimaciones poblacionales basadas en captura-marcaje-recaptura) e indirectos (basadas en marcadores moleculares). En esta laguna, de unos 12.800 m^2, Gutiérrez-Rodríguez *et al.* (2017a) han cuantificado poblaciones de unos 500-600 individuos adultos de *Pleurodeles waltl* y entre 300-350 de *Pelobates cultripes.* Por su parte, Sánchez-Montes *et al.* (2017b) ofrecen estimaciones de unos 180-300 individuos adultos de *Epidalea calamita* y hasta 140 de *Pelophylax perezi.* Además, proponen un tamaño de población de hasta 125 machos de *Hyla molleri,* si bien no es posible calcular el de la población de hembras debido a su baja tasa de recaptura. Estas estimaciones están sujetas a variaciones interanuales, especialmente importantes en algunas especies como *Pelophylax perezi* (Sánchez-Montes *et al.,* 2017b). En general, en la mayoría de las especies estudiadas la proporción de sexos es favorable a los machos (excepto en *P. perezi,* con un número similar de machos y hembras). Los tamaños efectivos poblacionales de las especies estudiadas son relativamente bajos (50-130) y la proporción entre el tamaño efectivo de población y el tamaño de censo estimado resulta también baja, con valores entre 0,18 *(E. calamita)* y 0,50 *(P. perezi).*

En general, los estudios que han tratado de evaluar patrones de conectividad en poblaciones de anfibios madrileños han usado estimaciones indirectas obtenidas a partir de la aplicación de marcadores moleculares. Por ejemplo, Martínez-Solano *et al.* (2005a) describen un alto grado de fragmentación (y un gran empobrecimiento genético) en las poblaciones madrileñas de *Rana iberica.* Por otro lado, Martínez-Solano y González (2008) encuentran cierta diferenciación genética en poblaciones de montaña (Peñalara) de *Bufo spinosus* que atribuyen al aislamiento. Más recientemente, se han incorporado observaciones directas de desplazamientos de individuos de diferentes especies de anfibios basadas en el marcaje con *PIT-tags.* Los resultados muestran una concordancia general entre las estimas basadas en marcadores moleculares y las observaciones de campo, pues las especies con menores tasas de desplazamiento suelen mostrar mayores distancias genéticas entre poblaciones (Sánchez Montes y Martínez-Solano, 2011; Gutiérrez Rodríguez *et al.,* 2017a, b; Sánchez Montes *et al.,* 2017b, 2018). De las especies estudiadas, las que muestran mayor movilidad son *P. perezi* e *H. molleri* (Sánchez-Montes *et al.,* 2017b, 2018), mientras que el número de desplazamientos superiores a 700 metros registrados en *P. waltl* o *P. cultripes* resulta muy bajo (4 y 5 observaciones, respectivamente, entre 2009 y 2016) (Gutiérrez-Rodríguez *et al.,* 2017a). En Peñalara se ha estudiado mediante radio-seguimiento el uso del espacio que hace *Bufo spinosus,* que es un sapo capaz de realizar desplazamientos de hasta 470 metros desde las áreas de reproducción y tiene áreas de actividad de hasta 2,5 hectáreas (Daversa *et al.,* 2012).

Diversos estudios han descrito la fenología de las distintas especies de anfibios presentes en la Comunidad de Madrid (véase, por ejemplo, García-París *et al.* 1989b). En general, los urodelos suelen iniciar su actividad con las lluvias de otoño, y entran al agua cuando se llenan las charcas temporales en otoño o invierno, en donde permanecen hasta el final del periodo reproductor en primavera. Los anuros suelen presentar una actividad discontinua en otoño, asociada a la precipitación, y entran en celo a finales de invierno y en primavera. Excepcionalmente, algunas especies tienen varios periodos de reproducción al año, como es el caso de los sapos parteros (*Alytes obstetricans,* en las poblaciones del sureste madrileño; y *Alytes cisternasii*). Las poblaciones de alta montaña inician más tarde su actividad y suelen tener periodos de actividad más breves (Alcobendas y Castanet, 2000; Esteban y Sanchiz, 2000; Martínez-Solano *et al.,* 2006a). Además, en las condiciones extremas que caracterizan a estas áreas, algunas especies –como *Bufo spinosus*– no se reproducen todos los años (Muths *et al.,* 2013).

En general, existen pocos trabajos demográficos centrados en los anfibios madrileños (Talavera, 1990; Esteban *et al.,* 1996, además de los citados anteriormente). Se han llevado a cabo estudios ecológicos, sobre todo de cuestiones relacionadas con el comportamiento reproductor y de respuesta ante depredadores (Aragón *et al.,* 2000; Martín *et al.,* 2005a, 2006; Rodríguez-Prieto *et al.,* 2005; Gonzalo *et al.,* 2006, 2010, 2012, 2013; Aragón, 2009a, b, 2011; Llusia *et al.,* 2013a, b). Además, se han estudiado en bastante profundidad las causas y efectos de enfermedades infecciosas emergentes (quitridiomicosis) en los anfibios madrileños, especialmente en Peñalara (Bosch *et al.,* 2007; Garner *et al.,* 2009; Ortiz-Santaliestra *et al.,* 2011; Fernández-Beaskoetxea *et al.,* 2016; Palomar *et al.,* 2016; Daversa *et al.,* 2018a, b).

En el caso de los reptiles hay pocos estudios acerca de la abundancia, tendencias poblacionales, o patrones de actividad de las poblaciones madrileñas. La especie más estudiada es *Emys orbicularis.* Se conocen cuatro núcleos reproductores aislados y un total de entre 350 y 700 ejemplares adultos (Álvarez y Esteban, 2005; Álvarez López, 2009). En alguno de ellos se han detectado problemas de reclutamiento que han conducido a un envejecimiento de la población (Fernández Allende, 2015). La actividad de esta especie en Madrid comienza en marzo, ocasionalmente algo antes. El periodo reproductor comprende los meses de abril a junio y es seguido por un periodo de estivación. Con las lluvias del final del verano suele comenzar un segundo periodo de actividad, interrumpido por la bajada de temperaturas del invierno. No suele coexistir con otras especies de galápagos, ya sean autóctonos *(Mauremys leprosa)* o alóctonos *(Trachemys scripta),* y cuando lo hace, suele estar presente en densidades bajas y presenta un bajo éxito reproductor (Ayllón López y Ceballos-Escalera Fernández, 2012). La otra especie de galápago autóctono, *M. leprosa,* ocupa zonas de baja o media altitud (480-1040 m) y tiene un periodo de actividad similar al de *E. orbicularis* (García-París *et al.,* 1989b). Prácticamente no existen datos acerca de la biología de poblaciones madrileñas de *L. schreiberi, N. maura* o *N. astreptophora,* más allá de que son especies de actividad fundamentalmente primaveral y veraniega, a excepción de las crías, que nacen a finales de verano y principios de otoño.

Algunos estudios generales prevén efectos negativos del cambio climático en algunas especies de reptiles (Rödder y Schulte, 2010; Araujo *et al.,* 2011) y se han descrito problemas puntuales como el atropello de ejemplares en puntos negros de la geografía madrileña (muchos de los cuales afectan también a anfibios: Paños *et al.,* 2009; López-Redondo, 1992; PMVC, 2003; Espinosa *et al.,* 2012). Se han descrito también efectos negativos de la presencia del galápago exótico invasor *Trachemys scripta* en las poblaciones de galápagos (Polo-Cavia *et al.*, 2008, 2009, 2010a, 2011, 2012; Álvarez López y Traverso Martínez, 2015) y anfibios autóctonos (Polo-Cavia *et al.*, 2010b). Además, se han llevado a cabo estudios sobre el comportamiento de *M. leprosa* (López *et al.*, 2005; Martín *et al.*, 2005b; López y Martín, 2009; Ibáñez *et al.*, 2012, 2013a, b, 2014a, b, 2015a, b). También existen estudios sobre la ecología trófica y térmica y el comportamiento de *L. schreiberi* en la sierra de Guadarrama (Ortega-Rubio, 1991; Kopena *et al.*, 2014a, b, 2015; Martín y López, 2009, 2010; Megía-Palma *et al.*, 2016).

LAGUNAS EN EL CONOCIMIENTO

En el caso de los anfibios se dispone de información bastante exhaustiva y actualizada de los patrones de distribución de la mayoría de especies presentes en Madrid, pero aún es insuficiente el conocimiento disponible acerca de su historia natural y demografía (estructura de edades, edad de maduración, tasas de supervivencia y reclutamiento, éxito reproductor). Además, existe muy poca información acerca de patrones de uso del espacio, dispersión, ecología trófica y dinámicas poblacionales para la mayoría de las especies. Por otro lado, aunque se han documentado patrones de diversidad genética en poblaciones de algunas especies de anfibios madrileños (Gutiérrez-Rodríguez *et al.*, 2017b; Sánchez-Montes *et al.*, 2017a, b, 2018), en todos los estudios se han empleado marcadores neutrales. No existen estudios que aborden posibles procesos adaptativos (por ejemplo, resistencia a enfermedades, colonización de zonas de alta montaña o medios acuáticos de salinidad extrema) usando marcadores sujetos a selección natural, lo que dificulta cualquier predicción acerca de los efectos de procesos como el cambio global, que tendrán efectos múltiples y previsiblemente diferentes en distintas áreas de la geografía madrileña.

Para el grupo de los reptiles, existen aún importantes lagunas en la descripción de sus áreas de distribución (especialmente en el caso de *N. astreptophora*). Por lo demás, hay muy poca información sobre historia natural, demografía, patrones de abundancia, dinámicas poblacionales o problemas de conservación de los reptiles madrileños.

CAPÍTULO XXV

Aves acuáticas

JUAN SALVADOR MONRÓS GONZÁLEZ

RESUMEN

El número de especies de aves acuáticas citadas para Madrid asciende a 106. De ellas, 70 son especies de aves reproductoras, de las cuales 47 resultan las más comunes. Por otro lado, 37 son aves invernantes comunes, cifra que se elevaría a 90 si incluimos las escasas y accidentales. Las tres especies mejor distribuidas en Madrid en época reproductora son *Actitis hypoleucos, Acrocephalus arundinaceus* y *A. scirpaceus.* En cuanto a las aves invernantes, las especies más ampliamente distribuidas entre las gaviotas son *Larus fuscus* y *Chroicocephalus ridibundus,* y entre las anátidas y fochas, *Anas platyrhynchos, A. clypeata* y *Fulica atra.*

Las tres especies reproductoras más abundantes en Madrid (excluyendo paseriformes) son *Anas platyrhynchos,* con una estimación poblacional promedio de 43.000 individuos en 2007, *Fulica atra* con 9.400 individuos, y *Gallinula chloropus,* con 7.800 ejemplares. En cuanto a las especies invernantes, las principales son *Aythya ferina, Anas platyrhynchos, A. clypeata* y *Fulica atra* (excluyendo a las gaviotas).

Las tendencias poblacionales de las especies de aves acuáticas y palustres están bastante bien descritas a nivel general, pero hacen falta más estudios para conocer esas variaciones a nivel estacional o en espacios geográficos más reducidos, como puede ser una provincia o humedales concretos. En Madrid no se muestra una tendencia clara en anátidas y fochas, aunque sí parece que en los últimos 15 años dicha tendencia es negativa en los humedales más importantes si consideramos todas las aves acuáticas, lo cual se debe principalmente a las gaviotas.

El conocimiento que tenemos sobre las aves acuáticas y palustres de los humedales madrileños es relativamente elevado, aunque se podría analizar mucho mejor la ingente cantidad de datos que se generan de año en año. También sería conveniente en el futuro ahondar en los estudios de las comunidades de aves y su interacción con otros organismos que habitan en las zonas húmedas.

Palabras-clave: composición taxonómica, poblaciones, invernantes, reproductores, largo plazo.

SUMMARY: WATERBIRDS

The number of recorded species in Madrid amounts to 106. Seventy are breeding species, 47 of which are common. On the other hand, 37 are common wintering species, a number that will go up to 90 if we include the rare and vagrant species. The best distributed breeding species are Actitis hypoleucos, Acrocephalus arundinaceus, and A. scirpaceus. Regarding wintering species, the most widely distributed amongst gulls are Larus fuscus and Chroicocephalus ridibundus, and amongst ducks and coots, Anas platyrhynchos, A. clypeata and *Fulica atra.*

The three most abundant breeding species in Madrid (excluding passerines) are A. platyrhynchos, with an estimated average population of 43,000 individuals in 2007, Fulica atra with 9,400 individuals and Gallinula chloropus, with 7,800 individuals. Regarding wintering species, the most abundant ones are Aythya ferina, Anas platyrhynchos, A. clypeata and *Fulica atra (excluding gulls).*

Population trends of water and marshland birds are generally well described, but there is a need for more studies to know variations in different seasons or smaller geographical areas such as specific wetlands. In Madrid there is not a clear trend in duck and coot populations, although it seems that there is a negative trend in the most important wetlands during the last 15 years, especially for gulls.

The knowledge we have about Madrid waterbirds is relatively good, although it is important to take further advantage of the big amount of data produced every year. It is also important to fostering studies on bird communities and their interaction with other living organisms inhabiting wetlands.

INTRODUCCIÓN

Las aves son uno de los grupos de organismos sobre los que más trabajos, y desde hace más tiempo, se vienen realizando en la Península Ibérica. Pero no es hasta la década de los años sesenta cuando empiezan a efectuarse censos y muestreos cuyo objetivo principal es realizar un seguimiento sistemático de todas las aves de España, con el fin de conocer las especies y ver sus tendencias a lo largo del tiempo. Estos trabajos, al tratar de abarcar todo el territorio estatal, comenzaron a proporcionar valiosa información sobre la avifauna madrileña en general y sobre las aves acuáticas en particular. Así, el primer gran muestreo organizado fue el de las aves invernantes, cuyos resultados empezaron a publicarse en formato de libro (Martí y del Moral, 2002), mientras que en la revista *Ardeola* ya se iban publicando constantemente datos sobre aves acuáticas de Castilla La Nueva, región en donde estaba integrada Madrid por aquel entonces (por ejemplo, véanse Bernis, 1954; Díez y López de Carrizosa, 1954; Díez *et al.*, 1955).

Las aves acuáticas conforman un grupo de especies cuya principal característica común es que usan de forma preferente, e incluso exclusiva, los ecosistemas acuáticos para realizar sus funciones vitales. En sentido estricto, este grupo lo conforman principalmente especies pertenecientes a seis órdenes: Podicipedidae (Zampullines), Pelecaniformes (Cormoranes), Ciconiiformes (cigüeñas, Garzas e Íbises), Anseriformes (Patos y Gansos), Gruiformes (Grullas y Rálidos) y Charadriiformes (Limícolas) (del Hoyo *et al.*, 1992, 1996). Si somos menos estrictos, también podríamos incluir especies palustres del orden Passeriformes, aunque el número de estas dentro del orden sea relativamente escaso (Del Hoyo *et al.*, 2003).

COMPOSICIÓN Y DISTRIBUCIÓN DE LA FAUNA

El número de especies de aves citadas para Madrid en algún momento de su ciclo vital asciende a 106 (tabla 25.1 y Digital CSIC). Hay que tener en cuenta que, debido al elevado número de aves que realizan movimientos migratorios y dispersivos, tradicionalmente se han separado en especies residentes (las que pasan todo su ciclo vital en un área determinada y tan solo realizan movimientos dispersivos, principalmente los juveniles), especies estivales (solamente están en época de cría), especies invernantes (únicamente se localizan en invierno) y especies migratorias (solo las podemos encontrar en los pasos migratorios). En los diferentes estudios de composición y distribución realizados se suelen agrupar en reproductoras e invernantes, mientras que sobre las migratorias tan solo podemos encontrar información dispersa o datos en bruto (véase la aplicación www.anillamientoseo.org/), esperando a la próxima aparición de un Atlas de Migración (SEO/BirdLife, en preparación). Así, el número de especies de aves reproductoras citadas para Madrid asciende a 47, mientras que el de aves invernantes sería de 37 especies, comunes en ambos casos, que se elevarían a 70 y 90, respectivamente, si incluimos las inciertas, las escasas y las accidentales (Del Moral *et al.*, 2002; Martí y Del Moral, 2003; SEO/BirdLife, 2012).

Tabla 25.1. Especies de aves acuáticas citadas en la provincia de Madrid. Véase Digital CSIC para la situación de las localidades.

Invernantes comunes
Alcedo atthis (Linnaeus)
Anas acuta Linnaeus
Anas clypeata Linnaeus
Anas crecca Linnaeus
Anas penelope Linnaeus
Anas platyrhynchos Linnaeus
Anas strepera Linnaeus
Anser anser (Linnaeus)
Ardea cinerea Linnaeus
Aythya ferina (Linnaeus)
Aythya fuligula (Linnaeus)
Aythya nyroca (Güldenstädt)
Bubulcus ibis (Linnaeus)
Cettia cetti (Temminck)
Chroicocephalus ridibundus (Linnaeus)
Ciconia ciconia (Linnaeus)

Tabla 25.1. *(continuación)*

Invernantes comunes
Cinclus cinclus (Linnaeus)
Circus aeruginosus (Linnaeus)
Egretta garzetta (Linnaeus)
Emberiza schoeniclus (Linnaeus)
Fulica atra Linnaeus
Gallinago gallinago (Linnaeus)
Gallinula chloropus (Linnaeus)
Larus fuscus Linnaeus
Luscinia svecica (Linnaeus)
Motacilla cinerea Tunstall
Netta rufina (Pallas)
Phalacrocorax carbo (Linnaeus)
Podiceps cristatus (Linnaeus)
Podiceps nigricollis C. L. Brehm
Porphyrio porphyrio (Linnaeus)
Rallus aquaticus Linnaeus
Remiz pendulinus (Linnaeus)
Tachybaptus ruficollis (Pallas)
Tadorna ferruginea (Pallas)
Tringa ochropus Linnaeus
Vanellus vanellus (Linnaeus)
Invernantes escasas o accidentales
Actitis hypoleucos (Linnaeus)
Aix galericulata (Linnaeus)
Aix sponsa (Linnaeus)
Acrocephalus arundinaceus (Linnaeus)
Alca torda Linnaeus
Alopochen aegyptiaca (Linnaeus)
Anas querquedula Linnaeus
Anser fabalis (Latham)
Anser indicus(Latham)
Ardea alba Linnaeus

Tabla 25.1. *(continuación)*

Invernantes escasas o accidentales
Ardea purpurea Linnaeus
Aythya collaris (Donovan)
Botaurus stellaris (Linnaeus)
Branta leucopsis (Bechstein)
Bucephala clangula (Linnaeus)
Calidris alpina (Linnaeus)
Calidris ferruginea (Pontoppidan)
Calidris minuta (Leisler)
Charadrius dubius Scopoli
Ciconia nigra (Linnaeus)
Cygnus atratus (Latham)
Cygnus olor (Gmelin)
Gavia immer (Brunnich)
Grus grus (Linnaeus)
Himantopus himantopus (Linnaeus)
Hydrobates pelagicus (Linnaeus)
Ichthyaetus audouinii (Payraudeau)
Ichthyaetus melanocephalus (Temminck)
Ixobrychus minutus (Linnaeus)
Larus michahellis J. F. Naumann
Larus canus Linnaeus
Larus delawarensis Ord
Larus marinus Linnaeus
Larus minutus Pallas
Limosa limosa (Linnaeus)
Lymnocryptes minimus (Brunnich)
Mergus serrator Linnaeus
Milvus migrans (Boddaert)
Motacilla flava Linnaeus
Numenius arquata (Linnaeus)
Nycticorax nycticorax (Linnaeus)
Oxyura jamaicensis (Gmelin)

Tabla 25.1. *(continuación)*

Invernantes escasas o accidentales
Oxyura leucocephala (Scopoli)
Pandion haliaetus (Linnaeus)
Panurus biarmicus (Linnaeus)
Phalaropus fulicarius (Linnaeus)
Philomachus pugnax (Linnaeus)
Podiceps grisegena (Boddaert)
Recurvirostra avosetta Linnaeus
Rissa tridactyla (Linnaeus)
Tadorna tadorna (Linnaeus)
Tringa nebularia (Gunnerus)
Tringa totanus (Linnaeus)
Reproductores comunes
Actitis hypoleucos (Linnaeus)
Acrocephalus scirpaceus (Hermann)
Acrocephalus arundinaceus (Linnaeus)
Alcedo atthis (Linnaeus)
Amandava amandava (Linnaeus)
Anas acuta Linnaeus
Anas clypeata Linnaeus
Anas crecca Linnaeus
Anas platyrhynchos Linnaeus
Anas strepera Linnaeus
Ardea cinerea Linnaeus
Ardea purpurea Linnaeus
Ardeola ralloides (Scopoli)
Aythya ferina (Linnaeus)
Bubulcus ibis (Linnaeus)
Cettia cetti (Temminck)
Charadrius dubius Scopoli
Chroicocephalus ridibundus (Linnaeus)
Ciconia ciconia (Linnaeus)
Ciconia nigra (Linnaeus)

Tabla 25.1. *(continuación)*

Reproductores comunes
Cinclus cinclus (Linnaeus)
Circus aeruginosus (Linnaeus)
Egretta garzetta (Linnaeus)
Estrilda astrild (Linnaeus)
Fulica atra Linnaeus
Gallinula chloropus (Linnaeus)
Himantopus himantopus (Linnaeus)
Ixobrychus minutus (Linnaeus)
Larus michahellis J. F. Naumann
Luscinia megarhynchos C. L. Brehm
Luscinia svecica (Linnaeus)
Milvus migrans (Boddaert)
Motacilla alba Linnaeus
Motacilla cinerea Tunstall
Motacilla flava Linnaeus
Netta rufina (Pallas)
Nycticorax nycticorax (Linnaeus)
Phalacrocorax carbo (Linnaeus)
Podiceps cristatus (Linnaeus)
Podiceps nigricollis C. L. Brehm
Porphyrio porphyrio (Linnaeus)
Rallus aquaticus Linnaeus
Recurvirostra avosetta Linnaeus
Remiz pendulinus (Linnaeus)
Riparia riparia (Linnaeus)
Sterna hirundo Linnaeus
Tachybaptus ruficollis (Pallas)
Reproductores inciertos
Anas querquedula Linnaeus
Anser anser (Linnaeus)
Ardea alba Linnaeus
Aythya fuligula (Linnaeus)

Tabla 25.1. *(continuación)*

Reproductores inciertos
Aythya nyroca (Güldenstädt)
Chlidonias niger (Linnaeus)
Emberiza schoeniclus (Linnaeus)
Ichthyaetus melanocephalus (Temminck)
Larus argentatus Pontoppidan
Larus fuscus (Linnaeus)
Limosa limosa (Linnaeus)
Locustella luscinioides (Savi)
Numenius arquata (Linnaeus)
Panurus biarmicus (Linnaeus)
Plegadis falcinellus (Linnaeus)
Porzana porzana (Linnaeus)
Sterna dougallii Montagu
Tadorna ferruginea (Pallas)
Tringa nebularia (Gunnerus)
Tringa ochropus Linnaeus
Tringa totanus (Linnaeus)
Vanellus vanellus (Linnaeus)
Thalasseus bengalensis (Lesson)
Solo en migración
Acrocephalus schoenobaenus (Linnaeus)

Cuando comparamos los datos de las especies reproductoras del primer Atlas nacional (Purroy, 1997) con las del segundo (Martí y Del Moral, 2003), vemos que han desaparecido de los humedales madrileños como reproductoras tres especies: *Anas acuta, Emberiza schoeniclus* y *Panurus biarmicus,* mientras que como nuevos reproductores surgieron cuatro: *Estrilda astrild* (esta especie es exótica), *Larus michahellis, Phalacrocorax carbo* y *Sterna hirundo.*

Si analizamos con detalle la información disponible, constatamos que las diez especies mejor distribuidas por la Comunidad en época reproductora son: *Actitis hypoleucos, Acrocephalus arundinaceus, A. scirpaceus, Alcedo atthis, Anas platyrhynchos, Charadrius dubius, Ciconia ciconia, Fulica atra, Gallinula chloropus* y *Tachybaptus ruficollis* (Díaz *et al.,* 1994; Martí y Del Moral, 2003).

En cuanto a las aves invernantes, las especies más ampliamente distribuidas entre las gaviotas son *Larus fuscus* y *Chroicocephalus ridibundus,* y entre las anátidas y fochas, *Anas platyrhynchos, A. clypeata* y *Fulica atra* (Martí y Del Moral, 2002; Del Moral *et al.,* 2002; SEO/BirdLife, 2012).

ABUNDANCIA

Los trabajos generales en los que se aporten datos sobre la abundancia de las especies acuáticas en la Comunidad de Madrid son muy escasos, y normalmente forman parte de trabajos realizados a escala estatal, los cuales a su vez también son muy escasos (Díaz *et al.,* 1996; Martínez Vilalta, 1997; Bertolero *et al.,* 2008; Ballesteros *et al.,* 2008; Corbacho *et al.,* 2009). Así, el trabajo que aporta más información sobre abundancia de aves acuáticas reproductoras es el de Palomino y Molina (2009), pero incluye toda España, y las aves de Madrid aparecen cuantificadas dentro de la demarcación hidrográfica (DH) del Tajo junto con otras provincias de España. Así, para la DH del Tajo las especies más abundantes fueron *Actitis hypoleucos* (con una estima poblacional media de 1.600 individuos durante 2007), *Alcedo atthis* (2.300 individuos), *Anas platyrhynchos* (43.000 ejemplares), *A. strepera* (5.300 individuos), *Aythya ferina* (2.600), *Charadrius dubius* (4.300 individuos), *Fulica atra* (9.400), *Gallinula chloropus* (7.800 individuos), *Himantopus himantopus* (3.400), *Podiceps cristatus* (7.500 ejemplares), *Porphyrio porphyrio* (1.000 ejemplares) y *Tachybaptus ruficollis* (5.700 individuos).

En cambio, el estudio sobre la abundancia y distribución de las aves acuáticas invernantes en España sí tiene una dilatada historia, debido principalmente a la realización de censos desde la década de los años sesenta (por ejemplo, Alberto y Velasco, 1988; Amat y Ferrer, 1988; Dolz García y Gómez López, 1988; Martí y Del Moral, 2002; Molina, 2008; Molina y Escudero, 2009). Esto también contrasta con los trabajos de ámbito exclusivamente madrileño, que son escasos y muy centrados en especies o humedales concretos (véanse, por ejemplo, los de Molina, 2005, 2006, 2007).

En cuanto a las especies invernantes en Madrid en el periodo 1990-2001, es *Aythya ferina* una de las destacables, especialmente en las graveras de El Porcal, donde se pueden encontrar máximos de 5.700 individuos, con un promedio para esos años de 1.410 individuos (Martí y Del Moral, 2002). Más recientemente, la abundancia de *Aythya ferina* ha disminuido, encontrándose números que oscilan para todos los humedales de Madrid entre 236 y 1.610, con una media de 941 individuos para los años 2008-2010 (SEO/BirdLife, 2012). Para dicho periodo, entre las especies más abundantes para toda la provincia tendríamos a *Anas platyrhynchos* (6.034-6.926), a *A. clypeata* (1.443-2.084) y a *Fulica atra* (1.407-2.147), excluyendo a las gaviotas *Larus fuscus* y *Chroicocephalus ridibundus,* cuyos valores sobrepasan con creces los 10.000 individuos en ambas especies (SEO/BirdLife, 2012). Las gaviotas tienen un papel interesante en los ecosistemas acuáticos, pues comen en unos lugares y pernoctan en otros (Isenmann, 1978; Fernández-Cordeiro, 1990; Peinazo, 2013). En Madrid, suelen comer en los vertederos del sur de la ciudad y dormir en los embalses de El Pardo y Santillana (Cantós y Asensio, 1990; Serrano y Cantós, 2013). De algún modo y dado su gran número, es posible que contribuyan a la eutrofización de los embalses. Otras especies, como *Anser anser,* han comenzado poco a poco a aparecer en los censos invernales, y ya se pueden encontrar poblaciones invernales que oscilan entre 1 y 133 individuos (SEO/BirdLife, 2012).

DINÁMICA Y TENDENCIAS POBLACIONALES

Las tendencias poblacionales de las especies de aves acuáticas y palustres están bastante bien descritas gracias a los censos de invernantes que se vienen realizando desde 1954, aunque los datos realmente válidos para su análisis no empiecen a conseguirse hasta 1980 (Martí y Del Moral, 2002). De nuevo, el número de trabajos se reduce si nos ceñimos a las aves acuáticas madrileñas, de forma que solo podemos extraer datos de trabajos de ámbito nacional (atlas y monografías) o de seguimientos anuales, los cuales no incluyen un análisis de la dinámica y tendencias poblacionales por áreas geográficas (censos de invernantes). Sí podemos encontrar algunos con especies concretas que tengan en cuenta las áreas geográficas, como por ejemplo el de Palomino y Molina (2009), pero sigue incluyendo la Comunidad de Madrid, junto con otras provincias en lo que denomina «demarcación hidrográfica del Tajo». Así, hay especies como *Anas strepera,* para la cual –a pesar de existir información a escala nacional– es difícil inferir tendencia alguna debido a la irregularidad poblacional (Molina, 2008; Molina y Escudero, 2009; Palomino y Molina, 2009), pues su densidad interanual varía de forma muy acusada, y es posible encontrar tendencias distintas según los lapsos de años que consideremos.

Respecto a los censos de invernantes, hay información tanto para humedales concretos de la Comunidad de Madrid, como para especies concretas de estos humedales (Martí y Del Moral, 2002). Así, por ejemplo, para el periodo 1990-2001, esos autores analizaron la tendencia de la riqueza y diversidad en el embalse de Santillana y en las graveras de El Porcal y descubrieron que, así como la diversidad mostraba una tendencia negativa en ambos humedales, la riqueza de especies parecía experimentar una ligera tendencia al alza, aunque esos datos estuviesen muy influenciados por las altas concentraciones invernales de *Chroicocephalus ridibundus* y *Larus fuscus* (gaviotas) en los últimos años, y de *Aythya ferina* (anátida) en las graveras de El Porcal. Teniendo en cuenta solo estas dos o tres especies, tenemos porcentajes acumulados de abundancia del 91 % en el embalse de Santillana y del 96 % en las graveras de El Porcal (Martí y Del Moral, 2002).

Más recientemente, se han ido obteniendo datos anuales sobre las abundancias que han permitido estimar las tendencias poblacionales en las localidades en donde se realizaban los censos y, por lo tanto, obtener datos a escala provincial o por Comunidades Autónomas (SEO/BirdLife, 2018). Muchos de esos datos están inéditos, pero se encuentran registrados en las bases de datos de SEO/BirdLife (SEO/BirdLife, 2018). Al aplicarlas para el periodo invernal comprendido entre los años 2001 a 2016, podemos constatar una tendencia general decreciente en las localidades con mayor concentración de acuáticas invernantes, como sucede en las graveras de El Porcal o en la laguna de San Juan (figura 25.1). En el embalse de El Vellón, donde podría apreciarse una tendencia positiva, esta desaparece si excluimos el año 2016, en el cual se presentó una concentración elevadísima de aves acuáticas, principal-

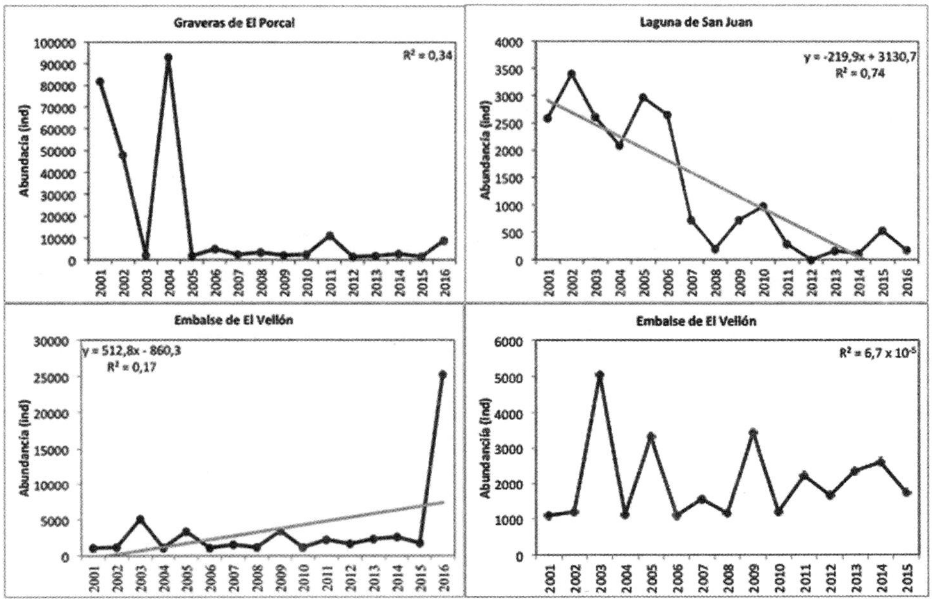

Figura 25.1. Tendencias poblacionales de las aves acuáticas invernantes en la provincia de Madrid durante el periodo 2001-2016 para tres de las diez localidades con mayores abundancias. En el embalse de El Vellón aparecen representadas esas mismas tendencias, pero excluyendo el año 2016. Los puntos negros son las abundancias para cada año y la línea gris, la tendencia.

mente gaviotas (figura 25.1). De todas formas, si solo tuviésemos en cuenta las anátidas y fochas (para eliminar el posible sesgo de las muy abundantes gaviotas en determinados años), la tendencia podría ser positiva, negativa o inexistente, dependiendo del humedal (figura 25.2), como sucede en las graveras de El Porcal, el embalse de El Vellón o la laguna de San Juan, que son las tres zonas húmedas con mayor número de especies en la Comunidad de Madrid (figura 25.2).

LAGUNAS EN EL CONOCIMIENTO

El conocimiento sobre las aves acuáticas y palustres de los humedales madrileños es relativamente elevado gracias a los programas de seguimiento que se realizan desde hace décadas a escala nacional y, por consiguiente, disponemos de una elevada cantidad de información. A pesar de ello, no son muchos los trabajos que, aprovechando esa ingente cantidad de datos, se hayan publicado sobre abundancia, dinámica poblacional y tendencias. Sería, pues, conveniente extraer todo el partido ecológico al análisis de las series a largo plazo, ya que son de alto interés científico. Este problema no es tanto de las organizaciones que se encargan de recopilar estas series temporales, pues normalmente ponen estos datos a disposición de quien los necesite, sino de los ecólogos que no queremos o podemos utilizarlos.

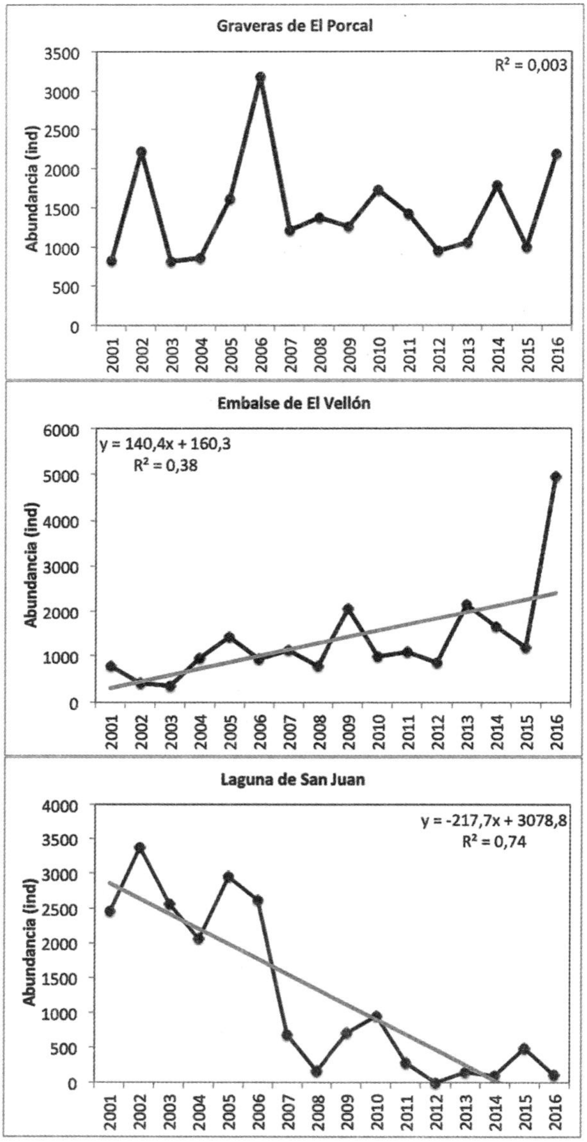

Figura 25.2. Tendencias poblacionales de las anátidas y fochas invernantes en la provincia de Madrid durante el periodo 2001-2016 para las tres localidades con mayores abundancias. Los puntos negros son las abundancias para cada año y la línea gris, la tendencia.

Además, faltan estudios sobre las comunidades de aves y su interacción con otros organismos que habitan en las zonas húmedas, de forma que estas entren a formar parte de los estudios de metacomunidades, los cuales sí existen para otros grupos de organismos, pero no suelen integrar a los vertebrados, sobre todo a las aves.

CAPÍTULO XXVI

Mamíferos

FRANCISCO JOSÉ GARCÍA GONZÁLEZ

RESUMEN

Dos de las cuatro especies de mamíferos con hábitos y ecología ligada a los medios acuáticos de Madrid son autóctonas (nutria paleártica y rata de agua), y otras dos son especies exóticas invasoras (visón americano y mapache boreal), cuya presencia en los medios ribereños madrileños se conoce desde hace más de cinco décadas para el primero y unos 10 años para el segundo.

La nutria paleártica es una de las especies mejor conocidas en la Península ibérica y ha experimentado un incremento notable en Madrid y en general en toda la Península Ibérica en las últimas décadas. En el período 1995-2012 ha recolonizado todos los ríos madrileños, ocupando recientemente el tramo urbano del río Manzanares en la capital. La recuperación parece deberse a varios factores, destacando el descenso de la contaminación por pesticidas organofosforados y organoclorados, lo cual se suma al incremento de especies-presa introducidas, como el cangrejo rojo americano, la perca-sol y otros.

La rata de agua, por su parte, presenta una distribución mucho más reducida, acorde con el fuerte declive que sus poblaciones experimentan en las últimas décadas. Aparece aproximadamente en la mitad de las cuadrículas de 10 × 10 km muestreadas en Madrid (zonas sur y sureste). Las amenazas principales para la especie parecen ser la contaminación y la pérdida de hábitat, así como el impacto depredatorio que sufre por parte de carnívoros autóctonos (nutria, zorro, turón o garduña) o invasores (visón americano).

Las dos especies exóticas invasoras, que son de origen neártico, fueron introducidas por el hombre (industria peletera y mascotismo, respectivamente), y sus poblaciones se encuentran en aumento en los cursos de agua de Madrid. El visón americano ocupa prácticamente todos los ríos, ya que su expansión comenzó en la década de los sesenta del siglo XX, mientras que el mapache ha ocupado los ríos Manzanares (tramo bajo), Jarama, Henares y Tajo y varios afluentes en sólo 12 años, a pesar de que durante varios años se haya intentado controlar ineficazmente sus poblaciones. Alguna estimación de densidad del mapache refleja resultados similares a los de otros países europeos, como Alemania, con áreas periurbanas en las que aparecen más de 100 animales/km^2.

Palabras-clave: fauna, distribución geográfica, hábitat, poblaciones, especies exóticas.

SUMMARY: MAMMALS

Two mammals recorded in Madrid County are native (Lutra lutra, the otter, and Arvicola sapidus, the water vole), whereas others are exotic, invasive species, such as Neovison vison (American mink) and Procyon lotor (boreal raccoon), whose presence in Madrid has been known for more than five decades and a decade, respectively.

The Palearctic otter is one of the best known species in the Iberian Peninsula, experiencing a remarkable increase in Madrid and throughout the Iberian Peninsula in recent decades. In the period 1995-2012 the otter has recolonized all Madrid rivers, recently occupying the urban stretch of Manzanares River. The recovery seems to arise from several factors, e.g. organic pollutants' (PCFs and PCBs) decrease and the introduction of novel prey species (the red swamp crayfish, Procambarus clarkii; the pumpkinseed fish, Lepomis gibbosus, and others).

The water vole has a much smaller distribution arising from the strong decline that the species has experienced in recent decades. It only appears in roughly half of the 10 × 10 km squares sampled in Madrid County, mostly living at the south and southeastern areas. The main threats to the species seem to be pollution, habitat loss and predation impact both by native carnivores (otter, fox, polecat or gardener) and by the American mink, which is an invasive species.

Neovison vison and and Procyon lotor were introduced by man (fur industry and mascotism, respectively), and their populations are increasing in Madrid water courses. While the former, whose expansion started in the sixties of the 20th century, occurs in practically all streams, the raccoon has spread throughout the rivers Manzanares (low section), Jarama, Henares and Tagus and several tributaries in only twelve years, despite the fact of inefficient attempts to control their populations. Density estimates for raccoons are similar to those of other European countries, such as Germany, with more than 100 animals/km^2 in periurban areas.

INTRODUCCIÓN

Dentro de este grupo faunístico, en la Comunidad de Madrid aparecen varias especies de interés. Algunas de ellas, por ser autóctonas, estar en declive y encuadradas en diversas figuras de protección; otras, por haber sido introducidas en tiempos más o menos recientes y estar en expansión, amenazando a la conservación de especies autóctonas. Este es el motivo principal de haber incluido en este capítulo cuatro especies (dos autóctonas y dos invasoras), que presentan en mayor o menor grado adaptaciones y especialización para utilizar los medios acuáticos y las riberas. Hubiese sido deseable incorporar también al desmán ibérico, pero desgraciadamente ya no hay datos de presencia de este interesante endemismo ibérico en los ríos madrileños desde hace años, por lo que no lo hemos incluido en el capítulo.

Entre las especies incluidas aquí, cabe destacar la nutria paleártica, el carnívoro con mayor especialización para explotar el medio acuático presente en la Comunidad de Madrid. La segunda especie es la rata de agua, más topillo que rata, e igualmente bien adaptada a la vida en las riberas en las que excava sus galerías. Por último, se presentan dos especies exóticas invasoras de origen neártico, como son el visón americano y el mapache boreal, ambas introducidas y con un impacto potencial muy elevado sobre diferentes grupos faunísticos presentes en los cursos madrileños de agua. Dado que los estudios de campo y ecología sobre mamíferos no son demasiado abundantes (con excepciones, como veremos), en este estudio se ha intentado presentar los datos más relevantes en cuanto a distribución y ecología de las especies antes citadas, referentes al territorio madrileño, cuando ha sido posible, y recurriendo a estudios más generales cuando no ha habido otra opción.

LA NUTRIA (*LUTRA LUTRA* L.)

Es una especie semiacuática (o semiterrestre), con una elevada capacidad de movimiento y seguramente es la especie (al margen de las emblemáticas como linces, osos o lobos) que seguramente haya sido objeto de un seguimiento más específico y continuado. Ello ha sido posible gracias a los Sondeos Nacionales realizados por la Sociedad Española para la Conservación y Estudio de los Mamíferos (www.secem.es). Desde mediados de los años ochenta y cada diez años, se han efectuado muestreos nacionales siguiendo una metodología estandarizada (López-Martín, 2008), lo que ha permitido conocer perfectamente su expansión y recolonización de las riberas madrileñas. La especie, que originariamente debió ocupar toda la Península Ibérica salvo quizá la provincia de Almería, sufrió una gran regresión entre las décadas de los cincuenta y los ochenta del siglo pasado, y pasó después a experimentar una lenta recuperación (Ruiz-Olmo, 2009).

En la Comunidad de Madrid, Cortés *et al.* (1998) realizaron un trabajo que evaluaba los cambios en la distribución de la especie durante el período 1964-1995 en el tercio oriental de la cuenca del río Tajo, incluyendo todas las cuencas madrileñas: Alberche, Guadarrama, Manzanares, Lozoya, Jarama, Tajuña y Tajo (figura 26.1). Los autores señalan una clara recuperación durante un período de diez años tras décadas de declive, coincidente con recuperaciones en otras regiones europeas como Inglaterra o Gales (Macdonald y Mason, 1994; Strachan y Jefferies, 1996). En el mismo trabajo los autores españoles señalan la contaminación por metales pesados y organoclorados, así como la contaminación general del agua como las causas más probables del declive, bien por afección directa a los animales, bien por disminución de sus presas principales.

En la década de los noventa, la nutria comenzó su expansión en los tramos medios de los ríos más orientales (Henares y Tajuña), así como en la cabecera del Tajuña y del Alberche, y algunos tributarios de este (Cofio y Aceña). Se pasó de un 13 % de presencias en estaciones de muestreo en los años ochenta (Mañez *et al.,* 1990) a un 39 % en la década posterior (Cortés *et al.,* 1998). En el siguiente sondeo nacional, realizado a mediados de la década del 2000, se alcanzó un 46,5 % de detección en los lugares supervisados, expandiendo la distribución de la especie al río Perales y al tramo bajo del Alberche, así como en el río Tajuña y el Tajo (Fernández-Salvador,

2008). Sin embargo, la especie seguía ausente de las cuencas del Guadarrama y Manzanares.

La fase final de la recolonización de la región madrileña han sido sin duda los alrededores de la ciudad de Madrid y los tramos bajos del Manzanares y del Guadarrama. Así, en 2008 Y. Cortés (datos no publicados) localizó la especie en ríos tributarios del Guadarrama a la altura de Torrelodones. Posteriormente, en trabajos de seguimiento del mapache y de otros mamíferos llevados a cabo por empresas privadas (datos de la Consultora en Biología de la Conservación; F. J. García González, datos inéditos) se detectó la nutria de forma continuada en los ríos Perales, Guadarrama y Manzanares (aguas arriba de la ciudad de Madrid) hasta el Parque Regional de la cuenca alta del Manzanares en 2009. La Comunidad madrileña confirmó la presencia de la especie en el Parque Regional del Tramo medio del Guadarrama en 2010. Y en el año 2012 constatamos la presencia de nutrias semiurbanas, en la zona del Puente de los Franceses de la ciudad de Madrid (Y. Cortés, com. pers.). Apenas hace unos meses, también detectamos excrementos que revelaban la presencia de la especie en el tramo urbano del Manzanares (Madrid Río).

Por lo tanto, durante el periodo 1995-2012, la nutria ha conseguido recolonizar todos los ríos madrileños, y ya está presente en el tramo urbano de la capital madrileña. Esta recuperación de la especie parece deberse a una suma de factores, entre los que destacan el descenso de la contaminación por organofosforados y organoclorados, de los que se sabe afectan muy negativamente a los peces (Mason, 1989) y, por tanto, a la supervivencia de la nutria que se alimenta de ellos y los bioacumula. Ruiz-Olmo *et al.* (2000) demostraron en Europa un descenso en los niveles de PCBs en los cauces donde sobrevivía *Lutra* respecto a la concentración en aquellos lugares donde ya había desaparecido.

Por otra parte, el incremento de especies presa como el cangrejo americano fundamentalmente (Delibes y Adrián, 1987; Ruiz-Olmo y Clavero, 2008), así como de otras especies introducidas como la perca-sol –que puede llegar a ser la presa principal de la nutria en embalses (Pedroso y Santos-Reis, 2006)–, han tenido un efecto positivo sobre las nutrias. Otros factores habitualmente considerados como negativos (alta densidad humana) no parecen explicar los cambios en la distribución de la especie (Jiménez *et al.*, 2008). Además, hay que resaltar el papel del río Tajo al conectar todos los afluentes desde su tramo bajo, si bien la recolonización desde las cabeceras por la sierra de Guadarrama tampoco es descartable en algún caso, dada la capacidad de la especie para saltar entre cuencas hidrográficas (Jefferies, 1989; Janssens *et al.*, 2008).

LA RATA DE AGUA (*ARVICOLA SAPIDUS* MILLER)

Es un microtino semiacuático grande (160-250 g, que alcanza ocasionalmente los 300 g). Solo se encuentra en el suroeste de Europa, en concreto ocupando el sur y oeste de Francia y la Península Ibérica (Blanco, 1998), donde sustituye a su equivalente ecológico centroeuropeo (la rata de agua norteña o rata topera, *A. terrestris*). Su ciclo vital se desarrolla ligado a las riberas de cursos o masas de agua estables, si bien puede ocupar prados húmedos, zonas ligeramente turbosas o charcas secas (Román, 2010).

En España es una especie muy poco estudiada, y de la que conocemos relativamente poco en cuanto a ecología o problemas de conservación. No obstante, se considera que sus poblaciones han experimentado un gran descenso, tanto a escala mundial (Rigaux *et al.*, 2008) como en España (Román, 2007). Diversos especialistas en ratas de agua han señalado declives claros en áreas con presencia estable en el pasado, repartidas por todo el territorio peninsular (Salamanca, Palencia o Navarra entre otras; véanse el trabajo de Román (2007) y las referencias allí citadas).

Además de los datos recopilados para el primer *Atlas de los mamíferos terrestres de España* (SECEM, 2009) y que en buena parte se obtuvieron mediante consultas en colecciones y registros históricos, únicamente disponemos de un trabajo a escala nacional sobre la distribución de la rata de agua, en el marco del *Inventario Nacional de Biodiversidad* (SECEM-MAGRAMA, 2012). En dicho trabajo aparecen ratas de agua en el 54,1 % de las cuadrículas UTM de 10x10 km para el total nacional, mientras que en el ámbito madrileño únicamente aparecen en 6 (35,3 %) de las 17 cuadrículas muestreadas, que corresponden a la zona sur y sureste de la Comunidad de Madrid (tabla 26.1).

Tabla 26.1. Número de cuadrículas de 10 × 10 km donde se ha detectado la presencia de la rata de agua en España y en el territorio madrileño.

	Provincia	Numero de cuadrículas muestreadas	Cuadrículas con presencia de la especie (%)		Número de localidades muestreadas	Localidades con presencia de la especie (%)	
CAM	Madrid	17	6	(35,3)	48	14	(29,2)
TOTAL NACIONAL	España	1.000	541	(54,1)	2.914	1.015	(34,8)

FUENTE: SECEM-MAGRAMA (2012).

En cuanto a sus principales interacciones con otras especies en los cursos de agua, la rata de agua sufre la presión de competencia de la rata parda *(Rattus norvegicus)*, que la desplaza de muchas riberas (Blanco, 1998). Además, se ha citado la presión de depredación por especies autóctonas como la nutria, el turón o garduñas y zorros, además de una variada lista de rapaces, reptiles y peces hasta un total de 32 especies (Román, 2007). En las últimas décadas, la expansión del invasor visón americano ha sido citada también como una de las causas de declive de la especie al compartir hábitat. Estos animales depredan habitualmente sobre las ratas de agua, sumando un factor negativo que contribuye al declive de sus poblaciones, especialmente en aquellas áreas en las que ya la rata de agua se encuentra en una situación delicada.

EL VISÓN AMERICANO (*NEOVISON VISON* SCHREBER)

Es un pequeño mustélido semiacuático de origen neártico, introducido en Europa con fines peleteros desde los años veinte del siglo pasado. En España se instalaron granjas con el mismo fin a finales de la década de los cincuenta (Palazón y Ruiz-Olmo, 1997). En la zona centro, las primeras granjas datan de finales de esa década en la vertiente segoviana de la sierra de Guadarrama (El Espinar; Bravo y Bueno, 1999); poco tiempo después de su instalación, los mismos autores ya refieren la existencia de animales escapados y asilvestrados en las provincias de Ávila, Madrid y Segovia (Bueno y Bravo, 1990) y, posteriormente, en Guadalajara, Toledo, Salamanca y Valladolid (Bravo y Bueno, 1992). Tras su aparición inicial en el medio natural del centro de España, la especie aumentó rápidamente su densidad y área de distribución, gracias a su capacidad adaptativa y a la suma de nuevos ejemplares procedentes de escapes accidentales, sueltas deliberadas por parte de grupos animalistas radicales y abandono de granjas por la crisis del sector (Balmorí *et al.*, 2015). Medio siglo después de las primeras citas, la población asilvestrada de visón americano ocupa buena parte de la mitad septentrional de España (Balmorí *et al.*, 2015).

Entre los impactos que este mamífero genera, se cita su papel como depredador generalista, por lo que llega a ser el factor más importante en el declive de la rata de agua norteña *(Arvicola terrestris)* en el Reino Unido (véase, por ejemplo, Barreto *et al.*, 1998), lo cual puede extinguir poblaciones completas (Barreto y MacDonald, 2000). Esta especie es el equivalente ecológico de la rata de agua *(A. sapidus)* en la Península Ibérica, lo que da cuenta de su importante potencial papel en el declive de esta y otras especies presentes en la Comunidad de Madrid. Así, diversos autores señalan al visón americano como uno de los factores de rarefacción del desmán ibérico *(Galemys pyrenaicus)*. Además, se ha citado su potencial deletéreo para el visón europeo *(Mustela lutreola)*, especie en peligro crítico de extinción en España y que sufre la competencia con el visón americano (Bonesi y Palazón, 2007; Palazón y Melero, 2011), así como por su transferencia del virus de las Aleutianas (ADV; Mañas *et al.*, 2001) a otros mamíferos presentes en los hábitats acuáticos y bosques de ribera (nutria paleártica y turón, entre otros).

Los ríos de la vertiente sur de la sierra del Guadarrama fueron colonizados inicialmente en la década de los sesenta del siglo XX, y posteriormente el área de distribución del visón aumentó progresivamente (Bueno y Bravo, 1992, 1999). Su área madrileña actual incluye los ríos Guadarrama, Alberche, Manzanares, Lozoya y Jarama y sus tributarios, y ocupa toda la sierra de Guadarrama desde Guadalajara hasta Toledo. En los últimos años, la especie ha seguido ampliando su área de distribución y ya está presente en el río Tajo y Tajuña (García González, datos inéditos), de forma que podemos afirmar que ocupa todos los ríos de la Comunidad Autónoma de Madrid.

EL MAPACHE BOREAL (*PROCYON LOTOR* L.)

Es la especie de mesomamífero invasor de más reciente aparición en los medios riparios del territorio madrileño. Su distribución nativa es americana (desde Canadá hasta América Central), y ocupa un amplio espectro de hábitats que incluyen desde hábitats acuáticos abiertos, como marismas o charcas, hasta embalses y zonas muy humanizadas (Bartoszewicz, 2006). La especie se ha establecido por todo el mundo, incluyendo Alaska, las islas Antillas, Japón y Europa (Frantz *et al.*, 2005, Schrader y Hennon, 2005; Okabe y Agetsuma, 2007; Helgen *et al.*, 2008, Canova y Rossi, 2008, García *et al.*, 2012). En el caso de España, su origen es siempre el escape o la suelta deliberada de animales comprados como mascotas exóticas (García González, 2017).

Los mapaches son depredadores ágiles y muy inteligentes, con un amplio espectro alimentario que incluye desde frutas y semillas a diversos grupos faunísticos (de invertebrados hasta aves y mamíferos) mediante caza o carroñeo, y aprovechan eficientemente incluso la basura en entornos humanizados (Bartoszewicz *et al.*, 2008). Álvarez (2008) refiere ya varios datos de la depredación por mapaches sobre puestas de galápago leproso *(Mauremys leprosa)* en ríos de Madrid, y datos propios indican depredación sobre diferentes especies de anátidas, conejo y rállidos (García *et al.*, 2012). El impacto negativo de la especie puede derivarse tanto de su capacidad depredadora como de su papel como vector de enfermedades que transmiten a la fauna silvestre, al ganado o a mascotas (véanse, por ejemplo, los trabajos de Beltrán-Beck *et al.* 2012, o de Wandeler y Salsberg, 1999).

En España, García *et al.* (2012) han recopilado 168 registros de este animal para 28 localidades diferentes incluyendo Baleares, Canarias y casi todo el territorio peninsular. En la zona centro (Madrid) se concentran la mayor parte de ellos, con las primeras citas de presencia en el Parque Regional del Sureste de Madrid en 2003 (Barona y García-Román, 2005). La segunda población en importancia por tamaño y número de registros se encuentra en Guadalajara, en el río Henares y, a pesar de que ambas poblaciones tienen un origen genético diferenciado (Alda *et al.*, 2013), actualmente la población de mapaches en el río Henares es continua entre ambas provincias.

La expansión de la especie en Madrid es muy rápida. Según datos obtenidos en los muestreos y trampeos en Madrid, la especie pasó de ocupar 17 km de ribera en 2004 a más de 37 en el Parque Regional del Sureste (Madrid) en 2009, en las riberas del Manzanares, Henares y Tajuña. En 2011 los mapaches ocupaban más de 100 km de ribera, si bien no de forma continua (García *et al.*, 2011). Entre 2007 y 2013 se capturaron 245 animales sólo en dicho Parque (García-Román, 2017). Una estimación realizada mediante una combinación de indicios indirectos y trampeo, y utilizando los datos de uso del espacio por animales radiomarcados, ofrecía una cifra cercana a los 450 adultos reproductores en más de 170 km de ribera para 2014, con una estimación de densidad de aproximadamente 132 animales/km^2 (García, 2017), similar a la obtenida por Hohmann *et al.* (2002) en Alemania para zonas periurbanas (hasta 125 animales/km^2).

LAGUNAS EN EL CONOCIMIENTO

Como en tantos otros grupos faunísticos, los mamíferos ligados a los medios acuáticos carecen de programas de seguimiento a largo plazo que permitan valorar sus tendencias poblacionales, su estado de conservación y las amenazas que podrían poner en peligro su supervivencia, incluyendo aquí la presión que las especies exóticas invasoras pueden estar ejerciendo sobre las autóctonas, bien por depredación, competencia, transferencia de zoonosis u otras. Pero además, tratándose de especies que sufren especialmente el impacto de la actividad humana en los cauces, de la contaminación y desde hace unos años, del cambio climático, sería del máximo interés trabajar en algunas de estas líneas con el fin de valorar adecuadamente los impactos que la actividad humana genera sobre la fauna y los hábitats de ribera madrileños. Resultaría del máximo interés estudiar si realmente el incremento de distribución de especies como la nutria se corresponde con la existencia de poblaciones realmente saludables, o si por el contrario, los contaminantes industriales pueden estar interfiriendo en su ciclo vital, como el empeoramiento de la condición reproductora en adultos, las tasas de mortalidad en crías que resultan más elevadas en los ríos más contaminados, la menor disponibilidad de presas naturales o de la calidad de estas en los ambientes más antropizados y contaminados, etc. La nutria y la rata de agua serían buenas especies para estudiar estos temas, que afectan directamente también a la salud de nuestras masas interiores de agua y a la humana.

CAPÍTULO XXVII

Otros organismos

MIGUEL ÁLVAREZ COBELAS

RESUMEN

En Madrid se ha detectado la presencia de hifomicetos, esponjas, hidrozoos, nemertinos, gastrotricos, hidracnelas y colémbolos. Los nematodos están también presentes en el agua dulce madrileña, pero no se han determinado al nivel específico, mientras que la presencia de la medusa *Craspedacusta sowerbyi* resulta más que probable. De todos modos, la mayoría de las citas son antiguas y convendría realizar nuevos muestreos que las confirmen. Obviamente, el papel ecológico de todos estos organismos, a excepción de los hifomicetos, está por conocer en este territorio.

Palabras-clave: fauna.

SUMMARY: OTHER ORGANISMS

Hyphomycetes, sponges, Hydrae, Nemertea (ribbon worms), gastrotrichs, water mites (Hydracarina) and springtails (Collembola) have been reported for Madrid territory long ago. Nematodes certainly occur in Madrid freshwater environments, but they have not been recorded at the species level. It is also likely that the freshwater jelly-fish Craspedacusta sowerbyi also occurs in the area. Anyway, it is advisable to undertake specific samplings to record those taxa again. Obviously, the ecological role of these organisms, Hyphomycetes aside, is still to be recognized in the area.

En este capítulo haré mención de aquellos grupos de organismos acuáticos que son escasamente conocidos en el territorio de Madrid, simplemente porque poca gente se ha interesado en ellos o porque los estudios existentes son antiguos y no hay ninguno publicado recientemente.

Comenzando con los **hifomicetos,** fundamentales en la descomposición de la materia orgánica fluvial, tanto autóctona como alóctona (hojarasca), solo existe el trabajo de Casado *et al.* (2015) donde se ofrece una lista de 24 especies y se demuestra su importancia para la transformación de dichos materiales en varios ambientes fluviales de la montaña madrileña.

Para las **esponjas** carecemos de referencias publicadas, pero yo mismo detecté una colonia que crecía sobre un tronco sumergido en la cola del río Albalá en el embalse de El Vellón en 1981. No la determiné, pero eso indica que en Madrid se podrían encontrar esponjas en el futuro; de hecho también creo haberlas visto en otro tronco del embalse de Los Morales (Las Rozas de Puerto Real) en 2018. Y una prueba indirecta de su presencia en Madrid es que se han citado insectos neurópteros de larva acuática en este territorio (Montserrat, 1984), cuyas formas larvarias suelen ir asociadas a esponjas.

De la **medusa** *Craspedacusta sowerbyi* Lankester hay una cita en internet para el embalse de San Juan (foro.carpamania.com/viewtopic.php?f=3yt=187), la cual debe tomarse con precaución hasta una ulterior confirmación científica. Sí ha sido citada en ambientes acuáticos de Guadalajara, Cáceres, y otras provincias próximas de España y Portugal (Medina Gavilán y González Duarte, 2018), por lo cual es verosímil que tarde o temprano se encuentren ejemplares en más ecosistemas madrileños, entre otros motivos, porque se trata de una especie estival presente en ambientes eutróficos y estancados y, así, resultaría una buena candidata para presentarse en otros embalses de nuestra Comunidad.

Los **oligoquetos** son un grupo animal que muchos autores citan en ambientes fluviales, e incluyen a menudo datos de densidad (Monzón *et al.,* 1991; Boyero, 2003; Álvarez Cobelas *et al.,* 2017), pero muy rara vez se determinan hasta el nivel específico. De hecho, se ha vuelto casi obligado el llamar *Tubifex* a los oligoquetos presentes en sedimentos fluviales contaminados, aunque la determinación taxonómica casi nunca la lleve a cabo un especialista. En la tesis de Rovira (1991), realizada en sedimentos contaminados de los ríos Jarama, Henares, Guadalix y Manzanares, se describe la acumulación de metales por los tubifícidos *sensu lato.* Existen también citas de varios oligoquetos, determinados hasta el nivel de especie, en la cueva del Reguerillo, sita en el cerro de la Oliva (Patones). Se trata de las especies: *Marionina argentea* (Michaelsen), *Aeolosoma leidyi* (Cragin) y *Cernosvitoviella atrata* (Brestscher) (Camacho y G. Valdecasas, 2006). Los únicos datos de densidad existentes para los oligoquetos en Madrid son los determinados en la laguna de Las Madres (Arganda del Rey); este grupo de animales predomina en la zona de los cantos rodados, donde alcanza 616 individuos/m^2 a finales del invierno; sobre otros sustratos su densidad resulta despreciable, desapareciendo prácticamente de cualquier sustrato a comienzos del verano (Álvarez Cobelas, datos inéditos).

Los **nematodos** son otro componente habitual en la fauna dulceacuícola, pero apenas se han estudiado en este territorio. Para la mayoría su hábitat es fundamentalmente terrestre, pero resulta frecuente verlos en cualquier muestra de perifiton lacustre y, más a menudo, fluvial. Aunque ya Margalef (1955) incluyera algún género, como *Dorylaimus,* en su libro sobre indicadores biológicos, lo cual es prueba de su presencia en las aguas dulces, casi se han pasado por alto en estos ambientes. Para toda España, solo conozco los trabajos de Ocaña y Picazo (1991a, b), realizados en el río Monachil, Granada, y en los que abundan nematodos de los grupos de dorilaímidos y tilénquidos, y se recalca su importancia para las redes tróficas fluviales (Ocaña *et al.,* 1989). En Madrid no hay ningún estudio sobre ellos. De todos modos, puede consultarse también la lista relativamente reciente de Peña-Santiago *et al.* (2006) para conocer la riqueza específica de los nematodos españoles, incrementada en el caso de los dulceacuícolas gracias al estudio exhaustivo del vertido minero de Aznalcóllar al río Guadiamar en 1998.

Las **hidras de agua dulce** sí han sido citadas para Madrid. Álvarez y Selga (1967) encuentran *Chlorohydra viridissima* Pallas y *Pelmatohydra oligactis* Pallas en la fuente Las Huertas, de Colmenar del Arroyo-Chapinería. En el mismo trabajo el primer autor señala que también ha encontrado este último taxón en fontines del Jardín Botánico de la capital, en la fuente Las Damas (Puerta de Hierro) y en numerosos charcos y regatos de la zona entre Cercedilla y Los Molinos, donde se daba la curiosidad de que incluso aparecían en el agua para consumo humano. Estos autores refieren algunas informaciones sobre la alimentación de dichas hidras, fundamentalmente a base de copépodos del género *Cyclops.*

También se ha registrado un **nemertino** en aguas madrileñas. Se trata de *Prostoma eilhardi* Montgomery, que Gamo (1986) encontró en el río Torote, cerca de Alcalá de Henares.

Cabe señalar igualmente la presencia en Madrid de animales del grupo de los **gastrotricos.** Real (1940) refiere dos especies del género *Chaetonotus: Ch. acantophorus* (Stokes) y *Ch. similis* Zelinka. Ambos crecieron en un acuario alimentado con sedimentos de unas charcas de La Moncloa. El autor refiere también algunas observaciones sobre el crecimiento poblacional y la alimentación de estos animales; esta última se basaba en diatomeas, ciliados y bacterias que crecían formando zoogloeas.

De las escasas especies de briozoos presentes en el agua dulce nada se sabe para Madrid. Es más que probable que hayan sido pasadas por alto.

Los ácaros acuáticos o hidracnelas se conocen desde hace tiempo en el territorio madrileño. Viets (1930) y Lundblad (1956) recogieron ejemplares en su día. La tesis doctoral de G. Valdecasas (1981) amplía notablemente los hallazgos de esos autores para la sierra del Guadarrama, y G. Valdecasas y Camacho (1986) citan 51 especies para los medios estancados, y ofrecen también algunos datos abióticos útiles para su autoecología. En otro estudio, G. Valdecasas *et al.* (1984) ya habían relacionado la riqueza específica de estos y de otros organismos (copépodos, hemípteros, odonatos y coleópteros) con el área del ecosistema donde viven, si bien la correlación resultaba baja, aunque significativa. También estimaron la tasa de renovación de las hidracnelas en la sierra del Guadarrama, al existir datos para las décadas de 1910, 1930 y 1970-1980. Más tarde, G. Valdecasas y Camacho (1988) realizaron un pequeño análisis sobre la fauna de este grupo en las charcas de la sierra del Guadarrama, y concluyeron que la ecología de las especies depende de la temporalidad o de la permanencia de las mismas, y años después amplían el conjunto de especies citadas para Madrid hasta 110 (G. Valdecasas y Camacho, 2006). También se ofrecen datos de composición taxonómica y abundancia relativa de estos animales en Boyero (2003) para los arroyos de Peñalara. Por mi parte, he encontrado ácaros acuáticos entre *Ranunculus* en las canteras abandonadas de granito de Colmenar Viejo. Hay muy escasos datos sobre densidad de estos organismos en los ecosistemas madrileños; la laguna de Las Madres alberga de 110 (entre la vegetación de carrizo) a 260 animales/m^2 en verano, pero en invierno su densidad resulta despreciable (Álvarez Cobelas, datos inéditos).

Finalmente, debo señalar que los **colémbolos** también se presentan en los ambientes acuáticos madrileños, aunque buena parte de las especies tenga más bien preferencia por los ambientes húmedos y no por los francamente acuáticos (Deharveng *et al.*, 2008). Las citas para Madrid son bastante antiguas y precisan poco el hábitat. En total, se han registrado trece especies (tabla 27.1). Está claro que se trata de un grupo muy poco conocido que merecería una atención mucho mayor en el territorio que nos ocupa.

Tabla 27.1. Colémbolos citados para ambientes acuáticos de Madrid.

Taxon	Localidad	Referencia
Arrhopalites caecus (Tullberg)	Puertos de Navacerrada y Somosierra	Selga (1970)
Hypogastrura denticulata (Bagnall)	Puerto de Navacerrada	Selga (1970)
Hypogastrura manubrialis (Tullberg)	Ríos de Cercedilla; Casa de Campo	Bonet (1929); Selga (1970)
Hypogastrura vernalis (Carl)	Río Guadarrama (Brunete); Arroyo de Cienvallejos (Brunete); Casa de Campo; Vallecas	Bonet (1929); Selga (1970)
Isotoma notabilis Schäffer	Ampliamente distribuido en Madrid	Selga (1970)
Isotomurus palustris (Müller)	Puerto de Navacerrada; Cercedilla; Torrelodones; Collado Mediano; Puerto de Cotos; Los Molinos; El Pardo; La Poveda	Selga (1970)
Orchesella cincta (Linnaeus)	Ríos de El Escorial	Selga (1970)
Pseudachorutes palmiensis Börner	Cercedilla; El Pardo	Selga (1970)
Pygmarrhopalites postumicoides (Cassagnau y Delamare)	Puerto de Navacerrada	Selga (1970)
Pygmarrhopalites pygmaeus (Wankel)	Cueva del Reguerillo (Patones)	Selga (1970)
Pygmarrhopalites terricola Gisin	Puertos de Cotos y Navacerrada; Collado Mediano	Selga (1970)
Seira domestica (Nicolet)	Casa de Campo; Fuentelahiguera; Macizo de Ayllón	Selga (1970)
Sminthurinus aureus (Lubbock)	Fuentelahiguera; Valdemoro	Selga (1970)

Agradecimientos

María José Luciáñez (Universidad Autónoma) me ha proporcionado la escasa información existente sobre los colémbolos presentes en las aguas dulces madrileñas. Óscar Soriano (Museo Nacional de Ciencias Naturales, CSIC) y Juan Junoy (Universidad de Alcalá de Henares), por su parte, me han facilitado interesantes referencias para este capítulo.

CAPÍTULO XXVIII

Lagunas y humedales de alta montaña

IGNACIO GRANADOS MARTÍNEZ Y MANUEL TORO VELASCO

RESUMEN

En la vertiente madrileña de la Sierra de Guadarrama se encuentran unas 300 láminas de agua de alta montaña, situadas principalmente en el Macizo de Peñalara. Tan sólo tres de ellas (Peñalara, Claveles y Pájaros) superan los 5.000 m^2, siendo casi todas las demás, charcas de poca extensión. Únicamente un 30% son permanentes. Los tiempos de residencia del agua son muy bajos, con un promedio de 11,6 días en el caso de la laguna de Peñalara.

La característica común a todos estos ecosistemas acuáticos es la formación de una cubierta de hielo invernal. En la laguna de Peñalara se forma en la segunda quincena de noviembre o la primera de diciembre, y tiene una duración media de 131 días. Estos humedales son tan someros que no se estratifican en verano. Sólo en la laguna de Peñalara (4,7 m de profundidad) se han observado periodos de varios días con diferencias de temperatura de entre 2 y 6 °C entre superficie y fondo. Durante la época libre de hielo, no hay restricciones lumínicas a la producción primaria fotosintética en toda la columna de agua. Por el contrario, durante el invierno la cubierta de hielo frecuentemente bloquea el paso de luz.

Son aguas de muy baja mineralización, generalmente con menos de 30 µS/cm, bicarbonatado-cálcicas y bicarbonatado-sódicas, de muy baja capacidad tamponadora. De forma natural son medios oligotróficos o mesotróficos, aunque en algunos casos se observa un proceso de eutrofización debido a la actividad ganadera y, en menor media, al uso público. Habitualmente, la concentración del oxígeno disuelto se mantiene cerca del 100% de saturación, salvo en el caso de los humedales eutrofizados.

La variabilidad temporal en composición y densidad del fitoplancton es muy alta. En la laguna de Peñalara se han determinado más de 200 taxones de algas planctónicas, dominando las clorofíceas en términos de biomasa. El zooplancton (19 crustáceos y 12 rotíferos) presenta una riqueza de especies mayor en las masas de agua permanentes o con mayor duración del agua, y casi el 30% de la riqueza corresponde a especies encontradas exclusivamente en charcas de pequeño tamaño. Los macroinvertebrados bentónicos muestran una gran diversidad; el 41 % de los taxones determinados aparecen solo en las lagunas de mayor tamaño, mientras que un 30 % aparece exclusivamente en pequeñas charcas. Los macrófitos se desarrollan casi exclusivamente en charcas de pequeño tamaño.

Los estudios paleolimnológicos realizados en la laguna de Peñalara han permitido establecer interesantes relaciones entre índices climáticos como la NAO y las condiciones limnológicas físicas de la laguna, mostrando cómo, además de la temperatura, la cantidad de precipitación en forma de nieve y su efecto aislante son decisivos en la duración de la cubierta de hielo en lagos del Sur de Europa.

Finalmente, se apuntan una serie de hipótesis sobre cuál podría ser la respuesta actual y futura de la laguna de Peñalara frente al cambio climático que se está evidenciando en la Sierra de Guadarrama.

Palabras-clave: laguna de Peñalara, charcas, hielo, ecología lacustre, biodiversidad, paleolimnología, cambio global, NAO.

SUMMARY: MOUNTAIN LAKES AND WETLANDS

In the Madrid side of the sierra de Guadarrama there are about 300 high mountain wetlands, mainly located in the massif of Peñalara. Only three of them (Peñalara, Claveles and Pájaros) exceed 5000 m², almost all being small ponds. Only 30 % are permanent. Their water residence times are very short, with an average of 11.6 days for Peñalara Lake.

The common feature to all these aquatic ecosystems is the formation of a winter ice cover. In Peñalara Lake ice cover is formed in the second half of November or the first of December, and it has an average duration of 131 days. These wetlands are so shallow that they do not become stratified in summer. Only in Peñalara Lake (4.7 m depth) periods of several days with 2-6 °C vertical temperature differences have been observed. During the ice-free season, there is no light limitation to photosynthetic primary production throughout the water column. Conversely, during the winter ice cover frequently blocks light penetration.

They are low-mineralized waters, usually with conductivity values lower than 30 µS/cm. They are calcium and sodium, bicarbonated waters with very low buffer capacity. Naturally, these wetlands are oligotrophic or mesotrophic, although in some cases a process of eutrophication due to livestock is observed, also due, to a lesser extent, to public use. Usually, dissolved oxygen levels stay near 100 % saturation, except in eutrophic wetlands where it can be higher.

The temporal variability of phytoplankton composition and density is very high. In Peñalara lake more than 200 taxa of planktonic algae have already been identified, dominating Chlorophyceae in terms of biomass. Zooplankton (19 crustaceans and 12 rotifers) presents higher species richness in permanent water bodies, where almost 30 % of the richness corresponds to species exclusively found in small ponds. Benthic macroinvertebrates show a high diversity; 41 % of these taxa appear only in the larger lakes, while 30 % appears exclusively in small ponds. Macrophytes are located almost exclusively in small ponds.

Palaeolimnological studies in Peñalara lake show interesting relationships between the NAO climate index and physical limnological conditions, showing snow precipitation and its isolating effect, in addition to air temperature, as crucial factors for the duration of ice cover on lakes in Southern Europe.

Finally, a series of hypotheses are pointed out about current and future response of Peñalara lake to climate change in sierra de Guadarrama.

INTRODUCCIÓN

La presencia de lagunas y humedales de carácter alpino y de origen glaciar en la Comunidad Autónoma de Madrid ha proporcionado históricamente una oportunidad excepcional a los estudiosos y amantes de los ecosistemas acuáticos. Ya desde finales del siglo XIX y comienzos del XX, la cercanía a la gran urbe madrileña facilitó el acceso a estos enclaves singulares de naturalistas y científicos, tanto españoles como extranjeros, y ha dado prueba de ello en numerosos documentos y publicaciones donde reflejaron sus hallazgos y observaciones (Casado, 1997, 2019; Vías, 2001; Toro, 2007; Casado, 2019). La conservación de los ambientes alpinos en la sierra de Guadarrama ha estado íntimamente ligada a este interés naturalístico y científico, desde que fuera declarado Sitio Natural de Interés Nacional el espacio constituido por la cumbre, circo y lagunas de Peñalara en 1930, hasta su inclusión finalmente en el siglo XXI en la Red de Parques Nacionales en el año 2013. Sin embargo, no es hasta la década de los noventa cuando se inician de forma continuada los primeros estudios científicos con un enfoque limnológico global de las lagunas y humedales de alta montaña en la Comunidad de Madrid, promovidos desde la Universidad Autónoma de Madrid (Toro y Montes, 1993), iniciándose algo más tarde los primeros estudios paleolimnológicos en la laguna Grande de Peñalara (Granados *et al.*, 2002).

El esfuerzo pionero y el trabajo de tantos naturalistas, investigadores e instituciones a lo largo de los últimos dos siglos en estos ecosistemas acuáticos de alto valor ecológico e histórico, ha culminado más recientemente con la exitosa restauración de la laguna de Peñalara y su entorno (Granados *et al.*, 2006). Desde 1995, la Comunidad de Madrid cuenta con un programa de seguimiento limnológico mensual que está aportando una valiosa información no solo de interés científico, sino como base para una mejor gestión de estos enclaves (Granados *et al.*, 2006).

LOCALIZACIÓN GEOGRÁFICA, GÉNESIS Y MORFOMETRÍA

En la sierra de Guadarrama se encuentran en torno a 300 láminas de agua, la mayoría de ellas en la zona de mayor altitud (figura 28.1), el macizo de Peñalara, donde la actividad glaciar modeló la geomorfología necesaria para albergar el complejo de lagunas y humedales. Este complejo comprende más de 240 humedales de alta montaña (*ca.* 80 % del total; Toro y Granados, 1998; Granados, 2020). Además, en la sierra de Guadarrama se localizan de modo disperso otros núcleos de humedales (figura 28.1):

- En un amplio cervunal en Navasaces (*ca.* 1.475 m.s.n.m.), cerca del puerto de Canencia, se encuentran algunos humedales temporales que cubren varios cientos de m^2, de contornos irregulares y entremezclados con zonas turbosas y pequeños cursos de agua.
- En los llanos del puerto de La Morcuera existen varios humedales temporales. De ellos destaca una lagunilla temporal de más de 2.250 m^2 situada muy cerca del cordal NE del puerto (1.791 m.s.n.m.), en buen estado de conservación. Por el contrario, otra de estas charcas quedó dividida durante la construcción de la carretera, y además se encuentra seriamente afectada por

Figura 28.1. Localización de los principales núcleos de lagunas y humedales de alta montaña de Madrid.

la actividad ganadera. En esta última se realizó uno de los primeros estudios limnológicos de estos humedales (Baltanás, 1985).

- En los montes Carpetanos, al pie del pico del Nevero, se localizan a 2.092 m.s.n.m. las lagunillas de los Hoyos de Pinilla o charcas del Nevero. Se trata de tres humedales de origen glaciar conectados entre sí por medio de un regato. Las dos mayores tienen cerca de 400 m^2 y son bastante someras ($z_{max} < 40$ cm). Son de carácter permanente, gracias a un manantial situado en su parte norte, aunque puedan llegar a secarse en los veranos más rigurosos y extremos.
- Finalmente, en La Pedriza se ubican algunas lagunillas, la más interesante de ellas situada a 1.500 m de altitud en las estribaciones de la zona NE, cerca del Risco de San Pedro. Se trata de la lagunilla del Lomo, de carácter temporal y bajo el límite forestal, y está rodeada de pinos, a diferencia de las otras charcas y lagunas mencionadas.

El rango altitudinal en el que se localizan comprende desde los 1.475 m, altitud en la que se encuentran los humedales de Canencia, hasta los 2.236 m, donde se ubican las denominadas charcas del circo de Pepe Hernando. Sin embargo, el 67 % de los humedales se alojan en una estrecha banda altitudinal, entre los 2.000 y los 2.150 m.s.n.m. En términos de superficie, los humedales del macizo de Peñalara suponen el 72 %, mientras que La Morcuera aporta el 12 % del área, y Canencia otro 8 % adicional (figura 28.2).

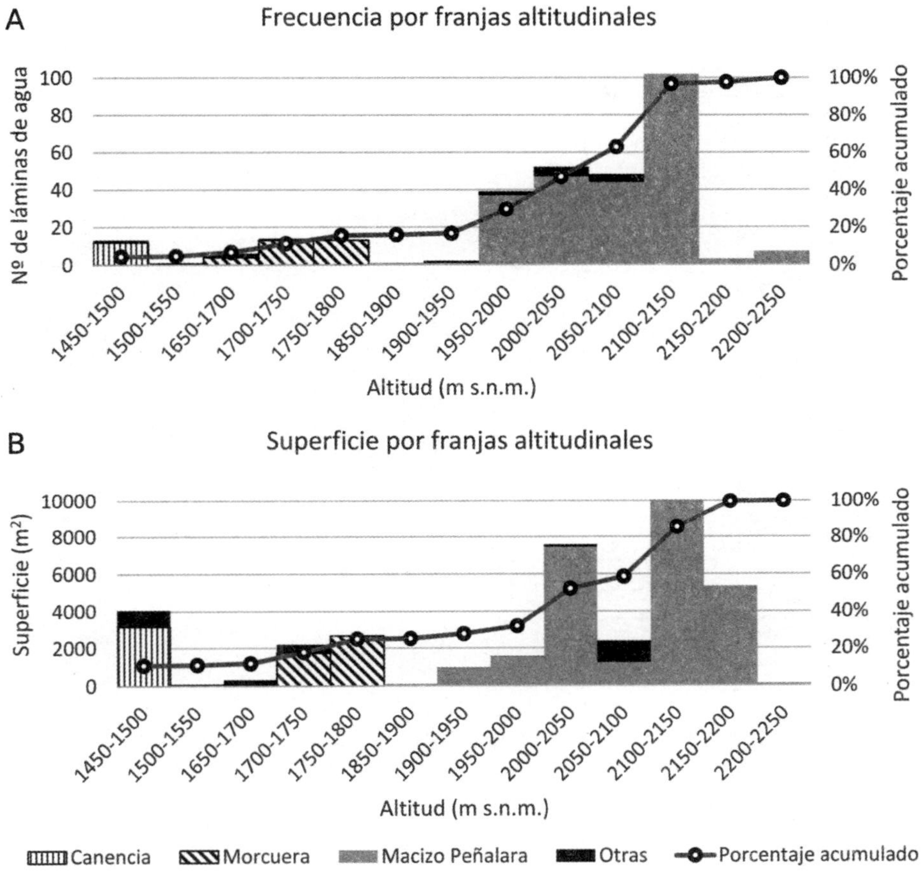

Figura 28.2. A) Frecuencia de las lagunas y humedales de alta montaña de Madrid en rangos altitudinales. B) Superficie de las lagunas y humedales de alta montaña de Madrid en rangos altitudinales.

El origen de gran parte de estas lagunas y humedales está ligado a la actividad glaciar y periglaciar del Pleistoceno en la sierra de Guadarrama. Curiosamente, en este sistema montañoso el desarrollo de pequeños glaciares o nichos de innivación se produjo principalmente en la vertiente madrileña, orientada al sureste, debido a la acción de los vientos dominantes que provocaron la mayor acumulación de la nieve a sotavento de la línea de cumbres (Sanz Herráiz, 1988; Palacios *et al.,* 2012). La mayoría de las existentes en el macizo de Peñalara (figura 28.3) y Hoyos de Pinilla se ubican en pequeños circos glaciares con zonas sobreexcavadas por el hielo (laguna de Peñalara), algunas de ellas ya muy colmatadas u ocupadas por turberas (Hoyos de Pinilla y Hoya de Peñalara), en zonas de represamiento por arcos morrénicos (Claveles, Chica), en depresiones y fracturas geomorfológicas (charca Gris, charca del Buitre), o incluso asociadas a zonas meandriformes de arroyos divagantes en zonas llanas de carácter turboso o hidromorfo (charcas de Claveles, charca de la Rubia).

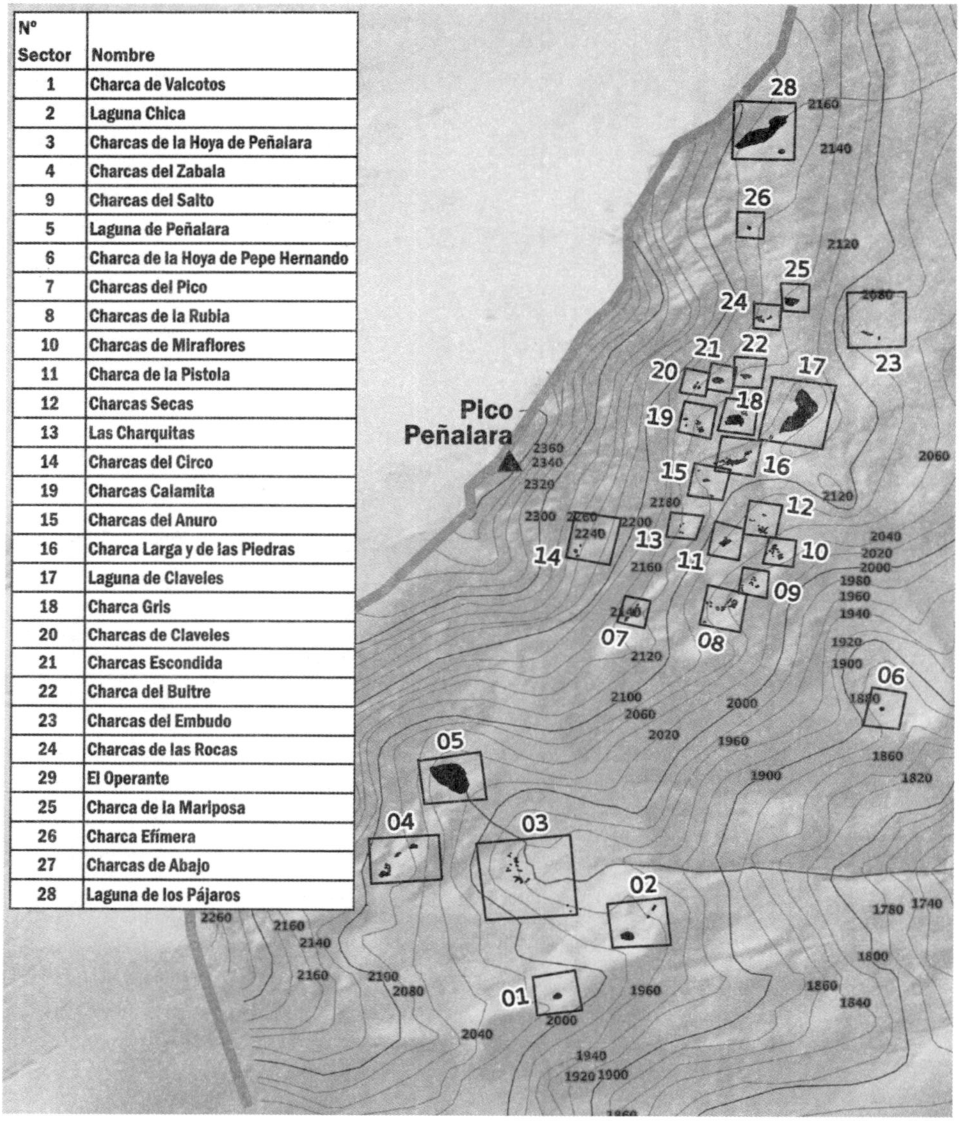

Nº Sector	Nombre
1	Charca de Valcotos
2	Laguna Chica
3	Charcas de la Hoya de Peñalara
4	Charcas del Zabala
9	Charcas del Salto
5	Laguna de Peñalara
6	Charca de la Hoya de Pepe Hernando
7	Charcas del Pico
8	Charcas de la Rubia
10	Charcas de Miraflores
11	Charca de la Pistola
12	Charcas Secas
13	Las Charquitas
14	Charcas del Circo
19	Charcas Calamita
15	Charcas del Anuro
16	Charca Larga y de las Piedras
17	Laguna de Claveles
18	Charca Gris
20	Charcas de Claveles
21	Charcas Escondida
22	Charca del Buitre
23	Charcas del Embudo
24	Charcas de las Rocas
29	El Operante
25	Charca de la Mariposa
26	Charca Efímera
27	Charcas de Abajo
28	Laguna de los Pájaros

Figura 28.3. Sectores de lagunas y humedales del macizo de Peñalara.

Las dimensiones de estos ecosistemas alpinos madrileños son algo más reducidas que las de los lagos o lagunas existentes en otras zonas del Sistema Central (sierras de Gredos y Béjar; Toro y Granados, 2001) u otros sistemas montañosos peninsulares (Pirineos, Cordillera Cantábrica; Pascual Martínez *et al.*, 2000). No obstante, dentro de sus pequeñas dimensiones, presentan una gran variedad de tamaños y formas, que abarcan desde unos pocos metros cuadrados hasta los 6.965 m^2 de la laguna de Peñalara o los 7.450 m^2 de la laguna de Claveles en su momento de mayor inundación, con contornos circulares en algunas o muy tortuosos o con pequeñas islas en su interior, como es el caso del humedal del Operante. La figura 28.4 muestra un histograma con su distribución por áreas.

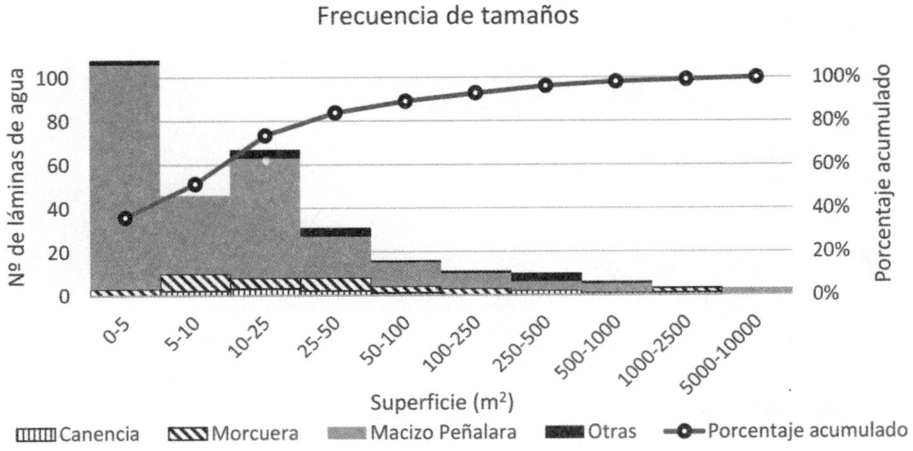

Figura 28.4. Histograma del área de las lagunas y humedales de alta montaña de Madrid.

El 73 % de las láminas de agua tienen menos de 25 m^2, mientras que solo tres lagunas del macizo de Peñalara (Peñalara, Claveles y Pájaros) superan los 5.000 m^2. En este macizo, aunque se encuentran láminas de agua de todos los tamaños, predominan claramente las charcas de muy pequeño tamaño, mientras que en La Morcuera y Canencia se encuentra una mayor homogeneidad en la distribución de tamaños.

Las lagunas de Peñalara y Claveles, seguidas por la de los Pájaros, son las de mayor área, volumen y profundidad de toda la sierra, a juzgar por su batimetría (figura 28.5).

HIDROLOGÍA

El régimen hidrológico de las lagunas y humedales de alta montaña de Madrid es relativamente variable, y muestra distintos grados de temporalidad. Actualmente, tan solo un 30 % de charcas, lagunas u otro tipo de humedales son permanentes o semipermanentes con acusadas fluctuaciones de nivel. El resto son efímeros o con una temporalidad muy marcada en años hidrológicamente secos, y no es el tamaño un factor que condicione siempre ese carácter. La laguna de Claveles, la de mayor superficie y similar volumen que la laguna de Peñalara, se seca totalmente cada año. La naturaleza del sustrato y su permeabilidad determina esa temporalidad, que en el caso de Claveles se debe a estar situada sobre un arco morrénico en el circo de Pepe Hernando con materiales muy permeables, y una ausencia casi total de materiales finos y limosos en su lecho. La falta de agua en los meses de verano –época

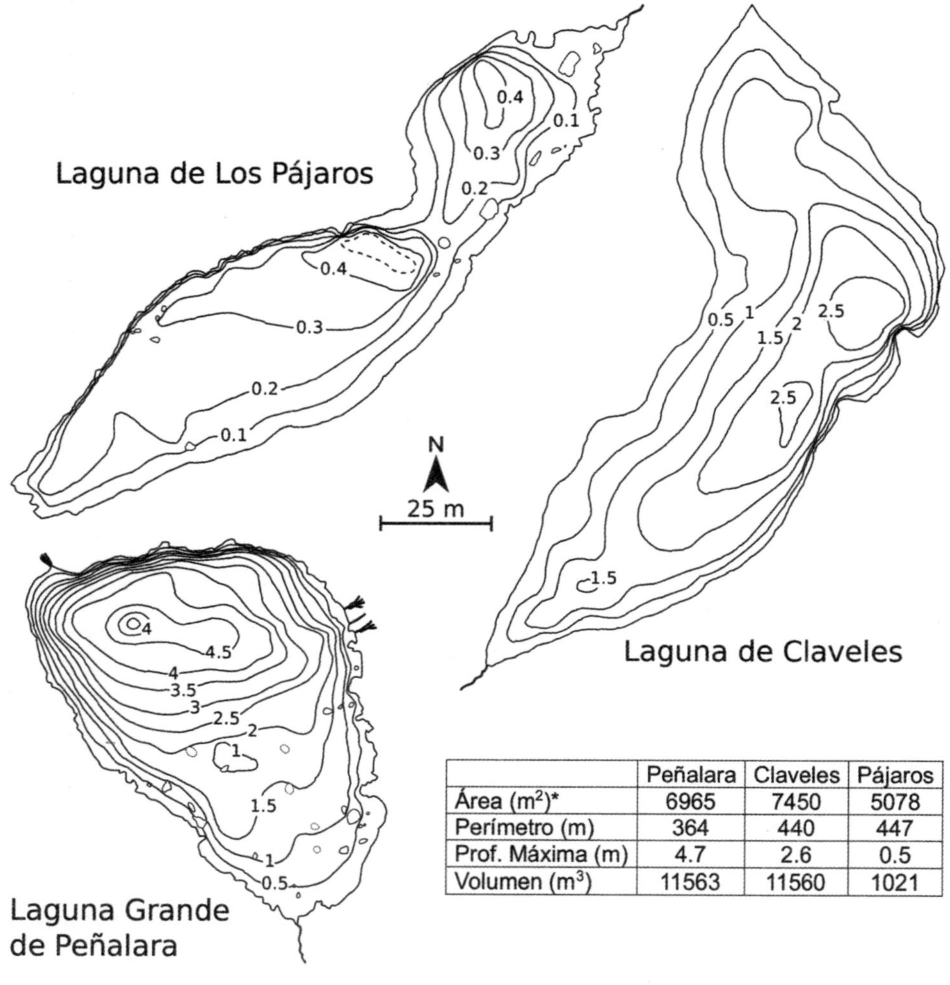

	Peñalara	Claveles	Pájaros
Área (m²)*	6965	7450	5078
Perímetro (m)	364	440	447
Prof. Máxima (m)	4.7	2.6	0.5
Volumen (m³)	11563	11560	1021

Figura 28.5. Mapas batimétricos y parámetros morfométricos de las lagunas de Peñalara, Pájaros y Claveles. *Los datos de las áreas de las lagunas han sido actualizados respecto a datos publicados anteriormente (cálculo realizado a comienzos de los años noventa), utilizando herramientas más precisas de SIG e imágenes aéreas de mayor resolución.

de mayor producción biológica– así como su cuenca de reducidas dimensiones, son factores que explican esa ausencia de materiales sedimentarios finos en el fondo de la misma, ocupada en su mayor parte por gravas, cantos y piedras de tamaño entre 0,1 y varios decímetros de diámetro.

En el caso de las masas de agua muy someras, durante el invierno su cubierta de hielo puede alcanzar el lecho, quedando prácticamente sin agua líquida (por ejemplo, la laguna de Los Pájaros). Esto ocasiona que, en el caso de las lagunas temporales, haya dos períodos a lo largo del ciclo anual en el que falta el medio líquido, lo que contribuye aún más al carácter extremo de este tipo de ecosistemas.

En ambientes acuáticos de tan reducidas dimensiones, los tiempos de residencia del agua son muy bajos, y los flujos de entrada y salida de agua superficiales son los principales determinantes de la dinámica de estos sistemas. Una estimación más exacta de esta tasa de renovación de las aguas se ha calculado para la laguna de Peñalara a partir de los datos de precipitación y del nivel del agua (figura 28.6). Su nivel fluctúa hasta 60 cm, si bien lo habitual es que haya una diferencia de unos 30 cm entre los periodos con niveles más altos (deshielo, lluvias otoñales) y el verano.

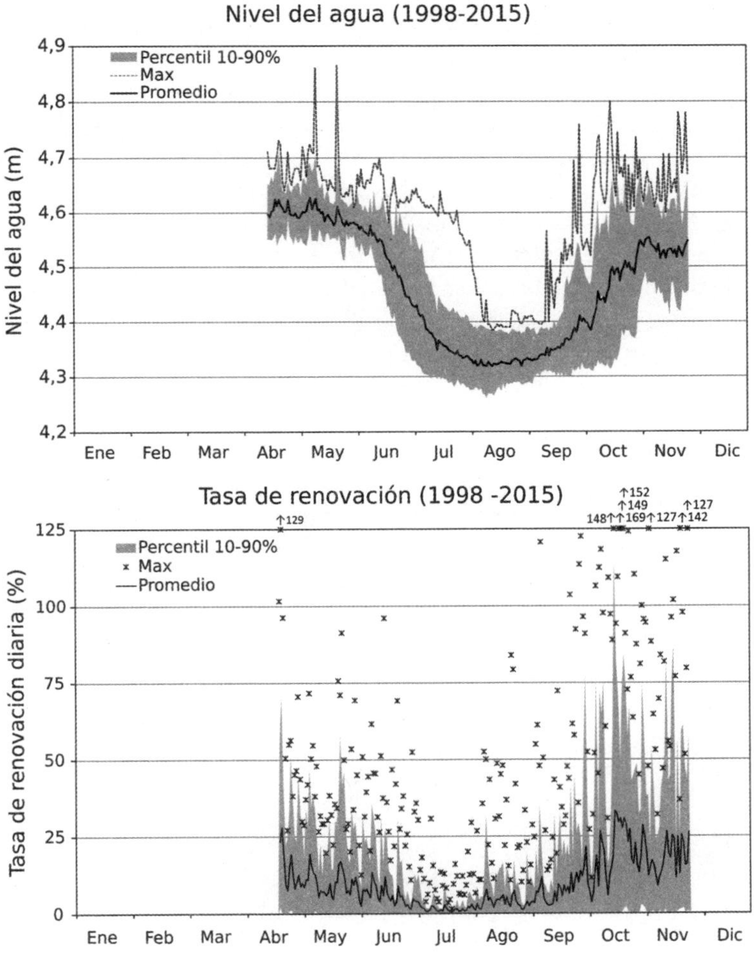

Figura 28.6. Laguna de Peñalara. A) Nivel del agua durante el período en el que suele estar libre de hielo. B) Tasa de renovación en función de la precipitación y el nivel del agua en la laguna.

El tiempo de residencia del agua en esta laguna presenta una media de 11,6 días, y ha variado en el periodo 1998-2015 entre 6,4 y 21,8 días. El cálculo de la tasa de renovación diaria refleja que cambia en ocasiones de forma muy marcada al tratarse de pequeños volúmenes. Llega a alcanzar valores de hasta un 167 % de renovación del volumen total en un solo día como consecuencia de una fuerte tormenta, y son relativamente frecuentes valores de más del 50 % en varios días, bien por tormentas estivales o bien por rápidos deshielos de la cubierta nival de la cuenca.

LIMNOLOGÍA FÍSICA

La característica más significativa de los ecosistemas acuáticos de alta montaña es la presencia de una cubierta de hielo y nieve durante el periodo invernal. Cada año, su formación y duración vienen condicionadas por la meteorología, por lo que su registro y seguimiento anual constituye un indicador muy sensible frente a la variabilidad y cambios del clima en una región (Thompson *et al.*, 2009). La fenología de la cubierta de hielo estudiada en dos lagunas del Sistema Central (Cimera en la sierra de Gredos y Peñalara en la sierra de Guadarrama) muestra cómo los efectos de la NAO (*North Atlantic Oscillation;* un fenómeno climático a gran escala) están condicionados en estas latitudes principalmente por la temperatura del aire y la precipitación en forma de nieve acumulada sobre la cubierta, a diferencia de lagos de otras latitudes más norteñas (Sánchez-López *et al.*, 2015). En estas lagunas, la NAO afecta principalmente y de forma marcada al proceso de fusión de la cubierta. La nieve acumulada sobre la misma tiene un importante papel en la duración del período con hielo, debido a su efecto aislante. Por el contrario, la NAO no parece influir en el proceso de formación de la cubierta, más dependiente de otros factores como la morfometría o la meteorología local.

El inicio de la formación de la cubierta invernal se produce generalmente tras varios días en los que la temperatura máxima del aire no supera los 0 °C y con calma de viento. Su duración y espesor varía cada año según la meteorología invernal: temperatura del aire, precipitación (cubierta de nieve) y radiación son las tres variables principales que la condicionan. El tamaño y superficie de la masa de agua también influyen en su formación, en el sentido de otorgar una mayor inercia térmica a los humedales de mayor volumen. El seguimiento de la estructura y duración de la cubierta de hielo en la laguna de Peñalara se ha realizado durante los últimos 25 años (figura 28.7). En esta laguna es relativamente frecuente (*ca.* 36 % de los años) que haya más de un periodo con cubierta continua de hielo durante la temporada, debido a un deshielo prematuro y posterior formación nueva de la cubierta. Así, la duración media de la cubierta de hielo es de 131 días, mientras que el promedio de días con hielo asciende a 126. La formación de la cubierta se produce habitualmente durante la segunda quincena de noviembre o la primera de diciembre, aunque es muy destacable que en las temporadas 2015-2016 y 2016-2017 la cubierta de hielo se formó excepcionalmente tarde, a mediados de enero. La modelización de la fecha de formación señala que está significativamente correlacionada ($R^2 = 0{,}67$, $p < 0{,}05$) con las temperaturas medias de noviembre y diciembre y, al parecer, la precipitación no es determinante en ninguno de esos dos meses. También hay una correlación inversa relativamente elevada ($R^2 = 0{,}52$, $p < 0{,}01$) entre la fecha de formación y el número de días en que la laguna permanece helada, de

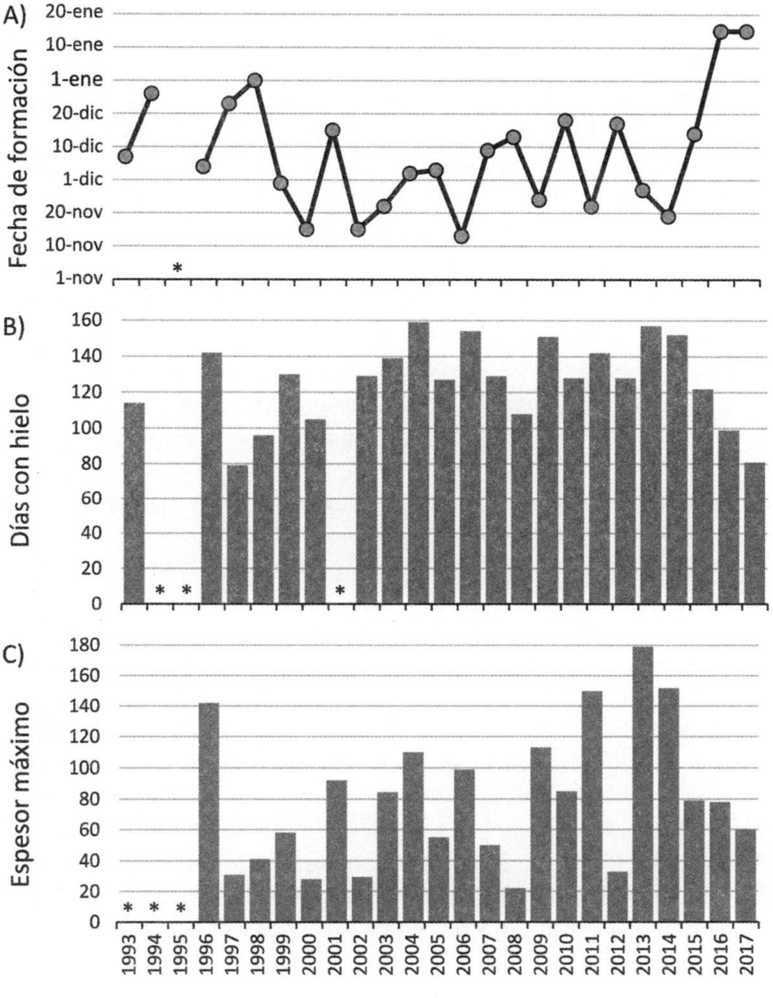

Figura 28.7. Laguna de Peñalara. A) Fecha de formación de la cubierta de hielo. B) Días con hielo (en una misma temporada puede haber más de una cubierta). C) Espesor máximo observado. En todos los casos, el año se refiere al año del deshielo, aunque lo habitual es que se forme en noviembre-diciembre del año anterior. * Sin datos.

manera que cuanto más temprana sea la formación, mayor será la duración de la cubierta de hielo (figura 28.8).

El espesor máximo que alcanza el hielo es muy variable, y oscila entre 22 y 179 cm, con una estructura que alterna capas de hielo con distinto contenido de burbujas de aire y capas de una matriz de agua y cristales de hielo (granizado). El espesor depende ($R^2 = 0{,}65$, $p < 0{,}01$) conjuntamente de la temperatura y la precipitación de finales de otoño e invierno (noviembre-febrero) y de la precipitación de primavera (marzo-mayo). También está correlacionado con la duración ($R^2 = 0{,}49$, $p < 0{,}01$): cuanto mayor sea el espesor, mayor será la duración de la cubierta de hielo (figura 28.8).

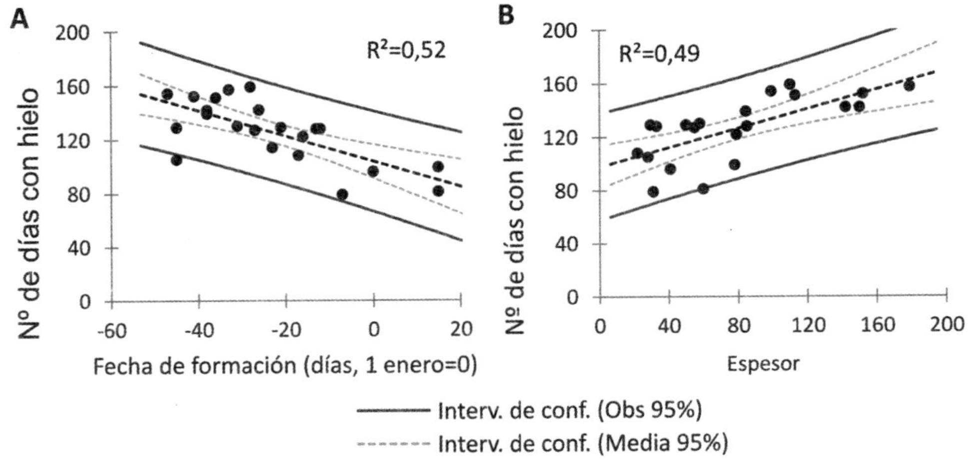

Figura 28.8. Correlaciones entre la duración de la cubierta de hielo y A) la fecha de formación y B) el espesor máximo de la temporada.

Considerando la serie completa de datos (1993-2017) y debido a la gran variabilidad interanual, no se aprecia ninguna tendencia significativa en la fenología de la cubierta (fecha de formación, duración) ni en su estructura (espesor máximo). Sin embargo, si únicamente se analizan los últimos quince años (2002-2017), la tendencia es de retraso en la fecha de formación de la cubierta y de disminución del número de días con cubierta de hielo.

Sólo la laguna de Peñalara tiene profundidad suficiente para que haya una cierta estratificación térmica en determinados periodos del año. Aparte de la típica estratificación inversa producida bajo la cubierta de hielo, la escasa profundidad no permite la formación de una clara estratificación estival con termoclina, ya que cualquier evento meteorológico extremo durante ese periodo que ocasione fuertes vientos o una entrada significativa de agua de escorrentía, afecta a la totalidad de la columna de agua (figura 28.9). No obstante, durante periodos de varios días de calma continuada y sol a lo largo del verano, sí puede producirse un gradiente térmico más o menos estable en la laguna. Esas diferencias de temperatura entre superficie y fondo generalmente no superan 2,5 °C en las horas centrales del día con mayor radiación, aunque en el verano de 2017 han llegado a superar los 6 °C (figura 28.9).

El máximo contenido de calor en la laguna de Peñalara se alcanza entre los meses de julio y agosto (raramente septiembre), con una media en los últimos diez años de 177,3 MJ/m^2 y un máximo de 195,5 MJ/m^2 en 2015.

La visibilidad del disco de Secchi alcanza el fondo de la laguna, tanto inmediatamente antes como después del período con cubierta de hielo (mayor tasa de renovación, figura 28.6). El mínimo de la profundidad de visión del disco de Secchi se produce a mediados del período estival, cuando el crecimiento del fitoplancton disminuye la transparencia de las aguas. La profundidad mínima media de los últimos quince años ha sido 3,24 m, con una ligera tendencia a disminuir. Por tanto, la luz

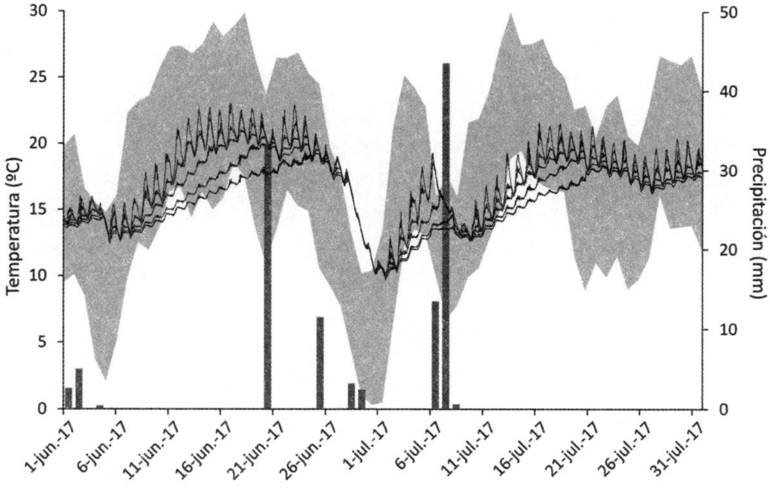

Figura 28.9. Temperatura del agua a 0,5, 1, 2, 3 y 4 m frente a la temperatura ambiental (máximo y mínima diaria en gris) y precipitación (barras) en el puerto de Navacerrada.

alcanza el fondo de la laguna, con lo que se constata que toda la columna de agua constituye la zona fotosintéticamente activa. Al ser esta laguna la más profunda, es previsible que no se encuentren restricciones lumínicas a la producción primaria fotosintética en ninguno de los otros humedales.

Durante el invierno, la radiación que penetra en las lagunas está condicionada por la estructura y características de la cubierta de hielo (es decir, del tipo de hielo que se forma), así como del manto de nieve que haya sobre ella, ya que la nieve muestra un albedo con valores cercanos a 1 (Petrov *et al.*, 2005), con lo que se obtiene generalmente una media del 80 % de la radiación incidente. En los últimos veinte años, en siete ocasiones se han obtenido valores de radiación en la columna de agua inferiores a 0,1 W/m^2 bajo el hielo, que coinciden con espesores de hielo en la laguna de Peñalara de entre 84 y 179 cm.

HIDROQUÍMICA

El pequeño tamaño de las cuencas y su naturaleza silícea, junto con la escasa vegetación y desarrollo de los suelos, determinan una baja mineralización de las aguas, cuyos valores de conductividad son generalmente inferiores a 30 µS/cm (promedio de 11,4 ± 4,8 µS/cm en los últimos quince años para la laguna de Peñalara).

La figura 28.11 muestra la composición iónica de las lagunas y humedales del macizo de Peñalara durante un periodo estival (1998; Toro y Granados, 1998). Se observa cómo el bicarbonato (alcalinidad) constituye al menos el 50 % de los aniones, lo que refleja un contexto de baja mineralización en el que el dióxido de carbono atmosférico constituye una fuente continua de generación de formas inorgánicas de carbono mediante el sistema carbónico-carbonatos. En general, todas las lagunas y humedales presentan aguas mixtas entre bicarbonatado-cálcicas y bicarbonatado-sódicas, con alguna variación individual en ocasiones, debida a impactos puntuales como la presencia de ganado, afección que puede provocar una mayor concentración de iones como el amonio, el cloruro y el potasio, consecuencia de la orina excretada (Catalán *et al.,* 1993), frente a los valores medios para la zona.

El pH de las aguas es ligeramente ácido, propio de cuencas con litología de tipo ácido (granitos/ortogneises), aunque durante el periodo estival en muchas de ellas se observa un aumento, con valores habitualmente superiores a la neutralidad, debido a la mayor producción primaria en el medio acuático, favorecido por la baja reserva alcalina de las aguas. Los valores más bajos del pH se detectan en épocas de intensas precipitaciones (la lluvia y la nieve tienen valores de pH ácidos) y deshielo en la cuenca. La conductividad de las aguas también refleja esa actividad biológica en los periodos estivales y aumenta ligeramente sus valores, que en el caso de las lagunas temporales se ve acentuado por la evaporación de sus aguas y la ausencia de renovación de las mismas. Igualmente, el deshielo y las precipitaciones disminuyen las cifras de conductividad, detectándose los valores mínimos durante el deshielo primaveral, los cuales se sitúan en torno a 6 µS/cm en la laguna de Peñalara. No obstante, hay otros factores que pueden ocasionar pequeñas desviaciones de esta pauta general, como son la duración y las características de la cubierta de hielo o el grado de estabilidad de la columna de agua en el periodo estival, ambos relacionados con un mayor metabolismo de la materia orgánica en las capas más profundas durante periodos de ausencia de mezcla en la masa de agua (Granados *et al.,* 2006).

La concentración del oxígeno disuelto en la laguna de Peñalara (figura 28.10) está relacionada fundamentalmente con la temperatura del agua (casi siempre entre el 90 % y 110 % de saturación, con una concentración absoluta menor cuanto mayor sea la temperatura del agua). La mayor parte del tiempo los procesos biológicos no son lo suficientemente intensos como para alejar la cantidad de oxígeno disuelta del 100 % de saturación. Únicamente encontramos ocasionalmente valores relativamente bajos en el fondo de la laguna a lo largo del verano, debido a los procesos metabólicos asociados a la época de mayor productividad primaria. De un modo mucho más habitual, bajo la cubierta de hielo se produce un agotamiento progresivo de O_2 en profundidad debido a la degradación de la materia orgánica sedimentada. El gradiente de agotamiento de O_2 tiene una media ponderada de -0,082 mg O_2/L/d, y alcanza –0,281 mg O_2/L/d tras la formación de una gruesa cubierta de hielo que impide el intercambio gaseoso con la atmósfera. Este agotamiento es más intenso cuanto mayor sea la duración de la cubierta de hielo. En las charcas y humedales del Macizo de Peñalara afectadas por ganadería, sí se ha constatado una fluctuación bastante mayor de los valores de oxígeno como consecuencia de la eutrofización (saturación entre 61 y 129 %).

De forma natural, las lagunas y humedales madrileños de alta montaña tienen vocación de oligotrofia, ya que estas cuencas de montaña, de naturaleza silícea, alta renovación de sus aguas y escasa presencia de vegetación, apenas recibirían aportes naturales externos de nutrientes (principalmente compuestos de nitrógeno y fósforo) para generar un estado trófico superior. En este contexto, los aportes de estos compuestos vía atmosférica, bien en forma de precipitación húmeda (nieve o lluvia) o

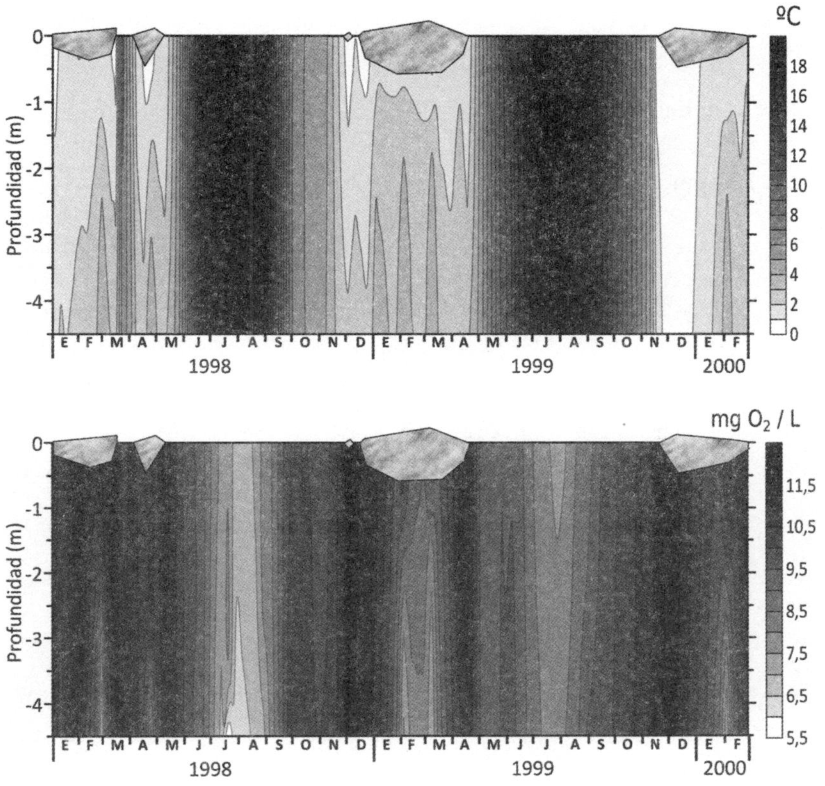

Figura 28.10. Estructura térmica de la columna de agua de la laguna de Peñalara en dos ciclos hidrológicos anuales característicos, junto a la concentración de oxígeno disuelto.

seca (polvo atmosférico, polen, etc.) podrían adquirir cierta relevancia, tal y como ya se ha puesto de manifiesto en otros sistemas montañosos de la Península Ibérica (Morales-Baquero *et al.,* 2006; Camarero y Catalan, 2012; Jiménez *et al.,* 2017). Análisis realizados sobre la nieve recién caída en la cuenca de Peñalara muestran por ejemplo: 7-20 µg/L de P, 0,5 mg/L de $N\text{-}NO_3$ y 2 mg/L de nitrógeno. Estudios recientes de modelización del depósito atmosférico de nitrógeno en España apuntan a la sierra de Guadarrama como una de las zonas en las que estarían excediéndose las cargas críticas estimadas para ecosistemas alpinos de interés incluidos en la Red Natura 2000 (García-Gómez *et al.,* 2014). No obstante, las concentraciones de nitrógeno total y fósforo total son bajas en la gran mayoría de lagunas y humedales, cercanas en ocasiones a los límites de detección de los métodos normalizados de análisis en laboratorio, y su evolución temporal muestra patrones anuales especialmente en las lagunas de mayor volumen como Peñalara (Granados *et al.,* 2006). La lagunilla temporal del Lomo (La Pedriza), con ausencia aparente de impacto ganadero y turístico, presenta aguas oligotróficas (el amonio alcanza los 27 µg/L de $N\text{-}NH_4$) y muy baja mineralización, cifra característica de las aguas de los humedales de la sierra de Guadarrama. Sin embargo, en las charcas de Pinilla, muy frecuentadas

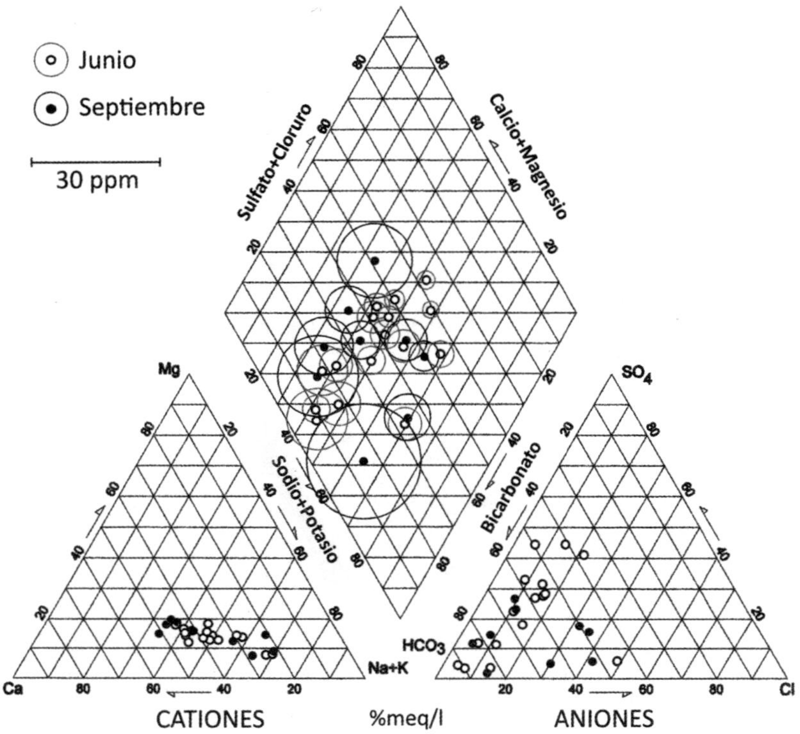

Figura 28.11. Diagrama de Piper reflejando la composición iónica característica de las lagunas y humedales del macizo de Peñalara al principio y al final del período estival de 1998.

por el ganado, algunos de los análisis hidroquímicos presentan valores muy elevados para este tipo de charcas de alta montaña sobre substrato silíceo (oxígeno en sobresaturación de hasta 125%; clorofila «a» entre 5,7 y 15,2 µg/L; 100-110 µg/L de $N\text{-}NH_4$; 60-225 µg/L de fósforo).

En la laguna de Peñalara, durante el verano el nitrógeno suele ser el factor limitante de la producción primaria, mientras el fósforo tiende a serlo durante el periodo invernal. Por el contrario, en el resto de lagunas y humedales de menor volumen, el elemento limitante durante el verano es el fósforo (Toro y Granados, 1998). Algunos compuestos de nitrógeno, como el amonio, se ven afectados puntualmente en algunas de las lagunas y humedales frecuentadas por el ganado en el periodo estival, superando los valores máximos habituales de 100 µg/L de $N\text{-}NH_4$ cuando los pastos verdes escasean y los cursos de agua disminuyen sus caudales o desaparecen. Es el caso de la Hoya de Peñalara, la laguna de Los Pájaros, la charca Gris, las charcas de Abajo o el humedal del Operante. Respecto al fósforo, cuya fuente natural en las cuencas de alta montaña es reducida, muestra niveles relativamente elevados, en general superiores a 5 µg/L de fósforo en la época estival, y alcanzando en algunas de ellas valores superiores a 30 µg/L de fósforo (Hoya de Peñalara, charca de la Pistola, charca Gris o laguna de Los Pájaros). En general, se ha observado que las lagunas o humedales con carácter temporal tienen concentraciones mayores de nitrógeno y fósforo, y alcanzan niveles cercanos a la eutrofia, debido probablemente a una mayor metabolización de los compuestos orgánicos sedimentados durante el periodo de desecación, lo que aumentaría la disponibilidad de los nutrientes más fácilmente asimilables en el siguiente periodo de inundación.

A diferencia de otros lagos de mayor volumen y profundidad en los que la relación nitrógeno:fósforo es más dependiente de procesos respiratorios o mineralizadores, en las lagunas de la sierra de Guadarrama los procesos productivos parecen regir más la evolución de este cociente a lo largo de un ciclo anual, mostrando una dinámica más compleja al interactuar a pequeña escala múltiples variables tanto biológicas (por ejemplo, el fitoplancton) como físico-químicas (precipitación, hidrología, pH...) en medios con una escasa inercia frente a los cambios ambientales.

COMUNIDADES BIOLÓGICAS

Fitoplancton

Respecto a la comunidad fitoplanctónica de estos medios acuáticos de alta montaña, únicamente se tiene conocimiento sobre la composición y la dinámica temporal en la laguna de Peñalara, en la que se ha llevado a cabo el estudio de dos años hidrológicos completos, 1992-1993 y 1995-1996, con una frecuencia de muestreo mensual, determinándose más de 200 taxones de algas planctónicas (Toro y Montes, 1993; Granados *et al.*, 2006). Al tratarse de una laguna de pequeño volumen y elevada tasa de renovación de sus aguas, la variabilidad temporal tanto de la composición como de la densidad de los diferentes grupos y especies algales es muy alta, siendo muy sensible a los cambios en las variables físicas y químicas de la masa de agua, muy dependientes de factores externos (meteorología e hidrología principalmente). La mayor densidad y biomasa algal se produce en los meses del verano y comienzo del otoño, y alcanza sus valores mínimos en el periodo en que la laguna se halla bajo la cubierta de hielo, cuando la penetración de la luz en la columna de agua es muy baja y, por tanto, la producción primaria fotosintética. La figura 28.12 muestra la evolución anual del biovolumen celular de los diferentes grupos fitoplanctónicos en la laguna para el periodo julio-1995/noviembre-1996.

El grupo dominante a lo largo de los dos años que duró el estudio fue el de las clorofíceas, y aportó la mayor biomasa algal a la producción primaria de la laguna. Dentro de este grupo, parece existir una alternancia interanual en la época de mayor producción entre las chlorococales y las desmidiáceas. Las cianobacterias, aunque son el grupo que alcanza una mayor densidad en sus máximos de crecimiento estival, al estar constituidas en su mayoría por células de pequeño volumen, quedan relegadas a un segundo lugar en términos de biomasa respecto a las clorofíceas. Otros grupos como los dinoflagelados, aunque con densidades menores, aportan una biomasa relevante a la producción fitoplanctónica en determinadas épocas del año, debido a su mayor biovolumen. Las especies de este grupo, con movilidad y capacidad de heterotrofia en ocasiones, se ven favorecidas con máximos de crecimiento en

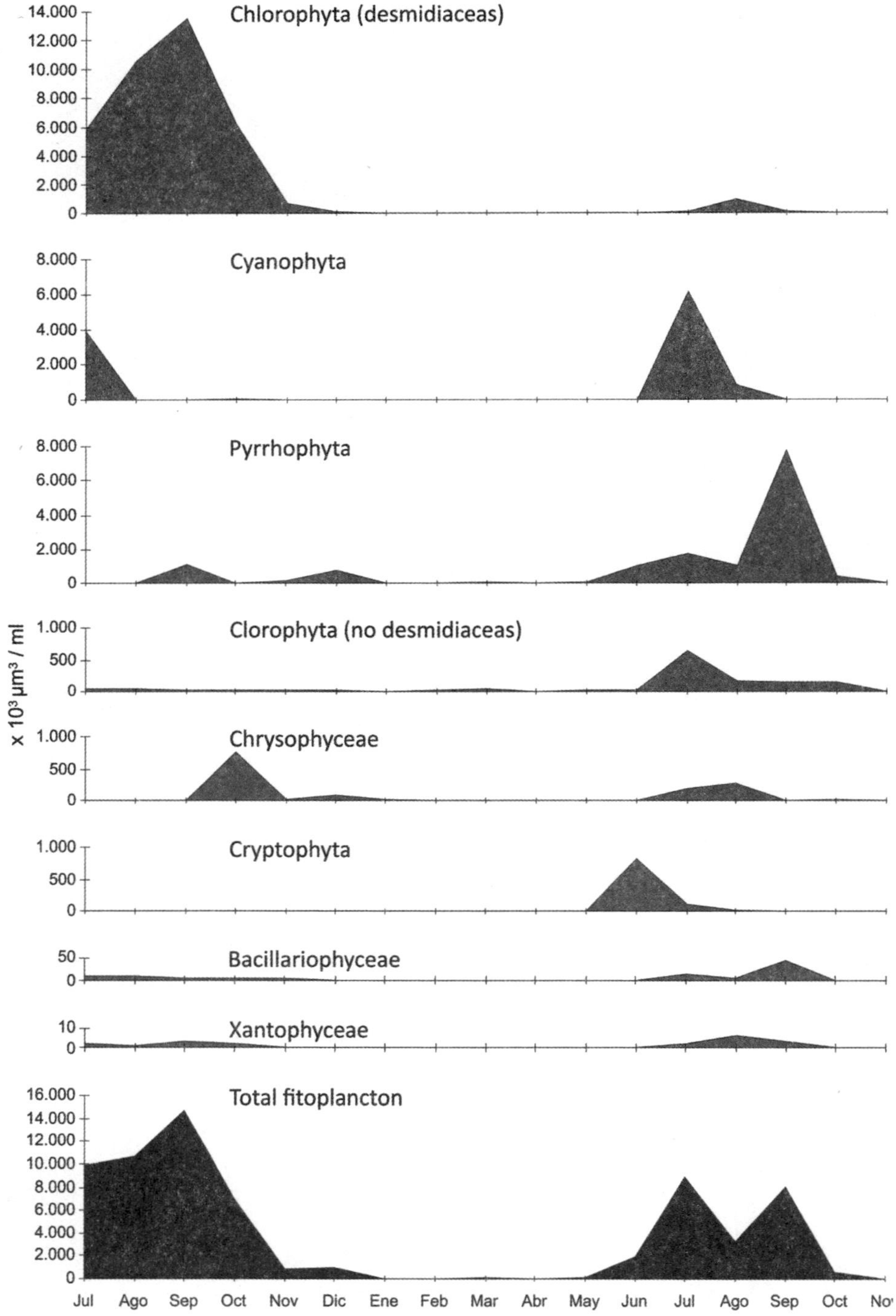

Figura 28.12. Biovolumen celular del fitoplancton ($\times 10^3$ μm^3/mL) en la laguna de Peñalara (jul-1995/nov-1996).

el periodo estival, cuando la estabilidad de la columna de agua es mayor, pero bajo la cubierta de hielo, cuando la penetración de la luz es mínima. Las diatomeas, muy características en lagos de montaña de mayor tamaño, apenas adquieren importancia tanto en densidad como en biomasa en el fitoplancton de la laguna, y son mucho más relevantes en la producción primaria bentónica. Especies de otros grupos algales (crisofitas, criptofitas, euglenofitas o xantofitas) no contribuyen significativamente a la producción fitoplanctónica de la laguna, aunque algunas de ellas sí ofrezcan interesantes datos como indicadores biológicos en relación con la evolución anual de determinadas variables o factores ambientales (Toro y Montes, 1993; Granados *et al.,* 2006). Así, crisofitas y criptofitas se desarrollan en épocas de mayor escasez de nutrientes (deshielo) o con condiciones menos favorables para otros grupos (menor penetración de luz bajo la cubierta de hielo y bajas temperaturas) al poder presentar actividad heterótrofa.

En las charcas de Hoyos de Pinilla, con una gran afección por la presencia de ganado, se observa un notable desarrollo de perifiton y algas filamentosas, situación típica de ambientes con gran carga de nutrientes.

Invertebrados planctónicos

Las especies encontradas en las lagunas, charcas o humedales de la sierra de Guadarrama son en su mayoría de carácter cosmopolita u oportunista, típicas de ambientes oligotróficos o de montaña, y sus comunidades muestran una estructura similar a otros lagos de montaña de pequeñas dimensiones (Toro y Granados, 1998; Granados *et al.,* 2006). Se han determinado un total de 19 especies de crustáceos y 12 de rotíferos, aunque en la mayoría de las masas de agua solo se hayan muestreado en un periodo estival, por lo que cabe esperar que la riqueza de especies aumente cuando se realicen nuevos muestreos.

En la laguna de Peñalara y en muchas de las lagunillas o charcas del macizo de Peñalara, las especies de crustáceos dominantes son filtradoras: *Ceriodaphnia quadrangula, Tropocyclops prasinus* y *Chydorus sphaericus,* alternándose su dominancia entre ellos. Entre los rotíferos, *Polyarthra remata, Keratella quadrata* y *Asplachna priodonta,* se alternan a lo largo del ciclo anual. La riqueza de especies ha sido mayor en las masas de agua permanentes o con mayor duración del agua frente a las que se secan más pronto en la época estival. Algunas de las especies más significativas en estos ecosistemas de la alta montaña madrileña son las siguientes: *Canthocamptus staphylinus,* único copépodo harpacticoide capturado; *Chydorus piger,* que representa la cita más meridional en la Península, hallado solo en dos lagunillas permanentes; *Potamocypris villosa,* único ostrácodo encontrado en las lagunas del macizo de Peñalara; *Tanymastix stagnalis,* muestreado en una charca del puerto de La Morcuera, y *Chirocephalus diaphanus,* anostráceo característico de aguas temporales. Esta última especie también se halla en la laguna permanente de Pájaros, probablemente debido a que su masa de agua se congela totalmente en invierno, lo que equivaldría a una ausencia de medio líquido propia de sistemas temporales. Hay que destacar la práctica ausencia total de un grupo muy característico presente en gran parte de las lagunas de montaña del resto de la Península Ibérica: los diaptómidos. Solo se ha citado la presencia de *Diaptomus cyaneus* en una de las charcas de La Morcuera (Baltanás, 1985). Aunque en años recientes se ha constatado que la especie persiste, se trata de una charca severamente afectada por la presencia de ganado.

En general, las lagunillas o pequeñas charcas someras representan un importante reservorio de especies en la alta montaña madrileña, en las que habita exclusivamente casi el 30 % de la riqueza total, frente al 20 % que vive exclusivamente en las lagunas de mayor volumen, y el 50 % restante común a ambos tipos de sistemas acuáticos (Toro y Granados, 1998).

Macroinvertebrados bentónicos

Sus comunidades en los ambientes acuáticos de alta montaña de la sierra de Guadarrama presentan una gran diversidad, y reflejan la variedad de hábitats existentes. Se han localizado más de 30 familias, determinándose hasta la fecha sólo en el macizo de Peñalara más de 99 taxones diferentes a nivel de género o especie (Toro y Granados, 1998; Granados *et al.,* 2006). Destacan por su riqueza de especies los grupos de quironómidos (25 taxones), coleópteros (19 taxones), odonatos (12 taxones), o tricópteros (10 taxones). En la lagunilla temporal de El Lomo se han determinado 7 taxones, que dominan el grupo de los dípteros culícidos (*Culex* sp.), aunque, por diversidad de grupos, los coleópteros acuáticos sean dominantes, con 5 taxones de hidrofílidos y ditíscidos. El 41 % de estos taxones aparece solo en las lagunas de mayor tamaño, mientras que el 30 % vive exclusivamente en pequeñas charcas. El resto de taxones (29 %) se presenta indistintamente en todo tipo de humedales. Solo un 9 % de las especies no se han encontrado en el Macizo de Peñalara, si bien debemos señalar que el resto de los humedales serranos está mucho menos estudiado.

Los quironómidos son el grupo más abundante y con mayor riqueza de especies en la mayoría de los sistemas acuáticos leníticos de la sierra madrileña, algunas de las cuales son muy características de ambientes alpinos y oligotróficos como *Parakieffieriella bathophyla, Heterotrissocladius marcidus* o *Larsia culticalcar* (Toro y Granados, 1998). En las charcas de Pinilla es muy abundante *Chironomus,* género frecuente en aguas poco oxigenadas y que se caracteriza precisamente por un intenso color rojo debido a la acumulación de hemoglobina. Su presencia muy probablemente se deba al gran contenido de materia orgánica acumulada en el sedimento, como consecuencia de la abundancia de boñigas del ganado en las orillas y el interior de las cubetas.

Entre los macroinvertebrados de mayor porte, cabe destacar la presencia de dos especies típicamente boreoalpinas de heterópteros que presentan su límite meridional de distribución en el macizo de Peñalara: *Glaenocorisa propinqua* y *Notonecta obliqua,* ambas citadas únicamente hasta ahora en el norte peninsular.

La reciente erradicación del salvelino en la laguna de Peñalara ha permitido estudiar la capacidad de recuperación de este grupo de organismos, sometidos durante treinta años a la presión predadora del salmónido. El número de familias de macroinvertebrados acuáticos presentes en la laguna pasó a ser menos de doce (Granados *et al.,* 2006) antes de la eliminación total de este pez en 2002, a más de treinta en la actualidad. En el caso de los coleópteros, antes de la erradicación del salvelino solo se había encontrado una especie en la laguna, *Oulimnius tuberculatus,* y se hallaron siete especies nuevas tan sólo un año después de la erradicación, algunas de gran talla, como *Dytiscus circumflexus* o *Colymbetes* sp.

Macrófitas

En las lagunas y charcas de alta montaña madrileñas pueden diferenciarse dos tipos de comunidades de macrófitas (Luceño y Vargas, 1991; Toro y Granados, 1998): la de sistemas permanentes y la de medios temporales, ambas propias de humedales oligotróficos de carácter alpino y de sustrato silíceo. Considerando no solo las macrófitas estrictamente acuáticas, sino también la flora ligada a los sistemas temporales, en el Macizo de Peñalara se han identificado un total de treinta especies en las cubetas y márgenes litorales de lagunas, charcas y humedales, ocho de las cuales son helófitos y tres briófitos (Fernández-González, 1991; Cirujano *et al.,* 1992; Toro y Montes, 1993; Toro y Granados, 1998; Izquierdo, 2017). En los humedales del macizo de Peñalara destaca la presencia de dos especies raras y amenazadas en la Península Ibérica: *Utricularia minor* y *Nitella flexilis.* En los últimos años, tras la erradicación del salvelino y los trabajos de restauración de los márgenes y limitaciones de acceso de visitantes y del ganado, se ha producido la colonización de la laguna de Peñalara por varias especies. A partir de 2015 se observaron ejemplares de *Glyceria declinata* y del musgo *Fontinalis antipyretica,* y a partir de 2016 de *Ranunculus flammula* y *Carex* sp., en una pequeña zona del litoral nordeste. Además, en una zona solo temporalmente inundada se está desarrollando una notable población de *Juncus* sp.

En el Macizo de Peñalara destacan por su mayor riqueza de macrófitas la charca de la Rubia (nueve especies), el humedal del Operante (siete especies) y la laguna Chica (seis especies), coincidiendo también con una mayor diversidad de macroinvertebrados acuáticos (Toro y Granados, 1998). La lagunilla superior de los Hoyos de Pinilla presenta una cobertura de macrófitos en torno al 25 % de su lámina de agua, constituida por comunidades de helófitos graminoides dominadas principalmente por *Alopecurus aequalis, Glyceria declinata* y *Callitriche brutia.* Por el contrario, en la charca inferior de este enclave la cobertura de macrófitos apenas llega al 5 % de cobertura. En estos humedales, tanto los macrófitos como el lecho de las mismas suelen mostrar un importante desarrollo de masas de cianobacterias o clorofíceas filamentosas, lo que indica un aporte significativo de nutrientes por la presión ganadera. En los humedales de La Morcuera se hallan muchas de las especies encontradas en el macizo de Peñalara, y resulta curiosamente más rica en especies la parte oriental de una charca que quedó dividida por la carretera M-611, con ocho (*Eleocharis palustris, Alopecurus aequalis, Glyceria declinata, Lythrum portula, Callitriche brutia, Ranunculus flammula, R. peltatus* y *Carum verticillatum*).

PALEO-RECONSTRUCCIÓN DE LA HISTORIA RECIENTE DE LA LAGUNA DE PEÑALARA

El estudio de su registro sedimentario ha permitido caracterizar las condiciones climáticas y ambientales en el Sistema Central en los últimos 2000 años (Sánchez-López *et al.,* 2015, 2016; Sánchez-López, 2016). Los resultados obtenidos muestran cómo los procesos de sedimentación en esta laguna están gobernados por variaciones en la intensidad de la escorrentía superficial y la producción primaria en la masa de agua, procesos controlados por la duración de la cubierta de hielo y el tipo y dinámica de la precipitación invernal (lluvia/nieve), los cuales quedan determinados a su vez por la evolución de la precipitación y la temperatura atmosférica.

El análisis paleolimnológico de alta resolución también ha proporcionado una información básica para abordar las tareas de restauración de la laguna de Peñalara y su cuenca (Granados *et al.,* 2002; Toro y Granados, 2002). Gracias al estudio de la evolución de la tasa de sedimentación como variable indicadora de la tasa de erosión en la cuenca y márgenes de la laguna, del contenido en materia orgánica o de la evolución de la comunidad de diatomeas como indicadores de la producción primaria en la laguna y de su grado trófico, se han podido reconstruir el origen, la evolución y la magnitud de las principales presiones sufridas por este ecosistema durante el último siglo, además de proporcionar información sobre los valores de referencia naturales, previos a los impactos antropogénicos, esenciales para establecer los objetivos de restauración (Granados *et al.,* 2002, 2006; Toro *et al.,* 2006). Un ejemplo de ello es cómo la erosión de los márgenes de la laguna, producida por la desaparición de la cubierta vegetal por efecto del pisoteo del ganado y de los visitantes, cambió el patrón de la tasa de sedimentación de la laguna de Peñalara en respuesta a la precipitación en la cuenca (figura 28.13; Granados *et al.,* 2006), lo que produjo un aumento en la misma a partir de 1970, cuando la presión del pisoteo y la erosión se incrementó significativamente.

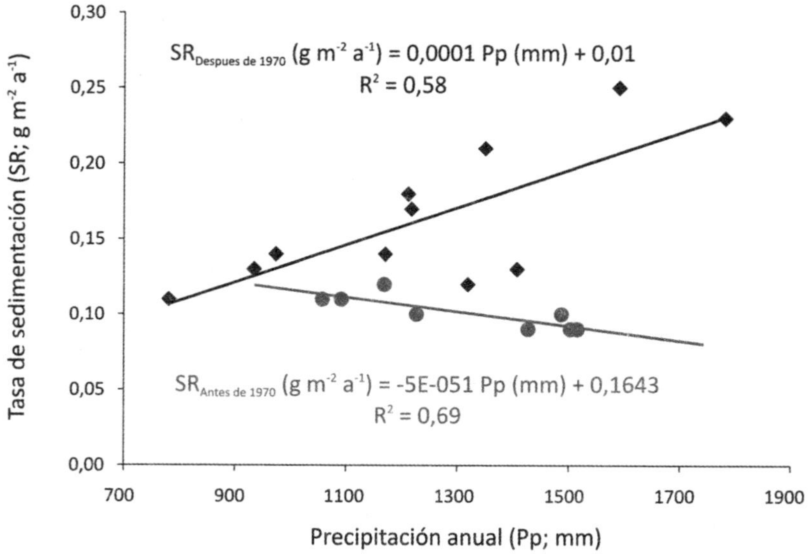

Figura 28.13. Cambios en las relaciones entre la precipitación anual y la tasa anual de sedimentación en la laguna de Peñalara antes y después de 1970, por efecto del pisoteo y la erosión en los márgenes de la laguna (Granados *et al.,* 2006).

PERSPECTIVAS FUTURAS EN RESPUESTA AL CAMBIO CLIMÁTICO

Frente al cambio climático, la predicción de la respuesta de un ecosistema de estas características no es fácil, pues se halla sujeta a procesos de histéresis que dificultan su estudio, ya que sus condiciones en una determinada estación del año dependen tanto de las fuerzas internas como externas que han actuado en las estaciones previas (Hampton *et al.,* 2017). En el Sistema Central ya se ha constatado que los ecosistemas acuáticos están experimentando los efectos del cambio climático (Granados y Toro, 2000), y los escenarios que se manejan indican que los efectos se incrementarán. En ese estudio se apuntan una serie de hipótesis basadas en los trabajos y seguimientos realizados hasta la fecha. La incertidumbre resulta especialmente significativa en lo relativo a la intensidad de los cambios que se prevén.

Un aumento de la temperatura en la época libre de hielo, unido a una menor tasa de renovación como consecuencia de una disminución de la precipitación, provocarían una mayor estabilidad y duración de la estratificación de la columna de agua (Butcher *et al.,* 2015), además de un aumento de la producción primaria, cuyos máximos podrían extenderse temporalmente en los meses otoñales. Esta situación incrementaría el riesgo de generar condiciones de anoxia en el fondo de la laguna (Foley *et al.,* 2012), y favorecería la liberación de nutrientes del sedimento, especialmente el fósforo (Wilhelm y Adrian, 2008), así como la posible aparición de *blooms* de algas otoñales, como ya sucedía cuando el salvelino se hallaba presente en la laguna gracias a su papel en el reciclado del fósforo (Granados *et al.,* 2006). En lagos poco profundos, como la laguna de Peñalara, se prevé que el aumento de la temperatura estival de la columna de agua será mucho mayor que en lagos profundos, y se incrementará hasta un 76 % del aumento que sufra la temperatura media del aire anual (Butcher *et al.,* 2015). Otra consecuencia previsible es la alteración de las tasas metabólicas de los organismos acuáticos por el aumento de la temperatura del agua, y de sus ciclos de vida al prolongarse la época libre de hielo. En este escenario, es probable que los procesos biológicos (por ejemplo, la fotosíntesis) adquieran una mayor relevancia en el control de variables como la concentración de oxígeno disuelto en la columna de agua, frente a los procesos puramente físicos.

Se presume que el espesor y la fenología de la cubierta de hielo se verán más afectados en lagos de latitudes templadas (Weyhenmeyer *et al.,* 2004), y se prevé especialmente un adelanto en la fecha de fusión de la misma (Livingstone *et al.,* 2010; Butcher *et al.,* 2015). El menor espesor del hielo, así como una menor acumulación de nieve sobre el mismo, afectaría a procesos internos de la laguna: una mayor penetración de la luz en la columna de agua aumentaría la producción primaria invernal; también habría menor agotamiento de oxígeno en el fondo debido a la menor duración de esta cubierta; y, finalmente, los procesos habitualmente asociados a la prolongación de la cubierta de hielo, como la generación de alcalinidad, la liberación de nutrientes, o cambios en el pH y conductividad, serían menos intensos.

En cuanto al medio litoral, Sanz-Elorza *et al.* (2003) han observado cambios significativos en la cubierta vegetal de la zona de alta montaña del Sistema Central en la segunda mitad del siglo XX, con un ascenso y colonización en zonas de mayor altitud de especies leñosas (por ejemplo, *Juniperus* sp., *Cytisus* sp.), propias de cotas más bajas. En este escenario, no es descartable que el límite altitudinal del bosque pueda alcanzar la cota de la laguna de Peñalara, en la que ya se pueden observar en sus márgenes varios ejemplares de *Pinus sylvestris,* que no existían hace veinte años, situación que sin duda generará importantes cambios en los procesos biogeoquímicos de la cuenca de las lagunas y humedales de la zona.

Finalmente, el rigor de estos ambientes de carácter alpino ha actuado hasta ahora como barrera frente a la colonización e invasión de especies exóticas. Por lo tanto, un cambio hacia condiciones ambientales menos severas podría permitir la aparición de especies no deseadas, facilitando la competencia o depredación sobre las comunidades nativas (Rahel y Olden, 2008), una de cuyas consecuencias podría ser la desaparición de algunas de las especies más sensibles de carácter estenotermo frío.

NECESIDADES DEL CONOCIMIENTO

Son aún muchos los interrogantes por resolver y numerosas las lagunas del conocimiento por completar en lo que respecta a los humedales de alta montaña madrileños. La mayoría de los estudios limnológicos realizados hasta la fecha se han llevado a cabo con un enfoque clásico descriptivo, especialmente en lo relativo a las comunidades biológicas, analizando exclusivamente su composición y su evolución temporal. Si bien se dispone de una información relativamente precisa sobre el medio físico (hidrología, régimen térmico, cubierta de hielo...), y en cierta medida de la química elemental de las aguas, muy poco se sabe sobre la estructura y funcionalidad de la componente biótica, así como sobre los procesos bióticos (por ejemplo, lasredes tróficas) y abióticos (por ejemplo, los ciclos biogeoquímicos) que gobiernan estos ecosistemas.

El funcionamiento de estas lagunas y humedales es muy diferente y más complejo que el de los lagos profundos por su carácter cambiante y extremo, tanto a escala temporal como espacial. Desde un punto de vista taxonómico, la diversidad de hábitats que engloban estos sistemas leníticos alberga un gran potencial de riqueza de especies singulares de estos ambientes alpinos, probablemente muchas de ellas aún por citar e incluso descubrir. Además, el medio bentónico, escasamente estudiado en estos enclaves, juega un papel primordial en la producción primaria frente a las comunidades planctónicas, al igual que la comunidad bacteriana, que apenas se han estudiado en estos ambientes de la sierra del Guadarrama.

El carácter oligotrófico de estos sistemas les hace especialmente sensibles frente a determinadas presiones externas. La posible entrada de nutrientes (nitrógeno y fósforo) y otros contaminantes (metales pesados, compuestos orgánicos) vía atmosférica, podría afectar a la biota y a la química de sus aguas, lo cual no es improbable teniendo en cuenta su proximidad a la gran urbe madrileña. Así, el Convenio de Ginebra sobre la contaminación atmosférica transfronteriza a gran distancia (LR-TAP: *Long-Range Transboundary Air Pollution*), auspiciado por la UNECE *(United Nations Economic Commision for Europe),* en su programa del ICP-Waters *(International Cooperative Programme),* tiene como objetivo evaluar y promover el seguimiento de los efectos de la contaminación atmosférica en ríos y lagos, especialmente en relación con la acidificación, los metales pesados y los contaminantes orgánicos persistentes (POPs). Estos ecosistemas acuáticos de carácter alpino serían excelentes centinelas para el estudio y seguimiento de estos contaminantes debido a la ausencia de otras presiones significativas directas, y están casi únicamente sometidos a cambios ambientales naturales causados por el clima. En este sentido, el hecho de que gran parte de ellos se encuentren incluidos dentro del Parque Nacional de la Sierra de Guadarrama supone un valor añadido a todo este tipo de iniciativas.

El estudio paleolimnológico del sedimento de estas lagunas y humedales, si se amplía tanto el número de masas de agua objeto de estudio, como los diferentes *proxies* (restos subfósiles de organismos: polen, crustáceos, algas, insectos; geoquímica, isotopía de carbono, nitrógeno, oxígeno, compuestos orgánicos, etc.) y análisis realizados, proporcionaría una valiosa información de la evolución y la respuesta de estos medios a los cambios ambientales en el pasado, lo que constituye una herramienta para entender tanto su funcionamiento actual como para predecir posibles cambios en los escenarios futuros de cambio climático y de emisiones atmosféricas de contaminantes o cualquier otro tipo de presiones de origen humano.

Agradecimientos

Los datos y resultados incluidos en este capítulo han sido obtenidos en el marco de varios proyectos de investigación y programas de seguimiento financiados por la Comunidad de Madrid y por el Programa Nacional de I+D+i (Proyectos PaleoNAO CGL2010-15767 y RapidNAO CGL2015-40608-R). Son prácticamente innumerables las personas que han ayudado en los trabajos de campo y laboratorio a lo largo de los últimos 25 años, sin las cuales dichos trabajos no hubieran podido realizarse con éxito, aunque queremos agradecer especialmente la continua colaboración de Ángel Rubio Romero.

CAPÍTULO XXIX

Aguas embalsadas

MIGUEL ÁLVAREZ COBELAS

RESUMEN

Aunque la superficie de agua embalsada en el territorio madrileño supera los 60 km^2 (un 0,75 % de la Comunidad), el número de estudios publicados sobre esta clase de ambientes es escaso y, en consecuencia, es mucho lo que desconocemos sobre su ecología básica. El tiempo de retención hídrica oscila entre 0,05 y 3,14 años y suele aumentar hacia los ambientes más bajos de cada cadena (Lozoya, Manzanares o Alberche). Los embalses profundos (> 10 m) son monomícticos templados. Su química del agua viene dada por la litología de la cuenca, por la calidad de las aguas que reciben y por la carga interna presente en los sedimentos de cada uno. Al estar situados sobre litologías ácidas, el papel del calcio en el metabolismo del fósforo es poco importante y no contribuye al aumento de este último elemento en la masa embalsada. Los grandes ecosistemas de la sierra reciben concentraciones notables de nitrógeno y fósforo de origen urbano. Nada se sabe de los cambios experimentados por los nutrientes a largo plazo, pero sí hay informaciones sobre la concentración sedimentaria de los mismos, que suele decrecer de la cola a la presa y que es superior en los embalses centrales del Lozoya (Riosequillo, Puentes Viejas, El Villar) respecto a los extremos (Pinilla, El Atazar). Pinilla, en concreto, se comporta como exportador neto de nutrientes aguas abajo. Desde el punto de vista biológico, pocas informaciones recientes hay, se trate de fitoplancton, de peces o de redes tróficas.

En cuanto a los estanques dedicados al esparcimiento (Retiro y Casa de Campo en Madrid capital, La Dehesa y Parque París en Las Rozas, Mari Pascuala en Leganés, El Carrizal en Villalba...), la información es también muy fragmentaria, aparte de saber que contienen mucho fitoplancton, pues reciben aguas parcialmente depuradas y tienen poblaciones de carpas que ayudan a resuspender la carga interna; la renovación del agua resulta muy lenta, lo cual contribuye a aumentar la producción primaria.

Palabras-clave: embalses, estanques, fitoplancton, estado trófico, sedimentos.

SUMMARY: RESERVOIR WATERS

In spite of the fact that surface area of reservoir waters in Madrid County exceeds 60 km² (some 0.75 % of the whole territory), the number of studies is scarce and, therefore, we know very little about their basic ecology. Water retention ranges 0.05-3.14 years and usually increases downstream in reservoir chains (Lozoya, Manzanares or Alberche catchments). Deep reservoirs (z > 10 m) are warm monomictic. Water chemistry results from basin lithology, incoming water quality and internal loading stored in sediments. Since they are located in acidic catchments, the role of calcium in phosphorus metabolism is negligible and does not contribute to P increase in stagnant water. The larger reservoirs experience high inputs of urban nitrogen and phosphorus. Nothing can be told about long-term nutrient changes, but it is well known that sedimentary concentrations depict a decreasing gradient from inlets to the reservoir dam. They are also higher in central reservoirs of Lozoya chain (Riosequillo, Puentes Viejas, El Villar) rather than in the upper and lower ones (Pinilla, El Atazar). More specifically, Pinilla behaves as a nutrient source for environments downstream. Concerning biological features, we lack recent information either for phytoplankton, fish or food webs.

Knowledge is also very incomplete for recreation ponds in city parks. They harbour huge quantities of phytoplankton, a fact that is being promoted by incoming partially-treated wastewater and large carp populations which enhance sediment resuspension. Also, the slow water renewal results in a high primary production.

INTRODUCCIÓN

Estos ecosistemas artificiales son los más importantes de todos los ambientes acuáticos dentro de la Comunidad de Madrid, lo cual se debe fundamentalmente a su número y a la gran extensión que ocupan. En otro capítulo de este libro *(La creación de nuevos ecosistemas acuáticos)*, se ha intentado inventariarlos y dar una idea preliminar de su extensión. En este, se referirán brevemente los pocos datos ecológicos existentes sobre ellos, a los que añadiré la información sobre los estanques de los parques municipales. El estudio de estos últimos ha sido el más madrugador, pues Achille Forti (1906), José Madrid Moreno (1911b) y Celso Arévalo (1923) trabajaron en el estanque del Retiro antes de la última guerra civil.

El primer trabajo sobre un embalse madrileño también se debe al director del Laboratorio Municipal de Madrid a comienzos del siglo XX (Madrid Moreno, 1911a), realizado fundamentalmente sobre la bacteriología de los sedimentos próximos a la presa de El Villar, pero donde también se mencionan especies de protozoos, nematodos y crustáceos. Mucho más tarde, el Centro de Estudios Hidrográficos analiza el embalse de El Atazar (Juan Avilés y Ramón Peña, 1971). El tercer estudio sucede al año siguiente a cuenta de técnicos del Canal de Isabel II, comandados por José Román Sánchez de la Nieta *et al.* (1972), y fue llevado a cabo en El Villar. A continuación, tenemos el trabajo de Ramón Margalef *et al.* (1976), donde se refieren informaciones fragmentarias sobre cuatro embalses madrileños: El Atazar, El Vellón, San Juan y Santillana. El siguiente estudio es una tesis doctoral (José Luis Velasco, 1978) sobre el embalse de San Juan, seguido de una tesina con el zooplancton de El Vellón y El Atazar como protagonista (Silvia Revenga, 1979). Después, existe otro trabajo del Canal de Isabel II (Rodolfo Urbistondo, 1981), al que sigue uno en el embalse de Pinilla (Francisco Javier Haering, 1981) y sendas tesis doctorales sobre el fitoplancton de El Vellón y Valmayor, respectivamente (Álvarez Cobelas, 1982b; Haering, 1984). Finalmente, el esfuerzo de muestreos del Centro de Estudios Hidrográficos a finales de la década de 1970, donde habían contemplado los embalses madrileños de El Atazar, Picadas, Pinilla, Riosequillo y Valmayor, da lugar a un estudio de aplicación de los modelos de eutrofización de Vollenweider (véase el capítulo de *Limnología aplicada*).

Hasta la fecha, el resto de estudios publicados sobre embalses ha sido escasísimo, por lo cual señalar las lagunas en el conocimiento en un apartado extra resulta ocioso. El motivo principal ha sido la renuencia del Canal de Isabel II, gestor de los más importantes, a publicar los datos que atesora o a permitir su publicación por otras personas. Las investigaciones financiadas por esta empresa han sido muy pocas y menos aún las publicadas (véase el capítulo *Ecología acuática en madrid (1950-2000): Los actores y la obra teatral*).

LOS EMBALSES

El contexto paisajístico de cualquier embalse es muy conocido. Se trata de un valle fluvial represado donde se retiene el agua del río, la cual anega dicho valle hasta cierta altura. La vulgata de su funcionamiento ecológico asegura que el ecosistema se comporta como un río en sus zonas de cola y como un lago en la presa, con dos tipos dominantes de transporte de materiales, el horizontal en las primeras zonas y el vertical en la última, y es el tiempo de renovación del agua una de las variables principales para el funcionamiento ecológico del mismo (Margalef, 1976; Kalff, 2001). La superficie y el volumen de estos ecosistemas dependen de la morfometría del valle fluvial inundado y de la cota de la presa. Las oscilaciones en el volumen, a su vez, dependen de las entradas (precipitación directa, caudales fluviales, caudal subterráneo) y de las salidas (uso humano, fundamentalmente). En la tabla 29.1 muestro algunos datos sobre el tiempo de retención en los embalses madrileños. Como se ve, la variabilidad entre embalses es elevada (en promedio interanual: 0,05-3,14 años) y el tiempo de residencia aumenta hacia los embalses más bajos de una misma cuenca. Tanto Picadas y San Juan (cuenca del Alberche) como Riosequillo y Puentes Viejas (cuenca del Lozoya) muestran una tendencia a aumentar su retención y la variabilidad de esta con el tiempo, lo cual podría ser un indicador del efecto debido al cambio climático, pues sugiere que los caudales de entrada a los embalses se reducen a medida que pasa el tiempo. En los otros seis embalses estudiados, sin embargo, no se aprecia tendencia temporal alguna del tiempo de retención, bien porque el cambio climático en el territorio madrileño aún no afectara a esta variable, bien porque en estos otros embalses ese efecto estuviera enmascarado por otros no analizados aún.

La morfometría del valle fluvial tiene importancia también porque los taludes del vaso pueden ser más o menos empinados y cuando quedan descubiertos, al bajar el nivel del agua, suelen dar lugar a grandes superficies desecadas y bastante inhóspitas para la vida, en las cuales suele producirse degradación de la materia orgánica por fotólisis y migración del fósforo en el suelo (Reddy y DeLaune, 2008), lo que

Tabla 29.1. Tiempo de residencia del agua y su variabilidad en algunos embalses madrileños.

Cuenca	Alberche		Aulencia	Guadalix	Lozoya				Manzanares	
	Picadas	**San Juan**	**Valmayor**	**El Vellón**	**Pinilla**	**Puentes Viejas**	**Rio-sequillo**	**El Atazar**	**Santillana**	**El Pardo**
Periodo	1967-2013	1955-2013	1982-2013	1967-2013	1967-2013	1958-2013	1958-2013	1971-2013	1944-2013	1973-2013
Volumen del embalse (Hm^3)	15	138	124	41	38	66	50	426	91	43
Promedio del tiempo de residencia (años)	0,05	0,36	1,82	1,53	0,34	0,33	0,34	3,14	1,29	1,85
Desviación típica	0,04	0,23	2,57	1,49	0,18	0,21	0,21	3,32	0,82	1,85
CV	75	65	141	97	51	62	63	106	64	100
Mínimo	0,01	0,10	0,17	0,28	0,15	0,11	0,10	0,92	0,46	0,18
Máximo	0,22	1,10	14,01	7,45	0,78	1,10	0,97	19,28	3,88	8,72

Los datos representan años hidrológicos, es decir, por ejemplo, 1973 es el año hidrológico que discurre desde octubre de 1973 a septiembre de 1974. Los embalses de una misma cuenca, se han dispuesto desde el más alto al más bajo. Fuente: elaboración propia, a partir de los datos de la Confederación del Tajo (www.cht.es).

ayuda a reducir la carga interna presente en el embalse. Pero la batimetría de los embalses tiene importancia, a su vez, por la colmatación debida a la entrada de sedimentos desde la cuenca. En ese sentido, sería interesante conocer el ritmo de colmatación de los embalses madrileños, pero hasta la fecha se ignora para la mayoría. Solo se ha estudiado el caso del embalse del Aulencia, y se ha constatado que los sedimentos procedentes de una estación de tratamiento de aguas potables del CYII y la materia orgánica de origen urbano han reducido enormemente la capacidad de embalse desde los veinte metros en la zona de la presa en 1945 a algo más de un metro a comienzos de este siglo (Cobo, 2002).

Desde el punto de vista de la ecología más propiamente lacustre (zona de la presa), tiene importancia la altura de salida del agua en la presa hacia sus usos (abastecimiento, riego, etc.), pues de ella depende que se reduzca el espesor de las distintas capas de densidad del embalse y, por ende, el funcionamiento de los nutrientes en el mismo, que afecta al plancton fundamentalmente. Nada se sabe de estos efectos para los embalses madrileños.

Si consideramos ahora el aspecto térmico, los embalses madrileños de cierta profundidad (> 10 m) son monomícticos templados (véase el capítulo de *Física*), pero tampoco se ha estudiado ese tema más allá de la simple descripción de la estratificación (Sánchez de la Nieta *et al.,* 1972; Velasco, 1978; Haering, 1981; Álvarez Cobelas, 1982b). Ignoramos todo sobre la pluma térmica fluvial a la entrada del embalse, pero también sobre el efecto que los intercambios de calor pudiesen tener sobre el clima local, especialmente importantes en el caso de los grandes ecosistemas, como El Atazar.

En los embalses madrileños, la química del agua viene dada por la litología de la cuenca, por la calidad de las aguas que reciben y por la carga interna presente en los sedimentos del embalse. Al ser litologías ácidas, el papel del calcio en el metabolismo del fósforo resulta poco importante y no contribuye al aumento de este último elemento en la masa embalsada. Los grandes embalses de la sierra reciben concentraciones notables de nitrógeno y fósforo de origen urbano, y generan procesos de eutrofización, un aspecto que se considerará con más detenimiento en el capítulo de *Limnología aplicada.* Disponemos de dos estudios de flujos de nutrientes hacia los embalses (tabla 29.2), los cuales sugieren que entra proporcionalmente más fósforo en el pequeño embalse de Los Peñascales (Torrelodones) que en el de Pinilla. El resto de los flujos (carbono orgánico, nitrógeno y sílice) resultan bastante superiores en el embalse del Lozoya. El consumo de oxígeno por el sedimento se halla alrededor de 0,64 g O_2/m^2/día en Pinilla (Marcé *et al.,* 2013).

Los escasos datos recientes de concentración nutritiva en los pantanos madrileños, extraídos de los análisis estivales de muestra de superficie realizados por la Confederación Hidrográfica del Tajo, se han referido en el capítulo de *Química.* Hay también un estudio donde se ofrecen los promedios anuales de algunas variables en los embalses del Lozoya (López *et al.,* 2009; tabla 29.3).

Para los embalses de pequeño tamaño disponemos de algunos datos de nutrientes, procedentes de pocos muestreos (tabla 29.4), si bien carecemos totalmente de información sobre muchos otros como, por ejemplo, los pantanos represados del entorno de Cercedilla (Arroyo de la Venta, Navalmedio, Los Irrios) y los de El Escorial (La Granjilla, Arroyo Guatel, El Cuartel, Las Radas...). Algunos de ellos pa-

Tabla 29.2. Flujos de nutrientes hacia los embalses de Pinilla y Los Peñascales.

	Los Peñascales	Pinilla
Carbono orgánico disuelto (g C/m^2/año)	7,58	56,14
Carbono orgánico particulado (g C/m^2/año)	0,14	2,01
Nitrógeno total (g N/m^2/año)	9,11	17,56
Fósforo total (g P/m^2/año)	1,77	0,66
Sílice (g Si/m^2/año)	4,95	202,2

FUENTE: Marcé *et al.* (2013), Álvarez Cobelas *et al.* (2017).

Tabla 29.3. Rangos de los promedios anuales de algunas variables físico-químicas en los embalses del Lozoya para el periodo 1990-2005.

	Transparencia (m)	Fósforo reactivo soluble (mg P/L)	Clorofila "a" (µg/L)
Pinilla	0,9-4,0	0-0,250	2,0-60,2
Riosequillo		0,001-0,199	2,0-26,0
Puentes Viejas			2,2-14,4
El Villar	2,1-5,4	0-0,070	0,9-23,8
El Atazar	2,6-7,8	0-0,100	0,4-13,8

FUENTE: Datos de López *et al.* (2009).

decen unas concentraciones elevadas de fósforo reactivo soluble, como es el caso de Los Peñascales, El Bosquillón y El Garzo, pero la mayoría no albergan contenidos altos de ese compuesto. En cuanto al nitrógeno, tanto las cifras de nitrato como las de amonio eran reducidas en ellos a comienzos de la década de 1990 (García Avilés, 1994). Al tratarse de datos muy puntuales, no resulta seguro aseverar cambios cuando hay cifras posteriores; en el caso de Los Peñascales y El Garzo, se constata un aumento de las formas disueltas de nitrógeno y fósforo (tabla 29.4).

En cualquier caso, nada sabemos de la dinámica de nutrientes a largo plazo en nuestros embalses, incluyendo la evolución de su carga interna. Sí existen algunos datos fragmentarios sobre la sedimentación de la materia total en Santillana y Valmayor, obtenidos en 2007, que sugieren que la materia inorgánica alcanza mayores tasas que la orgánica en casi todos los momentos en los que se efectuó la medición. En el primer ecosistema y cerca del fondo, la tasa orgánica muestra un rango de 2-4 g/m^2/día, mientras que en Valmayor dicho rango se halla entre 3 y 10 g/m^2/día (Quesada, 2010). Estas cifras son propias de ambientes eutróficos (Bloesch *et al.,* 1977; Serruya, 1976).

Tabla 29.4. Nutrientes disueltos en algunos pequeños embalses, el único de los cuales que estratifica térmicamente es el de Los Peñascales.

	Municipio	Altitud	Nitrato	Amonio	Nitrógeno total	Fósforo reactivo soluble	Fósforo total	Sílice
		msnm	mg N/L	mg N/L	mg N/L	mg P/L	mg P/L	mg SiO_2/L
Depósito regulador «Los Palancares» o Presa de Soto del Real	Soto del Real	1.050	0,009	0,25		0,034		3,1
Embalse del Chiquillo	Navacerrada	1.320	0,000	0		0		8,44
Embalse de La Camorza	Manzanares el Real	990	0,162	0,25		0,002		6,23
Embalse de Los Ciervos	Colmenar Viejo	780	0,038	0,25		0,009		12,65
Embalse de Los Peñascales (1993)	Torrelodones	739	0,538	0,5		0,405		8,93
Embalse de Los Peñascales (julio, 2014)	Torrelodones	739	4,66	4,16	7,02	0,61	2,25	7,58
Embalse de Los Peñascales (marzo, 2015)	Torrelodones	739	10,20	1,09	4,49	0,22	0,75	8,65
Embalse de Majalespino	Becerril de la Sierra	1.410	0,000	0,25		0		7,04
Mar de Ontígola	Aranjuez	602	5,9	0,28		0,06		34,0
Presa del arroyo Bo(s)quillón	Las Rozas de Madrid	690	0,036	0,12		1,060		10,83
Presa del arroyo de El Garzo (1993)	Las Rozas de Madrid	670	0,015	0		2,306		13,59
Presa del arroyo de El Garzo (2013)	Las Rozas de Madrid	670	0,38	0,13	2,05	2,306	0,77	13,59
Presa de La Barranca 2	Navacerrada	1400	0,162	0		0		4,59
Presa de Cabeza del Lobo	Colmenar Viejo	790	0,050	0,5		0,033		3,03

La mayor parte de ellos está situada en el Parque Regional de la Cuenca Alta del Manzanares. Muestreos realizados en 1990-1991 (Mar de Ontígola), 1993 y 2013-2015. Fuente de los datos: García Avilés (1994), Velasco *et al.* (1996a), Álvarez Cobelas *et al.* (2016, 2017). Los datos de Los Peñascales son promedios para la columna de agua y los de Ontígola son promedios de las muestras de mayo y octubre; los demás son datos puntuales de una única fecha.

Afortunadamente, para los nutrientes en los sedimentos superficiales de los embalses del Lozoya disponemos del estudio de López *et al.* (2009), donde se observa un gradiente decreciente en cada embalse desde la cola a la presa. En la cadena de ecosistemas, hay un aumento de la concentración sedimentaria hasta Puentes Viejas seguido de un decrecimiento hasta el más bajo (El Atazar), el cual vuelve a mostrar cifras similares a las de Pinilla, que es el embalse más montano. Los rangos de las concentraciones de carbono y nitrógeno suponen 13,3-88,2 mg C/g peso seco y 1,65-9,90 mg N/g peso seco, respectivamente. En los embalses centrales de la cadena (Riosequillo, El Villar, Puentes Viejas), la concentración de fósforo sedimentario es muy elevada ($>$ 1,5 mg P/g peso seco). En la mayoría de los embalses, la concentración de dicho fósforo se relaciona con el indicador de la precipitación del hierro (el cociente Fe:Al) y con las partículas de pequeño tamaño ($<$ 10 µm), y en Puentes Viejas, con el nitrógeno total. A guisa de comparación, diré que en el pequeño embalse de Los Peñascales (Torrelodones) las concentraciones de carbono, nitrógeno y fósforo en la capa superficial del sedimento ascienden a 143 mg C/g, 16,6 mg N/g y 4,5 mg P/g de peso seco, respectivamente (Álvarez Cobelas *et al.*, 2017), lo cual pone de manifiesto la gran cantidad de materiales que almacena este humilde ecosistema, procedentes de las aguas residuales urbanas de Hoyo de Manzanares.

Por otro lado, los estudios de balance de materiales en el embalse de Pinilla indican que se exporta nitrógeno y fósforo de manera neta hacia los embalses situados aguas abajo, al menos en los años 2010-2011, lo cual sugiere que la carga interna albergada en los sedimentos es la responsable de esa exportación (Marcé *et al.*, 2013). Es decir, Pinilla no se comportó en esos años como sumidero, sino como fuente de nutrientes hacia los ecosistemas situados aguas abajo.

Muy poco se sabe sobre la producción de los embalses. Los datos disponibles de clorofila “a” son muy dispersos y escasos; los rangos de promedios anuales, referidos en López *et al.* (2009), resultan muy amplios (tabla 29.2). En general, podrían indicar una producción relativamente elevada, cuyas tendencias en el tiempo tampoco conocemos. En Pinilla, durante el periodo que va de julio de 2010 al mismo mes de 2011, dicha variable osciló entre 2 y 34 µg/L (Marcé *et al.*, 2013). Estamos *in albis* sobre las emisiones de oxígeno disuelto y CO_2 hacia la atmósfera como indicadores del estado heterotrofia-autotrofia, aunque el carácter eutrófico de la mayoría presagia que serán fundamentalmente autótrofos.

Sobre sus redes tróficas, tenemos informaciones muy fragmentarias y antiguas (Velasco, 1978; Revenga, 1979; Prat, 1979, 1980a) que no permiten aseverar gran cosa en estos momentos, por cuanto no sabemos cómo son en la actualidad ni cómo han cambiado con el tiempo.

El único estudio de densidad piscícola en embalses se remonta a hace más de 25 años (García de Jalón *et al.*, 1993). Se reallizó en 1992 en los de El Vellón, Santillana y Valmayor, y permitió constatar que la especie más abundante era la carpa, con cifras que oscilaban entre los 1189 individuos/ha en Santillana y los 3487 individuos/ha en Valmayor. En El Vellón aún quedaba entonces una densidad elevada de lucio ($>$ 800 individuos /ha). Ambas especies presentaban poblaciones envejecidas, a diferencia del también presente pez-sol, un habitante litoral caracterizado por consumir la freza de las demás poblaciones piscícolas, y cuyas densidades relativas parecían en expansión, tras su verosímil introducción unos diez años antes. Por otro lado, para los peces de embalse se dispone también de un análisis poblacional sobre la bermejuela en Pinilla (Lobón-Cerviá *et al.,* 1985). Y como curiosidad final, tenemos el trabajo de Almodóvar *et al.* (2004), donde se describe el posible efecto padecido por los peces debido a la proliferación de la cianobacteria *Planktothrix* en el embalse de El Atazar en 2000 y 2001.

Finalmente, el conocimiento de los cambios a largo plazo en los embalses madrileños brilla por su ausencia al considerar los datos a los que he tenido acceso. Parece verosímil que haya habido una disminución del contenido en nutrientes, paralelo a la entrada en funcionamiento y mejora de las instalaciones de depuración a lo largo de los años, pero nada sabemos con certeza.

LOS ESTANQUES

Hay bastantes, todos con uso recreativo, algunos desde muy antiguamente (véase el capítulo *La creación de nuevos ecosistemas acuáticos*). En Madrid, tenemos los del Retiro (estanque grande y estanque del Palacio de Cristal), Casa de Campo y Parque Juan Carlos I. En Leganés, la laguna de Mari Pascuala. En Las Rozas, el Canal de la Dehesa y los estanques del Parque París (Álvarez Cobelas *et al.,* 2005a, 2016). En Villalba, la laguna grande del Carrizal. Pero hay muchos más en parques y jardines, por motivos ornamentales. Todos ellos comparten la escasa profundidad (< 3 m) y el alimentarse permanentemente con aguas de abastecimiento o con agua freática de bombeo (caso de Mari Pascuala; véase el capítulo siguiente), pero el de la Casa de Campo recibe también el flujo del arroyo Meaques, que transporta las aguas parcialmente depuradas del zoo de Madrid. La presencia de carpas en todos ellos contribuye a la remoción sedimentaria de los fondos, lo cual –junto con la falta de vegetación

Tabla 29.5. Concentración de clorofila "a" (µg/L) en la capa superficial de distintos estanques de la Comunidad de Madrid.

Estanque	Ciudad	Fecha	Rango
MariPascuala	Leganés	Oct. 2019	200
Canal de la Dehesa	Las Rozas de Madrid	2013	36-118
Parque París	Las Rozas de Madrid	2013	15-159
Casa de Campo	Madrid	Feb. 2019-Feb. 2020	1,4-27,0
Grande del Retiro	Madrid	Jul. 2018	11,5
Palacio de Cristal	Madrid	Jul. 2018	146

FUENTE: Datos propios, no publicados. Los de la Casa de Campo se han tomado mensualmente, tras el comienzo de la reinundación que siguió a las obras del otoño de 2018.

perimetral, que (si existiera) podría reducir los aportes externos debidos a la escorrentía– contribuye a albergar grandes biomasas de fitoplancton (tabla 29.5) y convertirlos en netamente autótrofos. La lenta renovación de sus aguas, por otro lado, incrementa esos procesos. El lector interesado puede consultar el monográfico *Fundamental and Applied Limnology* (2014, volumen 185/1) sobre la ecología de los lagos y estanques urbanos.

CAPÍTULO XXX

Otros ambientes estancados

MIGUEL ÁLVAREZ COBELAS

RESUMEN

El territorio madrileño cuenta con numerosas lagunas y humedales enclavados en zonas no montanas. Manantiales, charcas originadas por la minería de la arena, del granito y del pórfido, charcas naturales, lagunas naturales, lagunas de gravera, lagunas en campos de golf, ambientes salinos, humedales en zonas de descarga regional de aguas subterráneas, meandros abandonados son los principales tipos de ecosistemas presentes en la Comunidad (embalses aparte). En este capítulo refiero lo que se sabe de todos ellos, que es poco en la mayoría de los casos. Solo las lagunas de gravera se conocen razonablemente bien, aunque cabría mejorar el conocimiento de los intercambios cuantitativos de agua y materiales entre lagunas, acuífero aluvial y ríos cercanos.

Palabras-clave: manantiales, ambientes mineros, lagunas naturales, ambientes salinos, ecosistemas de descarga regional, meandros abandonados.

SUMMARY: OTHER STAGNANT ENVIRONMENTS

Madrid County has many small lakes, wetlands and ponds located in non-mountain areas. Springs, ponds in sandy, granite and porphyry quarries, natural ponds and lakes, gravel-pit lakes, ponds in golf courses, saline environments, wetlands in areas of local or regional groundwater discharge and oxbow lakes are the main types of stagnant waters, other than reservoirs, in this territory. This chapter deals with the poor knowledge of most of them. Only the ecology of gravel-pit lakes is relatively well known, but it could be improved if water and matter exchanges among lakes, alluvial groundwater and nearby rivers were quantified.

INTRODUCCIÓN

Madrid es un territorio con muchos ambientes estancados. Además de los referidos en los capítulos *Lagunas y humedales de alta montaña* y *Aguas embalsadas,* la tipología y el número de los restantes son numerosos. Manantiales, charcas originadas por la minería de la arena, del granito y del pórfido, charcas naturales, lagunas naturales, lagunas de gravera, ambientes salinos, humedales en zonas de descarga local y regional de aguas subterráneas, lagunas en campos de golf, meandros abandonados..., representan los principales tipos de ecosistemas leníticos presentes en Madrid.

A pesar de su gran número, la información disponible sobre ellos es escasa, demasiado fragmentaria y muy dispersa, quizá a excepción de la existente sobre las lagunas de gravera. Su estudio es muy reciente, pues comienza en los años ochenta para las charcas en antiguas explotaciones de granito, para las lagunas de gravera y para los humedales influidos por el acuífero detrítico de Madrid (Álvarez Cobelas, 1982a; Álvarez Cobelas *et al.,* 1985; Fernando González Bernáldez *et al.,* 1989). En la década siguiente, las charcas del suroeste, alimentadas por agua subterránea de flujo regional, son objeto de la tesis doctoral de Ana González Besteiro (1992). Posteriormente, se lleva a cabo un estudio naturalista dedicado a los humedales del bajo Tajuña (Javier Grijalvo, 1991), un inventario de ecosistemas producidos por actividades mineras (Montes, 1993) y una tipificación de los ambientes estancados de la cuenca alta del río Manzanares (Javier García Avilés, 1994). Algunos datos inéditos, recogidos por Oscar Soriano en esa misma década, nos permiten hablar de las lagunas del valle del Tajuña un poco más. Y eso es prácticamente todo, aparte de mi propio trabajo –inédito en su mayor parte– sobre las graveras.

Ambientes salinos

Pueden ser naturales o artificiales. Estos últimos los hemos apuntado ya en el capítulo *La creación de nuevos ecosistemas acuáticos* y cuentan entre ellos las salinas de explotación, como Espartinas (Ciempozuelos) o Carcaballana (Villamanrique de Tajo), las cuales están abandonadas en la actualidad. Esta última se encuentra a la espera de que alguien aporte capital para restaurarla y, así, corra de nuevo el agua salina.

Por su parte, la laguna de Las Esteras (Colmenar de Oreja) corresponde aun ambiente de tipo *playa* natural –similar a los ecosistemas salinos manchegos y a los presentes en otras zonas áridas del mundo– por lo que resulta un buen ejemplo de lago salino somero, de elevada conductividad (147 mS/cm) apenas estudiado, a excepción de los registros ornitológicos (Cano, 1998). De carácter mesotrófico, su concentración de clorofila «a» ascendía a 10,4 µg/L en abril de 2018.

En el municipio de Torrejón de Velasco subsiste un humedal en llanura de inundación ubicado en el valle del arroyo del Guatén llamado Salada del Guatén sur. Su superficie abarca unas dos hectáreas en años con abundante precipitación. Finalmente, en Valdemoro, se localizan otros ambientes salinos consistentes en una laguna y dos balsas denominadas del Arroyo de La Cañada. La salinidad de estos cinco últimos ambientes se debe a la evaporación del agua que discurre por terrenos salinos (Gómez Gajete, 2009, www.iberica2000.org/es/Articulo.asp?Id=4007#Valoracion), es decir, estamos ante paisajes evaporíticos.

Balsas de riego

En la zona meridional de la provincia, subsisten renqueantes algunos ecosistemas de esta clase. Se construyeron en la época de la agricultura como sector económico principal de los paisajes semiáridos al sur de la capital. El cambio de modelo productivo supuso el abandono de casi todas ellas; el crecimiento desorbitado de la construcción hizo el resto. Las pocas que subsisten (tabla 30.1) no han merecido estudio limnológico alguno hasta ahora.

Tabla 30.1. Algunas balsas de riego del territorio sur de Madrid y su estado actual.

Ecosistema	Término municipal	Estado
Balsa de La Cañada Real Galiana	Pinto	Situada en campo de cultivo; riesgo de urbanización
Balsa de la Colada de Pajeros	Parla	Campo de cultivo; riesgo de urbanización
Balsa de la Colada de Pozuelo	Alcorcón	Conservada
Balsa de La Povilla	Leganés	Situada en campo de cultivo
Balsa de la Vereda de Los Cabezuelos	Pinto	Campo de cultivo; riesgo de urbanización
Balsa de Las Bolitas del Airón	Valdemoro	Conservada, forma parte de un parque urbano
Balsa de las Panaderas norte	Humanes de Madrid	Situada en campo de cultivo
Balsa de las Panaderas sur	Humanes de Madrid	Situada en campo de cultivo
Balsa de Valduro	Alcorcón	Situada en campo de cultivo
Balsa del arroyo Culebro	Getafe	Se alimenta de aguas residuales
Balsa del Prado de la Casa	Humanes de Madrid	Situada en campo de cultivo
Balsas de La Venta la Rubia (2)	Alcorcón	Conservadas; riesgo de urbanización
Balsas del arroyo de La Cañada (2)	Valdemoro	Conservadas; situadas en zonas LIC y ZEPA
Balsas del Camino de La Espartosa (2)	Pinto	Situadas en campos de cultivo; riesgo de urbanización
Balsilla de Leganés	Leganés	Situada en campo de cultivo

FUENTE: Gómez Gajete (2009, www.iberica2000.org/es/Articulo.asp?Id=4007#Valoracion).

Charcas en antiguas explotaciones areneras

Tenemos las charcas de Los Camorchos (Hoyo de Manzanares), Valdearizo, La Parrilla y Los Terreros (Colmenar Viejo) (Montes, 1993). También subsiste alguna otra en los términos de Parla (arenero de Salmoral) y Torrejón de Velasco (arenero de la Lámpara), la primera de las cuales tiene riesgo de urbanización (Gómez Gajete, 2009; www.iberica2000.org/es/Articulo.asp?Id=4007#Valoracion).

En Las Rozas de Madrid se encuentran las cinco charcas de La Cervera y las dos de Las Ceudas, originalmente explotaciones areneras, todas las cuales se secan en verano (Álvarez Cobelas *et al.*, 2005a). En las primeras, situadas en una zona de cultivos abandonados, *Ranunculus* suele colonizar las cubetas en primavera y ayuda a formar una comunidad relativamente compleja de organismos.

Las dos charcas de Las Ceudas, separadas por una lengua de arena, reciben la visita del ganado caballar y ovino. En la situada a oriente crece *Chara vulgaris* y, paradójicamente, también hay más carbono orgánico disuelto, lo cual da más color al agua. Sus comunidades de Insectos son interesantes.

Charcas en antiguas explotaciones de cuarzo y feldespato

En el inventario de Montes (1993) se habla de una, llamada Los Terreros 1, situada en el término municipal de Colmenar Viejo, pero ignoro si aún existe.

Charcas en antiguas explotaciones de granito

Son numerosas en la rampa de la sierra. Los pocos datos limnológicos existentes se encuentran en Álvarez Cobelas (1982a), Montes (1993) y García Avilés (1994). El segundo inventaría 36 canteras de granito abandonadas, para siete de las cuales ofrece datos físico-químicos. El último autor cuenta 24, de diez de las cuales proporciona datos físico-químicos (tabla 30.2). En ellas, la conductividad muestra un rango estrecho, a excepción de la antigua explotación de la Cerca de Ramos. Los pH suelen ser alcalinos, pero dicha alcalinidad resulta baja en la mayor parte de los casos. La mayoría contiene mucha sílice. La concentración de nutrientes puede llegar a ser notable porque algunas reciben la visita del ganado (Álvarez Cobelas, 1982a). En cualquier caso, la variabilidad de los nutrientes y de la clorofila es alta (tabla 30.2). La presencia en ellas de algas poco comunes (*Monostroma bullosum;* Gallardo y Álvarez Cobelas, 1986) y pequeñas crisofíceas, además de *Ranunculus,* heterópteros y gallipatos, las hace especialmente interesantes para estudios humildes y cómodos –pero muy gratificantes– de limnología.

Charcas en antiguas explotaciones de pórfido

Es también García Avilés (1994) quien ofrece un listado de las quince presentes en la rampa serrana, además de datos físico-químicos puntuales sobre algunas de las mismas, los cuales sugieren rangos muy amplios de contenido iónico, salinidad y alcalinidad (tabla 30.2); hay incluso un ambiente de características francamente

Tabla 30.2. Características físico-químicas promedio y su variabilidad en algunas charcas enclavadas en antiguas explotaciones de granito, de pórfido y en humedales que reciben descargas regionales de aguas subterráneas.

	Promedio	Desviación típica	CV	Mínimo	Máximo
Canteras de granito					
Conductividad (µS/cm)	425	347	82	67	1.294
Alcalinidad (meq/L)	2,3	1,6	69	0,5	6,2
Nitrato (mg/L)	0,439	0,733	167	0,040	3,350
Amonio (mg/L)	0,774	1,745	225	0,000	7,910
Ortofosfato (mg/L)	0,362	1,269	350	0,000	5,840
Clorofila «a» (µg/L)	9,4	13,4	142	2,1	46,9
Canteras de pórfido					
Conductividad (µS/cm)	437	396	91	55	1.084
Alcalinidad (meq/L)	2,3	1,3	59	0,7	4,6
Nitrato (mg/L)	0,129	0,115	89	0,018	0,390
Amonio (mg/L)	0,281	0,183	65	0,000	0,585
Ortofosfato (mg/L)	0,139	0,288	207	0,000	0,785
Clorofila «a» (µg/L)	17,8	25,2	142	3,2	46,9
Humedales de descarga regional					
Conductividad (µS/cm)	305	126	41	104	511
Alcalinidad (meq/L)	2,4	1,2	51	0,6	3,9
Nitrato (mg/L)	4,479	4,768	106	0,185	11,293
Amonio (mg/L)	0,028	0,019	68	0,006	0,051
Ortofosfato (mg/L)	0,312	0,129	41	0,137	0,478
Clorofila «a» (µg/L)	31,3	39,7	127	6,2	115,0

Cálculos basados en datos de Álvarez Cobelas (1982a), González Besteiro (1992), Montes (1993) y García Avilés (1994).

ácidas (Cerca del Indiano). A ellas cabe añadir los datos de un par de charcas debidos a Montes (1993). El contenido de nitrógeno en todas ellas resulta más bajo que en las charcas de granito, quizá porque el ganado no pueda visitarlas; el de ortofosfato, sin embargo, sin ser alto, permite concentraciones eutróficas de clorofila cuyo promedio supera al de las canteras de granito.

Este tipo de ecosistema parece muy interesante por su morfometría (ambientes alargados, muy estrechos y a menudo profundos, encajados entre roquedo), que los aisla parcialmente de afecciones humanas (aunque algunos se hayan visto rellenos con escombros) y les hace estratificar térmicamente. Sin embargo, las dificultades de acceso con embarcación limitan el estudio limnológico. Merecen estudios futuros.

Humedales asociados a acuíferos subterráneos

Pueden ser de descarga local o de descarga regional. Entre los de descarga local se cuentan las muy abundantes lagunas de gravera (véase más abajo). Por su parte, los manantiales resultan un buen refugio de especies acuáticas en cualquier clima, pero no hay demasiada información sobre ellos. Los que gozan siempre de mayor predicamento son los de montaña o los situados en bosques umbríos, pero carecemos de un inventario para Madrid. En el caso del Parque Regional de la Cuenca Alta del Manzanares, sí existe uno (García Avilés, 1994), donde se inventarían diez manantiales en la rampa y seis en la campiña, siempre de descarga local. Su composición físico-química es variada (tabla 30.8).

Hay otros manantiales, sin embargo, mucho menos conocidos que están emplazados en lugares más inhóspitos y albergan mucha vida. Es el caso del manantial de La Boyeriza, situado en los terrenos yesíferos de la margen derecha del Jarama (San Martín de la Vega), cuya riqueza de invertebrados por unidad de superficie es una de las más notables de todos los ecosistemas acuáticos del sur madrileño (García Avilés, 2002a, b; Salah, 2010).

Un caso curioso de ambiente mixto es la laguna de la Virgen del Retamar (Las Rozas de Madrid), alimentado por el agua de lluvia y la descarga de un acuífero colgado, en una pequeña cubeta excavada artificialmente. Se trata de un ecosistema temporal, que puede llegar a tener más de dos metros de profundidad y una exuberante vida vegetal y animal. Tiene un pequeño aliviadero, pero la mayor pérdida de agua la experimenta por evaporación (Álvarez Cobelas *et al.*, 2005a).

Y otro caso muy interesante de ambiente mixto es el del ya desaparecido arroyo de La Recomba, al que nos referiremos en lo sucesivo como «Arroyo Culebro». Estaba alimentado por las aguas subterráneas del acuífero terciario detrítico de Madrid (Yélamos y Villarroya Gil, 2007) y daba lugar a un complejo lacustre de varias lagunas (MariPascuala, la Recomba y los Sisones), cuyo drenaje generaba el cauce fluvial ya citado (Corella y Villarreal, 1987; Gómez Ruiz, 1984). Este, que es prácticamente un colector de aguas residuales parcialmente depuradas hoy en día, acaba desaguando en el Manzanares más abajo de Perales del Río. La laguna MariPascuala ha sido convertida en un estanque para uso recreativo dentro del Parque Polvoranca (véase el capítulo de *Aguas embalsadas*). Las lagunas de la Recomba y Sisones son claramente eutróficas (74 y 46 µg/L de clorofila «a» en octubre de 2019), la primera de ellas con gran proliferación de cianobacterias.

Los ambientes vinculados a descarga regional de las aguas subterráneas los citaron González Bernáldez *et al.* (1989) por primera vez, y son también el objeto de estudio de la tesis doctoral de González Besteiro (1992). Se trata de un conjunto de manantiales y charcas de pequeño tamaño situados en las provincias de Madrid y

Toledo (donde hay un número mayor), algunas de las cuales pueden alimentarse de aguas subterráneas que les llegan desde zonas muy distantes (Toth, 1963). Su composición química suele variar respecto a la del entorno, lo cual les confiere unas características químicas distintas y permite la aparición de otras especies diferentes de lo que cabría esperar. Este tipo de ambientes constituye el único hábitat en Madrid de los interesantes anostráceos del género *Triops*. De los ecosistemas de esta clase presentes en Madrid, González Besteiro (1992) proporciona datos limnológicos sobre siete. Por su alimentación hídrica esos ecosistemas se diferenciarían en ambientes de recarga de la laguna y del acuífero por agua de lluvia (charca de Cerro del Rayo, las lagunas Chica, Antigua y José Herrero, la balsa de Llanos Norte) y manantiales de descarga regional intermedia del acuífero (Ojos de Aguajil 1 y 2). La composición iónica varía un poco, pues en los primeros la alcalinidad es menor que en los segundos. De todos modos, el tipo dominante de agua son las bicarbonatadas cálcicas en todos los casos, con la charca del Cerro del Rayo como el lugar de mayor salinidad. Entre los nutrientes destacan las elevadas concentraciones de ortofosfato para todos los ambientes, así como los altos contenidos en nitrato en la laguna Chica, la balsa de Llanos Norte y la charca de Cerro del Rayo (González Besteiro, 1992).

Aparte de los *Triops*, las comunidades de animales se caracterizan por diferenciarse claramente entre las de las surgencias, como los Ojos de Aguajil, respecto a las de las lagunas alimentadas unicamente por la lluvia. Las primeras albergan especies más típicas de los medios permanentes, mientras que en las segundas se presentan especies propias de medios temporales. La riqueza de crustáceos resulta especialmente notable en todas ellas (González Besteiro, 1992).

Lagunas de gravera

El crecimiento urbanístico de las ciudades madrileñas ha provocado la multiplicación de estos ecosistemas, situados en suelos aluviales, y de los que se extraían la grava y la arena para la construcción. En los valles bajos de Henares, Manzanares y Jarama son muy abundantes (véase el capítulo titulado *La creación de nuevos ecosistemas acuáticos*).

Por lo tanto, se trata de cubetas recientes con taludes a menudo muy pendientes, cuya erosión añade materiales a la laguna y favorece la colmatación paulatina. Esos taludes pueden encajar al ecosistema en el terreno y reducir los efectos del viento sobre la mezcla vertical del agua. Dichos taludes determinan también que apenas haya zonas muy someras, si bien los organismos litorales se refugian en la abundante vegetación litoral. En los fondos próximos a la orilla, predominan los cantos rodados, que suelen recubrirse de una capa conspicua de perifiton. Una revisión reciente de la ecología de las graveras la ofrecen Mollema y Antonellini (2016).

Las graveras se alimentan de agua freática del acuífero aluvial y de lluvia. Además, si se hallan próximas a un río, como sucede con las de El Porcal y El Campillo (Arganda del Rey), puede entrarles agua fluvial a través del talud que las separa (figura 30.1). Todas ellas pierden agua y materiales por infiltración hacia el acuífero, pero según su posición geográfica en el valle fluvial, pueden ser ganadoras o perdedoras netas de agua subterránea o fluvial (Sastre *et al.*, 1987; Montes, 1993;

figura 30.2). Las líneas de flujo del agua subterránea pueden cambiar ligeramente de posición entre unas épocas y otras (Himi, 2001). De todos modos, está aún por hacer un estudio pormenorizado y cuantitativo de la alimentación hídrica subterránea de las graveras y de sus cambios en el tiempo tras las investigaciones preliminares de Sastre *et al.* (1987), Gómez Martos y Buyo (1993) y Sastre y de Vega (1993). Este trabajo es imprescindible para cuantificar las más importantes entradas y salidas de nutrientes hacia y desde las lagunas. Por otro lado, como los intercambios entre lagunas y acuífero son difíciles de cuantificar, carecemos de datos sobre el tiempo de retención del agua en las graveras, tan importante en el funcionamiento ecológico de cualquier sistema lacustre (Kalff, 2001).

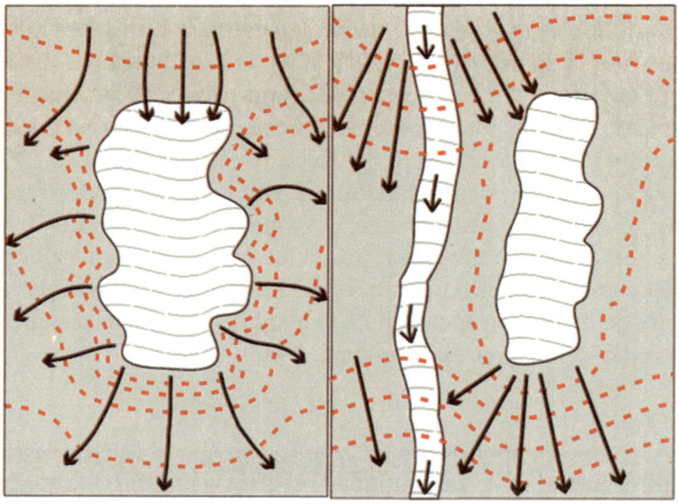

Figura 30.1. Intercambios hídricos entre una laguna de gravera y el acuífero aluvial (imagen izquierda) y entre estos y el río (imagen derecha). El flujo de agua (líneas de flechas) es siempre perpendicular a las isopiezas del agua subterránea (líneas rojas discontinuas).

Desde el punto de vista térmico, las más profundas (> 3 m de profundidad media) son monomícticas, con una fase de estratificación que suele empezar en marzo y terminar hacia noviembre. Hay también alguna (Las Madres) que es meromíctica y tiene una monimolimnion profundo que no se mezcla todos los años y muestra procesos de doble y triple difusión (véase el capítulo de *Física del agua*). El influjo sobre el clima local de la acumulación de graveras en un territorio pequeño (el bajo Jarama) se desconoce. Dado que su grado trófico es variado, también lo es la penetración de la luz y en algunas se ha detectado transparencias de hasta once metros (capítulo citado más arriba).

La salinidad suele superar 1 g/L en todas las graveras y, en ocasiones, llegar a los 4 g/L. El pH suele ser ligeramente básico en las oligotróficas, que pueden mostrar cifras ácidas en las capas más profundas (como es el caso de Las Madres). Los iones dominantes son el sulfato y el calcio, pues los terrenos circundantes son yesíferos,

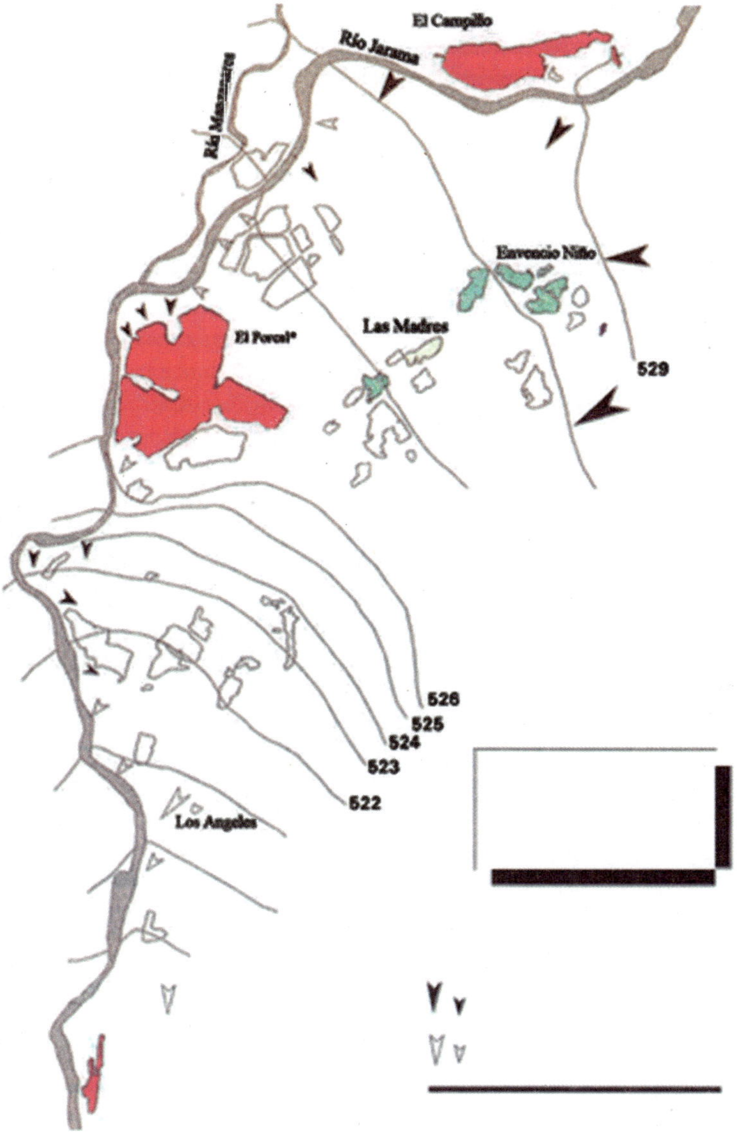

Figura 30.2. Isopiezas en el valle fluvial del Jarama y su relación con las lagunas de gravera de la zona (Montes, 1993). Las flechas negras indican la dirección del movimiento del agua en el acuífero aluvial. Las lagunas más próximas al cauce fluvial son las más eutróficas (color rosa) frente a las alejadas (color verde).

pero también hay buenas cantidades de sílice, derivada de la erosión de los materiales ígneos de la sierra de Guadarrama. Hay tanta sílice que no limita el crecimiento de las diatomeas. La alcalinidad oscila entre 1,2 y 8,2 meq/L.

Su contenido en nutrientes varía con la distancia a los cauces fluviales próximos (Álvarez Cobelas *et al.,* 2000), todos muy contaminados, pero la carga interna es elevada y responsable de la anoxia estival en lagunas donde no hay mucho plancton. Eso es así porque todas las graveras, una vez abandonada su explotación, van colonizando su litoral con plantas emergentes *(Phragmites, Typha)* que, cuando llega el otoño y mueren, pasan a la cubeta lacustre, con el correspondiente aumento de la sedimentación de materia orgánica, pues no hay emisarios superficiales que la exporten fuera de la laguna (figura 30.3). Los pocos datos de deposición atmosférica indican que no es importante a lo largo del año (Álvarez Cobelas, datos inéditos), aunque puedan resultar puntualmente altos, como sucede con las entradas primaverales de polen (figura 30.4). La concentración de iones reducidos de hierro y manganeso en los fondos suele ser elevada.

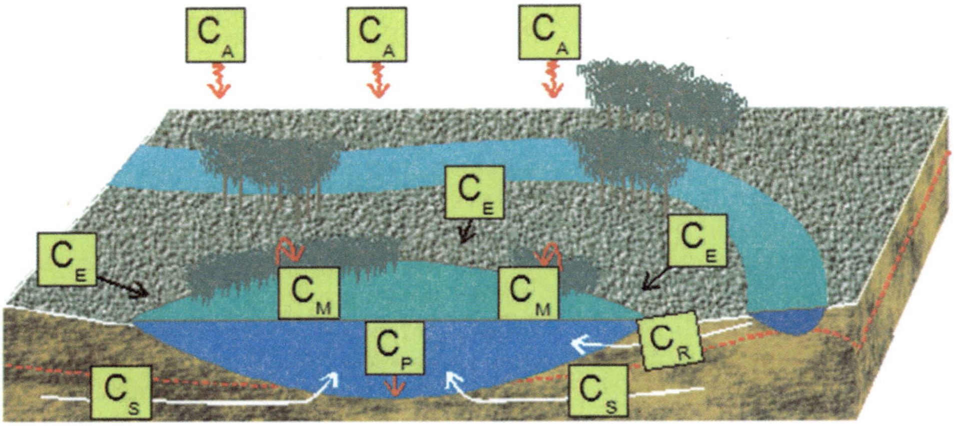

Figura 30.3. Entradas de materiales en una gravera que contribuyen a su eutrofización. Son de dos tipos: «carga externa», que procede de fuera de la laguna, y «carga interna», que se genera dentro del ecosistema. Entre las cargas externas están la de escorrentía superficial por erosión de los ecosistemas terrestres cercanos (C_E), la del agua subterránea (C_S), la procedente del río por infiltración (C_R) y la del polvo atmosférico (C_A). A la carga interna pertenecen los nutrientes generados por descomposición de los seres vivos en el lago, fundamentalmente el plancton (C_P) y los macrófitos litorales (C_M), comunidades que son las que mayor biomasa suelen alcanzar.

Los sedimentos son ricos en materia orgánica, nitrógeno y fósforo, debido a la acumulación otoñal de la materia en descomposición de la vegetación perimetral y, en el caso de las lagunas eutróficas, del plancton. De todos modos, la variabilidad de las concentraciones resulta notable entre unos lagos y otros (tabla 30.3). Al ser el sulfato el ión dominante, en las capas profundas generan concentraciones de sulfuros en condiciones anóxicas. De todos modos, dado que las cubetas son muy recientes y que los sedimentos son bastante fluidos, resulta común la resuspensión en las lagunas someras, y es frecuente la redistribución sedimentaria en la cubeta lacustre, como lo ilustran los cambios morfométricos detectados en la laguna de Las Madres desde 1991 (véase el capítulo *La creación de nuevos ecosistemas acuáticos*).

Figura 30.4. Deposición de polen de chopo sobre la laguna de Las Madres en abril de 2015.

Tabla 30.3. Concentración de carbono, nitrógeno y fósforo (mg/kg peso seco) en los sedimentos de algunas lagunas de gravera.

Laguna	Carbono	Nitrógeno	Fósforo
Arriadas	28.750	2.230	253
Camping	6.450	170	60
El Porcal	28.250	1.400	474
Laguna Henares	56.750	3.960	505
Las Madres-1	28.100	1.010	411
Las Madres-3	29.100	2.200	220
Muñoz	29.400	810	193
Presa Henares	74.150	5.080	343
Rivas-1	47.600	3.200	20
San Martín-7	105.800	9.580	842
Soto de las Cuevas	52.650	2.420	767
Tierno-Galván	44.650	2.980	479
Villafranca	5.000	260	10

FUENTE: Datos de 1996. Fuente de los datos: Himi (2001).

La colonización de las cubetas abandonadas por la minería es relativamente rápida. En 1984, por ejemplo, se abandonó la explotación de Las Madres y en 1991 ya tenía vegetación litoral. Los estudios con fotografía aérea revelan que la expansión de la vegetación perimetral y la acumulación de sedimentos son procesos muy rápidos, especialmente en los ambientes más someros (Roblas y García Avilés, 1997). En el caso de los peces, los propios pescadores las han repoblado. Como consecuencia, la riqueza de especies es notable y casi todos los tipos de organismos acuáticos dulceacuícolas están presentes, lo cual atestigua el inventario para Las Madres (tabla 30.4). Con gran diferencia, la riqueza mayor se debe a las bacterias; incluso se han detectado bacterias fotosintéticas (véase el capítulo *Otros procariotas*), pero no en gran densidad como para que resulte significativa su actividad para el funcionamiento del ecosistema. Salvo alguna excepción, como en Las Madres (Gil Pinilla, 1991), en las lagunas profundas no suele haber plantas sumergidas, pero sí aparecen en los ambientes someros. También es importante el número de especies de quironómidos y la presencia de la gamba de agua dulce *Atyaephyra,* amén de la actuación del ingeniero del ecosistema: *Procambarus clarkii*.

Tabla 30.4. Riqueza específica de taxones en la laguna de Las Madres en dos momentos de 2016.

	Finales de la mezcla	Mediados de la estratificación
Bacterias planctónicas	362	397
Cianobacterias planctónicas	0	5
Cianobacterias bentónicas	3	5
Algas planctónicas	28	26
Algas bentónicas	20	25
Fanerógamas sumergidas	1	1
Fanerógamas emergentes	2	2
Flagelados incoloros planctónicos	2	3
Rizópodos planctónicos	2	0
Ciliados planctónicos	3	4
Rotíferos planctónicos	4	5
Crustáceos planctónicos	3	4
Oligoquetos	1	1
Moluscos	3	3
Crustáceos bentónicos	2	2
Insectos	22	15
Ácaros acuáticos	1	1
Peces	4	4
Reptiles	1	1
Aves palustres	3	3

Los Oligoquetos y los ácaros acuáticos no se han determinado.

Dado que el grado trófico varía, también lo hace el cociente producción primaria/respiración y, así, constatamos la presencia de lagunas heterótrofas (las menos) y completamente autótrofas (las cercanas a los ríos y las someras). En estas últimas, la producción primaria puede llegar a ser muy elevada (Álvarez Cobelas *et al.,* 1992). Las redes tróficas son muy complejas (tabla 30.5), pues el número de eslabones por especie resulta inferior al detectado en lagos de montaña, aparentemente más pobres (Sánchez-Hernández *et al.,* 2015; Álvarez Cobelas *et al.,* 2018a). Por otro lado, en la dieta de los peces de Las Madres se han encontrado varias especies de insectos de origen terrestre, lo que indica que también hay entradas de materia alóctona hacia la red trófica acuática. En conjunto, las cascadas tróficas resultan algo peculiares y muestran una relación compleja respecto al gradiente de fósforo (Álvarez Cobelas *et al.,* 2005b).

Tabla 30.5. Valores estructurales de la red trófica de la laguna de Las Madres para el final de la mezcla y mediados de la estratificación de 2016.

	Finales de la mezcla		**Mediados de la estratificación**	
	Bentos	**Plancton + Bentos**	**Bentos**	**Plancton + Bentos**
Uniones	240	402	265	405
Densidad de uniones	3,33	3,02	3,73	3,05
Conectancia	0,046	0,023	0,053	0,023
Top especies (%)	0,38	0,51	0,39	0,51
Especies intermedias (%)	0,61	0,48	0,58	0,47
Especies basales (%)	0,01	0,01	0,03	0,02
Herbívoros (%)	0,28	0,15	0,08	0,05
Omnívoros(%)	0,03	0,02	0,59	0,46
Canibalismo (%)	0,03	0,02	0,04	0,02

En cuanto a la biomasa, disponemos de estimaciones de la mayor parte de las comunidades para la laguna de Las Madres en 2016 (tabla 30.6), aunque nos falten cifras sobre las cinturas de vegetación emergente litoral (carrizo y enea) que indudablemente suponen mucho carbono. A finales del periodo de mezcla, la comunidad de mayor biomasa total para todo el lago era la de los peces en la zona pelágica (más del 76 % de la biomasa en carbono, compuesta principalmente por *Luciobarbus bocagei* y *Cyprinus carpio*), mientras que durante la fase central de la estratificación eran los invertebrados que residían entre la enea los de mayor biomasa (> 37 % del total del lago), debida sobre todo a la pequeña gamba *Atyaephyra.* En junio el barbo había desaparecido prácticamente de todas partes (¿por sobrepesca?) y la carpa, que al final de la mezcla estaba en la zona pelágica, se había desplazado hacia la litoral. Apenas

Tabla 30.6. Biomasas de distintas comunidades de organismos en la laguna de Las Madres a finales del periodo de mezcla y a mediados del de estratificación.

Comunidad	Finales de la mezcla (g C/m^2)	Finales de la mezcla/ (kg C/lago)	Mediados de la estratificación (g C/m^2)	Mediados de la estratificación (kg C/lago)
Fitoplancton	0,23	42,18 (11,4)	0,17	31,18 (11,3)
Zooplancton	0,037	6,79 (1,8)	0,034	6,74 (2,3)
Macroinvertebrados sobre cantos rodados	10,1	10,53 (2,8)	1,0	1,04 (0,4)
Macroinvertebrados sobre carrizo	5,2	5,42 (1,5)	34,6	36,09 (13,1)
Macroinvertebrados sobre enea	2,9	6,05 (1,6)	49,5	103,26 (37,4)
Macroinvertebrados sobre limo	4,3	13,45 (3,6)	1,4	4,38 (1,6)
Peces (zona litoral)	0,81	2,53 (0,7)	6,55	20,49 (7,4)
Peces (zona pelágica)	1,54	289 (76,4)	0,40	73,36 (26,6)

Entre paréntesis figuran los porcentajes a nivel de todo el lago.

hay estudios en el mundo que hayan cuantificado las biomasas de todas las comunidades biológicas de los lagos. En el lago sueco Eckarfjärden, que es oligotrófico, hay datos que podrían servir a guisa de comparación, pero en él predominan los macrófitos sumergidos (Andersson y Kumblad, 2006), prácticamente irrelevantes en Las Madres.

En líneas generales, puedo aseverar que las lagunas de gravera se encuentran entre los ecosistemas acuáticos mejor conocidos de la Comunidad de Madrid. Por la dificultad del estudio, quedan por resolver cuantitativamente los intercambios de agua y sustancias entre las lagunas y el acuífero aluvial.

Lagunas naturales

Fuera del Parque Nacional del Guadarrama (véase el capítulo de Granados y Toro), son poco abundantes. García Avilés (1994) solo incluyó dos en las laderas serranas del Parque Regional de la Cuenta alta del Manzanares (la lagunilla de El Yelmo y la laguna del Lomo), pero los datos limnológicos son escasos aún (véase Granados,

2020). También hay varias lagunas naturales en la zona de Bustarviejo (Navalengua), Valdemanco (La Laguna) y Villavieja del Lozoya (El Tercio).

Su origen geológico es variado, pero todas experimentan grandes oscilaciones de nivel, y algunas se secan en verano. Las mejor conocidas, en lo que cabe, son las del complejo del Bajo Tajuña: San Juan, San Galindo, Casasola y los carrizales de las dehesas de Villaverde y Bayona (tabla 30.7). Todas ellas se ubican en el valle aluvial y, cuando el río se desborda, se ven inundadas por agua fluvial. También reciben agua freática, e incluso a la de San Juan le llega agua del acuífero terciario, situado en una cota superior. Ya en la última posguerra civil se conocían bien las oscilaciones del nivel lacustre y la alimentación freática de estas lagunas (Ramos, 1947). En esa fecha se señalaba la importancia de los sedimentos derivados de la erosión de los taludes terciarios para la colmatación lacustre, que no ha hecho más que aumentar con el tiempo. Así, en la actualidad, las cubetas se ven cada vez más disminuidas y la profundidad de las mismas se reduce aceleradamente.

Tabla 30.7. Lagunas y humedales principales de origen natural en el territorio de Madrid.

Ambiente	Municipio	Origen geológico	Extensión (Ha)	Profundidad máxima (m)
Carrizal de Villamejor	Aranjuez	Humedal en yesos (T)		
Carrizal de la Dehesa de Bayona	Chinchón	Humedal en valle fluvial		< 0,5
Carrizal de la Dehesa de Villaverde	Chinchón	Humedal en valle fluvial		< 0,5
Complejo de Castrejón	El Escorial		2,78	
Complejo de Los Estragales	Pinto-Parla-Torrejón de Velasco	Humedal en valle fluvial, también inundado con agua freática de un acuífero colgado (T)		
Laguna de Casasola	Chinchón	Humedal en valle fluvial	2,05	< 1
Laguna del Cerro del Rayo	Griñón		0,1	
Laguna de Cubas	Cubas de la Sagra		1	

Tabla 30.7. *(continuación)*

Ambiente	Municipio	Origen geológico	Extensión (Ha)	Profundidad máxima (m)
Laguna de San Galindo	Chinchón	Humedal en valle fluvial	2,47	
Laguna de San Juan	Chinchón	Humedal en valle fluvial, con aportaciones de un acuífero colgado (P)	10,58	<2
Laguna de Sancha Barca	Parla		0,1	
Laguna de Valdehondillo o Navahondillo	Fuenlabrada		0,7	
Laguna de Valdemanco	Valdemanco	Laguna natural enclavada en granitos, cuyo drenaje está limitado por un escalón basal asociado a un resalte rocoso (P)	1,3	1
Laguna de El Tercio	Villavieja de Lozoya			
Lagunas del Chicharrón	El Escorial			
Lagunas de los Prados Cocineros y Cubillos	El Escorial			

P: laguna permanente; T: laguna temporal.

FUENTE: Comunidad de Madrid (1991, 2004), Gómez Gajete (2009; www.iberica2000.org/es/Articulo.asp?Id=4007#Valoracion).

La gran producción vegetal de helófitos, *Phragmites* y *Typha* fundamentalmente, contribuye a aumentar la materia orgánica depositada y a reducir la capacidad de almacenamiento de agua. En 1981, la laguna de San Juan estaba prácticamente colmatada, por lo que hubo de dragarse para regenerar las láminas de agua. Como consecuencia de esa gran carga vegetal helofítica, los escasos datos disponibles indican que la laguna de San Juan contiene muchos nutrientes, parte de los cuales podrían tener un origen agrario, como el nitrato, que en 1985 alcanzaba valores de entre 5 y 9 mg N/L (Grijalbo, 1991). Lamentablemente, desde entonces apenas se ha prestado atención a la limnología de estos humedales. Así, en el año 1985 la alcalinidad fluctuaba entre 5,52 y 6,32 meq/L, los iones dominantes eran el sulfato y el calcio, y la conductividad rondaba los 2 mS/cm. Entonces, las aguas, aun siendo claramente eutróficas, todavía albergaban especies de moluscos (Grijalbo, 1991), e incluso se daba *Ranunculus trichophyllus*, ahora ausente. En las comunidades acuáticas, dominan actualmente el cangrejo americano y la carpa, los cuales suelen generar un aumento de la eutrofia por bioturbación del sedimento rico en carbono, nitrógeno y fósforo (Angeler *et al.*, 2001; King *et al.*, 1997). Velasco (1992, 1993) ha estudiado las comunidades de rotíferos de este tipo de lagunas, resaltando también su carácter altamente eutrófico. Los datos inéditos de Oscar Soriano, tomados desde 1993 a 2001, indican cifras elevadísimas de fósforo (> 1 mg P/L).

En cuanto a otros humedales, uno muy conspicuo –debido a la figura de protección ambiental de la que disfruta– es el carrizal de Villamejor, un lugar con conductividades superiores a 2 mS/cm, que en 1992 tenía aún características oligotróficas (véanse sus datos físico-químicos en Montes, 1993), pero ahora ha cambiado sus características y apenas se inunda, porque se ha excavado el arroyo (llamado del Cambrón o Martín Román) que lo nutría, a fin de que las aguas residuales de Villasequilla circulen sin trabas hacia el Tajo.

Muchos ecosistemas incluidos en este apartado se ven amenazados de colmatación por acumulación de sedimentos, de origen biológico en general (Roblas y García Avilés, 1997). Otros, por la incuria generalizada del ciudadano, que las usa como vertederos de basura y escombros. Carecemos de datos limnológicos para la inmensa mayoría.

Lagunas en campos de golf

La proliferación reciente de estos ambientes dedicados al ocio de las clases más pudientes ha ocurrido asociada a la burbuja de la construcción, dando lugar a un elevado número de esos ambientes (véase el capítulo *La creación de nuevos ecosistemas acuáticos*). Que yo sepa, no hay estudio limnológico alguno sobre ellos, pero no resulta difícil suponer que se tratará de lugares eutróficos o hipertróficos, tanto por su escasa profunidad como debido a la escorrentía hacia ellos de los nutrientes derivados del frecuente riego de la hierba golfista, rico en abonos.

Meandros abandonados

Las actividades de corrección de márgenes fluviales con escolleras, realizadas en los años cincuenta del siglo pasado, eliminaron zonas inundables de meandros que acabaron secándose. Esto no solo alteró la morfología fluvial y redujo la posibilidad de laminar avenidas, sino que acabó con todos esos ecosistemas en las zonas madrileñas de los ríos Manzanares, Jarama y Tajo (Uribelarrea, 2008; Uribelarrea *et al.*, 2003). En el Henares subsiste el meandro abandonado del castillo de Aldovea, del que se ignora totalmente su limnología, y tan solo se sabe que era eutrófico hace dos décadas (Uribelarrea *et al.*, 1997; Comunidad de Madrid, 2004), y ahora parece hipertrófico y en proceso acelerado de colmatación por los restos de la vegetación

Tabla 30.8. Características físico-químicas de los manantiales madrileños y su variabilidad.

	Conductividad (µS/cm)	Alcalinidad (meq/L)	Nitrato (mg/L)	Amonio (mg/L)	Nitrógeno total (mg N/L)	Ortofosfatos (mg/L)	Fósforo total (mg P/L)	Clorofila «a» (microg/L)
Manantial de La Boyeriza (tres muestreos en un ciclo anual)								
Promedio	4210	8,72	0,890	2,459	7,550	0,163	1,581	26,9
Desviación típica	410	4,59	0,053	3,943	4,830	0,101	2,372	28,0
CV	10	53	6	160	64	62	150	104
Mínimo	3770	5,47	0,830	0,090	4,390	0,047	0,187	0,0
Máximo	4580	11,96	0,930	7,010	13,110	0,228	4,320	55,8
Manantiales en campiña (n = 3)								
Promedio	395	3,12	2,455	0,667		0,422		
Desviación típica	62	0,82	3,995	0,289		0,107		
CV	16	26	163	43		25		
Mínimo	357	2,37	0,137	0,500		0,327		
Máximo	467	3,99	7,068	1,000		0,537		
Manantiales en rampa (n = 6)								
Promedio	124	0,87	0,181	0,292		0,025		
Desviación típica	68	0,51	0,190	0,102		0,030		
CV	55	58	105	35		119		
Mínimo	57	0,27	0,066	0,250		0,002		
Máximo	217	1,59	0,558	0,500		0,068		

Cálculos realizados a partir de los datos de García Avilés (1994) y Álvarez Cobelas *et al.* (2000).

helofítica. Muy modificado por la extracción de áridos, está compuesto por varias cubetas lacustres y está enclavado en el municipio de San Fernando de Henares. También se le conoce por el nombre de Cerro Gordo.

En el río Tajo, a su paso cerca del límite con la provincia de Toledo, se encuentra el antiguo meandro de Soto del Lugar, un humedal que se está colmatando por el carrizo y con interesantes poblaciones de aves palustres (Martín Álvarez y Ponce Cinos, 2006). Y cerca de la salida del embalse de El Atazar, poco antes de la confluencia del río Lozoya con el Jarama, sigue estando el meandro abandonado del Lozoya, ya en la provincia de Guadalajara (Corvea *et al.,* 2006).

Turberas

En el territorio madrileño a las turberas se les da el nombre de *trampales, paulares* o *tollas* (también *tremedales,* apelativo de más amplia distribución). En general, son de pequeño tamaño y carácter ácido, y las más conocidas se encuentran en el entorno de Peñalara, en el puerto de Canencia y en Rascafría (tabla 30.9). Los estudios limnológicos propiamente dichos son inexistentes. De todos modos, hay trabajos en otras disciplinas cuyos resultados pueden usarse como base para la ecología acuática de estos ambientes. En ellos se contemplan la química edáfica (Jiménez Ballesta *et al.,* 1985), la paleobotánica y la paleoarqueología desde el punto de vista del estudio polínico (Franco Múgica, 1995; López Sáez *et al.,* 2014) y la flora fanerogámica en relación con las variables abióticas (Sánchez Colomer, 2008). En concreto, este último trabajo constata que en las turberas madrileñas se acumula más carbono y nitrógeno que en otros tipos de suelos de montaña del Sistema Central, y que la principal planta indicadora de los cervunales con encharcamiento perma-

Tabla 30.9. Algunas turberas en el territorio de Madrid.

Nombre	Localidad
Hoya de Pepe Hernando	Macizo de Peñalara
Hoyas de Pinilla	Pinilla del Valle
Navasaces	Puerto de Canencia
Navacerrada	Puerto de Navacerrada
Prado del Toril	Puerto de Canencia
Tolla del arroyo de la Hoz	Robledo de Chavela
Trampal de Rascafría	Rascafría
Trampales del Tío Lucio	Macizo de Peñalara
Turbera de La Barranca	Navacerrada
Turbera de Valdesquí	Valdesquí

FUENTE: Jiménez Ballesta *et al.* (1985), Franco Múgica (1995), López Sáez *et al.* (2014).

nente es *Myosotis stolonifera,* mientras que para las cubetas en vaguadas con inundación permanente y poca materia orgánica, la especie indicadora por excelencia sería *Scirpus lacustris.*

LAGUNAS EN EL CONOCIMIENTO

A excepción de las lagunas de gravera, el conocimiento del resto de los ecosistemas considerados en este capítulo es muy escaso desde cualquier punto de vista. Apenas hay algunos datos dispersos de química y composición específica de algunos grupos de organismos. En particular, los ecosistemas más raros –como son los ambientes de descarga regional de aguas subterráneas–, ubicados en el suroeste de la Comunidad de Madrid, merecerían un estudio más profundo, pues toda investigación al respecto data de hace más de veinticinco años. Los ambientes salinos de Las Esteras, en particular, deben de albergar especies y procesos biogeoquímicos de gran interés, pero tampoco se han estudiado (avifauna aparte). En el caso de las graveras, un aspecto de difícil consideración –motivo por el cual no ha sido abordado– es el de los intercambios cuantitativos de agua y sustancias entre las lagunas y el acuífero aluvial, que se complica en aquellas próximas a ríos, donde también hay que tener en cuenta los intercambios con el canal fluvial. Finalmente, el estudio biogeoquímico y faunístico de las turberas madrileñas está por iniciar.

Agradecimientos

Javier García Avilés y Óscar Soriano me han proporcionado abundante bibliografía y datos inéditos para este capítulo. El primero ha leído atentamente el manuscrito y ha sugerido numerosas mejoras.

CAPÍTULO XXXI

Ríos montanos

CARMEN CASADO SANCHO Y SALVADOR MOLLÁ MARTÍNEZ

RESUMEN

Los ríos de montaña de la Sierra de Guadarrama pertenecen a cinco cuencas fluviales de importancia: la del río Lozoya, la del río Guadalix, la del río Manzanares y sus afluentes (el Navacerrada-Samburiel y el arroyo Mediano), la del río Guadarrama y la de los ríos Cofío y Perales. Fluyen por sustratos ígneos y metamórficos en su mayoría, por lo que las aguas que transportan son, en general, poco mineralizadas, de pH ligeramente ácido y bien oxigenadas por las bajas temperaturas y alta turbulencia del agua debida a la pendiente y poco calado de los cauces. La vegetación de sus riberas es muy variable, resultado de diferencias altitudinales y microclimáticas, presentando en ocasiones pinares o melojares propios de la vegetación de la cuenca, o saucedas, alisedas, o fresnedas en otros casos.

La base energética del ecosistema fluvial la constituyen la producción primaria del fitobentos y las entradas de materia orgánica desde la ribera. En los tramos de nacimiento, suele haber un predominio de la producción primaria del fitobentos, así como en los tramos más bajos en los que se ha deteriorado el bosque de ribera, mientras que en el resto de los cauces, donde el bosque de ribera no ha sido modificado, predomina el sustento a partir de la materia orgánica procedente de la ribera fluvial. La contribución del bosque de ribera a los cauces es mayor en otoño, para prácticamente desaparecer en invierno, y reanudarse a partir de la primavera como resultado de la floración y fructificación de la flora. La velocidad a la que este material se incorpora en las redes tróficas es muy alta, como muestran las altas tasas de descomposición medidas en estos ríos. A consecuencia de esta contribución estacional de materia orgánica, fundamentalmente gruesa (mayor de 1 mm), se observan patrones de variación estacionales y espaciales (de cabecera a desembocadura) de las fracciones más finas de la materia orgánica. De este modo, la contribución relativa de la fotosíntesis y las diferentes fracciones de la materia orgánica van a condicionar la estructura trófica y taxonómica de las comunidades del macrobentos, así como su variación espacial y estacional. Los raspadores, que se alimentan del fitobentos, constituyen el grupo trófico dominante en casi todas las estaciones de cabecera, donde predomina la producción primaria.

El siguiente grupo trófico en importancia son los desmenuzadores, que se alimentan de restos orgánicos mayores de 1 mm. Este grupo predomina en los tramos donde las riberas se encuentran ocupadas por masas arbóreas bien desarrolladas y que, por tanto, proporcionan abundantes detritos al río. En los tramos más bajos y frecuentemente más alterados, es donde suelen predominar los recolectores, que se alimentan de materia orgánica fina, resultado de la fragmentación de la más gruesa, junto con los raspadores si, además, las riberas se encuentran mal conservadas y crece el fitobentos.

La diversidad de taxones de macroinvertebrados bentónicos, fundamentalmente formas larvarias de insectos, responde a la amplia variación espacial, estacional y funcional de los ríos y arroyos de la Sierra de Guadarrama. Estos organismos, poco conocidos para la mayoría, constituyen el alimento básico de las redes tróficas que sustentan los vertebrados que despiertan el interés de los visitantes de la Sierra, entre los que cabe destacar la trucha, la rana patilarga, el mirlo acuático, el martín pescador o la nutria.

Aunque hay algunos trabajos que han analizado éstos y otros muchos aspectos de dichos ecosistemas, nos encontramos lejos de tener siquiera un atisbo del funcionamiento y ecología de los mismos. Aspectos tan relevantes como tener un inventario de los tramos permanentes, temporales o efímeros no han sido considerados hasta la fecha. La mayoría de los estudios se han centrado en unos pocos tramos fluviales, por lo que es difícil hacer generalizaciones. Por otro lado, el impacto causado por la cercanía a Madrid y el aumento progresivo de visitantes a la Sierra, así como el efecto del cambio climático sobre los ecosistemas fluviales, son otros de los aspectos apenas tratados y sobre los que deberán poner el foco futuros trabajos.

Palabras-clave: cuencas hidrográficas, físico-química, macroinvertebrados, redes tróficas, materia orgánica, detritos, descomposición.

SUMMARY: MOUNTAIN STREAMS

Mountain streams in Sierra de Guadarrama belong to five important stream watersheds: the Lozoya River, the Guadalix River, the Manzanares River and its tributaries (the Navacerrada-Samburiel and the Mediano streams), the Guadarrama River and the watershed of the Cofio and Perales streams. Most streams flow over igneous and metamorphic rocks, and therefore stream water is, in general, low mineralized, slightly acid, and well oxygenated due to the low temperatures and high turbulence of stream flow arising from high slopes and shallowness of stream channels. River bank vegetation is very variable due to altitudinal and microclimatic differences, with willow, alder or ash forests, and sometimes even Scott pines or Pyrenean oaks when the watershed vegetation occupies the stream bank.

The energy basis of stream communities is instream primary production of phytobenthos and organic matter inputs from stream banks. In headwaters, the primary production of phytobenthos is usually the main energy input to foodwebs, as well as in the lower sections where the riparian forest has been deteriorated.

In other sites, where the riparian forest has not been modified, organic matter from the stream bank predominates as energy source for stream trophic webs. The contribution of the riparian forest to the stream is greater in autumn, to practically disappear in winter, and to resume from spring onwards as a result of flora flowering and fruiting. The rate at which this material is uptaken into the trophic webs is very high, as shown by the high decomposition rates measured in these streams.

As a result of this seasonal contribution of mainly coarse (greater than 1 mm) organic matter, seasonal and spatial variation patterns of the finest fractions of organic matter are observed from head- to mouthwaters. In this way, the relative contribution of photosynthesis and the different fractions of organic matter will drive the trophic and taxonomic structure of macrobenthic communities, as well as their spatial and seasonal variation. Scrapers, which feed on phytobenthos, are the dominant functional feeding group in almost all headwater reaches, where primary production prevails.

Shredders are the following functional feeding group in relevance, feeding on detritus (organic matter) larger than 1 mm. This group prevails in reaches where stream banks are occupied by a well developed forest, and therefore it provides abundant detritus to the river. In lower sections, often more disturbed (altered), is where collectors tend to prevail, which feed on fine organic matter resulting from the fragmentation of coarser matter, together with the scrapers if the stream banks are poorly conserved and the phytobenthos grows on the stream bed.

The diversity of benthic macroinvertebrate taxa, mainly larval forms of insects, depends on the wide spatial, seasonal and functional variation of the Sierra de Guadarrama streams. These organisms are the base nourishment of trophic webs sustaining vertebrates that arouse the interest of the Sierra visitors, the latter including species as the brown trout, the Iberian frog, the white-throated dipper, the grey wagtail, the common kingfisher, or the European otter.

Although there are some works that have analyzed these, and many other, aspects of these ecosystems, we are far from having even an idea of ecosystem structure and functioning. To have an inventory of permanent, temporary and ephemeral stream reaches has not been considered yet. Most studies have focused on a few stream reaches, making it difficult to obtain general models. On the other hand, the impact caused by the proximity to Madrid, and the progressive increase of visitors to the Sierra, as well as the effect of climate change on stream ecosystems, are other aspects scarcely addressed and on which we must put the focus in future studies.

INTRODUCCIÓN

Los ríos, aunque constituyen menos del 1 % de las masas de agua epicontinentales, son los ecosistemas acuáticos continentales más relevantes de la Tierra. En ellos se pueden reconocer cuatro dimensiones de variabilidad: una longitudinal a lo largo del eje cabecera-desembocadura, otra lateral que vincula el cauce con sus márgenes, una tercera vertical que relaciona el agua superficial con el medio hiporreico y subsuperficial, y una última dimensión temporal que pone de manifiesto los continuos cambios que se producen en sistema fluvial. Por sus características y complejidad, podemos reconocer una extraordinaria variedad de ríos y tipos de tramos fluviales de una gran heterogeneidad espacial y dinamismo temporal, marcados por variaciones importantes en la permanencia del agua, las cuales permiten identificar cursos fluviales permanentes, temporales, intermitentes y efímeros. Los ríos son, además, auténticos vertebradores del territorio, y cuna y medio de expansión de las civilizaciones, por lo que desde siempre se han mantenido en estrecho contacto con las actividades humanas y sus impactos.

Los ríos de montaña representan un pequeña fracción de esos ecosistemas –quizá los que mejor se han preservado a lo largo del tiempo–, dada su localización en áreas menos pobladas y accesibles, pero el constante crecimiento de las poblaciones ha tenido como consecuencia que finalmente también se vean afectados por la actividad humana, especialmente en áreas como la Comunidad de Madrid, donde su proximidad a una gran población repercute directamente sobre la integridad ecológica.

Desde el punto de vista geomorfológico, esta Comunidad Autónoma está dividida en dos grandes dominios geológico-estructurales: la sierra de Guadarrama, que ocupa una extensión de 1.745 km^2 (con 325 km^2 por encima de los 2.000 m de altitud), y la depresión o fosa del Tajo, con 6.250 km^2 situados por debajo de 1.000 m de altitud.

La primera es una alineación montañosa perteneciente a la mitad oriental del sistema Central, situada entre las sierras de Gredos y de Ayllón, la cual se extiende en dirección suroeste-noreste a lo largo del límite noroccidental de la provincia de Madrid. Dicha sierra mide aproximadamente 80 km de longitud y su pico más alto es Peñalara, con 2.429 m. Hace de divisoria entre las cuencas de los ríos Duero, al norte (en la Comunidad solo se encuentran unos pequeños arroyos de nacimiento en la zona de Somosierra) y Tajo, al sur, cuenca hidrográfica a la que pertenecen todos los ríos y arroyos madrileños.

En las cumbres y laderas de estas montañas nacen los ríos más importantes de la Comunidad de Madrid, con el añadido de ser además las principales cuencas de abastecimiento, ya que la sierra constituye la principal zona de captación de agua de esta región, por lo que cuenta con un gran número de embalses, pequeñas presas y numerosos azudes y canales de derivación que interrumpen la continuidad de estos ecosistemas (véase el capítulo de *La creación de nuevos ecosistemas acuáticos*). Según la tipología de la instrucción de planificación hidrológica, todos ellos se englobarían en dos categorías: ríos de montaña mediterránea silícea y ríos silíceos en pie de monte. Las tres principales cuencas de la vertiente sur de la sierra de Guadarrama que desembocan directamente en el Tajo son la del río Jarama, que ocupa el sector oriental y central de la Comunidad y engloba a las subcuencas de los ríos Lozoya, Guadalix y Manzanares; la del río Guadarrama, con su afluente el Aulencia, en la parte occidental; y, finalmente, un pequeño tramo del río Alberche (transformado por completo por efecto de la construcción de dos embalses: San Juan y Picadas) en el que recibe a sus afluentes Cofio y Perales.

AMBIENTE ABIÓTICO

Los ríos montanos de la sierra de Guadarrama drenan materiales del complejo ígneo-metamórfico del Sistema Central (rocas silíceas –principalmente gneises–, granitos y granodioritas, así como materiales pizarrosos en el extremo noreste), duros, resistentes a la erosión, de muy bajas solubilidad y permeabilidad. Por lo que, en general, encontramos redes de drenaje poco jerarquizadas y mal estructuradas, con cauces fluviales de órdenes 1-4 en los que claramente dominan, tanto en su longitud como en la superficie de cauce acumulada, los pequeños arroyos de dimensiones muy reducidas y los numerosos regatos y torrentes efímeros situados a elevadas altitudes (órdenes 1 y 2).

En general, se trata de cauces pequeños o medianos con pendientes elevadas, normalmente encajados o muy encajados, estrechos, poco profundos, cuyos lechos están constituidos por rocas de gran tamaño (en algunos tramos con grandes afloramientos de roca madre), cantos rodados, gravas y arenas gruesas, y predominio de los hábitats de rápidos, desde cascadas y rabiones a rápidos a nivel. Su fisonomía dominante responde a la estructura *rápido-poza,* alternando zonas someras con velocidades de corriente elevadas, donde dominan los procesos de erosión y arrastre de sedimentos que van a depositarse en las pozas consecutivas, más profundas, y donde se frena de manera considerable la velocidad de corriente. Por esta razón, el lecho del río en la zona de rápidos presenta una granulometría muy gruesa (cantos y roca madre), únicos elementos que no son arrastrados por la fuerza de la corriente, mientras que la presencia de gravas es temporal (desaparecen durante las crecidas). En las pozas la heterogeneidad del sustrato es mayor, pues la ausencia de elevadas velocidades de arrastre permite la presencia constante de gravas, arenas y limos, elementos de mayor movilidad que se depositan en estas zonas y cubren buena parte del lecho.

Estos cauces presentan, en general, un escaso o nulo desarrollo del medio hiporreico y, por tanto, escaso caudal basal e intensa torrencialidad (Bordallo y Casado, 2012), ya que al ser cauces relativamente impermeables, presentan una rápida respuesta a episodios tormentosos, con rápidas crecidas y descensos bruscos de caudal (Casado *et al.,* 2015), y manifiestan una alta temporalidad, como lo corrobora el hecho de que en algunos estudios (como el de Casado *et al.,* 2011) se cite que el 45 % de los cursos de agua se encontraban secos o únicamente presentaban someras charcas aisladas en el momento del muestreo.

Los ríos montañosos silíceos del Sistema Central están sometidos a un clima mediterráneo templado-húmedo marcadamente continental y tienen un régimen hidrológico de tipo pluvionival muy influenciado por el deshielo, pero con una intensa sequía estival que se extiende hasta bien entrado el otoño (Cubillo *et al.,* 1990), ya que, por la naturaleza poco permeable de sus cuencas, no existen verdaderos acuíferos, sino solo acuitardos de pequeñas dimensiones, incapaces de aportar en la mayoría de los casos suficiente agua como para mantener un caudal fluvial continuo en los momentos más críticos de ausencia de precipitaciones. Por eso, estos arroyos presentan una marcada estacionalidad: muchos de ellos son temporales, y otros efímeros. Entre los primeros, algunos llevan agua durante casi todo el año, y otros tan solo unos pocos meses, hasta la época en la que llegan a secarse por completo, aunque a veces mantengan pozas superficiales aisladas, probablemente conectadas a través del medio hiporreico si la granulometría del lecho lo permite. Los arroyos efímeros solo llevan agua corriente en primavera, durante el deshielo, o en respuesta a las fuertes tormentas puntuales de finales del otoño. Es decir, todos ellos presentan una gran variabilidad en el régimen hidrológico y en la duración del flujo a lo largo del año, aunque la falta de estaciones de aforo no permita cuantificar adecuadamente las fluctuaciones en los regímenes de caudales, tanto intraanuales como interanuales. De todos modos, la información disponible para Madrid se refiere casi exclusivamente a los ríos permanentes, ya que pocos arroyos temporales han sido muestreados en alguna ocasión.

Las aguas que circulan por estos arroyos y ríos son en su mayoría frías, por lo que presentan un elevado porcentaje de oxígeno disuelto, próximo a la saturación (tabla 31.1). Estas condiciones se pueden ver alteradas por la interrupción del flujo de agua en embalses, presillas y azudes, o en tramos y ríos a menor altitud y pendiente, como el Perales, que es un río de pie de monte silíceo con mayor temperatura del agua y corriente menos turbulenta. En otras ocasiones, encontramos infraes-

Tabla 31.1. Características físico-químicas de los ríos montanos estudiados en la sierra de Guadarrama desde 2001.

	Cuenca del Alberche	**Cuenca del Guadarrama**	**Cuenca del Navacerrada**	**Cuenca del Manzanares**	**Cuenca del Mediano**	**Cuenca del Guadalix**	**Cuenca del Lozoya**
N.º de ríos (muestras)	1 (1)	2 (16)	3 (15)	2 (13)	1 (10)	3 (5)	15 (35)
Temperatura del agua (°C)	22,2	4,7 ± 2,4 (3,3 - 11,0)	11,2 ± 6,8 (3,0 - 18,2)	11,1 ± 3,9 (3,0 - 15,7)	11,5 ± 5,2 (3,6 - 16,9)	4,98 ± 1,48 (3,5–6,6)	10,0 ± 8,3 (2,8 - 17,7)
Conductividad eléctrica (µS/cm)	303	126,2 ± 107,8 (25,8 - 330,0)	55,1 ± 57,9 (16,5 - 198,0)	19,7 ± 7,2 (8,9 - 38,0)	34,4 ± 28,2 (13,0 - 106,0)	82,9 ± 35,4 (36–134)	56,9 ± 48,8 (10,0 - 204,0)
Alcalinidad (meq/L)	2,02	0,33 ± 0,10 (0,20 - 0,53)	0,21 ± 0,11 (0,08 - 0,48)	0,14 ± 0,04 (0,07 - 0,20)	0,30 ± 0,30 (0,10 - 1,02)	0,15 ± 0,07 (0,10–0,20)	0,59 ± 0,64 (0,08 - 1,90)
O_2 disuelto (mg/L)	5,2	11,4 ± 1,0 (9,3 - 12,4)	10,0 ± 1,4 (8,0 - 11,8)	9,6 ± 1,4 (8,5 - 12,8)	9,4 ± 2,1 (7,1 - 13,1)	11,1 ±0,94 (9,6–12,0)	10,6 ± 1,9 (8,8 - 12,4)
Saturación de O_2 (%)	64	100,1 ± 6,4 (87,0 - 110,6)	100,7 ± 5,9 (87,4 - 111,4)	100,8 ± 6,8 (91,7 - 114,5)	94,8 ± 10,4 (79,3 - 115,7)	99,7 ±11,1 (82,5–108,5)	108,5 ± 10,3 (89,0 - 128,0)
pH	8,3	6,9 ± 0,2 (6,4 - 7,3)	7,0 ± 0,4 (6,3 - 7,7)	6,8 ± 0,4 (6,2 - 7,5)	6,9 ± 0,3 (6,6 - 7,3)	6,55 ±0,29 (6,32–7,14)	7,1 ± 0,6 (5,9 - 8,3)
Nitrato (µg N/L)	22,6	292,4 ± 130,4 (0,6 - 502,4)	155,7 ± 139,7 (1,2 - 487,4)	15,4 ± 7,8 (1,2 - 25,0)	107,4 ± 50,6 (61,0 - 206,2)	507,9 ± 136,3 (402,6 - 735,7)	105,6 ± 156,0 (3,0 - 481,2)
Nitrito (µg N/L)	3,0	5,8 ± 6,8 (0,9 - 22,6)	25,6 ± 19,4 (0,5 - 51,7)	1,5 ± 0,6 (0,7 - 2,4)	24,5 ± 14,4 (0,9 - 45,2)	7,06 ± 5,81 (1,0 - 13,5)	9,7 ± 16,6 (0,9 - 51,9)
Amonio (µg N/L)	147,8	9,0 ± 4,2 (1,7 - 16,2)	15,5 ± 11,8 (3,2 - 38,9)	30,3 ± 23,3 (7,8 - 73,0)	4,2 ± 3,8 (0,3 - 7,8)	11,7 ± 10,03 (4,6 - 28,7)	23,1 ± 14,9 (4,0 - 47,0)
Fósforo reactivo soluble (µg P/L)	606,9	14,3 ± 15,9 (4,1 - 55,5)	5,9 ± 2,4 (4,1 - 9,4)	4,0 ± 1,8 (2,0 - 7,3)	19,6 ± 17,0 (8,5 - 39,2)	10,8 ± 9,38 (2,5 - 25,8)	16,1 ± 16,9 (3,2 - 65,3)

Promedio ± 1 desviación típica, y rango entre paréntesis. Los datos atípicos se han excluido. Datos de Cañas (2010), Casado *et al.* (2011, 2015), González *et al.* (2013), Mollá *et al.* (2017), Pozo et al. (2011), Rubio-Romero y Granados (2015) y Velilla (2010).

tructuras recreativas, poblaciones o urbanizaciones colindantes al cauce que producen fuertes alteraciones y deterioro de su calidad, lo cual se manifiesta por un cierto déficit de oxígeno (al consumirse por efecto de la descomposición del exceso de materia orgánica) o, a veces, por la sobresaturación ocasionada por eutrofización local (especialmente en algunos tramos de los ríos Guadarrama, Samburiel tras el embalse de Navacerrada y Guadalix).

Como consecuencia de la naturaleza de los sustratos por los que discurren, se trata de aguas de mineralización muy débil con un bajísimo contenido en sales disueltas, como sugieren los pequeños valores de conductividad eléctrica (tabla 31.1). En el nacimiento de la mayoría de arroyos y ríos (órdenes 1 y 2) apenas se alcanzan los 20-25 µS/cm, como sucede en el río Navacerrada, el Manzanares y su arroyo Majadilla, el arroyo Mediano, el nacimiento del río Lozoya y sus afluentes (el Peñalara y los arroyos de Hoyo Cerrado y de Hoyo Claveles), aunque haya otro grupo con valores ligeramente más elevados, como los arroyos Umbría y Angostura (afluentes del Lozoya), el Gargantilla (afluente del Samburiel) y el río Guadarrama o, sobre todo, el río Perales, donde las cifras resultan muy superiores. En todas estas aguas, se observa el clásico aumento de mineralización a lo largo del eje cabecera-desembocadura, por lo que alcanzan una mineralización leve o media a medida que el arroyo o río discurre hacia tramos inferiores (Casado y Montes, 1992), o tras la salida de algunos embalses (Casado *et al.,* 2011), como en el río Samburiel desde el embalse de Navacerrada (120-198 µS/cm), o tras las detracciones de agua, un ejemplo de las cuales se da en el arroyo Mediano tras la captación y canalización de su caudal hacia la balsa de Los Palancares (42–106 µS/cm).

Estas tendencias espaciales también son observables atendiendo a la composición iónica de las aguas. En sus cabeceras, las aguas menos mineralizadas son de tipo bicarbonatado-sódicas, mientras que las de mineralización media, en su nacimiento, son sulfatado-sódicas. En las aguas de mayor mineralización de tramos inferiores (principalmente, los tramos de órdenes 2 y 3) el calcio domina claramente sobre el sodio, y en tramos afectados por actividades humanas también aumentan claramente los cloruros. Así, por ejemplo, en el tramo medio y bajo del río Samburiel, la composición iónica es de tipo clorurado-cálcica, y la del tramo bajo del arroyo Mediano, aunque siga siendo bicarbonatada, presenta un carácter mixto cálcico-sódico (Casado *et al.,* 2011).

También se observan diferencias estacionales en los valores de mineralización entre la fase estival de mínimos caudales (julio a octubre-noviembre), cuando se alcanzan los valores máximos, y la de invierno-primavera, con concentraciones mínimas durante esta temporada de lluvias y deshielo con caudales máximos (diciembre-junio).

Aunque se trata de aguas blandas y poco tamponadas, los valores de pH son ligeramente ácidos o se sitúan próximos a la neutralidad (entre 6,5 y 7,7), a pesar del pobre sistema de amortiguación o reserva alcalina de estas aguas. El río Perales, el arroyo de la Umbría (afluente del Lozoya) y los ríos Aulencia y Guadalix presentan los valores más elevados de pH y alcalinidad (Bordallo y Casado, 2012), debido a afloramientos locales de materiales sedimentarios terciarios, lo que también sucede en el Lozoya en la zona de Pinilla del Valle (Casado, 1986; Casado y Montes, 1992), debido a la presencia de unas pequeñas bandas de calizas cretácicas y margas yesíferas que llegan a ocupar el fondo de la cola del embalse de Pinilla.

Respecto a los nutrientes, son aguas oligotróficas con muy bajas concentraciones de nitrógeno y fósforo (tabla 31.1). Las concentraciones de las tres formas de nitrógeno inorgánico disuelto son siempre bajas, y sus mayores valores corresponden al río Samburiel, tras el embalse de Navacerrada (principalmente nitrato y amonio) y en su arroyo Gargantilla (nitritos), aunque se obtengan cifras relativamente moderadas de amonio en las estaciones del Manzanares sometidas a fuerte presión antrópica producida por la afluencia masiva de visitantes (Casado *et al.,* 2011), y especialmente en el río Perales. Las concentraciones de fósforo reactivo soluble son bastante bajas, excepto en el río Perales, y se detectan los mayores valores en el río Guadarrama, la desembocadura del río Manzanares en el embalse de Santillana, en su arroyo Majadilla y en el arroyo Mediano (Casado *et al.,* 2015).

LA IMPORTANCIA DE LA VEGETACIÓN DE LA CUENCA

El clima de la zona serrana condiciona la fenología de la vegetación de la cuenca y del bosque de ribera, los cuales tienen un papel esencial en el funcionamiento del ecosistema en los arroyos de cabecera, ya que el dosel vegetal filtra y reduce la luz incidente (el efecto de sombreado del cauce dificulta la fotosíntesis) y contribuye con hojarasca y restos vegetales. En consecuencia, los aportes de detritos orgánicos o la contribución del material alóctono resultan superiores a la producción primaria autóctona, y se dice que el río es esencialmente heterotrófico. La fotosíntesis bruta en relación con la respiración de la comunidad es baja, el cociente producción:respiración (P/R) resulta inferior a la unidad. Pero esta es una situación simplificada con numerosos contrastes espaciales (dependiendo principalmente del tipo de vegetación presente y de su grado de desarrollo) y temporales (ya que el efecto de sombra y las entradas de materia orgánica alóctona son estacionales).

Podemos diferenciar distintas áreas fluviales de montaña en función de la vegetación y el sustrato de la cuenca vertiente, así como de la vegetación de ribera. En la sierra de Guadarrama dicha vegetación está constituida característicamente por alisedas hercínicas *(Alnus glutinosa),* saucedas negras continentales *(Salix atrocinerea),* saucedas salvifolias *(S. salvifolia),* abedulares mediterráneos *(Betula pendula, B. alba)* y fresnedas hidrófilas mediterráneas *(Fraxinus angustifolia),* además de saucedas mixtas y fresnedas de vega con melojos *(Quercus pyrenaica)* (Lara *et al.,* 2004). En las zonas de mayor altitud, predominan los pastizales y matorrales de montaña, y el bosque de ribera está ausente. A partir de los 2.000 m y hasta aproximadamente los 1.700 m, la vegetación de la cuenca predominante es el pinar de pino albar o de Valsaín *(Pinus sylvestris).* En muchos de estos tramos fluviales, el bosque de ribera se encuentra poco desarrollado, y el pinar llega hasta el mismo borde del agua, acompañado por zarzas y brezos. Cuando la vegetación de ribera aparece a esta altitud, se encuentra formada por saucedas negras, acidófilas o calcófilas dependiendo del sustrato (Varela Nieto *et al.,* 1996). A cotas inferiores aparece el melojar, acompañado de enebros *(Juniperus communis, J. oxycedrus)* hasta aproximadamente los 1.200 m. A partir de ahí, los encinares adehesados *(Quercus ilex)* o en formaciones boscosas con jaras y enebros *(Cistus ladanifer, J. oxycedrus)* constituyen la vegetación predominante hasta la zona inferior de la rampa (900 m aproximadamente).

La vegetación de las riberas difiere entre las distintas subcuencas. En los ríos Manzanares y Mediano, sus bosques están formados por sauces (principalmente *Salix salvifolia, S. atrocinerea* y *S. purpurea*) con algún pie aislado de fresno *(Fraxinus angustifolia)* o chopo *(Populus nigra)* (Casado *et al.*, 2015), mientras que en el caso de la cuenca del Lozoya, sin embargo, encontramos saucedas salvifolias y abedulares mediterráneos con tejos *(Taxus baccata)* y acebos *(Ilex aquifolium)* en las márgenes de los ríos (Varela-Nieto *et al.*, 1996; Lara *et al.*, 2004).

PRODUCTORES PRIMARIOS Y DESCOMPOSICIÓN

Los recursos energéticos de los ecosistemas fluviales proceden principalmente de dos fuentes: la producción primaria acuática, en los tramos altos, debida básicamente a las comunidades microbianas del fitobentos, y los aportes de detritos orgánicos de la vegetación de ribera, o de la vegetación de la cuenca cuando la primera está ausente o muy empobrecida. La producción primaria suele predominar en los arroyos de bajo orden fluvial situados en las cotas más altas, donde la vegetación arbórea no se desarrolla, y por tanto apenas aporta detritos al río, ni obstaculiza el paso de la luz hasta el lecho fluvial. En estas zonas, la comunidad de productores primarios está integrada por algunos briófitos y, fundamentalmente, por una comunidad compleja denominada *biofilm* (a veces, *perifiton*). Este es un importante complejo energético integrado por productores primarios (cianobacterias y algas microscópicas, principalmente diatomeas y clorofíceas), consumidores (básicamente protozoos, pequeños metazoos y meiofauna) y descomponedores (hongos y bacterias), integrados en una matriz orgánica rica en polisacáridos que coloniza el lecho pedregoso del cauce. La comunidad tiene gran importancia para la producción primaria de los ecosistemas montanos ya que, aunque su productividad no es muy alta, realiza la fotosíntesis durante todo el año, a diferencia de lo que ocurre con otros productores primarios (Allan y Castillo, 2008). En el arroyo Mediano se comprobó que la fotosíntesis de estas comunidades (figura 31.1), aunque disminuía en la época menos favorable (entre noviembre y marzo), seguía representando una contribución energética relevante para el ecosistema fluvial, ya que en invierno la respiración también se veía reducida, por lo cual la fotosíntesis neta alcazaba valores solo ligeramente inferiores a los de primavera o verano (Mollá *et al.*, 2000). Este predominio de la producción primaria en algunos arroyos de cabecera de la sierra de Guadarrama constituye una desviación del modelo del *River Continuum concept* (RCC), en el que se predicen valores de productividad bajos, o menores respecto a órdenes fluviales crecientes, con predominio de entrada de energía alóctona al sistema en arroyos de primer orden (Vannote *et al.*, 1980).

La producción primaria también tiene cierta importancia en la parte más baja de los ríos montanos, especialmente si el bosque de ribera se encuentra alterado. En esos tramos la pendiente es más suave, y la velocidad de la corriente también, lo que

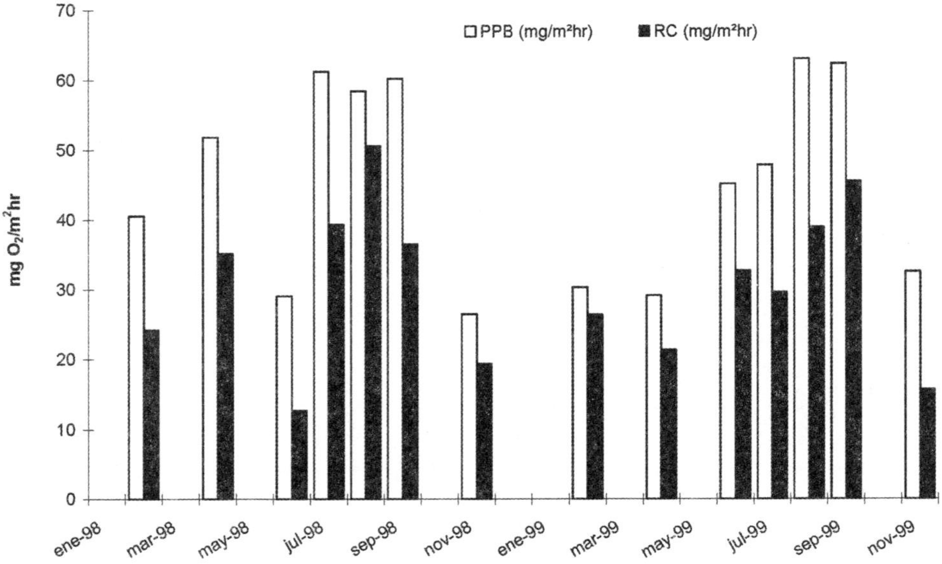

Figura 31.1. Variación estacional de Productividad Primaria Bruta y Respiración de la comunidad del *biofilm* epilítico en el arroyo Mediano.

permite que, además del *biofilm*, se establezcan macrófitos acuáticos, como *Ranunculus*, en las zonas de corriente más lenta, que también contribuyen a la producción primaria en el cauce. Sin embargo, esta contribución, aunque importante cuando se produce, se encuentra restringida a la estación de crecimiento de estos organismos (Allan y Castillo, 2008).

El otro aporte de recursos energéticos para las comunidades fluviales procede del ecosistema terrestre circundante. La vegetación de las cuencas serranas, como ya se ha explicado, está constituida principalmente por pinares de *Pinus sylvestris* y bosques mixtos de roble melojo *(Quercus pyrenaica)*, con especies por tanto perennifolias y marcescentes, con lo cual los aportes de detritos por esta vía van a ser escasos y muy repartidos a lo largo de todo el año, a lo que se añade una contribución complementaria en primavera como consecuencia de la floración y fructificación de la flora. En los bosques de ribera predominan las especies caducifolias, lo cual significa que la principal aportación de detritos orgánicos, en forma de hojarasca, se producirá en otoño y principios del invierno. Esto da lugar a un patrón característico de aportes de materia orgánica a los cauces (figura 31.2), pues se produce una entrada importante de hojarasca de roble melojo *(Q. pyrenaica)* y sauces (*Salix* spp.) durante los meses de otoño hasta entrado el invierno, periodo en el que dichos aportes son prácticamente nulos. Sin embargo, a partir del inicio de la primavera se produce una continua y creciente entrada de detritos, fundamentalmente flores de las diferentes especies que integran la vegetación de las márgenes, que se estabiliza durante el verano (no disminuye) hasta la caída de hojarasca otoñal del siguiente ciclo.

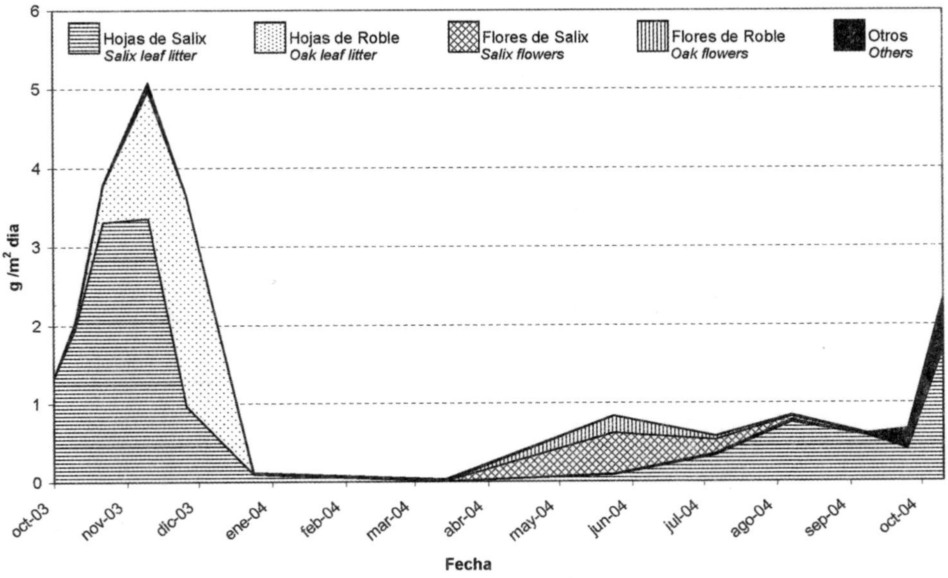

Figura 31.2. Variación estacional de los aportes de materia orgánica al arroyo Mediano desde los ecosistemas terrestres expresado en gramos de peso seco libre de cenizas por metro cuadrado y día (g PSLC/m^2/día), excluyendo los restos leñosos.

Esos materiales los utilizan las comunidades bentónicas como fuente de energía complementaria a la de la fotosíntesis. La velocidad a la que se incorpora esta energía de los detritos se puede evaluar mediante la tasa de descomposición de estos, y proporciona una medida del tiempo que tarda este material en desaparecer del lecho fluvial como consecuencia de la actividad biológica. Este es un proceso complejo en el que intervienen diferentes grupos de organismos como hongos, bacterias y macroinvertebrados, y que tiene como resultado final la transformación de la materia orgánica particulada gruesa (MPOG) en materia orgánica particulada fina (MOPF) y biomasa.

Las tasas de descomposición de los detritos durante el periodo de mayores aportes de hojarasca al cauce son muy altas (Casado *et al.,* 2015), lo que sugiere que la energía contenida en los detritos se incorpora con rapidez a las redes tróficas, a pesar de las bajas temperaturas del agua en los meses de diciembre y enero. Este proceso de descomposición parece ser aún más rápido en los tramos fluviales que discurren por bosques mixtos de melojo (Casas *et al.,* 2013), como los ríos estudiados en la cuenca del Guadalix, que en los que fluyen a través de pinares (tabla 31.2), lo que se ha relacionado con una mayor densidad de desmenuzadores en el bentos de estos tramos fluviales (Herrero, 2014).

Durante el proceso de descomposición, los detritos orgánicos de tamaño grueso (mayores de 1 mm), por la actividad física y fundamentalmente biológica, se van transformando en materia orgánica particulada de menor tamaño, de forma que la proporción de detritos gruesos (MOPG) y finos (MOPF) muestra una clara secuencia estacional (figura 31.3, Mollá *et al.,* 2006).

Tabla 31.2. Tasas de descomposición de hojarasca, exponencial (k) y lineal (b), de las hojas de aliso expresadas por tiempo (días) y calor acumulado (grados día).

	Cuenca del Guadarrama	Cuenca del Navacerrada	Cuenca del Manzanares	Cuenca del Mediano	Cuenca del Guadalix	Cuenca del Lozoya
Orden fluvial	1	1	2	2	1	1
N.º de muestreos	3	1	1	1	4	2
Tasa de descomposición lineal						
b′ (%PSLC/día)	1,591 ± 0,350	1,545 ± 0,282	1,410 ±	1,310	1,880 ± 0,616	1,515 ± 0,191
b (%PSLC/°C d^{-1})	0,423 ± 0,114	0,460 ± 0,060	0,496 ±	0,302	0,495 ± 0,244	0,568 ± 0,101
Tasa de descomposición exponencial						
k′ (d^{-1})	0,125 ± 0,249	0,033 ± 0,015	0,035 ±	0,029	0,043 ± 0,032	0,042 ± 0,016
k (°C $d)^{-1}$	0,011 ± 0,006	0,010 ± 0,004	0,013 ±	0,007	0,012 ± 0,011	0,016 ± 0,007

Promedio ± 1 desviación típica. PSLC: Peso seco libre de cenizas. La cuenca del Alberche no se ha incluido por ausencia de datos.

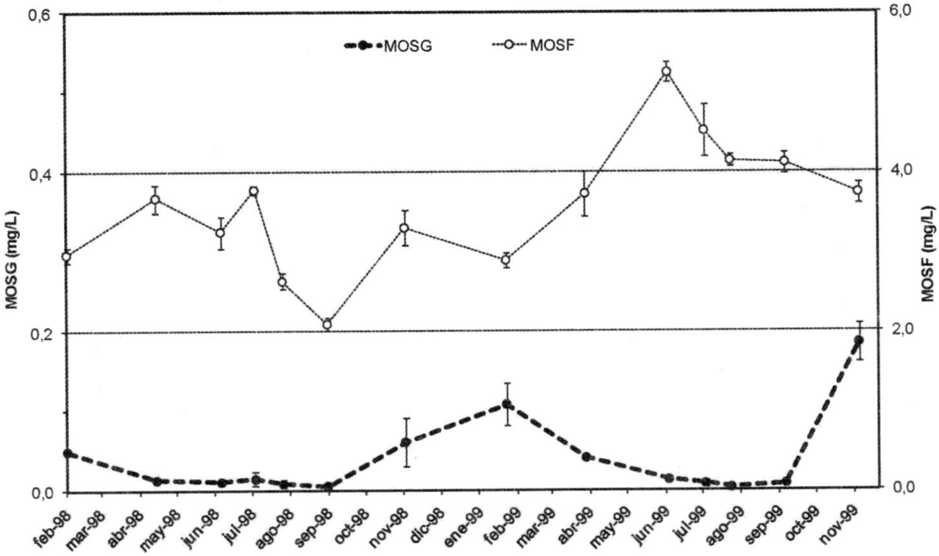

Figura 31.3. Variación estacional de la materia orgánica sestónica gruesa (MOSG ± SE) y fina (MOSF ± SE), expresada en miligramos de peso seco libre de cenizas por litro de agua (mg/L). Las líneas discontinuas entre los puntos muestran la tendencia temporal.

La proporción de detritos gruesos (MOPG), finos (MOPF), ultrafinos (MOPUF) y disueltos (MOD) transportados en el seston también muestra una clara variación espacial. La MOPG presenta una tendencia general de disminución con el orden fluvial, más abundante en los órdenes 1 y 2, y disminuye notablemente en órdenes fluviales superiores. Es posible encontrar desviaciones puntuales a esta pauta, debido a la presencia de presillas y azudes donde queda retenida la MOPG, o a peculiaridades fisionómicas propias asociadas fundamentalmente al tipo de valle. Por ejemplo, en el nacimiento del río Manzanares, los tramos de orden 1 localizados en un valle ancho y tendido reciben menos MOPG que los de orden 2, situados en un valle encajado, donde la materia orgánica entra casi directamente al sistema sin apenas ser procesada en el medio circundante (Monzón *et al.,* 1991). Asimismo, la fracción más fina (MOPUF < 50 µm) presenta un aumento hacia la desembocadura del río Manzanares en el embalse de Santillana. Las características locales condicionan también la distribución longitudinal de la materia orgánica bentónica (MOB), que sigue un patrón similar al de la materia orgánica particulada en suspensión (MOS), disminuyendo la fracción gruesa a lo largo del eje cabecera-desembocadura. La presencia de embalses y represas, por otro lado, provoca disminución en las cantidades de MOS y MOB en todas sus fracciones, y actúa a modo de pequeños sumideros (Monzón *et al.,* 1991).

Estos detritos van a constituir una importante fuente de alimento de los macroinvertebrados bentónicos que sustentan las redes tróficas. El tamaño, calidad y cantidad de los detritos, junto con la producción primaria, determinarán la biomasa y composición de las comunidades del macrobentos, tanto desde la perspectiva taxonómica como desde la funcional.

PRODUCTORES SECUNDARIOS

Invertebrados

Son muy pocos los estudios sobre producción secundaria que se han realizado en los ríos montanos de la sierra de Guadarrama (Gutiérrez Teira, 2003; Pérez Siles, 2004), centrados en tan solo unas pocas especies *(Epeorus torrentium, Leuctra maraccana, Hydropsyche ambigua, H. siltalai, y H. incognita)*, y algunos ríos (río Navacerrada-Samburiel, río Manzanares y arroyo Mediano), lo cual no permite extraer conclusiones de carácter general. Sin embargo, los resultados obtenidos muestran que la producción secundaria de las especies estudiadas es similar a la de otros ríos de la zona templada donde se encuentran estas mismas o especies similares (Pérez-Siles, 2004). Sí se han observado adaptaciones de dichas poblaciones a la temperatura, tanto en su ciclo reproductivo como en el crecimiento y maduración de las ninfas (Gutiérrez Teira, 2003; Pérez Siles, 2004).

De acuerdo con el modelo funcional del río como un continuo (*RCC;* Vannote *et al.,* 1980), la distribución de los macroinvertebrados acuáticos a lo largo del perfil longitudinal de los ríos reflejará los cambios en la cantidad y tipos de alimento disponible, lo cual varía con el orden fluvial. Los desmenuzadores detritívoros se alimentan de MOPG, de la microflora asociada que se encuentra en el sustrato y, ocasionalmente, de restos de macrófitos. Los raspadores lo hacen del perifiton. Los recolectores detrítivoros toman MOPF principalmente bentónica; la mayoría son generalistas y omnívoros selectivos, que se alimentan proporcionalmente a la cantidad de alimentos disponibles dentro de ciertas preferencias relacionadas con la especialización de sus estructuras de captura, y pueden cambiar a lo largo del año con el estado de desarrollo de los organismos. Los filtradores son un tipo especial de recolectores que, mediante el filtrado de la columna de agua, retienen MOPF y MOPUF. Los depredadores se alimentan de otros organismos. Todas estas comunidades se estructuran a lo largo del gradiente, de tal forma que las comunidades de los tramos inferiores capitalizan la ineficiencia del procesado de materia orgánica de los tramos superiores.

Desde la perspectiva de la composición funcional de estas comunidades y de sus abundancias relativas (tabla 31.3), los raspadores son el grupo trófico dominante en casi todas las estaciones de cabecera, especialmente en los ríos Manzanares, que nace en una zona de pastizales de alta montaña, y Navacerrada, donde la vegetación natural de la cuenca fue sustituida por repoblaciones de *Pinus sylvestris.* Esta situación contradice las predicciones del modelo funcional *RCC,* definidas para los tramos fluviales de cabecera, en los que los aportes de detritos desde la vegetación de ribera controlan la dinámica de los nutrientes (entradas alóctonas) y el efecto del sombreado limita la producción primaria. Sin embargo, resulta relativamente frecuente que los ríos mediterráneos de montaña no se comporten como prevé esa teoría, ya que nacen en cumbres sin vegetación arbórea donde hay una intensa insolación sobre el cauce fluvial. El predominio del grupo trófico raspador pone de manifiesto la importancia de los productores primarios como base trófica de las comunidades fluviales en esos tramos. En casos como el del río Manzanares, donde los raspadores predo-

Tabla 31.3. Abundancia relativa (%) de los grupos tróficos funcionales de macroinvertebrados bentónicos en los ríos de la sierra de Guadarrama desde 2001.

	Cuenca del Guadarrama	**Cuenca del Navacerrada**	**Cuenca del Manzanares**	**Cuenca del Mediano**	**Cuenca del Guadalix**	**Cuenca del Lozoya**
N.º de ríos (muestras)	2 (6)	3 (11)	2 (11)	1 (6)	3 (3)	12 (15)
Depredadores	10,2 ± 7,4 (3,8 - 20,5)	9,6 ± 7,6 (1,9 - 25,5)	15,8 ± 7,4 (7,0 - 32,0)	14,0 ± 9,8 (6,2 - 34,0)	7,4 ± 8,0 (2,1 - 16,6)	8,5 ± 3,9 (2,0 - 16,0)
Desmenuzadores	30,3 ± 13,6 (13,9 - 45,0)	17,1 ± 17,3 (0,0 - 55,6)	10,4 ± 8,7 (1,2 - 29,8)	22,2 ± 10,8 (11,7 - 44,8)	24,7 ± 13,7 (11,6 - 39,0)	29,0 ± 17,3 (4,0 - 59,0)
Filtradores	3,5 ± 3,1 (0,5 - 8,8)	12,1 ± 10,9 (0,0 - 35,2)	8,9 ± 8,3 (0,0 - 26,8)	3,2 ± 6,4 (0,0 - 17,0)	1,7 ± 1,4 (0,2 - 2,9)	17,2 ± 7,9 (1,0 - 28,0)
Recolectores	28,3 ± 19,0 (3,0 - 53,9)	18,6 ± 16,7 (1,9 - 57,8)	15,7 ± 11,6 (2,7 - 36,5)	22,7 ± 20,8 (1,9 - 63,1)	42,9 ± 8,4 (37,3 - 52,6)	17,0 ± 6,4 (9,0 - 30,0)
Raspadores	14,2 ± 9,3 (2,0 - 26,7)	37,3 ± 26,5 (3,0 - 67,2)	26,6 ± 25,0 (0,5 - 58,3)	31,6 ± 28,6 (6,4 - 78,9)	23,2 ± 9,2 (15,6 - 33,5)	16,9 ± 7,5 (4,0 - 29,5)
Recolectores-raspadores*	13,5 ± 20,1 (6,9 - 53,0)	5,2 ± 8,9 (0 - 21,0)	22,6 ± 25,7 (0,0 - 54,5)	6,2 ± 11,0 (0,0 - 27,0)	0,0 ± 0,0 (0,0 - 0,0)	16,4 ± 5,6 (4,5 - 29,0)

Promedio ± 1 desviación típica, y rango entre paréntesis.

* Recolectores-raspadores: grupos de organismos que presentan especies que pertenecen al grupo de los recolectores o al de los raspadores. Sin la determinación a nivel de especie no es posible asignarles a un grupo trófico. La cuenca del Alberche no se ha incluido por ausencia de datos.

minan en todos los tramos hasta su desembocadura en el embalse de Santillana (Losada, 2004), las temperaturas extremas, el encajonamiento del cauce y la dureza del sustrato explican la casi inexistencia de un bosque de ribera, que se ve reducido a manchas aisladas de vegetación, lo cual disminuye las entradas de detritos desde el ecosistema terrestre y permite un mayor desarrollo de los productores primarios acuáticos.

Sin embargo, en algunos pequeños arroyos, como el río Peñalara y el arroyo de Pepe Hernando (afluentes del río Lozoya), que nacen en amplias planicies colmatadas por materiales que han dado lugar a suelos hidromorfos sobre los que se desarrollan cervunales y en los que los arroyos forman cauces anastosomados con pendientes mínimas, los recolectores son, lógicamente, el grupo trófico dominante (Hidalgo y García-Avilés, 1998), debido a las elevadas cantidades de materia orgánica fina bentónica.

Salvo excepciones, el siguiente grupo trófico en importancia relativa son los desmenuzadores, que predominan en tramos donde sí existe vegetación en los márgenes fluviales, bien porque se haya desarrollado un bosque de ribera, bien porque la vegetación de la cuenca llegue hasta el mismo cauce fluvial. En estos casos, la existencia de aportes de hojarasca y otros detritos da cuenta del aumento de la importancia relativa de los desmenuzadores respecto a otros grupos tróficos como raspadores o recolectores. El grupo de los desmenuzadores es especialmente relevante en el río Guadarrama, arroyos y ríos del Lozoya y arroyuelos de cabecera del río Guadalix.

En los tramos más bajos y, a menudo, más deteriorados, suele aumentar la proporción de recolectores, junto con la de raspadores, resultado de riberas mal conservadas y aportes de nutrientes debidos a instalaciones ganaderas o poblaciones. Es el caso del río Lozoya en el tramo de Alameda del Valle hasta la cola del embalse de Pinilla, donde el río discurre por un valle tendido y sin vegetación de ribera con orillas aluviales convertidas en prados húmedos (Casado, 1986).

Los depredadores, en general, suelen mantenerse en un rango entre el 5 y 15 % de los invertebrados bentónicos ya que, al alimentarse de otros organismos, su proporción relativa no depende de los recursos basales de las redes tróficas, sino de la densidad de sus presas.

En términos de densidad (individuos/m^2) y biomasa (mg/m^2) de las poblaciones de macroinvertebrados, el principal grupo funcional es el de los recolectores-filtradores, como respuesta al recurso mayoritario MOPF y MOD, y aumenta su importancia hacia los tramos inferiores de orden 2 y 3 (Monzón, 1986), o aguas abajo de embalses (como el de Pinilla en el Lozoya; Casado, 1986; Martín Zazo, 1997), e incluso tras la retención del agua en las represas y pequeños embalses, lo que permite el aclarado del agua por decantación de las fracciones más grandes de la materia particulada. Los raspadores siguen siendo más abundantes en los tramos de orden 1.

También se observan diferencias de funcionamiento entre tramos fluviales con mayor o menor permanencia del agua. Por ejemplo, el arroyo Mediano en un tramo de orden 2, de carácter temporal, presenta mayores concentraciones de materia orgánica particulada fina y ultrafina que el permanente río Manzanares, y posee una mayor producción primaria bruta y diversificación de microhábitats, lo que permite un ajuste mejor entre los grupos funcionales, con una proporción importante de depredadores (Monzón *et al.,* 1991). Sin embargo, apenas existe información sobre el funcionamiento de los ríos temporales de la sierra, donde los procesos de descomposición de la hojarasca pueden ralentizarse (e incluso detenerse en el periodo seco), con el consiguiente aumento de la capacidad de retención fluvial y la variación delas proporciones entre las distintas fracciones de materia orgánica y su valor nutritivo, a lo que responderán los distintos grupos tróficos mediante cambios en su presencia, densidad o biomasa. Todo esto puede dar una idea de las complejas relaciones funcionales que se establecen en las comunidades y sus efectos sobre la dinámica funcional y las propiedades del sistema en su totalidad.

Aunque en general se observe un patrón claro de evolución espacial, las desviaciones en cuanto a la presencia y variación cuantitativa de los distintos grupos tróficos funcionales se deben fundamentalmente a características locales de los segmentos fluviales (los cuales sacan a la luz procesos particulares que están ocurriendo localmente en el sistema fluvial) o a escenarios ambientales que suponen realmente un mosaico de condiciones. Cada río se comporta como una unidad individual a partir de la cual pueden hallarse semejanzas o disimilitudes geográficas con otros.

Las relaciones cuantitativas entre los distintos grupos tróficos y las diferentes fuentes alimenticias se pueden explorar mediante las correlaciones entre las distintas fracciones de materia orgánica transportada por la corriente o retenida en el lecho fluvial y la densidad y biomasa de los grupos funcionales. Así, en el estudio realizado por Monzón *et al.* (1991) en los ríos Manzanares y Mediano en la época invernal con estabilidad de caudales, los desmenuzadores mostraron correlaciones significativas, en términos de densidad y biomasa, con los niveles de MOPG del seston. Los recolectores no mostraron relaciones significativas con la MOPF y MOPUF sestónicas. Los filtradores mostraron altas correlaciones con la MOD (importante en invierno), tanto en densidad como en biomasa. Los raspadores mostraron correlaciones significativas tanto con el cociente P/R como con la producción primaria bruta (PPB) cuando la relación se establecía en términos de biomasa, pero no cuando lo hacía en términos de densidad. Y, finalmente, los depredadores no mostraron correlación con las presas, lo cual se interpretó como un momento de desequilibrio dinámico entre ambos grupos de organismos.

Al intentar relacionar las distintas fracciones de materia orgánica bentónica con la densidad y biomasa de los respectivos grupos tróficos, los valores no resultaron significativos en ningún caso (Monzón *et al.,* 1991). Este hecho pudo ser debido a las bajas cantidades de materia orgánica encontradas en el lecho fluvial en invierno, con mínimas entradas de materia orgánica y lavado del lecho fluvial tras el aumento de caudal de otoño, lo cual disminuye los mecanismos de retención y aumenta la exportación de los materiales hacia tramos inferiores. También sugiere que la calidad de cada una de las fracciones particuladas bentónicas podría ser una variable predictiva más adecuada que la cantidad de las mismas, y que estas fracciones están compuestas por partículas orgánicas de muy distinta naturaleza que difieren ampliamente en sus valores nutricionales, por lo que relativamente grandes diferencias en cantidad solo reflejan pequeñas diferencias en el verdadero valor nutritivo. Esto hace necesario estimar el valor nutritivo de esas fracciones, mediante el análisis deparámetros cualitativos tales como la clorofila *a* por unidad de peso de MOPG, MOPF y MOPUF, así como la proporción de colonias vivas de bacterias, diatomeas y microalgas agregadas a este tipo de fracciones orgánicas.

También sería necesario realizar un seguimiento del ciclo anual para observar la variabilidad estacional de las proporciones relativas de esos grupos funcionales, en función de la naturaleza y origen de los aportes de nutrientes y del predominio de unos recursos tróficos u otros. En los escasos ríos donde se ha estudiado, como el Lozoya (Casado, 1986; Martín Zazo, 1997), el Manzanares (Monzón, 1986; Losada, 2004) y el arroyo Mediano (Miguel, 2006), la estructura funcional de la comunidad de macroinvertebrados bentónicos presenta variaciones notables a lo largo del año.

Los raspadores, grupo trófico mayoritario que evidencia la importancia de la producción primaria, alcanzan su máxima dominancia (reflejada en la superioridad de raspadores frente a desmenuzadores o recolectores) en el mes de abril (coincidiendo con el inicio de la primavera, época de máximos de producción primaria perifítica), pero quedan relegados a un segundo plano durante los meses otoñales, cuando dominan recolectores y raspadores (Miguel, 2006). Al inicio del otoño, se produce un aumento notable de las entradas de hojarasca y materia orgánica (tanto aportes desde la vegetación de ribera como por escorrentía después de las primeras lluvias), cuya consecuencia inmediata es el incremento de la presencia de desmenuzadores. Esto generará más adelante (ya con el paso del invierno) un aumento de los organismos recolectores, que dependen en gran medida de la actividad previa de los desmenuzadores al fragmentar la MOPG en fracciones de menor tamaño (MOPF y MOPUF).

Los depredadores experimentan un incremento relativo en verano, llegando a ser el grupo más abundante en el mes de julio (Miguel, 2006). Durante esos meses, las comunidades se encuentran en una fase de crecimiento poblacional (se alcanzan las máximas densidades en los meses de agosto y septiembre), y se reduce a su vez la superficie de hábitat disponible por efecto del estiaje, lo cual facilita la depredación entre las poblaciones bentónicas al concentrarse las presas en un espacio más reducido.

Si el aporte de MOPF es continuo y mayoritario en suspensión, tal y como sucede en condiciones de perturbación, entonces la fuente nutricional básica favorecerá a los filtradores. Si, por el contrario, el sistema se encuentra en condiciones naturales, los aportes de MPOF seguirán un curso ajustado a las pautas marcadas por el ciclo hidrológico, y la MOPF adoptará una forma bentónica (deposicional) durante la mayor parte del año y en ese caso obrará a favor de la mayor abundancia de recolectores.

Tal y como ya se ha mencionado, la producción primaria en los tramos de cabecera es superior a la prevista para ríos de estas características, en los que usualmente los desmenuzadores son el grupo trófico dominante, lo que pone de relieve la dependencia de los aportes alóctonos como base trófica. Sin embargo, la vegetación de ribera aparece como un *complemento* en el aporte de nutrientes al río, excepto en los meses otoñales cuando la hojas, a su caída, ofrecen un excelente sustrato-base para el aprovechamiento de los desmenuzadores y, posteriormente, para los recolectores, que son mayoritarios con la excepción de estos meses otoñales. La escasez de filtradores a lo largo del año indica un ecosistema con excelentes condiciones de conservación, ausencia de perturbaciones directas (vertidos o contaminantes) o indirectas (por escorrentía de suelos erosionados o muy modificados en su uso). De modo que la mayor parte de la MOPF se encuentra en forma deposicional. Esto sugiere, además, la importancia del ciclo hidrológico como factor determinante de la dinámica funcional del sistema fluvial.

Desde el punto de vista faunístico, los macroinvertebrados son un grupo muy heterogéneo de organismos, entre los que predominan principalmente los insectos. Es difícil sintetizar la información existente para los ríos de la sierra de Madrid, ya que –a pesar de la gran cantidad encontrada en las comunidades de macroinvertebrados acuáticos– existe un nivel desigual de información, tanto por el número de ríos prospectados como por las taxocenosis concretas conocidas. Principalmente, el nivel de determinación taxonómica es un aspecto limitador del conocimiento, ya que en la mayor parte de la literatura se clasifican hasta el nivel de Familia, que es el exigido para poder aplicar los índices bióticos de calidad tan en boga en las dos últimas décadas, y salvo alguna excepción, hay muy pocos estudios (por ejemplo, el de Monzón *et al.,* 1991) que aborden específicamente los aspectos faunísticos de esta comunidad.

En general, se trata de una fauna muy rica y variada, con un elevado número de especies de gran valor ambiental y un notable porcentaje de especies endémicas de distribución muy restringida o particularmente notables (Casado, 1986). En concreto, la fauna reófila del río Lozoya está compuesta por una gran variedad de especies de diversos orígenes, con elementos hespéricos, lusitánicos, centro-sud-europeos y holoeuropeos que coexisten perfectamente (Casado *et al.,* 1990), lo que la dota de una elevada riqueza específica.

Para realizar una primera aproximación a la composición y estructura de las comunidades de macroinvertebrados bentónicos de los ríos de la sierra de Guadarrama, se han calculado la riqueza, la abundancia relativa y la diversidad de las mismas, agrupando los taxones por Familias, dado que, a efectos comparativos, este nivel taxonómico también se puede emplear para definir los grupos funcionales dentro de la biocenosis de macroinvertebrados acuáticos, aunque con algo menos de rigor que si se trabajase a nivel de género o de especie.

En la tabla 31.4 se sintetizan las abundancias relativas de los cinco órdenes de insectos mejor representados en las comunidades bentónicas de macroinvertebrados de las principales redes fluviales del territorio madrileño. Los dípteros son el grupo que alcanza, en promedio, las mayores abundancias en prácticamente todas las redes fluviales, lo cual no es de extrañar, ya que principalmente pertenecen a la familia de los Chironomidae (mayoritariamente *Orthocladiinae, Tanypodinae* y *Chironomini*), que son individuos de pequeña talla pero muy abundantes, especialmente en las zonas de remansos y pozas y en los tramos inferiores. Así, los dípteros son el grupo dominante en la mayoría de los ríos, seguidos de efemerópteros, plecópteros y tricópteros, habitualmente más abundantes en las zonas de rápidos o, durante la época estival con la disminución del hábitat, refugiados y concentrados en las pozas. Aunque de menor relevancia, también son importantes los coleópteros, oligoquetos, hirudíneos,

Tabla 31.4. Abundancia relativa (%) de los principales taxones de macroinvertebrados bentónicos en los ríos de la sierra de Guadarrama desde 2001 (porcentaje promedio ± desviación típica, y rango entre paréntesis).

	Cuenca del Guadarrama	**Cuenca del Navacerrada**	**Cuenca del Manzanares**	**Cuenca del Mediano**	**Cuenca del Guadalix**	**Cuenca del Lozoya**
Número de ríos (muestras)	2 (5)	3 (10)	2 (11)	1 (6)	3 (3)	12 (15)
Coleoptera	11,1 ± 7,9 (1,5 - 21,0)	4,6 ± 4,2 (0,3 - 13,0)	5,1 ± 7,0 (0,0 - 20,3)	9,5 ± 11,8 (0,8 - 32,7)	6,2± 7,5 (1,4 -14,9)	9,2 ± 4,9 (1,0 - 18,8)
Diptera	31,4 ± 21,1 (12,0 - 56,0)	29,7 ± 9,0 (11,0 - 41,5)	37,8 ± 20,6 (15,6 - 74,0)	40,1 ± 20,9 (7,7 - 70,5)	49,4 ± 27,9 (20,8 - 76,6)	26,3 ± 12,7 (11,0 - 65,0)
Ephemeroptera	20,8 ± 14,1 (4,0 - 42,6)	46,4 ± 14,3 (25,0 - 66,7)	38,1 ± 15,0 (14,0 - 54,0)	31,6 ± 16,4 (19,2 - 62,1)	20,6 ± 12,6 (6,6 - 31,0)	23,7 ± 11,7 (7,0 - 40,5)
Plecoptera	19,1 ± 14,1 (0,6 - 33,5)	6,5 ± 10,0 (0,0 - 23,8)	6,4 ± 5,4 (1,0 - 18)	9,2 ± 5,8 (2,1 - 17,6)	10,1 ± 6,7 (2,9 - 16,2)	20,5 ± 12,9 (5,0 - 51,0)
Trichoptera	14,7 ± 7,2 (5,0 - 24,2)	5,3 ± 8,1 (0,1 - 19,8)	5,3 ± 4,9 (0,5 - 16,5)	5,6 ± 5,9 (0,4 - 14,0)	11,9 ± 3,0 (10,0 - 15,4)	19,2 ± 9,0 (2,5 - 41,0)
Otros taxones	3,0 ± 4,1 (0,0 - 9,9)	7,5 ± 8,8 (0,30 - 22,5)	7,4 ± 6,6 (0,8 - 17,4)	4,1 ± 1,7 (1,7 - 6,7)	1,8 ± 0,4 (1,4 - 2,2)	1,0 ± 1,9 (0,0 - 7,5)

La cuenca del Alberche no se ha incluido por ausencia de datos.

moluscos y odonatos. Otros órdenes de insectos y grupos taxonómicos resultan prácticamente testimoniales.

Aunque el reparto de las abundancias entre los grupos dominantes varía notablemente entre las distintas cuencas fluviales, es más equilibrado en los arroyos y ríos de las cuencas del Lozoya y el Guadarrama, y en general en los tramos mejor conservados, donde la abundancia de dípteros disminuye respecto a la de los restantes grupos mayoritarios. También varía estacionalmente la importancia de cada uno de los grupos taxonómicos presentes en la comunidad, lo que reflejalas variaciones en los regímenes hidrológicos y la temporalidad del caudal, y la adaptación de los ciclos vitales de estos organismos a las peculiaridades de cada curso de agua.

Sin embargo, al hablar de riqueza taxonómica las proporciones de estos grupos varían sustancialmente (tabla 31.5). Los tricópteros, junto con los dípteros, son los que aportan una mayor variedad (al nivel de Familia). También adquieren una mayor relevancia los efemerópteros, coleópteros y plecópteros. En cuanto a sus rasgos biológicos, son mayoritariamente organismos de tamaño mediano a pequeño (más frecuentes entre los 5-10 mm), con ciclos vitales de corta duración, y poblaciones mayoritariamente univoltinas (en especial, los taxones de efemerópteros, tricópteros y dípteros). En cambio, muchos de los plecópteros y coleópteros requieren más de un año para completar su ciclo vital (Miguel, 2006).

Con respecto a los métodos de dispersión, el aérea activa y la deriva son los factores determinantes del desplazamiento de estos organismos, donde los fenómenos de arrastre por elevadas velocidades de corriente han de verse compensados por mecanismos de *remonte* para colonizar los tramos superiores. Los efemerópteros y los tricópteros son los que presentan esta estrategia en su fase adulta con mayor frecuencia, mientras que los plecópteros pueden dispersarse activamente dentro del agua en su fase larvaria, dada su capacidad andadora (Miguel, 2006).

Puede observarse una amplia representación de taxones con muy diversos requerimientos ecológicos, la gran mayoría tolerantes a velocidades de corriente moderadas e incluso rápidas y con distribuciones preferentes en sistemas fluviales de cabecera con aguas frías (temperaturas <15 °C), donde prolifera un número elevado de organismos estenotermos. La mayoría son característicos de aguas oligotróficas o mesotróficas, propias de cuencas de materiales duros, poco solubles y bien conservadas (para más detalles, consúltese Miguel, 2006). Esta variedad taxonómica de rasgos biológicos y ecológicos da idea de una elevada heterogeneidad espacial en estos pequeños cauces de montaña, en los que la unidad geomorfológica básica de rápido-poza es capaz de albergar una amplia diversidad de poblaciones de macroinvertebrados.

Los descriptores de la estructura de la comunidad como riqueza, abundancia o densidad (individuos por m^2), e incluso biomasa poblacional (mg de peso seco por m^2), de las distintas especies mayoritarias y la global de la comunidad, junto con la diversidad biológica (índice de Shannon-Wiener), manifiestan un patrón estacional a lo largo del ciclo hidrológico en el que se puede reconocer una serie de fases o períodos claramente diferenciados, caracterizados por dos tipos contrapuestos de comunidades, las de verano y las de invierno, y dos fases de transición, primavera y otoño (Casado, 1986; Martín Zazo, 1997; Miguel, 2006). Así, en los meses estivales,

Tabla 31.5. Número de taxones, diversidad y porcentaje medio ± 1 desviación típica del número de familias representadas en los principales órdenes de macroinvertebrados bentónicos en los ríos de la sierra de Guadarrama.

	Cuenca del Guadarrama	**Cuenca del Navacerrada**	**Cuenca del Manzanares**	**Cuenca del Mediano**	**Cuenca del Guadalix**	**Cuenca del Lozoya**
N.º de muestras	2 (5)	3 (10)	2 (11)	1 (6)	3 (3)	12 (15)
Diversidad de Shannon-Wiener	2,3 ± 0,3 (1,6-2,6)	2,3 ± 0,3 (1,7 - 2,9)	2,6 ± 0,6 (1,7 - 3,3)	2,6 ± 0,3 (2,2 - 3,0)	2,2±0,5 (1,7-2,7)	2,5 ± 0,3 (1,5 - 2,8)
Número de familias	30,2 ± 4,4 (24,0 - 36,0)	26,4 ± 5,4 (14,0 - 33,0)	25,5 ± 7,0 (15,0 - 37,0)	20,4 ± 4,4 (11,0 - 24,0)	34,0±4,4 (29,0-37,0)	27,3 ± 5,3 (14,0 - 36,0)
Coleoptera	16,7 ± 4,8 (10,0 - 22,5)	19,0 ± 7,3 (7,1 - 36,3)	13,6 ± 5,9 (5,9 - 20,8)	16,3 ± 5,3 (9,0 - 25,0)	11,7 ± 1,7 (10,3 - 13,5)	15,0 ± 5,5) (6,0 - 24,0)
Diptera	23,3 ± 7,1 (13,5 - 33,0)	23,4 ± 5,1 (14,8 - 28,6)	17,4 ± 5,0 (10,3 - 23,0)	18,0 ± 4,1 (12,5 - 24,0)	23,8 ± 4,4 (18,9 - 27,6)	23,0 ± 8,5 (12,0 - 43,5)
Ephemeroptera	13,8 ± 3,4 (8,6 - 18,0)	13,5 ± 5,4 (7,1 - 25,0)	13,4 ± 5,8 (5,5 - 23,5)	21,4 ± 6,4 (14,0 - 29,2)	10,8 ± 0,4 (10,3 - 11,1)	17,5 ± 4,4 (12,0 - 25,0)
Odonata	2,0 ± 2,3 (0,0 - 4,0)	2,4 ± 3,2 (0,0 - 8,3)	11,3 ± 13,2 (0,0 - 38,5)	3,9 ± 7,6 (0,0 - 19,0)	1,1 ± 2,0 (0,0 - 3,4)	6,5 ± 3,3 (3,5 - 12,0)
Plecoptera	10,8 ± 3,4 (5,7 - 14,0)	5,4 ± 4,6 (0,0 - 14,3)	11,2 ± 4,5 (5,9 - 17,4)	11,0 ± 5,1 (5,0 - 19,0)	11,7 ± 1,7 (10,3 - 13,5)	11,4 ± 4,1 (6,0 - 20,0)
Trichoptera	21,6 ± 4,3 (14,5 - 25,7)	13,3 ± 9,4 (3,7 - 30,0)	20,7 ± 3,6 (16,0 - 25,0)	14,2 ± 8,2 (4,1 - 24,0)	26,3 ± 1,9 (24,1 - 27,8)	23,4 ± 5,8 (16,0 - 36,0)
Otros taxones	12,2 ± 7,5 (5,0 - 20,0)	23,3 ± 13,2 (7,0 - 44,4)	13,2 ± 13,5 (0,0 - 35,3)	15,2 ± 7,1 (5,0 - 25,0)	14,6 ± 1,4 (13,8 - 16,2)	6,1 ± 4,0 (0,0 - 16,0)

Media y rango, entre paréntesis. La cuenca del Alberche no se ha incluido por ausencia de datos.

con caudales mínimos y una notable disminución del hábitat fluvial, encontramos los máximos valores de densidad y riqueza de especies y también valores elevados de diversidad. Durante la temporada invernal, la comunidad de macroinvertebrados bentónicos se caracteriza por presentar sus mínimos de densidad y de riqueza, pero mantiene unos valores bastante elevados de diversidad. La biomasa, por el contrario, presenta valores muy semejantes a los de verano, ya que, aunque hay pocos individuos, estos son de gran tamaño (Martín Zazo, 1997). Respecto a las etapas de transición, en primavera los valores de densidad y riqueza son todavía moderados, aunque se vayan recuperando lentamente tras la época adversa de invierno. Sin embargo, se observan valores relativamente bajos de diversidad específica o incluso se desploman a los mínimos anuales, debido a la falta de equitabilidad en el reparto del número de individuos entre las distintas especies, es decir, hay una elevada dominancia de unos pocos taxones sobre todos los demás. En otoño, se presentan valores antagónicos: la riqueza y la densidad son todavía moderadas, pero con grandes disminuciones desde los máximos de verano, mientras que hay valores muy elevados de diversidad o incluso los máximos anuales, con muy baja dominancia, propia de una comunidad muy heterogénea, con elevada equitabilidad.

La explicación de la composición de estas comunidades puede relacionarse con los propios ciclos vitales de las especies de insectos encontradas, que en su mayoría presentan sus fases de emergencia (con las máximas densidades) en los meses de verano, pero también existe un grupo de especies que desarrolla su ciclo en la época invernal, de caudales máximos, cuando las densidades de individuos son mínimas, con emergencias en primavera. Sin embargo, la composición de la comunidad también se relaciona con el régimen hidrológico y las variaciones del caudal, que puede ser el factor determinante en la organización de aquella.

Los efectos de las crecidas y del estiaje se hacen claramente patentes en la distribución de las especies en determinados momentos del año. Con crecidas y caudales elevados (desde finales de noviembre hasta casi julio), la comunidad se homogeneiza, y no se encuentran grandes diferencias entre las pozas y los rápidos. De esta manera se explica la presencia de especies típicamente reófilas, como *Epeorus* spp., *Ecdyonurus* spp., *Rhithrogena* spp. en los ambientes leníticos (en épocas de crecidas de caudal por posible efecto de la deriva), u otras que se caracterizan por su poca tolerancia a velocidades de corriente elevadas, en rápidos (en épocas de caudal bajo o estiaje), como *Larcasia* spp. o *Baetis* spp. (Miguel, 2006). Esto se debe a que en esta época del año, el cauce sufre una disminución drástica de la lámina de agua (alcanzando su mínimo en el mes de Septiembre), por lo que los organismos hacen de las pozas refugios en los que se concentran, dado que son las zonas en las que se conserva el volumen de agua necesario para la supervivencia.

La dinámica estacional solo se ha estudiado en unos pocos ríos permanentes (Lozoya, Manzanares y arroyo Mediano), por lo que la información disponible, además de escasa, es muy local, de forma que hacer generalizaciones puede resultar arriesgado. Además, se carece por completo de información sobre los arroyos y ríos temporales y los tramos intermitentes, que presumiblemente presentarán otros patrones. La importancia de la temporalidad sobre la dinámica de las comunidades ha sido completamente ignorada hasta ahora.

Vertebrados

La variedad y diversidad de macroinvertebrados bentónicos, organismos poco conocidos para la mayoría, constituyen el nivel básico de consumidores de las redes tróficas, los cuales sustentan a otros organismos más conocidos, como son los vertebrados, constituidos por una amplia variedad de peces, anfibios, reptiles, aves y mamíferos, que ya se han abordado en otros capítulos de este volumen, por lo que aquí nos limitaremos a mencionar los más relevantes en los cauces y riberas fluviales.

En los ríos de la sierra predomina fundamentalmente la comunidad piscícola de los salmónidos, característica de estas aguas frías y bien oxigenadas. El pez más característico de estas aguas es la trucha común *(Salmo trutta)*, aunque entre los salmónidos también aparezca la trucha arcoiris *(Oncorhynchus mykiis)*, introducida en Europa desde Norteamérica para la pesca deportiva y la acuicultura a finales del siglo XIX (Elvira y Almodóvar, 2010). Otras especies de nuestros ríos montanos son el calandino *(Squalius alburnoides)*, el barbo *(Luciobarbus bocagei)*, el carpín *(Carassius auratus)*, la bermejuela *(Achondrostoma arcasii)* y el gobio *(Gobio lozanoi)*, entre los Ciprínidos, o la lamprehuela *(Cobitis calderoni)*, entre los Cobítidos (Doadrio, 2002).

Dentro de los anfibios, cabe destacar el tritón jaspeado *(Triturus marmoratus)*, la rana patilarga *(Rana iberica)*, la rana común *(Pelophylax perezi)*, la salamandra común *(Salamandra salamandra)*, el sapo partero *(Alytes obstetricans)*, el sapillo corredor *(Epidalea calamita)*, el sapillo pintojo *(Discoglossus galganoi)* o la rana de San Antonio *(Hyla molleri)*, aunque muchos de ellos se encuentren más ligados a ambientes marginales de los ríos.

Los reptiles más estrictamente vinculados a los ecosistemas fluviales de la sierra de Guadarrama son aquellos cuya dieta, total o parcialmente, la constituyen los peces e invertebrados del curso fluvial, como la culebra viperina *(Natrix maura)*, la culebra de collar *(Natrix astreptophora)*, el galápago europeo *(Emys orbicularis)*, el galápago leproso *(Mauremys leprosa)*, el introducido galápago de Florida *(Trachemys scripta)*, o aquellos que pueblan los ambientes húmedos de las riberas, como el lución *(Anguis fragilis)*.

Respecto a las aves, de la amplia diversidad de especies que encontramos en la sierra de Guadarrama y en sus bosques de ribera, solo mencionaremos la lavandera cascadeña *(Motacilla cinerea)*, el mirlo acuático *(Cinclus cinclus)* y el martín pescador *(Alcedo atthis)* por su estrecha relación con los cursos de agua. El mismo criterio hemos aplicado en relación con los mamíferos donde cabe mencionar a la nutria *(Lutra lutra)* y a la musaraña ibérica *(Sorex granarius)* como elementos destacados de la fauna más vinculada a las aguas corrientes de la sierra de Guadarrama (Viejo, 2013).

LAGUNAS EN EL CONOCIMIENTO

Estamos muy lejos de tener un saber integral de los ríos madrileños de la sierra de Guadarrama. En primer lugar, tenemos un profundo desconocimiento de los arroyos y tramos temporales; ni siquiera conocemos su representatividad o extensión respecto a los ríos y tramos permanentes, y la falta de estaciones de aforo no ayuda a determinar si un río es temporal o no, o si la temporalidad se debe a factores naturales o bien a la acción humana. Estos ríos temporales son cursos de agua con una gran variabilidad en el régimen hidrológico, desde el flujo abundante de la primavera hasta épocas en las que llegan a secarse por completo. Es decir, presentan una gran variabilidad en el régimen hidrológico y en la duración del flujo a lo largo del año.

El conocimiento de los aspectos ecológicos más integradores y de los funcionales, sin embargo, resulta muy escaso. Pero, además, en la mayoría de los casos esa información es muy local, inconexa y sin continuidad en el tiempo, y tiene también un marcado sesgo espacial, ya que la mayor parte de los estudios se han realizado sobre unos pocos arroyos y ríos (mayoritariamente de carácter permanente), mientras que otros han sido prácticamente ignorados (es el caso de los arroyos y tramos fluviales de carácter temporal). Es de destacar el caso de la zona más occidental de la sierra de Guadarrama, donde se encuentran el Cofio y el Perales, con características singulares y diferenciadas de los otros ríos serranos y que, sin embargo, ha recibido muy poca atención.

Tampoco hay apenas estudios sobre la estacionalidad de los cursos permanentes, típica de los ecosistemas fluviales mediterráneos, con un intenso estiaje que reduce la superficie inundada del cauce y origina la fragmentación de los hábitats fluviales. Por ello, se conoce muy poco sobre la dinámica y el ciclo estacional de las comunidades fluviales, ni siquiera de su composición, diversidad y estructura, y casi nada sobre la dinámica de los procesos funcionales básicos promovidos por un flujo de agua circulante en periodos hidrológicos estables, que quedan así alterados o incluso interrumpidos, y que caracterizan el funcionamiento o metabolismo del ecosistema fluvial.

Un primer paso requeriría conocer los distintos tipos de funcionamiento hidrológico de todos estos ríos, desde los permanentes a los efímeros, y cuantificar adecuadamente la variabilidad hidrológica y las fluctuaciones en los regímenes de caudal, tanto estacionales como interanuales. Lo que permitiría relacionarlos, en primer lugar con los tipos de comunidades biológicas específicas que más se adecúen a estos regímenes, sus estrategias adaptativas a la temporalidad ocasional o permanente, su diversidad, sus redes alimenticias y estructura trófica, etc. Por otro lado, de los principales procesos metabólicos que definen la funcionalidad fluvial hay una información muy escasa; entre ellos se cuentan la importancia relativa de las distintas entradas de materia y energía, el proceso de descomposición de hojarasca, el balance anual, la cantidad y calidad de las distintas fracciones orgánicas (imprescindible para conocer su valor nutritivo, como ya se comentó), la producción primaria y la importancia cuantitativa del perifiton, la producción secundaria, el medio hiporreico, etc.

En la actualidad, los ríos temporales son ya los más abundantes a nivel mundial debido al impacto del cambio global y se estima que más de la mitad de la red mundial de drenaje ya es temporal (McDonough *et al.*, 2011). Por ello, es de esperar que los ríos temporales de la sierra de Guadarrama, todavía muy desconocidos, sean cada vez más numerosos y mayor la severidad de su temporalidad. El problema principal en el estudio y la gestión de los ríos temporales es la falta de información, agravada por el hecho de que las estaciones de aforo –cuando se dispone de ellas– no aportan información sobre la presencia o ausencia de tramos con pozas o charcas de agua cuando no hay flujo superficial, lo cual impide reconocer la severidad de la temporalidad.

Un problema añadido es la presencia de numerosas presas y grandes embalses en estos ríos que constituyen la zona de captación de agua de la Comunidad, por lo que un tema central será el efecto combinado del cambio climático y las presas sobre las comunidades acuáticas o ligadas al río, y el funcionamiento de estos ecosistemas.

CAPÍTULO XXXII

Ríos de la Meseta

MIGUEL ÁLVAREZ COBELAS

RESUMEN

Los ríos madrileños de la Meseta constituyen la mayor parte de los tramos fluviales de la Comunidad de Madrid. Sin embargo, son los menos estudiados desde el punto de vista ecológico, probablemente porque la contaminación que padecen los hace desagradables para su estudio. Por lo tanto, estamos ante la tipología acuática menos conocida del territorio, que solo se aborda a base de índices de carácter aplicado, sin profundizar en su ecología. Además de su riqueza en nutrientes y otros contaminantes, derivada de la entrada de aguas residuales parcialmente tratadas, en la composición de sus comunidades biológicas predominan cianobacterias, diatomeas, oligoquetos, quironómidos y ciprínidos, aunque –gracias a una mejora en la calidad del agua– recientemente estos tramos fluviales se hayan vuelto a recolonizar por fanerógamas sumergidas del género *Potamogeton,* las cuales están favoreciendo un cambio en las redes tróficas y aumentando la colonización por simúlidos. La biogeoquímica de estas aguas se conoce mal y la retención y/o exportación de nutrientes cambia mucho de unos ambientes a otros. La mayor parte de los tramos fluviales se comporta como heterótrofa, tanto en verano como en invierno, con el Manzanares en Vaciamadrid mostrando unas cifras desmesuradas de respiración por la enorme cantidad de materia orgánica que recibe de la capital. El papel de los organismos en dicha biogeoquímica ha sido ignorado hasta la fecha. Y nada se sabe aún sobre los arroyos temporales salinos o sobre arenas.

Palabras-clave: nutrientes, contaminantes, grupos taxonómicos dominantes, impacto humano, Madrid capital.

SUMMARY: LOWLAND RIVERS

Madrid lowland rivers are poorly known as a result of their long-term impacts arising from nutrient-rich inputs from wastewater treatment plants. This is a shame because they encompass the larger fraction of Madrid streams. Most studies on Madrid non-montane rivers deal with applied issues, using biological quality indices, but their ecology remains largely unknown. In addition to nutrient enrichment and other pollutants, their biological assemblages are comprised by Cyanobacteria, Diatoms, Oligochaeta, Chironomids and Cyprinids. Recently and due to water quality improvement, these reaches have been colonized by the higher plant Potamogeton, that results in food web changes arisen by massive colonization of its leaves by Simulium spp. Water and sediment biogeochemistry of these streams is still poorly known, nutrient retention and/or export being very variable among them. Most streams behave as heterotrophic throughout the year, with lower Manzanares impaired by high organic matter loadings and hence resulting in very high respiration rates. The role and significance of organisms in stream biogeochemistry has been overlooked up to date. Nothing is known about temporary streams, either saline or lying on sands.

INTRODUCCIÓN

La influencia de las grandes ciudades del territorio madrileño sobre las aguas fluviales que los drenan ha sido y sigue siendo importantísima. Una consecuencia indeseada ahora, pero pasada por alto durante siglos (¡agua va!), es la seria contaminación que padecen. Se ha intentado paliar con la construcción de alguna depuradora primitiva hasta los años setenta y con la puesta en marcha varios planes de saneamiento y depuración desde entonces (véase el capítulo de *Limnología aplicada*). Aunque paulatinamente se haya ido reduciendo la contaminación, sus efectos sobre el ecosistema fluvial han reducido la riqueza de especies y han alterado tanto su composición como sus procesos ecológicos.

Por otro lado, trabajar en esos ríos se hace cuesta arriba para el estudioso; en el caso de los botánicos y zoólogos de formación clásica, porque el número de especies aparentemente *interesantes* (por lo raras) es escaso o de taxonomía insuficientemente desarrollada (cianobacterias, algas verdes unicelulares, oligoquetos, quironómidos, etc.). En el caso de los ecólogos, porque se asume implícitamente que el ambiente fluvial, al estar tan contaminado, tiene muy desorganizados sus procesos y, además, resulta desagradable meterse en ríos así para investigar. Y, finalmente, en el caso de los gestores ambientales, porque asumen que no vale la pena conocer mejor unos lugares tan degradados («Ojos que no ven...»), y no aportan fondos para hacerlo.

Estos son los motivos por los que el conocimiento disponible sobre los cauces fluviales meseteños –muy influidos por la contaminación urbana– sea reducido y, lo que es casi peor, deslavazado. Pero eso no significa que no tengan una diversidad biológica interesante y poco conocida, ni que esa diversidad deje de influir sobre unos procesos biogeoquímicos también escasamente conocidos. Y, en cuanto a su longitud, resulta muy superior a la de las corrientes montanas, lo que indica su importancia en términos cuantitativos y, desde una ética ambiental, les hace merecedores de un mejor conocimiento científico con vistas a su restauración.

Los primeros datos de que tengo noticia acerca de estas zonas fluviales son los del estudio de Luis Vélaz de Medrano Sanz y Jesús Ugarte Laiseca (1933) sobre el tramo bajo del río Manzanares. Hasta la tesis doctoral de Manuel Nieto García (1970), comenzada en 1959, apenas hay nuevos datos sobre la ecología y la biología fluvial de los ríos mesetarios. Después, ya casi todos serán estudios sobre contaminación y alteración geológica de los cauces (véase el capítulo *Limnología aplicada*).

EXTENSIÓN

Resulta difícil identificar cuándo un río, madrileño o no, se convierte en ecosistema de meseta o de llanura, y deja de ser montano. Un criterio científico podría derivarse de conjugar la temperatura del agua con la pendiente del cauce, pero ignoro si alguien los ha tipificado así. Uno geográfico sería la consideración de los tramos altos (río montano), los tramos medios y los bajos (resto de los ríos, que en Madrid discurren por la Meseta hasta su desagüe en la fosa del Tajo) (Arenillas y Sáenz Ridruejo, 1987). De los 400 km de longitud aproximada que forman los principales ríos de Madrid, una gran proporción estaría constituida por tramos medios y bajos, con temperaturas que rara vez se hallan por debajo de los 4 °C y pendientes inferiores al 1,5 ‰. Las principales cuencas, de este a oeste, son las del Jarama-Henares, Tajo, Guadarrama y Alberche.

El estudio de los ríos temporales madrileños no ha sido abordado en absoluto, como ya señalan Casado y Mollá en el capítulo precedente. Esto ocurre igualmente en el caso de los interesantes ecosistemas fluviales mesetarios, tanto los que discurren sobre arenas (Manzanares, con los arroyos Manina y Tejada; Guadarrama, con los arroyos de Peregrinos y Carcalacueva, y Alberche, con el arroyo Grande de Villamanta y el río Perales), como los que surcan zonas yesíferas más o menos salinas (Tajuña: barranco de la Salina, en Carabaña; Tajo: arroyos de la Cavina y de la Umbría). Es cierto que muchos cauces temporales se han hecho permanentes, *gracias a* haberse convertido en colectores de aguas residuales parcialmente depuradas, como es el caso de los arroyos del Bodonal-Viñuelas (Tres Cantos), de la Trofa (Hoyo de Manzanares- Torrelodones), del Soto (Móstoles) o de las Salinas (Aranjuez).

AMBIENTE ABIÓTICO

Conviene señalar que los ríos han experimentado grandes cambios geomorfológicos debidos a la actividad humana, como atestigua la comparación de series de fotografías aéreas tomadas en distintas fechas desde los años cincuenta del siglo pasado (Vizcaíno *et al.,* 2003; Uribelarrea, 2008). Se han construido numerosos embalses en sus tramos altos, y se ha desarrollado una importante actividad minera (extracción de gravas y arenas) en los tramos medios y bajos del Jarama, pero también en las zonas más bajas del Henares, Alberche y Guadarrama. Todo esto ha tenido como consecuencia la severa redución del bosque de ribera, disminución de avenidas ordinarias, corrección (y eliminación) de meandros, cambios en la sedimentación, etc. *Grosso modo,* se ha pasado de ríos trenzados a ríos sinuosos (Vizcaíno *et al.,* 2003). Y, como resultado, se ha producido un aumento en la incisión del canal y la inestabilidad de las orillas.

Su medio abiótico está controlado en gran medida por la hidrología y por los vertidos –parcialmente depurados o no– de pueblos y ciudades, aparte de los cada vez más escasos flujos de origen agrícola en cuencas que hasta los años sesenta del siglo pasado estaban mayoritariamente dedicadas al sector primario. La hidrología, por su parte, tiene dos componentes: la superficial y la subterránea. La primera, a su vez, se ve influida no solo por la precipitación, sino también por la existencia de numerosos embalses en la cabecera de todos los ríos, los cuales detraen caudal y, en ocasiones, también lo sueltan de improviso, dando lugar a un régimen de caudales muy modificado respecto a la esperada estacionalidad. En gran parte de los valles fluviales existe, además, un acuífero aluvial cuyas relaciones con el canal fluvial se conocen imperfectamente (véase el capítulo de *Síntesis hidrológica*). Las pérdidas y ganancias hídricas de río y acuífero cambian de unos tramos a otros y afectan también al flujo de materiales (nutrientes, contaminantes, etc.). Aunque existen estudios de análisis químicos en acuífero y río, como los de Martínez-Bastida *et al.* (2005) y Arauzo *et al.* (2008) en el Henares, se ignora cómo tienen lugar esos intercambios y cómo afectan a la retención, la transformación y la exportación de sustancias aguas abajo del canal fluvial.

En cualquier caso, es una obviedad que los tramos medios y bajos de los ríos madrileños presentan una concentración alta de sustancias, tanto en el agua como en el sedimento (véase el capítulo de *Química de aguas y sedimentos*). Aunque no haya un trabajo reciente acerca de sus cambios a largo plazo –lo cual es otra tarea pendiente–, algún estudio parcial (Soriano *et al.*, 2017; véase también el capítulo de *Limnología aplicada*) indica que dichas concentraciones están disminuyendo desde hace unos años, fruto largamente esperado de la gran inversión en depuración que lleva haciendo el territorio desde hace varias décadas.

Finalmente, debo señalar la existencia de la tesis doctoral de Rasines (2017) por dos motivos: 1.º) es el único estudio sobre el medio hiporreico de los ríos madrileños, 2.º) comenta el medio abiótico de modo preliminar, y menciona permeabilidad y concentraciones de nutrientes, aunque sin cuantificar los intercambios de sustancias entre medio hiporreico y cauce fluvial.

BIODIVERSIDAD Y REDES TRÓFICAS

La tesis doctoral de Nieto (1970), parcialmente recogida en Nieto y Compte (1970), fue el primer estudio que consideró la composición biológica de las comunidades de estos tramos fluviales medrileños, y ya mencionaba los taxones que iban a ser dominantes hasta casi la actualidad: los oligoquetos y los quironómidos, aunque sin entrar a clasificarlos. Después, se ha seguido una tónica parecida, de la que son ejemplo especial los análisis recientes de la calidad biológica elaborados por la Confederación del Tajo (www.chtajo.es). En la tabla 32.1 queda de manifiesto que la dominancia de ambos grupos es determinante en casi todos los sitios estudiados, a excepción del Alberche a su paso por Aldea del Fresno, el Tajuña en Morata y el Tajo aguas arriba de su confluencia con el Jarama. A pesar de esa gran dominancia, también aparecen representantes variados de otros grupos de organismos en las muestras (tabla 32.1), lo cual indica que las redes tróficas no son tan triviales como parecería a primera vista. Además, el papel ecológico de oligoquetos y quironómidos, que suelen tipificarse alegremente de *recolectores,* sigue siendo poco conocido en los medios fluviales porque los sitios contaminados donde viven apenas se estudian desde el punto de vista biológico.

Por su parte, el trabajo realizado por de la Puente y Camargo (2005b) es el único que cuantifica la densidad de ambos grupos en el bajo Henares, con un rango de 56.344-116.850 individuos/m^2, lo cual supone que más del 85 % del total de invertebrados bentónicos pertenece a uno u otro grupo en esas zonas. En la estación más próxima a la confluencia con el Jarama, que presentaba mayores concentraciones de nitrógeno y fósforo disueltos, el porcentaje de quironómidos resultó superior al de oligoquetos, pero no sucedía lo mismo en las demás zonas del tramo madrileño del río (de la Puente y Camargo, 2005a, b).

En cuanto a los productores primarios, la dominancia de cianobacterias y diatomeas en esos tramos es patente. Las segundas se suelen determinar a nivel de especie porque entran en la obligación de la Directiva-Marco del Agua; las primeras, no, aunque formen tapetes bastante obvios y abundantes en muchas zonas. La riqueza específica y la diversidad de las diatomeas resultan notables en casi todas las estaciones muestreadas; la especie dominante más frecuente es *Planothidium frequentissimum* (tabla 32.2), pero excepto en un par de lugares su dominancia no supera el 50 %. Como curiosidad, cabe señalar la antigua presencia del alga verde tubular *Enteromorpha* (ahora, incluida en *Ulva*) en los arroyos salinos del entorno de Seseña (Nieto, 1970), aunque no parece verosímil que continúe allí debido a la elevada contaminación (arroyo de las Salinas) y a su cada vez mayor temporalidad, fruto de la escasez de precipitaciones.

En general, la elevada turbidez y la presencia de altas concentraciones de amonio habrían impedido el desarrollo de fanerógamas acuáticas sumergidas en estos tramos fluviales. La disminución de esas variables, que se ha venido produciendo desde mediados de la década pasada, ha favorecido la implantación de *Potamogeton pectinatus* en zonas del bajo Henares y el bajo Jarama, vegetal que puede alcanzar biomasas elevadas, pero estas no se han cuantificado. Asociada a esa proliferación de vegetación sumergida, han aparecido distintas especies de dípteros, como *Simulium erythrocephalum* (Soriano *et al.,* 2017). De todos modos, debo señalar que no se conoce bien la flora acuática actual de vegetales superiores residentes en los tramos medios y bajos de los ríos de Madrid.

Los peces dominantes en esos tramos serían los mejor adaptados a las bajas concentraciones de oxígeno disuelto, es decir, los ciprínidos y, en concreto, la carpa *(Cyprinus carpio),* aunque también se hable de otras especies en el medio y bajo Henares, tales como el lucio, la boga, el barbo común, el cacho, el calandino, el pez gato, el pez-sol y la gambusia (Camargo *et al.,* 2005b). En particular, los efectos ambientales de la introducción relativamente reciente del pez-gato están por estudiar.

Finalmente, también se dispone de datos preliminares sobre redes tróficas en la tesis de Rasines (2017) sobre los medios hiporreicos del Henares y el bajo Tajuña.

Tabla 32.1. Número de individuos de taxones de macroinvertebrados, recogidos en los tramos medios y bajos de los ríos madrileños en la primavera de 2016.

Taxon	Jarama en Mejorada	Jarama en San Martín de la Vega	Jarama en Aranjuez	Manzanares en El Pardo	Henares en San Fernando	Guadarrama en Las Rozas	Guadarrama en Batres	Aulencia en Villanueva de la Cañada	Alberche en Aldea del Fresno	Tajuña en Morata	Tajo en Fuentidueña	Tajo en Aranjuez	Tajo en Aranjuez-2 (aguas abajo de confluencia con Jarama)
Ancylidae		2			1					2			
Atydae										1	12	1	
Baetidae	10	184	37	1	1	7	11	20	3	173 (39 %)	12	100 (52 %)	17
Caenidae	1			14			2		14		8	1	
Calopterigidae	4	1											
Chironomidae	323	275	120 (63 %)	84	16	46	159	459 (53 %)	18 (30 %)	106	129 (45 %)	77	193
Coenagrionidae	3	2											
Collembola						2							
Corbicula fluminea												1	
Corixidae			1							48	55		1
Dityscidae					1	1			1				
Dolichopodidae						3							
Elmidae										11	2		
Ephemerellidae									1				
Erpobdellidae		3											
Gammaridae										18	50	1	
Glossiphoniidae		4											1
Gerridae										1		1	
Hydridae							1					2	
Hydrobiidae		2			2					30	1		
Hydropsychidae		5	1				2						

Taxon	Jarama en Mejorada	Jarama en San Martín de la Vega	Jarama en Aranjuez	Manzanares en El Pardo	Henares en San Fernando	Guadarrama en Las Rozas	Guadarrama en Batres	Aulencia en Villanueva de la Cañada	Alberche en Aldea del Fresno	Tajuña en Morata	Tajo en Fuentidueña	Tajo en Aranjuez	Tajo en Aranjuez-2 (aguas abajo de confluencia con Jarama)
Hydroptilidae										5	2		
Limoniidae										2			
Lymnaeidae									3				
Oligochaeta	330	87	29	27	75 (64 %)	53 (44 %)	160 (46 %)	107	9	10	3		647 (74 %)
Ostracoda	2		1	2	2			1				1	17
Pacifascatus leniusculus													
Physidae	8	8			6		1	1	9				
Planorbidae					1								
Platycnemidae	2	2		6	10						2		
Polymitarcidae											9		
Procambarus clarkii	1				1					1		1	
Psychodidae				1		1				3			
Rhagionidae						2							
Scirtidae	1												
Simulidae		2		9		2	7	278	1	24	1	7	
Siphlonuridae						1							
Sphaeridae										6			
Tipulidae						1	1	1		2			
Chironomidae+Oligochaeta	(95 %)	(63 %)	(79 %)	(77 %)	(78 %)	(83 %)	(93 %)	(71 %)	(46 %)	(26 %)	(46 %)	(26 %)	(96 %)
Total	675	574	189	144	116	119	344	1038	59	443	286	293	876

Se señala entre paréntesis la dominancia porcentual. Fuente de los datos: Confederación del Tajo (www.chtajo.es), que no refiere ninguna unidad de superficie para estimar la densidad.

Tabla 32.2. Riqueza específica, diversidad de Shannon, equitatividad y especie dominante de las diatomeas bentónicas en algunos tramos fluviales de Madrid.

Localidad	N.º taxones	Diversidad	Equitatividad	Diatomea dominante	%
Alberche en Aldea del Fresno	34	3,53	0,69	*Eolimna minima*	26
Aulencia en Villanueva de la Cañada	49	4,2	0,75	*Navicula gregaria*	24
Guadarrama en Las Rozas	33	3,72	0,74	*Planothidium frequentissimum*	19
Guadarrama en Batres	23	2,65	0,59	*Eolimna subminuscula*	39
Henares en Los Santos de la Humosa	35	3,38	0,66	*Planothidium frequentissimum*	27
Henares en San Fernando	59	4,68	0,8	*Cocconeis euglypta*	15
Jarama en San Sebastián de los Reyes	45	4,01	0,73	*Planothidium frequentissimum*	19
Jarama en San Fernando	52	4,92	0,86	*Planothidium frequentissimum*	12
Jarama en Mejorada	44	3,71	0,68	*Planothidium frequentissimum*	37
Jarama en San Martín de la Vega	31	3,28	0,66	*Eolimna subminuscula*	25
Jarama en Aranjuez	49	3,55	0,33	*Fistulifera saprophila*	25
Manzanares en El Pardo	65	3,61	0,60	*Sellaphora seminulum*	43
Manzanares en Villaverde	52	4,80	0,84	*Planothidium frequentissimum*	15
Tajo en Fuentidueña	54	4,53	0,79	*Amphora pediculus*	19
Tajo en Aranjuez	24	1,57	0,34	*Amphora copulata*	77
Tajo en Aranjuez (aguas abajo de la confluencia con el Jarama)	60	4,68	0,79	*Planothidium frequentissimum*	22
Tajuña en Morata	36	2,68	0,52	*Cocconeis euglypta*	55

FUENTE: Confederación Hidrográfica del Tajo (www.chtajo.es).

En cualquier caso, todo esto no son sino informaciones muy puntuales que no nos permiten describir correctamente las redes tróficas ni cuantificar los flujos energéticos en estos ecosistemas, tarea que deberá esperar al futuro.

PRODUCCIÓN, RESPIRACIÓN Y BIOGEOQUÍMICA

Aparte de los datos de producción y respiración obtenidos por Nieto (1970) –ya claramente desfasados–, se pueden hacer estimaciones de metabolismo global en los tramos fluviales, usando los datos de oxígeno disuelto y otras variables locales registrados cada quince minutos en las estaciones SAICA de la Confederación del Tajo, las cuales pueden descargarse en periodos de cinco días como máximo. He seleccionado aquí cinco estaciones emplazadas en tramos medios y bajos de los ríos madrileños y, como era de esperar, las tendencias temporales y las concentraciones del gas resultan muy variables entre estaciones a comienzos del periodo estival de 2017 (figura 32.1). Excepto en el Jarama, a su paso por Algete, en todos los lugares mues-

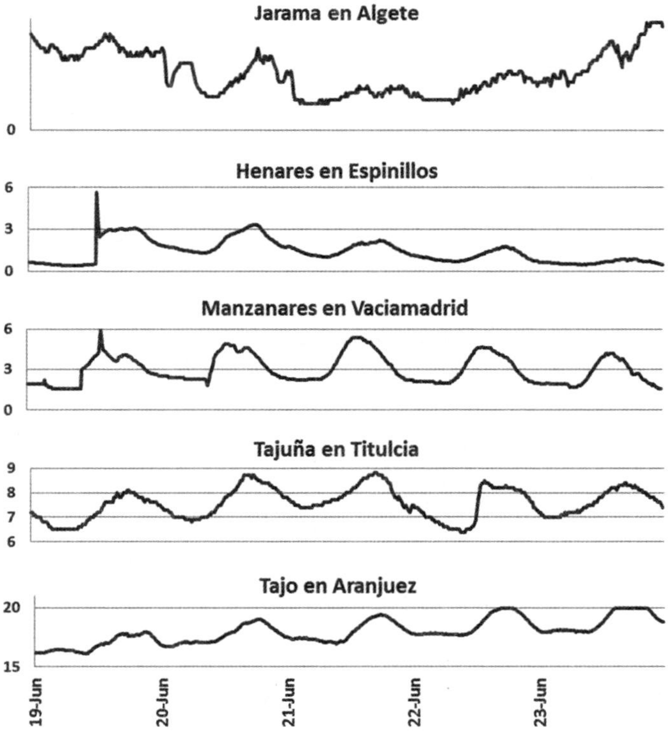

Figura 32.1. Concentraciones de oxígeno disuelto en el agua de distintos tramos fluviales, registradas cada 15 minutos por las estaciones SAICA de la Confederación del Tajo (www.chtajo.es) desde el 19 al 23 de junio de 2017.

treados se aprecia un ritmo diario de aumento diurno de la concentración de oxígeno y de disminución nocturna, indicadores claros de una producción neta positiva durante el día. Además, se nota una tendencia creciente al aumento de dicha concentración en el Tajo a la altura de Aranjuez durante los cinco días de datos consecutivos (figura 32.1). Finalmente y prueba de que los datos de registro continuo deben tomarse con precaución y filtrarse antes de su uso, son conspicuos algunos máximos súbitos en la señal del oxígeno, tanto en el Henares en Espinillos como en el Manzanares en Vaciamadrid (figura 32.1).

Si analizamos lo que sucede a comienzos del invierno de 2017, veremos tendencias claras de aumento de oxígeno durante los cinco días qué duró el análisis en el Jarama, Tajo y Tajuña, así como comportamientos fluctuantes y extraños en el bajo Manzanares (figura 32.2). En cuanto al metabolismo del Henares en época invernal, no hubo datos disponibles durante la mayor parte del ciclo diario de cada día concreto que se pudiesen utilizar en los cálculos.

Una cuantificación preliminar del metabolismo fluvial que se llevó a cabo a comienzos del verano y del invierno de 2017 indica que muy pocas estaciones (el

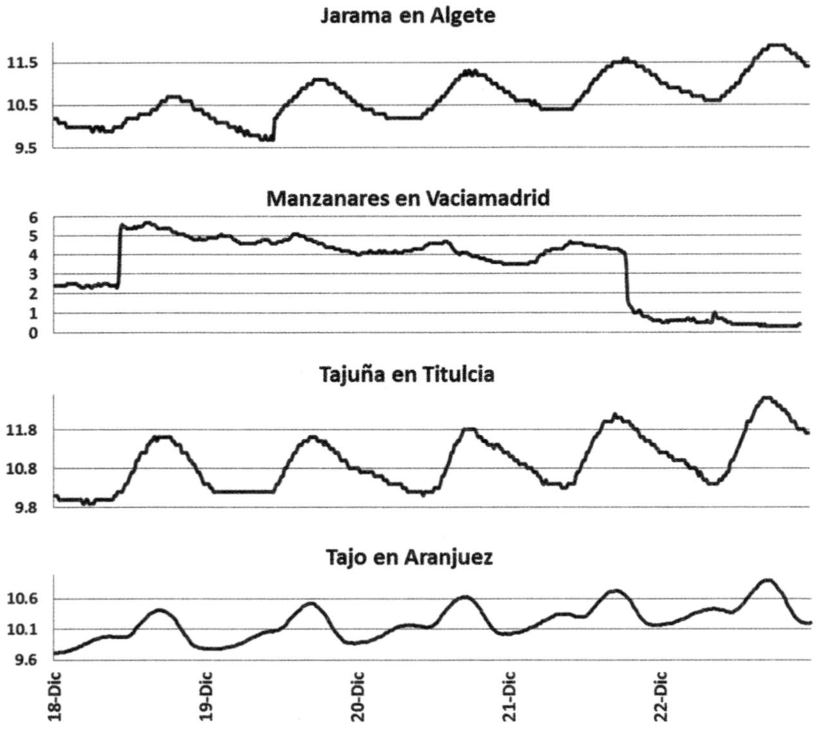

Figura 32.2. Concentraciones de oxígeno disuelto en el agua de distintos tramos fluviales, registradas cada 15 minutos por las estaciones SAICA de la Confederación del Tajo (www.chtajo.es) desde el 18 al 22 de diciembre de 2017. Los datos de la estación de Espinillos (río Henares) en diciembre no eran de fiar y no se reproducen aquí.

Tajo en verano, el Jarama en invierno y uno de los días invernales en el Tajuña) tenían una producción primaria bruta superior a la respiración, es decir, fueron netamente autótrofas. En los restantes casos, la producción neta se veía superada por la respiración de la comunidad fluvial (tabla 32.3). Los valores de respiración en el bajo Manzanares resultaron desmesurados (263-383 g O_2/m^2/día) y muy superiores a los del resto de los cauces estudiados (1,19-57,09 g O_2/m^2/día) como resultado del enorme impacto de la materia orgánica exportada por la ciudad de Madrid. Parte de estas cifras se hallan muy por encima de los rangos medidos en ríos de todo el mundo, incluyendo aquellos que contienen zonas polisaprobias (Hoellein *et al.*, 2013). Aunque un estudio muy completo realizado en los ríos vascos indica que el metabolismo fluvial no se asocia a las características de su eutrofia o contaminación (Izagirrre *et al.*, 2008), los escasos datos analizados aquí sugieren que los ríos meso-eutróficos (Tajuña y Tajo) presentan unas cifras metabólicas muy superiores a las de los ríos contaminados por materia orgánica y efluentes industriales, como son el Jarama en Algete y el Henares en Espinillos. El caso del Manzanares a su paso por Vaciamadrid excede notablemente todos los rangos, como ya he señalado más arriba (tabla 32.3).

La exportación y retención de nutrientes por las principales cuencas se ha considerado ya en el capítulo *Química* de este libro. Para la cuenca del Guadarrama se ha realizado un estudio más detallado en los años 2002-2003 y, mientras que el Aulencia es un exportador neto de carbono, nitrógeno y fósforo aguas abajo durante todo el año, el propio Guadarrama a la salida de la Comunidad de Madrid, en Batres, solo resultó un exportador neto en otoño, pero no en el resto de las estaciones del año (Álvarez Cobelas *et al.*, 2003), es decir, parece que el Aulencia exporta más que retiene y el Guadarrama retiene más de lo que exporta. En dicho trabajo también se hace una cuantificación de los flujos anuales de materiales exportados por la cuenca principal y las subcuencas (tabla 32.4), en la que se aprecia que algunos arroyos cuya cuenca es pequeña (El Villar, El Soto, La Torre) exportan muchos más nutrientes que los ríos Aulencia y Guadarrama, cuyos territorios drenados son considerablemente mayores. El motivo es simple: esos arroyos sufren grandes vertidos de aguas residuales, parcialmente tratadas, procedentes de Majadahonda, Móstoles y Torrelodones, respectivamente. En conjunto, dicha exportación aguas abajo resulta bastante elevada en varias de las subcuencas, aunque dentro de los rangos existentes para los cauces fluviales de todo el mundo: 1-20,63 g N/m^2/año (Álvarez Cobelas *et al.*, 2008) y 0,008-5,1g P/m^2/año (Álvarez Cobelas *et al.*, 2009).

El papel de las comunidades de organismos (perifiton bacteriano y vegetal, oligoquetos, quironómidos) en la retención y reciclaje de nutrientes (Solimini *et al.*, 2005) está por estudiar en los ríos madrileños. Verosímilmente, el perifiton tendrá una estequiometría baja de los cocientes C:N y C:P y los invertebrados reciclarán los nutrientes de nitrógeno y fósforo con rapidez y bajos tiempos de retención, pero casi nada se sabe sobre este tema. La relativamente reciente colonización de los fondos fluviales por praderas de *Potamogeton* (véase más arriba) podría tener como consecuencia una mayor retención de carbono orgánico y nitrógeno inorgánico procedente de las depuradoras situadas aguas arriba (Ribot *et al.*, 2017).

Tabla 32.3. Metabolismo fluvial (g O_2/m^2/día) en varias fechas consecutivas de comienzos del verano y del invierno de 2017 en distintos tramos fluviales de ríos mesetarios de Madrid.

Estación	Fecha	Respiración (R)	Producción neta	Producción bruta (PB)	PB:R
Jarama en Algete	20-jun	1,19	-0,32	0,87	0,73
	21-jun	57,09	-35,67	21,42	0,38
	22-jun	10,12	-5,07	5,06	0,50
Henares en Espinillos	20-jun	8,89	-3,89	5,00	0,56
	21-jun	9,74	-5,30	4,44	0,46
	22-jun	17,57	-10,29	7,29	0,41
Manzanares en Vaciamadrid	20-jun	165,27	-81,56	83,70	0,51
	21-jun	163,96	-71,78	92,17	0,56
	22-jun	168,48	-80,50	87,97	0,52
Tajuña en Titulcia	20-jun	15,93	-1,11	14,81	0,93
	21-jun	27,72	-9,70	18,02	0,65
	22-jun	27,63	-7,51	20,12	0,73
Tajo en Aranjuez	20-jun	16,71	14,21	30,92	1,85
	21-jun	27,47	22,01	49,48	1,80
	22-jun	7,19	9,39	16,58	2,31
Jarama en Algete	19-dic	3,20	0,02	3,22	1,01
	20-dic	2,54	-0,02	2,52	0,99
	21-dic	2,41	0,06	2,47	1,02
Manzanares en Vaciamadrid	19-dic	263,74	-88,62	175,11	0,66
	20-dic	148,81	-51,43	97,38	0,65
	21-dic	383,67	-96,53	287,14	0,75
Tajuña en Titulcia	19-dic	20,33	-2,30	18,03	0,89
	20-dic	11,13	-1,11	10,03	0,90
	21-dic	12,38	1,20	13,58	1,10
Tajo en Aranjuez	19-dic	16,00	-4,79	11,22	0,70
	20-dic	5,36	-1,14	4,22	0,79
	21-dic	11,10	-2,69	8,41	0,76

FUENTE: Confederación del Tajo (www.chtajo.es). Los cálculos son propios, usando los métodos de Odum (1956) y McBride (2002). En la estación del Henares en Espinillos no se disponía de datos fiables de oxígeno para el invierno y, por eso, no se ha estimado su metabolismo.

Tabla 32.4. Flujos anuales de exportación de nutrientes (g/m^2/año) en distintas cuencas y subcuencas del río Guadarrama.

	Superficie de la cuenca (Ha)	Flujo anual de carbono	Flujo anual de nitrógeno	Flujo anual de fósforo
A. El Villar	2.254	13,348	4,429	2,023
A. El Soto	3.645	17,695	1,370	3,975
A. La Peralera	1.164	5,747	1,631	0,425
A. La Solana	2.502	0,294	0,073	0,051
A. La Torre	1.506	9,661	2,649	1,195
A. La Vega	6.571	1,552	0,625	0,235
A. Los Combos	7.086	1,334	0,313	0,215
A. Valeroso	953	0,441	0,236	0,063
R. Aulencia	15.781	1,378	0,675	0,088
R. Guadarrama	98.627	2,138	0,873	0,237

Origen de los datos: Álvarez Cobelas *et al.* (2003).

LAGUNAS EN EL CONOCIMIENTO

Como se deduce de todo lo anterior, estas son múltiples porque apenas se ha prestado atención a estos ecosistemas por las razones ya citadas al principio del capítulo. Si nos centramos en los ríos de caudal permanente, un aspecto fácilmente abordable serían los cambios a largo plazo en la química fluvial, dado que existen datos de la Confederación del Tajo para varios ríos desde 1962. Dicho análisis permitiría esbozar después la retención, la sedimentación, la exportación aguas abajo y la eliminación de nutrientes por desgasificación natural (emisiones de metano y dióxido de carbono, desnitrificación y óxido nitroso), lo cual también serviría para cuantificar las respuestas de estos tramos al cambio global. Además, los datos registrados de forma continuada por las estaciones SAICA (temperatura, oxígeno disuelto...) de dicha Confederación permitirían conocer el metabolismo diario y, por ende, anual de varios tramos fluviales. Por otro lado, habría que caracterizar mejor la biodiversidad de los organismos, usando técnicas moleculares con oligoquetos y quironómidos. Todo esto, en conjunción con una ecología de las plantas sumergidas y los peces, permitiría una descripción mucho mejor de las redes tróficas y de los flujos energéticos.

Otro asunto distinto son los arroyos temporales, especialmente, los arenosos que drenan hacia el Alberche y los salinos que drenan al Tajuña y el Tajo, de cuya ecología acuática nada sabemos.

CAPÍTULO XXXIII

Limnología aplicada

MIGUEL ÁLVAREZ COBELAS Y SALVADOR SÁNCHEZ CARRILLO

RESUMEN

Los ecosistemas acuáticos madrileños padecen varias afecciones importantes debidas a las alteraciones del valle fluvial primitivo, la contaminación urbana y agrícola y el turismo interior. Las primeras han dado lugar a la inundación permanente de gran parte de algunos de ellos, como el del Lozoya, y a la destrucción de muchos por la urbanización o, más antiguamente, para obtener más terrenos de cultivo. La contaminación urbana se debe a la existencia de varias grandes ciudades en el territorio, cuyos sistemas de depuración han ido mejorando con el tiempo, pero sin que sea aún suficiente para garantizar una buena salud de los ecosistemas acuáticos que reciben las aguas depuradas. La contaminación agrícola ha ido disminuyendo a la par de la transformación del territorio hacia el sector de los servicios. Finalmente, el turismo interior, que afecta sobre todo a la sierra del Guadarrama, ha generado alteraciones en algunos ecosistemas acuáticos, como los de Peñalara, que en los últimos años se han ido revirtiendo. La construcción de grandes infraestructuras (autovías, ferrocarriles de alta velocidad, etc.) ha contribuido a fragmentar más el territorio natural, afectando a los ambientes acuáticos y colmatándolos.

El grueso de la contaminación se debe al carbono orgánico, al nitrógeno y al fósforo proveniente del metabolismo humano y, puntualmente, animal (el ganado). Pero también se ha detectado contaminación por metales pesados en los tramos bajos de los ríos y en las graveras, y por compuestos de síntesis (medicamentos, drogas, pesticidas) aguas abajo de las ciudades y en las zonas agrícolas. A largo plazo, la tendencia de la contaminación por materia orgánica y animal está disminuyendo, a juzgar por lo que se observa en el río Jarama en Aranjuez, en una estación situada a la salida del territorio madrileño, lo cual se debe al funcionamiento de los planes de saneamiento. Las tendencias de la eutrofización de los embalses no se conocen bien y tampoco las respuestas a largo plazo de los ecosistemas al cambio global. Sobre la toxicidad derivada de la abundancia de cianobacterias por efecto de la eutrofización queda mucho por investigar. Lo mismo sucede con las emisiones de gases de efecto invernadero, si bien un estudio muy preliminar para el metano sugiere que sus emisiones resultan despreciables en comparación con las de los sectores socioeconómicos.

Aunque hay mucha normativa ambiental de protección de ecosistemas y especies, se echa de menos más información ecológica y biogeográfica para incluir en ella algunos tipos de ecosistemas olvidados hasta ahora (arroyos salinos, lagunas tipo playa, canteras de pórfido y humedales de descarga regional) y algunos grupos de organismos pertenecientes a las algas, los musgos, los moluscos y los insectos. El impacto de las especies introducidas está aún por cuantificar.

Palabras-clave: alteraciones del valle fluvial, contaminación, degradación, protección ambiental, especies amenazadas, Planes de Saneamiento.

SUMMARY: APPLIED LIMNOLOGY

Inland water environments of Madrid County have been impaired by alterations of fluvial valleys, urban and cropland pollution and domestic tourism. The former have resulted in strong water retention in many places, such as the Lozoya valley. Also, land use changes to provide plots for agriculture in the fifties and the conversion of areas for urbanization in the seventies and beyond have been further impacts on the occurrence and environmental health of aquatic environments.

Pollution arose from the occurrence of several large cities, whose wastewater treatment systems have been improved over time, but their operation is still not enough to guarantee a good ecosystem health. Agricultural pollution has been decreasing along with the socioeconomic change of Madrid area towards the services' sector. Domestic tourism, mostly impinging on Guadarrama mountains, has impaired some aquatic ecosystems, such as those of Peñalara area. Finally, the strong development of public works (highways, roads, high velocity railways) has resulted in the fragmentation and silting of many aquatic environments.

Most pollution arises from organic carbon, nitrogen and phosphorus derived from human metabolism and, much less, from cattle. Heavy metal pollution has also been proved in lower reaches of Madrid streams, gravel-pit lakes and the Aulencia reservoir. Synthetic compounds, such as medicines, drugs and pesticides, occur in rivers downstream cities and croplands. There has been a long-term decrease of organic matter pollution in rivers at the outlets of Madrid County, as a result from wastewater treatment plans. Long-term trends of eutrophication in reservoirs are poorly known and that of ecosystem responses to global change too. Studies on toxicity of Cyanobacterial blooms arising from eutrophication must be increased. Greenhouse gas emissions by aquatic environments are unknown, but a preliminary study on methane emissions suggests that they are negligible as compared with those of socioeconomic sectors.

Despite the fact that there are lots of regulations to protect environments and biological species in Madrid, we miss much more ecological and biogeographical information to include some types of so far neglected ecosystems (saline streams, playa lakes, porphyry quarries and wetlands with regional groundwater recharge) and species belonging to algae, mosses, molluscs and insects. Environmental impacts of introduced species are still to be quantified.

BREVÍSIMA HISTORIA

Aunque los lamentos por la contaminación del Manzanares se remonten, al menos, hasta finales del siglo XIX (Morales Amores, 1899) y haya mención a los efectos de la falta de oxígeno sobre la vida piscícola en el trabajo clásico de Luis Vélaz de Medrano y Jesús Ugarte Laiseca (1933), los primeros estudios sobre estos temas se realizan en la década de 1950, cuando los investigadores de la Sección de Aguas Continentales del Instituto Forestal de Investigaciones y Experiencias hacen las primeras llamadas de atención sobre la contaminación (Enrique Gutiérrez Calderón, 1957) y, una década después, sobre la toxicidad de los contaminantes (Gutiérrez Calderón *et al.,* 1965). Los estudios de contaminación fluvial con medidas químicas más detalladas habrán de esperar un poco en el Manzanares (Oscar Kohan y José Gabriel Catalán, 1963) y en el Jarama y el Henares (Catalán *et al.,* 1974, 1976). Sobre calidad biológica de las aguas fluviales tenemos los precedentes de Manuel Nieto y Arturo Compte (1970) y el trabajo del Centro de Estudios Hidrográficos sobre el río Cofio (Avilés *et al.,* 1982). La eutrofización de embalses se empieza a considerar en la monografía de Margalef *et al.* (1976), aunque las primeras mediciones en Madrid se deban a Velasco (1978), realizadas en 1972-1973 en San Juan. Hasta finales de la década de 1980 no habrá trabajos sobre ecotoxicología (M.ª Jesús Muñoz Reoyo, 1987).

La preocupación por la protección ambiental se plasma en la primera lista de especies protegidas de la Comunidad de Madrid (CAM, 1991a), mientras que la primera mención a posibles efectos del cambio climático se encuentra en la tesis doctoral de Beatriz Gutiérrez Teira (2003). La primera alarma sobre especies introducidas y dañinas, como el visón americano, es la de Félix Bueno Tena y Carlos Bravo Villa (1990), quienes citan su presencia en la sierra del Guadarrama hace ya más de cincuenta años. Finalmente, los intentos de restauración ambiental de un ecosistema acuático –coronados con éxito una década después– se inician en la década de 1990 en la laguna de Peñalara (Granados *et al.,* 2006).

EL CONTEXTO PAISAJÍSTICO

Cuatro aspectos fundamentales inciden sobre el paisaje de los ecosistemas acuáticos madrileños: las alteraciones del valle fluvial, la contaminación por las aguas residuales urbanas, el turismo interior y la fragmentación de los ecosistemas debida a la construcción de grandes infraestructuras. La afección primera fue importante tras la última guerra civil, cuando había que producir alimentos como fuere y se pusieron en explotación multitud de tierras de labor en toda la provincia. Otro aspecto importante en la misma línea fue la construcción de la mayoría de los embalses de abastecimiento a la ciudad de Madrid, ocurrida en el lapso 1939-1972, que anegó distintos valles y los transformó en embalses. Después, con el Plan de Estabilización de 1959 comenzó la urbanización de la zona oeste de la sierra, que afectó sobre todo al valle de los ríos Guadarrama y Cofio, pero también incrementó notablemente la superficie ocupada por las distintas grandes urbes, acabando con numerosos cursos fluviales, los cuales fueron drenados o enterrados. La necesidad de materiales constructivos para el crecimiento urbanístico de las principales ciudades madrileñas condujo en los años setenta al cambio de uso del suelo en muchas vegas antaño agrícolas, como la del Jarama, dando lugar a numerosas graveras, que –una vez abandonadas– se naturalizaban rápidamente y formaban lagunas de distinto tamaño y profundidad (véase el capítulo *Otros ecosistemas estancados*). Y ya en los años noventa llegó la construcción masiva de viviendas en la mayoría de los términos municipales de la provincia (Gallardo, 2014), que comenzó por desecar multitud de charcas, lagunas y zonas húmedas.

La alteración de los valles fluviales por los embalses ha dado lugar a una mayor erosión en las nuevas cubetas lacustres, parte de las cuales queda seca durante largas temporadas, lo cual probablemente acelere la colmatación. La construcción de graveras, excavando en los lechos aluviales, forma taludes pronunciados de difícil colonización vegetal donde la erosión también se ve favorecida (Vadillo, 2001).

La existencia de grandes urbes en este territorio origina gran cantidad de residuos líquidos que, tarde o temprano, acaban en los cauces, cuyos tramos bajos están bastante contaminados (véase el capítulo *Ríos de la Meseta*). Pero también los tramos altos y sus embalses se ven afectados por las aguas residuales de pueblos y urbanizaciones de segunda residencia. Hasta la fecha, se han puesto en marcha varios planes de saneamiento de las aguas residuales (tabla 33.1), pero el número de instalaciones con tratamiento terciario es reducido, de modo que las aguas alcanzan los ecosistemas acuáticos con poca materia particulada, pero mucho nutriente disuelto. Para ayudar en la toma de decisiones sobre el impacto fluvial, se ha llegado a describir un sistema de apoyo a las decisiones de la contaminación producida por las depuradoras en el río Manzanares (Paredes *et al.*, 2010), aunque no sabemos si se ha usado o si lo será en el futuro.

Tabla 33.1. Planes de saneamiento en el territorio de Madrid.

Plan	Referencia
Plan de Saneamiento integral de Madrid capital (PSIM) (1977-1984)	Cristóbal (1986)
Plan Integral del Agua, de la CAM (PIAM) (1985-1994)	CAM (1985)
Plan de Saneamiento y Depuración de la Comunidad de Madrid (1995-2005) (PSD)	CAM (1995)
II Plan de Saneamiento integral de la villa de Madrid (PSIM-II)(1997-2006)	Ayuntamiento de Madrid (1996)
Plan Madrid Depura y Reutiliza, de la CAM (2005-2010)	MMARM (2009)

El tercer aspecto importante de afección a los ambientes acuáticos madrileños es el turismo interior, orientado sobre todo al ocio (*pic-nic,* montañismo, ciclismo de montaña, deportes de riesgo, etc.). Es elevadísimo el número de visitantes que reciben algunos lugares donde hay ecosistemas acuáticos, como la zona de la laguna de Peñalara en el Parque Nacional de la Sierra de Guadarrama (> 150.000 en 2009; ecodiario.eleconomista.es/medio-ambiente/noticias/2356608/08/10/) y el río Manzanares en La Pedriza. Este intenso turismo interior causa mucha erosión en las cuencas y cierta contaminación en los ambientes acuáticos.

Finalmente, un aspecto poco menos conocido es el de la fragmentación de los paisajes acuáticos por la construcción de grandes infraestructuras para el transporte (autovías de circunvalación o no, carreteras, raquetas y rotondas, líneas de alta velocidad...), que se han multiplicado enormemente en el territorio madrileño durante los últimos treinta años. Muchas lagunas y ríos, temporales o no, se ven flanqueados por esas estructuras y poco a poco van degradándose por simple colmatación mineral debida a un aumento de la erosión, a la vez que quedan desconectadas ecológicamente de otros ambientes próximos.

LA HIDROLOGÍA

Gran parte del territorio de Madrid depende de la presencia de los grandes embalses de abastecimiento. En los valles aluviales, pero también en zonas húmedas del sur y suroeste, depende de las aguas subterráneas, bien sean locales o regionales. En general, las aguas subterráneas de la provincia son de dos tipos: las de los valles fluviales y las del acuífero detrítico de Madrid (véase el capítulo de *Síntesis hidrológica*). El nivel piezométrico de ambas parece estar descendiendo desde hace años (Himi, 2001; IGME, 2015), con lo cual, la posibilidad de que descarguen hacia ecosistemas acuáticos estancados o fluviales se reduce. Como botón de muestra, cabe decir que el nivel de la laguna de Las Madres (en Arganda del Rey), íntimamente dependiente de los niveles piezométricos del valle aluvial, ha descendido más de dos metros desde 1991 (Álvarez Cobelas y Rojo, 2021).

Aunque todavía no se han detectado efectos del cambio climático en la pluviosidad madrileña (en el valle del Jarama al menos; Benavent, 2015), la tendencia temporal en los caudales fluviales ha sido hacia la disminución (véase el capítulo de *Síntesis hidrológica*).

LA CONTAMINACIÓN Y LA EUTROFIZACIÓN

Los dos grandes tipos de contaminación por las especies químicas implicadas son la orgánica de compuestos de síntesis y la orgánica debida al metabolismo humano y animal (esta despreciable, salvo localmente, como sucede en Peñalara y en el valle del arroyo Trofa, en Hoyo de Manzanares; véanse el capítulo de *Lagunas y humedales de alta montaña* y la referencia de Álvarez Cobelas *et al.,* 2017). Ambas llegan a los ecosistemas acuáticos por la vía de las aguas residuales o, en el caso del ganado extensivo, de manera directa. Los compuestos de síntesis principales son los farmacéuticos (psicoactivos) y los pesticidas. La materia orgánica y sus constituyentes de origen humano y animal se manifiestan en los compuestos de carbono orgánico, nitrógeno y fósforo.

Aunque la mayor parte de la contaminación sufrida por los ecosistemas acuáticos madrileños es de origen puntual (urbana en su mayoría), apenas se ha considerado la difusa agricultura, quizá porque este sector –que es el principal responsable de esta clase de contaminación– esté en regresión acelerada. En la cuenca del río

Aulencia y considerando el nitrógeno y el fósforo, la contaminación difusa es elevada todo el año, con cifras que siempre superan el 60 % del total, a excepción del nitrógeno en primavera. Para el Guadarrama, sin embargo, las fuentes puntuales son abrumadoramente dominantes (> 90 %) durante todo el año, salvo en otoño (Álvarez Cobelas *et al.,* 2003).

Si consideramos ahora los ambientes estancados, el único estudio donde hay una diferenciación entre cargas puntuales y difusas es el de Marcé *et al.* (2013) para el embalse de Pinilla. Mientras que para el nitrógeno total el mayor porcentaje de cargas (> 90 %) es de origen difuso, y son los prados (la ganadería extensiva, por tanto) los responsables de la mayor parte de esas cargas, el fósforo muestra otras cifras, pues aunque su origen dominante siga siendo el difuso, la contribución puntual de las depuradoras aumenta (30-50 %).

Entre los compuestos de síntesis se han analizado los productos de higiene personal (llamados PCPs en la jerga anglosajona), los hidrocarburos aromáticos policíclicos (los PAHs) y los pesticidas (Vega *et al.,* 1996; Fernández *et al.,* 2000; Gómez *et al.,* 2012; Pérez-Parada *et al.,* 2012), los psicoactivos (González Alonso *et al.,* 2010) y los productos cardiovasculares y analgésicos (Fernández *et al.,* 2010; Valcárcel *et al.,* 2011a, b), siempre presentes en los vertidos de depuradoras y aguas corrientes del territorio, aguas abajo de las grandes ciudades por su uso médico o recreativo (caso de las drogas) y aguas abajo de las zonas agrícolas (caso de los pesticidas). En la laguna de Las Madres se observan en ocasiones películas de hidrocarburos, verosímilmente procedentes de otra gravera situada en el este, a más altitud, que alberga grandes vertidos de hidrocarburos; en sus aguas hemos identificado el compuesto 2,6-di (t-butil)-4-hidroxi-4-metil-2,5 ciclohexadien-1-ona (Álvarez Cobelas, datos inéditos).

De las concentraciones de materia orgánica de origen biológico y sus componentes también hay varios estudios en los ambientes fluviales: ríos del sur y del este del territorio (Álvarez Cobelas *et al.,* 1998a, b; Arauzo *et al.,* 2008; Díez-Mayáns y Bienes, 2003; de la Puente y Camargo, 2005b; Sola *et al.,* 1990, 1991a, b) y arroyos de Las Rozas (Sánchez *et al.,* 2007). Sin entrar a hacer un análisis pormenorizado de los mismos, la conclusión principal de todos estos trabajos es que la contaminación que sufren esos ambientes es debida a las aguas residuales urbanas y agrícolas.

Queda por evaluar cuáles son las tendencias a largo plazo de dicha contaminación en los ríos de la Comunidad. Un análisis inicial, realizado con los datos registrados en la estación del río Jarama en Aranjuez, que integra la calidad del agua proveniente de las zonas de mayores impactos urbanos y agrícolas en Madrid (corredor del Henares, Jarama bajo y la capital), sugiere que se ha reducido (véase el capítulo de *Química de aguas y sedimentos*), gracias a la entrada en funcionamiento de nuevas depuradoras. Para el análisis, usamos el amonio y el ortofosfato como indicadores de la contaminación urbana, y el nitrato como indicador de la agrícola, aunque este pueda derivarse también de la nitrificación *in situ* del amonio. Así, vemos que hay una relación inversa entre ambos compuestos del nitrógeno ($R^2 = 0{,}34$, $p < 0{,}05$), con el nitrato aumentando desde el año 2000 y en los años sucesivos, mientras que el ortofosfato –como el amonio– muestra una tendencia temporal decreciente. La variabilidad anual de los datos es siempre muy alta. En cualquier caso, la calidad de la mayoría de los tramos fluviales sigue siendo francamente eutrófica, si seguimos los estándares de Dodds *et al.* (1998).

La contaminación por metales pesados se ha estudiado menos. Aunque hay algunos datos en agua fluvial, de dudoso valor porque la técnica de recolección de las muestras no parece fiable, rara vez se analiza en los sedimentos. Mientras que en la tesis doctoral de Rovira (1991) se señalaba que había un gradiente de aumento norte-sur de estas sustancias en los ambientes fluviales de la cuenca del Jarama, con mayores cifras en los sedimentos del bajo Jarama, en los estudios de Fernández *et al.* (2000) y Himi (2001) las concentraciones se habían reducido bastante (tabla 33.2). Sin embargo, el estudio de García-Pereira *et al.* (2015), presumiblemente realizado bastantes años después, vuelve a mostrar aumentos en las concentraciones de los metales presentes en los sedimentos del Jarama (tabla 33.2).

Tampoco se sabe demasiado sobre las afecciones que hayan podido experimentar la fauna y la flora a causa de los metales pesados. El estudio ya mencionado de Rovira (1991) contemplaba la ingestión de estas sustancias por tubifícidos, pero no ha vuelto a repetirse nada parecido sobre sus efectos biológicos para saber si han cambiado las pautas que ese autor apuntaba.

El único estudio sobre los efectos combinados de la urbanización, la contaminación y la hidrología es la tesis doctoral de Vicente Sánchez (2010), donde se comparan cuatro pequeñas cuencas hidrográficas del Guadarrama medio en un diseño factorial.

En ambientes estancados, el caso más grave de contaminación por metales es el del embalse del Aulencia (Cobo, 2002, 2005), debido al vertido continuado durante muchos años de residuos procedentes de la potabilización de aguas en la instalación del CYII en Valmayor, ricos en aluminio, pues el sulfato de alúmina se usa como floculante durante la potabilización. Pero también hay otros metales en menor concentración, como bario, cadmio, cromo, hierro, manganeso, níquel y plomo. Una consecuencia de este vertido ha sido la práctica colmatación del embalse, en la cual también han influido otras cargas contaminantes de origen orgánico producidas por aguas residuales urbanas.

También disponemos de algunos datos para la laguna de gravera de Las Madres, en la cual dominan el manganeso, el hierro y el aluminio (tabla 33.3). Los dos primeros son de origen natural, pero el segundo y el tercero también se deben al cableado abandonado en el fondo de la laguna por la antigua explotación minera. El resto de los metales pesados también son producto de dicha explotación. Los datos sedimentarios de cadmio y plomo, registrados en otras graveras de difícil ubicación, pero próximas a Las Madres, se hallan en el rango de los de aquella (Pb: 7,0-20,7 mg/kg; Cd: 0,81 mg/kg; Fernández *et al.,* 2000).

Otro tipo de contaminación al que no se prestó atención en su momento fue la fuga radiactiva desde las instalaciones de la Junta de Energía Nuclear en la Ciudad Universitaria hacia el Manzanares, el Jarama y el Tajo, ocurrida el 7 de noviembre de 1970. Los efectos de esa radiactividad sobre dichos ambientes acuáticos nunca se han evaluado; los suelos y sedimentos contaminados se enterraron subrepticiamente a lo largo de la Real Acequia del Jarama y allí siguen (M. Ansede, *El País,* 15 de septiembre de 2018).

Tabla 33.2. Metales pesados en sedimentos de los ríos madrileños (µg/g peso seco).

Datos de agosto de 1985 a Julio de 1986														
Estación	**Cd**		**Cr**		**Cu**		**Mn**		**Ni**		**Pb**		**Zn**	
Datos de Rovira (1991)	Promedio	Desv. típica	Promedio	Desv. típica	Promedio	Desv. típica	Promedio	Desv. típica	Promedio	Desv. típica	Promedio	Desv. típica	Promedio	Desv. típica
Jarama en Algete	1,18	1,2	29	9	41	28	353	389	23,3	9,8	43	29	93	33
Guadalix antes de Jarama	2	1,27	35	13	173	165	740	590	18,9	8,3	176	121	396	322
Jarama en S. S. Reyes	0,69	0,28	26	5	11,4	6	218	84	10,9	4,7	19	11	45	22
Jarama en S. Fernando	1,01	1,1	84	24	19,3	10	156	59	14	6,1	20	9	56	23
Henares, antes de Jarama	8,52	6,5	151	83	210	117	178	17	58	20	151	83	1.247	607
Jarama en Mejorada	4,03	2,83	182	111	98	75	194	51	34	17	89	39	422	291
Manzanares en Rivas	3,3	2,21	51	23	66	34	135	31	18	4,7	122	50	161	56
Jarama en Rivas	11,7	9,7	314	171	246	185	249	71	45	21	245	134	695	377
Jarama en Titulcia	6,7	6,6	150	96	140	112	197	67	27	13	156	72	311	174
Jarama en Aranjuez	11,1	5,6	230	104	216	113	225	44	36	15	220	80	518	172

Datos de junio de 1996							
Datos de Himi (2003)		**Cr**	**Cu**	**Mn**	**Ni**		**Zn**
Henares, antes de Jarama		11,5	15	95	8		175
Jarama en Mejorada		8,5	55	185	14,5		212
Manzanares en Vaciamadrid		5,5	25	115	9,5		83
Jarama en Presa del Rey		20	100	385	28,5		625
Jarama en Aranjuez		80,5	125	270	30,5		500
Bajo Tajuña		5	25	220	15,5		72
Fecha de muestreo, desconocida							
Datos de García-Pereira *et al.* (2015)	**Cd**		**Cu**	**Mn**	**Ni**	**Pb**	**Zn**
Jarama en S. S. Reyes	1,01		82	517	25,4	43,2	275
Jarama en Mejorada	1,73		63	534	12,6	50,9	129
Jarama en San Martín de la Vega	1,80		63	313	14,3	52,4	203
Jarama en Titulcia	5,13		265	517	48,7	35,0	504
Jarama en Aranjuez	1,06		41	298	9,3	42,9	105

Los datos de Rovira (1991) son promedios de un año para el periodo agosto de 1985-julio de 1986, mientras que los datos de Himi (2001) corresponden a un único muestreo de junio de 1996. Se desconoce cuándo se realizó el muestreo de García-Pereira *et al.* (2015).

Tabla 33.3. Promedios y variabilidad de los metales pesados en el sedimento de la laguna de Las Madres (mg/kg peso seco), calculados a partir de la determinación de las concentraciones en ocho lugares distintos de dicha laguna en 2015.

	Promedio	Desviación típica	CV	Mínimo	Máximo
Al	38.467,50	25.877,87	67	9.496,25	97.926,25
Ba	133,14	36,54	27	66,50	177,15
Cd	1,92	1,78	93	0,00	5,75
Cr	6,83	1,85	27	4,35	9,30
Cu	18,57	9,26	50	8,40	40,25
Fe	26.309,84	5.189,63	20	18.231,25	33.930,00
Mn	5.314,85	7.454,80	140	171,55	23.186,25
Ni	343,28	380,09	111	31,25	1.025,00
Pb	13,37	4,65	35	4,35	17,50
Sr	121,09	60,82	50	29,00	224,65
Zn	253,28	103,85	41	143,75	448,75

FUENTE: Álvarez Cobelas (datos inéditos).

En cuanto a la lluvia ácida, no se han realizado estudios específicos en las proximidades de los ambientes acuáticos. Existe un estudio efectuado dentro de la ciudad de Madrid que apunta a la práctica inexistencia de esos contaminantes, puesto que el pH del agua pluvial en toda la ciudad es neutro (Hontoria *et al.,* 2003).

Si tratamos ahora la eutrofización, señalaremos que algunos embalses ya eran eutróficos en las décadas de 1970 (San Juan, El Vellón y Santillana; Velasco, 1978; Margalef *et al.,* 1976) y 1980 (Riosequillo y Valmayor; Haering, 1984; Ortiz-Casas y Peña, 1984) y no parecen haber mejorado en los años recientes (tabla 33.4), pero un análisis más fino precisaría de mucha más información. Con los datos publicados, es difícil saber cuál ha sido la tendencia de la eutrofia en los distintos embalses. En la actualidad, casi la mitad para los que existen datos públicos son eutróficos, un cuarto del total es meso-eutrófico, hay dos oligotróficos y uno mesotrófico (tabla 33.5).

La eutrofia de las graveras es también variopinta, pero la mayoría de las analizadas son hipertróficas (tabla 33.6). Cuando se tienen datos de distintos años, sorprenden los cambios en la variabilidad, como es el caso de las lagunas de El Campillo y El Porcal. En general, las lagunas próximas al cauce fluvial del Jarama son las más eutróficas (Montes, 1993; Álvarez Cobelas *et al.,* 2000), pues les llegan muchos nutrientes por infiltración a través del farallón de separación entre laguna y río, muy poroso por la naturaleza de los materiales aluviales.

Tabla 33.4. Promedio estival de la clorofila «a» en el epilimnion de distintos embalses madrileños a largo plazo.

	1973	1979	1980	1981	1983	2008-2014
El Atazar		2,9	2,7	1,6		1,6
El Vellón			29,8	4,7	13,2	13,8
Picadas		12,2	20,3	12,3		9,2
Pinilla		4,7	5,1	6,8		6,4
Riosequillo		7,3	3,6	10,6		3,5
San Juan	7,2					8,1
Valmayor		39,9	4,3	14,3		14,5

Origen de los datos: Álvarez Cobelas (1982b), Arauzo (1992), C. H. Tajo (www.chtajo.es), Ortiz-Casas y Peña (1984), Velasco (1978).

Tabla 33.5. Tipología preliminar de la eutrofia en algunos embalses de Madrid en años recientes, según su concentración estival de clorofila «a»en el epilimnion y siguiendo los criterios de la OECD (1982).

Embalse	Clorofila «a» (µg/L)	Estado trófico	Referencia
Pinilla (2010-2011)	1-34	Meso-Eutrófico	Marcé *et al.* (2013)
Pinilla (2007-2015)	0,7-18,1	Meso-Eutrófico	C. H. Tajo
Riosequillo	0,6-9,7	Mesotrófico	C. H. Tajo
Puentes Viejas	0,6-47,1	Eutrófico	C. H. Tajo
El Villar	0,6-5,3	Oligotrófico	C. H. Tajo
El Atazar	1,1-2,8	Oligotrófico	C. H. Tajo
Santillana	1,1-34,7	Eutrófico	C. H. Tajo
El Vellón	1,4-28,2	Eutrófico	C. H. Tajo
El Pardo	7-23,1	Meso-Eutrófico	C. H. Tajo
Valmayor	2,2-34	Eutrófico	C. H. Tajo
San Juan	0,6-20,2	Eutrófico	C. H. Tajo
Picadas	2,3-20,9	Eutrófico	C. H. Tajo
La Jarosa	1,8-9,1	Mesotrófico	C. H. Tajo
Navacerrada	1,8-2,7	Oligotrófico	C. H. Tajo
Gózquez	3,6-42	Eutrófico	Datos propios

Los rangos que proceden de la C. H. Tajo (www.chtajo.es) son para los veranos de 2006-2015; el de Marcé *et al.* (2013), para todo el año.

Tabla 33.6. Tipología de la eutrofia en algunas graveras del Sureste de Madrid.

Gravera	Clorofila «a» (µg/L)	Estado trófico
Arriadas	96-314	Hipertrófico
Camping	2-24	Meso-eutrófico
El Campillo (1994-1995)	6-87	Hipertrófico
El Campillo (1998-1999)	33-111	Hipertrófico
Jet Madrid (Muñoz)	3,5-7,0	Oligotrófico
Laguna del Henares	17-85	Eutrófico
Los Frailes	4,5-60	Eutrófico
El Porcal (1984-1985)	22-425	Hipertrófico
El Porcal (1998-1999)	42-310	Hipertrófico
Presa del Henares	17-446	Hipertrófico
San Martín 7	89-1025	Hipertrófico
Soto de las Cuevas	9-203	Hipertrófico
Rivas 1	3-15	Mesotrófico

Los rangos de clorofila pertenecen a un ciclo anual, aunque la frecuencia de muestreo puede ser semanal (El Porcal, 1984-1985), bisemanal (El Campillo, 1994-1995) o trimestral (el resto). Datos de Álvarez Cobelas, no publicados.

En las canteras del norte y en las lagunas gravera del este y el sureste se han realizado unos análisis que, a veces, permiten proponer algunos modelos empíricos de relación entre el nutriente limitante y la clorofila «a» fitoplanctónica. Desgraciadamente, conocer el tiempo de retención de las graveras resulta muy difícil porque sus flujos hídricos dependen de las aguas subterráneas y las entradas y las salidas de estas son muy difíciles de cuantificar. Así que debemos conformarnos con regresiones lineales sin otras variables explicativas cuya eficacia ya ha sido probada para lagos convencionales (OECD, 1982). La mayor varianza explicada se tiene cuando se relaciona el fósforo total en toda la columna de agua a finales del invierno con el promedio de la clorofila estival en el epilimnion (tabla 33.7). Hay unas ecuaciones para 17 embalses españoles, debidas a Ortiz-Casas y Peña (1984), donde se incluyen datos de cinco embalses madrileños, pero la varianza explicada por la relación entre fósforo y clorofila es inferior al 40% La relación entre fósforo reactivo soluble y clorofila en las graveras, medidos ambos en verano, resulta dispar; la de Montes (1993, muestreos al comienzo de la mezcla invernal) es alta y la de Álvarez Cobelas, baja (datos no publicados, muestreos en 1999).

Cabe señalar también aquí que, a veces, la relación entre fósforo y clorofila no se cumple. Es el caso de la laguna de Las Madres, muestreada mensualmente durante 25 años. Cuando correlacionamos el promedio anual de la concentración de fós-

Tabla 33.7. Ecuaciones de regresión lineal entre el fósforo y la clorofila «a»fitoplanctónica en distintos ecosistemas estancados de Madrid. Cl-a: clorofila «a»(mg/m^3),FRS: fósforo reactivo soluble (mg P-PO4/m^3), FT: fósforo total (mg P/m^3). Los subíndices indican época estival (e, con estratificación en los ambientes profundos) y época inicial (mi) y final (mf) de mezcla invernal.

Tipo de ecosistema		N	Varianza explicada (R^2)	Referencia
Canteras de pórfido y granito	$[\text{Cl-a}]_{mi} = 3{,}13 \cdot [\text{FRS}]_{mi} + 0{,}38$	6	0,44	Montes (1993)
Graveras	$[\text{Cl-a}]_{mi} = 1{,}02 \cdot [\text{FRS}]_{mi} + 1{,}25$	21	0,77	Montes (1993)
Graveras	$[\text{Cl-a}]_{e} = 0{,}09 \cdot [\text{FT}]_{mf} + 11{,}17$	15	0,85	Álvarez Cobelas (datos inéditos)
Graveras	$[\text{Cl-a}]_{e} = 0{,}48 \cdot [\text{FRS}]_{mf} + 21{,}90$	15	0,70	Álvarez Cobelas (datos inéditos)
Graveras	$[\text{Cl-a}]_{e} = 0{,}09 \cdot [\text{FT}]_{e} + 23{,}67$	15	0,30	Álvarez Cobelas (datos inéditos)
Graveras	$[\text{Cl-a}]_{e} = 0{,}17 \cdot [\text{FRS}]_{e} + 34{,}68$	15	0,24	Álvarez Cobelas (datos inéditos)

foro total en la columna de agua con el promedio estival de la clorofila «a» en el epilimnion, la relación no resulta estadísticamente significativa ($N = 25$, $p > 0{,}05$). Tampoco lo es si se correlacionan ambas variables medidas simultáneamente en todos los meses ($N = 300$, $p > 0{,}05$; figura 33.1). ¿El motivo? Quizá la naturaleza meromíctica de la laguna (véase el capítulo *Física del agua*), cuya mezcla total de la columna de agua durante el invierno no ha ocurrido en todos los años estudiados, lo cual ha podido cambiar las relaciones entre fósforo y clorofila en distintos momentos del largo periodo. En cualquier caso, la laguna ha experimentado un proceso natural de oligotrofización, pues comenzó siendo mesotrófica cuando medíamos la clorofila «a»en los años noventa y es oligotrófica en la actualidad (Álvarez Cobelas y Rojo, 2021).

En cualquier caso, la variabilidad de la clorofila «a» explicada por el fósforo resulta baja en buena parte debido a la escasa información disponible para Madrid. Esto quiere decir dos cosas: 1.ª) convendría realizar más estudios, con la intención expresa de analizar la eutrofización madrileña, algo que no se ha hecho hasta ahora; 2.ª) otras variables deben tener mucho peso en la relación de eutrofia, con el efecto de la red trófica como el más importante quizá. Los peces se han estudiado en algunos embalses madrileños (García de Jalón *et al.*, 1993), pero nadie los ha relacionado con el fósforo. Además, debe tenerse en cuenta que la mayor parte de los peces ibéricos no comen plancton; los ciprínidos, en concreto, se alimentan en el sedimento, resuspendiendo fósforo sedimentario y contribuyendo a una carga interna de este elemento que nunca se ha cuantificado.

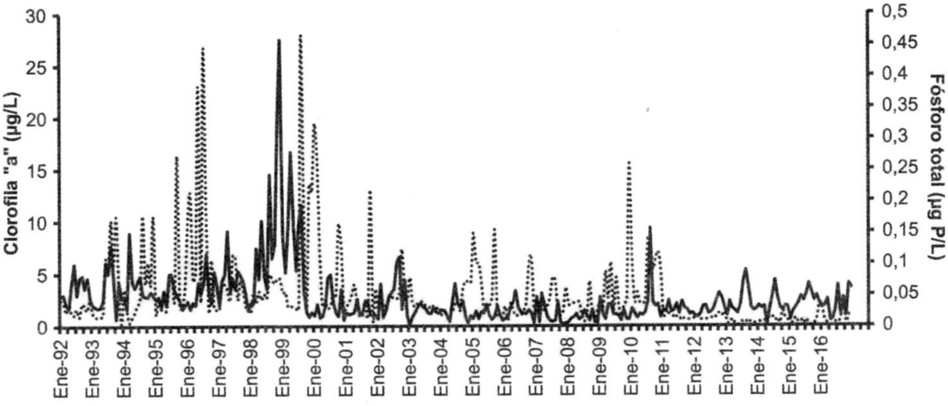

Figura 33.1. Concentración promedio, medida mensualmente, de fósforo total (eje derecho, línea de trazos) y clorofila «a» (eje izquierdo, línea continua) en la columna vertical de la laguna de Las Madres desde 1992 a 2016.

Finalmente, cabe añadir aquí que la puesta en marcha de la Directiva-Marco del Agua ha propiciado la aplicación en Madrid de antiguas y nuevas variables de tipo biológico, llamadas *métricas*, especialmente en el caso de los ríos. Un ejemplo de ello es el trabajo debido a de la Puente y Camargo (2005a) en el río Henares.

TOXICIDAD Y PROBLEMAS SANITARIOS

Las cianobacterias pueden desarrollar grandes proliferaciones en embalses de abastecimiento, transformados en eutróficos por la entrada de aguas residuales urbanas. En ocasiones, dichos organismos generan toxinas que pueden afectar a la flora y la fauna, e incluso ser peligrosas para los seres humanos (Carrasco Gata, 2007; véase el capítulo de *Cianobacterias*). Por este motivo incluso están presentes en la legislación española, en la que se limita su presencia en el agua para consumo (microcistinas a concentraciones-límite de 1 µg/L; RD1 40/2003), o la Directiva de Aguas de Baño (2006/07/CE), que exige la creación de perfiles de propensión a la proliferación de cianobacterias en aguas con dichos usos. Ese fue el caso del desarrollo masivo de *Planktothrix rubescens* en el embalse de El Atazar durante las primaveras de los años 2000 y 2001, cuando se detectaron indicios de afecciones hepáticas en el 93 % de los especímenes analizados de barbo común, carpín y *black-bass* (Almodóvar *et al.,* 2004), las cuales dieron como resultado una gran mortalidad piscícola y malos olores en el entorno (Almodóvar, comunicación personal). También se ha descrito toxicidad en peces del río Tajo (Muñoz *et al.,* 1994).

Antiguamente, la proliferación masiva de cianobacterias se trataba con sulfato cúprico, cosa que se hizo –al menos– en el embalse de Valmayor durante la década de 1980. Los datos disponibles indican que, tras la aplicación, disminuía mucho la biomasa de esos organismos, y pasaban a dominar las clorofíceas y las diatomeas (tabla 33.8).

Tabla 33.8. Efectos sobre el fitoplancton de la adición de sulfato de cobre al agua del embalse de Valmayor. Datos de Haering (1984).

Fecha	Adición de cobre	Taxones dominantes
22/07/1981	Sí	*Microcystis, Anabaena, Aphanizomenon*
26/08/1981		*Microcystis*
16/09/1981		*Fragilaria crotonensis, Crucigenia, Chlamydomonas*
16/10/1981	Sí	*Dictyosphaerium, Fragilaria*
27/11/1981		*Fragilaria crotonensis*
05/01/1982		*Sphaerocystis*
05/02/1982		*Asterionella, Sphaerocystis*
12/03/1982		*Asterionella, Coelastrum*
06/04/1982	Sí	*Dichotomococcus, Asterionella*
07/05/1982		*Scenedesmus ecornis, Pandorina morum*
20/05/1982		*Coelastrum, Scenedesmus, Cryptomonas erosa, Fragilaria crotonensis*

Entre los diversos estudios ecotoxicológicos realizados en los ambientes acuáticos madrileños, tenemos el de Carballo *et al.* (2005) acerca del impacto de los vertidos de las depuradoras sobre las gónadas masculinas de las carpas presentes en los ríos Guadarrama, Henares, Jarama y Lozoya, con resultados poco concluyentes. Por su parte, Alonso y Camargo (2005) refieren que los compuestos nitrogenados disueltos (amoniaco, nitrito y nitrato) afectan de manera diferente a la dosis letal de los invertebrados fluviales, y que el caracol *Potamopyrgus antipodarum* es más tolerante a estas sustancias que las planarias *(Polycelis felina)* o los crustáceos gammáridos. Finalmente, tiene interés el trabajo de Iepure *et al.* (2013) por cuanto refiere por primera vez el posible efecto que los contaminantes pueden ejercer sobre los crustáceos del medio intersticial de los ríos Jarama, Henares, Manzanares y Tajuña.

También tienen interés en este contexto las afecciones debidas a la picadura de mosca negra adulta a seres humanos, cuyas larva y pupa son acuáticas y se han desarrollado en los últimos años en el Jarama medio, el bajo Henares y el bajo Manzanares gracias a la mejora de las condiciones ambientales que posibilita la colonización por la fanerógama sumergida *Potamogeton pectinatus,* la cual enraiza en el fondo del cauce y sobre la quese asientan grandes densidades de la pupa de *Simulium erythrocephalum* (Soriano *et al.,* 2017).

LAS ESPECIES INTRODUCIDAS

Hoy por hoy, las que parecen más importantes y perjudiciales para el resto de las presentes en el medio acuático son el helecho *Azolla filiculoides,* el cangrejo americano

(Procambarus clarkii), el visón americano *(Neovison vison)* y el mapache boreal *(Procyon lotor)*. Ambos mamíferos se consideran muy nocivos para las faunas autóctonas (iucngisd.org/gisd/species.php?sc=969) y hay una estrategia nacional española para erradicar el primero (MAGRAMA, 2014). En cualquier caso, sobre los impactos de todas estas especies aún se sabe poco en la Comunidad de Madrid desde el punto de vista cuantitativo.

LA DESTRUCCIÓN DE ECOSISTEMAS

El número de lagunas y humedales desecados en Madrid es elevado; aquí ofrecemos algunos datos al respecto (tabla 33.9). La inmensa mayoría se localizan al sur de la capital, pero también ha habido algunos en el área metropolitana. Inicialmente, la desecación pretendía eliminar lugares insalubres o ganar terreno para actividades agrarias. Más tarde, solares para su urbanización. Pero las charcas y pequeñas lagunas han sido un lugar común también para arrojar residuos sólidos, fundamentalmente los derivados de la construcción (escombros, cascotes, ladrillos, residuos de envases, plásticos...).

En cuanto a los ríos vinculados al Manzanares, el imparable crecimiento de la urbanización en la ciudad ha acabado con muchos de ellos. Casos especialmente notables fueron los de las corrientes fluviales del este y sureste, asociadas al arroyo del Abroñigal y sus afluentes, que discurrían por Moratalaz, Vallecas y su entorno (tabla 33.9).

Tabla 33.9. Ambientes desecados o drenados en la Comunidad de Madrid. Fuentes: Gea (2003), López Carcelén (2019), www.iberica2000.org/es/Articulo.asp?Id=4007#Valoracion,unvallecano.blogspot.com/.*: convertida en un estanque artificial para ocio.

Ecosistema	Término municipal
Arroyo de Caño Roto (barrio de Caño Roto, drenaba a la margen derecha del Manzanares)	Madrid capital
Arroyo de Embajadores (c/ Embajadores, barrio de Lavapiés, desaguaba en el Manzanares por lamargen izquierda)	Madrid capital
Arroyo de Leganitos (hoy calle del mismo nombre, Centro)	Madrid capital
Arroyo de Pajaritos (hoy c/ Ayala, barrio de Salamanca, drenaba hacia el arroyo del Abroñigal)	Madrid capital
Arroyo del Abroñigal (hoy tramo oriental de la M-30, drenaba hacia la margen izquierda del Manzanares)	Madrid capital
Arroyo del Arenal (hoy c/ Arenal, desembocaba en el arroyo de Leganitos)	Madrid capital
Arroyo de la Boticaria (en el actual barrio de Canillas, desaguaba por la margen derecha de arroyo del Abroñigal)	Madrid capital

Tabla 33.9. *(continuación)*

Ecosistema	Término municipal
Arroyo de la Elipa (barrio de La Elipa, drenaba hacia la margen izquierda del arroyo del Abroñigal)	Madrid capital
Arroyo de la Fuente Castellana (hoy tramo de la Castellana, desde San Juan de la Cruz a Colón)	Madrid capital
Arroyo de Luche (hoy barrio de Aluche, desaguaba en la margen derecha del Manzanares)	Madrid capital
Arroyo de Valnegral (continuación del arroyo de la Fuente Castellana, desde Recoletos a Atocha, desaguaba en la margen derecha del arroyo del Abroñigal)	Madrid capital
Arroyo Fontarrón-Las Moreras (barrio de Moratalaz, drenaba en la margen izquierda del Abroñigal)	Madrid capital
Arroyo Matalobos (hoy c/ Las Minas, barrio del Dos de Mayo, drenaba hacia el arroyo de Leganitos)	Madrid capital
Arroyo Matriz o Don Pedro (hoy c/ Segovia, barrio de los Austrias, verosímilmente nacía en la laguna de Puerta Cerrada y desaguaba en el Manzanares por su margen izquierda, a la altura del puente de Segovia)	Madrid capital
Arroyo Pilillas-Valluncoso (en Moratalaz, desaguaba en el Abroñigal por su margen izquierda al norte del arroyo Fontarrón-Las Moreras)	Madrid capital
Balsa de Alcorcón	Alcorcón
Balsa de Fuenlabrada	Fuenlabrada
Balsa del Salmoral	Parla
Barranco de Maudes o arroyo Bajo Abroñigal (hoy c/ Maudes, desaguaba hacia el arroyo de la Fuente Castellana	Madrid capital
Barranco de Santa Catalina (hoy c/ Escalinata, barrio de los Austrias, desaguaba en el arroyo Leganitos)	Madrid capital
Charcas del convento de San Jerónimo (hoy c/ Lope de Vega, barrio de Huertas)	Madrid capital
Charcas de Mena (hoy c/ Cardenal Cisneros, barrio de Bilbao)	Madrid capital
Laguna de Cantochao	Leganés
Laguna de Carrolomillo	Alcorcón
Laguna de Fregaceros	Fuenlabrada
Laguna de la Horca o de Parla	Parla
Laguna de la Lavandera	Getafe

Tabla 33.9. *(continuación)*

Ecosistema	Término municipal
Laguna de Lancha Basto	Parla
Laguna de Las Gazaperas	Fuenlabrada
Laguna de Las Piqueñas	Madrid
Laguna de Las Tablas	Parla
Laguna de Los Barriales	Parla
Laguna de Luján (hoy Plaza Mayor)	Madrid capital
Laguna de Mari Pascuala*	Leganés
Laguna de Puerta Cerrada (Puerta Cerrada, barro de los Austrias)	Madrid capital
Laguna de Polvoranca*	Leganés
Laguna de Santa Cruz (pza. Santa Cruz, Mº Asuntos Exteriores)	Madrid capital
Laguna del Guatén Norte	Torrejón de Velasco
Lagunas del arenero de Los Cotos (3 cubetas)	Parla
Lagunas del arenero del Cerro de la Avutardera (2 cubetas)	Parla

EL CAMBIO CLIMÁTICO

La causa principal de este proceso es la emisión de gases de efecto invernadero (dióxido de carbono, metano, óxido nitroso). Poco se sabe sobre ellos en los ambientes acuáticos madrileños, pues esas emisiones rara vez se han medido directamente (véase el capítulo de *aguas y sedimentos*). En el caso del CO_2, dado el pH básico prevaleciente en la mayoría de nuestros ecosistemas, la mayor parte del carbono orgánico presente en ellos se encuentra disuelto como bicarbonato, y no como CO_2, con lo cual las emisiones de este hacia la atmósfera serán seguramente muy poco importantes.

El metano es otro cantar. No hay datos de su estimación directa, a excepción de los medidos en la laguna de Las Madres (véase el capítulo de *Química*). Hemos realizado unos cálculos preliminares de las emisiones anuales procedentes de ecosistemas acuáticos estancados, que se basan en una nueva metodología (Álvarez Cobelas y Sánchez Carrillo, 2019). Las emisiones suponen unas 627 Tm CH_4/año, lo cual significa un 0,84 % del total de las enviadas a la atmósfera en la Comunidad de Madrid en el año 2015 (que ascendían a unas 74.940 Tm CH_4/año; CAM, 2017). No es posible calcular las emisiones de origen fluvial, que deben ser importantes en los tramos medios y bajos de los ríos, donde se acumula mucha materia orgánica y hay condiciones anóxicas, pero –por altas que sean– supondrán un porcentaje bajísimo del total de emisiones en el territorio. Y sobre las emisiones del óxido nitroso por los ecosistemas acuáticos, nada sabemos, a excepción de lo referido para Las Madres (capítulo de *Química*).

En España estos procesos acaban teniendo efectos sobre la temperatura y, quizá, la pluviosidad (Moreno, 2005). En la laguna de Las Madres, hemos constatado un aumento de 0,9 °C/década en la temperatura del aire, mientras que para toda la columna de agua (excluyendo el monimolimnion) el aumento térmico ha sido de 0,75 °C/década para el periodo 1992-2017 (Álvarez Cobelas *et al.,* 2019). También se ha detectado una ampliación del periodo de crecimiento fitoplanctónico en dicho ecosistema durante la primavera-verano, el cual ha aumentado unos 24 días/década (Benavent, 2015).

En la cuenca del embalse de Pinilla se prevé que el cambio climático puede aumentar los aportes hídricos en un 13 % durante el periodo 2011-2040 respecto a los habidos en el periodo 1980-2005, pero la calidad del agua no se verá afectada (Marcé *et al.,* 2013).

Sí se han observado cambios a largo plazo en la distribución altitudinal de algunas especies de efemerópteros *(Epeorum),* plecópteros *(Protonemura)* y tricópteros *(Rhyacophila),* registrados en el Alto Manzanares (Gutiérrez Teira, 2003) y que se ubicaban en aguas más altas al cabo de quince años, de acuerdo con las predicciones de los efectos del cambio global. Pero también cabe señalar que otras especies de esos mismos insectos hicieron el recorrido inverso, con lo cual hay que tomar con precaución estas informaciones.

Los posibles efectos del cambio global en los ecosistemas acuáticos aún no se han detectado, en parte, porque tampoco se han buscado. Son verosímiles las transformaciones de algunos ambientes permanentes a ecosistemas temporales y de estos a otros más temporales aún (Álvarez Cobelas *et al.,* 2005c). Y también lo son en la estratificación térmica y en el plancton (Adrian *et al.,* 2009), pero estos últimos aún no se han analizado para Las Madres durante los veintinueve años de datos registrados. De otros ecosistemas madrileños no se tienen datos publicados suficientes para aseverar nada.

LA CONSERVACIÓN AMBIENTAL

El bienintencionado interés por la protección ambiental ha hecho que se produzca normativa para parar un tren. En el territorio madrileño hay un Parque Nacional, tres Parques Regionales, una Reserva Natural, un Refugio de Fauna y un Sitio Natural de Interés Nacional (tabla 33.10). Las autoridades ambientales están orgullosas y recalcan siempre que Madrid tiene un porcentaje muy alto de territorio protegido ambientalmente. Cualquier espectador desapasionado sabe que dicha protección no es tan magnífica como la pintan y, como consecuencia, los ecosistemas acuáticos que albergan esos espacios naturales tienen una salud poco envidiable.

Por si no hubiera suficientes zonas protegidas, también se ha dado en *proteger* ecosistemas determinados. Catorce embalses (véase también el capítulo *La creación de nuevos ecosistemas acuáticos*) y veintidós humedales y lagunas, buena parte de origen

Tabla 33.10. Espacios naturales protegidos en el territorio madrileño, con ecosistemas acuáticos de interés.

Espacio protegido	Municipio(s)	Normativa legal	Superficie protegidas en Madrid (km^2)
Parque Nacional Sierra de Guadarrama	Alameda del Valle, Becerril de la Sierra, Canencia, Cercedilla, El Boalo, Guadarrama, Los Molinos, Lozoya, Manzanares el Real, Miraflores de la Sierra, Navacerrada, Navarredonda y San Mamés, Pinilla del Valle, Rascafría y Soto del Real	Ley estatal 7/2013, del 26 de junio de 2013	217
Parque Regional del Curso Medio del río Guadarrama y su entorno	El Álamo, Arroyomolinos, Batres, Boadilla del Monte, Brunete, Colmenarejo, Galapagar, Majadahonda, Moraleja de Enmedio, Móstoles, Navalcarnero, Las Rozas, Serranillos del Valle, Sevilla la Nueva, Torrelodones, Valdemorillo, Villanueva de la Cañada, Villanueva del Pardillo y Villaviciosa de Odón	Ley autonómica 20/1999 del 3 de Mayo, modificada por la 4/2001 del 28 de junio	221
Parque Regional de la Cuenca Alta del Manzanares	Madrid, Becerril de la Sierra, Colmenar Viejo, El Boalo, Hoyo de Manzanares, Las Rozas, Manzanares el Real, Moralzarzal, Soto del Real y Torrelodones	Ley autonómica 1/1985, del 23 de enero, modificada por las 2/1987, 7/1991, 5/1993 y 10/2003	426
Parque Regional del Sureste	Torrejón de Ardoz, San Fernando de Henares, Coslada, Mejorada del Campo, Velilla de San Antonio, Rivas-Vaciamadrid, Arganda, Madrid, Getafe, Pinto, San Martín de la Vega, Valdemoro, Titulcia, Ciempozuelos, Chinchón y Aranjuez	Ley autonómica 6/1994 del 28 de junio, modificada por la 7/2003, del 20 de marzo	315
Reserva Natural El Regajal-Mar de Ontígola	Aranjuez	Decreto autonómico 68/1994, de 30 de junio	6,29
Refugio de Fauna Laguna de San Juan y su entorno	Chinchón	Decreto autonómico 5/1991, del 14 de febrero	0,47
Sitio Natural de Interés Nacional Hayedo de Montejo	Montejo de la Sierra	Decreto 2868/1974 del Ministerio de Agricultura, del 30 de agosto	2,5

Tabla 33.11. Lagunas y humedales incluidos en el Catálogo de Embalses y Humedales de la Comunidad de Madrid (CAM, 2014).

	Tipo	IEZH/ NWI	Protección	Uso/ use	X (UTM)	Y (UTM)	Altitud (m)	Municipio
Humedal del Carrizal de Villamejor	Nat	IH311003	1,2	Nat	430681	4420725	473	Aranjuez
Soto del Lugar	Nat	IH311004	1,2	Nat	435100	4422500	480	Aranjuez
Laguna de San Juan	Nat	IH311007	1	Nat	455815	4443823	520	Chinchón
Laguna de Casasola	Nat	IH311008		Nat	458902	4446026	520	Chinchón
Laguna de San Galindo	Nat	IH311009	1	Nat	459692	4447435	520	Chinchón
Lagunas de Castrejón	Nat	IH311011		Gan	403150	4488340	960	El Escorial
Humedales del Macizo de Peñalara	Nat	IH311016	3,4,5	Nat	420060	4522620	2.430-1.672	Rascafría
Laguna de Valdemanco	Nat	IH311020		Nat	445739	4522882	1055	Valdemanco
Laguna de las Esteras	Nat	IH311023		Nat	454487	4437658	570	Colmenar de Oreja
Lagunas de Soto Mozanaque	Art	IH311001		Rie	454408	4494836	620	Algete
Mar de Ontígola	Art	IH311002	1,2	Nat	449058	4430075	546	Aranjuez
Laguna de Soto de las Cuevas	Art	IH311005	1,6	Nat	447940	4438699	490	Aranjuez
Lagunas de las Madres	Art	IH311006	1,6	Rec	456362	4461107	525	Arganda
Lagunas de Ciempozuelos	Art	IH311010	1,6	Nat	451335	4444450	500	Ciempozuelos
Lagunas de Horna	Art	IH311012		Rec	444020	4462390	578	Getafe

Tabla 33.11. *(continuación)*

	Tipo	IEZH/ NWI	Protección	Uso/ use	X (UTM)	Y (UTM)	Altitud (m)	Municipio
Charcas de los Camorchos	Art	IH311013	7	Nat	422202	4494626	945	Hoyo de Manzanares
Lagunas de la presa del río Henares	Art	IH311014	1,6	Rec	458203	4473509	552	Mejorada del Campo
Lagunas de Belvis	Art	IH311015	8	Nat	452642	4489532	584	Paracuellos del Jarama
Lagunas del Campillo	Art	IH311017	1,6	Rec	457505	4463690	527	Rivas-Vaciamadrid
Laguna de Soto de las Juntas	Art	IH311018	1,6	Rec	455200	4462856	525	Rivas-Vaciamadrid
Lagunas de Cerro Gordo	Art	IH311019	1,6	Aba	459455	4474853	555	San Fernando de Henares
Lagunas de Velilla	Art	IH311021	1,6	Rec	459258	4467358	534	Velilla de San Antonio
Lagunas de Sotillo y Picón de los Conejos	Art	IH311022	1,6	Rie	457336	4468694	542	Velilla de San Antonio

Tipo: natural (Nat) y artificial (Art); IEZH: código del Inventario Español de Zonas Húmedas; protección: LIC «Vegas, cuestas y páramos del sureste» ES3110006 (1), ZEPA «Carrizales y Sotos de Aranjuez» ES0000119 (2), LIC «Cuenca del río Lozoya y sierra norte» ES311002 (3), ZEPA «Alto Lozoya» ES0000057 (4), Ramsar «Humedales del Macizo de Peñalara» 3ES051 (5), ZEPA «Cortados y cantiles de los ríos Jarama y Henares» ES0000142 (6), LIC «Cuenca del río Manzanares» ES3110004 (7), LIC «Cuenca de los ríos Jarama y Henares» ES311001 (8); uso: natural (Nat), ganadero (Gan), riego (Rie), recreativo (Rec) y abastecimiento (Aba).

artificial, entran dentro de esa protección (tablas 33.11-33.13). Varias de las últimas son complejos lacustres con dos o más cubetas.

Tabla 33.12. Embalses con protección ambiental en la Comunidad de Madrid. Fuente: CAM (2014).

Ecosistema	Cuenca
Pinilla	Lozoya
Riosequillo	Lozoya
El Villar	Lozoya
Puentes Viejas	Lozoya
El Atazar	Lozoya
Santillana	Manzanares
El Pardo	Manzanares
El Vellón (Pedrezuela)	Guadalix
La Jarosa	Guadarrama
Los Arroyos	Aulencia-Guadarrama
Valmayor	Aulencia-Guadarrama
Picadas	Alberche
San Juan	Alberche
Mar de Ontígola	Tajo

Aunque descreemos de esta clase de normativas, cuya utilidad para la conservación ambiental requeriría más dinero y mayor aprecio cultural por parte del ciudadano, nos atrevemos a proponer otros ecosistemas susceptibles de *protección,* a fin de que puedan sobrevivir hasta un futuro más respetuoso en términos ambientales. En concreto, las antiguas canteras de pórfido de la rampa serrana (Colmenar Viejo y aledaños), los pequeños humedales de descarga regional del suroeste (zona de La Sagra madrileña), los arroyos temporales salinos que drenan hacia el Tajo (como los del Guatén, Seseña, La Cavina y Cedrón o Martín Román, siempre y cuando se evite que circulen aguas residuales por ellos) y la laguna de tipo playa de Las Esteras resultan ecosistemas lo suficientemente raros e interesantes como para merecer esa atención venidera.

En cuanto a las especies amenazadas o consideradas de interés especial en el territorio madrileño (CAM, 2015), la mayoría de las vinculadas al agua pertenece al grupo de las fanerógamas (9) y de las aves (8) (tabla 33.14). Lamentablemente, no hay entre ellas ningún invertebrado acuático, musgo o alga; en unos casos, por falta de información suficiente sobre su distribución en la Comunidad de Madrid; en

Tabla 33.13. Principales características hidromorfológicas de las lagunas y humedales incluidos en el Catálogo de Embalses y Humedales de la Comunidad de Madrid (2014).

	N.º masas de agua	Área inundada (ha)	Profundidad (m)	Régimen hídrico	Fuente de agua	Cuenca	Litología	Origen
Humedal del Carrizal de Villamejor	1	36.47	0.2	T	Sup+Sub+Llu	Tajo	Qua	A
Soto del Lugar	1	22.3	1	P	Sub+Llu	Tajo	Qua	B
Laguna de San Juan	1	10.58	1	P	Sup+Sub+Llu	Tajuña	Qua	C
Laguna de Casasola	1	2.05	0.5	T	Sup+Sub+Llu	Tajuña	Qua	C
Laguna de San Galindo	1	2.5	0.5	T	Sup+Sub+Llu	Tajuña	Qua	C
Lagunas de Castrejón	5	2.8	1	P (T)	Llu	Perales	Gra	D
Humedales del Macizo de Peñalara	245	492.78	4.7	P (T)	Llu	Lozoya	Gne	E
Laguna de Valdemanco	1	1.26	1	T	Llu	Guadalix	Gra	D
Laguna de las Esteras	1	5.71	0.5	T	Sup	Tajo	Yes	F
Lagunas de Soto Mozanaque	24	8.13	2.5	P (T)	Sub+Llu	Jarama	Qua	G
Mar de Ontígola	1	8.61	4	P	Sub+Llu	Tajo	Yes	H
Laguna de Soto de las Cuevas	1	11.56	4	P	Sub+Llu	Tajo	Qua	G
Lagunas de las Madres	3	12.17	13	P	Sub+Llu	Jarama	Qua	G
Lagunas de Ciempozuelos	2	15.93		P (T)	Sub+Llu	Jarama	Qua	G

	N.º masas de agua	Área inundada (ha)	Profundidad (m)	Régimen hídrico	Fuente de agua	Cuenca	Litología	Origen
Lagunas de Horna	4	1.2	2.4	P (T)	Sub+Llu	Manza-nares	Yes	H
Charcas de los Camorchos	5	0.21	2.8	P (T)	Sub+Llu	Manza-nares	Gra	G
Lagunas de la presa del río Henares	4	6.85		P (T)	Sub+Llu	Henares	Qua	G
Lagunas de Belvis	29	3.9		P	Sub+Llu	Jarama	Qua	G
Laguna del Campillo	1	48.55	30	P	Sub+Llu	Jarama	Qua	G
Laguna de Soto de las Juntas	1	9.9		P	Sub+Llu	Jarama	Qua	G
Lagunas de Cerro Gordo	5	3.6		P (T)	Sub+Llu	Henares	Qua	G
Lagunas de Velilla	5	18.5		P	Sub+Llu	Jarama	Qua	G
Lagunas de Sotillo y Picón de los Conejos	11	46.9	4	P	Sub+Llu	Jarama	Qua	G

Régimen hídrico: temporal (T), permanente (P) y permanente pero sin agua en años de sequía (P(T)); fuente de agua: superficial (Sup), subterránea (Sub) y lluvia (Llu); litología: rocas gneísicas del Paleozoico (Gne), rocas graníticas del Paleozoico (Gra), yesos del Terciario (Yes) y terrazas y depósitos fluviales del Cuaternario (Qua); origen de las lagunas: fluvial de llanura de inundación (A), fluvial por abandono de meandro (B), combinado de disolución e infiltración de yesos en dolinas y fluvial de llanura de inundación (C), por erosión diferencial –nava– (D), por glaciarismo (E), por disolución kárstica de evaporitas (F), por extracción de áridos/yeso/granito (G) y por construcción de un embalse (H).

otros, como los moluscos, por pura desidia administrativa. Eso sí, algunas especies de carófitos, tricópteros, plecópteros y aves se incluyen bajo el rubro de *sensibles a la desaparición de su hábitat,* una trivialidad administrativa, porque cualquier especie es sensible a la desaparición de su hábitat.

Tabla 33.14. Especies amenazadas o especialmente interesantes, vinculadas al agua dulce en la Comunidad Autónoma de Madrid.

Grupo taxonómico	**Especie**	**¿Vulnerable (V), en peligro de extinción (E) o de interés especial (I)?**
Fanerógamas	*Callitriche lusitanica*	I
Fanerógamas	*Callitriche truncata**	I
Fanerógamas	*Najas marina*	I
Fanerógamas	*Potamogeton gramineus*	V
Fanerógamas	*Potamogeton polygonifolius*	V
Fanerógamas	*Ruppia maritima*	I
Fanerógamas	*Utricularia australis*	V
Peces	*Anguilla anguilla*	E
Peces	*Barbus comiza*	E
Peces	*Tropidophoxinellus alburnoides*	E
Peces	*Cobitis calderoni*	E
Anfibios	*Hyla molleri*	V
Anfibios	*Rana iberica*	V
Anfibios	*Pelodytes punctatus*	V
Anfibios	*Ichthyosaura alpestris*	V
Anfibios	*Lissotriton boscai*	I
Reptiles	*Emys orbicularis*	E
Reptiles	*Mauremys caspica*	V
Aves	*Anas strepera*	I
Aves	*Actitis hypoleucos*	I
Aves	*Vanellus vanellus*	I

Tabla 33.14. *(continuación)*

Grupo taxonómico	Especie	¿Vulnerable (V), en peligro de extinción (E) o de interés especial (I)?
Aves	*Ciconia nigra*	E
Aves	*Himantopus himantopus*	I
Aves	*Egretta garzetta*	I
Aves	*Alcedo atthis*	I
Aves	*Cinclus cinclus*	I
Aves	*Netta Rufina*	I
Aves	*Rallus aquaticus*	I
Aves	*Podiceps nigricollis*	I
Mamíferos	*Galemys pyrenaicus*	E
Mamíferos	*Neomys anomalus*	I
Mamíferos	*Lutra lutra*	E

* Conociendo su hábitat (aguas temporales y salinas, no afectadas por las mareas), es improbable la presencia de *Callitriche truncata* en la Comunidad de Madrid.

FUENTES: BOCM (1992), CAM (2015). No se contemplan las tipificadas como *sensibles a la desaparición de su hábitat.*

¿Qué especies faltaría por considerar para ser incluidas en esa lista? Un caso claro es el de los moluscos (Araujo, comunicación personal), cuya distribución en la Comunidad de Madrid se conoce bastante bien (véase el capítulo correspondiente). Pero también valdría la pena observar a determinados carófitos (*Nitella* spp., *Tolypella glomerata*), musgos (*Hamatocaulis vernicosus, Riella* spp.) e insectos, tengan estos larva acuática unicamente o pasen también su vida adulta en el agua. Esto solo podría conseguirse si en la Comunidad de Madrid se financiara más investigación biogeográfica sobre todos estos organismos acuáticos.

En cualquier caso, es triste tener que señalar que, probablemente, la biodiversidad acuática madrileña habrá experimentado una reducción, debida a la homogeneización de los hábitats, resultado de la contaminación de los cauces y lagunas por aguas residuales urbanas y ganaderas, depuradas o no. El número de ambientes madrileños que no sufre alguna clase de contaminación o degradación es cada vez menor, y ese proceso suele dar lugar a unas condiciones ambientales muy similares entre los distintos ambientes, con lo cual, la diversidad-beta se reduce. Las prospecciones recientes de algas (Álvarez Cobelas, datos inéditos) y macrófitos acuáticos (Cirujano, datos inéditos) por toda la Comunidad de Madrid indican que esto ya ha sucedido.

LA RESTAURACIÓN DE ECOSISTEMAS

Aunque ha habido ya varias propuestas de restauración ambiental, como la del Jarama debida a Catalán y Ucar (1979), hay pocas llevadas a la práctica, ejemplos de las cuales son las que han tenido lugar en Peñalara y en la cantera de granito de Valmayor. En la laguna de montaña, se ha extirpado la trucha arco-iris, que había cambiado totalmente la red trófica tras su introducción en la década de los setenta en un ecosistema que nunca había tenido peces. Por otro lado, se ha impedido el acceso de visitantes hasta el borde de la laguna, lo cual ha mejorado las comunidades de interfase entre el medio terrestre y el acuático. El proceso de eutrofización acelerada en la laguna, detectado a comienzos de 1990, se ha revertido. Se ha controlado también el proceso de erosión y compactación del suelo en los márgenes de la laguna de Peñalara, originado por el pisoteo de los numerosos visitantes de este Espacio Natural. Para ello, se procedió al acordonamiento de la zona más sensible, a la instalación de pasarelas y a la regeneración de la vegetación. En su conjunto, todas estas medidas han redundado en beneficio de ese ecosistema (Granados *et al.,* 2006).

En la cantera de Valmayor, que llevaba más de treinta años abandonada desde la construcción del embalse, se han tratado adecuadamente los taludes y se ha revegetado (Díaz Martín, 2012).

Finalmente, cabe señalar que en algún caso han surgido humedales tras la extracción de tierras y el afloramiento de aguas subterráneas, como ha ocurrido con la denominada laguna de Meco (Aguirre Martínez *et al.,* 2014), pero su futuro parece incierto al estar localizada en pleno parque empresarial.

LAGUNAS EN EL CONOCIMIENTO

Aunque las líneas anteriores han citado unas cuantas, las resumiremos aquí. Probablemente algunas de las que se señalan, como la carencia de datos a largo plazo sobre la eutrofización en embalses, no fueran tales si el Canal de Isabel II hiciese pública la ingente cantidad de datos que asegura tener, lo cual es de obligado cumplimiento en la Unión Europea (véase la Directiva 2003/4/CE de acceso público a la información medioambiental). En los estudios existentes se echa de menos claramente los efectos de la red trófica sobre la eutrofización, especialmente los debidos a la componente piscícola.

Por otro lado, no hay datos directos sobre emisiones de dióxido de carbono, metano y óxido nitroso desde los ecosistemas acuáticos (especialmente en los tramos medios y bajos de los ríos), ni tampoco sobre lluvia ácida, aunque quizá esta no sea importante al ir desapareciendo la industria del territorio madrileño. Las respuestas de los ecosistemas al cambio global a largo plazo merecerían un estudio sostenido en el tiempo, de apoyo inexistente hasta ahora desde las instancias oficiales.

Desde el punto de vista de la protección ambiental, no se ha contemplado aún la inclusión de algunos grupos de organismos, como ciertos moluscos, insectos, musgos y algas en la lista de especies amenazadas pero, antes de hacerlo, el conocimiento sobre su distribución en la Comunidad de Madrid debiera mejorar. Los impactos de las especies introducidas no se han cuantificado aún; por lo tanto, una tarea orientada en este sentido sería la revisión del Catálogo Regional de Especies Amenazadas. Y debiera mejorar también el conocimiento sobre algunos ecosistemas de especial interés, como las antiguas canteras de pórfido, los arroyos salinos meridionales y la laguna de Las Esteras.

Agradecimientos

El presente capítulo debe mucha información a distintos autores de este libro, cosa que les agradecemos infinitamente. Por orden alfabético, son los siguientes: Ana Almodóvar, Rafael Araujo, Carmen Casado, Katia Cezón, Santos Cirujano, Benigno Elvira, Francisco José García, Javier García Avilés, Ignacio Granados, Íñigo Martínez-Solano, Salvador Mollá, Elvira Perona, Oscar Soriano y Manolo Toro. También le estamos sumamente agradecidos a José Luis García Heras, cuya página *web* sobre Vallecas y su entorno (https://unvallecano.blogspot.com/) es ejemplar y proporciona mucha información sobre cauces fluviales desaparecidos en el entorno de Madrid capital. Santos Cirujano ha leído críticamente este capítulo.

Bibliografía

ACEITUNO, J. (2001). «*Hyla meridionalis* (Ranita meridional), presencia en suroeste de Madrid y nuevas citas en Toledo». *Boletín de la Asociación Herpetológica Española* 12: 9-10.

ACÓN, M. (1988). «Inventario muscícola de la Comunidad Autónoma de Madrid (España)». Comunidad Autónoma de Madrid. Madrid.

ACÓN, M. y HERSZKOWICZ, I. (1987). «Inventario briológico de la provincia de Madrid (España) I. Anthocerotopsida and Hepaticopsida». *Boletín de la Real Sociedad Española de Historia Natural, Sección geológica* 83: 5-18.

ADLER, P. H. y CROSSKEY, R. W. (2018). «World blackflies (Diptera: Simuliidae): a comprehensive revision of the taxonomic and geographical inventory». (http://www.clemson.edu/cafls/departments/esps/biomia/pdfs/blackflyinventory.pdf).

ADRIAN, R. *et al.* (2009). «Lakes as sentinels of climate change». *Limnology and Oceanography* 54: 2283-2297.

AGHA, R., LABRADOR, M. M., DE LOS RÍOS, A. y QUESADA, A. (2016). «Selectivity and detrimental effects of epiphytic *Pseudanabaena* on *Microcystis* colonies». *Hydrobiologia* 777: 139-148.

AGHA, R. *et al.* (2014). «Seasonal dynamics and sedimentation patterns of *Microcystis* oligopeptide-based chemotypes reveal subpopulations with different ecological traits». *Limnology and Oceanography* 59: 861-871.

AGUIRRE MARTÍNEZ, J. L. *et al.* (2014). «Informe sobre los valores ambientales de la laguna de Meco. Datos de cría, invernada y paso 2009-2013». Fundación Universidad de Alcalá. Madrid.

AHLGREN, G. (1983). «Comparison of methods for estimation of phytoplankton carbon». *Archiv für Hydrobiologie* 98: 489-508.

ALARCÓN, P. *et al.* (1990). «Aplicación de técnicas espectrofotométricas al análisis de agua y sedimento en el estudio de la calidad del agua del río Henares». *Boletín Geológico y Minero* 101: 775-779.

ALAZARD, M. *et al.* (2015). «Estimating evaporation in semi-arid areas facing data scarcity: Example of the El Haouareb dam (Merguellil catchment, Central Tunisia)». *Journal of Hydrology: Regional Studies* 3: 265-284.

ALBA TERCEDOR, J. (1981). «Recopilación de citas de Efemerópteros en la Península Ibérica e Islas Baleares». *Trabajos y Monografías del Departamento de Zoología, Universidad de Granada* 4: 41-81.

ALBA-TERCEDOR, J. y JÁIMEZ-CUÉLLAR, P. (2003). «Checklist and historical evolution of the knowledge of Ephemeroptera in the Iberian Peninsula, Balearic and Canary Islands». En: E. Gaino (ed.), *Research Update in Ephemeroptera and Plecoptera,* pp. 91-97. Universitá di Perugia. Perugia.

ALBERTO, L. J. y VELASCO, T. (1988). «Limícolas invernantes en España». En: J. L. Tellería (Ed.), *Invernada de Aves en la Península Ibérica,* 71-78. Sociedad Española de Ornitología. Madrid.

ALCOBENDAS, M. y CASTANET, J. (2000). «Bone growth plasticity among populations of *Salamandra salamandra:* interactions between internal and external factors». *Herpetologica* 56: 14-26.

ALDA, F. *et al.* (2012). «Genetic evidence for multiple introduction events of raccoons (*Procyon lotor*) in Spain». *Biological invasions* 15 (3): doi.10.1007/s10530-012-0318-6O.

ALLAN J. D. y CASTILLO, M. M. (2008). «Stream Ecology: Structure and function of running waters». 2nd edition. Chapman y Hall. London.

ALMEIDA, D. *et al.* (2008). «Fluctuating asymmetry, abnormalities and parasitism as indicators of environmental stress in cultured stocks of goldfish and carp». *Aquaculture,* 279: 120-125.

ALMODÓVAR, A. (1994). «Madrid se queda sin truchas». *Madrid también es campo,* 7: 20-21.

– (1995). «Especies piscícolas en peligro de extinción en la Comunidad de Madrid». *Madrid también es campo* 16: 22-23.

ALMODÓVAR, A. y NICOLA, G. G. (2004). «Angling impact on conservation of Spanish stream-dwelling brown trout *Salmo trutta*». *Fisheries Management and Ecology,* 11: 173-182.

ALMODÓVAR, A., NICOLA, G. G. y ELVIRA, B. (2006a). «Spatial variation in brown trout production: the role of environmental factors». *Transactions of the American Fisheries Society* 135: 1348-1360.

ALMODÓVAR, A. *et al.* (2006b). «Introgression variability among Iberian brown trout Evolutionary Significant Units: the influence of local management and environmental features». *Freshwater Biology* 51: 1175-1187.

ALMODÓVAR, A., NICOLA, G. G. y ELVIRA, B. (2008). «Natural hybridization of *Barbus bocagei* x *Barbus comizo* (Cyprinidae) in Tagus River basin, central Spain». *Cybium* 32: 99-102.

– (2011). «Los peces del río Henares: factores de alteración y perspectivas de conservación». En: A. Gómez-Sal (Ed.), *Territorio Henares, Cultura y naturaleza en un espacio compartido,* pp. 375-399. Universidad de Alcalá. Alcalá de Henares.

ALMODÓVAR, A., NICOLA, G. G. Y NUEVO, M. (2004). «Effects of a bloom of *Planktothrix rubescens* on the fish community of a Spanish reservoir». *Limnetica* 23: 167-177.

ALMODÓVAR, A., NICOLA, G. G. y SUÁREZ, J. (2002). «Effects of fishery management on populations of brown trout, *Salmo trutta,* in central Spain». En: M. J. Collares-Pereira, I. G. Cowx y M. M. Coelho (Eds.), *Conservation of Freshwater Fishes, Options for the Future,* pp. 337-345. Fishing News Books. Blackwell Science. Oxford.

ALMODÓVAR, A. *et al.* (2012). «Natural hybridization with invasive bleak *Alburnus alburnus* threatens the survival of Iberian endemic calandino *Squalius alburnoides* complex and Southern Iberian chub *Squalius pyrenaicus*». *Biological invasions* 14: 2237-2242.

ALONSO, A. y CAMARGO, J. A. (2005). «Riesgo ecotoxicológico de compuestos nitrogenados para los macroinvertebrados». En: J. A. Camargo (Ed.), *Ecología y conservación del Río Henares y sus tributarios,* pp. 153-165. Ibercaja y Universidad de Alcalá de Henares. Alcalá de Henares.

ALONSO, A. Y MÁS, J. R. (1982). «Correlación y evolución paleogeográfica del Cretácico al Norte y Sur del Sistema Central». *Cuadernos de Geología Ibérica* 8: 145-166.

ALONSO, M. (1996). «Crustacea. Branchiopoda». Fauna Ibérica. Vol.7. Museo Nacional de Ciencias Naturales. CSIC. Madrid.

ÁLVAREZ, A. (2008). «Predation of Spanish terrapin *Mauremys leprosa* clutches by raccoons». *Quercus* 269: 49.

ÁLVAREZ, A. y ESTEBAN, I. (2005). «Distribution and status of *Emys orbicularis* in Comunidad de Madrid, central Spain». Abstracts 4th International Symposium on *Emys orbicularis*, Valencia.

ÁLVAREZ, J. (1969). «Uber die Verbreitung der Land- und Süsswasser schenecken in Mittelspanien in Bezug auf die Verschiedenem Boden und Gewasser». *Malacologia* 9: 53-57.

ÁLVAREZ, J. y SELGA, D. (1967). «Observaciones sobre invertebrados dulceacuícolas de los alrededores de Madrid». *Boletín de la Sociedad Española de Historia Natural (Biología)* 65: 171-197.

ÁLVAREZ COBELAS, M. (1982a). «Las algas de una charca ganadera temporal: su sucesión en relación con los factores ecológicos». *Collectanea Botanica* 13: 709-722.

ÁLVAREZ COBELAS, M. (1982b). «Una limnología de la cuenca del embalse de El Vellón (Madrid)». Tesis doctoral. Facultad de Biología. Universidad Complutense. Madrid.

ÁLVAREZ COBELAS, M. (1992). «Temperature and heat in a hypertrophic, gravel-pit lake». *Archiv für Hydrobiologie* 125: 279-294

ÁLVAREZ COBELAS, M. (2016). «Hoy las Ciencias adelantan que es una barbaridad». Ediciones Calle de las Aguas. Madrid.

ÁLVAREZ COBELAS, M. (2018). «Física del agua». En: S. Sánchez Carrillo y M. Álvarez Cobelas (Eds.), *Limnología de la Laguna de Somolinos (Guadalajara), Síntesis del conocimiento científico,* pp. 69-96. CSIC. Madrid.

ÁLVAREZ COBELAS, M. y GALLARDO GARCÍA, T. (1985). «*In memoriam.* Pedro González Guerrero». *Anales del Jardín Botánico de Madrid* 42: 3-7.

ÁLVAREZ COBELAS, M. *et al.* (1985). «Las lagunas de gravera como sistemas bioenergéticos muy productivos». *Actas del VI Congreso Nacional de Química* 4: 595-599.

ÁLVAREZ COBELAS, M. *et al.* (1986). «Difusión vertical y estabilidad térmica en una laguna hipereutrófica». *Limnetica* 2: 1-9.

ÁLVAREZ COBELAS, M. *et al.* (1987a). «Morfometría y composición química de una laguna de gravera». *Limnetica* 3: 91-95.

ÁLVAREZ COBELAS, M. *et al.* (1987b). «Cell size of two green algal phytoplankters in the field». *Freshwater Biology* 18: 125-134.

ÁLVAREZ COBELAS, M. *et al.* (1988). «Phased cell division by a natural population of *Staurastrum planctonicum* (Conjugatophyceae, Desmidiaceae)». *Archiv für Hydrobiologie* 112: 1-20.

ÁLVAREZ COBELAS, M. y ROJO, C. (1990). «Population dynamics of *Nitzschia gracilis* (Diatomophyceae, Bacillariaceae) in a hypertrophic lake». *British Phycological Journal* 25: 263-273.

ÁLVAREZ COBELAS, M. *et al.* (1992). «The seasonal productivity of phytoplankton in a hypertrophic, gravel-pit lake». *Journal of Plankton Research* 14: 979-995.

Álvarez-Cobelas, M., Velasco, J. L. y Rubio, A. (1993). «Settling seston in a hypertrophic lake». *Archiv für Hydrobiologie* 127: 327-343.

Álvarez Cobelas, M., Sánchez Carrillo, S. y Himi, Y. (1998a). «Evaluación de los Planes de Saneamiento en la Comunidad Autónoma de Madrid. Efectos sobre la calidad del agua de los ríos». *Tecnoambiente* 84: 5-8.

Álvarez Cobelas, M. *et al.* (1998b). «La calidad de las aguas en el Parque Regional del Sureste de la Comunidad Autónoma de Madrid». *Revista Técnica de Medio Ambiente* 11 (mayo-junio): 17-27.

Álvarez Cobelas, M. *et al.* (2000). «Estudio físico-químico de los ambientes estancados del Parque Regional del Sureste de la Comunidad de Madrid». Consejería de Medio Ambiente, Serie Documentos n.º 29. Comunidad Autónoma de Madrid. Madrid.

Álvarez Cobelas, M. *et al.* (2003). «Calidad físico-química del agua fluvial en el Parque Regional del Curso Medio del Río Guadarrama (Madrid)». Informe para la Consejería de Medio Ambiente de la Comunidad de Madrid. Madrid.

Álvarez Cobelas, M. y García Avilés, J. (2003). «Ecología acuática de los humedales de la Comunidad de Madrid». *Observatorio medioambiental* 6: 99-120.

Álvarez Cobelas, M. *et al.* (2005a). «Las lagunas de Las Rozas de Madrid». Ayuntamiento de Las Rozas y CSIC. Madrid.

Álvarez Cobelas, M., García-Avilés, J. y Ortega-Mayagoitia, E. (2005b). «El plancton de las lagunas de gravera y el fósforo: el enriquecimiento de las paradojas». *Limnetica* 24: 67-82.

Álvarez Cobelas, M., Catalan, J. y García de Jalón, D. (2005c). «Impactos sobre los ecosistemas acuáticos continentales». En: J. M. Moreno (Ed.), *Evaluación preliminar de los impactos en España por efecto del cambio climático,* pp. 113-146. Ministerio de Medio Ambiente y Universidad de Castilla-La Mancha. Madrid.

Álvarez Cobelas, M. *et al.* (2005d). «Daily patterns of mixing and nutrient concentrations during early autumn circulation in a small sheltered lake». *Freshwater Biology* 50: 813-829.

Álvarez Cobelas, M. *et al.* (2006). «Zooplankton dynamics during autumn circulation in small, wind-sheltered, Mediterranean lake». *Marine and Freshwater Research* 57: 441-452.

Álvarez Cobelas, M., Angeler, D. G. y Sánchez-Carrillo, S. (2008). «Export of nitrogen from catchments: a world-wide analysis». *Environmental Pollution* 156: 261-269.

Álvarez Cobelas, M. *et al.* (2009). «A global review of phosphorus export from catchments». *Journal of the North American Benthological Society* 28: 805-820.

Álvarez-Cobelas, M. *et al.* (2012). «A worldwide view of organic carbon export from catchments, with considerations on the stoichiometry of export». *Biogeochemistry* 107: 275-293.

Álvarez Cobelas, M. *et al.* (2016). «El agua en Las Rozas de Madrid-2: Medio natural superficial y subterráneo, zonas de ocio y fuentes ornamentales». LimnoIberia n.º 11. Grupo de investigación del Agua. Madrid.

Álvarez Cobelas, M., Soriano, O. y Cirujano, S. (2017). «Breve limnología de un embalse afectado por vertidos urbanos (Los Peñascales, Madrid)». LimnoIberia n.º 13. Grupo de investigación del Agua. Madrid.

Álvarez Cobelas, M., Sánchez Carrillo, S. y Rojo, C. (2018). «Síntesis». En: S. Sánchez Carrillo y M. Álvarez Cobelas (Eds.), *Limnología de la Laguna de Somolinos (Guadalajara), Síntesis del conocimiento científico,* pp. 251-292. CSIC. Madrid.

Álvarez Cobelas, M. y Sánchez Carrillo, S. (2019). «Methane and nitrous oxide from Iberian inland waters: novel overall equations and a preliminary assessment of emissions». *Limnetica* 38: 623-637.

Álvarez Cobelas, M., Rojo, C. y Benavent-Corai, J. (2019). «Long-term phytoplankton dynamics in a complex temporal realm». *Scientific Reports* 9: 15967, doi.10.1038/s41598-019-52333-z.

Álvarez Cobelas, M. y Rojo, C. (2021). «That twenty years is nothing for gravel-pit limnology». *Limnetica* 40 (en prensa).

Álvarez López, A. y Traverso Martínez, J. M. (2015). «Juvenil de galápago leproso depredado por un galápago de Florida». *Quercus* 357: 54.

Álvarez López, A. (2009). «El galápago europeo en la Comunidad de Madrid». *Quercus* 280: 34-39.

Álvarez Ramis, C. y Agulló, R. M. (1981). «Nota previa al estudio del «Mar de Ontígola»». *Boletín de la Real Sociedad Española de Historia Natural* 79: 105-113.

Amat, J. A. y Ferrer, X. (1988). «Respuesta de los patos invernantes en España a diferentes condiciones ambientales». *Ardeola* 35: 59-70.

Andersson, E. y Kumblad, L. (2006). «A carbon budget for an oligotrophic clearwater lake in mid-Sweden». *Aquatic Sciences* 68: 52-64.

Andrew, T. E. y Fitzsimmons, A. G. (1992). «Seasonality, population dynamics and production of planktonic rotifers in Lough Neagh, Northern Ireland». *Hydrobiologia* 246: 147-164.

Andrushchyshyn, O. P., Wilson, P. K. y Williams, D. D. (2007). «Ciliate communities in shallow groundwater: Seasonal and spatial characteristics». *Freshwater Biology* 52: 1745-1761.

Angeler, D. G. *et al.* (2001). «The influence of *Procambarus clarkii* (Cambaridae, Decapoda) on water quality and sediment characteristics in a Spanish floodplain wetland». *Hydrobiologia* 464: 89-98.

Anónimo (1952). «Las colecciones de peces de la Sección de Biología de las Aguas Continentales». *Boletín del Instituto Forestal de Investigaciones y Experiencias Madrid* 63: 1-136.

Aragón, P. (2009a). «Sex-dependent use of information on conspecific feeding activities in an amphibian urodelian». *Functional Ecology* 23: 380-388.

Aragón, P. (2009b). «Conspecific male chemical cues influence courtship behaviour in the male newt *Lissotriton boscai*». *Behaviour* 146: 1137-1151.

Aragón, P. (2011). «The response to the social environment reveals sex-dependent behavioural syndromes in the Bosca's newt (*Lissotriton boscai*)». *Journal of Ethology* 29: 79-83.

Aragón, P., López, P. y Martín, J. (2000). «Conspecific chemical cues influence pond selection by male newts *Triturus boscai*». *Copeia* 2000: 874-878.

Aragón, S. (2009). «La institucionalización de la zoología en España». En: E. Cervantes (Ed.), *El naturalista en su siglo Homenaje a Mariano de la Paz Graells en el CC aniversario de su nacimiento,* pp. 175-187. Instituto de Estudios Riojanos. Logroño.

Arano, B. *et al.* (1991). «Genetic differentiation among Iberian populations of the Alpine newt, *Triturus alpestris*». *Amphibia-Reptilia* 12: 409-421.

Araújo, M. B. *et al.* (2011). «Impactos, vulnerabilidad y adaptación de la biodiversidad española frente al cambio climático. 2. Fauna de vertebrados». Dirección General de Medio Natural y Política Forestal. Ministerio de Medio Ambiente, y Medio Rural y Marino, Madrid.

Araujo, R. *et al.* (2009). «Las náyades de la Península Ibérica». *Iberus* 27: 7-72.

ARAUZO, M. (1992). «Ecología del fitoplancton en el embalse de El Vellón (Madrid): su dinámica en relación a diferentes escalas temporales». Tesis doctoral. Facultad de Ciencias, Sección Biológicas. Universidad Autónoma. Madrid.

ARAUZO, M., ÁLVAREZ COBELAS, M. y RUBIO, A. (1986). «Crecimiento y citocinesis de *Staurastrum planctonicum* Teiling var. *bullosum* Teiling (Chlorophyceae, Desmidiaceae) en un embalse eutrófico». *Limnetica* 2: 259-264.

ARAUZO, M., ÁLVAREZ COBELAS, M. y RUBIO, A. (1987a). «Infección por hongos Chytridiales en una población de *Oocystis borgei* (Chlorophyceae Oocystaceae)». *Acta Botanica Malacitana* 12: 35-42.

ARAUZO, M., ÁLVAREZ COBELAS, M. y RUBIO, A. (1987b). «Efecto de una infección de hongos Chytridiales (Phycomycetes) sobre una población natural del alga *Fotterella tetrachlorelloides* Buck (Chlorophyceae Oocystaceae)». *Anales del Jardín Botánico de Madrid* 44: 199-209.

ARAUZO, M. y ÁLVAREZ COBELAS, M. (1994). «Phytoplankton strategies and time scales in a eutrophic reservoir». *Hydrobiologia* 291: 1-9.

ARAUZO, M. *et al.* (1996). «The phytoplankton of some gravel-pit lakes in Spain». *Hydrobiologia* 333: 19-27.

ARAUZO, M., MARTÍNEZ BASTIDA, J. J. y VALLADOLID, M. (2008). «Contaminación por nitrógeno en el sistema «río-acuífero aluvial» de la cuenca del Jarama (Comunidad de Madrid, España) ¿Origen agrícola o urbano?». *Limnetica* 27: 195-210.

ARCONADA, B. y RAMOS, M. A. (2003). «The Ibero-Balearic region: one of the areas of highest Hydrobiidae (Gastropoda, Prosobranchia, Rissooidea) diversity in Europe». *Graellsia* 59: 91-104.

ARENILLAS, M. y SÁENZ RIDRUEJO, C. (1987). *Guía física de España. Los ríos.* Alianza Editorial. Madrid.

ARÉVALO, C. (1921a). «Notas hidrobiológicas. Larvas planktónicas de arquípteros de la Laguna de Peñalara». *Boletín de la Real Sociedad Española de Historia Natural* (Tomo extraordinario 50.° aniversario de su fundación): 169-172.

ARÉVALO, C. (1921b). «Un nuevo *Argulus* español». *Boletín de la Real Sociedad Española de Historia Natural* 21: 108-110.

ARÉVALO, C. (1923). «Algunas consideraciones sobre la variación temporal del plancton en aguas de Madrid». *Boletín de la Real Sociedad Española de Historia Natural* 23: 94-103.

ARÉVALO, C. (1929). *La vida en las aguas dulces.* Labor. Barcelona.

ARÉVALO, C. (1931). «Los monstruos de la laguna de Peñalara». *Cultura Segoviana* 1: 19-22.

ARHONDITSIS, G. B. *et al.* (2004). «Effects of climatic variability on the thermal properties of Lake Washington». *Limnology and Oceanography* 49: 256-270.

ARIAS, J. (1912). «Datos para el conocimiento de la distribución geográfica de los Dípteros de España». *Memorias de la Real Sociedad Española de Historia Natural* 7: 61-246.

ARIZA, C. (1990). *Los jardines del Buen Retiro de Madrid.* 2 volúmenes. Lunwerg Editores. Madrid.

ARMENGOL, J. (1978). «Los crustáceos del plancton de los embalses españoles». *Oecologia Aquatica* 3: 3-96.

ARMENGOL, J. (1980). «Colonización de los embalses españoles por crustáceos planctónicos y evolución de la estructura de sus comunidades». *Oecologia Aquatica* 4: 45-70.

ARMENGOL, J. *et al.* (2005). «Contribució al coneixement de l'ecologia aquàtica de l'embassament de Sau». *Quaderns Aigües Ter Llobregat* 8: 1-93.

ARNÁIZ, C. y MOLINA ABRIL, J. A. (1985). «Vegetación acuática y helofítica de la cuenca alta del río Guadarrama (Madrid, España)». *Lazaroa* 8: 221-240.

ASKEW, R. R. (2004). «The Dragonflies of Europe (revised edition)». Harley Books. Colchester.

AUBERT, J. (1952). «Plecoptères récolteés par Mr. F. Schmid en Espagne». *Eos* 28: 249-270.

AUBERT, J. (1956). «Contribution à l'étude des Plécoptères d'Espagne». *Mémoires de la Société vaudoise des Sciences Naturelles* 11: 209-276.

AVILÉS, J. Y PEÑA, R. (1971). «Estudio biológico de las aguas del embalse de El Atazar». Sección de Hidrología Forestal, Centro de Estudios Hidrográficos. Ministerio de Obras Públicas.

AVILÉS, J., GONZÁLEZ RAMOS, M. E. y GONZÁLEZ RAMOS, D. M. (1982). «Estudio de índices biológicos en el río Cofio». Centro de Estudios Hidrográficos. Dirección General de Obras Hidráulicas. MOPU. Madrid.

AYLLÓN LÓPEZ, E. y BARBERÁ LUNA, J. C. (2011). «La herpetofauna de la Comunidad de Madrid». *Foresta* 52: 58-67.

AYLLÓN LÓPEZ, E. y CEBALLOS-ESCALERA FERNÁNDEZ, J. M. (2012). «Anfibios y reptiles del Parque Regional en torno a los ejes de los cursos bajos de los ríos Manzanares y Jarama: inventariación, catálogo de ambientes acuáticos para anfibios y diseño de un plan de seguimiento». Estado de la población de *Emys orbicularis*». XII Congreso Luso-Español de Herpetología/XVI Congreso Español de Herpetología, Murcia.

Ayuntamiento de Madrid (1996). «Segundo Plan de Saneamiento integral de la Villa de Madrid». 5 vols. Departamento de Agua y Saneamiento. Área de Medio Ambiente. Madrid.

BAENA, M. Y VÁZQUEZ, M. A. (1986). «Catálogo preliminar de los heterópteros acuáticos ibéricos (Heteroptera: Nepomorpha, Gerromorpha)». *Graellsia* 42: 61-89.

BALLESTEROS, G. *et al.* (2008). «Tarro canelo, cerceta pardilla, porrón pardo, malvasía cabeciblanca y focha moruna en España. Población en 2007 y método de censo». SEO/BirdLife. Madrid.

BALTANÁS, A. (1985). «Variación temporal de la fauna de invertebrados de una charca temporal». Tesis de Licenciatura. Facultad de Ciencias, Universidad Autónoma de Madrid.

BALTANÁS, A. (1992). «A contribution to the knowledge of the cypridid ostracode fauna (Crustacea, Ostracoda, Cyprididae) on the Iberian peninsula, and a comparison with adjacent areas». *Archiv fur Hydrobiologie, Supplement* 90: 419-452.

BALTANÁS, A., BEROIZ, B. y LÓPEZ, J. (1996). «Lista faunística y bibliográfica de los ostrácodos no marinos (Crustacea, Ostracoda) de la Península Ibérica, Islas Baleares e Islas Canarias». Listas de la Flora y Fauna de las Aguas Continentales de la península Ibérica n.º 12. Asociación Española de Limnología.

BAONZA, J. (2009). «Vegetación de las pilas o pilancones de la sierra de Guadarrama y La Serena (España)». *Anales del Jardín Botánico de Madrid* 66: 109-129.

BARBERÁ LUNA, J. C., GALINDO, A. J. y AYLLÓN LÓPEZ, E. (2006). «Nuevos datos sobre la distribución de la herpetofauna en España». *Boletín de la Asociación Herpetológica Española*: 10-18.

BARCO, M. *et al.* (2004). «Determination of microcystin variants and related 17 peptides present in a water bloom of *Planktothrix* (*Oscillatoria*) *rubescens* in a Spanish drinking water reservoir by LC/ESI-MS». *Toxicon* 44: 881-886.

BARONA, J. y GARCÍA-ROMÁN, L. (2005). «Presencia del mapache *(Procyon lotor)* en el Parque Regional del Sureste (Madrid): distribución actual y abundancia relativa». VIII Congreso Nacional de la SECEM (Sociedad Española para la Conservación y el Estudio de los Mamíferos). Huelva.

BARQUERO, J. A. (2001). «El control del comercio y las especies potencialmente invasoras: situación actual de la tortuga de Florida *(Trachemys scripta elegans)* en España». Memoria de Master. Universidad internacional de Andalucía. Sevilla.

BARRETO, G. y MACDONALD, D. (2000). «The decline and local extinction of a population of water voles, *Arvicola terrestris*, in southern England». *Mammalian Biology-Zeitschrift fur Saugetierkunde* 65: 110-120.

BARRETO, G. R. *et al.* (1998). «The role of habitat and mink predation in determining the status of water voles in England». *Animal Conservation* 1: 129-137.

BARRIENDOS, M. y MARTÍN-VIDE, J. (1998). «Secular climatic oscillations as indicated by catastrophic floods in the Spanish Mediterranean coastal area (14th-19th centuries)». *Climatic Change* 38: 473-491.

BARTOSZEWICZ, M. (2006). «NOBANIS –invasive alien species fact sheet– *Procyon lotor*». Database of the North European and Baltic Network on Invasive Alien Species. *NOBANIS*, www.nobanis.org.

BARTOSZEWICZ, M. *et al.* (2008). «Ecology of the raccoon *(Procyon lotor)* from western Poland». *Annales Zoologici Fennici* 45: 291-298.

BEAVER, J. R. y CRISMAN, T. L. (1989). «The role of ciliated protozoa in pelagic freshwater ecosystems». *Microbial Ecology* 17: 111-136.

BEGUERÍA, S. (2006). «Land Use and Land Use Change-Implications for Water Resources and Water Use in the Tagus and Tungabhadra Basins». STRIVER Project Technical Report 9.3. European Union Contract nr. 37141.

BEGUERÍA, S. *et al.* (2003). «Assessing the effects of climate oscillations and land-use changes on streamflow in the Central Spanish Pyrenees». *Ambio 32*: 283-286.

BELLIDO, F. *et al.* (1981). «Caracteres generales del cinturón hercínico en el sector oriental del Sistema Central español». *Cuadernos de Geología Ibérica* 7: 15-52

BELQAT, B. N. y GARRIDO, J. (2008). «Inventaire faunistique et bibliographique des Simulies d'Espagne (Diptera, Simuliidae)». *Nouvelle Revue d'Entomologie* 24: 201-219.

BELTRÁN-BECK, B., GARCÍA, F. J. y GORTÁZAR, C. (2011). «Racoons in Europe: disease hazards due to the establishment of an invasive species». *European Journal of Wildlife Research* 58: 5-15.

BENAVENT, J. (2015). «Efectos ambientales a largo plazo sobre el fitoplancton de la laguna de Las Madres (Madrid)». Tesis doctoral. Universidad de Valencia.

BENITO, G. *et al.* (2008). «Palaeoflood and floodplain records from Spain: Evidence for long-term climate variability and environmental changes». *Geomorphology* 101: 68-77.

BERNIS, F. (1954). «Charadriiformes en Castilla La Nueva (años 1951-1954)». *Ardeola* 1: 119-120.

BERRENDERO, E., PERONA, E. y MATEO, P. (2008). «Genetic and morphological characterization of *Rivularia* and *Calothrix* (Nostocales, Cyanobacteria) from running water». *Journal of Systematic Evolutionary Microbiology* 58: 447-460.

BERTOLERO, A. *et al.* (2008). «Gaviotas cabecinegra, picofina, de Audouin, y tridáctila y gavión atlántico en España. Población en 2007 y método de censo». SEO/BirdLife. Madrid.

BERTRAND, H. (1957). «Récoltes de coléoptères aquatiques (Hydrocanthares) dans les régions montagneuses de l'Espagne; observations écologiques (Troisième note)». *Bulletin de la Societé Zoologique de France* 82: 149-157.

BIROT, P. y SOLÉ-SABARIS, L. (1954). «Recherches morphologiques dans le nord-ouest de la Peninsule Iberique». *Memoires et Documents-Centre Recherches et Documentation Cartographiques et Geographiques* 4: 7-61.

BLANCHARD, R. (1893). «Sanguijuelas de la Península Ibérica». *Anales de la Sociedad Española de Historia Natural* 2: 242-258.

BLANCO, J. C. (1998). «Mamíferos de la Península Ibérica». Dos volúmenes. Geoplaneta. Madrid.

BLANCO CASTRO, J. E. y ACÓN, M. (1984). «Hepáticas de la Pedriza». *Anales de Biología* 2 (Sección especial 2): 209-214.

BLOESCH, J., STADELMANN, P. y BÜHRER, H. (1977). «Primary production, mineralization, and sedimentation in the euphotic zone of two Swiss lakes». *Limnology and Oceanography* 22: 511-526.

BOCM (1992). «Decreto 18/1992, de 26 de marzo por el que se aprueba el Catálogo Regional de especies amenazadas de fauna y flora silvestres y se crea la categoría de árboles singulares». BOCM 85: 5-11.

BOLÍVAR, I. (1892). «Lista de la colección de crustáceos de España y Portugal del Museo de Historia Natural de Madrid». *Actas de la Sociedad Española de Historia Natural,* serie II, 1: 24-141.

BOLÍVAR, I. Y CHICOTE, C. (1879). «Enumeración de los Hemípteros observados en España y Portugal». *Anales de la Sociedad Española de Historia Natural* 8: 147-186.

BONESI, L. y PALAZÓN, S. (2007). «The American mink in Europe: Status, impacts, and control». *Biological Conservation* 134: 470-483.

BONET, E. (1929). «Estudios sobre los Colémbolos de España». *Memorias de la Real Sociedad Española de Historia Natural* 15: 791-798.

BORDALLO, A. y CASADO, C. (2012). «Aproximación al establecimiento de una red de referencia para la implantación de la Directiva Marco del Agua en la Comunidad de Madrid». *Limnetica* 31: 1-12.

BORKENT, A. (2014). «The pupae of the biting midges of the world (Diptera: Ceratopogonidae), with a generic key and analysis of the phylogenetic relationships between genera». *Zootaxa* 3879: 1-327.

BOSCH, J. y FERNÁNDEZ-BEASKOETXEA, S. (2014). «Quince años de seguimiento de las poblaciones de anfibios del macizo de Peñalara (Parque Nacional de la Sierra de Guadarrama, Madrid)». *Boletín de la Asociación Herpetológica Española* 25: 30-37.

BOSCH, J. y MARTÍNEZ-SOLANO, I. (2003). «Factors influencing occupancy of breeding ponds in a montane amphibian assemblage». *Journal of Herpetology* 37: 410-413.

BOSCH, J. y MARTÍNEZ-SOLANO, I. (2006). «Chytrid fungus infection related to unusual mortalities of Salamandra salamandra and Bufo bufo in the Peñalara Natural Park, Spain». *Oryx* 40: 84-89.

BOSCH, J. y RINCÓN, P. (2008). «Chytridiomycosis-mediated expansion of *Bufo bufo* in a montane area of Central Spain: an indirect effect of the disease». *Diversity and Distributions* 14: 637-643.

BOSCH, J. *et al.* (2007). «Climate change and outbreaks of amphibian chytridiomycosis in a montane area of Central Spain; is there a link?». *Proceedings of the Royal Society* B 274: 253-260.

BOSCH, J. *et al.* (2014). «Demography of common toads after local extirpation of co-occurring midwife toads». *Amphibia-Reptilia* 35: 293-303.

BOSCH, J. *et al.* (2018). «Long-term monitoring of an amphibian community after a climate change- and infectious disease-driven species extirpation». *Global Change Biology* 24: 2622-2632

BOSCH, J. *et al.* (2019). «Eradication of introduced fish allows successful recovery of a stream-dwelling amphibian». *Plos One* 14: e0216204.

BOSCH, J., MARTÍNEZ-SOLANO, I. y GARCÍA-PARÍS, M. (2001). «Evidence of a Chytrid fungus infection involved in the decline of the common midwife toad *(Alytes obstetricans)* in protected areas of Central Spain». *Biological Conservation* 97: 331-337.

BOSCH, J., PALOMAR, G. y VÖRÖS, J. (2015). «El tritón alpino *(Mesotriton alpestris)* en el macizo de Peñalara (Madrid)». *Boletín de la Asociación Herpetológica Española* 26: 11-14.

BOSCH, J. *et al.* (2006). «Effects of introduced salmonids on a montane population of Iberian frogs». *Conservation Biology* 20: 180-189.

BOUDOT, J. P. y KALKMAN, V. J. (eds.). «Atlas of the European dragonflies and damselflies». KNNV Publishing. Utrecht.

BOYERO, L. (2003). «Multiscale patterns of spatial variation in stream macroinvertebrate communities». *Ecological Research* 18: 365-379.

BRAVO, C. y BUENO, F. (1992). «Nuevos datos sobre la distribución del visón americano *Mustela vison* (Schreber) en España Central». *Ecología* 6: 161-164.

BRAVO, C. y BUENO, F. (1999). «Visón americano, *Mustela vison* Schreber 1777». *Galemys* 11 (2): 3-16.

BUDDE, H. (1929). «Beitrag zur Algenflora der Fliessenden Gewäser Spaniens». *Archiv für Hydrobiologie* 20: 427-470.

BUENO TENA, F. y BRAVO VILLA, C. (1990). «Distribución y hábitat del visón americano *Mustela vison* (Schreber) en el Sistema Central». *Doñana, Acta Vertebrata* 17: 165-171.

BUENO-MARÍ, R. (2010). «Bioecología, diversidad e interés epidemiológico de los culícidos mediterráneos (Diptera: Culicidae)». Tesis doctoral. Servei de Publicacions de la Universitat de València, Estudi General.

BUENO-MARÍ, R., BERNUÉS-BAÑERES, A. Y JIMÉNEZ-PEYDRÓ, R. (2012). «Updated checklist and distribution maps of mosquitoes (Diptera: Culicidae) of Spain». *European Mosquito Bulletin* 30: 91-126.

BULLÓN, T. (2011). «Relationships between precipitation and floods in the fluvial basins of Central Spain based on documentary sources from the end of the 16th century». *Natural Hazards and Earth System Sciences* 11: 2215-2225.

BUSTOS, A., ÁLVAREZ COBELAS, M. y ALARCÓN, P. (1989). «Geoquímica de la cuenca del río Jarama». *Boletín Geológico y Minero* 100: 159-169.

BUTCHER, J. B. *et al.* (2015). «Sensitivity of lake thermal and mixing dynamics to climate change». *Climatic Change* 129: 295-305.

CABALLERO, A. (1924). «Datos carológicos». *Boletín de la Real Sociedad Española de Historia Natural* 24: 247-251.

CABALLERO, F. (1942). «Contribución al conocimiento de la flora algológica de España». *Anales del Jardín Botánico de Madrid* 3: 299-320.

CABALLERO, F. (1946). «Algas de las aguas de Santillana». *Anales del Jardín Botánico de Madrid* 6: 333-344.

CABALLERO-DÍAZ, C., SÁNCHEZ-MONTES, G. y MARTÍNEZ-SOLANO, I. (2020). «The role of artificial breeding sites in amphibian conservation: a case study in rural areas in central Spain». *Herpetological Conservation and Biology* 15: 87-104.

CABELLO-VÁZQUEZ, D. (2011). «The management of water resources faced with the global change processes: the case of the Madrid region». Tesis de Máster. Universidad de Alcalá de Henares.

CALLEJAS, C. y OCHANDO, M. D. (1998). «Identification of Spanish barbel species using the RAPD technique». *Journal of Fish Biology* 53: 208-215.

CALLEJAS, C. y OCHANDO, M. D. (2000). «Recent radiation of Iberian barbel fish (Teleostei, Cyprinidae) inferred from cytochrome b genes». *Journal of Heredity* 91: 283-288.

CALLEJAS, C. y OCHANDO, M. D. (2001). «Molecular identification (RAPD) of the eight species of the genus *Barbus* (Cyprinidae) in the Iberian Peninsula». *Journal of Fish Biology* 59: 1589-1599.

CALLEJAS, C. y OCHANDO, M. D. (2002). «RAPD markers as diagnostic keys for Cyprinidae identification: implications for conservation management». En: M. J. Collares-Pereira, I. G. Cowx y M. M. Coelho (Eds.), *Conservation of Freshwater Fishes, Options for the Future,* pp. 322-330. Fishing News Books, Blackwell Science, Oxford.

CALVO, J. P. *et al.* (1989). «Sedimentología de los complejos lacustres miocenos de la Cuenca de Madrid». *Acta Geológica Hispánica* 24: 281-298.

CAM (1985). «Plan Integral del Agua en Madrid». Dirección General de Recursos Hidráulicos. Comunidad de Madrid. Madrid.

CAM (1991a). «Ley 2/1991, de 14 de febrero, para la Protección y Regulación de la Fauna y Flora Silvestres de la Comunidad de Madrid». BOE 102: 13535-13539.

CAM (1991b). «Catálogo de embalses y humedales de la Comunidad de Madrid». BOCM (29-Oct-1991). Corrección de errores, en BOCM (15-Ene-1992).

CAM (1995). «Plan de Saneamiento y Depuración de Aguas residuales de la Comunidad de Madrid, 1995-2005». Consejería de Medio Ambiente. Comunidad de Madrid. Madrid.

CAM (2000). «Plan de actuaciones sobre los humedales catalogados de la Comunidad de Madrid». Consejería de Medio Ambiente. Comunidad de Madrid. Madrid.

CAM (2002). «Plan de Ordenación de los Recursos Naturales del Parque Natural de la Cumbre, Circo y Lagunas de Peñalara y su Área de Influencia Socioeconómica». Tomo I. Descripción, diagnóstico y unidades ambientales. Consejería de Medio Ambiente, Comunidad de Madrid.

CAM (2004). «Revisión del Catálogo de humedales de la Comunidad de Madrid». Memoria y 4 anexos. Consejería de Medio Ambiente y Ordenación del Territorio. Madrid.

CAM (2007). «Atlas». El Medio Ambiente en la Comunidad de Madrid. Consejería de Medio Ambiente y Ordenación del Territorio, Comunidad de Madrid.

CAM (2014). «Listado de humedales y embalses protegidos de la Comunidad de Madrid». Área de información y Documentación ambiental. Comunidad Autónoma de Madrid. Madrid.

CAM (2015). «Catálogo general de especies amenazadas de fauna y flora silvestres, y de árboles singulares». Consejería de Medio Ambiente y Ordenación del Territorio. Comunidad de Madrid. Madrid.

CAM (2017). «Inventario de emisiones a la atmósfera en la Comunidad de Madrid. Años 1990-2015». Documento de Síntesis: emisiones de gases de efecto invernadero. Dirección General de Medio Ambiente. Comunidad de Madrid. Madrid.

CAMACHO, A. (1986). «Los Batineláceos (Crustácea, Syncarida) recogidos en la Península Ibérica». *Boletín de la Asociación Española de Entomología* 13: 71-90.

CAMACHO, A. I. y G. VALDECASAS, A. (1988). «Spatial and biocenotic trends in the water-mite fauna of small ponds». *Hydrobiologia* 160: 207-217.

CAMACHO, A. I. y G. VALDECASAS, A. (2006). «Lista de la estigofauna conocida en la Comunidad de Madrid». *Graellsia* 62 (número extraordinario): 105-108.

CAMARERO, L. y CATALAN, J. (2012). «Atmospheric phosphorus deposition may cause lakes to revert from phosphorus limitation back to nitrogen limitation». *Nature Communications* 3: 1118.

CAMARGO, J. A. (1991). «Toxic effects of residual chlorine on larvae of *Hydropsyche pellucidula* (Trichoptera, Hydropsychidae): A proposal of biological indicator». *Bulletin of Environmental Contamination and Toxicology* 47: 261-265.

CAMARGO, J. A. y TARAZONA, J. V. (1990). «Acute toxicity to freshwater benthic macroinvertebrates of fluoride ion (F-) in soft water». *Bulletin of Environmental Contamination and Toxicology* 45: 883-887.

CAMARGO, J. A., ALONSO, A. y DE LA PUENTE, M. (2005a). «Eutrophication downstream from small reservoirs in mountain rivers of Central Spain». *Water Research* 39: 3376-3384.

CAMARGO, J. A., ALONSO, A. y DE LA PUENTE, M. (2005b). «Vertebrados ectotermos del medio acuático y la ribera». En: J. A. Camargo (Ed.), *Ecología y conservación del Río Henares y sus tributarios,* 167-184. Ibercaja y Universidad de Alcalá de Henares. Alcalá de Henares.

CAMARGO, J., ALONSO, A. y DE LA PUENTE, M. (2007). «Multimetric assessment of nutrient enrichment in impounded rivers based on benthic macroinvertebrates». *Environmental Monitoring and Assessment* 96: 233-249.

CAÑADA, R., GALÁN, E. y FERNÁNDEZ-GARCÍA, F. (2012). «Análisis de las disponibilidades hídricas en las cuencas hidrográficas de la comunidad de Madrid: situación actual y previsiones futuras». *Revista del Departament de Ciències de la Terra* 8: 41-62.

CANAL DE ISABEL II (2015). «Memoria anual». Canal de Isabel II. Madrid.

CAÑAS, J. (2010). «Influencia de la vegetación de la cuenca en la descomposición de hojarasca de los rios de cabecera de la sierra del Guadarrama». Proyecto Fin de Carrera. Dpto. de Ecología. Universidad Autónoma de Madrid.

CANO, J. (1998). «Avifauna de la laguna de Las Esteras: situación actual y problemática de conservación». *Anuario Ornitológico 1998*: 38-45.

CANO SÁNCHEZ, J. (2009). «Lagunas pluviómetro y su influencia en el comportamiento de las aves acuáticas: el caso de la laguna seca o de Las Esteras, al sur de la Comunidad de Madrid. Calendario meteorológico 2009». Instituto Nacional de Meteorología, Madrid. pp. 282-287. (https://repositorio.aemet.es/handle/20.500.11765/2324).

CANOVA, L. y ROSSI, S. (2008). «First records of the northern raccoon *Procyon lotor* in Italy». *Hystrix, Italian Journal of Mammalogy* 19: 179-182.

CANTOS, F. J. y ASENSIO, B. (1990). «Evolución de la invernada de gaviota reidora (*Larus ridibundus*) en Madrid». *Ardeola* 37: 305-308.

CAPOTE, R., CASQUET, C. y FERNÁNDEZ CASALS, M. J. (1982). «Los grandes complejos estructurales del Sistema Central: modelo de evolución tectonometamórfica». *Revista de la Real Academia de Ciencias Exactas, Físicas y Naturales* 72: 313-331.

CARBALLO, M., AGUAYO, S., DE LA TORRE, A. y MUÑOZ, M. J. (2005). «Plasma vitellogenin levels and gonadal morphology of wild carp (*Cyprinus carpio* L.) in a receiving rivers downstream of sewage treatment plants». *Science of the Total Environment* 341: 71-79.

CARBONELL, J. A. y MILLÁN, A. (2010). «*Aphelocheirus murcius* Nieser y Millán, 1989 y *Aphelocheirus occidentalis* Nieser y Millán, 1989 (Hemiptera: Aphelocheiridae), dos hemípteros acuáticos endémicos de la Península Ibérica amenazados». *Boletín de la Sociedad Entomológica Aragonesa (S.E.A.)* 46: 429-435.

CARBONELL, J. A. *et al.* (2011). «The genus *Aphelocheirus* Westwood, 1833 (Hemiptera: Aphelocheiridae) in the Iberian Peninsula». *Zootaxa* 2771: 1-16.

CARMONA, J. A., DOADRIO, I., MÁRQUEZ, A. L., REAL, R., HUGUENY, B. y VARGAS, J. M. (1999). «Distribution patterns of indigenous freshwater fishes in the Tagus River basin, Spain». *Environmental Biology of Fishes* 54: 371-387.

CARRASCO GATA, D. (2007). «Cianobacterias fitoplanctónicas y cianotoxinas en embalses españoles». Tesis doctoral. Universidad Autónoma de Madrid.

CARRASCO, D. *et al.* (2006). «Cyanobacterial abundance and microcystin occurrence in Mediterranean water reservoirs in Central Spain: microcystins in the Madrid area». *European Journal of Phycology* 41: 281-292.

CARREÑO-CONDE, F. *et al.* (2014). «Building a 3D geomodel for water resources management: case study in the Regional Park of the lower courses of Manzanares and Jarama Rivers (Madrid, Spain)». *Environmental Earth Sciences* 71: 61-66

CARRETERO, M. A. *et al.* (2016). «Lista patrón de los anfibios y reptiles de España (actualizada a diciembre de 2016)». Asociación Herpetológica Española.

CARVALHO, L. *et al.* (2013). «Strength and uncertainty of phytoplankton metrics for assessing eutrophication impacts in lakes». *Hydrobiologia* 704: 127-140.

CASADO, C. (1986). «Composición y estructura de las comunidades de macroinvertebrados de un río intensamente regulado del Sistema Central: río Lozoya (cuenca del Tajo)». Tesis doctoral. Facultad de Ciencias. Universidad Autónoma. Madrid.

CASADO, C. Y MONTES C. (1992). «Composición química y caracterización ambiental de los tramos lóticos del eje principal del río Lozoya (Madrid)». *Ecología* 6: 29-42.

CASADO, C. *et al.* (1990). «Contribución al estudio faunístico del bentos fluvial del río Lozoya. Sierra de Guadarrama (Madrid)». *Limnetica* 6: 87-99.

CASADO, C., LOSADA L. y MOLLÁ S. (2011). «Efecto de las áreas de protección especial en la comunidad de macroinvertebrados de los ríos de la cuenca alta del Manzanares (Sierra de Guadarrama, Madrid)». *Limnetica* 30: 71-88.

CASADO, C. *et al.* (2015). «Procesado de hojarasca en arroyos del Parque Nacional de la Sierra de Guadarrama (Madrid)». *Limnetica* 34: 115-134.

CASADO, S. (1997). «Los primeros pasos de la ecología en España». Ministerio de Agricultura, Pesca y Alimentación. Madrid.

CASADO, S. (2000). «Los primeros pasos de la ecología en España». 2.ª edición. Organismo Autónomo de Parques Nacionales. Ministerio de Medio Ambiente. Serie Histórica n.º 10. Madrid.

CASADO, S. (2006). «Celso Arévalo-Luis Pardo. La introducció d'una disciplina». *Afers* 53-54: 87-98.

CASADO, S. (2010a). «Arévalo Carretero, Celso». En: *Diccionario Biográfico Español V*, pp. 171-172. Real Academia de la Historia. Madrid.

CASADO, S. (2010b). *Naturaleza patria. Ciencia y sentimiento de la naturaleza en la España del regeneracionismo.* Marcial Pons Historia. Madrid.

CASAMITJANA, X. *et al.* (2009). «La física de l'estany de Banyoles». *Monografies de les Seccions de Ciències,* 20. Institut d'Estudis Catalans. Barcelona.

CASARES GIL, A. y BELTRÁN BIGORRA, F. (1912). «Flora briológica de la Sierra de Guadarrama». *Trabajos del Museo de Ciencias Naturales* 12: 1-50.

CASAS, C. (1975a). «Brioteca Hispanica 1970». *Acta Phytotaxonomica Barcinonensia* 15: 27-33.

CASAS, C. (1975b). «Brioteca Hispanica 1971». *Acta Phytotaxonomica Barcinonensia* 15: 34-38.

CASAS, J. *et al.* (2013). «Leaf litter decomposition of native and introduced tree species of contrasting quality in headwater streams: How does the regional setting matter?». *Science of the Total Environment* 458-460: 197-208.

CASERO, M. C. (2013). «Diversidad de Cianobacterias mediante técnicas de secuenciación masiva en el embalse de Rosarito». Tesis de Máster. Universidad Autónoma. Madrid.

CASERO, M. C. *et al.* (2015). «Unravelling the diversity of potentially toxic cyanobacteria in reservoirs by next generation sequencing techniques». Association for the Sciences of Limnology and Oceanography (ASLO) Aquatic Sciences Meeting. Granada.

CASTRO DE ZALDUMBIDE, M. (1993). «Relaciones entre diversas comunidades de protozoos ciliados y la caracterización biológica del agua». Tesis doctoral. Universidad Complutense de Madrid.

CASTROVIEJO, S. (Coord. Gen.). «Flora ibérica». Real Jardín Botánico. CSIC. Madrid.

CATALÁN, J. *et al.* (1993). «Chemical composition of disturbed and undisturbed high-mountain lakes in the Pyrenees: a reference for acidified sites». *Water Research* 27: 133-141.

CATALÁN, J. y UCAR, E. (1979). «Recuperación integral de ríos. Caso práctico río Jarama (Madrid, España)». *Técnica, investigación y Tratamiento del Medio Ambiente* 1(1): 44-55.

CATALÁN, J. G., CABO, J. y MORA, J. (1976). «Estudios de la calidad química y biológica de los ríos Manzanares, Jarama y Tajo». *Actas I Congreso Iberoamericano de Medio Ambiente* 3: 967-980.

CATALÁN, J. G. *et al.* (1974). «Contaminación y autodepuración de los ríos Manzanares, Jarama y Tajo». *Documentos de investigación Hidrológica* 18: 95-134.

CATALÁN LAFUENTE, J. G. y ALONSO PASCUAL, J. J. (1971). «Estudio químico-hidrológico del río Tajo hasta Aranjuez». CSIC. Madrid.

CATALÁN LAFUENTE, J. G. (1965). «Estudio químico-sedimentológico de algunos afluentes del Tajo». Serie Sedimentológica, IV. CSIC. Madrid.

CEDEX (2003). «Centro de Estudios Hidrográficos del CEDEX. La Casa del Agua. 40 años a orillas del Manzanares». Ministerio de Fomento/Ministerio de Medio Ambiente. CEDEX-CEHOPU.

CEDEX (2010). «Estudio del impacto del cambio climático en los recursos hídricos y en las masas de agua». Informe Técnico. Ministerio de Fomento y Ministerio de Medio Ambiente y Medio Rural y Marino. Madrid.

CEDEX (2014). «Base de datos sobre fitoplancton de los cuerpos de agua españoles». Información no publicada.

CHAMORRO, H., GONZÁLEZ-AMEZÚA, C. y JORDÁ, L. (2014). «Antigua Pilar y la minería histórica en Colmenarejo». Dirección General de industria, inergía y Minas (CAM) y Ayuntamiento de Colmenarejo. Madrid.

CHAPUIS, I. S., SÁNCHEZ CASTILLO, P. M. y ABOAL, M. (2014). «Checklist of freshwater red algae in the Iberian Peninsula and Balearic Islands». *Nova Hedwigia* 98: 213-232.

CHICOTE, C. (1880). «Adiciones a la enumeración de los Hemípteros observados en España y Portugal». *Anales de la Sociedad Española de Historia Natural* 9: 185-203.

CHORDÁ, F. A. (2014). «Biología de mosquitos (Diptera: Culicidae) en enclaves representativos de la Comunidad Valenciana». Tesis doctoral. Universidad de Valencia.

CHORUS, I. y BARTRAM, J. (Eds.) (1999). «Toxic Cyanobacteria in Water: A guide to their public health consequences, monitoring and management». World Health Organization. E. y F. N. Spon, Rutledge. London.

CHT (2007). «Estudio general sobre la demarcación hidrográfica del Tajo». Plan Hidrológico del Tajo 2009-2015. Confederación Hidrográfica del Tajo. Madrid.

CHT (2008). «Red de Control del Estado de las Masas de Agua Superficiales (CEMAS)». www.chtajo.es/LaCuenca/CalidadAgua/Resultados_Informes/Paginas/RISupEstadoR%C3%ADos.aspx.

CHT (2013). «Red de Control del Estado de las Masas de Agua Superficiales (CEMAS)». www.chtajo.es/LaCuenca/CalidadAgua/Resultados_Informes/Paginas/RISupEstadoR%C3%ADos.aspx.

CHT (2014a). «Plan Hidrológico de la parte española de la Demarcación Hidrográfica del Tajo». Documento Auxiliar 3: Huella hídrica. Confederación Hidrográfica del Tajo. Madrid.

CHT (2014b). «Red de Control del Estado de las Masas de Agua Superficiales (CEMAS)». www.chtajo.es/LaCuenca/CalidadAgua/Resultados_Informes/Paginas/RISupEstadoR%C3%ADos.aspx.

CHT (2014-2016). «Resultados calidad ríos-Macrófitos». www.chtajo.es/LaCuenca/CalidadAgua/Resultados_Informes/Paginas/RISupEstadoRíos.aspx.

CHT (2016). «Red de Control del Estado de las Masas de Agua Superficiales (CEMAS)». www.chtajo.es/LaCuenca/CalidadAgua/Resultados_Informes/Paginas/RISupEstadoR%C3%ADos.aspx.

CIRÉS, S. y QUESADA, A. (2011). «Catálogo de Cianobacterias planctónicas potencialmente tóxicas de las aguas continentales españolas». Ministerio de Medio Ambiente y Medio Rural y Marino. Madrid.

CIRUJANO, S., VELAYOS, M., CASTILLA, F. y GIL, M. (1992). «Criterios botánicos para la valoración de las lagunas y humedales españoles (Península Ibérica y las Islas Baleares)». Instituto Nacional para la Conservación de la Naturaleza. Madrid.

CIRUJANO, S. *et al.* (2008). «Algas continentales. Carófitos». Real Jardín Botánico, Madrid.

CIRUJANO, S. *et al.* (2014). «Flora acuática española. Hidrófitos vasculares». Real Jardín Botánico, CSIC. Madrid.

CLAVERO, G. (1945). «Cuatro especies de *Aedes* nuevas para España (Dip. Culicidae)». *Revista de Sanidad e Higiene Pública* 19: 449-453.

CLAVERO, G. (1946). «Aedinos de España». *Revista de Sanidad e Higiene Pública* 20: 1205-1232.

CLAVERO PINEDA, M. *et al.* (2016a). «El cangrejo de río italiano, hay pruebas documentales de que llegó a España en el siglo XVI». *Quercus* 359 (enero): 42-52.

CLAVERO-PINEDA, M. *et al.* (2016b). «Interdisciplinarity to reconstruct historical introductions: solving the status of cryptogenic crayfish». *Biological Reviews* 91: 1036-1049.

COBO, F. *et al.* (1987). «Inventario faunístico de los quironómidos conocidos de la Península Ibérica». *Alquibla* 12: 56-65.

COBO, F., SORIANO, O. y BÁEZ, M. (2002). «Chironomidae». En: M. C. Tolrá (Coord.), *Catálogo de los Diptera de España, Portugal y Andorra,* pp. 35-44. Monografías de la Sociedad Entomológica Aragonesa, 8. Zaragoza.

COBO, R. (2002). «Estudio sedimentológico y propuestas de actuación en el embalse del río Aulencia (Madrid)». Asistencia técnica 42-401-8-006, para la Comunidad de Madrid. CEDEX. Madrid.

COBO, R. (2005). «Estudio de los materiales depositados en el embalse de Aulencia». Asistencia técnica 43-504-5-008, para TRAGSA. CEDEX. Madrid.

COLE, J. J. *et al.* (2010). «Multiple approaches to estimating air-water gas exchange in small lakes». *Limnology and Oceanography-Methods* 8: 285-293.

COLMEIRO, M. (1849). «Apuntes para la flora de las dos Castillas». Librería de Don Angel Calleja. Madrid.

COLMEIRO, M. (1867). «Enumeración de las Criptógamas de España y Portugal. V. Musgos». *Revista de los Progresos de las Ciencias Exactas, Físicas y Naturales* 16-17: 54-119

COLMEIRO, M. (1868). «Enumeración de las Criptógamas de España y Portugal». *Revista de los Progresos de las Ciencias Exactas, Físicas y Naturales* 18: 226-298.

COMELLES, M. (1982). «Noves localitats i revisió de la distribució de les espècies de caròfits a Espanya». Tesis de licenciatura. Facultad de Biología, Universidad Central de Barcelona.

COMPAÑ, J. y COLMENAREJO, F. (2009). «Historia y guía de las canteras». En: *De las entrañas de la tierra. Guía de las minas y canteras de Colmenar Viejo,* pp. 97-164. Ayuntamiento de Colmenar Viejo. Madrid.

CONTRERAS LICHTENBERG, R. (1986). «Beitrag zur Kenntnis der Weibchen in der westpäarktis verbreiteter Arten des Genus *Dicrotendipes* Kieffer, 1913 (Diptera, Nematocera, Chironomidae)». *Acta Biologica Debrecina Oecologica Hungarica* 2: 173-179

CORBACHO, C., SÁNCHEZ GUZMÁN, J. M. y VILLEGAS, M. A. (2009). «Pagazas, charranes y fumareles en España. Población reproductora en 2007 y método de censo». SEO/BirdLife. Madrid.

CORCHÓN, F. (1976). «Estudio hidrogeológico del Cretácico de los alrededores de Torrelaguna (Madrid y Guadalajara)». *Boletín del Servicio Geológico de Obras Públicas* 40: 1-189.

CORELLA, P. y VILLARREAL, E. (1987). «El antiguo y nuevo Leganés». Consejería de Cultura y Deportes. Comunidad de Madrid. Madrid.

CORNETT, R. J. Y RIGLER, F. H. (1980). «The areal hypolimnetic deficit: an empirical test of the model». *Limnology and Oceanography* 25: 672-679.

CORTÉS, Y. *et al.* (1998a). «Changes in otter *Lutra lutra* distribution in Central Spain in the 1964-1995 period». *Biological Conservation* 86: 179-183.

CORTÉS, Y. *et al.* (1998b). En: J. Ruiz-Olmo y M. Delibes (Eds.), *La nutria en España ante el horizonte del año 2000,* pp. 165-168. SECEM. Málaga.

CORVEA, J. L. *et al.* (2006). «Guía de puntos de interés didáctico del Norte de la Comunidad de Madrid». Cátedra UNESCO de Educación Científica para América Latina y el Caribe. Universidad de Alcalá de Henares. Madrid.

CRISTÓBAL, F. (1986). «Un sistema de saneamiento para Madrid». *Informes de la Construcción* 37: 31-39.

CUBILLO, F., CASADO, C. y CASTILLO, V. (1990). «Caudales ecológicos. Estudio de regímenes de caudales mínimos en los cauces de la Comunidad de Madrid». Agencia de Medio Ambiente. Comunidad de Madrid. Madrid.

CUTANDA, V. (1861). «Flora compendiada de Madrid y su provincia». Imprenta Nacional. Madrid.

CUTANDA, V. y DEL AMO, M. (1848). «Manual de Botánica descriptiva o resumen de las plantas que se encuentran en las cercanías de Madrid y de las que se cultivan en los jardines de la Corte». Imprenta de Santiago Saunaque. Madrid.

CZERNY, L. y STROBL, G. (1909). «Spanische Diptera III». *Verhandlungen der kaiserlich-königlichen zoologisch-botanischen Gesellschaft in Wien* 59: 121-301.

D'ORCHYMONT, A. (1936). «Les *Hydraena* de la Péninsule Ibérique». *Mémoires du Musée Royal d'Histoire Naturelle de Belgique* 6: 1-48.

DAVERSA, D. R., MUTHS, E. Y BOSCH, J. (2012). «Terrestrial movement patterns of the Common Toad *(Bufo bufo)* in Central Spain reveal habitat of conservation importance». *Journal of Herpetology* 46: 658-664.

DAVERSA, D. R. *et al.* (2018a). «Seasonal migrations, body temperature fluctuations, and infection dynamics in adult amphibians». *Peer Journal* 6, e4698.

DAVERSA, D. R. *et al.* (2018b). «Routine habitat switching alters the likelihood and persistence of infection with a pathogenic parasite». *Functional Ecology* 32: 1262-1270.

DE HOYOS, C., NEGRO, A. y AVILÉS, J. (2003). «Las Cianobacterias en los embalses españoles: situación actual». *Ingeniería Civil* 129: 93-100.

DE LA FUENTE, J. M. (1921). «Catálogo sistemático-geográfico de los Coleópteros observados en la península ibérica, Pirineos propiamente dichos y Baleares (continuación)». *Boletín de la Sociedad Entomológica de España* 4: 19-32, 34-43, 53-68, 74-89, 106-121, 138-153.

DE LA FUENTE, J. M. (1925). «Catálogo sistemático-geográfico de los Coleópteros observados en la península ibérica, Pirineos propiamente dichos y Baleares (continuación)». *Boletín de la Sociedad Entomológica de España* 8: 22-25, 41-56, 65-80, 89-104, 106-121, 127-142.

DE LA FUENTE, J. M. (1929). «Catálogo sistemático-geográfico de los Coleópteros observados en la península ibérica, Pirineos propiamente dichos y Baleares (continuación)». *Boletín de la Sociedad Entomológica de España* 12: 21-32, 43-58, 84-99, 106-121.

DE LA PUENTE, M. y CAMARGO, J. A. (2005). «El hábitat fluvial: factores ambientales y humanización». En: J. A. Camargo (Ed.), Ecología y conservación del Río Henares y sus tributarios, pp. 81-108. Ibercaja y Universidad de Alcalá de Henares. Alcalá de Henares.

DE LA PUENTE, M. y CAMARGO, J. A. (2005b). «Los macroinvertebrados del bentos». En: J. A. Camargo (Ed.), *Ecología y conservación del Río Henares y sus tributarios,* pp. 109-136. Ibercaja y Universidad de Alcalá de Henares. Alcalá de Henares.

DE MANUEL, J. (1997). «Rotifers dels embassaments espanyols peninsulars». Tesis doctoral. Universidad de Barcelona.

DE MANUEL, J. (2000). «The rotifers of Spanish reservoirs: ecological, systematical and zoogeographical remarks». *Limnetica* 19: 91-167.

DE MANUEL, J. y ARMENGOL, J. (1993). «Rotifer assemblages: a contribution to the tipology of Spanish reservoirs». *Hydrobiologia* 255/256: 421-428.

DE SOSTOA, A. *et al.* (1987). «La distribución del pez-sol (*Lepomis gibbosus* L.) en la Península Ibérica». *Doñana, Acta Vertebrata* 14: 121-123.

DE VICENTE, G. (2009). «Guía ilustrada de los cabalgamientos alpinos en el Sistema Central». *Reduca (Geología), Serie Geología Regional* 1: 1-151.

DECAMPS, H., FORTUNE, M. y GAZELLE, F. (1989). «Historical changes of the Garonne River, southern France». En: G. E. Petts, H. Muller y A. L. Roux (Eds.), *Historical Change of Large Alluvial Rivers Western Europe,* pp. 249-268. Wiley. Chichester.

DEGMA, P., BERTOLANI, R. y GUIDETTI, R. (2017). «Actual checklist of Tardigrada species». www.tardigrada.modena.unimo.it/miscellanea/Actual%20checklist%20of%20Tardigrada.pdf, p. 46.

DEHARVENG, L., D'HAESE, C. A. y BEDOS, A. (2008). «Global diversity of springtails (Collembola, Hexapoda) in freshwater». *Hydrobiologia* 595: 329-338.

DEL HOYO, J., ELLIOTT, A. y SARGATAL, J. (Eds.) (1992). «Handbook of the Birds of the World. Vol. 1. Ostrich to Ducks». Lynx Edicions. Barcelona.

DEL HOYO, J., ELLIOTT, A. y SARGATAL, J. (Eds.) (1996). «Handbook of the Birds of the World. Vol. 3. Hoatzin to Auks». Lynx Edicions. Barcelona.

DEL HOYO, J., ELLIOTT, A. y CHRISTIE, D. A. (Eds.) (2003). «Handbook of the Birds of the World. Vol. 8. Broadbills to Tapaculos». Lynx Edicions. Barcelona.

DEL MORAL, J. C. *et al.* (Eds.) (2002). «Atlas de las Aves Invernantes de Madrid 1999-2001». SEO-Monticola y Comunidad de Madrid. Madrid.

DELÉAGE, J. P. (1992). «Histoire de l'écologie. Une science de l'homme et de la nature». La Découverte. París.

DELÉCOLLE, J. C. (2002). «Ceratopogonidae». En: M. C. Tolrá (Coord.), *Catálogo de los Diptera de España, Portugal y Andorra (Insecta),* pp. 323. Monografías de la Sociedad Entomológica Aragonesa, 8. Zaragoza.

DELICADO, D. Y RAMOS, M. A. (2012). «Morphological and molecular evidence for cryptic species of springsnail (genus *Pseudamnicola* (Corrosella) (Mollusca, Caenogastropda, Hydrobiidae))». *Zookeys* 190: 55-79.

DIAS, R. J. P., WIELOCH, A. H. y D'AGOSTO, M. (2008). «The influence of environmental characteristics on the distribution of ciliates (Protozoa, Ciliophora) in an urban stream of southeast Brazil». *Brazilian Journal of Biology* 68: 287-295.

DÍAZ, M., ASENSIO, B. y TELLERÍA, J. L. (1996). «Aves ibéricas I. No passeriformes». J. M. Reyero Editor. Madrid.

DÍAZ, M., MARTÍ, R., GÓMEZ-MANZANEQUE, A. y SÁNCHEZ, A. (Eds.) (1994). «Atlas de las Aves Nidificantes en Madrid». Sociedad Española de Ornitología-Agencia de Medio Ambiente. Comunidad de Madrid. Madrid.

DÍAZ MARTÍN, M. (2012). «Restauración de una antigua cantera en un espacio natural protegido». *Actas del VI Congreso Nacional de Ingeniería Ambiental* 2: 455-463.

DÍAZ-RODRÍGUEZ, J. *et al.* (2017). «Integration of molecular, bioacoustical and morphological data reveals two new cryptic species of *Pelodytes* (Anura, Pelodytidae) from the Iberian Peninsula». *Zootaxa* 4243: 1-41.

DÍAZ-RODRÍGUEZ, J. *et al.* (2015). «Molecular evidence for cryptic candidate species in Iberian *Pelodytes* (Anura, Pelodytidae)». *Molecular Phylogenetics and Evolution* 83: 224-241.

DÍEZ, P. M. y LÓPEZ DE CARRIZOSA, L. (1954). «*Larus minutus* en Madrid». *Ardeola* 1: 127.

DÍEZ, P. M., DE LEÓN, P. y SÁEZ-ROYUELA, R. (1955). «Aves invernantes en los estanques de la Casa de Campo». *Ardeola* 2: 23-30.

DÍEZ-MAYANS, C. y BIENES, R. (2003). «Evolución de la contaminación por nitratos, nitritos y amonio en los ríos Henares, Tajuña, Jarama y Tajo de la Comunidad de Madrid». En: R. Bienes y M. J. Marqués (Eds.), *Control de la erosión y la degradación del suelo,* pp. 143-148. IMIAA. Madrid.

Dirección General de Obras Hidráulicas (1967). «Aforos». Anuario 1.962-63. 3-Cuencas del Tajo. Ministerio de Obras Públicas. Madrid.

Dirección General de Obras Hidráulicas (1975). «Análisis de Calidad de Aguas». Red oficial del MOP. Año 1973/74. Ministerio de Obras Públicas. Madrid.

DOADRIO, I. (1981). «Primeros datos sobre la distribución de *Cobitis calderoni* Bacescu, 1961 (Pisces, Cobitidae) en la Península Ibérica». *Doñana, Acta Vertebrata* 8: 291-293.

DOADRIO, I. (1988a). «Delimitation of areas in the Iberian Peninsula on the basis of freshwater fishes». *Bonner zoologische Beiträge* 39: 113-128.

DOADRIO, I. (1988b). «Sobre la taxonomía de *Barbus comiza* Steindachner, 1865 (Ostariophysi: Cyprinidae)». *Doñana, Acta Vertebrata* 15: 19-28.

DOADRIO, I. (1989). «Catálogo de los peces de agua dulce del Museo Nacional de Ciencias Naturales». *Monografías del Museo Nacional de Ciencias Naturales* 1: 1-72.

DOADRIO, I. (2001). «Atlas y Libro Rojo de los Peces Continentales de España». Dirección General de Conservación de la Naturaleza. Ministerio de Medio Ambiente. Madrid.

DOADRIO, I. (2002). «Atlas y Libro Rojo de los Peces Continentales de España». 2ª ed. Dirección General de Conservación de la Naturaleza. Secretaría General de Medio Ambiente. Ministerio de Medio Ambiente. Madrid.

DOADRIO, I. y ELVIRA, B. (1986). «Distribución geográfica actual del género *Carassius* Jarocki, 1822 (Ostariophysi, Cyprinidae) en España». *Miscel.lània Zoològica* 10: 385-387.

DOADRIO, I., ELVIRA, B. y GARZÓN, P. (1988). «Revisión taxonómica y distribución de *Cobitis maroccana* Pellegrin, 1929 (Osteichthyes, Cobitidae)». *Doñana, Acta Vertebrata* 15: 156-161.

DOADRIO, I., ELVIRA, B. y BERNAT, Y. (Eds.). «Peces continentales españoles. Inventario y clasificación de zonas fluviales». Colección Técnica. ICONA. Madrid.

DOADRIO, I. y PERDICES, A. (1997). «Taxonomic study of the Iberian *Cobitis* (Osteichthyes, Cobitidae) with description of a new species». *Zoological Journal of the Linnean Society* 119: 51-67

DOADRIO, I. y PERDICES, A. (2005). «Phylogenetic relationships among the Ibero-African cobitids (Cobitis, Cobitidae) based on cytochrome b sequence data». *Molecular Phylogenetics and Evolution* 37: 484-493.

DOADRIO, I. *et al.* (2011). «Ictiofauna continental española. Bases para su seguimiento». Dirección General Medio Natural y Política Forestal, Ministerio de Medio Ambiente y Medio Rural y Marino. Madrid.

DODDS, W. K., JONES, J. R. y WELCH, E. B. (1998). «Suggested classification of stream trophic state: distributions of temperate stream types by chlorophyll, total nitrogen, and phosphorus». *Water Research* 32: 1455-1462.

DOLZ GARCÍA, J. C. y GÓMEZ LÓPEZ, J. A. (1988). «Las anátidas y fochas invernantes en España». En: J. L. Tellería (Ed.), Invernada de Aves en la Península Ibérica, pp. 55-69. Sociedad Española de Ornitología. Madrid.

DOMÍNGUEZ GÓMEZ, J. A. (2002). «Estudio de la calidad del agua de las lagunas de gravera mediante teledetección». Tesis doctoral. Universidad de Alcalá de Henares. Madrid.

DONNER, J. (1970). «Rotatorien aus einigen Boden und Moosen Spaniens und seiner Inseln». *Revue d'Écologie et de Biologie du Sol* 77: 501-532.

DOUTERELO, I., PERONA, E. y MATEO, P. (2004). «Use of Cyanobacteria to assess water quality in running waters». *Environmental Pollution* 127: 377-384.

DOWNING, J. A. (2010). «Emerging global role of small lakes and ponds: little things mean a lot». *Limnetica* 29: 9-24.

EGERTSON, C., KOPASKA, J. A. y DOWNING, J. A. (2004). «A century of change in macrophyte abundance and composition in response to agricultural eutrophication». *Hydrobiologia* 524: 145-156.

ELORRIETA, J. I. (1981). «Biología de la contaminación del sistema Sorbe-Henares». Tesis doctoral. Universidad Complutense. Madrid.

ELOSEGI, A. y SABATER, S. (Eds.) (2009). «Conceptos y técnicas en ecología fluvial». Fundación BBVA. Bilbao.

ELVIRA, B. (1987). «Revisión taxonómica y distribución geográfica del género *Chondrostoma* Agassiz, 1835 (Pisces, Cyprinidae)». I.N.I.A. Tesis doctorales 62: 1-530.

ELVIRA, B. (1990). «Iberian endemic freshwater fishes and their conservation status in Spain». *Journal of Fish Biology* 37: 231-232.

ELVIRA, B. (1995a). «Conservation status of endemic freshwater fish in Spain». *Biological Conservation* 72: 129-136.

ELVIRA, B. (1995b). «Freshwater fishes introduced in Spain and relationships with autochthonous species». En: D. P. Philipp, J. M. Epifanio, J. E. Marsden y J. E. Claussen (Eds.), *Protection of Aquatic Biodiversity*. Proceedings of the World Fisheries Congress. Theme-3, pp. 262-265. Oxford y IBH Publishers. New Delhi.

ELVIRA, B. (1995c). «Native and exotic freshwater fishes in Spanish river basins». *Freshwater Biology* 33: 103-108.

ELVIRA, B. (1996). «Endangered freshwater fish of Spain». En: A. Kirchhofer y D. Hefti (Eds.), *Conservation of endangered freshwater fish in Europe*, pp. 55-61. Birkhäuser Verlag. Basel.

ELVIRA, B. Y ALMODÓVAR, A. (2001). «Freshwater fish introductions in Spain: facts and figures at the beginning of the 21st century». *Journal of Fish Biology* 59: 323-331.

ELVIRA, B. y ALMODÓVAR, A. (2010). «La suelta de truchas alóctonas es muy perjudicial para el ecosistema». *Trofeo Pesca* 172: 102-103.

ELVIRA, B., ALMODÓVAR, A. y NICOLA, G. G. (1998). «Fish communities of the middle-upper Tagus river (central Spain): a story of river regulation and exotic introductions». *Polskie Archiwum Hydrobiologii* 45: 165-171.

ELVIRA, B., ALMODÓVAR, A. y NICOLA, G. G. (2003). «Ictiofauna del río Tajo entre la presa de Bolarque y su confluencia con el río Jarama: catálogo, distribución y estado de conservación». Actas del Congreso sobre la Naturaleza en la provincia de Toledo, 177-186. Diputación Provincial de Toledo. Toledo.

ELVIRA, B. y LOBÓN-CERVIÁ, J. (1984). «Diferenciación sexual en la boga de río (*Chondrostoma polylepis polylepis* Steindachner, 1865) basada en análisis biométrico». Actas de la II Reunión Iberoamericana de Conservación y Zoología de Vertebrados, 1-5. Cáceres.

ENCINAS GRANDES, A. (1982). «Taxonomía y biología de los mosquitos del área salamantina (Diptera, Culicidae)». Centro de Edafología y Biología aplicada (CSIC) y Universidad de Salamanca. Salamanca.

ESPINOSA, A., SERRANO, J. A. y MONTORI, A. (2012). «Incidencia de los atropellos sobre la fauna vertebrada en el Valle de El Paular. LIC Cuenca del río Lozoya y Sierra Norte». *Munibe* 60: 209-236.

ESTEBAN, G. y FERNÁNDEZ-GALIANO, D. (1989). «Morphology and morphogenesis in *Carchesium polypinum* (Ciliophora: Peritrichida)». *Transactions of the American Microscopical Society* 108: 345-353.

ESTEBAN, M. y SANCHIZ, B. (2000). «Differential growth and longevity in low and high altitude *Rana iberica* (Anura, Ranidae)». *Herpetological Journal* 10: 19-26.

ESTEBAN, M., GARCÍA-PARÍS, M. y CASTANET, J. (1996). «Use of bone histology in estimating the age of frogs (*Rana perezi*) from a warm temperate climate area». *Canadian Journal of Zoology* 74: 1914-1921.

ESTÉVEZ, A. (1982). «Dinámica de las comunidades de algas en un río contaminado». Tesina de Licenciatura. Facultad de Biología. Universidad Complutense. Madrid.

ESTÉVEZ, A. y ÁLVAREZ COBELAS, M. (1984). «Sucesión estacional de las algas en el río Manzanares». *Anales de Biología, Sección Especial* 2(2): 85-90.

FERNÁNDEZ, C. *et al.* (2010). «Occurrence of pharmaceutically active compounds in surface waters of the Henares-Jarama-Tajo River system (Madrid, Spain) and a potential risk characterization». *Science of the Total Environment 408*: 543-551.

FERNÁNDEZ, J. L. *et al.* (2003). «La Casa de Campo, más de un millón de años de Historia». Lunwerg Editores. Madrid.

FERNÁNDEZ, M. *et al.* (2000). «Organochlorine and heavy metal residues in the water/sediment system of the Southeast Regional Park in Madrid, Spain». *Chemosphere* 41: 801-812.

FERNÁNDEZ ALLENDE, M. (2015). «Efecto de la presión antrópica sobre el estado de conservación de dos poblaciones de galápago europeo *(Emys orbicularis)* de la sierra de Guadarrama (Comunidad de Madrid)». Trabajo de Fin de Máster. Máster UCM en Biología de la Conservación, Universidad Complutense de Madrid. Madrid.

FERNÁNDEZ-BEASKOETXEA, S., BOSCH, J. y BIELBY, J. (2016). «Infection and transmission heterogeneity of a multi-host pathogen *(Batrachochytrium dendrobatidis)* within an amphibian community». *Diseases of Aquatic Organisms* 118: 11-20.

FERNÁNDEZ-CORDEIRO, A. (1990). «Influencia de los vertederos en los desplazamientos y la distribución costera de las gaviotas». *Miscelania Zoologica* 14: 187-193.

FERNÁNDEZ-GALIANO, D. (1966). «Algunas modificaciones y nuevas precisiones sobre el método de impregnación en masa de los ciliados por el carbonato de plata». *Boletín de la Real Sociedad Española de Historia Natural (Sección de Biología)* 64: 95-98.

FERNÁNDEZ-GALIANO, D. y FERNÁNDEZ-LEBORANS, G. (1980). «*Caenomorpha medusula* Perty 1852 (Heterotrichida, Armophorina) Nouvelles donées sur la ciliature et l'infraciliature». *Protistologica* 16: 5-10.

FERNÁNDEZ-GALIANO, D., MARTÍN-GONZÁLEZ, A. y SERRANO, S. (1985). «Morphological characterization of the hymenostome *Epenardia myriophylli* (Ciliophora: Glaucomidae)». *Transactions of the American Microscopical Society* 104: 145-153.

FERNÁNDEZ-GONZÁLEZ, F. (1988). «Estudio florístico y fitosociológico del Valle del Paular (Madrid)». Tesis doctoral. Universidad Complutense. Madrid.

FERNÁNDEZ-GONZÁLEZ, F. (1991). «La vegetación del Valle del Paular (Sierra de Guadarrama, Madrid), I». *Lazaroa* 12: 153-272.

FERNÁNDEZ-LEBORANS, G. (1983). «Nouvelles observations sur les deux ciliés oligotriches: *Halteria grandinella* (la morphologie et la morphogenèse) et *Strombilidium gyrans* (la morphologie)». *Acta Protozoologica* 22: 251-256.

FERNÁNDEZ-LEBORANS, G. y FERNÁNDEZ-GALIANO, D. (1980). «Quelques données sur l'infraciliature et les systémes myonèmique-fibrillaires chez *Spirostomum ambiguum*». *Acta Protozoologica* 19: 233-238.

FERNÁNDEZ-LEBORANS, G. y FERNÁNDEZ-GALIANO, D. (1981a). «La morfología de dos especies de *Metopus*: *M. es* (O. Müller, 1782, Kahl, 19.32) y *M. striatus* (McMurrich, 1984)». *Boletín de la Real Sociedad Española de Historia Natural (Biología)* 79: 83-91.

FERNÁNDEZ-LEBORANS, G. y FERNÁNDEZ-GALIANO, D. (1981b). «Some observations of the myonemic-fibrilar systems of *Stentor coerulus* (Heterotrichida)». *Archiv für Protistenkunde* 124: 125-131.

FERNÁNDEZ-LEBORANS, G. y MARTÍN-GONZÁLEZ, A. (1980). «The ciliature, infraciliature and fibrilar systems of *Lembadion* sp». *Archiv für Protistenkunde* 123: 72-88.

FERNÁNDEZ-LEBORANS, G. y ZALDUMBIDE, M. C. (1987). «A new species of the genus *Aspidisca* (Ciliophora, Hypotrichida)». *Journal of Natural History* 21: 1293-1301.

FERNÁNDEZ LOP, A. (1983). «Estudio de las biocenosis de macroinvertebrados en las pequeñas masas de agua de la Sierra de Guadarrama». Tesina de Licenciatura. Facultad de Biología. Universidad Complutense. Madrid.

FERNÁNDEZ LOP, A. (1986). «Variabilidad morfológica y distribución en el grupo de *Echinogammarus berilloni*». *Limnetica* 2: 279-292.

FERNÁNDEZ-SALVADOR, R. (2008). «La nutria en Madrid». En: J. M. López-Martín y J. Jiménez (Eds.), *La nutria en España Veinte años de un mamífero amenazado,* pp. 175-185. SECEM. Málaga.

FERY, H. Y FRESNEDA. J. (2007). «Los «Hydradephaga» (Coleoptera: Dytiscidae, Gyrinidae, Haliplidae, Noteridae, Paelobiidae) de la Península Ibérica e Islas Baleares de las colecciones J. Fresneda y H. Fery». *Boletín de la Sociedad Entomológica Aragonesa* 41: 119-171.

FINLAY, B. J. (1997). «The diversity and ecological role of protozoa in fresh waters». En: D. W. Sutcliffe (Ed.), *The microbial quality of water,* pp. 108-125. Freshwater Biological Association. Ambleside.

FINLAY, B. J. *et al.* (1988). «On the abundance and distribution of protozoa and their food in a productive freshwater pond». *European Journal of Protistology* 23: 205-217.

FLORENCIO, M. y LAMELAS-LÓPEZ, L. (2016). «Threatened pond endemicity on an oceanic island: the presence of an exotic fish». *Limnetica* 35: 235-242.

FOLEY, B. *et al.* (2012). «Long-term changes in oxygen depletion in a small temperate lake: effects of climate change and eutrophication». *Freshwater Biology* 57: 278-289.

FONT, I. (1983). «Climatología de España y Portugal». Publicaciones del Instituto Nacional de Meteorología. Madrid.

FONTOURA, A. P. (1981). «Contribution pour l'etudedes tardigrades terrestres du portugal avec la description d'une nouvelle especie du genre *Macrobiotus*». *Publicacoes do Instituto de Zoologia 'Dr. Augusto Nobre'* 160: 1-24.

FONTOURA, A. P. (1982). «Deux nouvelles espèces de Tardigrades muscicoles du Portugal». *Publicacoes do Instituto de Zoologia 'Dr. Augusto Nobre'* 165: 5-19.

FORBES, S. A. (1887). «The lake as a microcosm». *Bulletin of the Scientific Association of Peoria, Illinois* 1887: 77-87.

FORTI, A. (1906). «Alcuni appunti sulla composizione del plancton dell «Estanque grande», nel parco del Buen Retiro in Madrid». *Atti della Società dei Naturalisti e Matematici di Modena* 8: 120-126.

FRANCO, C. (1998). «Estructura, diversidad y partición del nicho trófico de las comunidades de protozoos ciliados en ecosistemas acuáticos de montaña». Tesis doctoral. Universidad Complutense de Madrid. Madrid.

FRANCO MÚGICA, F. (1995). «Estudio palinológico de turberas holocenas en el Sistema Central: reconstrucción paisajística y acción antrópica». Tesis doctoral. Universidad Autónoma. Madrid.

FRANTZ, A. C., CYRIACKS, P. Y SCHLEY, L. (2005). «Spatial behaviour of a female raccoon *(Procyon lotor)* at the edge of the species' European distribution range». *European Journal of Wildlife Research* 51: 126-130.

FUERTES, E. y GALÁN, P. (1981a). «Aportación a la brioflora madrileña». *Anales del Jardín Botánico de Madrid* 39: 39-47.

FUERTES, E. y GALÁN, P. (1981b). «Comunidades muscinales del término municipal de Chinchón (Madrid)». *Trabajos Departamento Botánica y Fisiología Vegetal* 11: 83-92.

FUERTES, E. y RON, M. E. (1986). «Contribución al conocimiento de la flora de la dehesa del Carrascal, Arganda del Rey (Madrid): Catálogo de briófitos». *Trabajos del Departamento de Botánica* 13: 19-22.

FUERTES, E., ACÓN, M. y OLIVÁN, G. (2005). «*Hamatocaulis* y *Scorpidium* (Calliergonaceae, Bryopsida) en la Península Ibérica». *Lazaroa* 26: 5-16.

FUSSMANN, G. (1993). «Abundance, succession and morphological variation of planktonic rotifers during autumnal circulation in a hypertrophic lake (Heiligensee, Berlin)». *Hydrobiologia* 255/256: 353-360.

GABALDÓN, L. y ROBLES, M. (2009). «Guía de peces y cangrejos de Castilla-La Mancha». Dirección General de Política Forestal. Junta de Comunidades de Castilla-La Mancha. Toledo.

GALLARDO, M. (2014). «Cambios de uso del suelo y simulación de escenarios en la Comunidad de Madrid». Tesis doctoral. Facultad de Geografía e Historia. Universidad Complutense. Madrid.

GALLARDO, T. y ÁLVAREZ COBELAS, M. (1986). «*Monostroma bullosum* (Roth) Thur. (Chlorophyceae, Monostromataceae), en España». *Anales del Jardín Botánico de Madrid* 42: 527-529.

GALLEGO, J. L. (2004). «Agenda del pescador». Comunidad de Madrid. Madrid.

GALLEGO, J. L. (2011). «La actividad piscícola en la Comunidad de Madrid». *Foresta* 52: 414-419.

GAMMOUDI, M. *et al.* (2012). «The genus *Leptoplana* (Leptoplanidae, Polycladida) in the Mediterranean basin. Redescription of the species *Leptoplana mediterranea* (Bock, 1913) comb. nov». *Zootaxa* 3178: 45-56.

GAMO, J. (1986). «Presencia del nemertino de agua dulce *Prostoma eilhardi* (Montgomery, 1894) (Hoplonemertea) en la Península Ibérica». *Miscellania Zoologica* 10: 373-375.

GAMO, J. y NOREÑA-JANSSEN, C. (1998). «Old and new records of Turbellarians from the central areas of Spain». *Hydrobiologia* 383: 299-305.

GARCÍA, F. J. (2017). «El mapache en España. Evolución y propuestas de gestión de una nueva especie invasora». Curso de verano «Especies exóticas invasoras: de la ciencia a la gestión». Universidad Alcalá de Henares. Madrid.

GARCÍA, J. T. *et al.* (2012). «Recent invasion and status of the racoon (*Procyon lotor*) in Spain». *Biological invasions* 14: 1305-1310.

GARCÍA VALDECASAS, A. (1981). «Las hidracnelas de la sierra del Guadarrama: Taxonomía, distribución y ecología». Tesis doctoral. Universidad Complutense. Madrid.

GARCÍA VALDECASAS, A. y CAMACHO, A. I. (1986). «Las hidracnelas leníticas de la Sierra de Guadarrama (Acari, Parasitengona, Hydrachnellidae)». *Graellsia* 42: 146-160.

GARCÍA VALDECASAS, A. y CAMACHO, A. I. (2006). «Hydrachnidia (Acari, Parasitengona) de la Comunidad de Madrid». *Graellsia* 62 (número extraordinario): 91-98.

GARCÍA VALDECASAS, A., FERNÁNDEZ LOP, A. y CAMACHO, A. I. (1984). «Recurrence and equilibrium of temporal ponds of a mountain range in Central Spain». *Archiv für Hydrobiologie* 102: 43-51.

GARCÍA AVILÉS, J. (1994). «Ecosistemas acuáticos leníticos del Parque Regional de la Cuenca Alta del Manzanares. Inventario y tipificación». Serie Documentos n.º 13. Centro de Investigaciones de Espacios Naturales Protegidos Fernando González-Bernáldez. Comunidad de Madrid. Soto del Real.

GARCÍA AVILÉS, J. (2002a). «Biodiversidad de los humedales del Parque Regional del Sureste. II. Libélulas». Serie Documentos, n.º 36. Centro de Investigaciones Ambientales de la Comunidad de Madrid Fernando González Bernáldez. Comunidad de Madrid. Soto del Real.

GARCÍA AVILÉS, J. (2002b). «Biodiversidad de los humedales del Parque Regional del Sureste. III. Heterópteros acuáticos». Serie Documentos n.º 37. Centro de Investigaciones Ambientales de la Comunidad de Madrid Fernando González Bernáldez. Comunidad de Madrid. Soto del Real.

GARCÍA-AVILÉS, J., PUIG, M. A. y SOLER, A. G. (1996). «Distribution and associations of the aquatic Heteroptera of the Balearic Islands (Spain)». *Hydrobiologia* 324: 209-217.

GARCÍA DE JALÓN, D. (1979). «Estudio de las comunidades de macroinvertebrados del río Lozoya, especialmente del orden Trichoptera». Tesis doctoral. Universidad Politécnica. Madrid.

GARCÍA DE JALÓN, D. Y HERVELLA, F. (1999). «Planificación de los recursos piscícolas en el alto Lozoya». En: J. A. Vielva (Ed.), *Primeros Encuentros Científicos del Parque Natural de Peñalara y del Valle de El Paular,* pp. 91-95. Consejería de Medio Ambiente. Comunidad de Madrid. Madrid.

GARCÍA DE JALÓN, D. y GONZÁLEZ DEL TÁNAGO, M. (1982). «Introducción a la zoosociología del macrobentos en los ríos de la Sierra del Guadarrama». *Boletín de la Estación Central de Ecología* 11 (21): 63-71.

GARCÍA DE JALÓN, D. *et al.* (1993a). «Las comunidades piscícolas de los embalses de Madrid». Directrices para su gestión. *Ecología* 7: 467-485.

GARCÍA DE JALÓN, D. *et al.* (1993b). «Estudio de las comunidades piscícolas de varios embalses de Madrid». En: F. J. Silva-Pando y G. Vega-Alonso (Eds.), Actas del Congreso Forestal Español-Lourizán, 4, pp. 83-88. Vigo.

GARCÍA DE JALÓN, D., SCHMIDT, G. y GONZÁLEZ DEL TÁNAGO, M. (2002). «La pesca en las aguas de la Comunidad de Madrid». Mundi-Prensa. Madrid.

García de Pedraza, L. y García Vega, C. (1989). «La sequía y el clima en España». En: Calendario Meteorológico 1989, pp. 188-198. Instituto Nacional de Meteorología. Madrid.

García Marquet, G. *et al.* (1989). «Estudio de la brioflora de la Casa de Campo (Madrid, España)». *Botanica Complutensis* 15: 85-89.

García Más, I. (1974). «Anatomía e histología del tubo digestivo de *Dina lineata* (O. F. Müller, 1774)». Tesina de Licenciatura. Facultad de Biología. Universidad Complutense. Madrid.

García Más, I. (1978). «Contribución a la histofisiología del tubo digestivo de *Dina lineata* (O. F. Müller, 1774)». Tesis doctoral. Facultad de Biología. Universidad Complutense. Madrid.

García Más, I. y Jiménez, J. M. (1981). «El género *Trocheta* Dutrochet, 1817, en la Península Ibérica». *Boletín de la Real Sociedad Española de Historia Natural (Biología)* 79: 273-279.

García Murillo, P. (1989). «El género *Potamogeton* L. en la Península Ibérica». Tesis doctoral. Universidad de Sevilla. Sevilla.

García Rodríguez, M. P., Pérez González, M. E. y Sanz Donaire, J. J. (2006). «Variabilidad hídrica y edáfica de humedales peninsulares interiores a partir de imágenes Landsat (TM y ETM)». *Estudios Geográficos* 67: 57-68.

García Velázquez, A. (1941). «Copépodos de las aguas dulces (Algunos Cyclópidos de Madrid y sus cercanías)». *Anales de Ciencias Naturales (Madrid)* 2: 125-147.

García-de-Lomas, J. *et al.* (2017). «How threatened are large branchiopods (Crustacea, Branchiopoda) in the Iberian Peninsula?». *Hydrobiologia* 801: 99-116.

García-Gómez, H. *et al.* (2014). «Nitrogen deposition in Spain: Modeled patterns and threatened habitats within the Natura 2000 network». *Science of the Total Environment* 485-486: 450-460.

García-París, M. *et al.* (1993). «Morphological characterization, geographical distribution and cytogenetic analysis of the pygmy marbled newt *Triturus marmoratus pygmaeus* (Wolterstorff, 1905)». *Bijdragen tot de Dierkunde* 63: 3-14.

García-París, M. y Jockusch, E. L. (1999). «A mitochondrial DNA perspective on the evolution of Iberian *Discoglossus* (Amphibia: Anura)». *Journal of Zoology* 248: 209-218.

García-París, M. y Martín, C. (1987a). «Herpetofauna del área urbana de Madrid». *Revista Española de Herpetología* 2: 131-144.

García-París, M. y Martín, C. (1987b). «Amphibians of the Sierra del Guadarrama (1800-2430 m altitude)». En: J. J. van Gelder, H. Strijbosch y P. J. M. Bergers (Eds.), Proceedings of the 4th Ordinary General Meeting of the Societas Europaea Herpetologica. Nijmegen.

García-París, M., Arano, B. y Herrero, P. (2001). «Molecular characterization of the contact zones between *Triturus pygmaeus* and *T. marmoratus* (Caudata: Salamandridae) in Central Spain and their taxonomic assessment». *Revista Española de Herpetología* 15: 115-126.

García-París, M., Martín, C., Dorda, J. y Esteban, M. (1989a). «Atlas provisional de los Anfibios y Reptiles de Madrid». *Revista Española de Herpetología* 3: 237-258.

García-París, M., Martín, C., Dorda, J. y Esteban, M. (1989b). «Los anfibios y reptiles de Madrid». Servicio de Extensión Agraria, Ministerio de Agricultura, Pesca y Alimentación. Madrid.

García-Pereira, F. J., Giménez, R. G., de la Villa, R. V. y Procopio, J. R. (2015). «Heavy metal fractionation in sediments from the Jarama River (Central Spain)». *Environmental Earth Sciences* 73: 2385-2396.

GARCÍA-RODRÍGUEZ, E. *et al.* (2008). «Simulación del hábitat físico en un tramo del río Lozoya, utilizando el sistema PHABSIM». *Ingeniería hidráulica en México* 23: 41-52.

GARCÍA-RODRÍGUEZ, E. *et al.* (2009). «Determinación del hábitat potencialmente utilizable por la especie *Salmo trutta* en un tramo del río Lozoya, España». *Ingeniería hidráulica en México* 24: 19-32.

GARCÍA-ROMÁN, L. (2017). «El mapache boreal (*Procyon lotor* L. 1758) en el Parque Regional del Sureste, Comunidad de Madrid. Ecobiología y control. Ponencia XIII». Jornada técnica sobre fauna urbana. Asociación Española de Veterinarios Municipales. Madrid.

GARCÍA-WEBER, D. (2010). «Análisis microambiental de poblaciones de *Phormidum* (Cianobacteria) en ríos». Trabajo Fin de Carrera de Biología. Universidad Autónoma. Madrid.

GARNER, T. W. J. *et al.* (2009). «Life history tradeoffs influence mortality associated with the amphibian pathogen *Batrachochytrium dendrobatidis*». *Oikos* 118: 783-791.

GEA, M. I. (2003). «El Madrid desaparecido». Ediciones La Librería. Madrid.

GIL COLLADO, J. (1930). «Datos actuales sobre la distribución geográfica de los culícidos españoles». *Eos* 6: 329-347.

GIL COLLADO, J. (1933). «Distribución de los insectos hematófagos en España». Primer Congreso Nacional de Sanidad, 96-106.

GIL COLLADO, J. (1935). «Nuevos datos sobre la distribución del *Aedes (Stegomyia) vittatus* en España, con algunas consideraciones acerca de su biología». *Medicina de los Países Cálidos* 8: 61-64.

GIL COLLADO, J. (1926). «Lista de algunos culícidos de España». *Boletín de la Real Sociedad Española de Historia Natural* 26: 345-349.

GIL COLLADO, J. y SAHUQUILLO HERRÁIZ, C. (1983). «Aportaciones al catálogo de Culicoides (Diptera, Ceratopogonidae) de España peninsular». *Revista Ibérica de Parasitología* 43: 109-110.

GIL PINILLA, M. (1991). «Notas sobre plantas acuáticas madrileñas, I». *Anales del Jardín Botánico de Madrid* 49: 292-293.

GOETGHEBUER, M. (1931). «Chironomides paléarctiques (Diptéres) conservés au Musée d'Histoire Naturelle de Vienne». *Annalen des Naturhistorischen Museums in Wien* 46: 91-115.

GOEZE, J. A. E. (1773). «Uber den kleinen Wasserbär». En: H. K. Bonnet (ed.), *Abhandlungen aus der insektologie,* pp. 67. J. J. Gebauers Wittwe und Johan Jacques Gebauer. Halle.

GÓMEZ, M. J. *et al.* (2012). «Spatio-temporal evaluation of organic contaminants and their transformation products along a river basin affected by urban, agricultural and industrial pollution». *Science of the Total Environment* 420: 134-145.

GÓMEZ-CARUANA, F. y DÍAZ-LUNA, J. L. (1991). «Guía de los peces continentales de la península Ibérica». Penthalon ediciones. Madrid.

GÓMEZ IGLESIAS, A. (1970). «Libros de Acuerdos del Concejo Madrileño: Tomo II (1486-1492)». Gráficas Municipales. Madrid.

GÓMEZ MARTOS, M. y BUYO, F. (1993). «La eutrofización y su influencia en la calidad de las aguas subterráneas. II: aplicación experimental a la balsa Isla del Herrero (Madrid)». *Boletín Geológico y Minero* 104: 640-654.

GÓMEZ ORTEGA, C. (1784). «Continuación de la Flora española o Historia de las plantas que se crían en España». Vol. 5. Joachín Ibarra, impresor de Cámara de S.M. Madrid.

GÓMEZ RUIZ, A. (1984). «Fuenlabrada. Cinco siglos de historia (1375-1900)». Ayuntamiento de Fuenlabrada. Fuenlabrada.

GOMIS, A. (1998). «Desarrollo institucional de la Real Sociedad Española de Historia Natural». En: A. Baratas y J. Fernández (Eds.), *Aproximación histórica a la Real Sociedad Española de Historia Natural,* pp. 5-46. Real Sociedad Española de Historia Natural. Madrid.

GONÇALVES, H. *et al.* (2015). «Multilocus phylogeography of the common midwife toad, *Alytes obstetricans* (Anura, Alytidae): contrasting patterns of lineage diversification and genetic structure in the Iberian refugium». *Molecular Phylogenetics and Evolution* 93: 363-379.

GONÇALVES, H. *et al.* (2009). «High levels of population subdivision in a morphologically conserved Mediterranean toad (*Alytes cisternasii*) result from recent, multiple refugia: evidence from mtDNA, microsatellites and nuclear genealogies». *Molecular Ecology* 18: 5143-5160.

GONZÁLEZ, G. (1990). «Sistemática y ecología de los Simuliidae (Diptera) de los ríos de Catalunya y de otras cuencas hidrográficas españolas». Tesis doctoral. Facultad de Biología. Universidad de Barcelona. Barcelona.

GONZÁLEZ, G., CROSSKEY, R. W. Y BÁEZ, M. (2002). «Simuliidae». En: M. C. Tolrá (Coord.), *Catálogo de los Dípteros de España, Portugal y Andorra* (Insecta), pp. 75-55. Monografías de la Sociedad Entomológica Aragonesa, 8. Zaragoza.

GONZÁLEZ, J. M. *et al.* (2013). «Small dams decrease leaf litter breakdown rates in Mediterranean mountain streams». *Hydrobiologia* 712: 117-128.

GONZÁLEZ, M. A. *et al.* (2002). «Lista faunística y bibliográfica de los Tricópteros (Trichoptera) de la Península Ibérica e Islas Baleares». 2ª edición. Listas de la Flora y Fauna de las Aguas continentales de la Península Ibérica, Publicación n.º 11. Asociación Española de Limnología. Madrid.

GONZÁLEZ ALONSO, S. *et al.* (2010). «Pollution by psychoactive pharmaceuticals in the rivers of Madrid metropolitan area (Spain)». *Environment International* 36: 195-201.

GONZÁLEZ BERNÁLDEZ, F. *et al.* (1989). «Los humedales del acuífero de Madrid: inventario y tipología según su origen y funcionamiento». Canal de Isabel II. Madrid.

GONZÁLEZ BESTEIRO, A. (1992). «Limnología de las formaciones palustres situadas sobre el acuífero de Madrid. Análisis de las relaciones entre aguas superficiales y aguas subterráneas». Tesis doctoral. Universidad Autónoma. Madrid.

GONZÁLEZ BESTEIRO, A., MONTES, C. y ALONSO, M. (1993). «Tipología de las formaciones palustres del acuífero de Madrid basada en algunas de sus comunidades de crustáceos acuáticos». Actas IV Congreso Español de Limnología, Granada, pp. 237-244.

GONZÁLEZ DEL TÁNAGO, M. y GARCÍA DE JALÓN, D. (1980). «Estimación de la contaminación de las aguas mediante indicadores biológicos. Aplicación al río Jarama». Umbra S.A./Instituto Nacional para la Conservación de la Naturaleza. Madrid.

GONZÁLEZ DEL TÁNAGO, M. y GARCÍA DE JALÓN, D. (1998). «Restauración de ríos y riberas». Fundación Conde del Valle de Salazar. Madrid.

GONZÁLEZ DEL TÁNAGO, M., GARCÍA DE JALÓN, D. y ROMÁN, M. (2012). «River restoration in Spain: Theoretical and practical approach in the context of the European Water Framework Directive». *Environmental Management* 50: 123-139.

GONZÁLEZ-FERNÁNDEZ, J. E. (2006). «Catálogo de los reptiles procedentes de la Comunidad de Madrid (España) que se conservan en el Museo Nacional de Ciencias Naturales». *Graellsia* 62: 145-174.

GONZÁLEZ GUERRERO, P. (1927). «Contribución al estudio de las algas y esquizófitas de España». *Trabajos del Museo Nacional de Ciencias Naturales de Madrid. Serie Botánica* 22: 1-52.

GONZÁLEZ GUERRERO, P. (1929a). «De la ficoflora hispano-marroquí (agua dulce)». *Boletín de la Real Sociedad Española de Historia Natural* 29: 361-364.

GONZÁLEZ GUERRERO, P. (1929b). «Nuevos datos del plancton hispano-marroquí (agua dulce)». *Boletín de la Real Sociedad Española de Historia Natural* 29: 251-254.

GONZÁLEZ GUERRERO, P. (1932). «Un ficacantos planctónico eulimnofítico en el río Manzanares». *Boletín de la Sociedad Española de Historia Natural* 32: 195-203.

GONZALO, A. *et al.* (2006). «Predator, but not conspecific, chemical cues influence pond selection by recently metamorphosed Iberian green frogs, *Rana perezi*». *Canadian Journal of Zoology* 84: 1295-1299.

GONZALO, A. *et al.* (2012). «Conspecific alarm cues, but not predator cues alone, determine antipredator behavior of larval southern marbled newts, *Triturus pygmaeus*». *Acta Ethologica* 15: 211-216.

GONZALO, A., LÓPEZ, P. y MARTÍN, J. (2010). «Risk level of chemical cues determines retention of recognition of new predators in Iberian green frog tadpoles». *Behavioral Ecology and Sociobiology* 64: 1117-1123.

GONZALO, A., LÓPEZ, P. y MARTÍN, J. (2013). «Adaptive forgetting in Iberian green frog tadpoles (*Pelophylax perezi*): learned irrelevance and latent inhibition may avoid predator misidentification». *Journal of Comparative Psychology* 127: 56-62.

GOULA, M. y MATA, L. (2015). «Clave lnsecta. Orden Hemiptera. Suborden Heteroptera». *Revista IDE@-SEA* 53: 1-30.

GRAELLS, M. P. (1846a). «Catálogo de los moluscos terrestres y de agua dulce observados en España, y descripción y notas de algunas especies nuevas o poco conocidas del mismo país». Imprenta Martínez. Madrid y Lima.

GRAELLS, M. P. (1846b). «Description de cinq espèces nouvelles de Coléoptères d'Espagne». *Revue Zoologique*: 217-218.

GRAELLS, M. P. (1864). *Manual práctico de piscicultura.* E. Aguado. Madrid.

GRANADOS, I. (2020). «Inventario de Humedales del Parque Nacional de la Sierra de Guadarrama. Ámbito de la Comunidad de Madrid. Año 2020». Centro de Investigación, Seguimiento y Evaluación Sierra de Guadarrama. Comunidad de Madrid.

GRANADOS, I. y TORO, M. (2000). «Recent warming in a high mountain lake (Laguna Cimera, Central Spain) inferred by means of fossil chironomids». *Journal of Limnology* 59 (suppl. 1): 109-119.

GRANADOS, I., TORO, M. y RUBIO-ROMERO, A. (2006). «Laguna Grande de Peñalara: Diez años de seguimiento limnológico». Consejería de Medio Ambiente y Ordenación del Territorio. Comunidad de Madrid. Madrid.

GRANADOS, I. *et al.* (2002). «La paleolimnología como fuente de información ambiental: ejemplos de las lagunas de alta montaña del Sistema Central». En: *Terceras Jornadas Científicas del Parque Natural de Peñalara y del Valle de El Paular,* pp. 17-32. Comunidad de Madrid. Rascafría.

GRENIER, P., y BERTRAND, H. (1954). «Simuliidae (Diptera, Nematocera) d'Espagne». *Annales de Parasitologie humaine et comparée* 29 (4): 447-459.

GRIJALBO, J. (1991). «Guía de la laguna de San Juan y demás zonas húmedas del Tajuña». Comunidad de Madrid. Madrid.

GRIJALBO CERVANTES, J. (2017). *Flora de Madrid.* Madrid (autoedición).

GUARESCHI, S. *et al.* (2015). «Interés de conservación de los humedales Ramsar de España peninsular a través de sus comunidades de coleópteros acuáticos». Monografías electrónicas de la Sociedad Entomológica Aragonesa. Zaragoza.

GUIL, N. Y CABRERO-SAÑUDO, F. (2007). «Analysis of the species description process of a little known invertebrate group: the limnoterrestrial tardigrades (Bilateria, Tardigrada)». *Biodiversity and Conservation* 16: 1063-1086.

GUIL, N. (2002). «Diversity and distribution of tardigrades (Bilateria, Tardigrada) from the Iberian Peninsula, Balearic Islands and Chafarinas Islands». *Graellsia* 58: 75-94.

GUIL, N. (2008). «New records and within-species variability of Iberian tardigrades (Tardigrada), with comments on the species from the *Echiniscus blumi-canadensis* series». *Zootaxa* 1757: 1-30.

GUIL, N. (2011). «Molecular approach to micrometazoans. Are they here, there and everywhere?». En: D. Fontaneto (Ed.), *Biogeography of microorganisms, is everything small everywhere?,* pp. 284-306. Cambridge University Press. Cambridge.

GUINEA, A., GIL, R. y FERNÁNDEZ-GALIANO, D. (1987). «Structure of the buccal apparatus of *Urocentrum turbo* (Ciliophora: Hymenostomatida)». *Transactions of the American Microscopical Society* 106: 53-62.

GUINEA, A. *et al.* (1988). «Infraciliature, système mionémique, argyrome et bipartition de *l'Astylozoon pyriforme* (CIliophora, Peritrichida)». *Canadian Journal of Zoology* 66: 2104-2019.

GUTIÉRREZ CALDERÓN, E. (1950). «Aclimatación del lucio en España». *Montes* 36: 725-728.

GUTIÉRREZ CALDERÓN, E. (1955). «Acclimatation du brochet en Espagne». *Verhandlungen der Internationalen Vereinigung für Theoretische und Angewandte Limnologie* 12: 536-542.

GUTIÉRREZ CALDERÓN, E. (1957). «Impurificaciones en ríos». *Montes* 13: 317-324.

GUTIÉRREZ CALDERÓN, E. (1962). «El lucio. Su biología y aprovechamiento». Folleto informativo. Temas piscícolas. Servicio de Pesca continental, Caza y Parques Nacionales. Ministerio de Agricultura. Madrid.

GUTIÉRREZ CALDERÓN, E. (1964). «Estudio sobre producción de *Cyprinus carpio* L. var. *royal* con fines de repoblación». *Boletín Técnico, Serie Piscícola, Ministerio de Agricultura,* 2: 1-60.

GUTIÉRREZ CALDERÓN, E. (1969). «El lucio (su biología y aprovechamiento)». Folleto informativo 2. (Temas piscícolas). Ministerio de Agricultura. Dirección General de Montes, Caza y Pesca Fluvial. Servicio Nacional de Pesca Fluvial y Caza. Pontevedra.

GUTIÉRREZ CALDERÓN, E., SÁEZ ROYUELA, R. y GARCÍA AYUSO, T. (1965). «Introducción al estudio de la nocividad de distintas sustancias químicas sobre la fauna acuícola de los ríos españoles». *Anales IFIE* 37 (10): 239-283.

GUTIÉRREZ-RODRÍGUEZ, J., SÁNCHEZ-MONTES, G. y MARTÍNEZ-SOLANO, I. (2017a). «Effective to census population size ratios in two near threatened Mediterranean amphibians: *Pleurodeles waltl* and *Pelobates cultripes*». *Conservation Genetics* 18: 1201-1211.

GUTIÉRREZ-RODRÍGUEZ, J. *et al.* (2017b). «Comparative landscape genetics of pond-breeding amphibians in Mediterranean temporal wetlands: the positive role of structural heterogeneity in promoting gene flow». *Molecular Ecology* 26: 5407-5420.

GUTIÉRREZ-RODRÍGUEZ, J., BARBOSA, A. M. y MARTÍNEZ-SOLANO, I. (2017c). «Integrative inference of population history in the Ibero-Maghrebian endemic *Pleurodeles waltl* (Salamandridae)». *Molecular Phylogenetics and Evolution* 112: 122-137.

GUTIÉRREZ-RODRÍGUEZ, J., BARBOSA, A. M. y MARTÍNEZ-SOLANO, I. (2017d). «Present and past climatic effects on the current distribution and genetic diversity of the Iberian spadefoot toad *(Pelobates cultripes):* an integrative approach». *Journal of Biogeography* 44: 245-258.

GUTIÉRREZ TEIRA, B. (2003). «Variaciones de las comunidades y poblaciones de macroinvertebrados del tramo alto del río Manzanares a causa de las temperaturas. Posibles efectos del cambio climático». Tesis doctoral. Escuela Técnica Superior de ingenieros de Montes. Universidad Politécnica de Madrid.

GUTIÉRREZ TEIRA, B. y GARCÍA DE JALÓN, D. (1999). «Modelización térmica de los ríos Cea y Manzanares». *Limnetica* 17: 1-12.

GUTIÉRREZ TEIRA, B., FLORÍN, M. y GARCÍA DE JALÓN, D. (2002). «Alteraciones en el ciclo biológico de *Epeorus torrentium* (Ephemeroptera: Heptageniidae) a causa de la temperatura. Posibles efectos del cambio climático». Actas XI Congreso de la Asociación Española de Limnología y III Congreso Ibérico de Limnología. pp. 37.

GUTIÉRREZ-YURRITA, P. J. *et al.* (1999). «The status of crayfish populations in Spain and Portugal». En: F. Gherardi y D. M. Holdich (Eds.), *Crayfish in Europe as alien species how to make the best of a bad situation?,* pp. 161-192. Crustaceans Issues 1st. Rotterdam.

HAERING, F. J. (1981). «Introducción a un estudio limnológico del embalse de Pinilla (Madrid)». Actas del I Congreso Español de Limnología, pp. 75-82.

HAERING, F. J. (1984). «El estudio limnológico del embalse de Valmayor». Tesis doctoral. Facultad de Biología. Universidad Complutense. Madrid.

HAGEN, H. A. (1866). «Die Neuropteren Spaniens nach Ed. Pictet's Synopsis des Neuroptères d'Espagne. Genève 1865. 8. tab. 14 col. und Dr. Staudingers Mittheilungen». *Stettiner Entomologische Zeitung* 27: 281-302.

HAMILTON, P. B. y DUTHIE, H. C. (1984). «Periphyton colonization on rock surfaces in a boreal forest stream studied by scanning electron microscopy and track autoradiography». *Journal of Phycology* 20: 525-532

HAMPTON, S. E. *et al.* (2017). «Ecology under lake ice». *Ecology Letters* 20: 98-111.

HARRIS, G. P. y SMITH, R. E. H. (1977). «Observations of small-scale spatial patterns in phytoplankton populations». *Limnology and Oceanography* 22: 877-899.

HAYA, R. (2016). «Assessment of anatoxin-a of benthic communities from rivers. Effects on macroinvertebrates». Master thesis in inland Water Quality Assessment Master. Universidad Autónoma. Madrid.

HEIDEMANN, H. y SEIDENBUSCH, R. (2002). «Larves et exuvies des libellules de France et d'Allemagne (sauf de Corse)». Société Française d'Odonatologie, Bois d'Arcy.

HEITKAMP, U. (1978). «Abundanzdynamik und Reproduktionsphasen limnophiler Trikladen (Turbellaria) aus stehende Kleingewässern». *Hydrobiologia* 65: 49-57.

HERAS, P. e INFANTE, M. (2000). «On the presence of *Hamatocaulis vernicosus* (Mitt.) Hedenäs (Amblystegiaceae) in Spain». *Journal of Bryology* 22: 297-298.

HERNÁNDEZ, A. *et al.* (2015). «Sensitivity of two Iberian lakes to North Atlantic circulation modes». *Climate Dynamics* 45: 3403-3417.

HERNANDO, J. A. y SORIGUER, M. C. (1992). «Biogeography of the freshwater fish of the Iberian Peninsula». *Limnetica 8*: 243-253.

HERRERO, A. (2014). «Diferencias en la composición de las comunidades de macroinvertebrados desmenuzadores bentónicos entre cuencas de pinar y melojar en ríos de cabecera de la Sierra de Guadarrama (Madrid, España)». Trabajo fin de Máster. Máster en Ecología. Universidad Autónoma de Madrid. Madrid.

HIDALGO, J. y GARCÍA-AVILÉS, J. (1998). «Caracterización morfométrica, fisicoquímica y biológica de los cauces fluviales de la cuenca del río Peñalara y estima de la calidad ambiental de sus aguas». Serie Documentos N.º 26. Centro de investigaciones Ambientales de la Comunidad de Madrid Fernando González Bernáldez. Soto del Real.

HIMI, Y. (2001). «Hidrología y contaminación acuática en el Parque Regional del Sureste de la Comunidad Autónoma de Madrid». Tesis doctoral. Facultad de Geología, Universidad Complutense. Madrid.

HIRVENOJA, M. (1973). «Revision der gattung *Cricotopus* van der Wulp und ihrer Verwandten (Diptera, Chironomidae)». *Annales Zoolgici Fennici* 10: 1363 pp.

HOELLEIN, T. J., BRUESEWITZ, D. E. y RICHARDSON, D. E. (2013). «Revisiting Odum (1956): A synthesis of aquatic ecosystem metabolism». *Limnology and Oceanography* 58: 2089-2100.

HOHMANN, U., VOIGT, S. y UWE, A. (2002). En: I. Kowarik y U. Starfinger (Eds.), Biologische invasionen. Herausforderung zum Handeln? *NEOBIOTA* 1: 191-192.

HOLZ, J. C. *et al.* (1997). «Phytoplankton community response to reservoir aging, 1968-1992». *Hydrobiologia* 346: 183-192.

HONTORIA, C. *et al.* (2003). «The chemical composition of precipitation in Madrid». *Water, Air and Soil Pollution* 146: 35-54.

HUGUET DEL VILLAR, E. (1929). «Geobotánica». Labor. Barcelona.

HUTCHINSON, G. E. (1957). «A treatise on Limnology. Vol. 1: Geography, Physics, and Chemistry». John Wiley and sons. New York.

HUTTUNEN, J. T. *et al.* (2003). «Fluxes of methane, carbon dioxide and nitrous oxide in boreal lakes and potential anthropogenic effects on the aquatic greenhouse gas emissions». *Chemosphere* 52: 609-621.

IBÁÑEZ, A., LÓPEZ, P. y MARTÍN, J. (2012). «Discrimination of conspecifics' chemicals may allow Spanish terrapins to find better partners and avoid competitors». *Animal Behaviour* 83: 1107-1113.

IBÁÑEZ, A. *et al.* (2013a). «Sexually dichromatic coloration reflects size and immunocompetence in female Spanish terrapins, Mauremys leprosa». *Naturwissenschaften* 100: 1137-1147.

IBÁÑEZ, A. *et al.* (2013b). «Boldness and body size of male Spanish terrapins affect their responses to chemical cues of familiar and unfamiliar males». *Behavioral Ecology and Sociobiology* 67: 541-548.

IBÁÑEZ, A. *et al.* (2014a). «Chemosensory assessment of rival body size is based on chemosignal concentration in male Spanish terrapins». *Behavioral Ecology and Sociobiology* 68: 2005-2012.

IBÁÑEZ, A., LÓPEZ, P. y MARTÍN, J. (2014b). «Inter-individual variation in antipredator hiding behavior of Spanish terrapins depends on sex, size, and coloration». *Ethology* 120: 742-752.

IBÁÑEZ, A. *et al.* (2015a). «Reproductive state affects hidingbe haviour under risk of predation but not exploratory activity of female Spanish terrapins». *Behavioural Processes* 111: 90-96.

IBÁÑEZ, A. *et al.* (2015b). «Basking activity is modulated by health state but is constrained by conspicuousness to predators in male Spanish terrapins». *Ethology* 121: 335-344.

IEPURE, S. *et al.* (2013). «Response of microcrustacean communities from the surface–groundwater interface to water contamination in urban river system of the Jarama basin (central Spain)». *Environmental Science and Pollution Research* 20: 5813-5826.

IEPURE, S. *et al.* (2017). «Exploring the distribution of groundwater Crustacea (Copepoda and Ostracoda) to disentangle aquifer type features: A case study in the upper Tajo basin (Central Spain)». *Ecohydrology* 10: e1876. Doi.org/10.1002/eco.1876.

IGME (1989). «Delimitación de las unidades hidrogeológicas del territorio peninsular e islas Baleares y síntesis de sus características». Instituto Geológico y Minero de España. Madrid.

IGME (2015). «Apoyo a la caracterización adicional de las masas de agua subterránea en riesgo de no cumplir los objetivos medioambientales en 2015: Demarcación Hidrográfica del Tajo». Instituto Geológico y Minero. Madrid.

INB-SECEM (2012). «La rata de agua *(Arvicola sapidus)* en España». Inventario Nacional de Biodiversidad. Informe técnico inédito. SECEM-MAGRAMA. Madrid.

INITEC (1990). «Estudio de las zonas húmedas de la España peninsular: Inventario y tipificación». Dirección General de Obras Hidráulicas. Ministerio de Obras Públicas y Urbanismo. Madrid.

IPCC (2000). «Informe especial del grupo de trabajo III del IPCC sobre escenarios de emisiones». Grupo intergubernamental de Expertos sobre el Cambio Climático (www.ipcc.ch/pdf/special-reports/spm/sres-sp.pdf).

ISENMANN, P. (1978). «La décharge d'ordures ménagères de Marseille comme habitat d'alimentation de la Mouette rieuse *Larus ridibundus*». *Alauda* 46: 131-146.

IZAGIRRE, O. *et al.* (2008). «Environmental controls of whole-stream metabolism identified from continuous monitoring of Basque streams». *Journal of the North American Benthological Society* 27: 252-268.

IZQUIERDO, J. L. (2017). «Catálogo de la Flora de Interés del Parque Nacional de la Sierra de Guadarrama». Informe del Centro de investigación, Seguimiento y Evaluación del Parque Nacional de la Sierra de Guadarrama. Comunidad de Madrid. Madrid.

IZQUIERDO, J. L. y PANDO, F. (2017). «The algae names and collection of the Spanish phycologist Pedro González Guerrero». *Anales del Jardín Botánico* 74. Doi.10.3989/ajbm.2462.

JÄCH, M. A. (1993). «Taxonomic revision of the Palearctic species of the genus *Limnebius* Leach, 1815 (Coleoptera: Hydraenidae)». *Koleopterologische Rundschau* 63: 99-187.

JANSSENS, X. *et al.* (2008). «Genetic pattern of the recent recovery of European otters in southern France». *Ecography* 31: 176-186.

JEFFERIES, D. J. (1989). «Otters crossing watersheds. Otters». *Journal of the Otter Trust* 2 (2): 17-19.

JIMÉNEZ, J. M. y GARCÍA MÁS, I. (1980-1981). «Hirudíneos de España: catálogo provisional». *Boletim da Sociedade Portuguesa de Ciências Naturais* 20: 119-125.

JIMÉNEZ, J. M. y GARCÍA MÁS, I. (1981a). «El género *Batracobdella* Viguier, 1879, en la Península Ibérica (Hirudinea, Glossiphoniidae)». *Boletín de la Real Sociedad Española de Historia Natural (Biología)* 79: 265-271.

JIMÉNEZ, J. M. y GARCÍA MÁS, I. (1981b). «Sobre la presencia de *Erpobdella monostriata* (Gedroyc, 1916) Pawlowski, 1948) (Hirudinea: Erpobdellidae) en la Península Ibérica». Actas del Primer Congreso de Limnología: 290. Asociación Española de Limnología. Barcelona.

JIMÉNEZ, L. *et al.* (2017). «Climate change and Saharan dust drive recent cladoceran and primary production changes in remote alpine lakes of Sierra Nevada, Spain». *Global Change Biology* 24(1): e139-e158.

JIMÉNEZ BALLESTA, R. J. *et al.* (1985). «Contribución al conocimiento de las formaciones superficiales turbosas en las Sierras de Guadarrama y Ayllón». Actas I Reunión del Cuaternario Ibérico 2: 213-224.

JÖDICKE, R. (ed.) (1996). «Faunistic data of dragonflies from Spain». *Advances in Odonatology,* supplement 1: 155-189.

JORDÁ, L. (2008). «La minería de los metales en la provincia de Madrid: Patrimonio minero y puesta en valor del espacio subterráneo». Tesis doctoral. Universidad Politécnica de Madrid. Madrid.

JUNCO, F. y CALVO, J. P. (1983). «Cuenca de Madrid». En: J. A. Comba (Coord.), *Geología de España, Tomo II. Libro Homenaje a J. M. Ríos,* pp. 534-542. IGME. Madrid.

KALFF, J. (2001). «Limnology: Inland Water Ecosystems». Prentice-Hall. Upper Saddle River, New Jersey.

KAUHALA, K. (1996). «Introduced carnivores in Europe with special reference to central and northern Europe». *Wildlife Biology* 2: 197-204.

KILSBY, C. G. *et al.* (2007). «Hydrological impacts of climate change on the Tejo and Guadiana Rivers». *Hydrology and Earth System Sciences* 11: 1175-1189.

KING, A. J., ROBERTSON, A. I. y HEALEY, M. R. (1997). «Experimental manipulations of biomass of introduced carp (*Cyprinus carpio*) in billabongs. I. Impacts on water-column properties». *Marine and Freshwater Research* 48: 435-443.

KIRK, J. T. O. (1994). «Light and Photosynthesis in Aquatic Environments». Second edition. Cambridge University Press. Cambridge.

KISS, K. T., ROJO, C. y ÁLVAREZ COBELAS, M. (1996). «Morphological variability of a *Cyclotella ocellata* (Bacillariophyceae) population in the Lake Las Madres (Spain)». *Archiv für Hydrobiologie, Algologische Studien* 82: 37-55.

KOHAN, O. M. y CATALÁN, J. G. (1963). «Investigación sobre la polución del río Manzanares». *Agua* (nov-dic): 6-17.

KOMÁREK, J. (2014). «Taxonomic classification of cyanoprokaryotes (Cyanobacterial genera) 2014, using a polyphasic approach». *Preslia* 86: 295-335.

KOPENA, R., LÓPEZ, P. y MARTÍN, J. (2014a). «Relative contribution of dietary carotenoids and vitamin E to visual and chemical sexual signals of male Iberian green lizards: an experimental test». *Behavioral Ecology and Sociobiology* 68: 571-581.

KOPENA, R., LÓPEZ, P. y MARTÍN, J. (2014b). «What are carotenoids signaling? Immunostimulatory effects of dietary vitamin E, but not of carotenoids, in Iberian green lizards». *Naturwissenschaften* 101: 1107-1114.

KOPENA, R. *et al.* (2015). «Escape strategy of Schreiber's green lizards (*Lacerta schreiberi*) is determined by environment but not season or sex». *Behaviour* 152: 1527-1542.

KRISTENSEN, R. M. y SØRENSEN, M. V. (2004). «Phylum: Tardigrada (Water Bears)». En: *Grzimek's Animal Life incyclopedia, Vol. 2 Protostomes,* pp. 115-123. Thompson Gale. Detroit.

KURMAYER, R. *et al.* (2017). «Molecular tools for the detection and quantification of toxigenic Cyanobacteria». Wiley. New York.

«LAAM (Libro de Acuerdos del Ayuntamiento de Madrid)». Archivo de Villa. Libro manuscrito n.º 16, año 1567, día 16 de junio, folio 239.

«LAAM (Libro de Acuerdos del Ayuntamiento de Madrid)». Archivo de Villa. Libro manuscrito no 32, año 1614, día 29 de agosto.

LAFUENTE, A. (1998). «Guía del Madrid científico. Ciencia y corte». Comunidad de Madrid. Madrid. 240 pp.

LAGASCA, M., GARCÍA, D. y DE ROJAS CLEMENTE, S. (1802). «Introducción a la Criptogamia de España». *Anales de Ciencias Naturales* 5: 135-215.

LAGUNA, C. *et al.* (2016). «Effects of invasive fish and quality of water and sediment on macrophytes biomass, and their consequences for the waterbird community of a Mediterranean floodplain». *Science of the Total Environment* 551-552: 513-521.

LAGUNA, M. (1877). «Discursos leídos ante la Real Academia de Ciencias Exactas, Físicas y Naturales en la recepción pública». Imprenta de la viuda e hijo de D. E. Aguado. Madrid.

LANGTON, P. H. (1984). *A key to pupal exuviae of British Chironomidae.* Cambridgeshire.

LANGTON, P. H. (1991). *A key to pupal exuviae of West Palaearctic Chironomidae.* Cambridgeshire.

LANGTON, P. H. (1994). «A description of *Parakiefferiella* sp. D. Wülker, the pupa of *Parakiefferiella wülkeri* Moubayed (Diptera: Chironomidae), a species new to Britain». *British Journal of Entomology and Natural History* 7: 11-13

LARA, F. y MAZIMPAKA, V. (1989). «Datos sobre la brioflora del melojar de Lozoya del Valle (Madrid)». *Botanica Complutensis* 15: 215-223.

LARA, F. *et al.* (2005). «El estado del conocimiento y la conservación de los briófitos de la Comunidad de Madrid (España): interpretación de la situación actual a partir del caso de los musgos». *Boletín de la Sociedad Española de Briología* 26-27: 33-45.

LARA, F., GARILLETI, R. y CALLEJA, J. A. (2004). «La vegetación de ribera de la mitad norte española». CEDEX. Ministerios de Fomento y de Medio Ambiente. Madrid.

LARA, F., MAZIMPAKA, V. y GARILLETI, R. (1997). «Catálogo de los briófitos epífitos de los melojares guadarrámicos y ayllonenses». *Boletín de la Sociedad Española de Briología* 10: 1-9.

LASENBY, D. C. (1975). «Development of oxygen deficits in 14 southern Ontario lakes». *Limnology and Oceanography* 20: 993-999.

LECREN, E. D. y LOWE-MCCONNELL, R. H. (Eds.). *The Functioning of freshwater Ecosystems.* Cambridge University Press. Cambridge.

LEE, D. R. (1977). «A device for measuring seepage flux in lakes and estuaries». *Limnology and Oceanography* 22: 140-147.

LEE, G. F., RAST, W., JONES, R. A. y ORTIZ CASAS, J. L. (1980). «Progresos recientes en la estimación de la respuesta de los lagos y embalses a las aportaciones de nutrientes». Centro de Estudios Hidrográficos. CEDEX. Ministerio de Obras Públicas y Urbanismo.

LEIBOLD, M. A. *et al.* (2004). «The metacommunity concept: a framework for multi-scale community ecology». *Ecology Letters* 7: 601-613.

LESTÓN, V. (2012). «Biología y ecología de los simúlidos (Diptera: Simuliidae) del río Serpis (Alicante)». Tesis doctoral. Universidad de Santiago de Compostela. Santiago de Compostela.

LEUNDA, P. M. *et al.* (2009). «International standardization of common names for Iberian endemic freshwater fishes». *Limnetica* 28: 189-202.

LEUNDA, P. M. *et al.* (2008). «Feeding habits of the exotic black bullhead *Ameiurus melas* (Rafinesque) in the Iberian Peninsula: first evidence of direct predation on native fish species». *Journal of Fish Biology* 73: 96-114.

LEWIS JR, W. M. (1978). «Spatial distribution of the phytoplankton in a tropical lake (Lake Lanao, Philippines)». *Internationale Revue der gesamten Hydrobiologie* 63: 619-635.

LINDBERG, H. (1939). «Inventa entomologica itineris Hispanici et Maroccani, quod a 1926 fecerunt Harald et Håkan Lindberg. XXIII in Spanien und Marokko gefundene Coleoptera Adephaga». *Societas Scientiarum Fennica, Commentationes Biologicae* 7(7): 1-35.

LIVINGSTONE, D. M. *et al.* (2010). «Lake ice phenology». En: G. George (Ed.), *The Impact of Climate Change on European Lakes,* pp. 51-61. Springer Netherlands. Dordrecht.

LLAGUNO, E. y CEÁN-BERMÚDEZ, J. A. (1829). *Noticias de los arquitectos y arquitectura de España desde su restauración.* 4 vols. Imprenta Real. Madrid.

LLAMAS, M. R. y LÓPEZ VERA, F. (1975). «Estudio sobre los recursos hidráulicos subterráneos del Área Metropolitana de Madrid y su zona de influencia: avance de las características hidrogeológicas del Terciario detrítico de la Cuenca del Jarama». *Agua* 88: 36-55.

LLATJÓS, J. F. (1980). «El black bass en España». En: J. C. Vanson (Ed.), *El black bass o perca negra. Particularidades y métodos de pesca,* pp. 189-202. Pulide. Barcelona.

LLAVE CORREAS, C. y GONZÁLEZ MORA, D. (1996). «Los mosquitos (Diptera, Culicidae) de las viviendas de Madrid (España)». *Boletín de la Real Sociedad Española de Historia Natural, Sección Biológica* 92: 215-220.

LLORET, F., CROS, R. M., BRUGUÉS, M. y GRANZOW DE LA CERDA, I. (1997). «Aspectos biogeográficos y corológicos de los briófitos de la Sierra de Gredos (España)». *Cryptogamie, Bryologique et Lichénologique*: 151-164.

LLUSIA, D. *et al.* (2013a). «Calling behaviour under climate change: geographical and seasonal variation of calling temperatures in ectotherms». *Global Change Biology* 19: 2655-2674.

LLUSIA, D., GÓMEZ, M., PENNA, M. y MÁRQUEZ, R. (2013b). «Call transmission efficiency in native and invasive anurans: competing hypotheses of divergence in acoustic signals». *Plos One* 8: e77312.

LOBO, J. M., MARTÍNEZ-SOLANO, I. y SANCHIZ, B. (2016). «A review of the palaeoclimatic inference potential of Iberian Quaternary fossil batrachians». *Palaeobiodiversity and Palaeoenvironments* 96: 125-148

LOBÓN-CERVIÁ, J. (1982). «Population analysis of the Iberian nase (*Chondrostoma polylepis* Stein, 1865) in the Jarama river». *Vie et Milieu* 32: 139-148.

LOBÓN-CERVIÁ, J. y ELVIRA, B. (1981). «Edad, crecimiento y reproducción de la Boga de Río (*Chondrostoma polylepis polylepis* Stein., 1865) en el embalse de Pinilla (río Lozoya)». *Boletín del Instituto Español de Oceanografía* 6: 199-213.

LOBÓN-CERVIÁ, J. y FERNÁNDEZ-DELGADO, C. (1984). «On the biology of the barbel (*Barbus barbus* bocagei) in the Jarama river». *Folia Zoologica* 33: 371-384.

LOBÓN-CERVIÁ, J. y PENCZAK, T. (1984). «Fish production in the Jarama River, Central Spain». *Holarctic Ecology* 7: 128-137.

LOBÓN-CERVIÁ, J. y ZABALA, A. (1984). «Observations on the reproduction of *Cobitis paludicola* De Buen, 1930 in the Jarama River». *Cybium* 3: 63-68.

LOBÓN-CERVIÁ, J., ROVIRA, P. y SORIANO, O. (1985). «Contribución a la biometría y biología de la Bermejuela *Rutilus arcasii* (Steindch, 1866) del embalse de Pinilla». *Doñana Acta Vertebrata* 12: 5-19.

LOCKWOOD, M., SOLER I MONZÓ, E. y MÜLLER, P. (2007). «Primera cita de *Cordulia aenea* Leach 1815 (Odonata: Corduliidae) para España». *Boletín de la Sociedad Entomológica Aragonesa* 41: 471-472.

LOPE, M. J. y CUADRADO, J. A. (1985). «Nota sobre la presencia de tritón alpino (*Triturus alpestris*) en el centro de la Península Ibérica». *Doñana, Acta Vertebrata* 12: 317-318.

LÓPEZ, A. y ARROYO, F. (1984). «Antiguas salinas de la comarca de Aranjuez». *Estudios Geográficos* 44: 339-370.

LÓPEZ, C., MAZIMPAKA, V. y LARA F. (1993). «Datos sobre la brioflora del melojar de la Herrería (San Lorenzo de El Escorial, Madrid)». *Botanica Complutensis* 18: 241-249.

LÓPEZ, P. y MARTÍN, J. (2009). «Interspecific differences in chemosensory responses of freshwater turtles: consequences for competition between native and invasive species». *Biological invasions* 11: 431-440.

LÓPEZ, P. *et al.* (2009). «Sedimentary phosphorus in a cascade of five reservoirs (Lozoya River, Central Spain)». *Lake and Reservoir Management* 25: 39-48.

LÓPEZ, P., MARCOS, I. y MARTÍN, J. (2005). «Effects of habitat-related visibility on escape decisions of the Spanish terrapin *Mauremys leprosa*». *Amphibia-Reptilia* 26: 557-561.

LÓPEZ-CAMACHO, B. e IGLESIAS, J. A. (2000). «Las aguas subterráneas en los abastecimientos: un decenio de experiencias del Canal de Isabel II». *Revista de Obras Públicas* 3: 41-56

LÓPEZ CARCELÉN, P. (2019). *Atlas ilustrado de la historia de Madrid.* 10.ª edición. Ediciones La Librería. Madrid.

LÓPEZ GUTIÉRREZ J., RUIZ HERNÁNDEZ, J. M. y GARCÍA DE LA NOCEDA, C. (2012). «Caracterización adicional de las masas de agua subterránea en riesgo de no cumplir los objetivos medio ambientales en 2015». En: L. Fernández-Ruiz (Ed.), *Las aguas subterráneas en la planificación hidrogeológica,* pp. 3-36. Instituto Geológico y Minero de España, Madrid.

LÓPEZ JIMÉNEZ, N. (2007). «Las plantas vasculares de la Comunidad de Madrid. Catálogo florístico, claves dicotómicas y estudio detallado de la familia Compositae Giseke». Tesis doctoral. Universidad Complutense. Madrid.

LÓPEZ LINAGE, J. (2015). *El antiguo abastecimiento de agua en Madrid (1480-1868).* Tomo I: 1.179 pp.; tomo II 759 pp. [Estudio inédito].

LÓPEZ LINAGE, J. (2017). «Derrota del Tajo hasta las tierras de Madrid». 358 pp.; cap. 9.º [Estudio inédito].

LÓPEZ-MARTÍN, J. M. (2008). «Objetivos y aspectos metodológicos del muestreo». En: J. M. López-Martín y J. Jiménez (Eds.), *La nutria en España, Veinte años de un mamífero amenazado,* pp. 25-46. SECEM. Málaga.

LÓPEZ MARTÍNEZ, T. y HERNÁNDEZ, J. M. (2000). «Utilización de la taxocenosis de los heterópteros acuáticos (Heteroptera: Gerromorpha y Nepomorpha) en la caracterización sinecológica de las aguas epicontinentales de la provincia de Madrid (España)». *Boletín de la Asociación española de Entomología* 24 (3-4): 23-37.

López Martínez, T. y Hernández, J. M. (2001). «Répartition des Hétéroptères Aquatiques (Gerromorpha et Nepomorpha) de la province de Madrid (Espagne)». *Vie et Milieu* 51(3): 113-121.

López Martínez, T. (1998). «Heterópteros acuáticos de la provincia de Madrid». Tesis doctoral. Facultad de Ciencias Biológicas. Universidad Complutense de Madrid. Madrid.

López Martínez, T., Costas, M. y Vázquez, M. A. (1995a). «Nepomorpha y Gerromorpha de la Provincia de Madrid». Contribución al conocimiento de la biodiversidad entomológica ibérica (Heteroptera). En: *Avances en Entomología Ibérica*, pp. 221-228, Museo Nacional de Ciencias Naturales (CSIC)-Universidad Autónoma. Madrid.

López-Moreno, J. I. *et al.* (2007). «The influence of the NAO on water resources in central Iberia: precipitation, streamflow anomalies and reservoir management strategies». *Water Resources Research* 43: W09411.

López-Ocón, L., Aragón, S. y Pedrazuela, M. (Eds.) (2012). «Aulas con memoria. Ciencia, educación y patrimonio en los Institutos históricos de Madrid (1837-1936)». Comunidad de Madrid. Madrid.

López-Peña, D. y Jiménez-Peydró, R. (2017). «Updated checklist and distribution maps of blackflies (Diptera: Simuliidae) of Spain». *The Simuliid Bulletin* 48: 1-45.

López Redondo, J. (1992). «Informe provisional del seguimiento de la mortalidad de vertebrados en las carreteras de la provincia de Madrid». I Jornadas para el Estudio y Prevención de la Mortalidad de Vertebrados en Carreteras 2, pp. 168-179. Coordinadora de Organizaciones de Defensa Ambiental. Madrid.

López-Sáez, J. A. *et al.* (2014). «Vegetation history, climate and human impact in the Spanish Central System over the last 9000 years». *Quaternary International* 353: 98-122.

López Vera, F. (1977). «Hidrogeología de la cuenca del río Jarama en los alrededores de Madrid». Memoria del Instituto Geológico y Minero de España 91. Servicio de Publicaciones del Ministerio de industria. Madrid.

Lorenzo-Lacruz, J. *et al.* (2010). «The impact of droughts and water management on various hydrological systems in the headwaters of the Tagus River (central Spain)». *Journal of Hydrology* 386: 13-26.

Lorenzo-Lacruz, J. *et al.* (2012). «Recent trends in Iberian streamflows (1945-2005)». *Journal of Hydrology* 414-415: 463-475.

Losada, L. (2004). «Estructura de las comunidades bentónicas y calidad del agua en los ríos de la Cuenca Alta del Manzanares». Trabajo de investigación para la obtención del Diploma de Estudios Avanzados. Universidad Autónoma. Madrid.

Loza, V. *et al.* (2013a). «Polyphasic characterization of benthic Cyanobacterial diversity from biofilms of the Guadarrama River (Spain): Morphological, molecular, and ecological approaches». *Journal of Phycology* 49: 282-297.

Loza, V. *et al.* (2013b). «Phenotypic and genotypic characteristics of *Phormidium*-like Cyanobacteria inhabiting microbial mats are correlated with the trophic status of running waters». *European Journal of Phycology* 48: 235-252.

LOZA, V., PERONA, E. y MATEO, P. (2013c). «Molecular fingerprinting of Cyanobacteria from River biofilms as a water quality monitoring tool». *Applied and Environmental Microbiology* 79: 1459-1472.

LOZA, V., PERONA, E. y MATEO, P. (2014). «Specific responses to nitrogen and phosphorus enrichment in Cyanobacteria: Factors influencing changes in species dominance along eutrophic gradients». *Water Research* 48: 622-631.

LOZA, V. *et al.* (2018). «Fingerprinting *Chamaesiphon* population as an approach to assessing the quality of running waters». *River Research and Application* 34: 595-605.

LOZANO-CABO, F. (1964). «Los peces de las aguas continentales españolas». Servicio Nacional de Pesca Fluvial y Caza. Madrid.

LOZANO-REY, L. (1919). «Los peces de la Fauna Ibérica en la Colección del Museo en 1 de enero de 1919». *Trabajos del Museo Nacional de Ciencias Naturales de Madrid, Serie Zoológica* 39: 1-112.

LOZANO-REY, L. (1935). «Los peces fluviales de España». *Memorias de la Academia de Ciencias Exactas, Físicas y Naturales, serie Ciencias Naturales* 5: 1-390.

LOZANO-REY, L. (1947). «Peces Ganoideos y Fisóstomos». *Memorias de la Academia de Ciencias Exactas, Físicas y Naturales, serie Ciencias Naturales* 11: 1-839.

LOZANO-REY, L. (1952). «Los peces fluviales de España». Ministerio de Agricultura. Madrid.

LUCEÑO, M. y VARGAS, P. (1991). «Guía botánica del Sistema Central español». Ediciones Pirámide. Madrid.

LUCIENTES, J. Y MOLINA, R. (2013). «Trabajo técnico sobre vigilancia entomológica en aeropuertos y puertos frente a vectores importados de enfermedades infecciosas exóticas, y vigilancia de potenciales vectores autóctonos de dichas enfermedades». Informe técnico. Ministerio de Sanidad, Servicios Sociales e Igualdad. Centro de Coordinación de Alertas y Emergencias Sanitarias. Madrid.

LUCIENTES, J. y MOLINA, R. (2016). «Vigilancia entomológica en aeropuertos y puertos frente a vectores importados de enfermedades infecciosas exóticas, y vigilancia de potenciales vectores autóctonos de dichas enfermedades». Informe técnico. Ministerio de Sanidad, Servicios Sociales e Igualdad. Centro de Coordinación de Alertas y Emergencias Sanitarias. Madrid.

LUND, J. W. G. (1954). «The seasonal cycle of the plankton diatom *Melosira italica* (Ehr.) Kütz. subsp. *subarctica* O. Müll». *Journal of Ecology* 42: 151-179.

LUNDBLAD, O. (1956). «Zur Kenntnis süd- und mitteleuropäicher Hydrachnellen». *Arkiv för Zoologi* 10: 1-306.

LUTHER, A. (1955). «Die Dalyelliiden (Turbellaria Neorhabdocoela). Eine Monographie». *Acta Zoologica Fennica* 87: 1-337.

LUTHER, A. (1960). «Die Turbellarian Ostfennoskandiens I. Acoela, Catenulida, Macrostomida, Lecithoepitheliata, Prolecithophora und Proseriata». *Fauna Fennica* 7: 1-155.

LUTHER, A. (1963). «Die Turbellarien Ostfennoskandiens IV. Neorhabdocoela. Typhloplanoida: Typhloplanidae, Solenopharyngidae und Carcharopharyngidae». *Fauna Fennica* 16: 1-163.

MARTÍNEZ DE LA ESCALERA, M. (1943). «Boceto entomológico a propósito de una lectura». *Boletín de la Real Sociedad Española de Historia Natural* 61: 337-340.

MACDONALD, S. M. y MASON, C. F. (1994). «Status and conservation needs of the otter (*Lutra lutra*) in the Western Paleartic». Council of Europe Press, 67. Strasbourg.

MACHORDOM, A. *et al.* (2000). «Mitochondrial haplotype variation and phylogeography of Iberian brown trout populations». *Molecular Ecology* 9: 1325-1338.

MADEIRA, M. J., GÓMEZ-MOLINER, B. J. y DOADRIO, I. (2005). «Genetic characterization of *Gobio gobio* populations of the Iberian Peninsula based on cytochrome b sequences». *Folia Zoologica* 54: 5-12.

MADOZ, P. (1846-1850). «Diccionario geográfico-estadístico-histórico de España y sus posesiones de ultramar». (Para la provincia de Madrid existe una edición facsímil de 2007: La provincia de Madrid en el Diccionario geográfico-estadístico-histórico de España, Boletín Oficial del Estado y Universidad Carlos III de Madrid. Madrid.

MADRID MORENO, J. (1907). «Análisis micrográfico de los sedimentos del depósito del Canal del Lozoya». *Boletín de la Real Sociedad Española de Historia Natural* 7: 393-396.

MADRID MORENO, J. (1911a). «Datos para el estudio del plankton del río Lozoya». *Boletín de la Real Sociedad Española de Historia Natural* 11: 173- 176.

MADRID MORENO, J. (1911b). «El plankton del Estanque Grande del Retiro». *Boletín de la Real Sociedad Española de Historia Natural* 11: 277-288.

MAGNET, A. *et al.* (2012). «Molecular characterization of *Acanthamoeba* isolated in water treatment plants and comparison with clinical isolates». *Parasitology Research* 111: 383-392.

MAGRAMA (2014). «Estrategia de gestión, control y erradicación del visón americano *(Neovison vison)* en España». Ministerio de Agricultura, Alimentación y Medio Ambiente. Madrid.

MAÑAS, S. *et al.* (2001). «Aleutian mink disease parvovirus in wild riparian carnivores in Spain». *Journal of Wildlife Diseases* 37: 138-144.

MAÑEZ, M., ESPINA, J. y SUNYER, C. (1990). «La nutria en Madrid». En: M. Delibes (Ed.), *La nutria (Lutra lutra) en España,* pp. 129-131. ICONA. Madrid.

MAPAMA (2008-2010). «Estado y Calidad Aguas. Resultados índices Macrófitos». www.mapama.gob.es/es/agua/temas/estado-y-calidad-de-las-aguas/aguas-superficiales/programas-seguimiento/ID-TAX-Macrofitos.aspx.

MARCÉ, R. *et al.* (2013). «Aportación de nutrientes desde la cuenca al embalse de Pinilla. Incidencia en el proceso de eutrofización». Cuadernos I+D+i, n.º 18. Canal de Isabel II Gestión, S.A. Madrid.

MARGALEF, R. (1948). «Las asociaciones de algas en las aguas dulces de pequeño volumen del Noreste de España». *Vegetatio* 1: 258-285.

MARGALEF, R. (1949). «Datos para la hidrobiología de la Sierra de Guadarrama». *Publicaciones del Instituto de Biología Aplicada de Barcelona* 6: 5-21.

MARGALEF, R. (1953). «Los Crustáceos de las aguas continentales ibéricas». Biología de las Aguas Continentales, X. Instituto Forestal de investigaciones y Experiencias. Madrid.

MARGALEF, R. (1955). «Los organismos indicadores en la Limnología». Biología de las Aguas Continentales, XII. Instituto Forestal de investigaciones y Experiencias. Madrid.

MARGALEF, R. *et al.* (1976). «Limnología de los embalses españoles». MOPU. Madrid.

MARTÍ, R. y DEL MORAL, J. C. (Eds.) (2002). «La invernada de las aves acuáticas en España». Dirección General de la Conservación de la Naturaleza-SEO/BirdLife. Organismo Autónomo Parques Nacionales, Ministerio de Medio Ambiente. Madrid.

MARTÍ, R. y DEL MORAL, J. C. (Eds.) (2003). «Atlas de las Aves Reproductoras de España». Dirección General de Conservación de la Naturaleza-SEO/BirdLife. Madrid.

MARTÍN, J., LUQUE-LARENA, J. J. y LÓPEZ, P. (2005a). «Factors affecting scape behavior of Iberian green frogs (*Rana perezi*)». *Canadian Journal of Zoology* 83: 1189-1194.

MARTÍN, J., LUQUE-LARENA, J. J. y LÓPEZ, P. (2006). «Collective detection in escape responses of temporary groups of Iberian green frogs». *Behavioral Ecology* 17: 222-226.

MARTÍN, J., MARCOS, I. y LÓPEZ, P. (2005b). «When to come out from your own shell: risk-sensitive hiding decisions in terrapins». *Behavioral Ecology and Sociobiology* 57: 405-411.

MARTÍN, J. y LÓPEZ, P. (2009). «Multiple color signals may reveal multiple messages in male Schreiber's green lizards, *Lacerta schreiberi*». *Behavioral Ecology and Sociobiology* 63: 1743-1755.

MARTÍN, J. y LÓPEZ, P. (2010). «Thermal constraints of refuge use by Schreiber's green lizards, *Lacerta schreiberi*». *Behaviour* 147: 275-284.

MARTÍN ALBALADEJO, C. (2000). «Tendencias de la Taxonomía entomológica española». Tesis doctoral. Facultad de Ciencias Biológicas. Universidad Complutense de Madrid. Madrid.

MARTÍN ÁLVAREZ, M. y PONCE CINOS, A. (2006). «Humedales protegidos y catalogados de Madrid». Flora, Fauna, Geología y Rutas principales. Tierrazul Ediciones. Madrid.

MARTÍN-GONZÁLEZ, A., SERRANO, S. y FERNÁNDEZ-GALIANO, D. (1984a). «Fenómenos nucleares y corticales durante la conjugación de *Glaucoma chattoni* (Ciliophora, Glaucomidae)». *Microbiología Española* 37: 89-98.

MARTÍN-GONZÁLEZ, A., SERRANO, S. y FERNÁNDEZ-GALIANO, D. (1984b). «New aspects of the morphology of *Pleurotricha lanceolata* (Ciliophora, Hypotrichida): cirral and membranellar patterns and Fibrillar systems». *Journal of Protozoology* 31: 347-351.

MARTÍN-GONZÁLEZ, A., SERRANO, S. y FERNÁNDEZ-GALIANO, D. (1986). «Further studies on *Urocentrum turbo* O. F. M. (Ciliata): Morphology and morphogenesis». *Archiv für Protistenkunde* 132: 11-21.

MARTÍN-GONZÁLEZ, A., SERRANO, S. y FERNÁNDEZ-GALIANO, D. (1987). «Cortical morphogenesis and conjugation process in *Caenomorpha medusula* (Ciliophora, Heterotrichida)». *European Journal of Protistology* 23: 11-121.

MARTÍN MORENO, S. (1994). «Materiales pétreos tradicionales de construcción en Madrid». Tesis doctoral. E.T.S. ingenieros de Caminos, Canales y Puertos. Universidad Politécnica. Madrid.

MARTÍN ZAZO, A. (1997). «Análisis metodológico para la caracterización y modelado de caudales ecológicos en el río Lozoya (Cuenca del Tajo, España)». Tesis doctoral. Universidad Autónoma de Madrid. Madrid.

MARTÍNEZ, J. *et al.* (2004). «A new pentastomid from the black vulture». *Journal of Parasitology* 90: 1103-1105.

MARTÍNEZ ALFARO, P. E. (1977). «Hidrogeología de los materiales Terciarios y Cuaternarios de la Cuenca del río Manzanares». Tesis doctoral. 3 tomos. Universidad Complutense. Madrid.

MARTÍNEZ-BASTIDA, J. J., ARAUZO, M. y VALLADOLID, M. (2005). «Contaminación por nitrato del acuífero aluvial». En: J. A. Camargo (Ed.), *Ecología y conservación del Río Henares y sus tributarios,* pp. 23-34. Ibercaja y Universidad de Alcalá de Henares. Alcalá de Henares.

MARTÍNEZ-CAPEL, F. y GARCÍA DE JALÓN, D. (1999). «Desarrollo de curvas de preferencia de microhábitat para *Leuciscus pyrenaicus* y *Barbus bocagei* por buceo en el río Jarama (Cuenca del Tajo)». *Limnetica* 17: 71-83.

MARTÍNEZ-CAPEL, F., GIMÉNEZ, A. y GARCÍA DE JALÓN, D. (1999). «Preferencias de microhábitat y condiciones hidráulicas para la boga *(Chondrostoma polylepis)* y el barbo *(Barbus bocagei)* en el alto

Lozoya». En: J. A. Vielva (Ed.), Primeros incuentros Científicos del Parque Natural de Peñalara y del Valle de El Paular, pp. 219-226. Madrid.

MARTÍNEZ-CAPEL, F. *et al.* (2009). «Microhabitat use by three endemic Iberian cyprinids in Mediterranean rivers (Tagus river basin, Spain)». *Journal of Fisheries Management and Ecology* 16: 52-60.

MARTÍNEZ-RIVAS, M. (2002). «Guía de los peces del Parque Regional del Sureste». Asociación Ecologista del Jarama «El Soto», Mejorada del Campo, Madrid.

MARTÍNEZ-SOLANO, I. (2004a). «La conservación de los anfibios de Madrid. Fundamentos corológicos y moleculares». Tesis doctoral. Universidad Autónoma. Madrid.

MARTÍNEZ-SOLANO, I. (2004b). «Phylogeography of Iberian *Discoglossus* (Anura: Discoglossidae)». *Journal of Zoological Systematics and Evolutionary Research* 42: 298-305.

MARTÍNEZ-SOLANO, I. (2006). «Atlas de la distribución y estado de conservación de los anfibios de la Comunidad de Madrid». *Graellsia* 62 (número extraordinario): 253-291.

MARTÍNEZ-SOLANO, I. y GARCÍA-PARÍS, M. (2001). «Distribución y estado de conservación de *Alytes obstetricans* y *Pelodytes punctatus* en el SE de Madrid». *Boletín de la Asociación Herpetológica Española* 12: 37-41.

MARTÍNEZ-SOLANO, I. y GONZÁLEZ, E. G. (2008). «Patterns of gene flow and source-sink dynamics in high altitude populations of the common toad *Bufo bufo* (Anura: Bufonidae)». *Biological Journal of the Linnean Society* 95: 824-839.

MARTÍNEZ-SOLANO, I. y GONZÁLEZ-FERNÁNDEZ, J. E. (2003). «La colección de anfibios de Madrid del Museo Nacional de Ciencias Naturales y su utilidad en conservación». *Graellsia* 59: 105-128.

MARTÍNEZ-SOLANO, I. *et al.* (2005b). «Molecular characterisation of the endangered *Salamandra salamandra almanzoris* (Caudata, Salamandridae)». *Annales Zoologici Fennici* 42: 57-68.

MARTÍNEZ-SOLANO, I., BOSCH, J. y GARCÍA-PARÍS, M. (2003). «Demographic trends and community stability in a montane amphibian assemblage». *Conservation Biology* 17: 238-244.

MARTÍNEZ-SOLANO, I., GARCÍA-PARÍS, M. y BOSCH, J. (2006a). «Anfibios de Peñalara: Identificación y Conservación». Comunidad de Madrid. Madrid.

MARTÍNEZ-SOLANO, I., REY, I. Y GARCÍA-PARÍS, M. (2005a). «The impact of historical and recent factors on genetic variability in a mountain frog: the case of Rana iberica (Anura: Ranidae)». *Animal Conservation* 8: 431-441.

MARTÍNEZ-SOLANO, I. *et al.* (2006b). «Mitochondrial DNA phylogeography of *Lissotriton boscai* (Caudata, Salamandridae): evidence for old, multiple refugia in an Iberian endemic». *Molecular Ecology* 15: 3375-3388.

MARTÍNEZ VILALTA, A. (1997). «Situación de las poblaciones reproductoras de aves limícolas». En: A. Barbosa (Ed.), *Las Aves Limícolas en España,* pp. 157-171. Ministerio de Medio Ambiente. Madrid.

MARTYNOVA, M. V. (2010). «Iron compound occurrence forms in freshwater deposits: analytical review». *Water Resources* 77: 88-96.

MAS GUINDAL, J. (1923a). «Datos para el estudio de la flora de la Real Casa de Campo de Madrid». *El Monitor de la Farmacia* 1923: 12-13.

MAS GUINDAL, J. (1923b). «Catálogo provisional de la flora criptogámica de la provincia de Madrid». *Anales de la Real Academia de Farmacia* 11: 457-464.

MATAIX, C. *et al.* (2015). «Historia de la salina de la Carcavallana en Villamanrique de Tajo». Ayuntamiento de Villamanrique de Tajo y Comunidad de Madrid. Madrid.

MATEO, P. *et al.* (2015). «Cyanobacteria as bioindicators and bioreporters of environmental analyses in aquatic ecosystems». *Biodiversity and Conservation* 24: 909-948.

MATTHAEI, D. D. *et al.* (2003). «Local disturbance history affects patchiness of benthic river algae». *Freshwater Biology* 48: 1514-1526.

MAUCCI, W. (1979). «Osservazioni sul valore tassonomico di *Macrobiotus recens* Cuénot, 1932 (Tardigrada, Macrobiotidae)». *Natura* 70: 258-264.

MAUCCI, W. (1983). «*Echiniscus bisculptus* n. sp del Marocco, ed *Echiniscus lichenorum* n. sp., del Portogallo (Tardigrada, Echiniscidae)». *Atti della Societá Italiana di Scienze Naturale e del Museo Civico di Storia Naturale Milano* 124: 257-261.

MAUCCI, W. y RAMAZZOTTI, G. (1981). «*Pseudechiniscus* gruppo *cornutus,* con descrizione di una nuova specie (Tardigrada, Echiniscidae)». *Memorie dell'Istituto Italiano di Idrobiologia Dottore Marco de Marchi* 39: 147-151.

MAYO, M., HERVELLA, F. y BALAGUER, R. (1989). «Obtención de algunos parámetros poblacionales del Black Bass (*Micropterus salmoides Lacep.*, 1802) de varias localizaciones españolas». *Montes* 21: 30-36.

MAZIMPAKA, V., VICENTE, J. y RON, M. E. (1988). «Contribución al conocimiento de la brioflora urbana de la ciudad de Madrid». *Anales del Jardín Botánico de Madrid* 45: 61-73.

MCBRIDE, G. B. (2002). «Calculating stream reaeration coefficients from oxygen profiles». *Journal of Environmental Engineering* 128: 384-386.

MCDONOUGH, O. T. *et al.* (2011). «Temporary streams: The hydrology, geography, and ecology of non-perennially flowing Waters». En: H. S. Elliot y L. E. Martin (Eds.), *River Ecosystems Dynamics, Management and Conservation,* pp. 259-289. Nova Science Publishers. Hauppauge, New York.

MCEWEN, L. (1989). «River channel changes in response to flooding in the upper River Dee catchment, Aberdeenshire, over the last 200 years». En: K. Beven y P. Carling (Eds.), *Floods Hydrological Sedimentological and Geomorphological Implications,* pp. 219-238. Wiley. Chichester.

MEDEIROS, P. M. y SIMONEIT, B. R. T. (2007). «Gas chromatography coupled to mass spectrometry for analyses of organic compounds and biomarkers as tracers for geological, environmental, and forensic research». *Journal of Separation Science* 30: 1516-1536.

MEDINA GAVILÁN, J. L. y GONZÁLEZ DUARTE, M. M. (2018). «The invasive freshwater *Craspedacusta sowerbii* Lankester, 1880 (Cnidaria: Hydrozoa) in Spain». *Graellsia* 74: e072.

MEDINA, L. (2003). «Flora y vegetación acuáticas de las lagunas y humedales de la provincia de Guadalajara (Castilla-La Mancha)». Tesis doctoral. Universidad Autónoma. Madrid.

MEGÍA-PALMA, R., MARTÍNEZ, J. y MERINO, S. (2016). «Structural- and carotenoid-based throat colour patches in males of *Lacerta schreiberi* reflect different parasitic diseases». *Behavioral Ecology and Sociobiology* 70: 2017-2025.

MELERO ALCÍBAR, R. (2004). «Biología y fenología de los culicinae (Diptera: Culicidae) de la Comunidad de Madrid». Tesis doctoral. Universidad Complutense. Madrid.

MELERO ALCÍBAR, R. y SALOM, F. (2002). «Confirmation of the presence of *Ochlerotatus* (Rusticoidus) *quasirusticus* (Torres Cañamares) in the Iberian Peninsula, and the first record from the Madrid region». *European Mosquito Bulletin* 13: 30-32.

MELERO, Y. y PALAZÓN, S. (2011). «Visón americano, *Neovison vison* (Schreber, 1777)». En: A. Salvador y J. Cassinello (Eds.), *Enciclopedia Virtual de los Vertebrados Españoles,* www.vertebradosibericos.org. Sociedad de Amigos del Museo Nacional de Ciencias Naturales. Madrid.

MERILUOTO, J. SPOOF, L. y CODD, G. A. (2016). «Handbook of Cyanobacterial Monitoring and Cyanotoxin Analysis». Wiley. New York.

MICHAILOVA, P., RIERADEVALL, M. Y REAL, M. (1994). «New chromosome arm combination of genus *Glyptotendipes* Kieff. (Diptera, Chironomidae)». *Caryologia* 47: 81-95.

MICROEPICS (2016). «¿Cuántos ciliados hay en los sedimentos secos de una pila granítica?». [entrada de blog, 28 marzo 2016].

MIGUEL, C. (2006). «Análisis de las variaciones espacio-temporales de la comunidad de macroinvertebrados de un arroyo mediterráneo de montaña (Arroyo Mediano)». Trabajo de investigación para la obtención del Diploma de Estudios Avanzados. Universidad Autónoma de Madrid.

MIGULA, E. F. A. W. (1898). «Synopsis Characearum europaearum». Verlag von Eduard Kummer. Leipzig.

MILLÁN, A. *et al.* (2014). «Atlas de los coleópteros acuáticos de España peninsular». Ministerio de Agricultura, Alimentación y Medio Ambiente. Madrid.

MILLARES CARLO, A. y ARTILES, J. (1932). «Libros de Acuerdos del Concejo Madrileño». Tomo I (1464-1485). Gráficas Municipales. Madrid.

MILLARES CARLO, A. *et al.* (1963). «El Fuero de Madrid y los derechos locales castellanos». Archivo de Villa. Ayuntamiento de Madrid. Madrid.

MIMAM (2000). «Libro Blanco del Agua en España». Ministerio de Medio Ambiente, Madrid.

MINGOT, D. *et al.* (2003). «Reproducción en libertad del galápago de Florida *(Trachemys scripta elegans)* en el centro de la Península Ibérica». *Boletín de la Asociación Herpetológica Española* 14: 39-43.

MMARM (2009). «Evaluación ambiental estratégica del Plan Nacional de Aguas Regeneradas». Documento inicial. Dirección General del Agua. Ministerio de Medio Ambiente y Medio Rural y Marino. Madrid.

MÖBIUS, K. (1877). «Die Auster und die Austernwirtschaft». Verlag von Wiegandt, Hemple und Parey. Berlin.

MOLINA, B. (2005). «Censo de aves acuáticas invernantes en la Comunidad de Madrid. Invernada 2003-2004». *Anuario Ornitológico de Madrid* 2004: 152-159.

MOLINA, B. (2006). «Censo de aves acuáticas invernantes en la Comunidad de Madrid. Invernada 2004-2005». *Anuario Ornitológico de Madrid* 2005: 118-127.

MOLINA, B. (2007). «Censo de aves acuáticas invernantes en la Comunidad de Madrid. Invernada 2005-2006». *Anuario Ornitológico de Madrid* 2006: 80-91.

MOLINA, B. (2008). «Censo nacional de aves acuáticas invernantes». En: J. C. del Moral, V. Escandell, B. Molina, A. Bermejo y D. Palomino (Eds.), *Programas de seguimiento de SEO/BirdLife en 2006,* pp. 18-21. SEO/BirdLife. Madrid.

MOLINA, B. y ESCUDERO, E. (2009). «Censo nacional de aves acuáticas invernantes: enero 2007». En: J. C. del Moral, A. Bermejo, B. Molina, V. Escandell y D. Palomino (Eds.), *Programas de seguimiento de SEO/BirdLife en 2007,* pp. 16-19. SEO/BirdLife. Madrid.

MOLINA ABRIL, J. A. (1986). «Datos florísticos sobre la cuenca alta del río Guadarrama (Madrid, España)». *Lazaroa* 8: 379-381.

MOLINA HOLGADO, P. (2002). «Análisis y comparación de la vegetación de las riberas de los ríos Ebro, Tajo y Jarama». Ediciones de la Universidad Autónoma de Madrid. Madrid.

MOLINA SEMPERE, M., VIDAL-ABARCA, M. R. y SUÁREZ, M. L. (1994). «Floods in arid south-east Spanish areas: a historical and environmental review». En: G. Rossi, N. Harmancioglu y V. Yvjevich (Eds.), *Coping with Floods,* pp. 271-278. Kluwer Academic Publishers. London.

MOLLÁ, S. *et al.* (2000). «Aproximación a la dinámica funcional de un arroyo del mediterráneo húmedo ibérico (arroyo Mediano, Madrid)». X Congreso de la AEL y II Ibérico de Limnología. Valencia.

MOLLÁ, S., ROBLES, S. y CASADO, C. (2006). «Seasonal variability of particulate organic matter in a mountain stream in Central Spain». *International Review of Hydrobiology* 91: 406-422.

MOLLÁ, S. *et al.* (2017). «Leaf-litter breakdown as an indicator of the impacts by flow regulation in headwater streams: Responses across climatic regions». *Ecological indicators* 73: 11-22.

MOLLEMA, P. N. y ANTONELLINI, P. (2016). «Water and (bio)chemical cycling in gravel pit lakes: A review and outlook». *Earth Science Reviews* 159: 247-270.

MOLONGOSKI, J. J. y KLUG, M. J. (1980). «Quantification and characterization of sedimenting particulate matter in a shallow hypereutrophic lake». *Freshwater Biology* 10: 497-506.

MONASTERIO, C. *et al.* (2013). «High temperature constrains reproductive success in a temperate lizard: implications for distribution range limits and the impacts of climate change». *Journal of Zoology* 291: 136-145.

MONTES, C. (Coord.) (1993). «Estudio de los valores ambientales existentes en las láminas de agua generadas por actividades extractivas en la Comunidad de Madrid». 5 vols. Agencia de Medio Ambiente, Comunidad de Madrid-Departamento interuniversitario de Ecología, Universidad Autónoma de Madrid. Madrid.

MONTES, C. y SOLER, A. G. (1986). «Lista faunística y bibliográfica de los coleópteros acuáticos Dryopoidea (Dryopidae y Elmidae) de la Península Ibérica e Islas Baleares». Listas de la flora y fauna acuática de las aguas continentales de la Península Ibérica, n.º 3, Asociación Española de Limnología. Barcelona.

MONTOYA, J. M. (1989). «Pescar en Madrid». Agencia de Medio Ambiente, Comunidad de Madrid, Madrid.

MONTSERRAT, V. J. (1984). «Los Neurópteros acuáticos de la Península Ibérica (Insecta, Neuroptera)». *Limnetica* 1: 321-335.

MONZÓN, A. (1986). «Organización longitudinal de comunidades de macroinvertebrados acuáticos en una cuenca del sistema Central (Río Manzanares) y su relación con algunas variables funcionales». Tesis de Licenciatura. Universidad Autónoma de Madrid. Madrid.

MONZÓN, A. *et al.* (1991). «Organización funcional de las comunidades de macroinvertebrados acuáticos de un sistema fluvial de montaña (Sistema Central, Río Manzanares, España)». *Limnetica* 7: 97-112.

MORALES, R. (2003). «Catálogo de plantas vasculares de la Comunidad de Madrid (España)». *Botanica Complutensis* 27: 31-70.

MORALES AMORES, A. (1899). «Un desagravio al río Manzanares». *Revista de Obras Públicas* 46: 261-265.

MORALES-BAQUERO, R. *et al.* (2006). «Climate-driven changes on phytoplankton-zooplankton coupling and nutrient availability in high mountain lakes of Southern Europe». *Freshwater Biology* 51: 989-998.

MORALES-BAQUERO, R., PULIDO-VILLENA, E. y RECHE, I. (2013). «Chemical signature of Saharan dust on dry and wet atmospheric deposition in the south-western Mediterranean región». *Tellus* 65. Doi.10.3402/tellusb.v65i0.18720.

MORALES-PINEDA, M. *et al.* (2016). «Organic carbon sedimentation dominates over CO_2 emission in two net heterotrophic Mediterranean reservoirs during stratification». *Aquatic Sciences* 78: 279-290.

MORÁN-TEJADA, E. *et al.* (2011). «River regimes and recent hydrological changes in the Duero basin (Spain)». *Journal of Hydrology* 404: 241-258.

MORATA, A. (2014). «Guía de escenarios regionalizados de cambio climático sobre España a partir de los resultados del IPCC-AR4». Agencia Española de Meteorología, Madrid www.aemet.es/documentos/es/conocermas/publicaciones/Guia_IPCC/Guia_IPCC.pdf.

MORENO, J. M. (Ed.). «Evaluación preliminar de los impactos en España por efecto del cambio climático». Oficina Española del Cambio Climático y Universidad de Castilla-La Mancha. Madrid.

MORENO OSTOS, E. *et al.* (2012). «The Gulf Stream position influences the functional composition of phytoplankton in El Gergal reservoir (Spain)». *Limnetica* 31: 245-254.

MORILLO, M., GIMÉNEZ, A. y GARCÍA DE JALÓN, D. (1999). «Evolución de las poblaciones piscícolas del río Manzanares aguas abajo del embalse de El Pardo». *Limnetica* 17: 13-26.

MORRIS, D. P. *et al.* (1995). «The attenuation of solar UV radiation in lakes and the role of dissolved carbon». *Limnology and Oceanography* 40: 1381-1391.

MÜLLER, B., BRYANT, L. D., MATZINGER, A. y WÜEST, A. (2012). «Hypolimnetic oxygen depletion in eutrophic lakes». *Environmental Science and Technology* 46: 9964-9971.

MÜLLER-HAECKEL, A. (1966). «Diatomeendrift in Fliessgewässer». *Hydrobiologia* 28: 73-87.

MUÑOZ, A., TÉLLEZ, C. y FERNÁNDEZ-GALIANO, D. (1987). «Morphology and Infraciliature in *Urotricha nais* sp. n. and *Urotricha castalia* sp. n. (Ciliophora, Prorodontina)». *Acta Protozoologica* 26: 197-204.

– (1989). «Description of the infraciliature and morphogenesis in the ciliate *Urotricha ondina* n. sp. (Prorodontida, Urotrichidae)». *Journal of Protozoology* 36: 104-109.

MUÑOZ, M. *et al.* (1994). «Toxicity identification evaluations for the investigation of fish kills: a case study». *Chemosphere* 29: 55-61.

MUÑOZ ARAUJO, B. y SORIANO, O. (2012). «*Hirudo medicinalis*». En: *Bases ecológicas preliminares para la conservación de las especies de interés comunitario en España Invertebrados,* Servicio de Publicaciones del Ministerio de Agricultura, Alimentación y Medioambiente, pp. 3-51. Madrid.

MUÑOZ-MARTÍN, M. A. *et al.* (2016). «Analysis of molecular diversity within single *Rivularia* colonies by Illumina sequencing». 12th Workshop on Cyanobacteria. Tempe.

MUÑOZ REOYO, M. J. (1987). «Índice de calidad y toxicidad de agua para Salmónidos». Tesis doctoral. Facultad de Biología. Universidad Complutense. Madrid.

MUÑOZ REOYO, M. J. *et al.* (1994). «Toxicity identification evaluations for the investigation of fish kills: a case study». *Chemosphere* 29: 55-61.

MURDOCK, J. N. y DODDS, W. K. (2007). «Linking benthic algal biomass to stream substratum topography». *Journal of Phycology* 43: 449-460.

MUTHS, E., SCHERER, R. D. y BOSCH, J. (2013). «Evidence for plasticity in the frequency of skipped breeding opportunities in common toads». *Population Ecology* 55: 535-544.

NÁJERA, L. (1943). «Los Aedinos españoles y el peligro de la Fiebre Amarilla». *Graellsia* 1(1): 29-35.

NÁJERA, L. (1946). «La *Gambusia holbrooki* en España». *Anales de la Asociación Española para el Progreso de las Ciencias* 11: 837-846.

NASAR, S. A. K. (1980). «Primary production studies on freshwater fish-ponds of Bhagalpur, India». *Acta Hydrochimica et Hydrobiologica* 8: 569-581.

NAVÁS, L. (1901). «Notas neuropterológicas, IV. Pérlidos de España». *Butlletí de la Institució Catalana d'Història Natural* 1: 46-50.

NAVÁS, L. (1905). «Catálogo descriptivo de los insectos Neurópteros de los alrededores de Madrid». *Revista de la Real Academia de Ciencias Exactas, Físicas y Naturales* 2 (4): 521-574.

NAVÁS, L. (1908). «Neurópteros de España y Portugal». *Broteria, Serie Zoología* 7: 5-131.

NELSON, D. R., KINCER, C. J. y WILLIAMS, T. C. (1987). «Effects of habitat disturbances on aquatic tardigrade populations». *Selected Symposia and Monographs of the Unione Zoologica Italiana* 1: 141-153.

NELSON, D. R., GUIDETTI, R. y REBECCHI, L. (2015). «Phylum Tardigrada». En: J. Thorp, J. y D. C. Rogers (Eds.), *Ecology and General Biology, Thorp and Covich's Freshwater invertebrate,* pp. 347-380. Academic Press. Cambridge.

NICOD, J. (2006). «Lakes in gypsum karst: some examples in Alpine and Mediterranean countries». *Acta Carsologica* 35: 69-78.

NICOLA, G. G. y ALMODÓVAR, A. (2002). «Reproductive traits of stream-dwelling brown trout *Salmo trutta* in contrasting neighbouring rivers of central Spain». *Freshwater Biology* 47: 1353-1365.

NICOLA, G. G. y ALMODÓVAR, A. (2004). «Growth pattern of stream-dwelling brown trout under contrasting thermal conditions». *Transactions of the American Fisheries Society* 133: 66-78.

NICOLA, G. G., ALMODÓVAR, A. y ELVIRA, B. (2010). «Effects of environmental factors and predation on benthic communities in headwater streams». *Aquatic Sciences* 72: 419-429.

NIESER, N. y MONTES, C. (1984). «Lista faunística y bibliográfica de los heterópteros acuáticos (Nepomorpha y Gerromorpha) de España y Portugal». Listas de Flora y Fauna de las aguas continentales de la Península Ibérica n.º 1, Asociación Española de Limnología. Barcelona.

NIESER, N. *et al.* (1994). «Claves para la identificación de los heterópteros acuáticos (*Nepomorpha* y *Gerromorpha*) de la Península Ibérica. Con notas sobre las especies de las Islas Azores, Baleares, Canarias y Madeira». Claves de identificación de la flora y fauna de las aguas continentales de la Península Ibérica n.º 5, Asociación Española de Limnología. Barcelona.

NIETO, M. (1970). «Los pigmentos como indicadores ecológicos en las aguas corrientes del Centro de España». Tesis doctoral. Universidad Complutense de Madrid. Publicada por el Centro de Estudios, investigación y Aplicaciones del Agua. Barcelona.

NIETO, M. Y COMPTE, A. (1970). «Distribución de las biocenosis en las aguas corrientes y sus propiedades indicadoras». *Documentos de Investigación Hidrológica* 10: 23-60.

NOREÑA-JANSSEN, C. (1995). «Studies on the taxonomy and ecology of the Turbellarian (Plathelminthes) in the floodplain of the Paraná river (Argentina). II. Taxonomy and ecology of the Turbellaria». *Archiv für Hydrobiologie/Supplement* 107: 211-262.

NORES, C. (2007). «*Galemys pyrenaicus* (E. Geoffroy Saint-Hilaire, 1811)». En: L. J. Palomo, J. Gisbert y J. C. Blanco (Eds.), *Atlas y libro rojo de los mamíferos terrestres de España,* pp. 96-98. Dirección General para la Biodiversidad-SECEM-SECEMU. Madrid.

NORES, C. (2012). «Desmán ibérico-*Galemys pyrenaicus*». En: L. M. Carrascal y A. Salvador (Eds.), *Enciclopedia virtual de los Vertebrados españoles*, www.vertebradosibericos.org. Sociedad de Amigos del Museo Nacional de Ciencias Naturales (CSIC). Madrid.

NOTENBOOM, J. (1990). «Introduction to Iberian groundwater Amphipods». *Limnetica* 6: 165-176.

OCAÑA, A. y PICAZO, J. (1991a). «Distribution of nematode orders in a river subjected to pollution: The Monachil River (Granada, Spain)». *Limnetica* 7: 11-24.

OCAÑA, A. y PICAZO, J. (1991b). «Study on nematodes species encountered in the Monachil River (Granada, Spain): Response to organic pollution». *Verhandlungen der Internationale Vereinigung für Limnologie* 24: 5621-5645.

OCAÑA, A., PICAZO, J. y JIMÉNEZ MILLÁN, F. (1989). «Grupos tróficos de Nematodos en el bentos del río Monachil (Granada)». *Miscellania Zoologica* 13: 1-11.

ODUM, H. T. (1956). «Primary production in flowing waters». *Limnology and Oceanography* 1: 102-117.

OECD (1982). «Eutrophication of waters. Monitoring, assessment, and control». OECD. Paris.

OKABE, F. y AGETSUMA, N. (2007). «Habitat use by introduced raccoons and native raccoon dogs in a deciduous forest of Japan». *Journal of Mammalogy* 88: 1090-1097.

OLMO, J. L. (1997). «New data about the somatic and buccal infraciliature of *Microthorax transversus* Foissner 1985 (Ciliophora, Nassulida)». *Linzer Biologische Beiträge* 29: 341-348.

OLMO, J. L. (1998). «Diversidad local y global de los protozoos ciliados de hábitats de agua dulce». Tesis doctoral. Universidad Complutense. Madrid.

OLMO, J. L. (2000). «Morphology and morphogenesis of *Uroleptus lepisma* (Wenzel, 1953) Foissner, 1998 (Ciliophora, Hypotrichida)». *European Journal of Protistology* 36: 379-386.

OLMO, J. L. y TÉLLEZ, C. (1996). «An European population of *Bryometopus hawaiiensis* Foissner, 1994 (Protozoa: Ciliophora)». *Acta Protozoologia* 35: 317-320.

OLMO, J. L. y TÉLLEZ, C. (1997). «New aspects of the morphology and morphogenesis of *Gonostomum strenua* Engelmann (Ciliophora: Hypotrichida)». *Archiv für Protistenkunde* 148: 191-197.

OLMO, J. L., TÉLLEZ, C. y ESTEBAN, F. G. (1998). «*Cinetozona pyriformis* n. g., n. sp. a relative of the Ciliate Genera *Urozona* and *Cinetochilum* (Ciliophora, Scuticociliatida)». *Journal of Eukaryotic Microbiology* 45: 448-451.

OOSTERBROEK, P. (2006). «The European families of the Diptera: identification, diagnosis, biology». KNNV Publishing. Utrecht.

ORDÓÑEZ, S. *et al.* (1991). «Sedimentology of sodium sulphate deposits and special clays from the Tertiary Madrid Basin (Spain)». En: P. Anadón, L. Cabrera y K. Kelts (Eds.), *Lacustrine Facies Analysis*, Special Publications International Association of Sedimentologists 13, pp. 39-55. Blackwell Science Ltd. Hoboken.

ORTEGA, N. (1998). «El descubrimiento cultural de la Sierra de Guadarrama». En: *Madrid y la Sierra de Guadarrama*, pp. 81-113. Museo Municipal. Madrid.

ORTEGA-RUBIO, A. (1991). «Trophic partitioning and community organization in a guild of lizards in La Sierra de Guadarrama, Spain». *Ekologia* 10: 19-29.

ORTIZ CASAS, J. L. *et al.* (1983). «Aportación de nutrientes y eutrofización de embalses». Ministerio de Obras Públicas y Urbanismo. Centro de Estudios Hidrográficos del CEDEX. Madrid.

ORTIZ-CASAS, J. L. Y PEÑA, R. (1984). «Applicability of the OECD eutrophication models to Spanish reservoirs». *Verhandlungen der Internationale Vereinigung für Limnologie* 22: 1521-1535.

ORTIZ-LLORENTE, M. J. y ÁLVAREZ-COBELAS, M. (2012). «Comparison of biogenic methane emissions from unmanaged estuaries, lakes, oceans, rivers and wetlands». *Atmospheric Environment* 59: 328-337.

ORTIZ-SANTALIESTRA, M. E. *et al.* (2011). «Ambient ultraviolet B radiation and prevalence of infection by Batrachochytrium dendrobatidis in two amphibian species». *Conservation Biology* 25: 975-982.

OSHIKI, M., SATOH, H. y OKABE, S. (2016). «Ecology and physiology of anaerobic ammonium oxidizing bacteria». *Environmental Microbiology* 18: 2784-2796.

OTERO, R. y QUÍLEZ, F. (1935). «Relación de los trabajos efectuados en el río Lozoya». *Boletín de Pesca y Caza. Tomo*: 7 (9)15; 7(11) 28, 7(12)13.

PACE, M. L. y COLE, J. J. (1996). «Regulation of bacteria by resources and predation tested in whole-lake experiments». *Limnology and Oceanography* 41: 1448-1460.

PADISÁK, J. (1992). «Seasonal succession of phytoplankton in a large shallow lake (Balaton, Hungary) – a dynamic approach to ecological memory, its possible role and mechanisms». *Journal of Ecology* 80: 217-320.

PALACIOS, D. *et al.* (2012). «Glacial landforms and their paleoclimatic significance in Sierra de Guadarrama, Central Iberian Peninsula». *Geomorphology* 139-140 (Supplement C): 67-78.

PALAZÓN, S. y CEÑA, J. C. (2007). «*Mustela lutreola* (Linnaeus, 1761)». En: L. J. Palomo, J. Gisbert y J. C. Blanco (Eds.), *Atlas y libro rojo de los mamíferos terrestres de España,* pp. 287-290. Dirección General para la Biodiversidad-SECEM-SECEMU. Madrid.

PALAZÓN, S. y RUIZ-OLMO, J. (1997). «El visón europeo (*Mustela lutreola*) y el visón americano (Mustela vison) en España». Colección Técnica MMA-OAPN. Madrid.

PALOMAR, G., BOSCH, J. y CANO, J. M. (2016). «Heritability of *Batrachochytrium dendrobatidis* burden and its genetic correlation with development time in a population of Common toad (*Bufo spinosus*)». *Evolution* 70: 2346-2356.

PALOMAR, G., VÖRÖS, J. y BOSCH, J. (2017). «Tracking the introduction history of *Ichthyosaura alpestris* in a protected area of Central Spain». *Conservation Genetics* 18: 867-876.

PALOMINO, D. y MOLINA, B. (Eds.) (2009). «Aves acuáticas reproductoras en España. Población en 2007 y método de censo». SEO/BirdLife. Madrid.

PAÑOS, B., RUBIO, R. Y BARRIOS, F. (2009). «Atropellos masivos de sapos en un carril bici». *Quercus* 278: 4.

PAÑOS, B. *et al.* (2011). «Nuevos datos sobre el estado de conservación de las poblaciones de anfibios en el sureste de la Comunidad de Madrid». *Boletín de la Asociación Herpetológica Española* 22: 143-150.

PARDO, L. (1930). «Los Cladóceros españoles». *Boletín de Pesca y Caza* 2 (9): 1-9.

PARDO, L. (1932). «Datos para el estudio de la fauna hidrobiológica española». *Boletín de Pesca y Caza* 4 (9), 1-14; 4 (11): 1-12; 4 321-334; 4 361-372.

PARDO, L. (1932). *Lagos de España.* Imprenta Hijo de F. Vives Mora. Valencia.

PARDO, L. (1933). «Datos para el estudio de la fauna hidrobiológica española». *Boletín de Pesca y Caza* 5 (1): 1-15.

PARDO, L. (1935a). «Consideraciones preliminares acerca del plankton del río Manzanares». *Boletín de Pesca y Caza* 7 (2): 44-54.

PARDO, L. (1935b). «Observaciones mensuales en 1933 del plankton del río Manzanares». *Boletín de Pesca y Caza* 7 (6): 161-173.

PARDO, L. (1935c). «Observaciones mensuales en 1933 del plankton del río Manzanares». *Boletín de Pesca y Caza* 7 (6): 201-213.

PARDO, L. (1941). «Astacicultura elemental. El cangrejo: cultivo, pesca y comercio». Sección de Publicaciones, Prensa y Propaganda del Ministerio de Agricultura. Madrid.

PARDO, L. (1948). «Catálogo de los lagos de España». Biología de las Aguas Continentales, VI». Instituto Forestal de investigaciones y Experiencias. Madrid.

PARDO, L. (1950-1951). «Apuntes para la historia de la pesca continental española. Tomo I: Desde los tiempos remotos hasta el siglo XVIII. Tomo II: Los siglos XIX y XX.». Biología de las Aguas Continentales, VII-VIII. Instituto Forestal de investigaciones y Experiencias. Madrid.

PARDO, L. (1953). «Apuntes para la historia del Servicio Piscícola». Biología de las Aguas Continentales, XI. Instituto Forestal de investigaciones y Experiencias. Madrid.

PAREDES, D. *et al.* (2006). «Understanding precipitation changes in Iberia in early spring: Weather typing and storm-tracking approaches». *Journal of Hydrometeorology* 7: 101-113.

PAREDES, J., ANDREU, J. y SOLERA, A. (2010). «A decision support system for water quality issues in the Manzanares river (Madrid, Spain)». *Science of the Total Environment* 408: 2576-2589.

PASCUAL MARTÍNEZ, M. L. *et al.* (2000). «Distribución y caracterización morfológica y morfométrica de los lagos y lagunas de alta montaña de la España peninsular». En: I. Granados y M. Toro (Eds.), *Conservación de los Lagos y Humedales de Alta Montaña de la Península Ibérica,* pp. 51-77. Universidad Autónoma de Madrid. Madrid.

PEDRAZA, J. Y CARRASCO, R. M. (2006). «El glaciarismo Pleistoceno del Sistema Central». *Enseñanza en Ciencias de la Tierra* 13: 278-288.

PEDRAZA, J. *et al.* (2004). «El Macizo de Peñalara (Sistema Central Español). Morfoestructura y modelado». *Boletín de la Real Sociedad Española de Historia Natural, Sección Geológica* 99: 185-196.

PEINAZO, D. (2013). «Apuntes sobre la gaviota sombria (*Larus fuscus*) en los sotos de la Albolafia». *Arvícola* 4: 50-53.

PENA, J. C. (1986). «Introducción y expansión del lucio (*Esox lucius* L. 1758) en la península Ibérica: síntesis general y estudio de las poblaciones en la cuenca del Esla». *Limnetica* 2: 241-251.

PEÑA, R. y ORTIZ CASAS, J. L. (1987). «Cartografía temática de embalses: aplicaciones limnológicas de las imágenes Landsat». En: N. Clotet y L. Solé (Eds.), Comunicaciones de la I Reunión Científica del Grupo de Trabajo de Teledetección, pp. 403-423.

PEÑA, R. Y SERRANO, M. L. (1994). «Seguimiento del estado trófico de los embalses del Alto Tajo por teledetección». *Limnetica 10*: 69-81.

PEÑA-SANTIAGO, R. *et al.* (2006). «Soil and freshwater Nematodes of Iberian fauna: a synthesis». *Graellsia* 62 (número extraordinario): 179-198.

PEÑUELAS, P. y COMELLES, M. (1984). «Contribución al estudio de los briófitos acuáticos de lagunas y charcas de España». *Anales del Jardín Botánico de Madrid* 40: 325-334.

PERDICES, A. y DOADRIO, I. (2000). «Diversification patterns in *Cobitis calderoni* (Osteichthyes: Cobitidae) and relationships with some *Cobitis* lineages». *Folia Zoologica* 49 (suppl. 1): 45-54.

PEREIRA, R., MARTÍNEZ-SOLANO, I. y BUCKLEY, D. (2016). «Hybridization during altitudinal range shifts: asymmetric introgression leads to extensive cyto-nuclear discordance in the fire salamander». *Molecular Ecology* 25: 1551-1565.

PÉREZ ARCAS, L. (1861). *Elementos de Zoología.* Imprenta de Gabriel Alhambra. Madrid.

PÉREZ ARCAS, L. (1863). *Elementos de Zoología*. 2.ª edición. Imprenta Gabriel Alhambra. Madrid.

PÉREZ ARCAS, L. (1921-1923). «Ictiología Ibérica, o sea Catálogo de los peces marinos y de agua dulce que habitan o frecuentan las costas de la Península Ibérica». *Revista de la Academia de Ciencias Exactas, Físicas y Naturales* 19: 355-546.

PÉREZ SILES, B. (2004). «Dinámica poblacional y producción secundaria de *Epeorus torrentium* (Clase Insecta, Orden Ephemeroptera) en un río mediterráneo de montaña (Arroyo Mediano)». Trabajo de investigación para la obtención del Diploma de Estudios Avanzados. Universidad Autónoma. Madrid.

PÉREZ-GONZÁLEZ, A., RUÍZ-GARCÍA, C. y RODRÍGUEZ-FERNÁNDEZ, L. R. (1990). «Memoria del mapa geológico de Torrelaguna (509)». Mapa geológico de España 1:50.000, Segunda Serie, Primera Edición. Instituto Geológico y Minero de España. Madrid.

PÉREZ-PARADA, A. *et al.* (2012). «Analytical improvements of hybrid LC-MS/MS techniques for the efficient evaluation of emerging contaminants in river waters: a case study of the Henares River (Madrid, Spain)». *Environmental Science and Pollution Research* 19: 467-481.

PÉREZ-RUBÍN, J. (2006). «Mariano P. Graells y Agüera (1809-1898): entre la pesca científica y la ciencia pesquera en España». Actas del IX Congreso de la Sociedad Española de Historia de las Ciencias y de las Técnicas, pp. 1045-1055.

PÉREZ-UZ, B. *et al.* (2015). «Characterization of protist communities from granite weathering pits in a Spanish National Park». En: VII European Congress of Protistology (VII ECOP), Sevilla.

PÉREZ-UZ, B. *et al.* (2020). «Rain-filled granite rock pools at central Spain: An extreme refuge niche for ciliates». *Limnetica* (en prensa).

PERNTHALER, J. *et al.* (2004). «Bloom of filamentous bacteria in a mesotrophic lake: identity and potential controlling mechanism». *Applied and Environmental Microbiology* 70: 6272-6281.

PERONA, E. *et al.* (2003). «Cyanobacterial diversity in a Spanish river determined by means of isolation of cultures. Morphological variability of isolates in relation to natural populations». *Archiv für Hydrobiologie/Algological Studies* 109: 475-486.

PERONA, E., BONILLA, I. y MATEO P. (1998). «Epilithic cyanobacteria communities and water quality: an alternative tool for monitoring eutrophication in the Alberche River (Spain)». *Journal of Applied Phycology* 10: 183-191.

PETROV, M. P. *et al.* (2005). «Absorption of solar radiation by snow-and-ice cover of lakes». *Water Resources* 32: 496-504.

PICTET, A. E. (1865). «Synopsis des Néuroptères d'Espagne». H. Georg. Genève.

PICTET, F. J. (1841). «Histoire naturelle générale et particulière des insectes Néuroptères». Kessman. Genève.

PILGRIM, D. H. y CORDERY, I. (1993). «Flood runoff». En: D. R. Maidment (Ed.), *Handbook of Hydrology*, pp. 9-1-9-42. McGraw-Hill, inc. New York.

PINKSTER, S. (1973). «The *Echinogammarus* berilloni group. A number of predominantly Iberian amphipod species (Crustacea)». *Bijdragen tot de Dierkunde* 43: 1-38.

PIZARRO, J. (1995). «Contribución al estudio taxonómico de *Ranunculus* L. subgen *batrachium* (DC) A Gray (Ranunculaceae)». *Lazaroa* 15: 21-113.

PMVC (2003). «Mortalidad de vertebrados en carreteras». Documento técnico de conservación n.º 4. Sociedad para la Conservación de los Vertebrados (SCV). Madrid.

PNSG (2015). «Seguimiento ecológico de los cursos fluviales. Vertiente madrileña del Parque Nacional Sierra de Guadarrama». Comunidad de Madrid. Madrid.

POLO-CAVIA, N., LÓPEZ, P. y MARTÍN, J. (2008). «Interspecific differences in responses to predation risk may confer competitive advantages to invasive freshwater turtle species». *Ethology* 114: 115-123.

POLO-CAVIA, N., LÓPEZ, P. y MARTÍN, J. (2009). «Interspecific differences in heat exchange rates may affect competition between introduced and native freshwater turtles». *Biological Invasions* 11: 1755-1765.

POLO-CAVIA, N., LÓPEZ, P. y MARTÍN, J. (2010a). «Competitive interactions during basking between native and invasive freshwater turtle species». *Biological Invasions* 12: 2141-2152.

POLO-CAVIA, N., GONZALO, A., LÓPEZ, P. y MARTÍN, J. (2010b). «Predator recognition of native but not invasive turtle predators by naïve anuran tadpoles». *Animal Behaviour* 80: 461-466.

POLO-CAVIA, N., LÓPEZ, P. y MARTÍN, J. (2011). «Aggressive interactions during feeding between native and invasive freshwater turtles». *Biological Invasions* 13: 1387-1396.

POLO-CAVIA, N., LÓPEZ, P. y MARTÍN, J. (2012). «Feeding status and basking requirements of freshwater turtles in an invasion context». *Physiology and Behavior* 105: 1208-1213.

POOLE, H. H. y ATKINS, W. R. (1929). «Photo-electric measurements of submarine illumination throughout the year». *Journal of the Marine Biological Association of United Kingdom* 16: 297-324.

POQUET, J. M. *et al.* (2008). «Loss of Ostracoda biodiversity in Western Mediterranean wetlands». *Aquatic Conservation: Marine and Freshwater Ecosystems* 18: 280-296.

PORTERO, J. M. y PÉREZ-GONZÁLEZ, A. (1991). «Memoria del mapa geológico de Alcalá de Henares (560)». Mapa geológico de España 1:50.000, Segunda Serie, Primera Edición. Instituto Geológico y Minero de España. Madrid.

POU-ROVIRA, Q. *et al.* (2009). «Presence of the alien species Chinese pond mussel *Anodonta woodiana* (Lea, 1834) in the Iberian Peninsula». *Graellsia* 65: 67-70.

POWELL, K. W. *et al.* (2017). «A retrospective analysis of agricultural herbicides in surface water reveals risk plausibility for declines in submerged aquatic vegetation». *Toxics* 5(3): 21. Doi.10.3390/toxics5030021.

POZO, J. *et al.* (2011). «Leaf-litter decomposition in headwater streams: a comparison of the process among four climatic regions». *Journal of the North American Benthological Society* 30: 935-950.

PRAT, N. (1979). «Fauna marginal de los embalses españoles». *Miscelania Zoologica* 5: 149-160.

PRAT, N. (1980a). «Bentos de los embalses españoles». *Oecologia Aquatica* 4: 3-43.

PRAT, N. (1980b). «Quironómidos de los embalses españoles (Diptera) (2.ª parte)». *Graellsia* 34: 59-119.

PREISENDORFER, R. W. (1961). «Application of radiative transfer theory to light measurements in the sea». *Union Géodésique et Géophysique, Monographies* 10: 11-30.

PRUNIER, F. *et al.* (2015). «Actualización del inventario provincial de Odonatos de España peninsular e Islas Baleares». *Boletín Rola* 6: 59-84.

PRZYBYLSKI, M. y VALLADOLID, M. (2000). «Age and growth of the Iberian loach, *Cobitis paludica* in the Lozoya River (Madrid, Central Spain), an intermittent stream». *Folia Zoologica* 49 (Suppl. 1): 163-169.

PUCHE, L. y MAZADIEGO, L. F. (1999/2000). «Salinas históricas de la Comunidad de Madrid: Carcaballana». *Arqueología e Industria* 2-3: 81-90.

PUIG, M. A., GONZÁLEZ, G. y SORIANO, O. (1986). «Introducción al estudio de las comunidades macrobentónicas de los ríos asturianos: Efemerópteros, Plecópteros, Tricópteros, Simúlidos y Quironómidos». *Limnetica* 1: 187-196.

PULIDO-BOSCH, A. *et al.* (1989). «El karst en yesos de Fuente Camacho». En: J. J. Delannoy, F. Díaz del Olmo y A. Pulido-Bosch (Eds.), Reunion franco-espagnole sur les karsts mediterraneens d'Andalousie occidentale (Cordilleres Bétiques-Sierra Morena) (eds.), pp. 65-82.

PURROY, F. J. (Ed.). «Atlas de las Aves de España (1975-1995)». SEO/BirdLife. Lynx Edicions. Barcelona.

QUESADA, A. (2010). «Estudio sobre la dinámica de las microcistinas en dos embalses de abastecimiento de Canal de Isabel II». Cuadernos de I+D+i, n.º 12. Canal de Isabel II Gestión, S.A. Madrid.

QUESADA, A. *et al.* (2006). «Toxicity by *Aphanizomenon ovasliporum* (Cyanobacteria) in a Spanish water reservoir». *European Journal of Phycology* 41: 39-45.

QUINTELA-ALONSO, P. *et al.* (2015a). «Diversity of Ciliate communities in a human-impacted river at a Spanish National Park». VII European Congress of Protistology. Sevilla.

QUINTELA-ALONSO, P. *et al.* (2015b). «Exploring the health risk of pathogenic protists contamination in recreational waters of a protected area». VII European Congress of Protistology. Sevilla.

QUINTELA-ALONSO, P. *et al.* (2017). «Complexity of river ciliate communities at a National Park highlights the need for microbial conservation». *Aquatic Conservation: Marine and Freshwater Ecosystems* 28 408-421.

RAHEL, F. J. y OLDEN, J. D. (2008). «Assessing the effects of climate change on aquatic invasive species». *Conservation Biology* 22: 521-533.

RAMAZZOTTI, G. y MAUCCI, W. (1983). «Il phylum Tardigrada». III edizione riveduta e aggiornata. *Memorie dell'Istituto Italiano di Idrobiologia Dottore Marco de Marchi* 41: 1-1012.

RAMBUR, J. P. (1842). «Histoire naturelle des insectes. Néuroptères». Librairie encyclopèdique de Roret. Paris.

RAMOS, D. (1947). «Notas sobre la geografía del bajo Tajuña». *Estudios Geográficos* 8 (26): 41-154.

RAMOS, M. (2012). «Environmental influences of Cyanobacteria in rivers». Master Thesis in European Master of inland Water Quality Assessment. Universidad Autónoma. Madrid.

RASINES, R. (2017). «La ecología de la zona hiporreica asociada a los ríos Henares y Tajuña (cuenca hidrográfica del Jarama, España)». Tesis doctoral. Universidad Rey Juan Carlos. Móstoles.

RASINES-LANDERO, R. y IEPURE, S. (2016). «Parent lithology and organic matter influence the hyporheic biota of two Mediterranean rivers in central Spain». *Limnetica* 35: 19-36.

RAYMOND, P. A. *et al.* (2013). «Global carbon dioxide emissions from inland waters». *Nature* 503: 355-359.

REAL, G. A. (1940). «Descubrimiento de los Gastrotricos en aguas de Madrid». *Anales de Ciencias Naturales (Madrid)* 1: 96-103.

REAL, R. *et al.* (2005). «Distinguishing the distributions of two cryptic frogs (Anura: Discoglossidae) using molecular data and environmental modeling». *Canadian Journal of Zoology* 83: 536-545.

REBECCHI, L. *et al.* (2011). «Resistance of the anhydrobiotic eutardigrade *Paramacrobiotus richtersi* to space flight (LIFE-TARSE mission on FOTON-M3)». *Journal of Zoological Systematics and Evolutionary Research* 49: 98-103.

REBOLLO, L. F. (1977). «Estudio hidrogeológico regional de las cuencas media y baja del río Guadarrama». Tesis doctoral. Facultad de Ciencias Geológicas. Universidad Complutense. Madrid.

RECUERO, E. *et al.* (2014). «Evolutionary history of *Ichthyosaura alpestris* (Caudata, Salamandridae) inferred from the combined analysis of nuclear and mitochondrial markers». *Molecular Phylogenetics and Evolution* 81: 207-220.

RECUERO, E. *et al.* (2012). «Multilocus species tree analyses resolve the radiation of the widespread *Bufo bufo* species group (Anura, Bufonidae)». *Molecular Phylogenetics and Evolution* 62: 71-86.

REDDY, K. R. y DELAUNE, R. D. (2008). «Biogeochemistry of Wetlands». Science and Applications. CRC Press. Boca Raton.

REGUILÓN, J. L. *et al.* (1993). «El Libro Verde de El Escorial». Zonas húmedas. Ayuntamiento de El Escorial. El Escorial.

REVENGA, S. (1978). «Introducción al estudio de las comunidades de zooplancton de los embalses de «El Vellón» y de «El Atazar»». Tesis de Licenciatura. Facultad de Ciencias. Universidad Autónoma de Madrid. Madrid.

REYES PRÓSPER, E. (1910). «Las Carófitas de España, singularmente las que crecen en sus estepas». Imprenta Artística Española. Madrid.

REYNOLDS, C. S. (2006). «Ecology of Phytoplankton». Cambridge University Press. Cambridge.

RIBOT, M. *et al.* (2017). «Enhancement of carbon and nitrogen removal by helophytes along subsurface water flowpaths receiving treated wastewater». *Science of the Total Environment* 599-600: 1667-1676.

RICHARD, J. (1888). «Entomostracés nouveaux ou peu connus». *Bulletin de la Société Zoologique de la France* 13: 43-48.

RICO, E., PÉREZ, L. C. y MONTES, C. (1990). «Lista faunística y bibliográfica de los Hydradephaga (Coleoptera: Haliplidae, Hygrobiidae, Gyrinidae, Noteridae, Dytiscidae) de la Península Ibérica e Islas Baleares». Listas de la flora y fauna acuática de las aguas continentales de la Península Ibérica n.° 7, Asociación Española de Limnología. Barcelona.

RIGAUX, P. *et al.* (2008). «*Arvicola sapidus*». The IUCN Red List of Threatened Species. www.iucnredlist.org. Cambridge.

RIVAS GODAY, S. (1970). «Revisión de las comunidades hispanas de la clase Isoeto-Nanojuncetea Br.-Bl. y Tx. 1943». *Anales del Instituto Botánico Antonio José Cavanilles* 27: 225-276.

RIVAS GODAY, S. y MONASTERIO, A. (1943). «Sobre la presencia de la «Espadaña» en el alto Manzanares». *Anales del Instituto de Edafología, Ecología y Fisiología Vegetal* 2: 350-366.

RIVAS GODAY, S. *et al.* (1956). «Aportaciones de la fitosociología hispánica, 1». *Anales del Instituto Botánico Antonio José Cavanilles* 13: 333-422.

RIVAS-MARTÍNEZ, S. (1963). «Estudio de la vegetación y flora de las Sierras de Guadarrama y Gredos». *Anales del Instituto Botánico Antonio José Cavanilles* 21: 5-325.

RIVAS-MARTÍNEZ, S. (1982). «Vegetatio Matritensis I. Datos sobre la vegetación flotante dulceacuícola de la clase *Lemnetea minoris*». *Lazaroa* 4: 149-154.

ROBLAS, N. y GARCÍA AVILÉS, J. (1997). «Valoración ambiental y caracterización de los ecosistemas acuáticos leníticos del Parque Regional en torno a los ejes de los cursos bajos de los ríos Manzanares y Jarama». Serie Documentos, n.° 24, Centro de investigaciones Ambientales de la Comunidad de Madrid Fernando González Bernáldez. Soto del Real.

ROBLAS, N. y GARCÍA-AVILÉS J. (1999). «Valoración ambiental de los ecosistemas leníticos del Parque Regional en torno a los ejes de los cursos bajos de los ríos Manzanares y Jarama (Madrid)». *Limnetica* 17: 37-44.

RÖDDER, D. y SCHULTE, U. (2010). «Potential loss of genetic variability despite well established network of reserves: the case of the Iberian endemic lizard *Lacerta schreiberi*». *Biodiversity and Conservation* 19: 2651-2666.

RODÓ, X., BAERT, E. y COMÍN, F. A. (1997). «Variations in seasonal rainfall in Southern Europe during the present century: relationships with the North Atlantic Oscillation and the El Niño-Southern Oscillation». *Climate Dynamics* 13: 275-284.

RODRÍGUEZ-FLORES, P. C., SÁNCHEZ-VIALAS, A. y GARCÍA-PARIS, M. (2016). «Muestreos taxonómicos en charcos estacionales: una herramienta imprescindible para el conocimiento de la distribución geográfica de Anostraca (Crustacea: Branchiopoda) en el centro de la Península Ibérica». *Heteropterus Revista de Entomología* 16: 29-52.

RODRÍGUEZ-PRIETO, I. y FERNÁNDEZ-JURICIC, E. (2005). «Effects of direct human disturbance on the endemic Iberian frog *Rana iberica* at individual and population levels». *Biological Conservation* 123: 1-9.

RODRÍGUEZ RODA, J. (1949). «Tardígrados del centro de España». *Publicaciones del Instituto de Biología Aplicada* 6: 27-40.

ROJO, C. (1990). «Estructura de la comunidad fitoplanctónica de la laguna hipertrófica «El Porcal» (Madrid)». Tesis doctoral. Universidad Literaria. Valencia.

ROJO, C. y ÁLVAREZ COBELAS, M. (1993). «Hypertrophic phytoplankton and the intermediate disturbance hypothesis». *Hydrobiologia* 249: 43-57.

ROJO, A. y ÁLVAREZ-COBELAS, M. (1994). «Population dynamics of *Limnothrix redekei*, *Oscillatoria lanceaeformis*, *Planktothrix agardhii* and *Pseudanabaena limnetica* (Cyanobacteria) in a shallow hypertrophic lake (Spain)». *Hydrobiologia* 275/276: 165-171.

ROJO, C. y ÁLVAREZ COBELAS, M. (2001). «Phytoplankton structure and dynamics at daily temporal scale: response to the thermal overturn». *Archiv für Hydrobiologie* 151: 549-569.

RÖLL, J. (1897). «Beiträge zur Laubmoosflora von Spanien». *Hedwigia* 36: 37-42.

ROMÁN, J. (2007a). «*Arvicola sapidus* Miller, 1908». En: L. J. Palomo, J. Gisbert y J. C. Blanco (Eds.), *Atlas y libro rojo de los mamíferos terrestres de España,* pp. 408-409. Dirección General para la Biodiversidad-SECEM-SECEMU. Madrid.

ROMÁN, J. (2007b). «Historia natural de la rata de agua *Arvicola sapidus* en Doñana». Tesis doctoral. Universidad Autónoma. Madrid.

ROMÁN, J. (2010). «Manual de campo para un sondeo de rata de agua *(Arvicola sapidus)*». Manuales de Mastozoología. SECEM. Madrid.

ROMO, S. Y BECARES, E. (1998). «Datos físico-químicos y biológicos del lago de la Casa de Campo y del estanque Grande del Retiro de Madrid». *Ecología* 12: 167-173.

RON, M. E. *et al.* (1982). «Estudio de la flora muscinal del hayedo de Montejo de la Sierra (provincia de Madrid)». *Trabajos del Departamento de Botánica* 12: 77-93.

ROVIRA, J. V. (1991). «Contaminación por metales pesados en los sedimentos del río Jarama y su bioasimilación por Tubifícidos (Annelida: Oligochaeta, Tubificidae)». Tesis doctoral. Universidad Complutense. Madrid.

RUBIO-ROMERO, A. y GRANADOS, I. (2015). «Seguimiento ecológico de los cursos fluviales. Vertiente madrileña del Parque Nacional Sierra de Guadarrama». Centro de investigación, Seguimiento y Evaluación de la Sierra de Guadarrama. Parque Nacional de Guadarrama. Consejería de Medio Ambiente y Ordenación del Territorio. Madrid.

RUIZ ARRONDO, I. *et al.* (2014). «Expansión de los simúlidos (Diptera: Simuliidae) en España: Un nuevo reto para la salud pública y la sanidad animal». *Boletín de la Sociedad Entomológica Aragonesa* 54: 193-200.

RUIZ DE LA TORRE, J. *et al.* (1982). «Aproximación al catálogo de plantas vasculares de Madrid». Consejería de Agricultura y Ganadería. Comunidad de Madrid. Madrid.

RUIZ-HERNÁNDEZ, J. M. y GUARDIOLA-ALBERT, C. (2010). «Encomienda de gestión para la realización de trabajos científico-técnicos de apoyo a la sostenibilidad y protección de las aguas subterráneas. Actividad 3: Seguimiento y asistencia técnica en el proceso de planificación hidrológica Evaluación de los recursos de agua subterránea disponibles en las MASb de la Demarcación Hidrográfica del Tajo 030.008 La Alcarria, 030.015 Talavera, 030.018 Ocaña y 030.022 Tiétar». Instituto Geológico y Minero de España y Dirección General del Agua. Madrid.

RUIZ-OLMO, J. (2009). «Nutria paleártica *Lutra lutra*». En: L. J. Palomo, J. Gisbert y J. C. Blanco (Eds.), *Atlas y libro rojo de los mamíferos terrestres de España,* pp. 312-314. Dirección General para la Biodiversidad-SECEM-SECEMU. Madrid.

RUIZ-OLMO, J. *et al.* (2000). «Polllution and its effects on otter populations in South Western Europe». En: J. W. H. Conroy, P. Yoxon y A. Gutleb (Eds.), Proceedings of the First Otter Toxicology Conference, pp. 63-82. Isle of Skye.

SAINZ-CANTERO, C. E., GARRIDO, J. y VALLADARES, L. F. (1997). «Contribución al conocimiento del género *Hydraena* Kugelann, 1794 (Coleoptera, Hydraenidae) en la Península Ibérica e islas Baleares». *Zoologica baetica* 8: 213-219.

SALAH, M. (2010). «Benthic macroinvertebrate communities of diverse gravel pit ponds of the Southeast Regional Park of Madrid». Tesis doctoral. Universidad Complutense. Madrid.

SALK, K. R. *et al.* (2016). «Ecosystem metabolism and greenhouse gas production in a mesotrophic Northern temperate lake experiencing seasonal hypoxia». *Biogeochemistry* 131: 303-319.

SÁNCHEZ, E. *et al.* (2007). «Use of the water quality index and dissolved oxygen deficit as simple indicators of watersheds pollution». *Ecological indicators* 7: 315-328.

SÁNCHEZ COLOMER, M. (2008). «Medio abiótico, composición florística y diversidad en humedales montanos mediterráneos (Sierra de Guadarrama)». CEDEX. Madrid.

SÁNCHEZ COVISA, A. (1985). «Culícidos arborícolas de Madrid: biología, ecología y descripción de una nueva especie». Tesis doctoral. Universidad Complutense. Madrid.

SÁNCHEZ-COVISA, A., RODRÍGUEZ, J. A. y PASCUAL SÁNCHEZ-GIJÓN, E. (1979). «Notas sobre Heleidae (Ceratopogonidae) arborícolas de los alrededores de Madrid (Diptera, Nematocera)». *Revista Iberica de Parasitología* 39: 515-527.

SÁNCHEZ DE LA NIETA, J. R., SANTOS COMENDADOR, M. y RODRÍGUEZ CID, A. (1972). «Introducción a un estudio limnológico del embalse del Villar». *Documentos de investigación Hidrológica* 13: 171-193.

SÁNCHEZ-FERNÁNDEZ, D. *et al.* (2015). «Atlas of Iberian water beetles (ESACIB database)». *ZooKeys* 520: 147-154.

SÁNCHEZ GARCÍA, L. (2002). «Monitorización de la calidad del agua de los ríos Jarama y Guadalix a su paso por la Comunidad de Madrid». Proyecto Fin de Carrera de Ciencias Ambientales. Universidad Autónoma. Madrid.

SÁNCHEZ-HERNÁNDEZ, J., COBO, F. y AMUNDSEN, P. A. (2015). «Food web topology in high mountain lakes». *PLoS One* 10: e0143016. Doi.10.1371/journal.pone.143016.

SÁNCHEZ-LÓPEZ, G. (2016). «North Atlantic Oscillation imprints in the Central Iberian Peninsula for the last two millennia: from ordination analyses to the Bayesian approach». Tesis doctoral. Universidad de Barcelona.

SÁNCHEZ-LÓPEZ, G. *et al.* (2015). «The effects of the NAO on the ice phenology of Spanish alpine lakes». *Climatic Change* 130: 101–113.

SÁNCHEZ-LÓPEZ, G. *et al.* (2016). «Climate reconstruction for the last two millennia in central Iberia: The role of East Atlantic (EA), North Atlantic Oscillation (NAO) and their interplay over the Iberian Peninsula». *Quaternary Science Reviews* 149: 135-150.

SÁNCHEZ-MATA, D. (1984). «Datos florísticos sobre la comarca del embalse de Santillana (Madrid, España), II». *Lazaroa* 6: 301-306.

SÁNCHEZ MATA, D., PIZARRO, J. y MOLINA, J. A. (1988). «Miscellanea chorologica occidentalia». *Fontqueria* 16: 1-7.

SÁNCHEZ-MONTES, G. *et al.* (2019). «Complementing the Pleistocene biogeography of European amphibians: testimony from a southern Atlantic species». *Journal of Biogeography* 46: 568-583

SÁNCHEZ-MONTES, G. y MARTÍNEZ-SOLANO, I. (2011). «Population size, habitat use and movement patterns during the breeding season in a population of Perez's frog (*Pelophylax perezi*) in central Spain». *Basic and Applied Herpetology* 25: 81-96.

SÁNCHEZ-MONTES, G. *et al.* (2017a). «Effects of sample size and full sibs on genetic diversity characterization: a case study of three syntopic Iberian pond-breeding amphibians». *Journal of Heredity* 108: 535-543.

SÁNCHEZ-MONTES, G. *et al.* (2017b). «Reliable effective number of breeders/adult census size ratios in seasonal-breeding species: Opportunity for integrative demographic inferences based on capture-mark-recapture data and multilocus genotypes». *Ecology and Evolution* 7: 10301-10314.

SÁNCHEZ-MONTES, G. *et al.* (2018). «Mountains as barriers to gene flow in amphibians: Quantifying the differential effect of a major mountain ridge on the genetic structure of four sympatric amphibian species with different life history traits». *Journal of Biogeography* 45: 318-331.

SÁNCHEZ ORTEGA, A., ALBA TERCEDOR, J. y TIERNO DE FIGUEROA, J. M. (2002). «Lista faunística y bibliográfica de los Plecópteros (Plecoptera) de la Península Ibérica e Islas Baleares». Listas de la Flora y Fauna de las Aguas continentales de la Península Ibérica, Publicación n.º 16 Asociación Española de Limnología. Madrid.

SANCHÍS, D., CARRASCO, D. y QUESADA, A. (2004). «The genus *Microcystis* (Microcystaceae/Cyanobacteria) from a Spanish reservoir: A contribution to the definition of morphological variations». *Nova Hedwigia* 79: 479-495.

SANCHIZ, B. (1991). «Algunas herpetofaunas de yacimientos del Pleistoceno medio ibérico». *Revista Española de Herpetología [1990]* 5: 9-13.

SANZ HERRÁIZ, C. (1988). «El modelado del Guadarrama oriental». Consejería de Política Territorial. Comunidad de Madrid. Madrid.

SANZ, J. L. y SANCHIZ, F. B. (1980). «Nota preliminar sobre los Squamata (Reptilia) del Pleistoceno Medio de Aridos-I (Arganda, Madrid)». En: M. Santonja (Ed.), *Ocupaciones Achelenses en el Valle del Jarama,* pp. 127-138. Diputación Provincial. Madrid.

SANZ, M. E., ALONSO ZARZA, A. M. y CALVO, J. P. (1995). «Carbonate pond deposits related to semiarid alluvial systems: examples from the Tertiary Madrid Basin, Spain». *Sedimentology* 42: 437-452.

SANZ-ELORZA, M. *et al.* (2003). «Changes in the high-mountain vegetation of the Central Iberian Peninsula as a probable sign of global warming». *Annals of Botany* 92: 273-280.

SASTRE, A. (1978). «Hidrogeología regional de la cuenca terciaria del río Alberche». Tesis doctoral. Facultad de Ciencias Geológicas. Universidad Complutense. Madrid.

SASTRE, A. y DE VEGA, M. T. (1993). «Estudio geohidrológico de la finca de El Piul (Rivas-Vaciamadrid), Madrid». *Geogaceta* 13: 119-121.

SASTRE, A., DE VEGA, M. T., BASCONES, M. y MARTÍNEZ ALFARO, P. E. (1987). «Las aguas subterráneas y las lagunas de gravera de la vega Arganda-San Martín (Madrid)». *Hidrogeología y Recursos Hidráulicos* 15: 177-190.

SCHNIEBS, K. *et al.* (2011). «Intraespecific morphological and genetic variability in *Radix balthica* (Linnaeus, 1758) (Gastropoda: Basommatophora: Lymnaeidae) with morphological comparison to other European Radix species». *Journal of Conchology* 40: 657-678.

SCHNIEBS, K. *et al.* (2017). «A new alien species in Europe: first record of *Austropeplea viridis* (Quoy y Gaymard, 1833) (Mollusca, Gastropoda, Lymnaeidae) in Spain». *Journal of Conchology* 42: 357-370.

SCHRADER, B. y HENNON, P. (2005). «Assessment of invasive species in Alaska and its national forests». United States Department of Agriculture and Forest Service, Regional Office. Anchorage.

SCHWANK, P. (1981). «Turbellarien, Oligochaeten and Archianneliden des Breitenbachs und anderer oberhessischer Mittelgebirgsbäche. I. Lokalgeografische Verbreitung und die Verteilung der Arten in den einzelnen Gewässer in Abhängigkeit vom Substrat. II. Die Systematik und Autökologie der einzelen Arten». *Archiv für Hydrobiologie Supplement* 62: 1-85, 86-147.

SCHWANK, P. (1986). «Microturbellaria from subterranean freshwater habitats». En: L. Botosaneanu (Ed.), *Stygofauna Mundi,* pp. 47-56. E. J. Brill. Leiden.

SECALL, J. (1894). «Diatomeas de San Lorenzo del Escorial». Imprenta de Ricardo Rojas. Madrid.

SECALL, J. (1897). «Sobre las diatomeas de la fuente medicinal de La Porqueriza (Guadarrama)». *Actas de la Sociedad Española de Historia Natural* 26: 55-56.

Sección de Biología de las Aguas Continentales (1956). *Anales del Instituto Forestal de investigaciones y Experiencias* 28 (1): 121-132.

Sección de Biología de las Aguas Continentales (1959). «Estudio sobre el BOD y plan de trabajo para su determinación». *Anales del Instituto Forestal de investigaciones y Experiencias* 31 (4): 167-179.

SEJNOHOVA, L. y MARSALEK, B. (2012). *«Microcystis».* En: B. A. Whitton (Ed.), *Ecology of cyanobacteria II,* pp. 126-154. Springer Science and Business Media B. V. Dordrecht.

SELGA, D. (1970). «Catálogo de los Colémbolos de la Península Ibérica». *Graellsia* 26: 133-283.

SEO/BirdLife (2012). «Atlas de la Aves en Invierno en España 2007-2010». Ministerio de Agricultura, Alimentación y Medio Ambiente-SEO/BirdLife. Madrid.

SEO/BirdLife (2018). «Base de datos de aves acuáticas». SEO/BirdLife. Madrid.

SERGIO, C., MUÑOZ, J. Y OCHYRA, R. (1995). «*Racomitrium hespericum*, a new species from the Iberian Peninsula». *The Bryologist* 98: 112-117.

SERRANO, M. y CANTOS, F. J. (2013). «Invernada de la gaviota sombría (*Larus fuscus*) en Madrid (España central)». *Ecología* 25: 223-236.

SERRANO, S., MARTÍN-GONZÁLEZ, A. y FERNÁNDEZ-GALIANO, D. (1987). «Nuclear phenomena and oral reorganization during the conjugation of *Urocentrum turbo* O. F. M. (Ciliata)». *Archiv für Protistenkunde* 133: 257-268.

SERRANO, S., MARTÍN-GONZÁLEZ, A. y FERNÁNDEZ-GALIANO, D. (1988). «*Trimyema compressum* Lackey, 1925: Morphology, morphogenesis and systematic implications». *Journal of Protistology* 35: 315-320.

SERRUYA, C. (1976). «Rates of sedimentation and resuspension in Lake Kinneret». En: H. L. Golterman (Ed.), *Interaction between sediments and freshwater,* pp. 48-56. Dr W. Junk Publishers. The Hague.

SHAFI, S. *et al.* (2017). «Aquatic bacterial diversity: magnitude, dynamics and controlling factors». *Microbial Pathogenesis* 104: 39-47.

SHARP, D. (1916). «Studies in Helophorini». *Entomologist's Monthly Magazine 52*: 125-130.

SHERR, B. F. y SHERR, E. B. (1984). «Role of heterotrophic protozoa in carbon and energy flow in aquatic ecosystems». En: M. J. Klug y C. A. Reddy (Eds.), *Current Perspectives in Microbial Ecology,* pp. 412-423. American Society of Microbiology. Washington DC.

SHOEMAKER, L. G. y MELBOURNE, B. A. (2016). «Linking metacommunity paradigms to spatial coexistence mechanisms». *Ecology* 97: 2436-2446.

SIARE (2014). «Servidor de Información de Anfibios y Reptiles de España (SIARE) de la Asociación Herpetológica Española». (siare.herpetologica.es/bdh/distribucion).

SIMONEIT, B. R. T. y MAZUREK, M. A. (1982). «Organic matter of the troposphere-II». Natural background of biogenic lipid matter in aerosols over the rural Western United States. *Atmospheric Environment* 16: 2139-2159.

SOLA, A. (1996). «Contribución al conocimiento de los protozoos ciliados del río Henares». Tesis doctoral. Universidad Complutense. Madrid.

SOLA, A., GUINEA, A. y FERNÁNDEZ-GALIANO, D. (1985). «Étude du processus de bipartition chez *Opisthonecta henneguyi* Fauré-Fremiet (Ciliophora: Peritrichida)». *Protistologica* 21: 333-338.

SOLA, A., GUINEA, A. y FERNÁNDEZ-GALIANO, D. (1989). «Light microscopical study of the conjugation process in *Opisthonecta henneguyi* Fauré-Fremiet (Ciliophora: Peritrichida)». *Acta Protozoologica* 28: 239-244.

SOLA, A., LONGÁS, J. F., GUINEA, A. y LÓPEZ-SANTOVEÑA, F. (1990). «Estudio hidroquímico del río Henares (Cuenca del Tajo). I. Variaciones físico-químicas desde su nacimiento hasta Guadalajara». *Tecnología del Agua* (número especial): 9-21.

SOLA, A. *et al.* (1991a). «Estudio hidroquímico del río Henares (Cuenca del Tajo). II. Evolución longitudinal y análisis factorial de los parámetros físico-químicos en el tramo Guadalajara-Alcalá de Henares». *Tecnología del Agua* 74: 41-47.

SOLA, A. *et al.* (1991b). «Estudio hidroquímico del río Henares (Cuenca del Tajo). III. Calidad de las aguas en el tramo Alcalá de Henares-Mejorada del Campo». *Tecnología del Agua* 78: 24-31.

SOLANA, J. *et al.* (2012). «Modelización paneuropea de las comunidades piscícolas para la determinación del estado ambiental de los ríos: aplicación a la cuenca del Tajo». *Cuadernos de la Sociedad Española de Ciencias Forestales* 34: 235-240.

SOLER, J. *et al.* (2006). «Diversidad y distribución de los moluscos de agua dulce en la Comunidad de Madrid (España)». *Graellsia 62* (número extraordinario): 201-252.

SOLIMINI, A. G. *et al.* (2005). «Nutrient transient storage by the invertebrate assemblage in streams with contrasting nutrient loads». *Verhandlungen der Internationale Vereinigung für Limnologie* 29: 807-810.

SORIANO, M. A. *et al.* (1994). «Alluvial sinkholes over gypsum in the Ebro basin (Spain): genesis and environmental impact». *Hydrological Sciences Journal* 39: 257-268.

SORIANO, O. (1995). «Los Quironómidos (Diptera, Chironomidae) de Madrid. Efecto de la regulación ejercida por el embalse del Vado (Guadalajara, España) sobre una comunidad de Quironómidos». Tesis doctoral. Universidad Complutense. Madrid.

SORIANO, O., RAMIL, J. y COBO, F. (1993). «Adiciones a la fauna ibérica de quironómidos (Diptera: Chironomidae)». *Graellsia* 49: 97-103.

SORIANO, O. *et al.* (1997). «Lista faunística y bibliográfica de los quironómidos (Diptera, Chironomidae) de la Península Ibérica e islas Baleares». Listas de la flora y fauna de las aguas continentales de la Península Ibérica. Asociación española de Limnología. Madrid.

SORIANO, O. y COBO, F. (2006). «Lista faunística de los quironómidos (Diptera, Chironomidae) de Madrid (España)». *Graellsia* 62 (número extraordinario): 7-20.

SORIANO, O., ÁLVAREZ COBELAS, M. y CIRUJANO, S. (2017). «Informe sobre el conocimiento actual de la mosca negra *(Simulium (Boophthora) erythrocephalum)* en la Comunidad de Madrid. Situación y perspectivas». Informe para la Dirección General de Salud Pública. Consejería de Sanidad. Comunidad de Madrid. Madrid.

STEINDACHNER, F. (1866). «Ichthyologischer Bericht über eine nach Spanien und Portugal unternommene Reise. Über die Fische des Tajo (portug. Tejo), Duero (portug. Douro), Miño (portug. Minho), deren Nebenflüssen und aus dem Jucar bei Cuenca». *Sitzungsberichte der Kaiserlichen Akademie der Wissenschaften, Mathematisch-Naturwissenschaftliche Wien* 54: 1-22.

STETS, E. G. *et al.* (2009). «Hydrologic support of carbon dioxide flux revealed by whole-lake carbon budgets». *Journal of Geophysical Research.* Doi.10-1029/2008JG000783.

STÖCK, M. *et al.* (2012). «Cryptic diversity among Western Palearctic tree frogs: Postglacial range expansion, range limits, and secondary contacts of three European tree frog lineages (Hyla arborea group)». *Molecular Phylogenetics and Evolution* 65: 1-9.

STRACHAN, R. y JEFFERIES, D. J. (1996). «Otter survey of England». The Vincent Wildlife Trust. London.

STROBL, G. (1900). «Spanische Dipteren. X. Theil». *Wiener Entomologische Zeitung* 19: 94, 169-174.

STROBL, G. (1905). «Spanischen Dipteren (Chironomidae)». *Memorias de la Real Sociedad Española de Historia Natural* 3: 390-405.

SUÁREZ, J., GUINEA, A. y FERNÁNDEZ-GALIANO, D. (1987a). «Morfología e infraciliación del embrión de *Tokophrya infusionum* Stein 1851 (Ciliophora, Suctorida)». *Boletín de la Real Sociedad Española de Historia Natural (Biología)* 83: 213-219.

SUÁREZ, J., GUINEA, A. y FERNÁNDEZ-GALIANO, D. (1987b). «Observations on the swarmer of *Discophrya collini* Root, 1914 (Ciliophora, Suctorida)». *Archiv für Protistenkunde* 133: 251-255.

TALAVERA, R. R. (1990). «Evolución de Pelobátidos y Pelodítidos (Amphibia, Anura): morfología y desarrollo del sistema esquelético». Tesis doctoral. Universidad Complutense de Madrid, Madrid.

THAMDRUP, B. (2012). «New pathways and processes in the global nitrogen cycle». *Annual Review of Ecology, Evolution and Systematics* 43: 407-428.

THOMPSON, R., VENTURA, M. y CAMARERO, L. (2009). «On the climate and weather of mountain and sub-arctic lakes in Europe and their susceptibility to future climate change». *Freshwater Biology* 54: 2433-2451.

TORO, M. (2007). «Las lagunas del Macizo de Peñalara (Sierra de Guadarrama): De los primeros naturalistas y científicos a los problemas de conservación a comienzos del siglo XXI». *Boletín de la Real Sociedad Española de Historia Natural (Sección de Biología)* 102: 127-148.

TORO, M. y GRANADOS, I. (1998). «Inventario, Cartografía y Caracterización de las Charcas y Lagunas del Parque Natural de la Cumbre, Circo y Lagunas de Peñalara». Departamento de Ecología, Universidad Autónoma de Madrid-Consejería de Medio Ambiente y Desarrollo Regional. Comunidad de Madrid.

TORO, M. y GRANADOS, I. (2001). «Las lagunas del Parque Regional de la Sierra de Gredos». Consejería de Medio Ambiente de la Junta de Castilla y León. Valladolid.

TORO, M. y GRANADOS, I. (2002). «Restoration of a small high mountain lake after recent tourist impact: the importance of limnological monitoring and paleolimnology». *Water Air and Soil Pollution Focus* 2: 295-310.

TORO, M. *et al.* (2006). «High mountain lakes of the Central Range (Iberian Peninsula): Regional limnology y environmental changes». *Limnetica* 25: 217-251.

TORO, M. y MONTES, C. (1993). «Bases limnológicas para la gestión del sistema lagunar del Parque Natural de la Cumbre, Circo y Lagunas de Peñalara». Comunidad de Madrid. Informe del Departamento de Ecología de la Universidad Autónoma de Madrid para la Agencia de Medio Ambiente de la Comunidad de Madrid.

TORRALBA-BURRIAL, A. (2015). «Clave Insecta. Orden Odonata». *Revista IDE@ (Sociedad Entomológica Aragonesa)* 41: 1-22.

TORRE CERVIGÓN, M. y RODRÍGUEZ MARQUÉS, P. (1964). «El cangrejo de río en España». Documentos técnicos. Serie piscícola, 3. Ministerio de Agricultura. Madrid.

TORRES CAÑAMARES, F. (1979). «Breve relación crítica de los mosquitos Españoles». *Revista de Sanidad e Higiene Pública* 31: 101-105.

TORTELLÁ, G. (1999). «El desarrollo de la España contemporánea. Historia económica de los siglos XIX y XX». Alianza editorial. Madrid.

TOTH, A. (1963). «A theoretical analysis of groundwater flow in small drainage basins». *Journal of Geophysical Research* 68: 4795-4812.

TOUMI, H., BEJAOUI, M. y BOUMAIZA, M. (2012). «Contribution to the ecological study of epigean Cladocera and Copepoda (Cyclopoida) from groundwater in Northern Tunisia». *Nature and Technology Journal, C-Environmental Sciences* 8: 12-18.

TRIMBEE, A. M. y HARRIS, G. P. (1983. «Use of time series analysis to demonstrate advection rates of different variables in a small lake». *Journal of Plankton Research* 5: 819-833.

TYLER, J. E. (1968). «The Secchi disk». *Limnology and Oceanography* 13: 1-6.

UGARTE, J. (1929a). «Peces de agua dulce. Contribución a la formación de su catálogo». *Revista de Biología Forestal y Limnología, serie A,* 1: 54-70.

UGARTE, J. (1929b). «Contribución al estudio de los peces de agua dulce de España». *Revista de Biología Forestal y Limnología, serie A,* 1: 129-163.

URBISTONDO, R. (1963). «Centro de Estudios Hidrográficos». *Revista de Obras Públicas* 111: 583-585.

URBISTONDO, R. (1980). «La eutrofización de los embalses del Canal de Isabel II». *Boletín informativo del Medio Ambiente (C.I.M.A.)* 15: 34-39.

URIBELARREA, D. (2008). «Dinámica y evolución de las llanuras aluviales de los ríos Manzanares, Jarama y Tajo, entre las ciudades de Madrid y Toledo». Tesis doctoral. Facultad de Geología. Universidad Complutense. Madrid.

URIBELARREA, D., PÉREZ GONZÁLEZ, A. y BENITO, G. (1997). «El estrangulamiento en enero de 1970 del meandro del castillo de Aldovea en el río Henares». *Geogaceta* 22: 211-214.

URIBELARREA, D., PÉREZ-GONZÁLEZ, A. y BENITO, G. (2003). «Channel changes in the Jarama and Tagus rivers (central Spain) over the past 500 years». *Quaternary Science Reviews* 22: 2209-2221.

VADILLO, L. (2001). «Guía de restauración de graveras». *Instituto Tecnológico y Minero. Madrid.*

VALCÁRCEL, Y. *et al.* (2011a). «Analysis of the presence of cardiovascular and analgesic/anti-inflammatory/antipyretic pharmaceuticals in river- and drinking-water of the Madrid Region in Spain». *Chemosphere* 82: 1062-1081.

VALCÁRCEL, Y. *et al.* (2011b). «Detection of pharmaceutically active compounds in the rivers and tap water of the Madrid Region (Spain) and potential ecotoxicological risk». *Chemosphere* 84: 1336-1348.

VALENZUELA, M. (1975). «La cantería en la sierra de Guadarrama. Una actividad extractiva de influencia urbana». *Estudios Geográficos 36*: 1077-1112.

VALLADARES, L. F. y MONTES, C. (1991). «Lista faunística y bibliográfica de los Hydraenidae (Coleoptera) de la Península Ibérica e Islas Baleares». Listas de la flora y fauna acuática de las aguas continentales de la Península Ibérica, n.º 10, Asociación Española de Limnología. Barcelona.

VALLADARES, L. F. y RIBERA, I. (1999). «Lista faunística y bibliográfica de los Hydrophiloidea acuáticos (Coleoptera) de la Península Ibérica e Islas Baleares». Listas de la flora y fauna acuática de las aguas continentales de la Península Ibérica, n.º 15. Asociación Española de Limnología. Madrid.

VALLADOLID, M. y PRZYBYLSKI, M. (1996). «Feeding relations among cyprinids in the Lozoya river (Madrid, Central Spain)». *Polskie Archiwum Hydrobiologii* 43: 213-223.

VALLADOLID, M. y PRZYBYLSKI, M. (2003). «Feeding ecology of *Cobitis paludica* and *Cobitis calderoni* in Central Spain». *Folia Biologica* 51(suppl.): 135-141.

VALLADOLID, M. y PRZYBYLSKI, M. (2008). «Life history traits of the endangered Iberian spined loach *Cobitis calderoni* in the River Lozoya, Central Spain». *Folia Zoologica* 57: 147-154.

VANNOTE, R. L. *et al.* (1980). «The River Continuum Concept». *Canadian Journal of Fisheries and Aquatic Sciences* 37: 130-137.

VANT, V. N. y DAVIES-COLLEY, R. J. (1984). «Factors affecting clarity of New Zealand lakes». *New Zealand Journal of Marine and Freshwater Research* 18: 367-377.

VARELA NIETO, J. M. (Coord). «Estudio de la vegetación de los ríos carpetanos de la cuenca del Jarama». CEDEX. Ministerio de Fomento. Madrid.

VEGA, M. M. *et al.* (1996). «Biological and chemical tools in the toxicological risk assessment of Jarama river, Madrid, Spain». *Environmental Pollution* 93: 135-139.

VELASCO, J. L. (1978). «Estudio limnológico del embalse de San Juan (Madrid)». Tesis doctoral. Facultad de Biología. Universidad Complutense. Madrid.

VELASCO, J. L. (1992). «Limnología de la laguna de San Juan (Madrid): sucesión anual de las comunidades de rotíferos». *Ecología* 6: 341-350.

VELASCO, J. L. (1993). «Comunidades de Rotíferos de tres lagunas del Sur de Madrid». Actas del VI Congreso Español de Limnología, pp. 191-197. Granada.

VELASCO, J. L. (2006). «Rotíferos de la Comunidad de Madrid». *Graellsia* 62 (número extraordinario): 33-42.

VELASCO, J. L. y GARCÍA AVILÉS, J. (1998). «Rotíferos del Parque Regional de la Cuenca Alta del Manzanares, Madrid: abundancia y distribución». *Ecología* 12: 459-473.

VELASCO, J. L. *et al.* (1996a). «El «Mar de Ontígola» (Madrid): características limnológicas». *Anales de Biología* 21 *(Biología Ambiental* 10*)*: 93-104.

VELASCO, J. L., ÁLVAREZ COBELAS, M. y RUBIO, A. (1996b). «Influencia de la ruptura de la termoclina sobre la comunidad de rotíferos planctónicos de una laguna meromíctica (Las Madres, Madrid)». *Ecología* 10: 523-532.

VÉLAZ DE MEDRANO, L. y UGARTE, J. (1930). «Contribución a la formación del catálogo ictiológico de nuestras aguas continentales». *Revista de Biología Forestal y Limnología, serie A,* 2: 25-52.

VÉLAZ DE MEDRANO, L y UGARTE, J. (1933). «Estudio monográfico del río Manzanares». Instituto Forestal de investigaciones y Experiencias. Sección de Biología de las Aguas Continentales. Año VI, n.º 11. Madrid.

VÉLAZ DE MEDRANO, L. (1944). «Contribución a la fauna ictiológica española. Género *Rutilus* Rafinesque. Nuevas localidades de *R. arcasi* (Steind.), *R. alburnoides* (Steind.) y *R. lemmingi* (Steind.)». *Boletín del Instituto Forestal de Investigaciones y Experiencias Madrid* 30: 1-66.

VÉLAZ DE MEDRANO, L. (1947a). «Localidades de *Barbus barbus bocagei* Stein., y *Barbus comiza* Stein». *Boletín del Instituto Forestal de investigaciones y Experiencias Madrid* 36: 5-35.

VÉLAZ DE MEDRANO, L. (1947b). «Sobre el cultivo de la trucha arco-iris en España». *Montes* 14: 116-119.

VELILLA, R. (2010). «Colonización y sucesión de las comunidades de macroinvertebrados acuáticos presentes en bolsas de hojarasca y en el bentos en ríos de cabecera». Trabajo fin de Máster. Máster en Ecología. Universidad Autónoma. Madrid.

VENTURA, J. (2007). «*Arvicola sapidus* Miller, 1908». En: L. J. Palomo, J. Gisbert y J. C. Blanco (Eds.), *Atlas y libro rojo de los mamíferos terrestres de España,* pp. 405-407. Dirección General para la Biodiversidad-SECEM-SECEMU. Madrid.

VÍAS, J. (2001). «Memorias del Guadarrama. Historia del descubrimiento de unas montañas». Ediciones la Librería. Madrid.

VICENTE, J. y RON, M. E. (1989). «Contribución al conocimiento de la flora briológica de Canencia, Sierra de Guadarrama (Madrid)». *Botanica Complutensis* 14: 78-85.

VICENTE-GUILLÉN, J. *et al.* (2012). «Performance of a monthly streamflow prediction model for ungauged watersheds in Spain». *Water Resources Management* 26: 3767-3784.

VICENTE SÁNCHEZ, J. (2010). «Ecohidrología de cuencas periurbanas. Aplicación al término municipal de Las Rozas (Madrid)». Tesis doctoral. Universidad Politécnica. Madrid.

VICENTE-SERRANO, S. M. *et al.* (2017). «Effect of reservoirs on streamflow and river regimes in a heavily regulated river basin of Northeast Spain». *Catena* 149: 727-741.

VIDAL-ABARCA, C. y SUÁREZ, M. L. (1985). «Lista Faunística y Bibliográfica de los moluscos (Gastropoda y Bivalvia) de las aguas continentales de la Península Ibérica e Islas Baleares». Lista de la flora y fauna de las aguas continentales de la Península Ibérica. Asociación Española de Limnología. Publicación n.º 2. Madrid.

VIEJO, J. L. (2013). «Somera aproximación a la riqueza faunística de un nuevo parque nacional. La fauna de la Sierra de Guadarrama». *Ambient@* 103: 26-41.

VIETS, K. (1930). «Zur Kenntnis der Hydracarinen-Fauna von Spanien». *Archiv für Hydrobiologie* 21: 175-240, 359-446.

VILLARROYA. F. I. (1983). «Hidrogeología regional del Neógeno detrítico y el Cuaternario de la Cuenca del río Henares». Colección Tesis doctorales 147/83. Universidad Complutense. Madrid.

VILLARROYA, F. y REBOLLO, L. F. (1978). «Funcionamiento hidrogeológico del karst de La Alcarria: la mesa de Chinchón-Villarejo de Salvanés (Madrid)». *Estudios Geológicos* 34: 231-240.

VILLAVERDE, C. *et al.* (2008). «Contribución al conocimiento de la brioflora del extremo Suroeste de la Comunidad de Madrid». *Boletín de la Sociedad Española de Briología* 32-33: 21-29.

VINÇON, G. y CLERGUE-GAZEAU, M. (1993). «Les Simulies (Diptera Simuliidae) du Sud-Ouest de l'Europe: le crénal et l'épirhithral». *Annales de Limnologie-International Journal of Limnology* 29: 157-169.

VINYOLES, D. *et al.* (2007). «Spread of the alien bleak *Alburnus alburnus* (Linnaeus, 1758) (Actinopterygii, Cyprinidae) in the Iberian Peninsula: the role of reservoirs». *Graellsia* 63: 101-110.

VITT, H., y GLIME, J. (1984). «The structural adaptations of aquatic musci». *Lindbergia* 10: 95-110.

VIZCAÍNO, P. *et al.* (2003). «Los cambios geomorfológicos del río Jarama como base para su restauración». *Limnetica* 22: 1-8.

VYMAZAL, J. (1994). «Algae and element cycling in wetlands». Lewis Publishers. Boca Raton.

WAGNER, R. y BÁEZ, M. (2002). «Dixidae». En: M. C. Tolrá (Coord.), *Catálogo de los Diptera de España, Portugal y Andorra,* pp. 51. Monografías de la Sociedad Entomológica Aragonesa, 8. Zaragoza.

WANDELER, A. y SALSBERG, D. E. (1999). «Raccoon rabies in eastern Ontario». *Canadian Veterinary Journal* 40: 731

WETZEL, R. G. (2001). «Limnology. Lake and River Ecosystems». Academic Press. San Diego.

WEYHENMEYER, G. A., BLENCKNER, T. Y PETTERSSON, K. (1999). «Changes of the plankton spring outburst related to the North Atlantic Oscillation». *Limnology and Oceanography* 44: 1788-1792.

WEYHENMEYER, G. A., MEILI, M. y LIVINGSTONE, D. M. (2004). «Nonlinear temperature response of lake ice breakup». *Geophysical Research Letters* 31: 7203-7203.

WHITTON, B. A. (1992). «Diversity, ecology and taxonomy of Cyanobacteria». En: N. H. Mann y N. G. Carr (Eds.), *Photosynthetic Prokaryotes,* vol. 6., pp. 1-51. Biotechnology Handbooks. Plenum Press. London.

WILHELM, S. y ADRIAN, R. (2008). «Impact of summer warming on the thermal characteristics of a polymictic lake and consequences for oxygen, nutrients and phytoplankton». *Freshwater Biology* 53: 226-237.

WÜLKER, V. W. (1957). «Über die Chironomiden der *Parakiefferiella* Gruppe (Diptera: Tendipedidae, Orthocladiinae)». *Beiträge zur Entomologie* 7: 411-429.

YÉLAMOS, J. G. y VILLARROYA GIL, F. (2007). «El acuífero terciario detrítico de Madrid: pasado, posibilidades actuales y retos pendientes». *Enseñanza de las Ciencias de la Tierra* 15: 317-324.

ZAWIERUCHA, K. *et al.* (2015). «What animals can live on cryoconite holes? A faunal review». *Journal of Zoology* 295: 119-169.

ZHANG, J. y HAN, D. (2017). «Assessment of rainfall spatial variability and its influence on runoff modelling: A case study in the Brue catchment, UK». *Hydrological Processes* 31: 2972-2981.

ZHANG, Y. *et al.* (2014). «Thermal structure and response to long-term climatic changes in Lake Qiandaohu, a deep subtropical reservoir in China». *Limnology and Oceanography* 59: 1193-1202.